2025
全国一级注册建筑师资格考试辅导教材

建筑结构 建筑物理与设备（知识题）精讲精练

土注公社　**组编**

王晨军　邓枝绿　**主编**

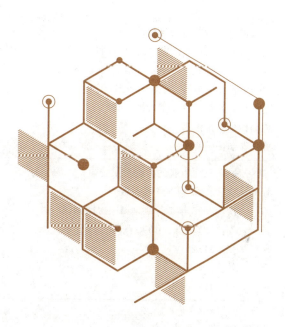

中国电力出版社
CHINA ELECTRIC POWER PRESS

内 容 提 要

本书根据全国一级注册建筑师资格考试新大纲对《建筑结构、建筑物理与设备（知识题）》进行了梳理。全书分为建筑结构、建筑物理与设备两大部分，其中，建筑结构部分包括建筑力学、建筑荷载与结构设计方法、钢筋混凝土结构、钢结构、砌体结构、木结构、抗震设计、地基与基础、大跨度建筑结构；建筑物理与设备部分包括建筑热工学、建筑声学、建筑光学、建筑给水排水、暖通空调、建筑电气。本书通过思维导图、考情分析、考点精讲与典型习题的复习架构帮助考生更好地通过考试。另外，本书配有电子版题库，考生可根据复习进度按章扫码学习。

本书可供参加 2025 年全国一级注册建筑师资格考试的考生复习使用。

图书在版编目（CIP）数据

建筑结构　建筑物理与设备（知识题）精讲精练/土注公社组编；王晨军，邓枝绿主编 . —北京：中国电力出版社，2025.1. —（2025 全国一级注册建筑师资格考试辅导教材）. — ISBN 978 - 7 - 5198 - 9605 - 8

Ⅰ. TU

中国国家版本馆 CIP 数据核字第 2024WL2005 号

出版发行：中国电力出版社
地　　址：北京市东城区北京站西街 19 号（邮政编码 100005）
网　　址：http://www.cepp. sgcc. com. cn
责任编辑：杨淑玲（010－63412602）
责任校对：黄　蓓　李　楠　马　宁
装帧设计：张俊霞
责任印制：杨晓东

印　　刷：三河市航远印刷有限公司
版　　次：2025 年 1 月第一版
印　　次：2025 年 1 月北京第一次印刷
开　　本：787 毫米×1092 毫米　16 开本
印　　张：31.25
字　　数：778 千字
定　　价：128.00 元

前　　言

一、本书编写的依据与目的

为加强新时期建筑师队伍建设，推动注册建筑师职业资格考试改革，住房和城乡建设部职业资格注册中心发布了新大纲文件，将原来九门科目合并成六门科目，这是自 2002 年修改大纲之后新的一次重大调整。自 1995 年 11 月首次在全国进行注册建筑师考试以来，至今已经进行了 27 次（1996 年、2002 年、2015 年、2016 年各停考一次），2022 年举行了两次（5 月、12 月各考一次）考试，2023 年第一次举行新大纲（六门）考试。

旧大纲中的《建筑设计（知识题）》《建筑材料与构造（知识题）》《建筑经济施工与设计业务管理（知识题）》《建筑方案设计（作图题）》4 个科目保持不变；旧大纲中的《设计前期与场地设计（知识题）》《场地设计（作图题）》2 个科目整合为新大纲的《设计前期与场地设计（知识题）》科目；旧大纲中的《建筑结构（知识题）》《建筑物理与建筑设备（知识题）》《建筑技术设计（作图题）》3 个科目整合为新大纲的《建筑结构、建筑物理与设备（知识题）》科目。

为了更好地帮助考生准备 2025 年的考试，土注公社一级注册建筑师备考教研组依据九改六考试新大纲，结合 2023 年与 2024 年考试真题，对《建筑结构、建筑物理与设备（知识题）》科目进行了深入研究，将整合后的重点知识进行了梳理，并参考了旧大纲中的《建筑结构（知识题）》《建筑物理与建筑设备（知识题）》《建筑技术设计（作图题）》近 5 年真题，结合现行规范和标准以及考试参考书目编写了本书。

二、新旧考试大纲对比及试卷分值分布说明

2024 年试卷共 100 题，每题 1 分，其中 1～40 题为建筑结构部分（包含力学 8 分），41～64 题为建筑物理部分（声学、光学、热学各 8 分），65～100 题为建筑设备部分（水专业、暖通专业、电专业各 12 分）。新旧考试大纲对比见表 1。

表 1　　　　　　　　　　　　新旧考试大纲对比

考试内容	旧大纲（2002 年版）	新大纲（2021 年版）	两版大纲对比解读
建筑力学	对结构力学有基本了解，对常见荷载、常见建筑结构形式的受力特点有清晰概念，能定性识别杆系结构在不同荷载下的内力图、变形形式及**简单计算**	对结构力学有基本了解，对常见荷载、一般建筑结构形式的受力特点有清晰概念，能定性识别杆系结构在不同荷载下的内力图、变形形式	新大纲**弱化了力学计算，更强调力学概念**，减轻了考生的负担。按照本门考试试题分布分析，力学考题会大幅度下降，其中以下五个考点属于必考点：①零杆根数的判断；②超静定次数的判断；③结构内力图的判断；④超静定结构特性分析；⑤超静定结构变形

考试内容	旧大纲（2002年版）	新大纲（2021年版）	两版大纲对比解读
建筑结构	了解混凝土结构、钢结构、砌体结构、木结构等结构的力学性能、使用范围、**主要构造**及结构概念设计；了解多层、高层及大跨度建筑结构选型的基本知识、结构概念设计；了解抗震设计的基本知识，以及各类结构形式在不同抗震烈度下的使用范围；了解天然地基和人工地基的类型及选择的基本原则；了解一般建筑物、构筑物的构件**设计与计算**	了解混凝土结构、钢结构、砌体结构、木结构等结构的力学性能、结构形式及应用范围；了解多层、高层及大跨度建筑结构选型与**结构布置**的基本知识和结构概念设计；了解抗震设计的基本知识，以及各类结构形式在不同抗震烈度下的使用范围；了解天然地基和人工地基的类型及选择的基本原则；**了解既有建筑结构加固改造、装配式结构及新型建筑结构体系的概念和特点**	新大纲新增了加固改造、装配式、新型结构体系，强调结构选型和结构布置，弱化结构构造。**混凝土结构、钢结构、抗震设计、地基基础**等内容依旧是考试重点，试卷中砌体结构、木结构部分较少
建筑给水排水	了解冷水储存、加压及分配，热水加热方式及供应系统；了解建筑给排水系统水污染的防治及抗震措施；了解消防给水与自动灭火系统、污水系统、雨水系统和建筑节水的基本知识以及设计的主要规定和要求	了解冷水储存、加压及分配，热水加热方式及供应系统；了解**太阳能生活热水系统**；了解各类水泵房、消防水池、高位水箱等**主要设备及管道的空间要求**；了解建筑给排水系统水污染的防治措施；了解消防给水与自动灭火系统、排水系统、透气系统、雨水系统、中水系统和建筑节水的**基本知识以及设计的主要规定和要求**	新大纲增加了太阳能生活热水系统，强调了各种设备用房对土建的空间影响，更偏重"水专业"对建筑专业的空间占位影响角度考查，弱化了水专业学科的考查，强调节水节能的重要性
建筑暖通	了解建筑供暖热源、热媒及系统，通风及防排烟系统，空调冷热源、水系统和风系统，可再生能源应用知识；掌握暖通空调设备、机房对土建的要求；了解燃气的供应及安全应用。了解建筑设计与暖通、空调系统运行节能的关系；了解暖通空调的节能技术；了解环境健康卫生对暖通空调系统的要求	了解供暖的热源、热媒及系统，空调冷热源及水系统，**可再生能源应用**；了解机房（锅炉房、制冷机房、空调机房等）、主要设备及管道的**空间要求**；了解通风系统、空调系统及其控制；了解建筑设计与暖通、空调系统运行节能的关系；了解暖通、空调系统的**节能技术**；了解建筑防火排烟；了解暖通空调系统能源种类及安全措施	新大纲删除了燃气的应用，更强调主要机房设备和管道对土建占空的影响，弱化暖通专业中较难的理论知识，更强调了能源的节约与安全
建筑电学	了解电力供配电方式，室内外电气配线，电气系统的安全防护，供配电设备，电气照明设计及节能，以及建筑防雷的基本知识；了解通信、广播、扩声、呼叫、有线电视、安全防范系统、火灾自动报警系统，以及建筑设备自控、计算机网络与综合布线方面的基本知识	了解建筑物供配电系统、**智能化系统**的基本概念；掌握变电所、柴油发电机房、智能化机房、电气和智能化竖井等的设置原则及空间要求；掌握照明配电设计的一般原则及节能要求；了解电气系统的安全防护、常用电气设备、建筑物防雷与接地的基本知识；了解电气线路的**敷设要求；了解太阳能光伏发电等可再生能源的应用**	新大纲新增了相关智能化机房、电气设备和太阳能光伏等技术的应用

考试内容	旧大纲（2002年版）	新大纲（2021年版）	两版大纲对比解读
建筑声学	了解建筑声学的基本原理；了解城市环境噪声与建筑室内噪声允许标准；了解建筑隔声设计与吸声材料和构造的选用原则；了解建筑设备噪声与振动控制的一般原则；了解室内音质评价的主要指标及音质设计的基本原则	了解建筑声学的基本原理；**掌握**建筑隔声设计与吸声材料和构造的选用原则；**掌握**室内音质评价的主要指标及音质设计的基本原则；了解城市环境噪声与建筑室内噪声允许标准；了解建筑设备噪声与振动控制的一般原则。**能够运用建筑声学综合技术知识，判断、解决该专业工程实际问题**	新大纲将建筑隔声设计与吸声材料和构造、室内音质评价及音质设计两个知识点由了解改为掌握，并增加了解决实际工程问题的考查
建筑光学	了解建筑采光和照明的基本原理；掌握采光设计标准与计算；了解室内外环境照明对光和色的控制；了解采光和照明节能的一般原则和措施	了解建筑采光和照明的基本原理；掌握采光**和照明**设计标准；了解室内外光环境对光和色的控制；了解采光和照明节能的一般原则和措施。**能够运用建筑光学综合技术知识，判断、解决该专业工程实际问题**	新大纲删除了采光设计标准计算相关内容，新增了照明设计标准以及解决实际工程问题的考查
建筑热工	了解建筑热工的基本原理和建筑围护结构的节能设计原则；掌握建筑围护结构保温、隔热、防潮的设计，以及日照、遮阳、自然通风的设计	了解建筑热工的基本原理和建筑围护结构的节能设计原则；掌握建筑围护结构保温、隔热、防潮的设计，以及日照、遮阳、自然通风的设计。**能够运用建筑热工综合技术知识，判断、解决该专业工程实际问题**	新大纲增加了解决实际工程问题的考查

三、本书的使用说明

本书各章节主要由"思维导图""考情分析""考点精讲与典型习题"三部分构成。

思维导图：帮助考生对整个章节建立起系统框架，了解知识点之间的联系。

考情分析：帮助考生找到考试重点与命题方向，以便复习时可以有的放矢，提高学习效率。

考点精讲与典型习题：将重要的知识点与考点浓缩进相应章节中，所涉及关键词都用彩色字区分，让考生在复习过程中更易抓到重点。本书将近5年真题涉及知识点都标注在了正文中，例如：【2019】表示此知识点在2019年出过题。考点精讲中标出了2019～2024年的真题所涉及知识点，典型习题中选取的试题均为2019～2024年真题，以便考生自我检测复习效果。

本书中对于考点频率用星号（★）的数目来表述，星号越多表示该考点出现的频率越高。为了方便考生查询，书中对每道真题都做了特别标注，例如：[2021-10]表示2021年的第10题。

此外，土注公社一级注册建筑师备考教研组赠送了一套基于2024年《建筑结构、建筑物理与设备（知识题）》的模拟试卷（电子版），考生们可以通过微信公众号搜索"土注公社"—"土注题库"免费领取，同时也可以通过该公众号获取更多备考资源。

四、各章节编写分工

建筑结构部分（第一章至第九章）总负责：王晨军、黄起益

建筑物理部分（第十章至第十二章）总负责：李馨

建筑设备部分（第十三章至第十五章）总负责：王晨军

各章节编写分工如下：

第一章	建筑力学	黄起益、柯代源
第二章	建筑荷载与结构设计方法	邓枝绿
第三章	钢筋混凝土结构	黄起益、柯代源、王晨军
第四章	钢结构	邓枝绿、王晨军
第五章	砌体结构	黄汉杰、王晨军
第六章	木结构	邓枝绿、王晨军
第七章	抗震设计	黄汉杰、黄起益、王晨军
第八章	地基与基础	黄汉杰、黄起益、王晨军
第九章	大跨度建筑结构	邓枝绿
第十章	建筑热工学	刘勇、李馨
第十一章	建筑光学	邢敏、徐逸凡、李馨
第十二章	建筑声学	黄瑞杰、李馨
第十三章	建筑给水排水	林训取、王晨军
第十四章	暖通空调	林训取、王晨军
第十五章	建筑电气	白宇泓、王晨军

本书在编写过程中得到了陈磊、黄盛海、钟水永等土注公社其他成员的大力支持与帮助，在此一并表示感谢！

由于时间仓促，本书在编写过程中难免有疏漏之处，恳请读者指正，有关本书的任何疑问、意见和建议，请加入交流群微信群进行沟通和交流。

预祝考生们顺利通过考试！

土注公社一级注册建筑师备考教研组
2024 年 12 月于厦门

备考复习　　　　免费规范
交流微信群　　　讲解视频

目　录

B　建筑物理与设备

A 建筑结构

第一章　建　筑　力　学

思维导图

```
                            ┌── 考点1：力学相关概念
                静力学基础 ──┼── 考点2：结构相关概念
                            └── 考点3：几何构造分析

                            ┌── 考点4：静定平面桁架内力计算
                            ├── 考点5：静定单跨梁内力计算
   建筑力学 ──── 静定结构 ──┼── 考点6：静定多跨梁内力计算
                            ├── 考点7：静定平面刚架内力计算
                            └── 考点8：拱结构内力计算

                            ┌── 考点9：超静定结构特性
                超静定结构 ─┼── 考点10：超静定结构内力图
                            ├── 考点11：超静定结构变形
                            └── 考点12：连续梁可变荷载的不利布置
```

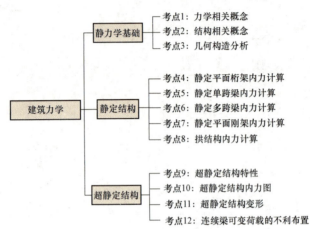

考情分析

节　名	近5年考试分值统计					
	2024年	2023年	2022年12月	2022年5月	2021年	2020年
第一节　静力学基础	0	0	0	0	0	3
第二节　静定结构	5	6	15	10	11	11
第三节　超静定结构	3	3	5	5	6	6
总　计	8	9	20	15	17	20

考点精讲与典型习题

第一节　静力学基础

考点1：力学相关概念【★★★】

力	力的三要素包括大小、方向、作用点。三要素中任一要素发生改变，力就发生了改变
力矩	①力矩也是矢量，有大小，也有方向；可以合成，也可以分解。 ②力矩的大小等于力与力臂（矩心与力的垂直距离）的乘积，即$M=Fd$，如图 1.1-1 所示；力矩方向为力绕着矩心转动的方向。当力或力的作用线通过矩心时，力臂为零，力矩也为零。利用这一特性，在桁架结构中，通过选取合适的矩心，使大部分的未知力通过该矩心，可以快速计算出某杆件内力。如图 1.1-2（a）所示，在求解杆 3 内力时，可以取Ⅰ—Ⅰ截面左侧隔离体，然后对 F 点取矩。仔细观察隔离体［图 1.1-2（b）］，发现杆 1 和杆 2 内力作用

力矩	线均通过矩心 F，其对 F 点的力矩为零。所以，求解杆3内力时，只要列一个方程就可以直接解出，而不用在乎杆1和杆2的内力。 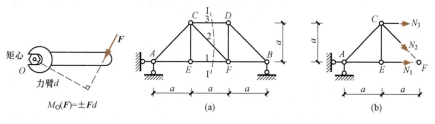 图 1.1-1　力矩　　　　　　　　图 1.1-2　桁架结构应用举例 　③合力矩定理是指平面一般力系的合力对其作用面内任一点的力矩等于力系各分力对同一点力矩的代数和。用公式表示：$M_O(R) = M_O(F_1) + M_O(F_2) + \cdots + M_O(F_n) = \sum M_O(F)$。利用合力矩定理，可以将均布荷载和三角形分布荷载等效成集中荷载。集中荷载的大小为分布荷载的面积，作用点为分布荷载的形心。均布荷载的形心在中心位置，如图 1.1-3（a）所示，力 F 对 A 取矩，$M_A = ql \times \dfrac{l}{2} = \dfrac{ql^2}{2}$。三角形分布荷载的形心在离左侧 1/3 处，如图 1.1-3（b）所示，力 F 对 A 取矩，$M_A = \dfrac{ql}{2} \times \dfrac{l}{3} = \dfrac{ql^2}{6}$。 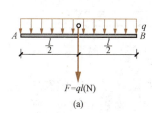　　　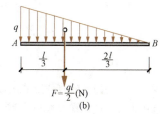 图 1.1-3　分布荷载的合力 （a）均布荷载的合力；（b）三角形线性分布荷载的合力
力偶与力偶矩	力偶是指大小相等、方向相反、作用线平行的**一对**平衡力，其表示方法如图 1.1-4 所示。两个力之间的间距称为力偶臂，力偶的大小用力偶矩来衡量。**只要力偶矩矢不变，力偶在刚体平面内任意移动或转动，对刚体的作用效果不变** 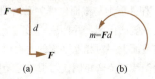 图 1.1-4　力偶的两种表示方法
术语和符号	荷载：结构物通常都受到各种外力的作用，这些力称为荷载。如结构自重、楼面活荷载、风荷载等。 　强度：在荷载作用下，构件应不至于破坏（断裂或失效），即强度。如梁上荷载过大而引起断裂。强度越大，抵抗破坏的能力就越强。 　刚度：在荷载作用下，构件所产生的变形应不超过工程上允许的范围，即刚度。如梁上荷载偏大而引起弯曲变形。刚度越大，抵抗变形的能力就越强。

3

术语和 符号	**稳定性**：承受荷载作用时，构件在其原有形态下的平衡应保持为稳定的平衡，即稳定性，如砌体墙因厚度不够在荷载作用下发生倒塌。 **剪切**：杆件的变形是横截面沿外力作用方向发生相对错动，这种变形形式称为剪切，如图 1.1-5 所示。 图 1.1-5　剪切 **弯曲**：杆件的变形是相邻横截面绕垂直于杆轴线的轴发生相对转动，这种变形形式称为弯曲，如图 1.1-6 所示。  图 1.1-6　弯曲 **扭转**：杆件的变形是相邻横截面绕轴线发生相对转动，这种变形形式称为扭转，如图 1.1-7 所示。  图 1.1-7　扭转 **内力与内力图**：内力是指由外力作用所引起的、物体内相邻部分之间分布内力系的合成。杆件内力与截面位置关系的图线即为内力图。常见的内力包括轴力 N、剪力 Q、弯矩 M 和扭矩 T，对应的内力图即轴力图、剪力图、弯矩图和扭矩图。 **轴力与轴力图**：垂直于横截面并通过其形心的内力，称为轴力，一般用符号 N 表示。 杆件轴力与截面位置关系的图线即为轴力图。习惯将轴力正值画在上侧或外侧，将负值画在下侧或内侧，并标注"⊕""⊖"号。 **剪力与剪力图**：横截面两侧一对大小相等、方向相反、彼此相互平行的内力，即为剪力，一般用符号 Q 表示。杆件剪力与截面位置关系的图线即为剪力图。习惯将剪力正值画在上侧或外侧，将负值画在下侧或内侧，并标注"⊕""⊖"号。 **弯矩与弯矩图**：横截面上一对相互平衡的内力偶，即为弯矩，一般用符号 M 表示。杆件弯矩与截面位置关系的图线即为弯矩图。习惯将弯矩画在受拉侧，不标注"⊕""⊖"号。 **应力**：杆件截面上内力的分布集度，称为应力，数值上等于合力与面积的比值。如果将应力分解成与截面垂直的法向分量和与截面相切的切向分量，则法向分量称为正应力，用符号 σ 表示；切向分量称为切应力，用符号 τ 表示。 **应变**：每单位长度的伸长或缩短，称为线应变，用符号 ε 表示。 **E**：弹性模量，单位 Pa。直接由实验测定，表征材料抵抗弹性变形的能力。根据胡克定律，弹性模量等于应力与应变的比值，即 $E = \dfrac{\sigma}{\varepsilon}$。

术语和符号	I：截面惯性矩，矩形截面 $I=\dfrac{bh^3}{12}$，圆形截面 $I=\dfrac{\pi d^4}{64}$（b 为截面宽度，h 为截面高度，d 为直径）。 EA：EA 为拉伸（压缩）刚度。拉伸（压缩）刚度越大，抵抗拉伸（压缩）变形的能力就越强（A 为截面面积）。 EI：EI 为弯曲刚度。弯曲刚度越大，抵抗弯曲变形的能力就越强（I 为截面惯性矩）

建筑力学中，杆的四种基本变形，分别是拉伸、剪切、扭转、弯曲，见表 1.1-1。

表 1.1-1　　　　　　　　　　杆的四种基本变形

类型	轴向拉伸（压缩）	剪切	扭转	平面弯曲	
外力特点		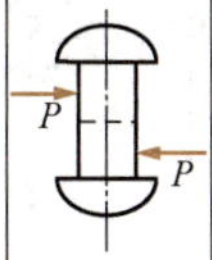	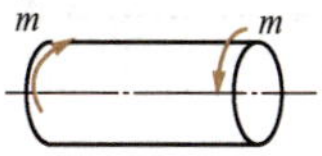	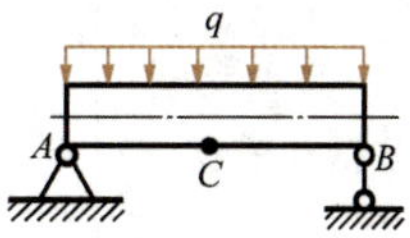	
横截面内力	轴力 N 等于截面一侧所有轴向外力代数和	剪力 V 等于 P	扭矩 T 等于截面一侧对 x 轴外力偶矩代数和	弯矩 M 等于截面一侧外力对截面形心力矩代数和	剪力 V 等于截面一侧所有竖向外力代数和
应力分布情况	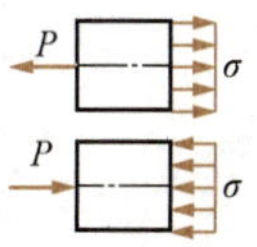 均布	 假设均布	 线性分布	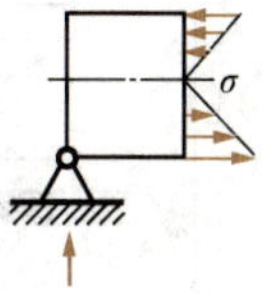 线性分布	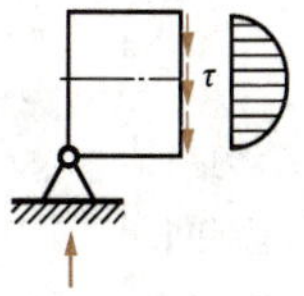 抛物线分布

注：考生需记忆应力分布图

考点 2：结构相关概念【★★★】

	类型	示例	简化	特点
杆件连接的简化	**铰节点**	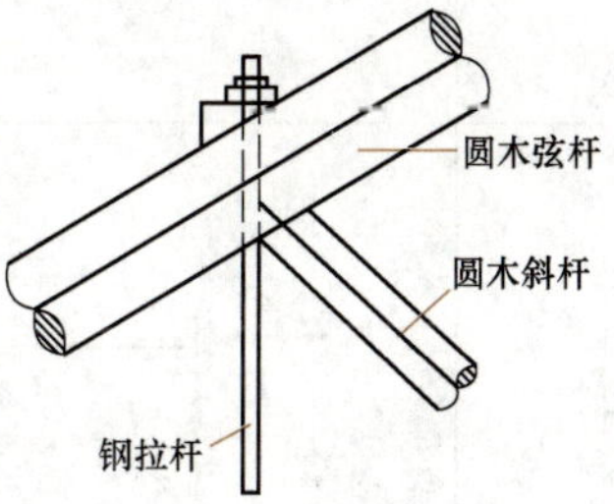	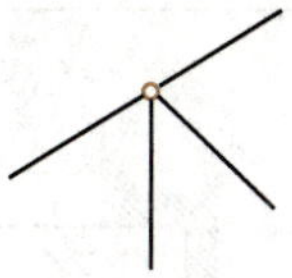	被连接的杆件在连接处不能相对移动，但可相对转动，即可以传递力，但不能传递力矩

5

	类型	示例	简化	特点
杆件连接的简化	刚节点			被连接的杆件在连接处既不能相对移动，又不能相对转动；既可以传递力，也可以传递力矩

	类型	示例	计算简图与约束力（反力）	特点
结构与基础间连接（支座）的简化	滚轴支座（活动铰支座）		F_y	运动：可以转动和水平移动，不能竖向移动。 反力：只有竖向反力
	铰支座（固定铰支座）		F_x F_y	运动：可以转动，不能水平移动，也不能竖向移动。 反力：有水平反力和竖向反力
	定向支座（滑动支座）		M F_y	运动：不能转动，可以沿一个方向平行滑动。 反力：一个反力矩和一个反力
	固定支座		M F_x F_y	运动：不能移动也不能转动，完全固定。 反力：一个反力矩和两个反力

静定结构与超静定结构	概念	**静定结构**：如果结构的杆件内力和支座反力可由平衡条件唯一确定，则此结构称为静定结构。 **超静定结构**：如果杆件内力和支座反力由平衡条件不能唯一确定，而必须同时考虑变形条件（变形协调方程）才能唯一确定，则此结构称为超静定结构。 **注：在讨论超静定结构时，默认为几何不变体系，且有多余约束**	
	静定结构示例	**单跨梁** （曲梁） 注：曲梁不是拱结构	**连续梁**
	静定结构示例	桁架	拱 （三铰拱）
		刚架 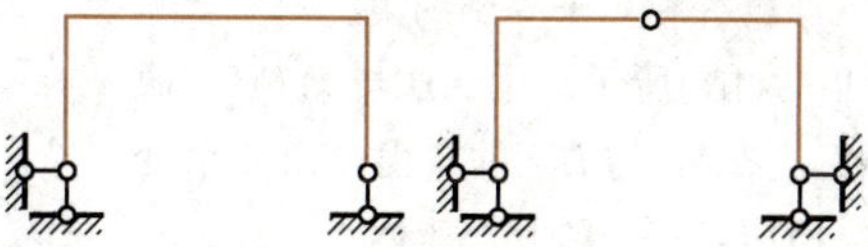	

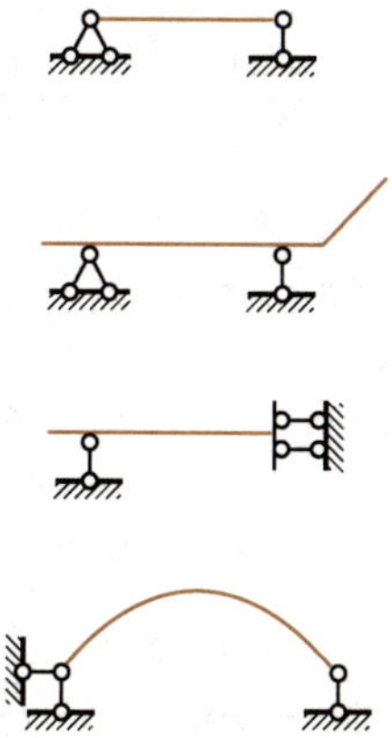

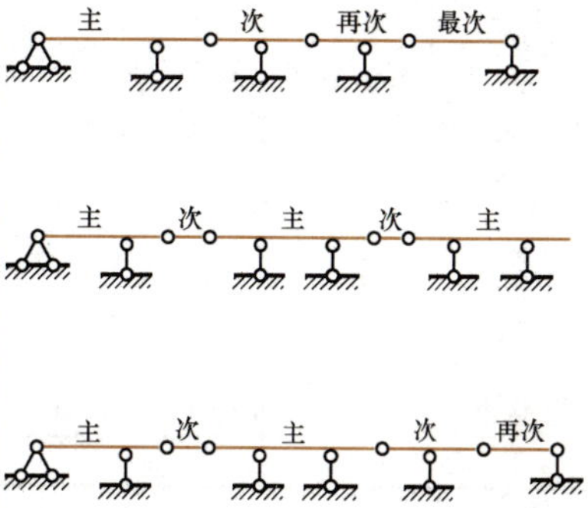

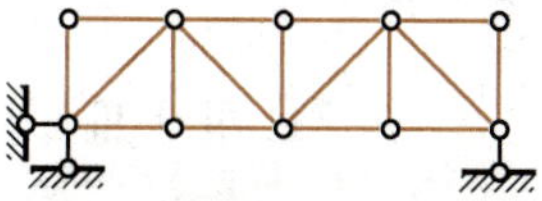

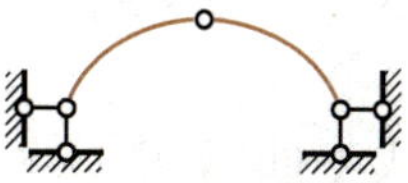

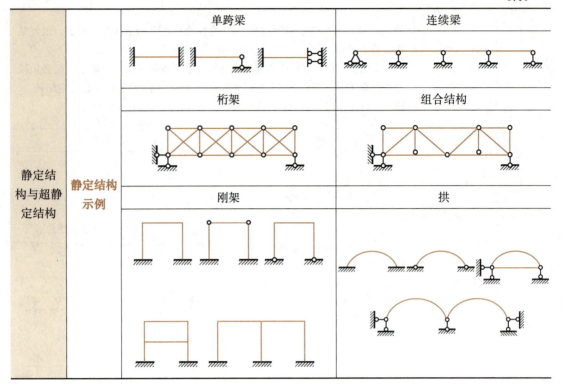

单跨梁	连续梁
桁架	组合结构
刚架	拱

1.1-1 [2022-2] 图1.1-8所示三个结构属于拱结构的是（　　　）。

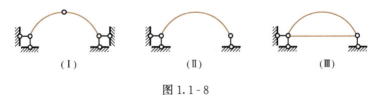

（Ⅰ）　　　　　　　（Ⅱ）　　　　　　　（Ⅲ）

图1.1-8

A．Ⅰ+Ⅲ　　　　　　B．Ⅰ+Ⅱ　　　　　　C．Ⅱ+Ⅲ　　　　　　D．Ⅰ+Ⅱ+Ⅲ

答案：A

解析：Ⅰ和Ⅲ是典型的拱结构；Ⅱ是曲梁，本质上是简支梁，不是拱。

考点3：几何构造分析【★★★】

| 基本概念 | **约束**：图1.1-9(a)所示，梁AB，通过链杆AC连接，梁AB的自由度由3个变成2个。所以，**一个链杆相当于一个约束**。
　　图1.1-9(b)所示，梁AB与梁BC，通过铰连接，梁AB与BC的自由度由6个变成4个。所以，**一个铰相当于两个约束**。
　　图1.1-9(c)所示，梁AB与梁BC，通过刚节点连接，梁AB与BC的自由度由6个变成3个。所以，**一个刚节点相当于三个约束** | 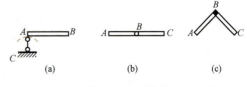
图1.1-9　约束
（a）一个约束；（b）两个约束；（c）三个约束 |

<table>
<tr><td rowspan="5">基本概念</td><td>

多余约束：如果在一个体系中增加一个约束，而体系的自由度并不因此而减少，则此约束称为多余约束，如图 1.1-10 所示。只有非多余约束才对体系的自由度有影响，而多余约束则对体系的自由度没有影响。**超静定结构中多余约束的个数即超静定结构的次数**

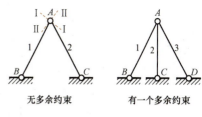

图 1.1-10　多余约束

</td></tr>
</table>

几何体系分类：如图 1.1-11 所示。

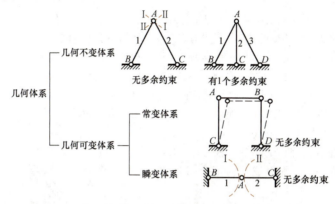

图 1.1-11　几何体系分类

几何体系类型的判断和几何体系是否有多余约束没有必然联系，即任何几何体系都有可能存在多余约束，不能仅通过是否有多余约束来唯一确定几何体系的类型

几何不变体系：在不考虑材料应变的条件下，体系的位置和形状是不能改变，如图 1.1-12 所示

图 1.1-12　几何不变体系

几何可变体系：在不考虑材料应变的条件下，体系的位置和形状是可以改变，分为常变体系和瞬变体系。
常变体系：一种几何一直可变的体系。
瞬变体系：一种几何可变、经微小位移后又成为几何不变的体系，如图 1.1-13 所示。瞬变体系中绕着某一个瞬时转动的点，称为瞬铰，如图 1.1-14 所示。瞬铰位置会不断变化

基本概念	 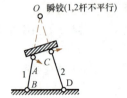
	常变体系　　　　　瞬变体系
	图 1.1-13　几何可变体系　　　　图 1.1-14　瞬铰

| 平面杆件体系的基本组成规律——铰接三角形规律 | **规律 1**：不共线的三个点用三个链杆两两相连，则所组成的铰接三角形体系是一个几何不变的整体，且没有多余约束，如图 1.1-15 所示。 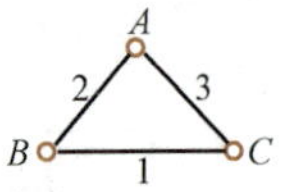 |

规律 2：一个刚片与一个点用两根链杆相连，且三个铰不在一直线上，则组成几何不变的整体，且没有多余约束，如图 1.1-16(a) 所示。

规律 3：两个刚片用一个铰和一根链杆相连接，且三个铰不在一直线上，则组成几何不变的整体，且没有多余约束，如图 1.1-16(b) 所示。

规律 4：三个刚片用三个铰两两相连，且三个铰不在一直线上，则组成几何不变的整体，且没有多余约束，如图 1.1-16(c) 所示。

规律 5：两个刚片用三根链杆相连，且三链杆不交于同一点，则组成几何不变的整体，且没有多余约束。

二元体是指用两根不在同一直线的链杆连接一个结点的构造。二元体的构造不改变体系的自由度，如图 1.1-16(d) 所示。

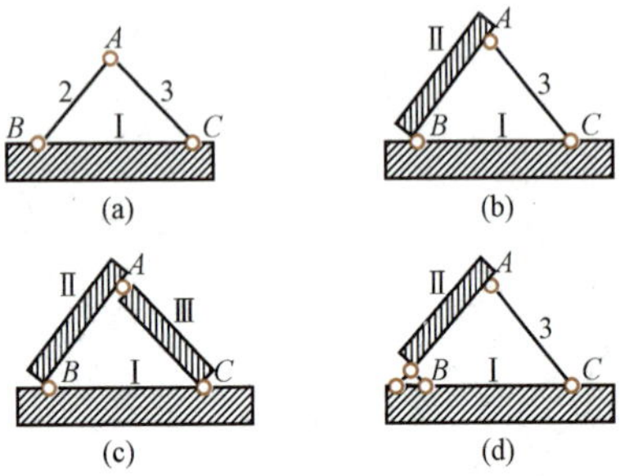

"三杆不共线"是铰接三角形规律的一个前提，如图 1.1-17 所示结构均为瞬变体系

图 1.1-15　不共线的三个点相连示意图

图 1.1-16　铰接三角形规律示意图

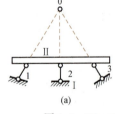 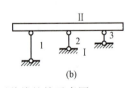

图 1.1-17　三杆不共线铰接示意图

| 几何构造分析题目的解题技巧：要么装，要么拆 | **装** | ①从基础开始组装：从基础开始以二元体的形式，逐一组装。
【例 1.1-1】 图 1.1-18 (a) 和 (b) 所示结构分别属于哪种几何体系？ |

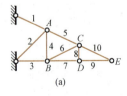 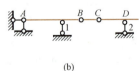

图 1.1-18

装	【解】如图 1.1-18(a) 所示，先组装杆 1 和杆 2 组成的二元体，此时结构为几何不变体系，无多余约束。然后依次逐个组装二元体，直至全部组装完成。最终确定整个结构为几何不变体系，且无多余约束

几何构造分析题目的解题技巧：要么装，要么拆

【解】如图 1.1-18(a) 所示，先组装杆 1 和杆 2 组成的二元体，此时结构为几何不变体系，无多余约束。然后依次逐个组装二元体，直至全部组装完成。最终确定整个结构为几何不变体系，且无多余约束

如图 1.1-18(b) 所示，AB 段为单跨静定梁，几何不变体系，无多余约束。CD 段与 AB 段通过杆 BC 和杆 2 相连不符合铰接三角形规律，为常变体系，无多余约束。

建筑结构应该是几何不变体系（静定或超静定结构），这样才能承受不同工况的荷载，保证结构的安全，所以图 1.1-18（b）的结构不能采用，这也是判断几何体系的意义所在。

②从内部开始组装：先确定一个几何不变且无多余约束的结构，然后通过铰接三角形规律进行组装。

【例 1.1-2】图 1.1-19 所示结构属于哪种几何体系？

【解】图 1.1-19 结构显然不适合采用"从基础开始组装"方法判断几何体系。但是，可以采用"从内部开始组装"的方法进行判断。ADFC 和 BEGC 分别可以组成几何不变、无多余约束的刚片Ⅰ和刚片Ⅱ。刚片Ⅰ和刚片Ⅱ通过铰 C 和链杆 DE 连接，符合铰接三角

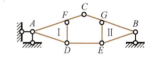

图 1.1-19

形规律（规律 3），组合成几何不变、无多余约束体系。最后结构 ADEBGCF 通过铰支座 A 和滚轴支座 B 连接，同样符合铰接三角形规律（规律 3 或规律 5），组合成几何不变、无多余约束体系。综上，图 1.1-19 所示结构为几何不变体系，且无多余约束

拆

从二元体开始拆：即从最外围的二元体开始拆，逐一拆除至基础。通常能够从基础开始按二元体的形式组装的结构，都能够以这种方式进行拆除。

【例 1.1-3】图 1.1-20（a）与（b）所示结构分别属于哪种几何体系？

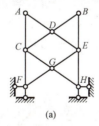
      (a)   (b)   (c)

图 1.1-20

【解】图 1.1-20(a) 结构可以从上往下依次拆除二元体 ACD、BDE、DCE、CFG、EGH、GFH，最后只剩下铰支座 F 和铰支座 H，因为铰支座 F 和铰支座 H 均为几何不变体系、无多余约束，所以图 1.1-20(a) 结构为几何不变体系，且无多余约束。当然，铰支座 F 和铰支座 H 也可以认为是由二元体组成，一并拆除。全部拆除后，只剩基础，无多余约束。

同样，图 1.1-20(b) 结构可以从上往下依次拆除二元体 ABC、BDE、CDE，最后只剩下铰支座 D 和滚轴支座 E，因为滚轴支座 E 是常变体系，所以图 1.1-20(b) 结构为常变体系、无多余约束。图 1.1-20(b) 结构变化后如图 1.1-20(c) 中虚线所示

1.1-2 图 1.1-21 所示结构属于下列何种结构体系?( )

A. 无多余约束的几何不变体系　　　　B. 有多余约束的几何不变体系

C. 常变体系　　　　　　　　　　　　D. 瞬变体系

答案:A

解析:如图 1.1-22 所示刚片Ⅰ和刚片Ⅱ通过杆1、杆2、杆3连接,符合铰接三角形规律(规律5),为几何不变体系,无多余约束。

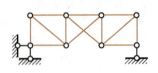　　　　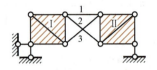

图 1.1-21　　　　　　　　　图 1.1-22

第二节　静 定 结 构

考点 4:静定平面桁架内力计算【★★★★★】

桁架结构特点	**结构特点**:桁架是由杆件组成的结构体系,当荷载只作用在节点上时,各杆内力主要为轴力(受拉或受压),截面上的应力基本上分布均匀,可以充分发挥材料的作用。 **计算假定**:①桁架的节点都是光滑的铰节点;②各杆的轴线都是直线并通过铰的中心;③荷载和支座反力都作用在节点上。 　　图 1.2-1(a)是桁架结构的计算简图。各杆均用轴线表示,节点的小圆圈代表铰。荷载 F_{P1}、F_{P2} 和支座反力 F_{yA}、F_{yB},都作用在节点上。 　　图 1.2-1(b)所示为从这个桁架中任意取出的一根杆件。杆 CD 只在两端受力,此二力即成平衡,所以必然数量相等、方向相反,作用线为同一直线,即轴线 CD。因此,杆 CD 只受轴力作用。桁架的杆件都只在两端受力,称为**二力杆**。其轴力可能是拉力,也可能是压力,具体情况通过计算确定 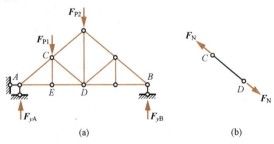 (a)　　　　　　　　　(b) 图 1.2-1　桁架结构计算简图
节点法与截面法	**概述**:为了求得桁架各杆的轴力,可以截取桁架中的一部分为隔离体,考虑隔离体的平衡,建立平衡方程,由平衡方程解出杆的轴力。如果隔离体只包含一个节点,这种方法称为节点法。如果截取的隔离体包含两个以上的节点,这种方法称为截面法

节点法：取桁架节点为隔离体，利用平面汇交力系的两个平衡条件计算各杆的未知力。节点法最适用于计算简单桁架。在计算过程中，通常先假设杆的未知轴力为拉力。计算结果如得正值，表示轴力确是拉力；如得负值，表示轴力为压力。

【例1.2-1】 请求出图1.2-2所示杆3内力。

【解】 求支座反力。

整体结构对支座A取矩，列方程：$\sum M_A = 0$，$P \times 2a = R_B \times 3a$，得$R_B = \dfrac{2}{3}P$（向上）。

又根据竖向合力为零，列方程：$\sum F_y = 0$，得$R_A = P - R_B = \dfrac{1}{3}P$（向上）。

取支座B作为隔离体计算杆5内力，如图1.2-3所示。

根据力的合成和分解关系，可以求出：

杆5内力：$N_5 = -\dfrac{2\sqrt{2}}{3}P$（压力）。

杆4内力：$N_4 = \dfrac{2}{3}P$（拉力）。

取节点D作为隔离体，计算杆3内力，如图1.2-4所示。

根据力的合成和分解关系，可以求出$N_3 = N_{5x} = -\dfrac{2}{3}P$（压力）

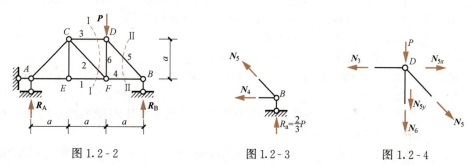

图1.2-2　　　　　　　图1.2-3　　　　　　　图1.2-4

截面法：用截面切断拟求内力的杆件，从桁架中截出一部分为隔离体（隔离体包含两个以上的节点），利用隔离体的三个平衡方程，计算所切各杆中的未知轴力。如果所切各杆中的未知轴力只有三个，它们既不相交于同一点，也不彼此平行，则用截面法即可直接求出这三个未知轴力。在计算中，仍先假设未知轴力为拉力。计算结果如得正值，则实际轴力就是拉力；如得负值，则是压力。为了避免解联立方程，应注意对平衡方程加以选择。

【例1.2-2】 通过截面法求图1.2-2中杆3的内力。

【解】（1）取Ⅰ—Ⅰ截面左侧作为隔离体，如图1.2-5所示，标注隔离体上所有的内力和外力。

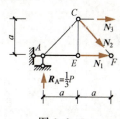

（2）隔离体上所有的力对F点取矩，列方程$\sum M_F = 0$，即

$N_3 \times a + R_A \times 2a + N_1 \times 0 + N_2 \times 0 = 0$，得$N_3 = -2R_A = -\dfrac{2}{3}P$。

N_3为负值，与假定的受拉方向相反，所以杆3受压。

图1.2-5

左侧边栏：节点法与截面法

节点法与截面法	**温馨提示：** ①此处的负值仅表示与假定的受力方向相反，并不是因为是负值所以受压。假如假定的方向是受压，算出来的负值就表示受拉。 ②通过［例1.2-1］发现，对于只求某个杆件内力时，直接采用截面法更方便。当然，必要的时候可以两种方法联合应用。 ③利用隔离体的平衡条件列三个平衡方程时仅考虑力/力矩的**代数和**。 $\sum F_x = 0$ 表示 x 方向合力为零，即所有向左的力＝所有向右的力； $\sum F_y = 0$ 表示 y 方向合力为零，即所有向上的力＝所有向下的力； $\sum M_A = 0$ 表示对点 A 合力矩为零，即所有顺时针力矩＝所有逆时针力矩。 ④节点法和截面法不仅适用桁架结构，也适用其他任何结构
隔离体	画隔离体受力图时应注意： （1）隔离体与其周围的约束要全部截断，而以相应的约束力代替。 （2）约束力要符合约束的性质。 1）截断链杆（两端为铰的直杆、除两端点外杆上无荷载作用）时，在截面上加轴力。 2）截断受弯杆件时，在截面上加轴力、剪力和弯矩。 3）截断简单铰节点，加上两个约束力。 4）截断简单刚节点，加上三个约束力。 5）去掉滚轴支座、铰支座、定向支座、固定支座时分别加一个、两个、两个、三个支座反力。 （3）隔离体是应用平衡条件进行分析的对象。在受力图中只画隔离体本身所受到的力，不画隔离体施给周围的力。 （4）不要遗漏力。受力图上的力包括两类：一类是荷载，另一类是截断约束处的约束力。 （5）未知力一般假设为正号方向，数值是代数值（正数或负数）。已知力按实际方向画，数值是绝对值（正数）。未知力计算得到的正负号就是实际的正负号
零杆	桁架结构中内力为零的杆件，称为零杆，**不包括支座的链杆**。 **【例1.2-3】**试计算图1.2-6中结构在不同荷载作用下杆1的内力。 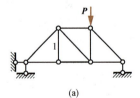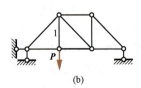 (a) (b) 图1.2-6

零杆	**【解】**通过节点法可以求出图1.2-6（a）杆1内力为零，图1.2-6（b）杆1内力为P（受拉） 由此可见，零杆是在某种荷载作用下的一种特定条件，当荷载改变时，原先判定为零杆的杆件，可能不再是零杆。**所以在判断零杆时，节点处有无荷载格外重要，大家一定要注意。**这一点与结构超静定次数的判断迥然不同——超静定次数仅与结构自身有关，跟是否受到荷载毫无关系。零杆数量与超静定次数之间的比较在【考点9：超静定结构特性】中会进一步阐述，此处从略。 同时，我们可以发现，零杆并不是可有可无的存在，相反，**零杆的存在不仅能够保证结构呈几何不变体系，而且能够保证结构适应各种荷载工况**

判断零杆主要是为了方便计算在某种荷载工况下，某些杆件的内力。【2021】

常用的零杆判断原则是"KTV"原则，见表1.2-1。此处的"K"指K形节点，"T"指T形节点，"V"指V形节点。

表1.2-1 "KTV"原则

"KTV"原则	无节点荷载	有节点荷载	举例（图中未标注所有零杆）
V形节点（二元体）	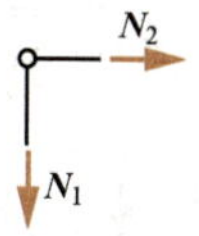 根据 $\begin{cases}\sum F_x=0\\\sum F_y=0\end{cases}\Rightarrow\begin{cases}N_1=0\\N_2=0\end{cases}$ 无节点荷载的V形节点，两杆均为零杆	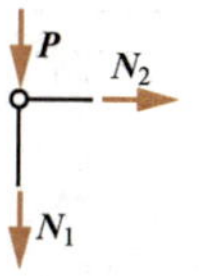 根据 $\begin{cases}\sum F_x=0\\\sum F_y=0\end{cases}\Rightarrow\begin{cases}N_1=-P\\N_2=0\end{cases}$ 有平行于杆件的节点荷载，相当于T形节点，垂直的杆为零杆	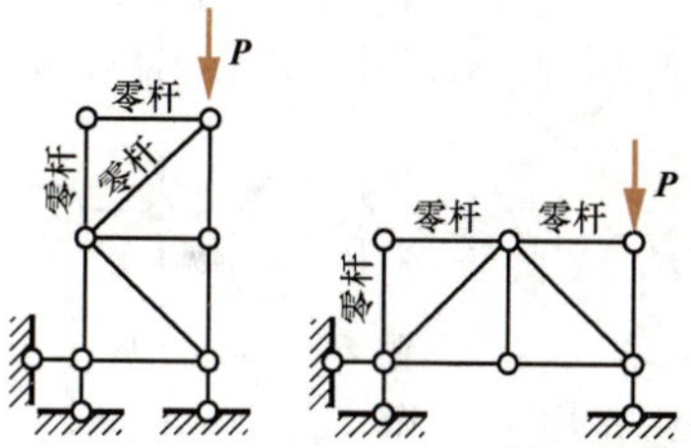
T形节点	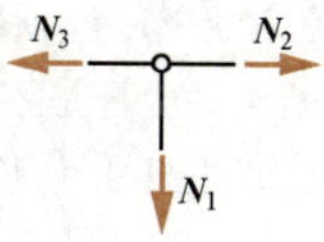 根据 $\begin{cases}\sum F_x=0\\\sum F_y=0\end{cases}\Rightarrow\begin{cases}N_1=0\\N_2=N_3\end{cases}$ 无节点荷载的T形节点，垂直的杆为零杆	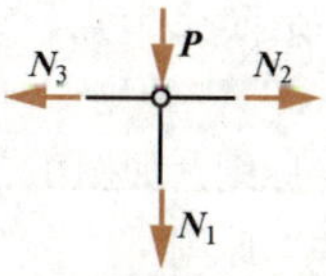 根据 $\begin{cases}\sum F_x=0\\\sum F_y=0\end{cases}\Rightarrow\begin{cases}N_1=-P\\N_2=N_3\end{cases}$ 有节点荷载的T形节点，垂直的杆不是零杆	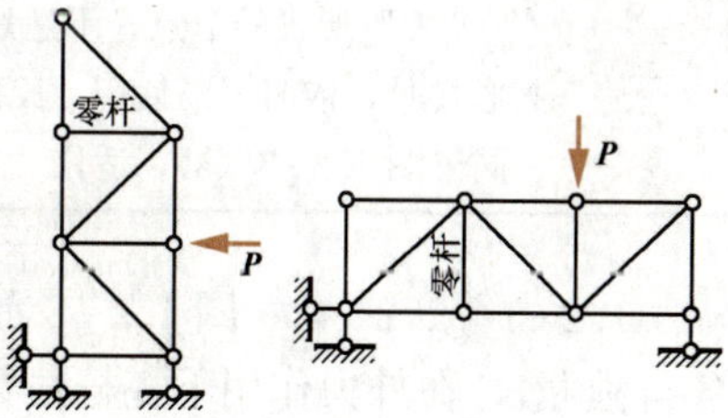

（行标题：零杆判断原则）

"KTV"原则	无节点荷载	有节点荷载	举例（图中未标注所有零杆）
K形节点	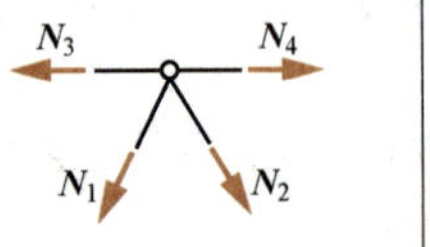 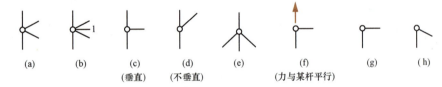	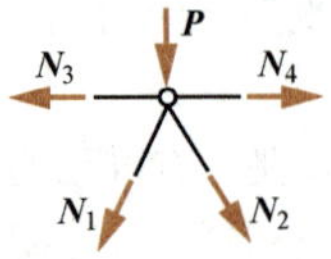	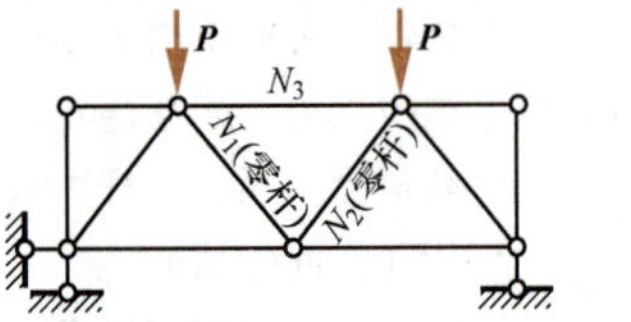 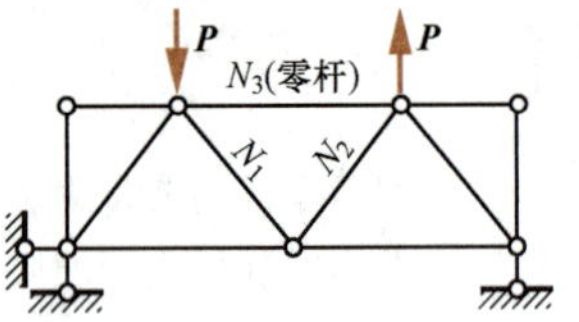

此类节点须结合结构特性和受荷情况综合分析，无法一步到位。

其中：对称结构在反对称荷载作用下，垂直于荷载方向的中间杆件为零杆；对称结构在对称荷载作用下，无节点荷载的K形节点，两根支杆为零杆

【例 1.2-4】 "KTV"节点举例，如图 1.2-7 所示。除图 1.2-7(f) 节点处有平行杆件的荷载以外，其他节点处均无荷载。

（左侧竖排）零杆判断原则

图 1.2-7 (a) (b) (c)（垂直） (d)（不垂直） (e) (f)（力与某杆平行） (g) (h)

图 1.2-7

【解】 图 1.2-7 中，（a）是 K 形节点，（b）不是 K 形节点，（c）是 T 形节点，（d）是 T 形节点，（e）不是 T 形节点，（f）是 T 形节点，（g）是 V 形节点，（h）是 V 形节点。不符合"KTV"形式的节点，不适用"KTV"原则。但当判断出某个杆是零杆后的节点符合"KTV"形式时，依旧可以使用"KTV"原则。如图 1.2-7（b）中杆 1 为零杆，则图 1.2-7（b）等同于图 1.2-7（a），适用"KTV"原则

1.2-1 [2024-2] 图 1.2-8 示结构（交叉腹杆各自独立），在外力作用下零杆根数为（ ）。

A. 1　　　　　　　　B. 2
C. 3　　　　　　　　D. 4

答案：D

解析：按解析图 1.2-9 所示，依次确定零杆，共 4 根零杆。

1.2-2 [2023-1] 图 1.2-10 所示结构受外力

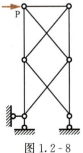

图 1.2-8

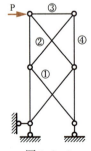

图 1.2-9

P 作用，零杆的数量为（　　）。

A. 0 个　　　　　　　B. 1 个　　　　　　　C. 2 个　　　　　　　D. 3 个

答案： C

解析： 如图 1.2-11 所示，根据"T 形节点无节点荷载时，非共线的杆为零杆"，判断杆 AB 为零杆。同理分析 B 节点，判断杆 BC 为零杆。本题共 2 个零杆，答案选 C。注意判断零杆数的题，支座链杆不用计算在内。

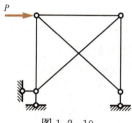

图 1.2-10

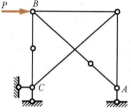

图 1.2-11

1.2-3 ［2022（5）-9］图 1.2-12 所示结构中杆 AB 的轴力是（　　）。

A. 0　　　　　　　　B. $P/2$

C. P　　　　　　　　D. $2P$

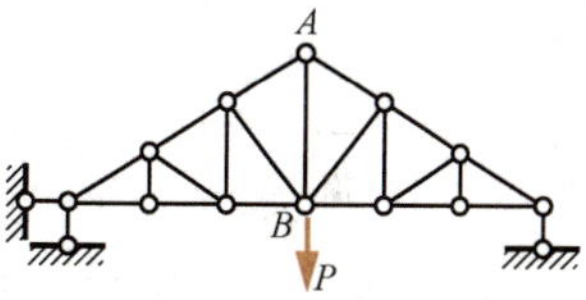

答案： C

图 1.2-12

解析： 如图 1.2-13 所示，通过"KTV"原则，可以依次判断出杆 1～杆 8 为零杆。再根据节点法，取节点 B 作为隔离体，列方程 $\sum F_y = 0$：$N_{BA} = P$（拉力）。所以答案是 C。此题千万不要一开始就取 A 点作为隔离体进行分析，会陷入死胡同。

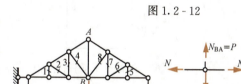

图 1.2-13

1.2-4 ［2022（12）-3］图 1.2-14 所示结构中，零杆的数量是几根？（　　）

A. 1 次　　　　　　　B. 2 次　　　　　　　C. 3 次　　　　　　　D. 4 次

答案： D

解析： 根据"KTV"原则的 T 形节点，判断出无节点荷载的 4 个 T 形节点，共用 4 根零杆。零杆位置如图 1.2-15 所示。

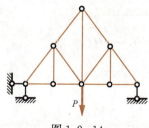

图 1.2-14

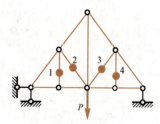

图 1.2-15

考点 5：静定单跨梁内力计算【★★★★★】

截面的内力分量和正负号规定	①在平面杆件的任一截面上，一般有三个内力分量：**轴力 N、剪力 Q 和弯矩 M**，如图 1.2-16 所示。 ②截面上应力沿杆轴切线方向的合力，称为轴力。**轴力以拉力为正。** ③截面上应力沿杆轴法线方向的合力，称为剪力。**剪力以绕微段隔离体顺时针转者为正。** ④截面上应力对截面形心的力矩，称为弯矩。在水平杆件中，**当弯矩使杆件下部受拉时，弯矩为正。** ⑤**作轴力图和剪力图时要注明正负号，如图 1.2-17 所示。剪力 F_Q 左上右下为正〔图（a）〕，左下右上为负〔图（b）〕；弯矩 M 左上弯右上弯为正〔图（c）〕，左下弯右下弯为负，上部受拉〔图（d）〕。作弯矩图时，规定弯矩图的纵坐标应画在杆件受拉侧一边，不注明正负号** 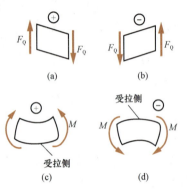  图 1.2-16　平面杆件受力　　图 1.2-17　剪力 F_Q 和弯矩 M 的正负号规定
梁内力图	一般情况下，梁结构轴向变形可以忽略不计，所以，水平梁在竖向荷载作用下，只要考虑梁截面的剪力和弯矩，不用计算轴力。但是斜梁在竖向荷载作用下，梁截面是存在剪力、弯矩和轴力的。 　　而所谓的内力图指的是梁结构不同截面的内力曲线。桁架结构只有轴力图，梁结构通常只有剪力图和弯矩图，刚架结构有剪力图、弯矩图和轴力图。 　　**【例 1.2-5】** 请绘制图 1.2-18 所示简支梁在均布荷载作用下的内力图。 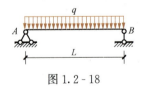 图 1.2-18 　　**【解】**（1）求出支座反力：$R_A = R_B = qL/2$

（2）取左侧隔离体，如图 1.2-19 所示，将隔离体上所有的荷载和内力标注上，非隔离体的荷载不用管。在标注内力时，习惯上按内力的正号方向标注（若能直接判断内力的方向，也可以直接按正确的方向标注），然后后续所有的计算**按代数计算**。计算的内力数值是正数表明与假定方向相同，负数表明与假定的方向相反。

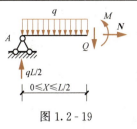

图 1.2-19

（3）通过三个平衡方程 $\sum F_x = 0$、$\sum F_y = 0$、$\sum M_A = 0$ 可以得出：

① $\sum F_x = 0$：$N = 0$，表明水平梁在竖向荷载作用下没有轴力。

② $\sum F_y = 0$：$Q = \dfrac{1}{2}qL - qx$，表明剪力图是线性直线，其中 $Q|_{x=0} = \dfrac{1}{2}qL(\downarrow)$，$Q|_{x=L/2} = 0$，$Q|_{x=L} = -\dfrac{1}{2}qL(\uparrow)$，所以剪力图如图 1.2-20 所示。

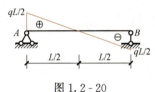

图 1.2-20

剪力图存在正负之分。通常情况下，将正的剪力标在结构上侧或刚架外侧，并标注"⊕"，将负的剪力标在结构下侧或刚架内侧，并标注"⊖"。标注完符号后，只要把剪力图中变化处数值标注即可。

③ $\sum M_A = 0$：$M = qx \cdot \dfrac{1}{2}x + Qx = \dfrac{1}{2}qx^2 + \left(\dfrac{1}{2}qL - qx\right)x = \dfrac{1}{2}qLx - \dfrac{1}{2}qx^2$，表明弯矩图是二次曲线，其中 $M|_{x=0} = 0$，$M|_{x=L/2} = \dfrac{1}{8}qL^2$，$M|_{x=L} = 0$，所以弯矩图如图 1.2-21 所示。

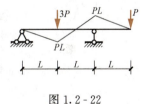

图 1.2-21

弯矩图画在受拉侧，不再标注"⊕""⊖"。在梁支座处，截面上侧受拉，弯矩图画在上侧；在跨中处，截面下侧受拉，弯矩图画在下侧。为了区分，支座处的弯矩会用"负弯矩"来描述，但是弯矩图中依旧不用标注"⊕""⊖"，如图 1.2-22 所示。

应熟练掌握几种常见静定梁的内力图，如图 1.2-23 所示。

（左栏标题）梁内力图

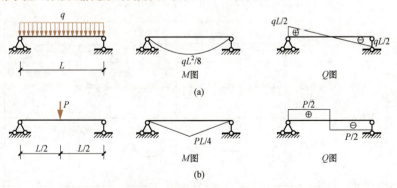

图 1.2-23　几种常见静定梁的内力图（一）

梁内力图	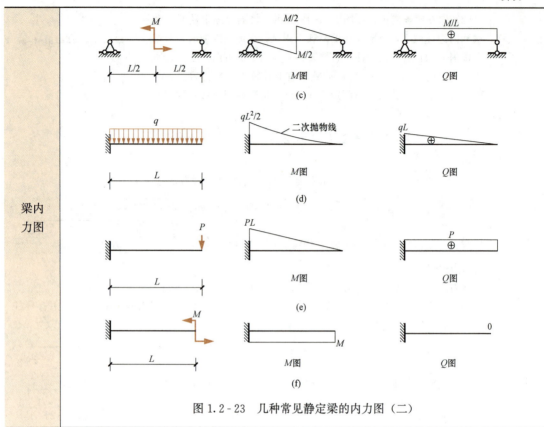 图 1.2-23　几种常见静定梁的内力图（二）
考试技巧	1. "零—平—斜，平—斜—抛"。 　　如果荷载是集中力，则剪力图是平线，弯矩图是斜线（"零—平—斜"）；如果荷载是均布力，则剪力图是斜线，弯矩图是抛物线（"平—斜—抛"）。 　　2. 抛物线凹的方向跟均布力方向相同。 　　3. 有铰的地方，弯矩为0。 　　梁上荷载与对应的剪力图和弯矩图的特征见图 1.2-24。 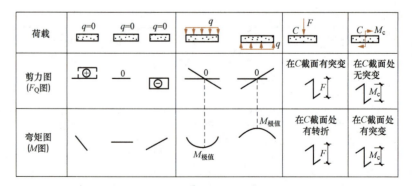 图 1.2-24　梁上荷载与对应的剪力图和弯矩图的特征

	如图1.2-25所示，杆件在作用面垂直于杆轴线的外力偶 M_c 作用下，杆件的相邻横截面绕轴线发生相对转动，这种变形称为扭转。房屋建筑结构中框架边梁、雨篷梁等为超静定扭转构件。确定超静定扭转杆件的扭矩 T 需要静力平衡方程、变形协调条件。常见的超静定扭转杆件的内力图（即扭矩图），如图1.2-26所示【2022（5）】
扭矩	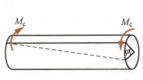 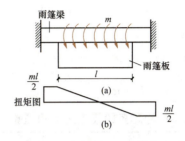 图1.2-25　扭转　　　　图1.2-26　雨篷梁的扭矩和扭矩图

1.2-5〔2022（5）-7〕如图1.2-27所示弯矩图中，正确的是（　　）。

图1.2-27

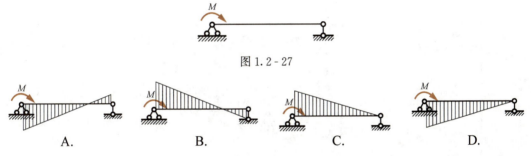

A.　　　　　B.　　　　　C.　　　　　D.

答案： D

解析： 力偶 M 使杆件左端下侧受拉，弯矩图在下侧，选项B、C错误。又因杆件其他处无荷载，且右侧是铰（铰接处弯矩为零），所以答案选D。

1.2-6〔2022（5）-81〕案例题：某工程为现浇混凝土框架结构，抗震二级，梁板混凝土强度等级为C30、柱C40，梁柱钢筋及箍筋HRB400，首层入口处雨篷如图1.2-28所示。若室内大堂二层通高，则雨篷梁的扭矩图是（　　）。

图1.2-28

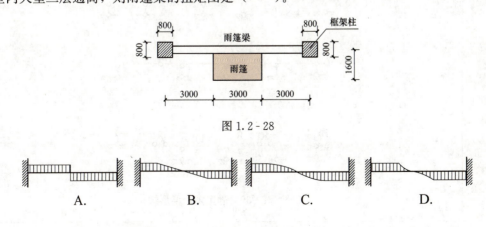

A.　　　　　B.　　　　　C.　　　　　D.

答案：B

解析：雨篷对雨篷梁产生的扭矩，应该是线性渐变的，故答案选 B。

1.2-7〔2021-81〕如图 1.2-29 所示，悬挑梁根部 M
设计值为（　　）。

A. 390kN·m　　　　B. 450kN·m

C. 540kN·m　　　　D. 600kN·m

答案：C

解析：$M=\dfrac{1}{2}ql^2+Pl=0.5\times100\times9$kN·m$+30\times$

3kN·m$=540$kN·m

图 1.2-29

考点 6：静定多跨梁内力计算【★★★★★】

多跨梁形式	多跨梁，也叫连续梁，通常由简支梁、悬臂梁和伸臂梁等简单的单跨梁组合而成。从几何构造来看，多跨梁组成的次序是先固定基本部分（也叫主体部分），后固定附属部分。因此，计算时要遵守的原则是：先计算附属部分，再计算基本部分。 常见静定多跨梁形式及层次关系如图 1.2-30 所示 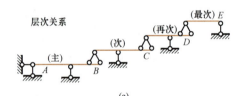 (a) 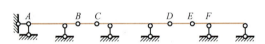 (b) 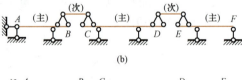 (c) 图 1.2-30　静定多跨梁形式

22

力的传递方向	因为多跨梁组成的次序是先固定基本部分，后固定附属部分，所以力的传递方向与其相反，即由附属部分向基本部分传递，如图 1.2-31 所示。当基本部分受荷载时，附属部分无内力产生。但是，当附属部分受荷载时，基本部分就有内力产生 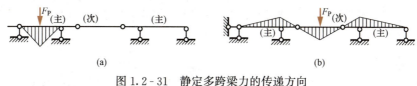 图 1.2-31　静定多跨梁力的传递方向

1.2-8 ［2023-4］图 1.2-32 所示结构，支座反力最大的是（　　）。

A. R_A　　　　　　B. R_B　　　　　　C. R_C　　　　　　D. R_D

答案：C

解析：容易判断支座 A 和支座 D 没有支座反力。取中间段计算，$R_B = P/2$，$R_C = 3P/2$，所以答案选 C。

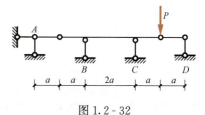

1.2-9 ［2022（5）-6］如图 1.2-33 所示，若 A 点弯矩等于 BC 跨中弯矩，则 a 与 b 之间的关系是（　　）。

A. $a = b/2$　　　　　B. $a = 1/b$

C. $a = b/4$　　　　　D. $a = b$

图 1.2-32

答案：C

解析：如图 1.2-34 所示，求解时应先区分主副结构，AB 段是主，BC 段是副，附属结构的力会传至主要结构。BC 段为简支梁，跨中弯矩为 $qb^2/8$，BC 段传至 B 点的集中力为 $qb/2$，该力对 A 点产生的弯矩为 $qba/2$。使两者相等，得 $qb^2/8 = qba/2$，有 $b = 4a$，所以答案选 C。

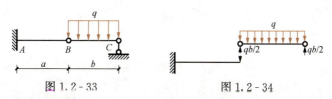

图 1.2-33　　　　　　　　　　图 1.2-34

1.2-10 ［2020-5］如图 1.2-35 所示，说法正确的是（　　）。

A. D 处有支座反力　　　　　　B. 仅 BC 段有内力

C. AB、BC 有内力　　　　　　D. AB、BC、CD 段有内力

答案：B

解析：从结构的层次关系图（图 1.2-36）中可以看出 BC 段已经自平衡，所以只有 BC 段有内力，其他都没有内力，支座处也没有反力，故答案选 B。

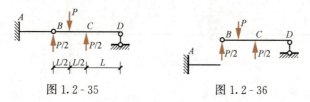

图 1.2-35　　　　　　　　　图 1.2-36

考点 7：静定平面刚架内力计算 【★★★★★】

刚架 特点	①在刚节点处各杆不能发生相对转动，各杆间的夹角始终保持不变。 ②刚节点可以承受和传递弯矩，弯矩是刚架主要内力。 　　图 1.2-37（a）所示结构为几何可变体系，无多余约束。将可变体系转为不变体系，常见的方式是增加链杆，如图 1.2-37（b）所示。也可以将部分铰节点改成刚节点，如图 1.2-37（c）所示 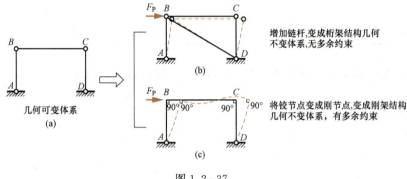 <div align="center">图 1.2-37</div>
刚架 内力图	同梁结构一样，在刚架结构的受力分析中，通常先求支座反力，再求控制截面的内力，最后作内力图，如图 1.2-38 所示。因为刚架结构节点处存在不同的杆端截面，所以在计算杆端内力时必须指明哪个截面，如图 1.2-39 所示 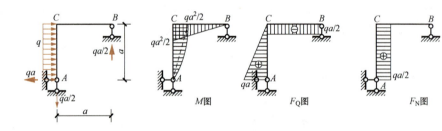 <div align="center">图 1.2-38</div> 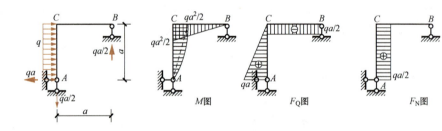 <div align="center">图 1.2-39</div>

1.2-11 ［2024-7］图 1.2-40 所示弯矩图符合以下哪种结构受力？（　　　）

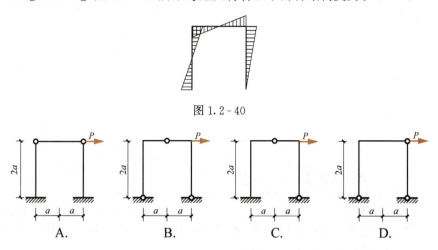

图 1.2-40

答案： C

解析： 从弯矩图不难看出，左侧支座是固定支座，右侧支座是铰支座，故答案选 C。

1.2-12 ［2023-6］图 1.2-41 所示结构，以下弯矩图正确的是（　　　）。

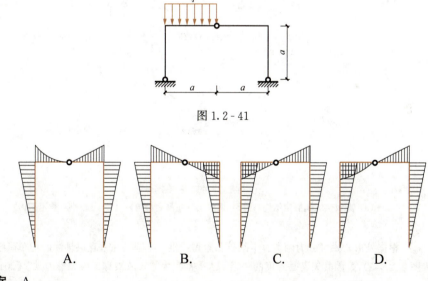

图 1.2-41

答案： A

解析： 分别计算左右两支座反力。左支座竖向反力 $3qa/4$（向上）、水平反力 $qa/4$（向右）；右支座竖向反力 $qa/4$（向上）、水平反力 $qa/4$（向左）。B 选项，右侧弯矩图错误。C、D 选项，左侧弯矩图错误。所以选 A。

1.2-13 ［2022（5）-5］图 1.2-42 所示 A 点弯矩为（　　　）。

A. $M_A = 0$　　　　　　B. $M_A = 1$　　　　　　C. $M_A = 3$　　　　　　D. $M_A = 4$

答案： A

解析： 如图 1.2-43 所示，结构左侧荷载相当于大小为 $2qa$ 的集中力作用在中间，此时与右侧的集中力形成一对平衡力，对 A 点不会产生弯矩，答案选 A。

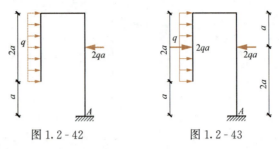

图 1.2 - 42　　　　　图 1.2 - 43

考点 8：拱结构内力计算【★★★★】

（1）拱结构概念。拱结构是一种以**承受轴向压力**为主【2019】，在竖向荷载作用下有水平反力或者推力的曲线或折线形结构。拱结构广泛运用于桥梁、水坝、屋顶、门窗洞口等，一般采用抗压强度高的材料，如混凝土、砖、石等。

（2）拱结构分类。

①根据铰的数量，可分为无铰拱、两铰拱和三铰拱。其中两铰拱和三铰拱还分为无拉杆和有拉杆两种。无铰拱和两铰拱属于超静定结构，三铰拱属于静定结构。拱的形式如图 1.2 - 44 所示。

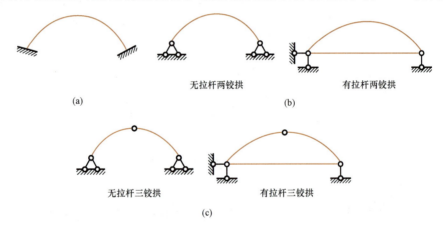

图 1.2 - 44　拱的形式

（a）无铰拱（超静定结构）；（b）两铰拱（超静定结构）；（c）三铰拱（静定结构）

②根据外形，拱可分为两类：半圆拱和抛物线拱。半圆拱在垂直拱轴线的均布荷载作用下（图 1.2 - 45），因其矢高是跨度的一半，**水平推力为零**【2019】故被称为"无推力拱"【2019】

图 1.2 - 45　半圆拱

拱结构
概述

拱结构受力特点	（1）支座反力。【2019】 ①在竖向荷载作用下，**拱脚支座将产生水平推力**。 ②当结构跨度与荷载条件一定时，**拱脚水平推力与拱的矢高成反比**。 ③拱结构产生的水平力与跨度有关，**跨度越大，其水平推力越大**。 ④拱结构产生的支座**竖向反力与拱高的值无关**，均为竖向荷载值的一半。 （2）拱身截面内力。【2019】 ①相同跨度相同荷载作用下，**拱身截面的弯矩小于简支梁内的弯矩**。 ②相同跨度相同荷载作用下，**拱身截面的剪力小于简支梁内的剪力**。 ③拱身截面存在较大轴力，简支梁中没有轴力。 ④当拱脚地基反力不能有效抵抗水平推力时，拱便成为曲梁，即拱轴线为曲线且在竖向荷载作用下不会产生水平反力，如图1.2-46所示。 （3）拱的合理曲线。【2020】 概念：合理拱轴线是指在某种荷载作用下使拱处于无弯矩状态的轴线。不同荷载作用下，合理拱轴线亦不相同，如**图1.2-47**所示。 均布荷载作用下的合理拱轴线是抛物线［图1.2-47（a）］，建筑中的拱大部分是抛物线。 均匀水压作用下的合理拱轴线是圆弧曲线［图1.2-47（b）］，水管、隧道、拱坝大部分是圆弧形。 填土重量下的合理拱轴线是悬链线［图1.2-47（c）］ 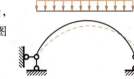 图1.2-46　曲梁 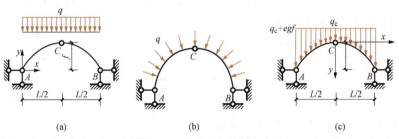 图1.2-47　拱的合理曲线 （a）抛物线；（b）圆弧形；（c）悬链线

1.2-14［2023-5］图1.2-48所示圆弧拱结构，矢高 h 小于半径 r，在跨中荷载 P 作用下，以下说法正确的是（　　）。

A. 拱中各点轴力大小相等　　B. 拱中各点剪力大小相等

C. 拱中各点弯矩大小相等　　D. 两端支座反力大小相等

答案： D

解析： 对称结构，在对称荷载作用下，支座反力对称，答案选 D。

1.2-15［2023-38］关于拱结构的受力特点，下列说法错误的是（　　）。

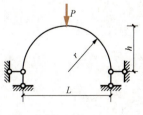

图1.2-48

A. 拱的轴向受力较大

B. 拱结构通常用拉杆来约束平面的稳定性

C. 相同荷载条件下，拱结构的弯矩较简支梁小

D. 相同条件下，拱结构的水平推力与拱高成正比

答案：D

解析：相同条件下，拱结构的水平推力与拱高成反比。选项 D 错误。

1.2-16［2020-14］如图 1.2-49 所示圆弧拱结构，拱高 h 小于半径 r，在荷载 P 作用下，下列说法正确的是（　　）。

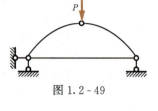

A. 拱中有轴力、弯矩、剪力　　B. 拱中无弯矩

C. 拱中无剪力　　　　　　　　D. 拱中仅有轴力

图 1.2-49

答案：A

解析：此题为普通带拉杆的三铰拱且不是合理拱轴线，所以有轴力、弯矩和剪力。

1.2-17［2019-98］三铰拱的受力特点是（　　）。

A. 在竖向荷载作用下，除产生竖向反力外，还产生水平推力

B. 竖向反力为零

C. 竖向力随着拱高增大而增大

D. 竖向力随着拱高增大而减小

答案：A

解析：拱结构与梁结构的区别，在于拱结构在竖向荷载作用下，除产生竖向反力外，还产生水平推力，所以选项 A 是正确的。竖向反力与拱高的值无关，均为竖向荷载值的一半，故选项 B、C、D 都是错误的。

第三节　超静定结构

考点 9：超静定结构特性【★★★★★】

特性 1	研究的超静定结构必须是几何不变体系，而且有多余约束或多余联系（支座）。**多余约束或多余联系的个数就是超静定的次数。【2022】**
特性 1	根据【考点 3】关于约束和多余约束的概念，可得到以下结论： ①一根链杆，相当于一个约束，如图 1.3-1 所示。 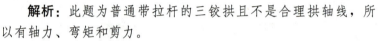 (a)　　　　　　　　　　(b) 图 1.3-1　一根链杆

②一个铰节点或铰支座，相当于两个约束，如图 1.3-2 所示。

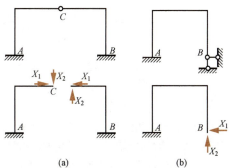

图 1.3-2　一个铰节点或铰支座

③一个刚节点或固定支座，相当于三个约束，如图 1.3-3 所示。

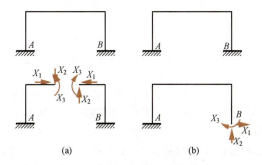

图 1.3-3　一个刚节点或固定支座

④将一个刚节点改成铰节点，相当于去掉一个多余约束如图 1.3-4 所示。

⑤将一个固定支座改成固定铰支座，相当于去掉一个多余约束，如图 1.3-5 所示。

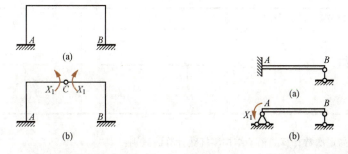

图 1.3-4　一个刚节点改成铰节点　　　图 1.3-5　一个固定支座改成固定铰支座

【例 1.3-1】 判断图 1.3-6 所示结构超静定次数。

A. 1　　　　　B. 2　　　　　C. 3　　　　　D. 4

【解法一】 判断超静定次数方法很多，最简单的就是从支座处入手。可以先去掉右侧支座的两个链杆，再去掉中间支座的水平链杆，此时为静定刚架结构，几何不变体系，无多余约束。因为**一根链杆，相当于一个约束**，所以该结构有 3 个多余约束，为 3 次超静定，如图 1.3-7 所示。

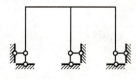

图 1.3-6

特性 1

29

【解法二】 本题也可以把刚节点改成铰节点，并去掉一个支座链杆，如图 1.3-8 所示。

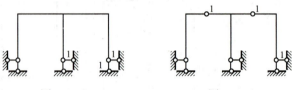

图 1.3-7　　　　　　　　图 1.3-8

将一个刚节点改成铰节点，相当于去掉一个多余约束；一根链杆，相当于一个约束。所以该结构有 3 个多余约束，为 3 次超静定。显然该方法比前者复杂，不建议采用。

【解法三】 还有一种解法，特别容易错，却是大家比较喜欢的一种解法，即把中间"T"形刚节点直接改成铰节点，然后再去掉一个链杆，如图 1.3-9 所示。

因为"**将一个刚节点改成铰节点，相当于去掉一个多余约束；一根链杆，相当于一个约束**"，所以错误地判断为该结构只有 2 个多余约束，为 2 次超静定。

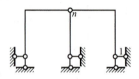

图 1.3-9

这种计算方法是错误的。此处 T 形节点是**复刚节点**，改成铰后是**复铰节点**，不能直接应用"**将一个刚节点改成铰节点，相当于去掉一个多余约束**"这个结论。

将图 1.3-10 所示 T 形复刚节点改为复铰节点，相当于去掉两个多余约束，所以该结构共有 3 个多余约束，为 3 次超静定。

复刚节点改为复铰节点之后，去掉的约束称为复约束。复约束的计算较为复杂，大家尽量避开，此处从略。与复刚节点、复铰节点、复约束相对应的是单刚节点、单铰节点、单约束，几种常见的节点见表 1.3-1。

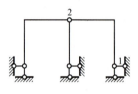

图 1.3-10

表 1.3-1　　　　　　　　　几种常见的节点

单刚节点	单铰节点	复刚节点		复铰节点	
		(a)	(b)	(a)	(b)

超静定次数计算与桁架结构零杆数计算的区别：

桁架结构零杆数计算，通常是静定结构，而且有确定的荷载，计算时不包括支座链杆。

超静定次数计算，必然是超静定结构，属于几何构造分析，与荷载无关，须考虑支座链杆。

【例 1.3-2】 判断图 1.3-11 所示结构的零杆数。

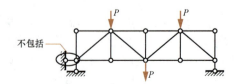

图 1.3-11

特性 1

特性1	【解】根据"KTV"原则（详见考点4），很容易判断出有7根零杆。虽然左侧支座水平反力为零，但不计入零杆数，如图1.3-12所示。 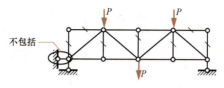 不包括 图1.3-12
特性2	超静定结构在荷载作用下的反力和内力与各杆的相对刚度有关。一般相对刚度较大的杆，其反力和内力也较大，各杆内力之比等于各杆刚度之比。而静定结构的反力和内力与构件刚度无关。 【例1.3-3】下列刚架中，哪一个刚架的横梁跨中弯矩最大？（　　） 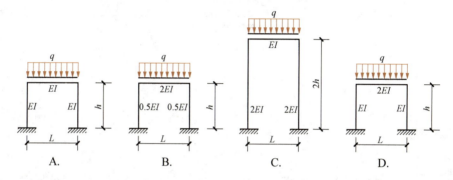 A.　　　　B.　　　　C.　　　　D. 【解】根据特性3，只要比较梁与柱的相对刚度即可，相对刚度大的构件，吸收的内力就大。计算选项A梁柱相对刚度为$\dfrac{\frac{EI}{L}}{\frac{EI}{h}}$，选项B为$\dfrac{\frac{2EI}{L}}{\frac{0.5EI}{h}}$，选项C为$\dfrac{\frac{EI}{L}}{\frac{2EI}{2h}}$，选项D为$\dfrac{\frac{2EI}{L}}{\frac{EI}{h}}$。 显然，B选项相对刚度最大，所以B项梁吸收的内力最大，答案选B

几种特例（可以直接记住结论）

【例1.3-4】请分别绘制图1.3-13所示结构在$\dfrac{EI_1}{EI_2}=\infty$和$\dfrac{EI_2}{EI_1}=\infty$两种情况下的弯矩图。

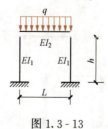

图1.3-13

【解】（1）当$\dfrac{EI_1}{EI_2}=\infty$时，柱对梁的约束非常强，水平横梁两端相当于固接，如图1.3-14所示。

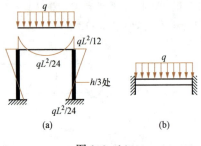

图 1.3-14

（2）当 $\dfrac{EI_2}{EI_1}=\infty$ 时，柱对梁的约束很弱，水平横梁两端相当于铰接，如图 1.3-15 所示。

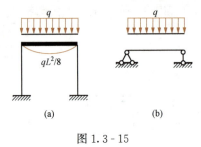

图 1.3-15

特性 2

【例 1.3-5】请绘制图 1.3-16 所示结构在 $\dfrac{EI_1}{EI_2}=\infty$ 和 $\dfrac{EI_2}{EI_1}=\infty$ 两种情况下的弯矩图。

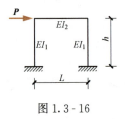

图 1.3-16

【解】（1）当 $\dfrac{EI_1}{EI_2}=\infty$ 时，柱刚度无限大，柱的变形可以忽略不计。左柱将吸收所有荷载，左侧荷载无法传递至右侧，如图 1.3-17 所示。

（2）当 $\dfrac{EI_2}{EI_1}=\infty$ 时，梁刚度无限大，柱弯矩的反弯点在柱中间处，如图 1.3-18 所示。

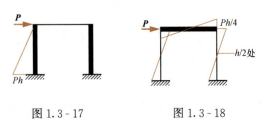

图 1.3-17　　　　　　　图 1.3-18

特性 2	【例 1.3 - 6】请绘制图 1.3 - 19 所示结构在 $\dfrac{EA_2}{EA_1}=\infty$ 情况下的弯矩图。 【解】当 $\dfrac{EA_2}{EA_1}=\infty$ 时，梁的刚度无限大，其轴向变形可以忽略不计，相当于排架结构，如图 1.3 - 20 所示。 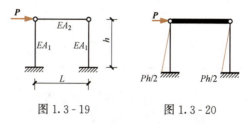 图 1.3 - 19　　　　　　图 1.3 - 20
特性 3	超静定结构在发生支座位移、温度变化、制造误差、材料收缩或徐变时，可能会产生内力。要看这些因素引起的变形是否受多余约束或多余联系的阻碍。 【例 1.3 - 7】图 1.3 - 21 所示刚架，当中间支座产生竖向位移 Δ 时，正确的弯矩图是(　　)。 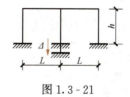 图 1.3 - 21 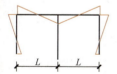　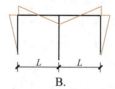　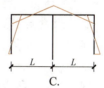　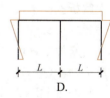 A.　　　　　　B.　　　　　　C.　　　　　　D. 【解】中间支座产生竖向位移，相当于有一个向下的荷载，如图 1.3 - 22（a）所示。根据图 1.3 - 22（b）刚架弯矩图可知，答案是 A。 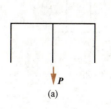　　　　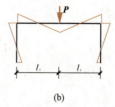 （a）　　　　　　　　（b） 图 1.3 - 22 【例 1.3 - 8】请绘制图 1.3 - 23 所示结构右侧支座分别产生 Δx 和 Δy 位移时的弯矩图。 【解】（1）右侧支座产生 Δx 位移时，相当于在右侧支座施加向右的水平荷载（图 1.3 - 24）。 　　（2）右侧支座产生 Δy 位移时，位移方向与支座反力方向相同，结构变形可协调，不会产生内力（图 1.3 - 25）

特性3	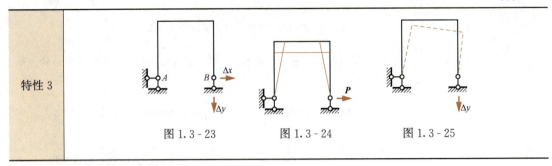 图 1.3-23　图 1.3-24　图 1.3-25

1.3-1〔2024-1〕图 1.3-26 所示结构的超静定次数是（　　）。

A.1　　　　　　　　B.2

C.3　　　　　　　　D.4

答案： D

解析： 去掉最上面的二元体之后，再断开顶部水平链杆（1次），断开中间水平杆件（3次），如图 1.3-27 所示，共 4 次超静定。

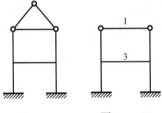

图 1.3-26　图 1.3-27

1.3-2〔2023-02〕图 1.3-28 所示结构超静定次数为（　　）。

A.1 次　　　　　　　B.2 次

C.3 次　　　　　　　D.4 次

答案： D

解析： 一个铰相当于两个约束。去掉两个铰，相当于去掉四个约束。去掉四个约束后，结构为静定结构。多余约束的个数即为超静定次数，本题为 4 次超静定，答案选 D。

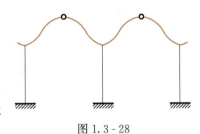

图 1.3-28

1.3-3〔2020-16〕图 1.3-29 所示刚架结构支座 A 向左发生水平滑移，在结构中形成的弯矩图，正确的是（　　）。

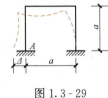

图 1.3-29

　A.　　　B.　　　C.　　　D.

答案： A

解析： 图 1.3-29 所示刚架结构支座 A 向左发生水平滑移，相当于受到一个向左的水平力。对称结构受对称荷载，弯矩图应该是对称的，所以可排除选项 C。由于支座有水平力，故竖杆弯矩为斜线，可以排除选项 B、D。综上，答案选 A。

考点 10：超静定结构内力图【★★★】

本考点要求能够定性判断超静定结构弯矩图，对超静定结构的计算不作要求。绘制弯矩图时，可以利用结构对称性进行分析（对称力与反对称力如图 1.3-30 所示）：对称结构在对称荷载作用下，对称内力（弯矩、轴力）和位移是对称的，在对称轴上反对称内力（剪力）为零，如图 1.3-31 所示；对称结构在反对称荷载作用下，反对称内力（剪力）和位移是反对称的，在对称轴上对称内力（弯矩、轴力）为零，如图 1.3-32 所示。

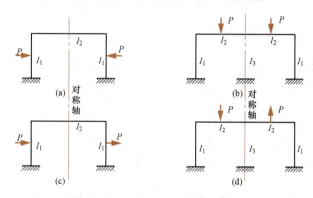

图 1.3-30 对称力与反对称力图示

（a）（b）—一对对称力；（c）（d）—一对反对称力

弯矩图

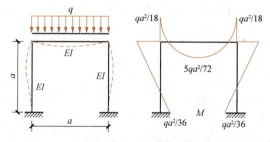

图 1.3-31 对称结构在对称荷载作用下的弯矩图

（弯矩图呈对称分布，跨中剪力为零）

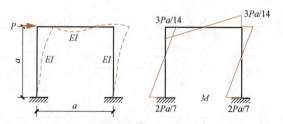

图 1.3-32 对称结构在反对称荷载作用下的弯矩图

（弯矩图呈反对称分布，跨中弯矩和轴力为零）

弯矩图

【例 1.3 - 9】 图 1.3 - 33 所示结构的弯矩图正确的是（　　）。

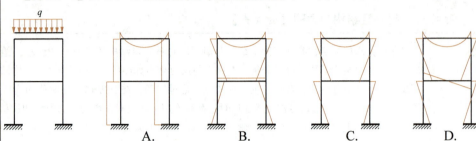

图 1.3 - 33

【解法一】 对称结构在对称荷载作用下，弯矩图呈对称分布，选项 A、D 错误。超静定结构所有杆件均有内力，选项 C 错误。综上，答案选 B。

【解法二】 本题科学的解法，应该是先绘制变形图，如图 1.3 - 34 所示，再根据构件的受拉和受压关系绘制弯矩图。

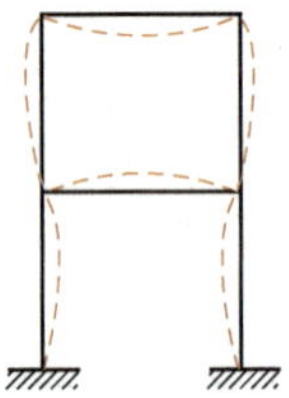

【解法三】 解法二虽然科学，但是结构的变形图会劝退很多人。本题还可以通过逐层分析进行绘制。首先，绘制上面一层的弯矩图，如图 1.3 - 35 所示。

然后，通过节点 C 的弯矩平衡，判断节点 C 的弯矩图，如图 1.3 - 36 所示。此处 M_{CA} 相当于上部传下的荷载，M_{CD} 和 M_{CE} 相当于抗力，应满足 $M_{CA} = M_{CD} + M_{CE}$。

图 1.3 - 34

如此，可以判断节点 C 处的弯矩图，进而绘制整个结构的弯矩图，如图 1.3 - 37 所示

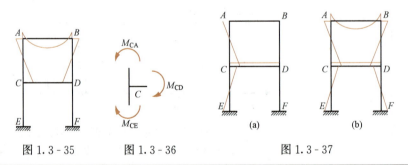

图 1.3 - 35　　　　图 1.3 - 36　　　　图 1.3 - 37

1.3 - 4 ［2022（5）- 14］图 1.3 - 38 所示结构的弯矩图，正确的是（　　）。

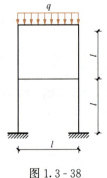

图 1.3 - 38

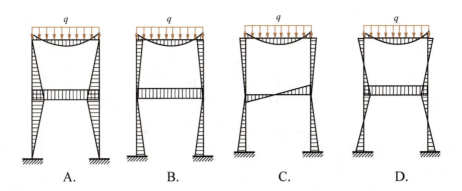

A.　　　　B.　　　　C.　　　　D.

答案： D

解析： 选项A、B最上端两侧直角无法保持平衡，选项A、B不正确。对称结构在对称荷载作用下，对称内力应该是对称的，选项C不正确，答案选D。注意，这种题型用排除法来完成更容易。

考点11：超静定结构变形 【★★★】

构件的 弯曲变形	构件的弯曲变形与抗弯刚度 EI 有关，抗弯刚度 EI 越大，弯曲变形越小。 常见悬臂梁的变形如图1.3-39所示。 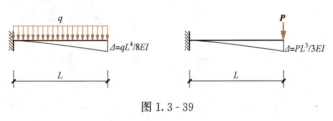 <div align="center">图1.3-39</div> **【例1.3-10】** 水平横梁位移最大的是（　　）。【2021】 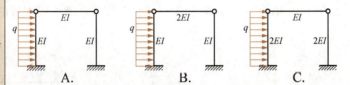 A.　　　　B.　　　　C.　　　　D. **【解】** 排架结构中柱抗弯刚度越小，柱顶变形越大，答案选D。 **【例1.3-11】** 如图1.3-40所示，减少 A 点竖向位移最有效的是（　　）。【2021】 A. AB 长度减少一半　　　B. BC 长度减少一半 C. AB 刚度增加1倍　　　D. BC 刚度增加1倍 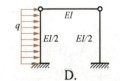 **【解】** AB 段为悬臂梁，A 点受到集中荷载后产生的位移 $\Delta_A = \dfrac{PL^3}{3EI}$。 显然减少悬臂梁的长度对减少 A 点竖向位移最有效，答案选A 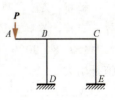 <div align="center">图1.3-40</div>

减少位移	增加斜撑轴向刚度，对抵抗水平位移最有效，在考试中会通过实际案例考查。 步骤1：先分析是否有零杆，若有零杆则对于增加刚度无效。 步骤2：通过选项进行倒推排除法寻找哪一根杆件是斜撑

1.3-5〔2023-3〕图 1.3-41 所示结构在 P 作用下，想要减少 E 竖向位移，需要增加哪根杆的轴心刚度？（　　）

A. CE　　　　　　　B. BE

C. DE　　　　　　　D. BC

答案：A

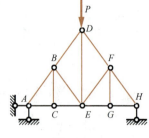

图 1.3-41

解析：本题杆 BC、FG、BE、EF、DE 为零杆，增加轴心刚度没有任何意义。排除选项 B、C、D 后，答案只能选 A。

1.3-6〔2023-8〕如图 1.3-42 所示，为了减小 B 点的水平位移，应增加轴向刚度的杆件是（　　）。

A. AB　　　　　　B. CF　　　　　　C. CD　　　　　　D. EF

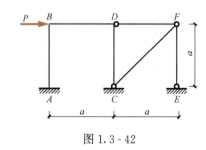

图 1.3-42

答案：B

解析：增加斜撑轴向刚度，对抵抗水平位移最有效，所以答案选 B。

1.3-7〔2020-12〕如图 1.3-43 所示，为减小 A 点的竖向位移，增加哪根杆的刚度 EI 最有效？（　　）

A. AC　　　　　　B. BC

C. BD　　　　　　D. CE

答案：A

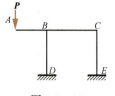

图 1.3-43

解析：AB 段属于悬挑梁，增加 AB 段的抗弯刚度 EI，简单、有效、直接，答案选 A。

1.3-8〔2020-13〕如图 1.3-44 所示，减小 A 点位移最有效的措施是增大（　　）。

A. EI_1　　　　　　B. EI_2

C. EA_1　　　　　　D. EA_2

答案：A

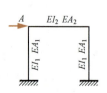

图 1.3-44

解析：影响 A 点水平位移的因素类似悬臂梁，主要取决于两根竖杆的弯曲刚度 EI_1，故答案选 A。

考点 12：连续梁可变荷载的不利布置【★★★】

【例 1.3-12】请绘制图 1.3-45 所示结构在不同荷载作用下的变形图。

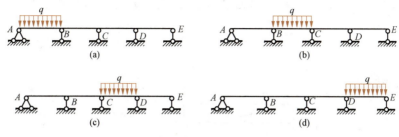

图 1.3-45

【解】如图 1.3-46 所示。显然，要使 AB 跨跨中弯矩最大，荷载应布置在 AB 跨和 CD 跨；要使 BC 跨跨中弯矩最大，荷载应布置在 BC 跨和 DE 跨。而要使 B 支座负弯矩最大，荷载应同时布置在 AB 跨和 BC 跨。

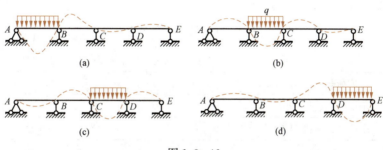

图 1.3-46

从中可以发现连续梁截面最大内力的可变荷载不利布置规律，因此：

①求某跨的跨中最大正弯矩时，除将可变荷载布置在该跨外，两边应每隔一跨布置可变荷载。

②求某支座截面最大负弯矩时，除该支座两侧应布置可变荷载外，两边应每隔一跨布置可变荷载。

③求某支座截面最大剪力时，可变荷载布置同规律②

连续梁
变形

第二章　建筑荷载与结构设计方法

思维导图

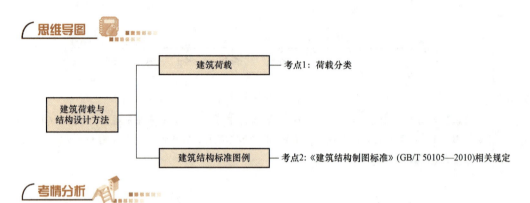

考情分析

节　名	近5年考试分值统计					
	2024年	2023年	2022年12月	2022年5月	2021年	2020年
第一节　建筑荷载	0	0	0	0	1	0
第二节　建筑结构设计方法	0	0	0	0	0	0
第三节　建筑结构标准图例	0	0	0	0	1	0
总　计	0	0	0	1	2	0

考点精讲与典型习题

第一节　建筑荷载

考点1：荷载分类【★★★★】

荷载分类	(1) 荷载按时间的变化分为三类，见表2.1-1。		
	表2.1-1　　　按时间变化划分的荷载类别及实例		
	类别	定义	实例
	永久荷载	在结构使用期间，其值不随时间变化，或其变化与平均值相比可以忽略不计，或其变化是单调的并能趋于限值的荷载	结构自重、土压力、预应力
	可变荷载	在结构使用期间，其值随时间变化，且其变化与平均值相比不可以忽略不计的荷载	楼面活荷载、屋面活荷载和积灰荷载、吊车荷载、风荷载、雪荷载
	偶然荷载	在结构设计使用年限内不一定出现，而一旦出现其量值很大，且持续时间很短的荷载	爆炸力、撞击力
	注：屋面活荷载为水平投影面上的数值；屋顶花园活荷载不包括花圃土石等材料自重。		

40

荷载分类	（2）荷载按空间变化分为两类，见表2.1-2。

表 2.1-2　　　按空间变化划分的荷载类别及实例

类别	定义	实例
固定荷载	在结构上具有固定空间分布的作用	结构自重、固定的设备、水箱
自由荷载	在结构上给定的范围内具有任意空间分布的作用	楼面上的人群荷载、吊车荷载、车辆荷载

（3）荷载按结构反应特点分为两类，见表2.1-3。

表 2.1-3　　　按结构反应划分的荷载类别及实例

类别	实例
静态荷载	结构自重、土压力、预应力等
动态荷载	楼面活荷载、屋面活荷载和积灰荷载、吊车荷载、风荷载、雪荷载

荷载计算	关于荷载的计算题，编者建议考生在学有余力的情况下扩展学习即可，十年内考过一次，且计算量大，不易得分

2.1-1［2020-80］综合案例题：某工程为现浇混凝土框架结构，抗震二级，梁板混凝土强度等级为 C30、柱 C40，梁柱钢筋及箍筋 HRB400，首层入口处雨篷如图 2.1-1 所示，图 2.1-2 为荷载工况。

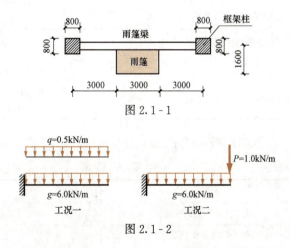

图 2.1-1

图 2.1-2

雨篷板折算永久荷载标准值为 $g=6.0kN/m$，活荷载 $q=0.5kN/m$，检修荷载 $P=1.0kN/m$，每延米最大弯矩设计值约为（　　）。（永久荷载分项系数为 1.3，可变荷载分项系数为 1.5，检修与活荷载不会同时存在，检修荷载沿宽度每隔 1m 布置一个集中力）

A. 8.3kN・m　　　　B. 10.9kN・m　　　　C. 12.4kN・m　　　　D. 13.3kN・m

答案：C

解析：每延米恒荷载产生的弯矩：$1/2 \times (1.3 \times 6.0) \times 1.6^2 kN \cdot m = 9.98 kN \cdot m$

每延米活荷载产生的弯矩：1/2×（1.5×0.5）×1.62kN·m＝0.96kN·m

每延米检修荷载产生的弯矩：1×1.6×1.5kN·m＝2.4kN·m

因为检修荷载和活荷载不会同时存在，取两者大值与恒荷载组合，得每延米最大弯矩设计值＝9.98kN·m＋2.4kN·m＝12.38kN·m，故答案选C。

第二节　建筑结构标准图例

考点 2：《建筑结构制图标准》（GB/T 50105—2010）相关规定【★】

<table>
<tr><td rowspan="20">混凝土结构</td><td colspan="4">根据《建筑结构制图标准》3.1.1-1，普通钢筋的一般表示方法应符合表 2.2-1 的规定。</td></tr>
<tr><td colspan="4">表 2.2-1　　　　　　　　　普通钢筋</td></tr>
<tr><td>序号</td><td>名称</td><td>图例</td><td>说明</td></tr>
<tr><td>1</td><td>无弯钩的钢筋端部</td><td>（上）
（下）</td><td>下图表示长短钢筋投影重叠时，短钢筋的端部用 45°斜线表示</td></tr>
<tr><td>2</td><td>带半圆形弯钩的钢筋端部</td><td></td><td>—</td></tr>
<tr><td>3</td><td>带直钩的钢筋端部</td><td></td><td>—</td></tr>
<tr><td>4</td><td>带螺纹的钢筋端部</td><td></td><td>—</td></tr>
<tr><td>5</td><td>无弯钩的钢筋搭接</td><td></td><td>—</td></tr>
<tr><td>6</td><td>带半圆弯钩的钢筋搭接</td><td></td><td>—</td></tr>
<tr><td>7</td><td>带直钩的钢筋搭接</td><td></td><td>—</td></tr>
<tr><td>8</td><td>花篮螺钉钢筋接头</td><td></td><td>—</td></tr>
<tr><td>9</td><td>机械连接的钢筋接头</td><td></td><td>用文字说明机械连接的方式（如冷挤压或直螺纹等）</td></tr>
<tr><td colspan="4">根据 3.1.1-2，预应力钢筋的表示方法应符合表 2.2-2 的规定。</td></tr>
<tr><td colspan="4">表 2.2-2　　　　　　预应力钢筋</td></tr>
<tr><td>序号</td><td>名称</td><td colspan="2">图例</td></tr>
<tr><td>1</td><td>预应力钢筋或钢绞线</td><td colspan="2"></td></tr>
<tr><td>2</td><td>后张法预应力钢筋断面
无黏结预应力钢筋断面</td><td colspan="2">⊕</td></tr>
<tr><td>3</td><td>预应力钢筋断面</td><td colspan="2">+</td></tr>
<tr><td>4</td><td>张拉端锚具</td><td colspan="2"></td></tr>
<tr><td>5</td><td>固定端锚具</td><td colspan="2"></td></tr>
<tr><td>6</td><td>可动连接件</td><td colspan="2"></td></tr>
<tr><td>7</td><td>固定连接件</td><td colspan="2"></td></tr>
</table>

	根据 3.1.1-4，钢筋的焊接接头的表示方法应符合表 2.2-3 的规定。
混凝土结构	**表 2.2-3　　　钢筋的焊接接头** 表格见下

表 2.2-3　　　钢 筋 的 焊 接 接 头

序号	名称	接头形式	标注方法
1	**单面焊接的钢筋接头**		
2	**双面焊接的钢筋接头**		
3	用帮条单面焊接的钢筋接头		
4	用帮条双面焊接的钢筋接头		

根据 4.2.1，螺栓、孔、电焊铆钉的表示方法应符合表 2.2-4 中的规定。

表 2.2-4　　　螺栓、孔、电焊铆钉的表示方法

序号	名称	图例	说明
1	**永久螺栓**【2021】		1.细"+"线表示定位线。 2.M 表示螺栓型号。 3.ϕ 表示螺栓孔直径。 4.d 表示膨胀螺栓、电焊铆钉直径。 5.采用引出线标注螺栓时，横线上标注螺栓规格，横线下标注螺栓孔直径
2	**高强螺栓**【2021】		1.细"+"线表示定位线。 2.M 表示螺栓型号。 3.ϕ 表示螺栓孔直径。 4.d 表示膨胀螺栓、电焊铆钉直径。 5.采用引出线标注螺栓时，横线上标注螺栓规格，横线下标注螺栓孔直径
3	**安装螺栓**【2021】		
4	**膨胀螺栓**		
5	**圆形螺栓孔**【2021】		

（1）单面焊缝的标注方法应符合表 2.2-5 的规定。

表 2.2-5　　　单面焊缝的标注方法

序号	名称	图例
1	当箭头指向焊缝所在的一面时，应将图形符号和尺寸标注在横线的上方	

（左侧栏目标签：混凝土结构；螺栓、孔、电焊铆钉；常用焊缝）

序号	名称	图例
2	当箭头指向焊缝所在另一面（相对应的那面）时，应将图形符号和尺寸标注在横线的下方	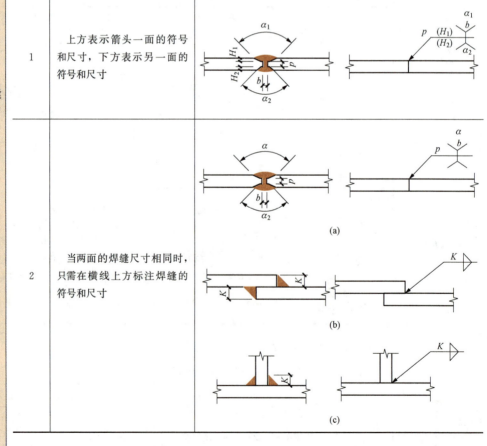
3	表示环绕工作件周围的焊缝时，应将其围焊焊缝符号为圆圈，绘在引出线的转折处，并标注焊角尺寸 K	

（2）双面焊缝的标注，应在横线的上、下都标注符号和尺寸，见表2.2-6。

表 2.2-6　　　　　　　　　双面焊缝的标注方法

序号	名称	图例
1	上方表示箭头一面的符号和尺寸，下方表示另一面的符号和尺寸	
2	当两面的焊缝尺寸相同时，只需在横线上方标注焊缝的符号和尺寸	

左侧竖排文字：常用焊缝

（3）相互焊缝的焊缝和施工现场进行焊接的焊件焊缝应符合表 2.2-7 的规定。

表 2.2-7　　　　　相互焊接的焊缝和现场焊接的焊缝

	序号	名称	图例
常用焊缝	1	3 个和 3 个以上的焊件相互焊接的焊缝，不得作为双面焊缝标注。其焊缝符号和尺寸应分别标注	
	2	相互焊接的两个焊件中，当只有一个焊件带坡口时（如单面 V 形），引出线箭头必须指向带坡口的焊件	
	3	相互焊接的 2 个焊件，当为单面带双边不对称坡口焊缝时，引出线箭头应指向较大坡口的焊件	
	4	需要在施工现场进行焊接的焊件焊缝，应当标注"现场焊缝"符号。**现场焊缝符号为涂黑的三角形旗号，绘在引出线的转折处【2019】**	

2.2-1 ［2021-85］以下属于高强螺栓的选项是（　　　）。

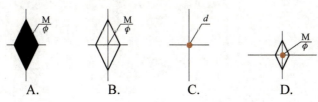

A.　　　　B.　　　　C.　　　　D.

答案： A

解析： 根据表 2.2-4，高强度螺栓表示方法为选项 A，选项 B 为永久螺栓，选项 C 为圆形螺栓孔，选项 D 为安装螺栓。

2.2-2 ［2019-99］下列属于现场焊接的单面角焊缝是（　　　）。

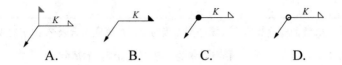

A.   B.   C.   D.

答案： A

解析： 根据表 2.2-7，需要在施工现场进行焊接的焊件焊缝，应按标注"现场焊缝"符号。现场焊缝符号为涂黑的三角形旗号，绘在引出线的转折处，故答案选 A。

第三章　钢筋混凝土结构

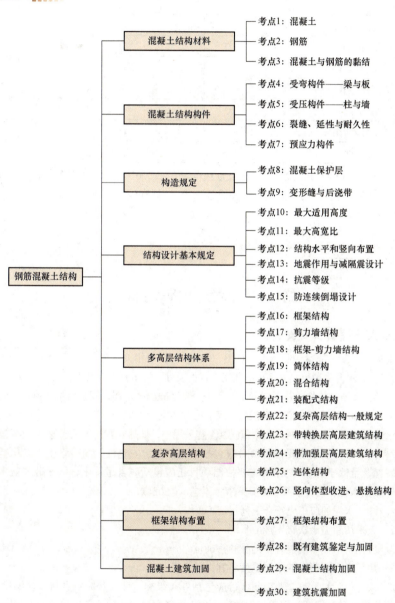

钢筋混凝土结构

- 混凝土结构材料
  - 考点1：混凝土
  - 考点2：钢筋
  - 考点3：混凝土与钢筋的黏结
- 混凝土结构构件
  - 考点4：受弯构件——梁与板
  - 考点5：受压构件——柱与墙
  - 考点6：裂缝、延性与耐久性
  - 考点7：预应力构件
- 构造规定
  - 考点8：混凝土保护层
  - 考点9：变形缝与后浇带
- 结构设计基本规定
  - 考点10：最大适用高度
  - 考点11：最大高宽比
  - 考点12：结构水平和竖向布置
  - 考点13：地震作用与减隔震设计
  - 考点14：抗震等级
  - 考点15：防连续倒塌设计
- 多高层结构体系
  - 考点16：框架结构
  - 考点17：剪力墙结构
  - 考点18：框架-剪力墙结构
  - 考点19：筒体结构
  - 考点20：混合结构
  - 考点21：装配式结构
- 复杂高层结构
  - 考点22：复杂高层结构一般规定
  - 考点23：带转换层高层建筑结构
  - 考点24：带加强层高层建筑结构
  - 考点25：连体结构
  - 考点26：竖向体型收进、悬挑结构
- 框架结构布置
  - 考点27：框架结构布置
- 混凝土建筑加固
  - 考点28：既有建筑鉴定与加固
  - 考点29：混凝土结构加固
  - 考点30：建筑抗震加固

节 名	近5年考试分值统计					
	2024年	2023年	2022年12月	2022年5月	2021年	2020年
第一节 混凝土结构材料	1	2	3	6	4	4
第二节 混凝土结构构件	2	0	9	9	6	9
第三节 构造规定	0	1	2	2	2	1
第四节 结构设计基本规定	0	0	0	1	3	4
第五节 多高层结构体系	5	5	12	12	9	7
第六节 复杂高层结构	1	2	4	3	4	3
第七节 框架结构布置	0	1	1	2	4	1
第八节 混凝土建筑加固	4	0	0	0	0	0
总 计	13	11	31	35	32	29

注：住房城乡建设部已批准《混凝土结构设计规范》（GB 50010—2010）局部修订的条文，自2024年8月1日起实施。标准名称修改为《混凝土结构设计标准》，标准编号修改为GB/T 50010—2010，考生备考需注意规范变更部分。

第一节　混凝土结构材料

考点1：混凝土【★★★★★】

原材料质量控制	根据《混凝土质量控制标准》（GB 50164—2011）相关规定。 2.1.1　水泥品种与强度等级的选用应根据设计、施工要求以及工程所处环境确定。对于一般建筑结构及预制构件的普通混凝土，宜采用**通用硅酸盐水泥**；高强混凝土和有抗冻要求的混凝土**宜采用硅酸盐水泥或普通硅酸盐水泥**；有预防混凝土碱－骨料反应要求的混凝土工程**宜采用碱含量低于0.6％的水泥**；大体积混凝土宜采用中、低热硅酸盐水泥或低热矿渣硅酸盐水泥。 2.1.2　水泥质量主要控制项目**应包括凝结时间、安定性、胶砂强度、氧化镁和氯离子含量**，碱含量低于0.6％的水泥主要控制项目还应包括碱含量，中、低热硅酸盐水泥或低热矿渣硅酸盐水泥主要控制项目还应包括**水化热**。【2024】 2.1.3　水泥的应用应符合下列规定： 1　宜采用新型干法窑生产的水泥。 2　应注明水泥中的混合材品种和掺加量。 3　用于生产混凝土的水泥温度不宜高于60℃。 2.2.2　粗骨料质量主要控制项目应包括颗粒级配、针片状颗粒含量、含泥量、泥块含量、压碎值指标和坚固性，用于高强混凝土的粗骨料主要控制项目还应包括岩石抗压强度。 2.3.2　**细骨料**质量主要控制项目应包括颗粒级配、细度模数、含泥量、泥块含量、坚固性、氯离子含量和有害物质含量；海砂主要控制项目除应包括上述指标外尚应包括贝壳含量；人工砂主要控制项目除应包括上述指标外尚应包括石粉含量和压碎值指标，人工砂主要控制项目可不包括氯离子含量和有害物质含量。

原材料质量控制	2.4.2 **粉煤灰**的主要控制项目应包括细度、需水量比、烧失量和三氧化硫含量，C类粉煤灰的主要控制项目还应包括游离氧化钙含量和安定性；粒化高炉矿渣粉的主要控制项目应包括比表面积、活性指数和流动度比；钢渣粉的主要控制项目应包括比表面积、活性指数、流动度比、游离氧化钙含量、三氧化硫含量、氧化镁含量和安定性；磷渣粉的主要控制项目应包括细度、活性指数、流动度比、五氧化二磷含量和安定性；硅灰的主要控制项目应包括比表面积和二氧化硅含量。矿物掺合料的主要控制项目还应包括放射性。 2.5.2 **外加剂**质量主要控制项目应包括掺外加剂混凝土性能和外加剂匀质性两方面，混凝土性能方面的主要控制项目应包括减水率、凝结时间差和抗压强度比，外加剂匀质性方面的主要控制项目应包括pH值、氯离子含量和碱含量；引气剂和引气减水剂主要控制项目还应包括含气量；防冻剂主要控制项目还应包括含气量和50次冻融强度损失率比；膨胀剂主要控制项目还应包括凝结时间、限制膨胀率和抗压强度。 2.6.2 **混凝土用水**主要控制项目应包括pH值、不溶物含量、可溶物含量、硫酸根离子含量、氯离子含量、水泥凝结时间差和水泥胶砂强度比；当混凝土骨料为碱活性时，主要控制项目还应包括碱含量。 2.6.3 混凝土用水的应用应符合下列规定： 1 未经处理的海水**严禁用于钢筋混凝土和预应力混凝土**。 2 当骨料具有碱活性时，混凝土用水**不得采用混凝土企业生产设备洗涮水**
强度	（1）立方体抗压强度与混凝土强度等级 $f_{cu,k}$。【2021】 ①立方体抗压强度是以边长为**150mm的立方体**为标准试件，在（20±3）℃的温度和相对湿度90％以上的潮湿空气中养护**28d**，按照标准试验方法测得的抗压强度，单位为 N/mm² 或MPa。【2022（12）】 ②混凝土强度等级是按**立方体抗压强度**标准值确定（**注：立方体抗压强度没有设计值**），用符号 $f_{cu,k}$ 表示。例如，混凝土强度等级 C30 表示混凝土立方体抗压强度标准值为 30MPa≤$f_{cu,k}$<35MPa。【2022（5）、2021】 （2）轴心抗压强度。 ①考虑到混凝土结构受压构件往往不是立方体而是棱柱体，所以采用棱柱体试件比立方体试件能更好地反映混凝土的实际抗压能力。轴心抗压强度是以 150mm×150mm×300mm 的棱柱体标准试件测得的强度值（**棱柱体相对于立方体，能更好地反映混凝土结构的实际抗压能力**）用符号 f_{ck} 表示。 ②立方体抗压强度标准值 $f_{cu,k}$、轴心抗压强度标准值 f_{ck}（表 3.1-1）、轴心抗压强度设计值 f_c（表 3.1-2）三者之间的近似关系：① $f_{ck}≈0.67f_{cu,k}$；② $f_c≈\dfrac{f_{ck}}{1.4}$。【2019】（**注意三者比大小**） 表 3.1-1 　　　　　　　　混凝土轴心抗压强度标准值　　　　　　（N/mm²）

强度	混凝土强度等级											
	C20	C25	C30	C35	C40	C45	C50	C55	C60	C65	C70	C75	C80
f_{ck}	13.4	16.7	20.1	23.4	26.8	29.6	32.4	35.5	38.5	41.5	44.5	47.4	50.2

| 表 3.1-2 | | | 混凝土轴心抗压强度设计值 | | | | | | | | (N/mm²) | |

<table>
<tr><td rowspan="2">强度</td><td colspan="12">混凝土强度等级</td></tr>
<tr><td>C20</td><td>C25</td><td>C30</td><td>C35</td><td>C40</td><td>C45</td><td>C50</td><td>C55</td><td>C60</td><td>C65</td><td>C70</td><td>C75</td><td>C80</td></tr>
<tr><td>f_c</td><td>9.6</td><td>11.9</td><td>14.3</td><td>16.7</td><td>19.1</td><td>21.1</td><td>23.1</td><td>25.3</td><td>27.5</td><td>29.7</td><td>31.8</td><td>33.8</td><td>35.9</td></tr>
</table>

（3）轴心抗拉强度。

①轴心抗拉强度是以 100mm×100mm×300mm 的棱柱体标准试件测得的强度值，用符号 f_{tk} 表示。

②立方体抗压强度标准值 $f_{cu,k}$、轴心抗拉强度标准值 f_{tk}（表 3.1-3）、轴心抗拉强度设计值 f_t（表 3.1-4）三者之间的近似关系：$f_{tk} \approx \left(\frac{1}{17} \sim \frac{1}{8}\right) f_{cu,k}$；$f_t \approx \frac{f_{tk}}{1.4}$。【2019】

| 表 3.1-3 | | | 混凝土轴心抗拉强度标准值 | | | | | | | | (N/mm²) | |

<table>
<tr><td rowspan="2">强度</td><td colspan="13">混凝土强度等级</td></tr>
<tr><td>C20</td><td>C25</td><td>C30</td><td>C35</td><td>C40</td><td>C45</td><td>C50</td><td>C55</td><td>C60</td><td>C65</td><td>C70</td><td>C75</td><td>C80</td></tr>
<tr><td>f_{tk}</td><td>1.54</td><td>1.78</td><td>2.01</td><td>2.20</td><td>2.39</td><td>2.51</td><td>2.64</td><td>2.74</td><td>2.85</td><td>2.93</td><td>2.99</td><td>3.05</td><td>3.11</td></tr>
</table>

| 表 3.1-4 | | | 混凝土轴心抗拉强度设计值 | | | | | | | | (N/mm²) | |

<table>
<tr><td rowspan="2">强度</td><td colspan="13">混凝土强度等级</td></tr>
<tr><td>C20</td><td>C25</td><td>C30</td><td>C35</td><td>C40</td><td>C45</td><td>C50</td><td>C55</td><td>C60</td><td>C65</td><td>C70</td><td>C75</td><td>C80</td></tr>
<tr><td>f_t</td><td>1.10</td><td>1.27</td><td>1.43</td><td>1.57</td><td>1.71</td><td>1.80</td><td>1.89</td><td>1.96</td><td>2.04</td><td>2.09</td><td>2.14</td><td>2.18</td><td>2.22</td></tr>
</table>

③混凝土受压和受拉的弹性模量宜按表 3.1-5 采用。混凝土的剪切变形模量可按相应弹性模量值的 40% 采用。【2019】

| 表 3.1-5 | | | 混凝土的弹性模量 | | | | | | | | (×10⁴ N/mm²) | |

<table>
<tr><td>混凝土强度等级</td><td>C20</td><td>C25</td><td>C30</td><td>C35</td><td>C40</td><td>C45</td><td>C50</td><td>C55</td><td>C60</td><td>C65</td><td>C70</td><td>C75</td><td>C80</td></tr>
<tr><td>E_c</td><td>2.55</td><td>2.80</td><td>3.00</td><td>3.15</td><td>3.25</td><td>3.35</td><td>3.45</td><td>3.55</td><td>3.60</td><td>3.65</td><td>3.70</td><td>3.75</td><td>3.80</td></tr>
</table>

（4）影响混凝土强度的因素。

①原材料：水泥强度与水胶比；骨料的种类、质量和数量；外加剂和掺合料。

②生产工艺：搅拌与振捣；养护的温度和湿度；龄期

强度（左侧栏）

变形（左侧栏）

（1）混凝土变形分类。

①**受力**变形：混凝土在一次短期加载、长期加载和多次重复荷载作用下产生的变形，称为受力变形。

②**体积**变形：因混凝土的收缩、温度和湿度变化产生的变形，称为体积变形

变形	（2）影响**徐变**因素。 ①水胶比大，徐变大；水泥用量越多，徐变越大。 （注：水胶比指水与胶结材料的质量比，水灰比指水与水泥的质量比） ②养护条件好，混凝土工作环境湿度越大，徐变越小。 ③水泥和骨料的质量、级配越好，徐变越小。 ④加荷时混凝土的龄期越早，徐变越大。 ⑤加荷前混凝土的强度越高，徐变越小。 ⑥构件的尺寸越大，体表比越大，徐变越小。（体表比指构件的体积与表面积之比） **记忆要点：水胶比大、水泥用量多、混凝土龄期早，徐变越大** （3）影响**收缩**因素。 ① 水泥的品种：水泥强度等级越高，制成的混凝土收缩越大。 ②水泥的用量：水泥越多，收缩越大；水灰比越大，收缩也越大。 ③骨料的性质：骨料的弹性模量大，收缩小。 ④养护条件：在结硬过程中周围温度、湿度越大，收缩越小。 ⑤混凝土制作方法：混凝土越密实，收缩越小。 ⑥使用环境：使用环境温度、湿度大时，收缩小。 ⑦构件的体积与表面积比值：比值大时，收缩小。 **（记忆要点：水泥强度大、水泥越多、水灰比越大，收缩越大）**
混凝土选用的规定	《混凝土结构通用规范》（GB 55008—2021）相关规定。 2.0.2 结构混凝土强度等级的选用应满足工程结构的承载力、刚度及耐久性需求。对设计工作年限为 50 年的混凝土结构，结构混凝土的强度等级尚应符合下列规定；对设计工作年限大于 50 年的混凝土结构，结构混凝土的最低强度等级应比下列规定提高： 1 素混凝土结构构件的混凝土强度等级不应低于**C20**；钢筋混凝土结构构件的混凝土强度等级不应低于**C25**；预应力混凝土楼板结构的混凝土强度等级不应低于**C30**，其他预应力混凝土结构构件的混凝土强度等级不应低于**C40【2023】**；钢－混凝土组合结构构件的混凝土强度等级不应低于**C30**。 **2 承受重复荷载作用的钢筋混凝土结构构件，混凝土强度等级不应低于C30。【2020、2019】** 3 抗震等级不低于二级的钢筋混凝土结构构件，混凝土强度等级不应低于**C30**。 4 采用 500MPa 及以上等级钢筋的钢筋混凝土结构构件，混凝土强度等级不应低于**C30** 《混凝土结构设计规范》（GB 50010—2010，2015 年版）相关规定。 11.2.1 混凝土结构的混凝土强度等级应符合下列规定： 1 剪力墙不宜超过**C60**；其他构件，9 度时不宜超过**C60**，8 度时不宜超过**C70**。 2 框支梁、框支柱以及抗震等级不低于二级的钢筋混凝土结构构件及节点，**不应低于 C30** 《高层建筑混凝土结构技术规程》（JGJ 3—2010）相关规定。 3.2.1 高层建筑混凝土结构宜采用高强高性能混凝土和高强钢筋；构件内力较大或抗震性能有较高要求时，宜采用**型钢混凝土、钢管混凝土构件**。 **3.2.2 各类结构用混凝土的强度等级均不应低于 C20，并应符合下列规定：**

混凝土选用的规定	1 抗震设计时，一级抗震等级框架梁、柱及其节点的混凝土强度等级不应低于C30。 2 **筒体结构**的混凝土强度等级不宜低于**C30**。 3 作为上部结构嵌固部位的**地下室楼盖**的混凝土强度等级不宜低于C30。 4 **转换层楼板、转换梁、转换柱、箱形转换结构以及转换厚板**的混凝土强度等级均不应低于 C30。 5 预应力混凝土结构的混凝土强度等级不宜低于C40、不应低于C30。【2019】 6 **型钢混凝土梁、柱**的混凝土强度等级不宜低于C30。 7 现浇非预应力混凝土**楼盖结构**的混凝土强度等级不宜高于C40。 8 抗震设计时，**框架柱**的混凝土强度等级，9 度时不宜高于 C60，8 度时不宜高于 C70；**剪力墙**的混凝土强度等级不宜高于 C60

3.1-1〔2024-9〕钢筋混凝土结构中，钢筋混凝土结构框架柱混凝土所用水泥的主要控制指标不包括（　　）。

A. 凝结时间　　　　　B. 安定性　　　　　C. 胶砂比　　　　　D. 粉煤灰含量

答案：D

解析：根据《混凝土质量控制标准》（GB 50164—2011）第 2.1.2 条。

3.1-2〔2023-9〕根据《混凝土结构通用规范》，预应力混凝土梁，混凝土强度等级不应低于（　　）。

A. C25　　　　　B. C30　　　　　C. C35　　　　　D. C40

答案：D

解析：参见《混凝土结构通用规范》（GB 55008—2021）第 2.0.2 条，"预应力混凝土楼板结构的混凝土强度等级不应低于 C30，其他预应力混凝土结构构件的混凝土强度等级不应低于 C40"，所以答案选 D。

3.1-3〔2022（5）-16〕若实验室里测得某批混凝土材料的立方体抗压标准值是 26.8MPa，则这批材料最有可能是（　　）。

A. C25　　　　　B. C30　　　　　C. C40　　　　　D. C60

答案：A

解析：C25 表示混凝土立方体抗压强度标准值 $25MPa \leqslant f_{cu,k} < 30MPa$。

3.1-4〔2022（5）-17〕以下关于减少混凝土收缩的措施中，说法错误的是（　　）。

A. 增加水泥用量　　　　　　　　B. 在高温环境下养护
C. 采用较好的级配骨料　　　　　D. 振捣密实

答案：A

解析：水泥越多，收缩越大，故选项 A 不正确。

3.1-5〔2019-32〕下列选项中，同等级的混凝土指标最低的是（　　）。

A. 轴心抗拉强度标准值　　　　　B. 轴心抗拉强度设计值
C. 轴心抗压强度标准值　　　　　D. 轴心抗压强度设计值

答案：B

解析：同等级的混凝土，强度设计值低于强度标准值，抗拉强度低于抗压强度，因此轴心抗拉强度设计值最低。

考点 2：钢筋【★★★★★】

钢筋的分类	按外形分：光圆钢筋和变形钢筋（螺旋纹钢筋、人字纹钢筋、月牙纹钢筋），如图 3.1-1 所示。 按应力应变曲线分：**有明显屈服点钢筋（普通钢筋）、无明显屈服点钢筋（预应力钢筋）。** 按加工工艺分：钢筋（如热轧钢筋、冷拔钢筋、余热处理钢筋）、钢丝（如碳素钢丝、刻痕钢丝、钢绞线、冷拔低碳钢丝） 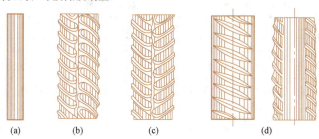 图 3.1-1　钢筋的分类 （a）光面钢筋；（b）螺旋纹钢筋；（c）人字纹钢筋；（d）月牙纹钢筋
应力—应变曲线	钢筋的强度和变形性能可以用拉伸试验得到的应力—应变曲线来说明。钢筋的应力—应变曲线，有的有明显的屈服点，例如由热轧低碳钢和普通热轧低合金钢所制成的钢筋；有的则没有明显的屈服点，例如由高碳钢制成的钢筋。 **有明显屈服点的钢筋**拉伸时的典型应力—应变曲线如图 3.1-2 所示，OA 段为弹性阶段，应力与应变关系为线弹性，按比例增加，符合胡克定律；BC 段水平距离为流幅或屈服台阶，此时应力不增加而应变急剧增大，曲线趋于水平；CD 段为强化段（应变硬化），此时的应力应变关系又呈上升曲线；D 点以后，在试件最薄弱的位置产生颈缩现象，变形迅速增加，应力随之下降，直到被拉断。（注：D 点为极限强度或抗拉强度 f_u）。【2019】 **无明显屈服点的钢筋**拉伸时的典型应力—应变曲线如图 3.1-3 所示，没有明显的屈服点和屈服台阶，其最高点对应的应力 σ_b 称为极限抗拉强度，应力达到极限抗拉强度后很快被拉断，延伸率很小，破坏时呈脆性。（确定该类钢筋的强度设计值，分两种情况：①预应力钢丝、预应力螺纹钢筋的强度设计值一般取 0.002 残余应变所对应的应力 $\sigma_{0.2}$ 作为其条件屈服强度标准值；②传统的钢绞线、消除预应力钢丝，取 $0.85\sigma_b$ 作为条件屈服点） 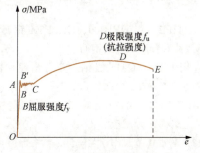 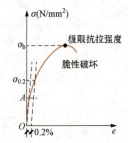 图 3.1-2　有明显屈服点钢筋　　　图 3.1-3　无明显屈服点钢筋 　　　的应力—应变曲线　　　　　　　的应力—应变曲线

	国产普通钢筋按其**屉服强度标准值**高低分为 4 个强度等级：300MPa、335MPa、400MPa 和 500MPa，即常说的 Ⅰ级钢筋、Ⅱ级钢筋、Ⅲ级钢筋、Ⅳ级钢筋。
	国产普通钢筋现有 8 个牌号：HPB300、HRB335、HRBF335、HRB400、HRBF400、RRB400、HRB500 和 HRBF500。牌号的数值为**屉服强度标准值**，牌号的字母 HPB 表示**热轧光圆钢筋**、HRB 表示**热轧带肋钢筋**，HRBF 表示**细晶粒热轧带肋钢筋**，RRB 表示**余热处理带肋钢筋**。钢筋牌号与符号见表 3.1-6。

表 3.1-6 钢筋牌号与符号

牌号	符号	牌号	符号
HPB300（Ⅰ级钢筋） 热轧光圆钢筋	Φ	HRB335（Ⅱ级钢筋） 热轧带肋钢筋	Φ
HRBF335（Ⅱ级钢筋） 细晶粒热轧带肋钢筋	Φ^F	HRB400（Ⅲ级钢筋） 热轧带肋钢筋	Φ
HRBF400（Ⅲ级钢筋） 细晶粒热轧带肋钢筋	Φ^F	RRB400（Ⅲ级钢筋） 热处理带肋钢筋	Φ^R
HRB500（Ⅳ级钢筋） 热轧带肋钢筋	Φ	HRBF500（Ⅳ级钢筋） 细晶粒热轧带肋钢筋	Φ^F

钢筋牌号与符号

如果牌号末尾带"E"，表示有较高抗震性能的钢筋，如牌号"HRB400E"表示屉服强度标准值为 400MPa 且有较高抗震性能的热轧带肋钢筋。

材料的强度设计值等于其强度标准值除以材料分项系数，钢筋 HRB400 的材料分项系数为 1.1，故其抗拉强度设计值为 $400/1.1=363.6$MPa，近似取 360MPa。即 HRB400 钢筋，其**屉服强度标准值＝400MPa、抗拉强度设计值＝360MPa**。

备注：①**钢筋标准值＞钢筋设计值＞钢筋疲劳应力幅限值。**

②普通钢筋采用屈服强度标志，预应力筋没有明显的屈服点，一般采用极限强度标志。

③在一定范围内，随着钢材的厚度不断增大，**屉服强度下降**

规范关于钢筋选用的规定	《混凝土结构设计规范》（GB 50010—2010，2015 年版）相关规定。 4.2.1 混凝土结构的钢筋应按下列规定选用： 1 **纵向受力普通钢筋**可采用 HRB400、HRB500、HRBF400、HRBF500、RRB400、HPB300 钢筋【2012】；**梁、柱和斜撑构件的纵向受力普通钢筋**宜采用 HRB400、HRB500、HRBF400、HRBF500 钢筋。 2 **箍筋**宜采用 HRB400、HRBF400、HPB300、HRB500、HRBF500 钢筋。 3 **预应力筋**宜采用预应力钢丝、钢绞线和预应力螺纹钢筋。 9.7.1 受力预埋件的**锚板**宜采用 Q235、Q345 级钢。受力预埋件的**锚筋**应采用 HRB400 或 HPB300 钢筋，**不应采用冷加工钢筋**。【2022（12）】 **说明：《低合金高强度结构钢》（GB/T 1591—2018）已将 Q345 钢全部替换为 Q355，即不再有 Q345 钢种，本书鉴于《混凝土结构设计规范》（GB 5000—2010，2015 年版）和《钢结构设计标准》（GB 50017—2017）两本规范未作相关修订，本书保留，下文同此。** 9.7.6 **吊环**应采用 HPB300 钢筋或 Q235B 圆钢【2022（5），2020】

规范关于钢筋选用的规定	《混凝土结构通用规范》（GB 55008—2021）相关规定。 3.2.3　对按一、二、三级抗震等级设计的房屋建筑框架和斜撑构件，其纵向受力普通钢筋性能应符合下列规定：【2019】 　1 **抗拉强度实测值与屈服强度实测值的比值**不应小于1.25。 　2 **屈服强度实测值与屈服强度标准值的比值**不应大于1.30。 　3 **最大力总延伸率实测值**不应小于9%
	《建筑抗震设计规范》（GB 50011—2010，2016年版）相关规定。 3.5.4-3　预应力混凝土的构件，应配有足够的**非预应力钢筋**。 3.9.3-1　**普通钢筋**宜优先采用延性、韧性和焊接性较好的钢筋；普通钢筋的强度等级，纵向受力钢筋宜选用符合抗震性能指标的不低于HRB400级的热轧钢筋，也可采用符合抗震性能指标的HRB335级热轧钢筋；**箍筋**宜选用符合抗震性能指标的不低于HRB335级的热轧钢筋，也可选用HPB300级热轧钢筋
	《建筑与市政工程抗震通用规范》（GB 55002—2021）相关规定。 5.2.5　对钢筋混凝土结构，当施工中需要以不同规格或型号的钢筋替代原设计中的纵向受力钢筋时，应按照**钢筋受拉承载力设计值相等**的原则换算，并应符合本规范规定的抗震构造要求【2021】
	《混凝土结构通用规范》（GB 55008—2021）相关规定。 2.0.11　当施工中进行混凝土结构构件的钢筋、预应力筋代换时，应符合设计规定的构件承载能力、正常使用、配筋构造及耐久性能要求，并应取得设计变更文件

3.1-6［2021-24］施工时，用高强度钢筋代替原设计中的纵向钢筋，下列属于正确的代替原则是（　　）。

A. 受拉钢筋承载力设计值相等　　　　　　B. 受拉钢筋配筋率相等

C. 构件裂缝相等　　　　　　　　　　　　D. 构件挠度相等

答案：A

解析：参见《建筑与市政工程抗震通用规范》（GB 55002—2021）第5.2.5条。

3.1-7［2020-20］电梯机房吊环应选用的钢筋种类是（　　）。

A. Q235B　　　　　　B. HRB335　　　　　　C. HRB400　　　　　　D. HRB500

答案：A

解析：参见《混凝土结构设计规范》（GB 50010—2010，2015年版）第9.7.6条。

3.1-8［2019-29］关于楼梯梯段板受力钢筋的抗震性能控制指标不包括（　　）。

A. 抗拉强度的实测值与屈服强度实测值之比　　B. 屈服强度实测值与屈服强度标准值之比

C. 最大拉力下总伸长率实测值　　　　　　　　D. 焊接性能和冲击韧性

答案：D

解析：参见《混凝土结构通用规范》（GB 55008—2021）第3.2.3条。

考点3：混凝土与钢筋的黏结【★】

定义	混凝土与钢筋的黏结是指钢筋与周围混凝土之间的相互作用，主要包括沿钢筋长度的黏结和钢筋端部的锚固两种情况。混凝土与钢筋的黏结是钢筋和混凝土形成整体、共同工作的基础
黏结力的组成	光圆钢筋与混凝土的黏结作用主要由钢筋与混凝土接触面上的胶结力、混凝土收缩握裹钢筋而产生摩阻力和钢筋表面凹凸不平与混凝土之间产生的机械咬合力三部分组成
	对于变形钢筋，咬合力是由于变形钢筋肋间嵌入混凝土而产生的。虽然也存在胶结力和摩擦力，但变形钢筋的黏结力主要来自钢筋表面凸出的肋与混凝土的机械咬合作用
钢筋的锚固	（1）普通钢筋基本锚固长度 l_{ab} $\qquad l_{ab}=\alpha\dfrac{f_y}{f_t}d$ 式中　l_{ab}——受拉钢筋的基本锚固长度； 　　　f_y——普通钢筋抗拉强度设计值； 　　　f_t——混凝土轴心抗拉强度设计值； 　　　α——锚固钢筋的外形系数； 　　　d——锚固钢筋的直径。 （2）受拉钢筋锚固长度 l_a $\qquad l_a=\zeta_a l_{ab}$ 式中　l_a——受拉钢筋的锚固长度； 　　　ζ_a——锚固长度修正系数
	根据《混凝土结构通用规范》（GB 55008—2021）相关规定。 4.4.5　混凝土结构中普通钢筋、预应力筋应采取**可靠的锚固措施**。普通钢筋锚固长度取值应符合下列规定： 1 受拉钢筋锚固长度应根据**钢筋的直径、钢筋及混凝土抗拉强度、钢筋的外形、钢筋锚固端的形式、结构或结构构件的抗震等级**进行计算。【2023】 2 受拉钢筋锚固长度**不应小于200mm**。 3 对受压钢筋，当充分利用其抗压强度并需锚固时，其锚固长度**不应小于受拉钢筋锚固长度的70%**

3.1-9［2023-12］钢筋混凝土结构的钢筋锚固长度与下列哪项无关？（　　　　）

A. 钢筋直径　　　　　　　　　　　　　　B. 钢筋外形

C. 混凝土强度　　　　　　　　　　　　　D. 混凝土线膨胀系数

答案：D

解析：参见《混凝土结构通用规范》（GB 55008—2021）第4.4.5条。

第二节　混凝土结构构件

考点4：受弯构件——梁与板【★★★★★】

基本概念	受弯构件主要指各种类型的梁与板，是混凝土结构中最普遍的构件。 　　与构件的计算轴线相垂直的截面称为正截面。梁与板正截面受弯承载力要满足承载能力极限状态的要求，即 $M\leqslant M_u$，式中 M 是受弯构件正截面的弯矩设计值，由荷载设计值经内力计算得出；M_u 是受弯构件正截面受弯承载力设计值，是材料正截面上所提供的抗力

梁的钢筋布置	梁的钢筋包括**纵向钢筋、架立钢筋、弯起钢筋和箍筋**等，梁的钢筋骨架与配筋示意图如图 3.2-1 所示。其中纵向钢筋是主要受拉钢筋，起抗弯作用；弯起钢筋和箍筋统称为腹筋，起抗剪作用；架立钢筋主要为了固定箍筋的位置，不考虑其受力状态；梁侧面钢筋称为腰筋，包括构造腰筋和抗扭腰筋，构造腰筋主要为了抑制垂直裂缝的开展，而抗扭腰筋主要为了抵抗扭矩【2020】 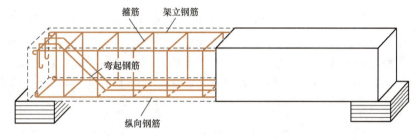 图 3.2-1　梁的钢筋骨架
梁正截面破坏形态	结构、构件和截面的破坏有脆性破坏和延性破坏两种类型。破坏前，变形很小，没有明显的破坏预兆，突然破坏的，属于脆性破坏类型；破坏前，变形较大，有明显的破坏预兆，不是突然破坏的，属于延性破坏类型。脆性破坏将造成严重后果，且材料没有得到充分利用，因此在工程中，脆性破坏类型是不允许的。 根据受弯构件纵向受拉钢筋**配筋率 ρ**（纵向受拉钢筋总截面面积 A_s 与有效截面面积 bh_0 的比值的百分率）的不同，受弯构件正截面受弯破坏形态有**适筋破坏、超筋破坏和少筋破坏**三种。对于梁而言，三种破坏形态相对应的梁分别称为**适筋梁、超筋梁和少筋梁**，如图 3.2-2 所示。 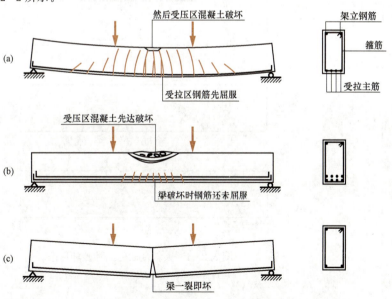 图 3.2-2　梁正截面的三种破坏形态 （a）适筋破坏：受拉钢筋先屈服，受压混凝土后压坏；（b）超筋破坏：受压混凝土先破坏，受拉钢筋未屈服；（c）少筋破坏：一裂即坏

梁的钢筋布置	不同破坏形态的破坏特征如下： ①**适筋梁**：受拉区纵向钢筋首先屈服，然后受压区边缘混凝土达到极限压应变而被压碎破坏，属于**延性**破坏。 ②**超筋梁**：受压区边缘混凝土达到极限压应变而破碎时，受拉区纵向钢筋尚未屈服，属于**脆性**破坏，可以通过限制最大配筋率来避免。注意：框架梁柱中，配筋不得超配的是框架梁中的**纵向钢筋**。 ③**少筋梁**：一裂即坏，属于**脆性**破坏，可以通过限制最小配筋率来避免
梁斜截面破坏形态 【2021、2020】	钢筋混凝土梁在剪力和弯矩共同作用的剪弯区段内，将产生斜裂缝。斜裂缝主要有腹剪斜裂缝和弯剪斜裂缝两类。在支座附近产生大致 45° 的斜裂缝，称为腹剪斜裂缝，该裂缝中间宽两头细，呈枣核形。由竖向裂缝发展而成的斜裂缝，称为弯剪斜裂缝，该裂缝下宽上细，是常见的一种斜裂缝，如图 3.2-3 所示。 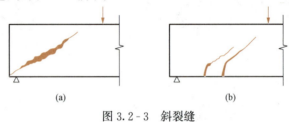 图 3.2-3　斜裂缝 （a）腹剪斜裂缝；（b）弯剪斜裂缝 根据**剪跨比 λ**（剪跨 a 与梁截面有效高度 h_0 的比值）的不同，梁斜截面受剪破坏形态有**斜压破坏、剪压破坏和斜拉破坏**三种，如图 3.2-4 所示。 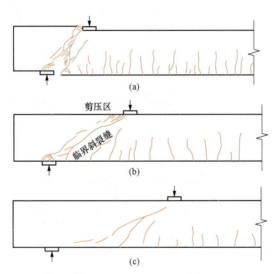 图 3.2-4　梁斜截面的三种破坏形态 （a）斜压破坏；（b）剪压破坏；（c）斜拉破坏 不同破坏形态的破坏特征如下： ①**斜压破坏（λ＜1）**：破坏时箍筋应力不会达到屈服，破坏从混凝土被压碎开始，属于**脆性**破坏，可以通过控制截面的**最小尺寸**来防止。

梁斜截面破坏形态【2021、2020】	②**剪压破坏**（1≤λ≤3）：梁破坏时，与斜裂缝相交的腹筋达到屈服强度，同时剪压区的混凝土在剪应力和压应力的共同作用下，达到了复合受力时的极限强度，属于**脆性**破坏。因其承载力变化幅度较大，必须通过**计算**，使构件满足一定的斜截面受剪承载力来防止剪压破坏。 ③**斜拉破坏**（λ>3）：一裂即坏，破坏过程极骤，破坏前梁的变形很小，属于**脆性**破坏，可以通过满足**箍筋的最小配筋率**和**构造要求**来防止

梁与板一般构造要求	《建筑抗震设计规范》（GB 50011—2010，2016 年版）相关规定。
	
	6.3.1 梁的截面尺寸，宜符合下列各项要求：
	1 截面宽度不宜小于 200mm。
	2 截面高宽比不宜大于 4。
	3 净跨与截面高度之比不宜小于 4。
	6.3.2 梁宽大于柱宽的扁梁应符合下列要求：【2019】
	1 采用扁梁的楼、屋盖应**现浇**，梁中线**宜与柱中线重合**，扁梁应**双向布置**。扁梁的截面尺寸应符合下列要求，并应满足现行有关规范对挠度和裂缝宽度的规定：
	
	$$b_b \leqslant 2b_c$$
	$$b_b \leqslant b_c + h_b$$
	$$h_b \geqslant 16d$$
	
	式中：b_c——柱截面宽度，圆形截面取柱直径的 0.8 倍；
	    b_b、h_b——分别为梁截面宽度和高度；
	    d——柱纵筋直径。
	2 扁梁不宜用于一级框架结构

3.2-1 ［2019-48］采用梁宽大于柱宽的扁梁作为框架结构，错误的是（　　　）。

A. 扁梁宽不应大于柱宽的 2 倍

B. 扁梁不宜用一、二级框架结构

C. 扁梁应双向布置，梁中线与柱中线重合

D. 扁梁楼板应现浇

答案：B

解析：参见《建筑抗震设计规范》（GB 50011—2010，2016 年版）第 6.3.2 条第 1 款和第 2 款规定，采用扁梁的楼、屋盖应现浇，梁中线宜与柱中线重合，扁梁应双向布置。扁梁的截面宽度不应大于柱截面宽度的 2 倍。扁梁不宜用于一级框架结构。

考点 5：受压构件——柱与墙【★★★★】

基本概念	以承受轴向压力为主的构件属于**受压构件**。例如，多层和高层建筑中的框架柱、剪力墙、核心筒体墙均属于受压构件。受压构件按其受力情况可分为，轴心受压构件、单向偏心受压构件和双向偏心受压构件。 当轴向压力的作用点位于构件正截面形心时，为**轴心受压构件**。当轴向压力的作用点只对构件正截面的一个主轴有偏心距时，为单向偏心受压构件。当轴向压力的作用点对构件正截面的两个主轴都有偏心距时，为双向偏心受压构件

轴压比	轴压比指**柱地震作用组合的轴向压力设计值**与**柱的全截面面积和混凝土轴心抗压强度设计值乘积**之比值。 《混凝土结构设计规范》（GB 50010—2010，2015 年版）11.4.16 条文说明"试验研究表明，受压构件的位移延性随轴压比增加而减小，因此对设计轴压比上限进行控制就成为保证框架柱和框支柱具有必要延性的重要措施之一"
约束混凝土（螺旋箍筋柱）【2020、2019】	当柱承受很大轴心压力，并且柱截面尺寸由于建筑上及使用上的要求受到限制，若设计成普通箍筋的柱，即使提高了混凝土强度等级和增加了纵筋配筋量也不足以承受该轴心压力时，可考虑采用**螺旋箍筋或焊接环筋**以提高承载力。这种柱的截面形状一般为圆形或多边形。螺旋箍筋柱和焊接环筋柱的配箍率高，而且不会像普通箍那样容易"崩出"，因而能约束核心混凝土在纵向受压时产生的横向变形，从而提高了混凝土抗压强度和变形能力，这种受到约束的混凝土称为**"约束混凝土"**
型钢混凝土柱	型钢混凝土柱又称钢骨混凝土柱，如图 3.2-5 所示，在型钢混凝土柱中，除了主要配置轧制或焊接的型钢外，还配有少量的纵向钢筋与箍筋。 由于含钢率较高，因此型钢混凝土柱与同等截面的钢筋混凝土柱相比，承载力大大提高。另外，混凝土中配置型钢以后，混凝土与型钢相互约束。钢筋混凝土包裹型钢使其受到约束，从而使型钢基本不发生局部屈曲；同时，型钢又对柱中核心混凝土起着约束作用。又因为整体的型钢构件比钢筋混凝土中分散的钢筋刚度大得多，**所以型钢混凝土柱比钢筋混凝土柱的刚度明显提高** 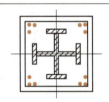 图 3.2-5 型钢混凝土柱
钢管混凝土柱	钢管混凝土柱是指在钢管中填充混凝土而形成的构件，如图 3.2-6 所示。按钢管截面形式的不同，分为方钢管混凝土柱、圆钢管混凝土柱和多边形钢管混凝土柱。常用的钢管混凝土组合柱为圆钢管混凝土柱。【2024、2022（5）】 为了提高抗火性能，有时还在钢管内设置纵向钢筋和箍筋。钢管混凝土的基本原理是：首先借助内填混凝土增强钢管壁的稳定性；其次借助钢管对核心混凝土的约束（套箍）作用，使核心**混凝土处于三向受压状态**，从而使混凝土具有更高的抗压强度和压缩变形能力，不仅使混凝土的塑性和韧性性能大为改善，而且可以避免或延缓钢管发生局部屈曲。因此，与钢筋混凝土柱相比钢管混凝土柱具有承载力高、重量轻、塑性好、耐疲劳、耐冲击、省工、省料、施工速度快等优点 图 3.2-6 钢管混凝土柱

3.2-2［2024-18］某高 180m 的超高层建筑，小偏心受压柱含钢率适中且相同，钢筋混凝土强度等级相同，为使柱截面面积最小，柱形式采用下列哪种形式？（　　）

A. 型钢混凝土圆柱　　　　　　　　B. 型钢混凝土方柱

C. 圆钢管混凝土柱　　　　　　　　D. 方钢管混凝土柱

答案： C

解析： 圆钢管混凝土柱中混凝土的紧箍效应，受力性能比矩形钢管混凝土柱好，相比而言承载力提高最大，也最经济。

考点 6：裂缝、延性与耐久性【★★★】

当构件截面的应力超过材料的抗拉强度时，便会开裂，进而产生裂缝。大部分混凝土构件都是带裂缝工作的，裂缝宽度通常都是毫米级。构件是否允许开裂，与裂缝控制等级有关。

根据《混凝土结构设计规范》（GB 50010—2010，2015 年版）3.4.4，结构构件正截面的受力裂缝控制等级分为三级，等级划分及要求应符合下列规定：【2021】

一级——严格要求不出现裂缝的构件，按荷载标准组合计算时，构件受拉边缘混凝土不应产生拉应力。

二级——一般要求不出现裂缝的构件，按荷载标准组合计算时，构件受拉边缘混凝土拉应力不应大于混凝土抗拉强度的标准值。

三级——允许出现裂缝的构件，对钢筋混凝土构件，按荷载准永久组合并考虑长期作用影响计算时，构件的最大裂缝宽度不应超过本规范规定的最大裂缝宽度限值。

同时，《混凝土结构设计规范》（GB 50010—2010，2015 年版）根据结构类型和环境类别规定了不同的裂缝控制等级和最大裂缝宽度限值，如一类环境下的钢筋混凝土结构，裂缝控制等级为三级，最大裂缝宽度为 0.30mm，见表 3.2-1。

表 3.2-1 结构构件的裂缝控制等级及最大裂缝宽度的限值 （mm）

环境类别	钢筋混凝土结构		预应力混凝土结构	
	裂缝控制等级	ω_{lim}	裂缝控制等级	ω_{lim}
一	三级	0.30（0.40）	三级	0.20
二 a	三级	0.20	三级	0.10
二 b	三级	0.20	二级	—
三 a、三 b	三级	0.20	一级	—

注：1. 对处于年平均相对湿度小于 60% 地区一类环境下的受弯构件，其最大裂缝宽度限值可采用括号内的数值。

2. 在一类环境下，对钢筋混凝土屋架、托架及需作疲劳验算的吊车梁，其最大裂缝宽度限值应取为 0.20mm；对钢筋混凝土屋面梁和托梁，其最大裂缝宽度限值应取为 0.30mm。

3. 在一类环境下，对预应力混凝土屋架、托架及双向板体系，应按二级裂缝控制等级进行验算；对一类环境下的预应力混凝土屋面梁、托梁、单向板，应按表中二 a 类环境的要求进行验算；在一类和二 a 类环境下需作疲劳验算的预应力混凝土吊车梁，应按裂缝控制等级不低于二级的构件进行验算。

4. 表中的最大裂缝宽度限值为用于验算荷载作用引起的最大裂缝宽度。

影响裂缝宽度的因素包括：【2020】

①**受力类型**：轴心受拉构件最容易引起构件产生裂缝，其次是偏心受拉构件，再次是受弯或偏心受压构件。

②**钢筋的粗细**：横截面面积相同时，钢筋越细，裂缝间距就越小，进而裂缝宽度也越小。

③**钢筋表面特征**：采用变形钢筋比采用光圆钢筋的裂缝间距小，进而裂缝宽度也小。

裂缝

裂缝	④**纵向受拉钢筋配筋率的大小**：纵向受拉钢筋配筋率越大，裂缝间距就越小，进而裂缝宽度也越小。 ⑤**混凝土强度等级**：强度等级高的混凝土与钢筋之间黏结强度高，裂缝间距就越小，进而裂缝宽度也越小。 ⑥**混凝土保护层的厚度**：保护层厚度越厚，裂缝宽度就越大		
延性 【2022（5）、 2021、 2020、 2019】	结构、构件或截面的延性是指从屈服到破坏的变形能力。对结构、构件或截面提出延性要求的目的在于： （1）有利于吸收和耗散地震能量，满足抗震方面的要求。 （2）防止发生像超筋梁那样的脆性破坏，以确保生命和财产的安全。 （3）在超静定结构中，能更好地适应地基不均匀沉降以及温度变化等情况。 （4）使超静定结构能够充分地进行内力重分布，并避免配筋疏密悬殊，便于施工，节约钢材。 在工程中，常采取一些抗震构造措施以保证地震区的框架柱等具有一定的延性，配置预应力钢筋也可以提高构件的延性。这些措施中最主要的是综合考虑不同抗震等级对延性的要求，**确定轴压比限值**，规定加密箍筋的要求及区段等。 框架柱的**轴压比** μ_N 是指考虑地震作用组合的框架柱名义压应力 N/A 与混凝土轴心抗压强度设计值 f_c 的比值，即 $\mu_N = N/(f_c A)$，或者说轴压比是框架柱轴向压力设计值与柱全截面面积和混凝土轴心抗压强度设计值 f_c 乘积的比值		
耐久性 【2021、 2019】	混凝土结构的耐久性是指结构或构件在设计使用年限内，在正常维护条件下，不需要进行大修就可满足正常使用和安全功能要求的能力。一般建筑结构的设计使用年限为**50 年**。纪念性建筑和特别重要的建筑结构为**100 年**及以上		
	耐久性影响因素	影响混凝土结构耐久性能的因素很多，主要有内部和外部两个方面。内部因素主要有混凝土的**强度、密实性、水泥用量、水灰比、氯离子及碱含量、外加剂用量、保护层厚度**等。外部因素主要是环境条件，包括**温度、湿度、CO_2 含量、侵蚀性介质**等。【2019】 出现耐久性能下降的问题，往往是内、外部因素综合作用的结果。**混凝土的碳化和钢筋锈蚀**是影响混凝土结构耐久性的最主要的因素	
	钢筋的锈蚀	**钢筋表面氧化膜的破坏是使钢筋锈蚀的必要条件。** 钢筋锈蚀严重时，体积膨胀，导致沿钢筋长度出现纵向裂缝，并使保护层剥落，从而使钢筋截面削弱，截面承载力降低，最终将使结构构件破坏或失效。防止钢筋锈蚀的主要措施有：①降低水灰比，增加水泥用量，提高混凝土的密实度；②要有足够的混凝土保护层厚度；③严格控制氯离子的含量；④采用覆盖层，防止 CO_2、O_2、Cl^- 的渗入	

耐久性 【2021、 2019】	《混凝土结 构设计规 范》（GB 50010— 2010，2015 年版）相关 规定	3.5.1 混凝土结构应根据设计使用年限和环境类别进行耐久性设计，耐久性设计包括下列内容： 1 确定结构所处的环境类别。 2 提出对混凝土材料的耐久性基本要求。 3 确定构件中钢筋的混凝土保护层厚度。 4 不同环境条件下的耐久性技术措施。 5 提出结构使用阶段的检测与维护要求。 3.5.2 混凝土结构暴露的环境类别应按表 3.5.2（表 3.2-2）的要求划分

表 3.2-2　　　　　　　混凝土结构的环境类别

环境类别	条件
一	室内干燥环境；无侵蚀性静水浸没环境
二 a	室内潮湿环境； 非严寒和非寒冷地区的露天环境； 非严寒和非寒冷地区与无侵蚀性的水或土壤直接接触的环境； 严寒和寒冷地区的冰冻线以下与无侵蚀性的水或土壤直接接触的环境
二 b	干湿交替环境； 水位频繁变动环境； 严寒和寒冷地区的露天环境； 严寒和寒冷地区冰冻线以上与无侵蚀性的水或土壤直接接触的环境
三 a	严寒和寒冷地区冬季水位变动区环境； 受除冰盐影响环境； 海风环境
三 b	盐渍土环境；受除冰盐作用环境；海岸环境
四	海水环境
五	受人为或自然的侵蚀性物质影响的环境

注：1. 室内潮湿环境是指构件表面经常处于结露或湿润状态的环境。

2. 严寒和寒冷地区的划分应符合现行国家标准《民用建筑热工设计规范》（GB 50176）的有关规定。

3. 海岸环境和海风环境宜根据当地情况，考虑主导风向及结构所处迎风、背风部位等因素的影响，由调查研究和工程经验确定。

4. 受除冰盐影响环境是指受到除冰盐雾影响的环境，受除冰盐作用环境是指被除冰盐溶液溅射的环境以及使用除冰盐地区的洗车房、停车楼等建筑。

5. 暴露的环境是指混凝土结构表面所处的环境。

3.5.3 设计使用年限为 50 年的混凝土结构，其混凝土材料应符合表 3.5.3（表 3.2-3）的规定。

表 3.2-3　　　　结构混凝土材料的耐久性基本要求

环境类别	最大水胶比	最低强度等级	水溶性氯离子 最大含量（%）	最大碱含量/ （kg/m³）
一	0.6	C25	0.30	不限制

| | 续表 |

环境类别	最大水胶比	最低强度等级	水溶性氯离子最大含量（%）	最大碱含量/(kg/m³)
二 a	0.55	C25	0.20	
二 b	0.50 (0.55)	C30 (C25)	0.15	3.0
三 a	0.45 (0.50)	C35 (C30)	0.15	
三 b	0.40	C40	0.10	

注：1. 氯离子含量系指其占胶凝材料用量的质量百分比，计算时辅助胶凝材料的量不应大于硅酸盐水泥的量。

2. 预应力构件混凝土中的水溶性氯离子最大含量为0.06%，其最低混凝土强度等级宜按表中的规定提高不少于两个等级。

3. 素混凝土结构的混凝土最大水胶比及最低强度等级的要求可适当放松，但混凝土最低强度等级应符合本标准的有关规定。

4. 有可靠工程经验时，二类环境中的最低混凝土强度等级可为C25。

5. 处于严寒和寒冷地区二b、三a类环境中的混凝土应使用引气剂，并可采用括号中的有关参数。

6. 当使用非碱活性骨料时，对混凝土中的碱含量可不作限制。

3.5.5　一类环境中，设计使用年限为100年的混凝土结构应符合下列规定：

1 钢筋混凝土结构的**最低强度等级为C30**，预应力混凝土结构的**最低强度等级为C40**。

2 混凝土中的最大氯离子含量为0.06%。

3 宜使用非碱活性骨料，当使用碱活性骨料时，混凝土中的最大碱含量为3.0kg/m³。

4 混凝土保护层厚度应符合本规范第8.2.1条的规定；当采取有效的表面防护措施时，混凝土保护层厚度可适当减小

（耐久性【2021、2019】　《混凝土结构设计规范》（GB 50010—2010，2015年版）相关规定）

3.2-3　[2022 (5)-43] 钢筋混凝土矩形截面长悬臂梁，当梁截面不能再增大时，减小其挠度的最有效方法是（　　）。

A. 增大梁顶受拉钢筋　　　　　　　B. 增配梁底受压钢筋

C. 增配梁顶预应力钢筋　　　　　　D. 提高混凝土强度等级

答案：C

解析：配置预应力钢筋可以提高构件的抗裂能力和刚度，故答案选C。

3.2-4　[2021-37] 钢筋混凝土结构，控制轴压比主要是为了（　　）。

A. 防止地震破坏下屈曲　　　　　　B. 减少纵筋配筋

C. 减少箍筋配筋　　　　　　　　　D. 保证塑形变形能力

答案：D

解析：控制轴压比主要是为了提高柱的延性，保证其塑性变形能力。

3.2-5　[2020-33] 钢筋混凝土受弯构件，下列减小裂缝宽度最有效的措施是（　　）。

A. 减小箍筋间距　　　　　　　　　B. 提高钢筋强度

C. 加大钢筋直径　　　　　　　　　D. 加大主筋配筋率

答案：D

解析：参见考点 6 中"裂缝"的相关内容。纵向钢筋配筋率越大，裂缝宽度越小。

考点 7：预应力构件【★★★】

基本概念	为了避免钢筋混凝土结构的裂缝过早出现、充分利用高强度钢筋及高强度混凝土，可以设法在结构构件受荷载作用前，通过预加外力，使它受到预压应力来减小或抵消荷载所引起的混凝土拉应力，从而使结构构件截面的拉应力不大，甚至处于受压状态，以**达到控制受拉混凝土不过早开裂的目的。** 　　施加预应力后可以提高构件的抗裂度和刚度，因此可适当减小构件的截面尺寸，也可以适当提高构件的抗剪承载力。当构件按正截面受力裂缝控制等级为一级设计时，在使用荷载作用下，可以不出现裂缝。**但施加预应力不能提高构件的抗弯承载能力，其抗震性能也没有得到提高。** 　　在构件承受荷载以前预先对混凝土施加压应力的方法有多种，最常用的便是配置预应力筋。配置预应力筋的混凝土构件即为预应力混凝土构件。张拉预应力筋的方法主要有**先张法**和**后张法**两种

先张法与后张法的适用条件及其特点见表 3.2-4。

表 3.2-4　　　　　**先张法与后张法的适用条件及其特点【2019】**

	适用条件	构件类型	张拉设备及锚具的使用	预应力的传递
先张法	适用于工厂制作	一般用于中小型构件	可重复使用设备及锚具	通过预应力钢筋和混凝土之间的黏结力传递
后张法	适用于工厂或现场制作	一般用于大型构件	锚具需要固定在构件上，不能重复使用	预应力依靠钢筋端部的锚具传递

先张法

　　在浇灌混凝土之前张拉预应力筋的方法称为先张法。先张法工序示意如图 3.2-7 所示。先张法预应力混凝土构件，预应力是靠预应力筋与混凝土之间的黏结力来传递的。

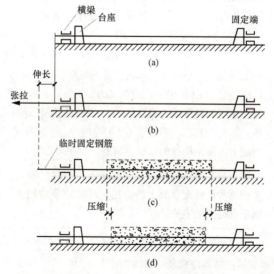

图 3.2-7　先张法工序示意

(a) 预应力筋就位；(b) 张拉预应力筋；(c) 临时固定预应力筋，浇灌混凝土并养护；

(d) 放松预应力筋，预应力筋回缩，混凝土受预压

先张法		先张法施工时，由于台座或钢模承受预应力筋张拉力的能力受到限制，并考虑到构件的运输条件，所以一般适用于生产中小型预应力混凝土构件，如预应力空心板、预应力屋面板、中小型预应力**吊车梁**等构件【2019】
后张法		在结硬后的混凝土构件上张拉预应力筋的方法称为后张法，后张法工序示意和图 3.2-8 所示。后张法预应力混凝土构件，预应力主要是靠预应力筋端部的锚具来传递的 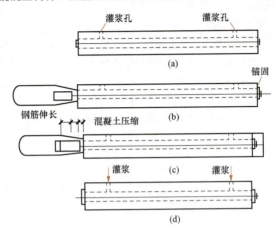 图 3.2-8 后张法工序示意 （a）制作构件，预留孔道，穿入预应力筋；（b）安装千斤顶；（c）张拉预应力筋； （d）锚住预应力筋，拆除千斤顶，孔道压力灌浆
材料选用	**混凝土**	预应力混凝土结构构件所用的混凝土，需满足强度高、收缩小、徐变小、快硬、早强等要求。《混凝土结构设计规范》（GB 50010—2010，2015 年版）3.5.3 规定，预应力构件混凝土中的最大氯离子含量为**0.06%**；4.1.2 规定，预应力混凝土结构的混凝土强度等级不宜低于**C40**，且不应低于**C30**；10.1.4 规定，施加预应力时，所需的混凝土立方体抗压强度应经计算确定，但不宜低于设计的混凝土强度等级值的**75%**【2019、2014、2010】
	钢材	预应力混凝土结构构件所用的钢材，**需满足强度高、具有一定的塑性、良好的加工性能、与混凝土之间有较高的黏结强度、应力松弛小**等要求。《混凝土结构设计规范》（GB 50010—2010，2015 年版）4.2.1 规定，预应力筋宜**采用预应力钢丝、钢绞线和预应力螺纹钢筋**。《建筑抗震设计规范》（GB 50011—2010，2016 年版）3.5.4 规定，预应力混凝土的构件，应配有足够的非预应力钢筋；3.5.5 规定，预应力混凝土构件的预应力钢筋，宜在节点核心区以外锚固
优缺点 【2020】	**优点**	预应力混凝土构件可延缓混凝土构件的开裂，提高构件的**抗裂度**和**刚度**。高强度钢筋和高强度混凝土的应用，可取得**节约钢筋、减轻构件自重**的效果，克服了钢筋混凝土的主要缺点
	缺点	构造、施工和计算均较钢筋混凝土构件复杂，且延性也差些
宜优先采用预应力混凝土的结构物		（1）要求裂缝控制等级较高的结构。 （2）大跨度或受力很大的构件。 （3）对构件的刚度和变形控制要求较高的结构构件，如工业厂房中的**吊车梁**、码头和桥梁中的大跨度梁式构件等

规范的相关规定	《混凝土结构设计规范》(GB 50010—2010，2015 年版）相关规定。 10.3.7 后张法预应力筋及预留孔道布置应符合下列构造规定： 1 预制构件中预留孔道之间的水平净间距不宜小于 50mm，且不宜小于粗骨料粒径的 1.25 倍；孔道至构件边缘的净间距不宜小于 30mm，且不宜小于孔道直径的 50%。 2 现浇混凝土梁中预留孔道在竖直方向的净间距不应小于孔道外径，水平方向的净间距不宜小于 1.5 倍孔道外径，且不应小于粗骨料粒径的 1.25 倍；从孔道外壁至构件边缘的净间距，**梁底不宜小于 50mm，**梁侧不宜小于 40mm，裂缝控制等级为三级的梁，梁底、梁侧分别不宜小于 60mm 和 50mm

3.2-6 [2020-41] 与普通钢筋混凝土梁相比，预应力混凝土梁的特点，错误的是（　　）。

A. 开裂所需荷载明显提高　　　　B. 使用阶段的刚度提高

C. 抗震性能提高　　　　　　　　D. 框架梁的挠度更小

答案：C

解析：预应力混凝土构件可以提高构件的抗裂度和刚度（刚度提高了挠度自然就减小了），但是对抗震性能的影响很小。

3.2-7 [2019-76] 下列四个选项中，仅可用先张法施工的是（　　）。

A. 预制预应力梁

B. 无黏结预应力混凝土板柱结构

C. 在预制构件厂批量制造，便于运输的中小型构件

D. 纤维增强复合材料预应力筋

答案：C

解析：先张法施工时，由于台座或钢模承受预应力筋张拉力的能力受到限制，并考虑到构件的运输条件，所以一般适用于生产中小型预应力混凝土构件，选项 C 相对合适。

第三节　构　造　规　定

考点 8：混凝土保护层【★★★★★】

定义	结构构件中钢筋外边缘至构件表面范围用于保护钢筋的混凝土，简称保护层
《混凝土结构设计规范》(GB 50010—2010，2015 年版）关于混凝土保护层的规定	8.2.1 构件中普通钢筋及预应力筋的混凝土保护层厚度应满足下列要求： 1 构件中受力钢筋的保护层厚度不应小于钢筋的公称直径 d。 2 设计使用年限为 50 年的混凝土结构，最外层钢筋的保护层厚度应符合表 8.2.1（表 3.3-1）的规定；设计使用年限为 100 年的混凝土结构，最外层钢筋的保护层厚度不应小于表 8.2.1（表 3.3-1）中数值的 1.4 倍。【2021、2019】

表 3.3-1	混凝土保护层的最小厚度 c	(mm)
环境类别	板、墙、壳	梁、柱、杆
一	15	20
二 a	20	25

		续表
环境类别	板、墙、壳	梁、柱、杆
二 b	25	35
三 a	30	40
三 b	40	50

《混凝土结构设计规范》（GB 50010—2010，2015年版）关于混凝土保护层的规定

注：1. 混凝土强度等级不大于 C25 时，表中保护层厚度数值应增加 5mm。
2. 钢筋混凝土基础宜设置混凝土垫层，基础中钢筋的混凝土保护层厚度应从垫层顶面算起，且不应小于 40mm。

8.2.3 当梁、柱、墙中纵向受力钢筋的保护层厚度大于 50mm 时，宜对保护层采取有效的构造措施。当在保护层内配置防裂、防剥落的钢筋网片时，网片钢筋的保护层厚度不应小于 25mm

3.3-1［2018-57］设计使用年限 100 年与 50 年的混凝土结构相比，两者最外层钢筋保护层厚度比值正确的是（　　）。

A. 1.4　　　　　　　B. 1.6　　　　　　　C. 1.8　　　　　　　D. 2.0

答案：A

解析：参见《混凝土结构设计规范》（GB 50010—2010，2015 年版）第 8.2.1 条。

考点9：变形缝与后浇带【★★★★★】

概述	在房屋建筑的总体布置中，为了**消除结构不规则、收缩和温度应力、不均匀沉降**等对结构的有害影响，可以分别用防震缝、伸缩缝和沉降缝将房屋分成若干独立的部分。防震缝、伸缩缝和沉降缝，统称为变形缝。除沉降缝须将建筑物的上部结构和基础全部断开以外，伸缩缝和防震缝均只要将建筑物上部结构断开即可。 在实际工程中，设缝会影响建筑立面、多用材料、构造复杂、防水处理困难等，因此，常常通过采取措施，避免设缝。是否设缝是确定结构方案的主要任务之一，应在初步设计阶段根据具体情况、通过比较分析做出选择

伸缩缝	概念	为了适应**温度变化或混凝土干缩**引起的变形而设置的缝隙，伸缩缝的设置主要与结构的长度有关
	缝宽	20～30mm
	规范对伸缩缝最大间距的规定	钢筋混凝土结构伸缩缝的最大间距可按规范《混凝土结构设计规范》（GB 50010—2010，2015 年版）表 8.1.1（表 3.3-2）确定。【2023】

表 3.3-2　　　　钢筋混凝土结构伸缩缝最大间距　　　　（m）

结构类别		室内或土中	露天
排架结构	装配式	100	70
框架结构	装配式	75	50
	现浇式	55	35

结构类别		室内或土中	露天
剪力墙结构	装配式	65	40
	现浇式	45	30
挡土墙、地下室墙壁等类结构	装配式	40	30
	现浇式	30	20

注：现浇挑檐、雨罩等外露结构的局部伸缩缝间距**不宜大于 12m**。

另外，规范《高层建筑混凝土结构技术规程》（JGJ 3—2010）3.4.12 和 3.4.13 也有相似规定。

3.4.12　高层建筑结构伸缩缝的最大间距宜符合表 3.4.12（表 3.3 - 3）的规定。

表 3.3 - 3　　　　　高层建筑结构伸缩缝的最大间距

结构体系	施工方法	最大间距/m
框架结构	现浇	55
剪力墙结构	现浇	45

3.4.13　当采用有效的构造措施和施工措施减小温度和混凝土收缩对结构的影响时，**可适当放宽伸缩缝的间距**。这些措施可包括但不限于下列方面：【2020】

1 顶层、底层、山墙和纵墙端开间等受温度变化影响较大的部位提高配筋率。

2 顶层加强保温隔热措施，外墙设置外保温层。

3 每 30～40m 间距留出施工后浇带，带宽 800～1000mm，钢筋采用搭接接头，后浇带混凝土宜在 45d 后浇筑。

4 采用收缩小的水泥、减少水泥用量、在混凝土中加入适宜的外加剂。

5 提高每层楼板的构造配筋率或采用部分预应力结构

沉降缝

概念

为了适应**地基不均匀沉降**引起的变形而设置的缝隙，沉降缝的布置主要与基础收到的上部荷载及场地的地质条件有关

宜设置沉降缝的情况

《建筑地基基础设计规范》（GB 50007—2011）相关规定。

7.3.2　当建筑物设置沉降缝时，应符合下列规定：

1 建筑物的下列部位，宜设置沉降缝：

1) 建筑平面的转折部位。

2) 高度差异或荷载差异处。

3) 长高比过大的砌体承重结构或钢筋混凝土框架结构的适当部位。

4) 地基土的压缩性有显著差异处。

5) 建筑结构或基础类型不同处。

6) 分期建造房屋的交界处

伸缩缝

规范对伸缩缝最大间距的规定

沉降缝	缝宽	《建筑地基基础设计规范》（GB 50007—2011）相关规定。 7.3.2-2　沉降缝应有足够的宽度，沉降缝宽度可按表7.3.2（表3.3-4）选用 表3.3-4　　　　　　　　　房屋沉降缝的宽度 {表格}

表3.3-4 房屋沉降缝的宽度

房屋层数	沉降缝宽度/mm
二～三	50～80
四～五	80～120
五层以上	不小于120

防震缝	概念	为了适应**地震**引起的变形而设置的缝隙，防震缝的设置主要与建筑平面形状、高差、刚度、质量分布等因素有关
	缝宽 【2021、 2020】	《建筑抗震设计规范》（GB 50011—2010，2016年版）相关规定。 6.1.4　钢筋混凝土房屋需要设置防震缝时，应符合下列规定： 1 防震缝宽度应分别符合下列要求： **1）框架结构（包括设置少量抗震墙的框架结构）房屋的防震缝宽度，当高度不超过15m时不应小于100mm；高度超过15m时，6度、7度、8度和9度分别每增加高度5m、4m、3m和2m，宜加宽20mm。** 2）框架-抗震墙结构房屋的防震缝宽度不应小于本款1）项规定数值的70%，抗震墙结构房屋的防震缝宽度不应小于本款1）项规定数值的50%；且均不宜小于100mm。 防震缝两侧结构类型不同时，宜按需要**较宽防震缝的结构类型**和**较低房屋高度**确定缝宽。 8.1.4　钢结构房屋需要设置防震裂缝时，缝宽应不小于相应钢筋混凝土结构房屋的1.5倍【2024】
三缝合一		建筑物尽量不设缝。当不得不设缝时，应尽量"三缝合一"，缝宽取三者最大值
后浇带		防震缝、伸缩缝和沉降缝为结构中的永久变形缝，后浇带则是一种临时变形缝。所谓后浇带是指在结构施工中绑扎好梁板钢筋后留出一段梁板宽度暂不浇筑混凝土，待结构变形或沉降稳定后再浇筑混凝土的临时变形缝。设置后浇带的目的是用临时变形缝代替永久变形缝，以增加温度缝区间长度或消除沉降缝，防震缝不能用后浇带代替。 《高层建筑混凝土结构技术规程》（JGJ 3—2010）3.4.13-3，当采用有效的构造措施和施工措施减小温度和混凝土收缩对结构的影响时，可适当放宽伸缩缝的间距。这些措施可包括但不限于下列方面：每30～40m间距留出施工后浇带，带宽800～1000mm【2022（12）】，钢筋采用搭接接头，后浇带混凝土宜在45d后浇筑

3.3-2［2023-11］下列露天的现浇钢筋混凝土结构中，构造规定的伸缩缝间距最大的是（　　）。

A. 排架结构 　　　　　　　　　　　B. 框架结构

C. 剪力墙结构 　　　　　　　　　　D. 框架-剪力墙结构

答案：A

解析：根据《混凝土结构设计规范》（GB 50010—2010，2015年版）表8.1.1，露天现浇钢筋混凝土结构伸缩缝间距：排架70mm，框架35mm，剪力墙30mm，框剪30～35mm，答案选A。

3.3-3［2022（5）-74］关于伸缩缝的说法，错误的是（　　）。

A. 最大设缝间距与结构体系有关 　　B. 最大设缝间距与气候有关

C. 应同时满足防震缝的宽度要求 　　D. 可仅在施工阶段设置

答案：D

解析：根据考点9"伸缩缝"相关内容，抗震设计时，伸缩缝、沉降缝的宽度均应符合防震缝宽度的要求；伸缩缝最大间距与结构体系、施工方法、气候条件有关系。

3.3-4［2021-36］关于建筑物的伸缩缝、沉降缝、防震缝的说法，错误的是（　　）。

A. 不能仅在建筑物顶部各层设置防震缝 　B. 可以仅在建筑物顶层设置伸缩缝

C. 沉降缝两侧建筑物不可共用基础 　　D. 伸缩缝宽度应满足防震缝的要求

答案：B

解析：伸缩缝、沉降缝、防震缝均应沿建筑物整个高度设置，沉降缝还应将基础断开（不可共用基础），伸缩缝、防震缝只需将基础以上建筑分开。

3.3-5［2020-46］在抗震设防7度（0.15g）地区，某30m的钢筋混凝土框架结构房屋，相邻高度15m的钢框架结构房屋，其防震缝最小宽度为（　　）。

A. 70mm 　　　　B. 100mm 　　　　C. 120mm 　　　　D. 150mm

答案：D

解析：参见《建筑抗震设计规范》（GB 50011—2010，2016年版）第6.1.4-1条，防震缝宽度应分别符合下列要求：框架结构（包括设置少量抗震墙的框架结构）房屋的防震缝宽度，当高度不超过15m时不应小于100mm。

另外，《建筑抗震设计规范》（GB 50011—2010，2016年版）第8.1.4条规定，钢结构房屋需要设置防震缝时，缝宽应不小于相应钢筋混凝土结构房屋的1.5倍。

因此，100mm×1.5＝150mm。

第四节　结构设计基本规定

考点10：最大适用高度【★★★★】

《高层建筑混凝土结构技术规程》的规定	根据《高层建筑混凝土结构技术规程》（JGJ 3—2010）。 　　3.3.1　钢筋混凝土高层建筑结构的最大适用高度应**区分为A级和B级**。A级高度钢筋混凝土乙类和丙类高层建筑的最大适用高度应符合表3.3.1-1（表3.4-1）的规定，B级高度钢筋混凝土乙类和丙类高层建筑的最大适用高度应符合表3.3.1-2（表3.4-2）的规定。 　　【2023】

	平面和竖向均不规则的高层建筑结构，其最大适用高度宜适当降低。
《高层建筑混凝土结构技术规程》的规定	**表 3.4-1　　　A 级高度钢筋混凝土高层建筑的最大适用高度**　　（m） 表格内容见下 注：1. 表中框架不含异形柱框架结构；房屋高度指室外地面至主要屋面高度，不包括局部突出屋面的电梯机房、水箱、构架等高度。 　　2. 部分框支剪力墙结构指地面以上有部分框支剪力墙的剪力墙结构。 　　3. 甲类建筑，6、7、8 度时宜按本地区抗震设法烈度提高 1 度后符合本表的要求，9 度时应专门研究。 　　4. 框架结构、板柱-剪力墙结构以及 9 度抗震设防的表列其他结构，当房屋高度超过本表数值时，结构设计应有可靠依据，并采取有效措施。

表 3.4-1　　　A 级高度钢筋混凝土高层建筑的最大适用高度　　（m）

结构体系		非抗震设计	抗震设防裂度				
			6 度	7 度	8 度		9 度
					0.20g	0.30g	
框架		70	60	**50**	40	35	—
框架-剪力墙		150	130	**120**	100	60	50
剪力墙	全部落地剪力墙	150	140	**120**	100	80	60
	部分框支剪力墙	130	120	**100**	80	50	不应采用
筒体	框架-核心筒	160	150	**130**	100	90	70
	筒中筒	200	180	**150**	120	100	80
板柱-剪力墙		110	80	**70**	55	40	不应采用

注：1. 表中框架不含异形柱框架结构；房屋高度指室外地面至主要屋面高度，不包括局部突出屋面的电梯机房、水箱、构架等高度。

　　2. 部分框支剪力墙结构指地面以上有部分框支剪力墙的剪力墙结构。

　　3. 甲类建筑，6、7、8 度时宜按本地区抗震设法烈度提高 1 度后符合本表的要求，9 度时应专门研究。

　　4. 框架结构、板柱-剪力墙结构以及 9 度抗震设防的表列其他结构，当房屋高度超过本表数值时，结构设计应有可靠依据，并采取有效措施。

表 3.4-2　　　B 级高度钢筋混凝土高层建筑的最大适用高度　　（m）

结构体系		非抗震设计	抗震设防烈度			
			6 度	7 度	8 度	
					0.2g	0.30g
框架-剪力墙		170	160	**140**	120	100
剪力墙	全部落地剪力墙	180	170	**150**	130	110
	部分框支剪力墙	150	140	**120**	100	80
筒体	框架-核心筒	220	210	**180**	140	120
	筒中筒	300	280	**230**	170	150

注：1. 部分框支剪力墙结构指地面以上有部分框支剪力墙的剪力墙结构。

　　2. 甲类建筑，6、7 度时宜按本地区抗震设法烈度提高一度后符合本表的要求，8 度时应专门研究。

3.3.1 条文说明：A 级高度钢筋混凝高层建筑指符合表 3.3.1-1（表 3.4-1）最大适用高度的建筑，也是目前数量最多，应用最广泛的建筑。当框架剪力墙、剪力墙及筒体结构的高度超出表 3.3.1-1（表 3.4-1）的最大适用高度时，**列入 B 级高度高层建筑，但其房屋高度不应超过表 3.3.1-2（表 3.4-2）规定的最大适用高度**，并应遵守本规程规定的更严格的计算和构造措施。为保证 B 级高度高层建筑的设计质量，抗震设计的 B 级高度的高层建筑，按有关规定应进行超限高层建筑的抗震设防专项审查复核。对于房屋高度超过 A 级高度高层建筑最大适用高度的框架结构、板柱-剪力墙结构以及 9 度抗震设计的各类结构，因研究成果和工程经验尚显不足，在 B 级高度高层建筑中未予列入

	《建筑抗震设计规范》（GB 50011—2010，2016 年版）第 6.1.1 条规定，现浇钢筋混凝土房屋的结构类型和最大高度应符合表 6.1.1（表 3.4-3）的要求。**平面和竖向均不规则的结构，适用的最大高度宜适当降低。** 注："抗震墙"指结构抗侧力体系中的钢筋混凝土剪力墙，不包括只承担重力荷载的混凝土墙

表 3.4-3   **现浇钢筋混凝土房屋适用的最大高度**   （m）

结构类型		烈度				
		6	7	8 (0.2g)	8 (0.3g)	9
框架		60	50	40	35	24
框架-抗震墙		130	120	100	80	50
抗震墙		140	120	100	80	60
部分框支抗震墙		120	100	80	50	不应采用
筒体	框架-核心筒	150	130	100	90	80
	筒中筒	180	150	120	100	80
板柱-抗震墙		80	70	55	40	不应采用

注：1. 房屋高度指室外地面到主要屋面板板顶的高度（不包括局部突出屋顶部分）。
    2. 框架-核心筒结构指周边稀柱框架与核心筒组成的结构。
    3. 部分框支抗震墙结构指首层或底部两层为框支层的结构，不包括仅个别框支墙的情况。
    4. 表中框架，不包括异形柱框架。
    5. 板柱抗震墙结构指板柱、框架和抗震墙组成抗侧力体系的结构。

（左栏标注：《建筑抗震设计规范》的规定）

3.4-1 [2023-29] 在抗震设防烈度 8 度（0.30g）地区，80m 高的建筑，不宜采用的混凝土结构的是（　　）。

A. 框架结构　　　　　　　　　　B. 全落地剪力墙结构

C. 框架剪力墙结构　　　　　　　D. 筒中筒结构

答案： A

解析： 根据《建筑抗震设计规范》（GB 50011—2010，2016 年版）第 6.1.1 条，框架结构 8 度 0.3g 条件下，最大适用高度为 35m，答案选 A。

3.4-2 [2023-31] 钢筋混凝土高层建筑最大适用高度，A 级与 B 级比较，错误的是（　　）。

A. A 级比 B 级高

B. 有可靠设计依据时，建筑高度可超 B 级

C. B 级不包括框架结构

D. A 级包括部分框支剪力墙结构

答案： A

解析： 根据《高层建筑混凝土结构技术规程》（JGJ 3—2010）第 3.3.1 条表格可以看出，A 级高度比 B 级高度低，所以答案选 A。

考点 11：最大高宽比【★★★★】

| 规范的相关规定 | 《高层建筑混凝土结构技术规程》（JGJ 3—2010）相关规定。 |

规范的相关规定

《高层建筑混凝土结构技术规程》（JGJ 3—2010）相关规定。

3.3.2 钢筋混凝土高层建筑结构的高宽比不宜超过表 3.3.2（表 3.4-4）的规定。【2022(5)、2020】

表 3.4-4　　　　钢筋混凝土高层建筑结构适用的最大高宽比

结构体系	非抗震设计	抗震设防烈度		
		6度、7度	8度	9度
框架	5	4	3	
板柱-剪力墙	6	5	4	
框架-剪力墙、剪力墙	7	6	5	4
框架-核心筒	8	7	6	4
筒中筒	8	8	7	5

3.3.2 条文说明：高层建筑的高宽比，是对结构刚度、整体稳定、承载能力和经济合理性的宏观控制；在结构设计满足本规程规定的承载力、稳定、抗倾覆、变形和舒适度等基本要求后，仅从结构安全角度讲高宽比限值不是必须满足的，主要影响结构设计的**经济性**

3.4-3［2022(5)-67］关于钢筋混凝土高层建筑适用的最大高宽比限值，错误的是（　　）。

A. 与设防烈度有关　　　　　　　　　B. 与结构体系有关

C. 与建筑功能有关　　　　　　　　　D. 与是否抗震设计有关

答案： C

解析： 参见《高层建筑混凝土结构技术规程》（JGJ 3—2010）第 3.3.2 条，最大高宽比与结构体系、设防烈度、是否抗震有关，与建筑功能无关，所以选 C。

3.4-4［2020-68］高层建筑最大高宽比限值最大的是（　　）。

A. 框架-剪力墙　　　　　　　　　　B. 剪力墙

C. 框架-核心筒　　　　　　　　　　D. 异形柱框架结构

答案： C

解析： 参见《高层建筑混凝土结构技术规程》（JGJ 3—2010）第 3.3.2 条，最大高宽比由大到小依次是筒中筒、框筒、框剪或剪力墙、板柱-剪力墙、框架结构，所以选 C。

考点 12：结构水平和竖向布置【★★★★】

结构平面布置要求	《高层建筑混凝土结构技术规程》（JGJ 3—2010）相关规定。 3.4.1～3.4.9 规定了结构平面布置要求，3.5.1～3.5.9 规定了结构竖向布置要求。 3.4.1 在高层建筑的一个独立结构单元内，结构平面形状宜简单、规则，质量、刚度和承载力分布宜均匀。不应采用严重不规则的平面布置。

3.4.2 高层建筑宜选用风作用效应较小的平面形状。

3.4.2 条文说明，高层建筑承受较大的风力。在沿海地区，风力成为高层建筑的控制性荷载，采用风压较小的平面形状有利于抗风设计。**对抗风有利的平面形状是简单规则的凸平面，如圆形、正多边形、椭圆形、鼓形等平面。**对抗风不利的平面是有较多凹凸的复杂形状平面，如 V 形、Y 形、H 形、弧形等平面。

3.4.3 抗震设计的混凝土高层建筑，其平面布置宜符合下列规定：【2021】

1 平面宜简单、规则、对称，减少偏心。

2 平面长度不宜过长（图 3.4.3，即图 3.4 - 1），L/B 宜符合表 3.4.3（表 3.4 - 5）的要求。

3 平面突出部分的长度 l 不宜过大、宽度 b 不宜过小（图 3.4.3，即图 3.4 - 1），l/B_{max}、l/b 宜符合表 3.4.3（表 3.4 - 5）的要求。

4 建筑平面不宜采用角部重叠或细腰形平面布置。

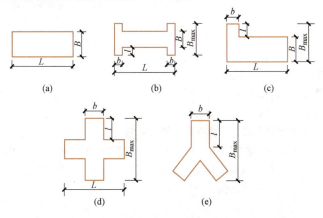

图 3.4 - 1　建筑平面示意

表 3.4 - 5　　　　　　平面尺寸及突出部位尺寸的比值限值

设防烈度	L/B	l/B_{max}	l/b
6、7 度	≤6.0	≤0.35	≤2.0
8、9 度	≤5.0	≤0.30	≤1.5

3.4.3 条文说明：角部重叠和细腰形的平面图形（图 3.4 - 2），在中央部位形成狭窄部分，在地震中容易产生震害，尤其在凹角部位，因为应力集中容易使楼板开裂、破坏，不宜采用。如采用，这些部位应采取加大楼板厚度、增加板内配筋、设置集中配筋的边梁、配置 45°斜向钢筋等方法予以加强。

图 3.4 - 2　角部重叠和细腰形平面示意

结构平面布置要求

结构平面 布置要求	3.4.6　当楼板平面比较狭长、有较大的凹入或开洞时，应在设计中考虑其对结构产生的不利影响。有效楼板宽度不宜小于该层楼面宽度的**50%**；楼板开洞总面积不宜超过楼面面积的**30%**；在扣除凹入或开洞后，楼板在任一方向的最小净宽度不宜小于**5m**，且开洞后每一边的楼板净宽度不应小于**2m**（图3.4-3）。**【2020】**条文解释：以图3.4-3所示平面为例，L_2不宜小于$0.5L_1$，a_1与a_2之和不宜小于$0.5L_2$，且不宜小于5m，a_1和a_2均不应小于2m，开洞面积不宜大于楼面面积的30%。 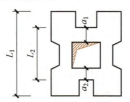 图3.4-3　楼板净宽度要求示意 3.4.7　卅字形、井字形等外伸长度较大的建筑，当中央部分楼板有较大削弱时，应加强楼板以及连接部位墙体的构造措施，必要时可在外伸段**凹槽处设置连接梁或连接板。** 3.4.8　楼板开大洞削弱后，宜采取下列措施： **1 加厚洞口附近楼板，提高楼板的配筋率，采用双层双向配筋。** **2 洞口边缘设置边梁、暗梁。** **3 在楼板洞口角部集中配置斜向钢筋。** 3.4.9　抗震设计时，高层建筑宜调整平面形状和结构布置，避免设置防震缝。体型复杂、平立面不规则的建筑，应根据不规则程度、地基基础条件和技术经济等因素的比较分析，确定是否设置防震缝
结构竖向 布置要求	3.5.1　高层建筑的竖向体型宜规则、均匀，避免有过大的外挑和收进。结构的侧向刚度宜下大上小，逐渐均匀变化。 3.5.4　抗震设计时，结构竖向抗侧力构件**宜上、下连续贯通。** 3.5.5　抗震设计时，当结构上部楼层收进部位到室外地面的高度H_1与房屋高度H之比大于0.2时，上部楼层收进后的水平尺寸B_1不宜小于下部楼层水平尺寸B的**75%**[图3.5.5（a）、（b），即图3.4-4（a）、（b）]；当上部结构楼层相对于下部楼层外挑时，上部楼层水平尺寸B_1不宜大于下部楼层的水平尺寸B的**1.1倍**，且水平外挑尺寸a不宜大于**4m**[图3.5.5（c）、（d），即图3.4-4（c）、（d）]。 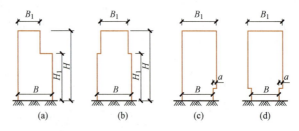 图3.4-4　结构竖向收进和外挑示意 3.5.6　楼层质量沿高度宜均匀分布，楼层质量不宜大于相邻下部楼层质量的**1.5倍**

3.4-5［2022（5）-47］以下平面布置合理的是（　　）。

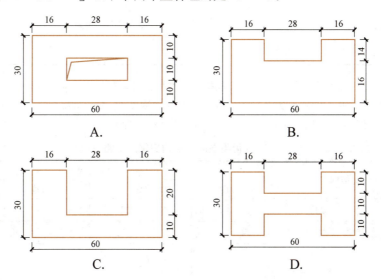

A.　　　　　　　　B.

C.　　　　　　　　D.

答案： A

解析： 选项 B、C、D 平面凹进的尺寸大于相应投影方向总尺寸的 30%。选项 A 开洞未超过楼面面积的 30%。

考点 13：地震作用与减隔震设计【★★】

《建筑与市政工程抗震通用规范》（GB 55002—2021）相关规定	4.1.2　各类建筑与市政工程的地震作用，应采用符合结构实际工作状况的分析模型进行计算，并应符合下列规定： 　1　一般情况下，应至少沿结构两个主轴方向分别计算水平地震作用；当结构中存在与主轴交角大于 15° 的斜交抗侧力构件时，尚应计算斜交构件方向的水平地震作用。 　2　计算各抗侧力构件的水平地震作用效应时，应计入扭转效应的影响。 　3　抗震设防烈度不低于 8 度的大跨度、长悬臂结构和抗震设防烈度 9 度的高层建筑物、盛水构筑物、储气罐、储气柜等，应计算竖向地震作用。 　4　对平面投影尺度很大的空间结构和长线型结构，地震作用计算时应考虑地震地面运动的空间和时间变化。 　5　对地下建筑和埋地管道，应考虑地震地面运动的位移向量影响进行地震作用效应计算
《混凝土结构通用规范》（GB 55008—2021）相关规定	4.3.6　大跨度、长悬臂的混凝土结构或结构构件，当抗震设防烈度不低于 7 度（0.15g）时应进行竖向地震作用计算分析。 　4.3.6 条文说明：大跨度、长悬臂结构，一般指跨度大于 24m 的楼盖结构、跨度大于 8m 的转换结构、**悬挑长度大于 2m 的悬挑结构**。大跨度、长悬臂的混凝土结构或结构构件应计算其自身及其支承部位结构的竖向地震效应

3.4-6［2021-47］某框架结构位于 8 度（0.3g）设防区，为减小地震作用最有效的措施是（　　）。

A. 增加竖向杆件配筋率　　　　　　　B. 填充墙与主体结构采用刚性连接

C. 设置隔震层   D. 增设钢支撑

答案：C

解析：设置隔震层可以阻止并减轻地震作用向上部结构的传递。

考点14：抗震等级【★★】

《建筑与市政工程抗震通用规范》（GB 55002—2021）相关规定

5.2.1　钢筋混凝土结构房屋应根据**设防类别、设防烈度、结构类型和房屋高度**采用不同的抗震等级，并应符合相应的内力调整和抗震构造要求。抗震等级应符合下列规定：

1　丙类建筑的抗震等级应按表5.2.1（表3.4-6）确定。

表3.4-6　　丙类混凝土结构房屋的抗震等级

结构类型			6度		7度			8度			9度	
		高度/m	≤24	25～60	≤24	25～50		≤24	25～40		≤24	
框架		框架	四	三	三	二		二	一		一	
		跨度不小于18m的框架	三		二			一			一	
框架-抗震墙		高度/m	≤60	61～130	≤24	25～60	61～120	≤24	25～60	61～100	≤24	25～50
		框架	四	三	四	三	二	三	二	一	二	一
		抗震墙	三		三	二		一				
抗震墙		高度/m	≤80	81～140	≤24	25～80	81～120	＜24	25～80	81～100	≤24	25～60
		抗震墙	四	三	四	三	二	一			二	一
部分框支抗震墙		高度/m	≤80	80～120	≤24	25～80	81～100	≤24	25～80		—	
	抗震墙	一般部位	四	三	四	三	二	三				
		加强部位	三	二	三	二	一	二				
	框支层框架		二		二			一			—	
框架-核心筒		高度/m	≤150		≤130			≤100			≤70	
		框架	三		二			一			一	
		核心筒	二		二			一			一	
筒中筒		高度/m	≤180		≤150			≤120			≤80	
		外筒	三		二			一			一	
		内筒	三		二			一			一	
板柱-抗震墙		高度/m	≤35	36～80	≤35	36～70		≤35	36～55			
		框架、板柱的柱	三	二	二			二				
		抗震墙	二	二	二	二		二	一			

《建筑与市政工程抗震通用规范》（GB 55002—2021）相关规定	2 甲、乙类建筑的抗震措施应符合本规范第 2.4.2 条的规定；当房屋高度超过本规范表 5.2.1 相应规定的上限时，应采取更有效的抗震措施。 3 当房屋高度接近或等于表 5.2.1（表 3.4-6）的高度分界时，应结合房屋不规则程度及场地、地基条件确定合适的抗震等级
《建筑抗震设计规范》（GB 50011—2010，2016 年版）相关规定	6.1.3 钢筋混凝土房屋抗震等级的确定，尚应符合下列要求： 1 设置少量抗震墙的框架结构，在规定的水平力作用下，底层框架部分所承担的地震倾覆力矩大于结构总地震倾覆力矩的 50％时，其框架的抗震等级应按**框架结构**确定，抗震墙的抗震等级可与其框架的抗震等级相同。注：底层指计算嵌固端所在的层。 2 裙房与主楼相连，除应按裙房本身确定抗震等级外，相关范围**不应低于主楼**的抗震等级；主楼结构在裙房顶板对应的相邻上下各一层应适当加强抗震构造措施。裙房与主楼分离时，应按**裙房本身**确定抗震等级。 3 当地下室顶板作为上部结构的嵌固部位时，地下一层的抗震等级应与上部结构相同，地下一层以下抗震构造措施的抗震等级可逐层降低一级，但不应低于四级。地下室中无上部结构的部分，抗震构造措施的抗震等级可根据具体情况采用三级或四级。 4 当甲乙类建筑按规定提高一度确定其抗震等级而房屋的高度超过本规范表 6.1.2 相应规定的上界时，应采取比一级更有效的抗震构造措施

考点 15：防连续倒塌设计【★】

《高层建筑混凝土结构技术规程》（JGJ 3—2010）相关规定	3.12.1 安全等级为一级的高层建筑结构应满足抗连续倒塌概念设计要求；有特殊要求时，可采用拆除构件方法进行抗连续倒塌设计。 3.12.2 抗连续倒塌概念设计应符合下列规定： 1 应采取必要的结构连接措施，增强结构的整体性。 2 主体结构宜采用多跨规则的超静定结构。 3 结构构件应具有适宜的延性，避免**剪切破坏、压溃破坏、锚固破坏、节点先于构件破坏**。 4 结构构件应具有一定的反向承载能力。 5 周边及边跨框架的柱距不宜过大。 6 转换结构应具有整体多重传递重力荷载途径。 7 钢筋混凝土结构梁柱宜刚接，梁板顶、底钢筋在支座处宜按受拉要求连续贯通。 **8 钢结构框架梁柱宜刚接。** **9 独立基础之间宜采用拉梁连接【2021】**
《混凝土结构设计规范》（GB 50010—2010，2015 年版）相关规定	3.6.1 混凝土结构防连续倒塌设计宜符合下列要求： 1 采取减小偶然作用效应的措施。 2 采取使重要构件及关键传力部位避免直接遭受偶然作用的措施。 3 在结构容易遭受偶然作用影响的区域增加冗余约束，布置备用的传力途径。 4 增强疏散通道、避难空间等重要结构构件及关键传力部位的承载力和变形性能。 5 配置贯通水平、竖向构件的钢筋，并与周边构件可靠地锚固。

《混凝土结构设计规范》（GB 50010—2010，2015年版）相关规定	6 设置结构缝，控制可能发生连续倒塌的范围。 3.6.2 重要结构的防连续倒塌设计可采用下列方法： 1 **局部加强法**：提高可能遭受偶然作用而发生局部破坏的竖向重要构件和关键传力部位的安全储备，也可直接考虑偶然作用进行设计。 2 **拉结构件法**：在结构局部竖向构件失效的条件下，可根据具体情况分别按梁—拉结模型、悬索—拉结模型和悬臂—拉结模型进行承载力验算，维持结构的整体稳固性。 3 **拆除构件法**：按一定规则拆除结构的主要受力构件，验算剩余结构体系的极限承载力；也可采用倒塌全过程分析进行设计

3.4-7 ［2021-40］下列钢筋混凝土结构构件抗连续倒塌的概念设计，错误的是（　　）。

A. 增加结构构件延性

B. 增加结构整体性

C. 主体结构采用超静定

D. 钢梁柱框架采用铰接

答案： D

解析： 参见《高层建筑混凝土结构技术规程》（JGJ 3—2010）第3.12.2条，钢结构框架梁柱宜刚接。

第五节　多高层结构体系

多高层结构体系常见几种基本类型如图3.5-1所示。

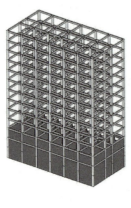  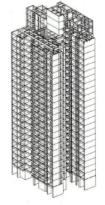

框架结构　　　　　　　框架-剪力墙结构　　　　　　全部落地剪力墙结构

图3.5-1　多高层结构体系常见几种基本类型（一）

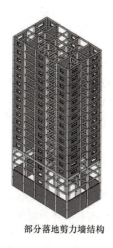

部分落地剪力墙结构　　　　　　框架-核心筒结构　　　　　　筒中筒结构

图 3.5-1　多高层结构体系常见几种基本类型（二）

考点 16：框架结构【★★★★★】

概念	框架结构是由梁和柱连接而成的。梁柱交接处的框架节点应为刚接构成双向梁柱抗侧力体系。主体结构除个别部位外，**不应采用铰接**。柱底应为固定支座，框架梁宜拉通、对直，框架柱宜纵横对齐、上下对中，梁柱轴线宜在同一竖向平面内
适用范围	混凝土框架结构广泛用于住宅、学校、办公楼，也有根据需要对混凝土梁或板施加预应力，以适用于较大的跨度
单跨框架结构 【2022（5）】	《建筑抗震设计规范》（GB 50011—2010，2016 年版）相关规定。 　6.1.5　框架结构和框架-抗震墙结构中，框架和抗震墙均应双向设置，柱中线与抗震墙中线、梁中线与柱中线之间偏心距大于柱宽的 1/4 时，应计入偏心的影响。甲、乙类建筑以及高度大于 24m 的丙类建筑，不应采用单跨框架结构；**高度不大于 24m 的丙类建筑不宜采用单跨框架结构**
框架结构设计一般规定 【2021、 2019】	《高层建筑混凝土结构技术规程》（JGJ 3—2010）相关规定。 　6.1.1　框架结构应设计成双向梁柱抗侧力体系。主体结构除个别部位外，不应采用铰接。 　**6.1.2　抗震设计的框架结构不应采用单跨框架。** 　6.1.3　框架结构的填充墙及隔墙宜选用轻质墙体。抗震设计时，框架结构如采用砌体填充墙，其布置应符合下列规定： 　1　避免形成上、下层刚度变化过大。 　2　避免形成短柱。 　3　减少因抗侧刚度偏心而造成的结构扭转。 　6.1.4　抗震设计时，框架结构的楼梯间应符合下列规定：【2022】 　1　楼梯间的布置应尽量减小其造成的结构平面不规则。 　2　宜采用现浇钢筋混凝土楼梯，楼梯结构应有足够的抗倒塌能力。 　**3　宜采取措施减小楼梯对主体结构的影响**

框架结构设计一般规定【2021、2019】	**当钢筋混凝土楼梯与主体结构整体连接时，应考虑楼梯对地震作用及其效应的影响，**并应对楼梯构件进行抗震承载力验算。 6.1.5　抗震设计时，砌体填充墙及隔墙应具有自身稳定性，并应符合下列规定： 1　**砌体的砂浆强度等级不应低于 M5，**当采用砖及混凝土砌块时，砌块的强度等级不应低于 MU5；采用轻质砌块时，砌块的强度等级不应低于 MU2.5。墙顶应与框架梁或楼板密切结合。 2　砌体填充墙应沿框架柱全高每隔 500mm 左右设置 2 根直径 6mm 的拉筋，6 度时拉筋宜沿墙全长贯通，7、8、9 度时拉筋应沿墙全长贯通。 3　墙长大于 5m 时，**墙顶与梁（板）宜有钢筋拉结；**墙长大于 8m 或层高的 2 倍时，宜设置间距不大于 4m 的钢筋混凝土构造柱；墙高超过 4m 时，墙体半高处（或门洞上皮）宜设置与柱连接且沿墙全长贯通的钢筋混凝土水平系梁。 4　楼梯间采用砌体填充墙时，应设置间距不大于层高且不大于 4m 的**钢筋混凝土构造柱，**并应采用钢丝网砂浆面层加强 《混凝土结构通用规范》（GB 55008—2021）相关规定。 4.2.2　混凝土结构体系设计应符合下列规定： 1　**不应采用混凝土结构构件与砌体结构构件混合承重的结构体系。** 2　房屋建筑结构应采用**双向抗侧力结构**体系。 3　抗震设防烈度为 9 度的高层建筑，**不应采用带转换层的结构、带加强层的结构、错层结构和连体结构**

3.5-1　[2021-46] 关于钢筋混凝土框架结构抗震设计说法，下列说法正确的是（　　）。

A. 框架结构中可采用部分砌体承重的混合形式

B. 框架结构中楼梯，电梯间采用砌体墙承重

C. 框架结构中突出屋面的电梯机房采用砌体墙

D. 框架结构砌体自重墙应满足抗震构造和自身稳定性的要求

答案：D

解析：参见《高层建筑混凝土结构技术规程》（JGJ 3—2010）第 6.1.5 条和《混凝土结构通用规范》（GB 55008—2021）第 4.2.2 条。

3.5-2　[2019-62] 3 层幼儿园不适合以下哪个结构布局？（　　）

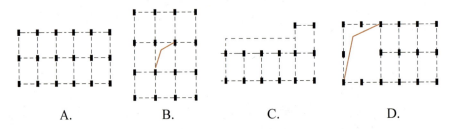

A.　　　　　　B.　　　　　　C.　　　　　　D.

答案：C

解析：根据《建筑工程抗震设防分类标准》第 6.0.8 条，教育建筑中，幼儿园、小学、中学的教学用房以及学生宿舍和食堂，抗震设防类别应不低于重点设防类（乙类建筑）。详

见第七章考点3。

另据《建筑抗震设计规范》（GB 50011—2010，2016 年版）第 6.1.5 条，对甲、乙类建筑以及高度大于 24m 的丙类建筑，不应采用单跨框架结构；选项 C 为单跨框架结构，不应采用。

考点 17：剪力墙结构【★★★★】

剪力墙结构设计一般规定【2021、2020】	根据《高层建筑混凝土结构技术规程》（JGJ 3—2010）相关规定。 7.1.1　剪力墙结构应具有适宜的侧向刚度，其布置应符合下列规定：【2022（5）】 1 平面布置宜简单、规则，宜沿两个主轴方向或其他方向双向布置，两个方向的侧向刚度不宜相差过大。抗震设计时，**不应采用仅单向有墙的结构布置**。 2 宜自下到上连续布置，避免刚度突变。 3 门窗洞口**宜上下对齐、成列布置**【2021】，形成明确的墙肢和连梁；宜避免造成墙肢宽度相差悬殊的洞口设置；抗震设计时，一、二、三级剪力墙的底部加强部位不宜采用上下洞口不对齐的错洞墙，全高均不宜采用洞口局部重叠的叠合错洞墙。 7.1.2　剪力墙不宜过长，较长剪力墙宜设置跨高比较大的连梁将其分成长度较均匀的若干墙段，**各墙段的高度与墙段长度之比不宜小于 3，墙段长度不宜大于 8m。**【2023】 7.1.3　**跨高比小于 5 的连梁**应按本章的有关规定设计，跨高比**不小于 5** 的连梁宜按**框架梁**设计。 7.1.4　抗震设计时，剪力墙底部加强部位的范围，应符合下列规定： 1 底部加强部位的高度，应**从地下室顶板**算起。 2 底部加强部位的高度可取**底部两层**和**墙体总高度的 1/10 二者的较大值部分**框支剪力墙结构底部加强部位的高度应符合本规程第 10.2.2 条的规定。 3 当结构计算嵌固端位于地下一层底板或以下时，底部加强部位宜延伸到计算嵌固端。 7.1.5　楼面梁不宜支承在剪力墙或核心筒的**连梁**上。 7.1.7　当墙肢的截面高度与厚度之比**不大于 4** 时，宜按**框架柱**进行截面设计。 （注：根据高规，墙长超过 8 倍墙厚为长肢剪力墙，大于 4 倍且小于 8 倍为短肢剪力墙，小于 4 倍为框架柱。墙长不宜超过 8m，超过 8m 时宜设置为多肢剪力墙并用连梁连接。） 7.1.8　抗震设计时，高层建筑结构**不应全部采用短肢剪力墙**；B 级高度高层建筑以及抗震设防烈度为 9 度的 A 级高度高层建筑，不宜布置短肢剪力墙，不应采用具有较多短肢剪力墙的剪力墙结构。当采用具有较多短肢剪力墙的剪力墙结构时，应符合下列规定：【2020】 1 在规定的水平地震作用下，短肢剪力墙承担的底部倾覆力矩不宜大于结构底部总地震倾覆力矩的 50%。 2 房屋适用高度应比本规程表 3.3.1-1 规定的剪力墙结构的最大适用高度适当降低，7 度、8 度（0.2g）和 8 度（0.3g）时分别不应大于 100m、80m 和 60m。 注：短肢剪力墙是指截面厚度不大于 300mm、各肢截面高度与厚度之比的最大值大于 4 但不大于 8 的剪力墙；具有较多短肢剪力墙的剪力墙结构是指在规定的水平地震作用下，短肢剪力墙承担的底部倾覆力矩不小于结构底部总地震倾覆力矩的 30% 的剪力墙结构

剪力墙结构截面设计及构造【2022（5）】	《混凝土结构通用规范》（GB 55008—2021）相关规定。 4.4.4-3 混凝土结构构件的最小截面尺寸应符合下列规定：高层建筑剪力墙的截面厚度**不应小于 160mm**，多层建筑剪力墙的截面厚度**不应小于 140mm**。 《高层建筑混凝土结构技术规程》（JGJ 3—2010）相关规定。 7.2.18 剪力墙的竖向和水平分布钢筋的间距均不宜大于 300mm，直径不应小于 8mm。剪力墙的竖向和水平分布钢筋的直径不宜大于墙厚的 1/10。 7.2.19 房屋顶层剪力墙、长矩形平面房屋的楼梯间和电梯间剪力墙、端开间纵向剪力墙以及端山墙的水平和竖向分布钢筋的配筋率均不应小于 0.25%，**间距均不应大于 200mm**

3.5-3 [2022（5）-48] 剪力墙结构在地震作用下耗能构件是（   ）。

A. 一般剪力墙　　　　B. 短肢剪力墙　　　　C. 连梁　　　　D. 楼板

答案：C

解析：连梁是剪力墙结构中最典型的耗能构件。

3.5-4 [2022（5）-72] 下列关于钢筋混凝土剪力墙结构说法，错误的是（   ）。

A. 门窗洞口宜上下对齐　　　　　　　B. 剪力墙不宜过长

C. 剪力墙可仅在单方向布置　　　　　D. 框架梁不宜支承在连梁上

答案：C

解析：参见《高层建筑混凝土结构技术规程》（JGJ 3—2010）第 7.1.1 条，"平面布置宜简单、规则，宜沿两个主轴方向或其他方向双向布置，两个方向的侧向刚度不宜相差过大。抗震设计时，不应采用仅单向有墙的结构布置"，选项 C 错误。

3.5-5 [2021-35] 下列四个结构中，哪种开洞方式是最不合理的？（   ）

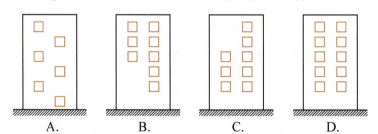

A.　　　　　　B.　　　　　　C.　　　　　　D.

答案：A

解析：参见《高层建筑混凝土结构技术规程》（JGJ 3—2010）第 7.1.1-3 条。

3.5-6 [2020-70] 下列关于剪力墙结构设计，正确的是（   ）。

A. 抗震设计时，不应单方向布置剪力墙

B. 楼间梁宜支承在连梁上

C. 墙段长度不宜大于 9m

D. 底部加强部位高度，应从地下室底部算起

答案：A

解析：参见《高层建筑混凝土结构技术规程》（JGJ 3—2010）第 7.1.2 条、第 7.1.4 条和第 7.1.5 条。

3.5-7［2020-71］关于抗震设防烈度的高层剪力墙结构房屋采用短肢剪力墙的说法，正确的是（　　）。

A. 短肢剪力墙截面厚度应大于 300mm

B. 短肢剪力墙墙肢截面高度与厚度之比应大于 8

C. 高层建筑结构可以全部采用短肢剪力墙

D. 具有较多短肢剪力墙的剪力墙结构房屋适用高度较剪力墙结构相应降低

答案：D

解析：参见《高层建筑混凝土结构技术规程》（JGJ 3—2010）第7.1.8条，"当采用具有较多短肢剪力墙的剪力墙结构时，房屋适用高度应比本规程表3.3.1-1规定的剪力墙结构的最大适用高度适当降低，7度、8度（0.2g）和8度（0.3g）时分别不应大于100m、80m和60m"，选项 D 正确。

考点 18：框架 - 剪力墙结构 【★★★★】

概念	由框架和剪力墙共同承受竖向和水平作用的结构
变形特点 【2024、 2022（12）、 2021】	剪力墙结构：弯曲型 框架结构：剪切型 框剪结构：两者之间（下端与剪力墙结构相似，上端与框架结构相似），如图 3.5-2 所示。 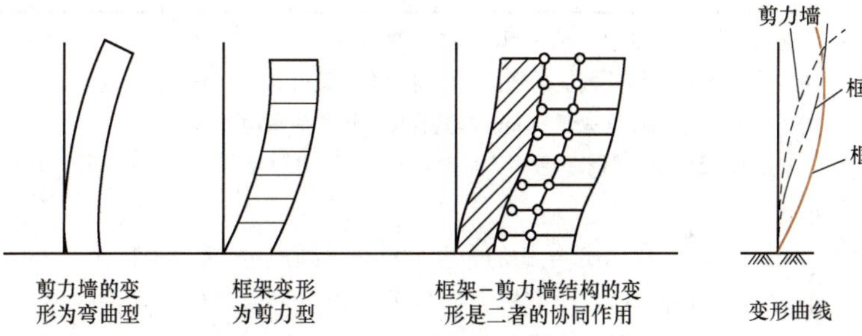 图 3.5-2　框剪结构变形
框剪结构 设计规定 【2021、 2020、 2019】	《混凝土结构通用规范》（GB 55008—2021）相关规定。 4.2.2　混凝土结构体系设计应符合下列规定： 1 **不应采用混凝土结构构件与砌体结构构件混合承重的结构体系**。 2 房屋建筑结构应采用**双向抗侧力结构体系**。 3 抗震设防烈度为 9 度的高层建筑，**不应采用带转换层的结构、带加强层的结构、错层结构和连体结构** 根据《高层建筑混凝土结构技术规程》（JGJ 3—2010）相关规定。 8.1.6　框架 - 剪力墙结构中，主体结构构件之间除个别节点外不应采用铰接；梁与柱或柱与剪力墙的**中线宜重合**；框架梁、柱中心线之间有偏离时，应符合本规程第6.1.7条的有关规定。 8.1.7　框架 - 剪力墙结构中**剪力墙的布置**宜符合下列规定： 1 剪力墙宜均匀布置在建筑物的周边附近、楼梯间、电梯间、平面形状变化及恒载较大的部位，剪力墙间距不宜过大。

框剪结构 设计规定 【2021、 2020、 2019】	2 平面形状凹凸较大时，**宜在凸出部分的端部附近布置剪力墙**。 3 纵、横剪力墙宜组成 L 形、T 形和 〔 形等形式。 4 单片剪力墙底部承担的水平剪力**不应超过结构底部总水平剪力的 30%**。 5 剪力墙宜贯通建筑物的全高，宜避免刚度突变；剪力墙开洞时，**洞口宜上下对齐**。 6 楼、电梯间等竖井宜尽量与靠近的抗侧力结构结合布置。 7 抗震设计时，剪力墙的布置宜使结构各主轴方向的侧向刚度接近。 8.1.8 **长矩形平面或平面有一部分较长的建筑中，**其剪力墙的布置尚宜符合下列规定：【2019】 1 **横向剪力墙**沿长方向的间距宜满足**表 8.1.8**（表 3.5 - 1）的要求，当这些剪力墙之间的楼盖有较大开洞时，剪力墙的间距应适当减小。 2 **纵向剪力墙**不宜集中布置在房屋的**两尽端**。

表 3.5 - 1 　　　　　　　　　　　　剪 力 墙 间 距 　　　　　　　　　　（m）

楼盖形式	非抗震设计 （取较小值）	抗震设防烈度		
		6 度、7 度 （取较小值）	8 度 （取较小值）	9 度 （取较小值）
现浇	5.0B, 60	4.0B, 50	3.0B, 40	2.0B, 30
装配整体	3.5B, 50	3.0B, 40	2.5B, 30	—

注：1. 表中 B 为剪力墙之间的楼盖宽度（m）。
　　2. 装配整体式楼盖的现浇层应符合本规程第 3.6.2 条的有关规定。
　　3. 现浇层厚度大于 60mm 的叠合楼板可作为现浇板考虑。
　　4. 当房屋端部未布置剪力墙时，第一片剪力墙与房屋端部的距离，不宜大于表中剪力墙间距的 1/2。

8.1.9 板柱 - 剪力墙结构的布置应符合下列规定：【2020】

1 应同时布置筒体或**两主轴方向**的剪力墙以形成**双向抗侧力体系**，并应避免结构刚度偏心，其中剪力墙或筒体应分别符合本规程第 7 章和第 9 章的有关规定，且宜在对应剪力墙或筒体的各楼层处设置**暗梁**。

2 抗震设计时，房屋的周边应设置**边梁**形成周边框架，房屋的顶层及地下室顶板宜采用**梁板结构**。

3 有楼、电梯间等较大开洞时，**洞口周围**宜设置框架梁或边梁

3.5 - 8 ［2024 - 12］多层框架结构在水平地震作用下变形，下列选项正确的是 （　　）。

A. 底部剪切变形，上部弯曲变形　　　　B. 底部弯曲变形，上部剪切变形

C. 整体弯曲变形　　　　　　　　　　　D. 整体剪切变形

答案： D

解析： 框架结构变形为剪切型，参考上述考点中"框架结构变形"图。

3.5 - 9 ［2021 - 53］下列关于框架剪力墙说法，最不适宜的是 （　　）。

A. 平面简单规则，剪力墙均匀布置

B. 剪力墙间距不宜过大

C. 建筑条件受限时，结构可仅仅在单向设置剪力墙

D. 剪力墙通高，防止刚性突变

答案：C

解析：参见《混凝土结构通用规范》（GB 55008—2021）第 4.2.2 条及《高层建筑混凝土结构技术规程》（JGJ 3—2010）第 8.1.7 条，选项 A、B、D 正确，选项 C 仅单向有墙的结构在抗震中危险性大，不合理。

3.5-10 ［2020-45］下列四个选项中，框架-剪力墙布置最合理的是（   ）。

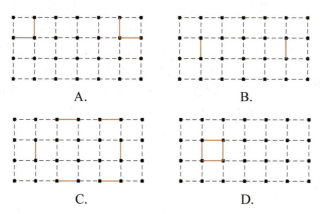

  A.   B.

  C.   D.

答案：C

解析：参见《混凝土结构通用规范》（GB 55008—2021）第 4.2.2 条。选项 C 中的剪力墙双向、均衡，布置合理。

3.5-11 ［2020-51］关于板柱剪力墙结构的概念设计，下列说法错误的是（   ）。

A. 平面两主轴方向均应布置适当剪力墙

B. 房屋周边不宜布置边梁

C. 房屋的顶层及地下室顶板宜采用梁板结构

D. 有楼电梯等较大开洞时，洞口周边宜设置框架梁或边梁

答案：B

解析：参见《高层建筑混凝土结构技术规程》（JGJ 3—2010）第 8.1.9 条，"抗震设计时，房屋的周边应设置边梁形成周边框架，房屋的顶层及地下室顶板宜采用梁板结构"，选项 B 错误。

考点 19：筒体结构【★★★】

概念	筒体结构：由竖向筒体为主组成的承受竖向和水平作用的建筑结构。筒体结构的筒体分剪力墙围成的薄壁筒和由密柱框架或壁式框架围成的框筒等
分类	筒体结构类型如图 3.5-3 所示 框筒 筒中筒 框架-核心筒 多重筒 束筒 多筒体 图 3.5-3 筒体结构类型

筒体结构 设计要求 【2022（5）、 2021、2019】	筒体结构	《高层建筑混凝土结构技术规程》（JGJ 3—2010）相关规定。 　9.1.2　**筒中筒结构的高度不宜低于 80m，高宽比不宜小于 3**。对高度不超过 60m 的框架 - 核心筒结构，可按框架 - 剪力墙结构设计。 　9.1.5　核心筒或内筒的外墙与外框柱间的中距，非抗震设计大于 15m、抗震设计大于 12m 时，宜采取增设内柱等措施。 　9.1.10　楼盖主梁不宜搁置在核心筒或内筒的连梁上
	框筒结构	《高层建筑混凝土结构技术规程》（JGJ 3—2010）相关规定。 　9.2.1　**核心筒宜贯通建筑物全高。核心筒的宽度不宜小于筒体总高的1/12**，当筒体结构设置角筒、剪力墙或增强结构整体刚度的构件时，核心筒的宽度可适当减小【2024、2023】
	筒中筒结构	《高层建筑混凝土结构技术规程》（JGJ 3—2010）相关规定。 　9.3.1　筒中筒结构的平面外形**宜选用圆形、正多边形、椭圆形或矩形等，内筒宜居中。** 　9.3.2　矩形平面的长宽比**不宜大于 2**。 　9.3.3　内筒的宽度可为高度的**1/12～1/15**，如有另外的角筒或剪力墙时，内筒平面尺寸可适当减小。内筒宜贯通建筑物全高，竖向刚度宜均匀变化。【2022（12）】 　9.3.4　**三角形平面宜切角**，外筒的切角长度不宜小于相应边长的 1/8，其角部可设置刚度较大的角柱或角筒；内筒的切角长度不宜小于相应边长的 1/10，切角处的筒壁宜适当加厚。 　9.3.5　外框筒应符合下列规定：【2022（5）】 　1 **柱距不宜大于 4m**，框筒柱的截面长边**应沿筒壁方向**布置，必要时可采用 T 形截面。 　2 洞口面积不宜大于墙面面积的**60%**，洞口高宽比宜与层高和柱距之比值相近。 　3 外框筒梁的截面高度可取柱净距的 1/4。 　4 角柱截面面积可取中柱的 1～2 倍

3.5 - 12［2023 - 33］下列关于钢筋混凝土框架 - 核心筒的说法错误的是（　　）。

A. 核心筒应贯穿全高

B. 核心筒宽度不宜小于筒体高度的 1/12

C. 当增设角筒等增强措施时，核心筒宽度可以适当减小

D. 减小核心筒墙体厚度时，必须增加混凝土强度等级

答案：D

解析：参见《高层建筑混凝土结构技术规程》（JGJ 3—2010）第 9.2.1 条"核心筒宜

贯通建筑物全高。核心筒的宽度不宜小于筒体总高的1/12，当筒体结构设置角筒、剪力墙或增强结构整体刚度的构件时，核心筒的宽度可适当减小"，选项A、B、C正确，故答案选D。

3.5-13［2022（5）-51］8度区筒体结构，高度120m，其外筒设置正确的是（   ）。

A. 外筒柱距不宜小于4m

B. 柱截面长边不宜沿筒壁方向布置

C. 不应采用T形

D. 立面开洞不宜大于60％

答案： D

解析： 参见《高层建筑混凝土结构技术规程》（JGJ 3—2010）第9.3.5条，洞口面积不宜大于墙面面积的60％，洞口高宽比宜与层高和柱距之比值相近，故选项D正确。

3.5-14［2021-32］混凝土框架核心筒结构，仅抵抗水平力时，下列哪种外框布置更合理？（   ）

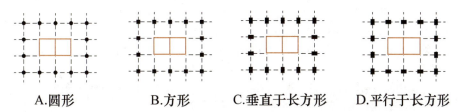

| A.圆形 | B.方形 | C.垂直于长方形 | D.平行于长方形 |

答案： D

解析： 框架-核心筒结构是由周边外框架和剪力墙核心筒组成，最有利的框架柱布置是长边平行于墙，增加外周刚度，故选项D正确。

考点20：混合结构【★★】

概念	根据《高层建筑混凝土结构技术规程》（JGJ 3—2010）相关规定。 11.1.1　本章规定的混合结构，是指由**外围钢框架或型钢混凝土、钢管混凝土框架与钢筋混凝土核心筒所组成的框架-核心筒结构，以及由外围钢框筒或型钢混凝土、钢管混凝土框筒与钢筋混凝土核心筒**所组成的筒中筒结构。**【2023】** 第11.1.1条文说明：型钢混凝土（钢管混凝土）框架可以是型钢混凝土梁与型钢混凝土柱（钢管混凝土柱）组成的框架，也可以是钢梁与型钢混凝土柱（钢管混凝土柱）组成的框架，外周的筒体可以是框筒、桁架筒或交叉网格筒。外周的钢筒体可以是钢框筒、桁架筒或交叉网格筒。为减少柱子尺寸或增加延性而在混凝土柱中设置构造型钢，而框架梁仍为钢筋混凝土梁时，该体系不宜视为混合结构；此外对于体系中局部构件（如框支梁柱）采用型钢梁柱（型钢混凝土梁柱）也不应视为混合结构
混合结构 设计要求	《高层建筑混凝土结构技术规程》（JGJ 3—2010）相关规定。 11.1.2　混合结构高层建筑适用的最大高度应符合**表11.1.2**（表3.5-2）的规定。

表 3.5-2	混合结构高层建筑适用的最大高度						（m）
结构体系		非抗震设计	抗震设防烈度				
			6度	7度	8度		9度
					0.2g	0.3g	
框架-核心筒	钢框架-钢筋混凝土核心筒	210	200	160	120	100	70
	型钢（钢管）混凝土框架-钢筋混凝土核心筒	240	220	190	150	130	70
筒中筒	钢外筒-钢筋混凝土核心筒	280	260	210	160	140	80
	型钢（钢管）混凝土外筒-钢筋混凝土核心筒【2022（12）】	300	280	230	170	150	90

注：平面和竖向均不规则的结构，最大适用高度应适当降低。

11.1.8 当采用压型钢板混凝土组合楼板时，楼板混凝土可采用轻质混凝土，其强度等级不应低于LC25；高层建筑钢-混凝土混合结构的内部隔墙应采用**轻质隔墙**。

11.2.2 混合结构的平面布置应符合下列规定：

1 平面宜简单、规则、对称、具有足够的整体抗扭刚度，平面宜采用方形、矩形、多边形、圆形、椭圆形等规则平面，建筑的开间、进深宜统一。

2 筒中筒结构体系中，当外围钢框架柱采用 H 形截面柱时，宜将柱截面强轴方向布置在外围筒体平面内；角柱宜采用十字形、方形或圆形截面。

3 楼盖主梁不宜搁置在核心筒或内筒的连梁上。

11.2.5 混合结构中，外围框架平面内梁与柱应采用**刚性**连接；楼面梁与钢筋混凝土筒体及外围框架柱的连接可采用**刚接或铰接**。【2024、2021】

11.4.2 型钢混凝土梁应满足下列构造要求：

1 混凝土粗骨料最大直径不宜大于**25mm**，型钢宜采用**Q235 及 Q345** 级钢材，也可采用Q390 或其他符合结构性能要求的钢材。

3 型钢混凝土梁中**型钢**的混凝土保护层厚度**不宜小于100mm**，梁纵向钢筋净间距及梁纵向钢筋与型钢骨架的最小净距不应小于 30mm，且不小于粗骨料最大粒径的 1.5 倍及梁纵向钢筋直径的 1.5 倍。

11.4.16 钢梁或型钢混凝土梁与混凝土筒体应有可靠连接，应能传递竖向剪力及水平力。当钢梁或型钢混凝土梁通过埋件与混凝土筒体连接时，预埋件应有足够的锚固长度，连接做法可按图 11.4.16（图 3.5-4）采用。【2019】

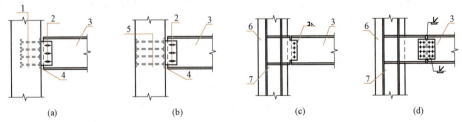

图 3.5-4 钢梁、型钢混凝土梁与混凝土核心筒的连接构造示意
1—栓钉；2—高强度螺栓及长面孔；3—钢梁；4—预埋件端板；
5—穿筋；6—混凝土墙；7—墙内预埋钢骨柱

11.4.17 抗震设计时，混合结构中的钢柱及型钢混凝土柱、钢管混凝土柱**宜采用埋入式柱脚**

混合结构设计要求

3.5-15［2024-14］钢框架-混凝土核心筒，连接筒体及外围框架柱的楼面钢梁两端支座，正确的是（　　）。

A. 两端必须刚接

B. 两端必须铰接

C. 筒体宜刚接，框架端宜铰接

D. 筒体端可铰接，框架端可刚接

答案：D

解析：根据《高层建筑混凝土结构技术规程》（JGJ 3—2010）第11.2.5条。

3.5-16［2023-32］高层建筑的混合结构不包括（　　）。

A. 钢框架-钢筋混凝土核心筒

B. 钢管混凝土柱与钢梁组成的框架-钢筋混凝土核心筒

C. 型钢混凝土柱与型钢混凝土梁组成的框架-钢筋混凝土核心筒

D. 型钢混凝土柱与钢筋混凝土梁组成的框架-钢筋混凝土核心筒

答案：D

解析：参见《高层建筑混凝土结构技术规程》（JGJ 3—2010）第11.1.1条及条文说明。

考点21：装配式结构【★★】

规范的相关规定	《装配式混凝土结构技术规程》（JGJ 1—2014）相关规定。 3.0.2 装配式建筑设计应遵循**少规格、多组合**的原则。 3.0.3 装配式结构的设计应符合《混凝土结构设计规范》（GB 50010）的基本要求，并应符合下列规定： 1 应采取有效措施加强结构的整体性。 2 装配式结构宜采用**高强混凝土、高强钢筋**。 3 装配式结构的节点和接缝应受力明确、构造可靠，并应满足**承载力、延性和耐久性**等要求。 4 应根据连接节点和接缝的构造方式和性能，确定结构的整体计算模型。 4.1.2 预制构件的混凝土强度等级不宜低于C30；预应力混凝土预制构件的混凝土强度等级不宜低于C40，且不应低于C30；现浇混凝土的强度等级不应低于C25。 5.2.1 建筑宜选用**大开间、大进深**的平面布置。 5.2.2 承重墙、柱等竖向构件宜**上下连续**。 5.2.3 门窗洞口宜**上下对齐、成列布置**，其平面位置和尺寸应满足结构受力及预制构件设计要求；剪力墙结构中不宜采用转角窗。 6.1.8 高层装配整体式结构应符合下列规定：**【2020、2019】** 1 宜设置地下室，**地下室**宜采用现浇混凝土。 2 剪力墙结构**底部加强部位**的剪力墙宜采用现浇混凝土。 3 框架结构**首层柱**宜采用现浇混凝土，**顶层**宜采用现浇楼盖结构。 6.1.9 带转换层的装配整体式结构应符合下列规定： 1 当采用部分框支剪力墙结构时，底部框支层不宜超过**2层**，且**框支层及相邻上一层**应采用现浇结构。 2 部分框支剪力墙以外的结构中，**转换梁、转换柱**宜现浇。 6.6.1 装配整体式结构的楼盖宜采用叠合楼盖。结构转换层、平面复杂或开洞较大的楼层、作为上部结构嵌固部位的地下室楼层宜采用现浇楼盖。

	6.6.2 叠合板应按《混凝土结构设计规范》（GB 50010）进行设计，并应符合下列规定：
规范 的相关 规定	1 叠合板的预制板厚度不宜小于 60mm，后浇混凝土叠合层厚度不应小于 60mm。【2022（5）、2019】 2 当叠合板的预制板采用空心板时，板端空腔应封堵。 3 跨度大于 3m 的叠合板，宜采用桁架钢筋混凝土叠合板。 4 跨度大于 6m 的叠合板，宜采用预应力混凝土预制板。 5 板厚大于 180mm 的叠合板，宜采用混凝土空心板

3.5-17 [2020-47] 设防烈度 7 度（0.1g）地区的装配整体式混凝土房屋，建筑高度 36m，下列正确的是（　　）。

A. 地下室外墙宜采用现浇，内部构件宜预制

B. 剪力墙底部加强部位宜采用装配式

C. 框架首层宜现浇

D. 屋盖宜采用混凝土叠合板

答案：C

解析：参见《装配式混凝土结构技术规程》（JGJ 1—2014）第 6.1.8 条，地下室宜采用现浇混凝土；剪力墙结构底部加强部位的剪力墙宜采用现浇混凝土；框架结构首层柱宜采用现浇混凝土，顶层宜采用现浇楼盖结构，所以选项 A、B、D 错误，选项 C 正确。

3.5-18 [2019-63] 叠合板后浇叠合层最小厚度为（　　）。

A. 50mm B. 60mm C. 70mm D. 80mm

答案：B

解析：参见《装配式混凝土结构技术规程》（JGJ 1—2014）第 6.6.2 条。

第六节　复杂高层结构

考点 22：复杂高层结构一般规定【★★★★】

	《混凝土结构通用规范》（GB 55008—2021）相关规定。
规范的 相关规定	4.2.2　混凝土结构体系设计应符合下列规定： 1 **不应采用**混凝土结构构件与砌体结构构件混合承重的结构体系。 2 房屋建筑结构应采用**双向抗侧力**结构体系。 3 抗震设防烈度为 9 度的高层建筑，不应采用**带转换层的结构、带加强层的结构、错层结构和连体结构**【2021、2020】

3.6-1 [2021-41] 关于带转换层高层建筑结构设计的说法，错误的是（　　）。

A. 转换层上部的墙、柱宜直接落在转换层的主要转换构件上

B. 8 度抗震设计时，不应采用带转换层的结构

C. 转换梁不宜开洞

D. 转换梁与转换柱截面中线宜重合

答案： B

解析： 参见《混凝土结构通用规范》（GB 55008—2021）第 4.2.2 条。

考点 23：带转换层高层建筑结构【★★★★】

规范的相关规定	《高层建筑混凝土结构技术规程》（JGJ 3—2010）相关规定。 10.2.2　带转换层的高层建筑结构，其剪力墙底部加强部位的高度应从地下室顶板算起，宜取至转换层以上两层且不宜小于房屋高度的 1/10。 10.2.4　转换结构构件可采用转换梁、桁架、空腹桁架、箱形结构、斜撑【2022（5）】等，非抗震设计和 6 度抗震设计时可采用厚板，7、8 度抗震设计时地下室的转换结构构件可采用厚板。特一、一、二级转换结构构件的水平地震作用计算内力应分别乘以增大系数 1.9、1.6、1.3；转换结构构件应考虑竖向地震作用。 10.2.5　部分框支剪力墙结构在地面以上设置转换层的位置，8 度时不宜超过 3 层，7 度时不宜超过 5 层，6 度时可适当提高。【2022（5）】 10.2.9　转换层上部的竖向抗侧力构件（墙、柱）宜直接落在转换层的主要转换构件上。【2022（5）】 10.2.16　部分框支剪力墙结构的布置应符合下列规定：【2022（5）、2020】 1 落地剪力墙和筒体底部墙体应加厚。 2 框支柱周围楼板不应错层布置。 3 落地剪力墙和筒体的洞口宜布置在墙体的中部。 4 框支梁上一层墙体内不宜设置边门洞，也不宜在框支中柱上方设置门洞。 5 落地剪力墙的间距 l 应符合下列规定： 1）非抗震设计时，l 不宜大于 3B 和 36m。 2）抗震设计时，当底部框支层为 1～2 层时，l 不宜大于 2B 和 24m；当底部框支层为 3 层及 3 层以上时，l 不宜大于 1.5B 和 20m；此处，B 为落地墙之间楼盖的平均宽度。【2022（12）】 6 框支柱与相邻落地剪力墙的距离，1～2 层框支层时不宜大于 12m，3 层及 3 层以上框支层时不宜大于 10m。 7 框支框架承担的地震倾覆力矩应小于结构总地震倾覆力矩的 50%。 8 当框支梁承托剪力墙并托转换次梁及其上剪力墙时，应进行应力分析，按应力校核配筋，并加强构造措施。B 级高度部分框支剪力墙高层建筑的结构转换层，不宜采用框支主、次梁方案。 10.2.23　部分框支剪力墙结构中，框支转换层楼板厚度不宜小于 180mm，应双层双向配筋，且每层每方向的配筋率不宜小于 0.25%，楼板中钢筋应锚固在边梁或墙体内；落地剪力墙和筒体外围的楼板不宜开洞。楼板边缘和较大洞口周边应设置边梁，其宽度不宜小于板厚的 2 倍，全截面纵向钢筋配筋率不应小于 1.0%。与转换层相邻楼层的楼板也应适当加强。【2019】 10.2.26　抗震设计时，带托柱转换层的筒体结构的外围转换柱与内筒、核心筒外墙的中距不宜大于 12m。

3.6-2［2022（5）-52］8 度区部分框支剪力墙结构建筑，高度 72m，转换层设置不宜超（　　）层。

A. 3　　　　　　　　　B. 4　　　　　　　　　C. 5　　　　　　　　　D. 6

答案： A

解析： 参见《高层建筑混凝土结构技术规程》（JGJ 3—2010）第 10.2.5 条，部分框支剪力墙结构在地面以上设置转换层的位置，8 度时不宜超过 3 层，7 度时不宜超过 5 层，6

度时可适当提高。

3.6-3 ［2022（5）-54］下列关于高层建筑转换层设置说法，错误的是（   ）。

A. 可采用转换梁、桁架、箱形结构

B. 部分框支剪力墙建筑，框支柱周边楼板可错层布置

C. 转换板加厚，增加配筋

D. 转换层应能承受上部传递下来的全部荷载，并有效传递给底部竖向构件

答案：B

解析：参见《高层建筑混凝土结构技术规程》（JGJ 3—2010）第 10.2.16 条，框支柱周围楼板不应错层布置，选项 B 错误。

3.6-4 ［2019-42］8 度抗震设防高层商住，部分框支剪力墙转换层结构说法错误的是（   ）。

A. 转换梁不宜开洞   B. 转换梁截面高度不小于净跨 1/8

C. 可以用厚板   D. 位置不超过 3 层

答案：C

解析：参见《高层建筑混凝土结构技术规程》（JGJ 3—2010）第 10.2.4 条，转换结构构件可采用转换梁、桁架、空腹桁架、箱形结构、斜撑等，非抗震设计和 6 度抗震设计时可采用厚板，7、8 度抗震设计时地下室的转换结构构件可采用厚板，选项 C 错误。

考点 24：带加强层高层建筑结构 【★★★】

《高层建筑混凝土结构技术规程》（JGJ 3—2010）相关规定	10.3.1 当框架 - 核心筒、筒中筒结构的侧向刚度不能满足要求时，可利用建筑避难层、设备层空间，设置适宜刚度的水平伸臂构件，形成带加强层的高层建筑结构。必要时，加强层也可同时设置周边水平环带构件。水平伸臂构件、周边环带构件可采用**斜腹杆桁架、实体梁、箱形梁、空腹桁架**等形式。【2023】 10.3.2 带加强层高层建筑结构设计应符合下列规定： 1 应合理设计加强层的数量、刚度和设置位置。当布置 1 个加强层时，可设置在 0.6 倍房屋高度附近；当布置 2 个加强层时，可分别设置在顶层和 0.5 倍房屋高度附近；当布置多个加强层时，宜沿竖向从顶层向下均匀布置。【2021】 2 加强层水平伸臂构件宜贯通核心筒，其平面布置宜位于核心筒的转角、T 字节点处；水平伸臂构件与周边框架的连接宜采用铰接或半刚接；结构内力和位移计算中，设置水平伸臂桁架的楼层宜考虑楼板平面内的变形。 3 加强层及其相邻层的框架柱、核心筒应加强配筋构造。 4 加强层及其相邻层楼盖的刚度和配筋应加强。 5 在施工程序及连接构造上应采取减小结构竖向温度变形及轴向压缩差的措施，结构分析模型应能反映施工措施的影响
《混凝土结构通用规范》（GB 55008—2021）相关规定	4.4.12 带加强层高层建筑结构设计应符合下列规定： 1 加强层及其相邻层的框架柱、核心筒剪力墙的抗震等级应提高一级采用，已经为特一级时应允许不再提高。 2 加强层及其相邻层的框架柱，箍筋应全柱段加密配置，轴压比限值应按其他楼层框架柱的数值减小 0.05 采用。 3 加强层及其相邻层核心筒剪力墙应设置约束边缘构件

3.6-5 [2023-21] 关于超高层中加强层设置错误的是（　　）。

A. 加强层可采用适宜刚度的水平伸臂桁架

B. 加强层可采用水平伸臂桁架加周边水平环带桁架

C. 加强层的部位不得设置在设备层避难层部位

D. 可采用多个刚度适中的加强层

答案：C

解析：参见《高层建筑混凝土结构技术规程》（JGJ 3—2010）第 10.3.1 条。

3.6-6 [2021-42] 根据抗震设计规范关于超高层设置加强层，下列说法错误的是（　　）。

A. 结合设备层、避难层设置

B. 设置一层加强层，应在建筑屋面设置

C. 设置两层加强层应在顶层和建筑高度一半位置设置

D. 设置多个加强层时宜均匀规则布置

答案：B

解析：参见《高层建筑混凝土结构技术规程》（JGJ 3—2010）第 10.3.2 条。

考点 25：连体结构【★★★】

《高层建筑混凝土结构技术规程》（JGJ 3—2010）相关规定	10.5.1　连体结构各独立部分宜有相同或相近的体型、平面布置和刚度【2019】；宜采用双轴对称的平面形式。7 度、8 度抗震设计时，层数和刚度相差悬殊的建筑不宜采用连体结构。
	10.5.2▲　**7 度（0.15g）和 8 度抗震设计**时，连体结构的连接体应考虑竖向地震的影响。
	10.5.3　6 度和 7 度（0.10g）抗震设计时，高位连体结构的连接体宜考虑竖向地震的影响。
	10.5.4　连接体结构与主体结构宜采用**刚性连接**【2019】。刚性连接时，连接体结构的主要结构构件应至少伸入主体结构一跨并可靠连接；必要时可延伸至主体部分的内筒，并与内筒可靠连接【2019】。
	当连接体结构与主体结构采用**滑动连接**时，支座滑移量**应能满足两个方向在罕遇地震作用下的位移要求【2022（5）】**，并应采取防坠落、撞击措施。罕遇地震作用下的位移要求，应采用时程分析方法进行计算复核。
	10.5.5　刚性连接的连接体结构可设置**钢梁、钢桁架、型钢混凝土梁**，型钢应伸入主体结构至少一跨并可靠锚固。连接体结构的边梁截面宜加大；楼板厚度不宜小于 150mm，宜采用双层双向钢筋网，每层每方向钢筋网的配筋率不宜小于 0.25%。
	当连接体结构包含多个楼层时，应特别加强其最下面一个楼层及顶层的构造设计
《混凝土结构通用规范》（GB 55008—2021）相关规定	4.4.14　房屋建筑连接体及与连接体相连的结构构件应符合下列规定：
	1 连接体及与连接体相连的结构构件在连接体高度范围及其上、下层，抗震等级应提高一级采用，一级应提高至特一级，已经为特一级时应允许不再提高。
	2 与连接体相连的框架柱在连接体高度范围及其上、下层，箍筋应全柱段加密配置，轴压比限值应按其他楼层框架柱的数值减小 0.05 采用。
	3 与连接体相连的剪力墙在连接体高度范围及其上、下层应设置约束边缘构件

3.6-7 [2024-22] 关于抗震设防烈度 8 度的高层连体结构，下列说法错误的是（　　）。

A. 连接体结构与主体结构宜刚性连接

B. 连接体结构与主体结构不应采用滑动连接

C. 连接体可采用钢梁、钢桁架等形式

D. 连接体结构需要考虑竖向地震力

答案： B

解析： 根据《高层建筑混凝土结构技术规程》（JGJ 3—2010）第 10.5.2 条、第 10.5.4 条、第 10.5.5 条。

3.6-8［2022（5）-59］连体建筑中连接体与建筑采用滑动连接时，滑动支座上需预留满足连接体滑动的位移，正确的是（   ）。

A. 两个方向满足多遇地震的位移

B. 两个方向满足多遇地震及风荷载的位移

C. 两个方向满足抗震设防地震的位移

D. 两个方向满足罕遇地震的位移

答案： D

解析： 参见《高层建筑混凝土结构技术规程》（JGJ 3—2010）第 10.5.4 条，当连接体结构与主体结构采用滑动连接时，支座滑移量应能满足两个方向在罕遇地震作用下的位移要求，答案选 D。

3.6-9［2019-41］7 度抗震设防地区，关于双塔连体建筑说法错误的是（   ）。

A. 平面布局刚度相同或相近

B. 抗侧力构建沿周边布置

C. 采用刚性连接

D. 外围框架和塔楼刚性连接时不深入塔楼内部结构

答案： D

解析： 参见《高层建筑混凝土结构技术规程》（JGJ 3—2010）第 10.5.4 条，刚性连接时，连接体结构的主要结构构件应至少伸入主体结构一跨并可靠连接；必要时可延伸至主体部分的内筒，并与内筒可靠连接，选项 D 错误。

考点 26：竖向体型收进、悬挑结构【★★】

规范的 相关规定	《高层建筑混凝土结构技术规程》（JGJ 3—2010）相关规定。 10.6.2 多塔楼结构以及体型收进、悬挑结构，竖向体型突变部位的楼板宜加强，楼板厚度不宜小于150mm，宜双层双向配筋，每层每方向钢筋网的配筋率不宜小于 0.25%。体型突变部位上、下层结构的楼板也应加强构造措施。 根据 10.6.3，抗震设计时，多塔楼高层建筑结构应符合下列规定： 1 各塔楼的层数、平面和刚度宜接近；塔楼对底盘宜对称布置；上部塔楼结构的综合质心与底盘结构质心的距离不宜大于底盘相应边长的20%。【2022（12）】 2 转换层不宜设置在底盘屋面的上层塔楼内，如图 3.6-1 所示。【2019】 3 塔楼中与裙房相连的外围柱、剪力墙，从固定端至裙房屋面上一层的高度范围内，柱纵向钢筋的最小配筋率宜适当提高，剪力墙宜按本规程第 7.2.15 条的规定设置约束边缘构件，柱箍筋宜在裙楼屋面上、下层的范围内全高加密；当塔楼结构相对于底盘结构偏心收进时，应加强底盘周边竖向构件的配筋构造措施，如图 3.6-2 所示。

规范的相关规定	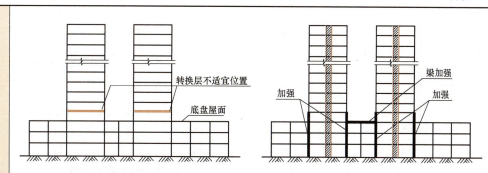 图 3.6-1　多塔楼结构转换层不适宜位置示意　　图 3.6-2　多塔楼结构加强部位示意 10.6.4　悬挑结构设计应符合下列规定： 　1 悬挑部位应采取**降低结构自重**的措施。 　2 悬挑部位结构宜采用**冗余度较高**的结构形式。 　3 结构内力和位移计算中，悬挑部位的楼层宜考虑楼板平面内的变形，结构分析模型应能反映水平地震对悬挑部位可能产生的竖向振动效应。 　4 **7 度（0.15g）和 8、9 度**抗震设计时，悬挑结构**应考虑**竖向地震的影响；**6、7 度**抗震设计时，悬挑结构**宜考虑**竖向地震的影响。 　5 抗震设计时，悬挑结构的关键构件以及与之相邻的主体结构关键构件的抗震等级宜提高一级采用，一级提高至特一级，抗震等级已经为特一级时，允许不再提高

3.6-10［2019-66］抗震设计时，混凝土高层建筑大底盘多塔结构的以下说法，错误的是（　　）。

　A. 上部塔楼结构的综合质心与底盘结构质心的距离不宜大于底盘相应边长的 20%

　B. 各塔楼的层数、平面和刚度宜接近；塔楼对底盘宜对称布置

　C. 当塔楼结构相对于底盘结构偏心收进时，应加强底盘周边竖向构件的配筋构造措施

　D. 转换层设置在底盘上层的塔楼内

答案： D

解析： 根据《高层建筑混凝土结构技术规程》（JGJ 3—2010）第 10.6.3 条第 1 和第 2 款及其条文说明规定，转换层宜设置在底盘楼层范围内，不宜设置在底盘以上的塔楼内。若转换层设置在底盘屋面的上层塔楼内时，易形成结构薄弱部位，不利于结构抗震。

第七节　框 架 结 构 布 置

考点 27：框架结构布置【★★★★】

现浇单向板肋梁楼盖	单向板肋梁楼盖由板、次梁和主梁组成，布置方式如图 3.7-1 所示。楼盖则支承在柱、墙等竖向承重构件上。其中，次梁的间距决定了板的跨度；主梁的间距决定了次梁的跨度；柱或墙的间距决定了主梁的跨度

现浇单向板肋梁楼盖	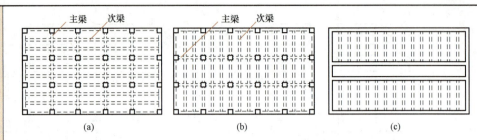 图 3.7-1　单向板肋梁楼盖梁的布置 （a）主梁沿横向布置；（b）主梁沿纵向布置；（c）不设主梁
案例布置	案例考察主要围绕在受力不合理的角度考察。一般来说考试中的梁柱布置的传力途径主要是楼板受力传给次梁，然后传给主梁至柱子。在这个过程中，不要出现受力不均或者主梁跨度很大的情况，一般柱距控制在 9m 之内，如图 3.7-2 所示。（实线是主梁，虚线是次梁） 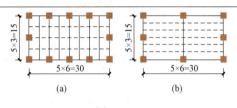 图 3.7-2 　　结构布置是相对的，（b）图中板的受力传给了虚线的次梁，中间一跨的主梁跨度 15m 过大，且要承受左右两跨次梁的力，相对（a）图的结构布置不合理。 　　在考试中，要充分比较四个选项，关注柱距和传力途径是否合理

3.7-1 ［2022（5）-39］以下四个选项中，受力最不合理的是（　　）。（注：实线是主梁，虚线是次梁）

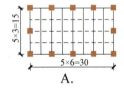　A.　　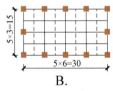　B.　　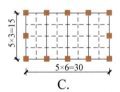　C.　　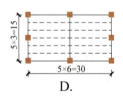　D.

答案： D

解析： 为了楼盖结构更合理受力，应将荷载相对均匀地传递给各个构件。选项 D 中间主梁将承受整个楼盖一半的荷载，该梁截面会很大，梁系布置不合理。

3.7-2 ［2021-27］某大跨度钢筋混凝土结构楼盖竖向舒适度不足，改善舒适度最有效的方法是（　　）。

A. 提高钢筋级别　　　　　　　　　　B. 提高混凝土强度等级

C. 增大梁配筋量　　　　　　　　　　D. 增加梁截面高度

答案： D

解析： 楼盖竖向舒适度不足是由于楼盖结构的竖向刚度不足造成的，增加梁高可以有效提高梁的抗弯刚度。

3.7-3 ［2021-31］如图 3.7-3 所示，三种主梁布置方案，说法错误的是（　　）。

A. 方案Ⅰ比方案Ⅱ经济　　　　　　　B. 方案Ⅰ比方案Ⅲ经济

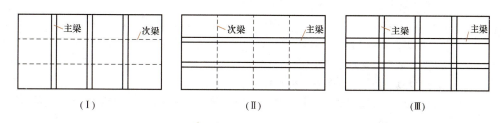

图 3.7-3

C. 方案Ⅰ比方案Ⅱ能获得更高的净空　　　D. 方案Ⅰ比方案Ⅲ能获得更高的净空

答案：D

解析：方案Ⅰ为短跨主梁受力，方案Ⅱ为长跨主梁受力。比较Ⅰ、Ⅱ方案，方案Ⅰ主梁为短跨，梁高低、经济，能获得较高的净空高度，故选项A、C正确。方案Ⅲ为双向主梁受力的井字梁结构，是三个方案中梁高最低、净空高度最高的，但造价高，故选项D错误。方案Ⅰ最经济，选项B正确。

3.7-4〔2021-59〕不同开洞方式，对楼板承载力最不利的是（　　　）。

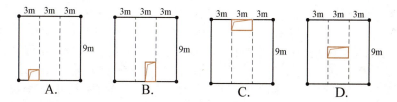

答案：B

解析：根据板分割尺寸判断，均为单向板。单向板上荷载的传力方向为沿板短跨方向传力。选项B的开洞方式为沿单向板长边开洞，这种开洞方式对荷载传递的阻绝作用最大，最为不利。

第八节　混凝土建筑加固

考点 28：既有建筑鉴定与加固【★★★】

根据《既有建筑鉴定与加固通用规范》GB 55021—2021 相关规定

总则	1.0.3 既有建筑的鉴定与加固，应遵循**先检测、鉴定，后加固设计、施工与验收**的原则
基本规定	2.0.2 既有建筑在下列情况下应进行鉴定：【2024】 1 达到设计工作年限**需要继续使用。** 2 改建、扩建、移位以及**建筑用途或使用环境改变前。** 3 原设计未考虑抗震设防或抗震设防要求提高。 4 遭受灾害或事故后。 5 存在较严重的质量缺陷或损伤、疲劳、变形、振动影响、毗邻工程施工影响。 6 **日常使用中发现安全隐患。** 7 有要求需进行质量评价时。 2.0.3 既有建筑在下列情况下应进行加固： 1 经安全性鉴定确认需要提高结构构件的安全性。

基本规定	2 经抗震鉴定确认需要加强整体性、改善构件的受力状况、提高综合抗震能力。 2.0.4　既有建筑的鉴定与加固应符合下列规定： 1 既有建筑的鉴定应同时进行安全性鉴定和抗震鉴定。 2 既有建筑的加固应进行承载能力加固和抗震能力加固，且应以修复建筑物安全使用功能、延长其工作年限为目标。 3 既有建筑应满足防倒塌的整体牢固性，以及紧急状态时人员从建筑中撤离等安全性应急功能要求。 2.0.6　既有建筑的加固必须按规定的程序进行加固设计；不得将鉴定报告直接用于施工。 2.0.7　既有建筑的加固施工必须进行加固工程的施工质量检验和竣工验收；合格后方允许投入使用
既有建筑抗震鉴定	5.1.1　既有建筑的抗震鉴定，应首先确定抗震设防烈度、抗震设防类别以及后续工作年限。 5.1.2　既有建筑的抗震鉴定，应根据后续工作年限采用相应的鉴定方法。后续工作年限的选择，不应低于剩余设计工作年限。 5.1.3　既有建筑的抗震鉴定，根据后续工作年限应分为三类：后续工作年限为 30 年以内（含 30 年）的建筑，简称 A 类建筑；后续工作年限为 30 年以上 40 年以内（含 40 年）的建筑，简称 B 类建筑；后续工作年限为 40 年以上 50 年以内（含 50 年）的建筑，简称 C 类建筑。【2024】 5.1.4　A 类和 B 类建筑的抗震鉴定，应允许采用折减的地震作用进行抗震承载力和变形验算，应允许采用现行标准调低的要求进行抗震措施的核查，但不应低于原建造时的抗震设计要求；C 类建筑应按现行标准的要求进行抗震鉴定；当限于技术条件，难以按现行标准执行时，允许调低其后续工作年限，并按 B 类建筑的要求从严进行处理
既有建筑加固	6.1.1　既有建筑经技术鉴定或设计确认需要加固时，应依据鉴定结果和委托方的要求进行整体结构、局部结构或构件的加固设计和施工 6.1.2　加固设计应明确结构加固后的用途、使用环境和加固设计工作年限。在加固设计工作年限内，未经技术鉴定或设计许可，不得改变加固后结构的用途和使用环境。 6.2.1　结构加固用的混凝土，应符合下列规定： 1 混凝土强度等级应高于原结构、构件的强度等级，且不低于最低强度等级要求。 2 加固工程使用的混凝土应在施工前试配，经检验其性能符合设计要求后方允许使用。 6.2.2　结构加固新增的钢构件和钢筋，应选用较低强度等级的牌号；当采用高强度级别牌号时，应考虑二次受力的不利影响。 6.2.3　结构加固用的植筋采用带肋钢筋或全螺纹螺杆，不得采用光圆钢筋；锚栓应采用有锁键效应的后扩底机械锚栓，或栓体有倒锥或全螺纹的胶粘型锚栓。 6.3.1　既有建筑地基基础的加固设计应符合下列规定： 1 应进行地基承载力、地基变形、基础承载力验算。 2 既有建筑地基基础加固后或增加荷载后，建筑物相邻基础的沉降量、沉降差、局部倾斜和整体倾斜的允许值应严格控制，保证建筑结构安全和正常使用。 3 受较大水平荷载或位于斜坡上的既有建筑地基基础加固，以及邻近新建建筑、深基坑开挖、新建地下工程基础埋深大于既有建筑基础埋深并对既有建筑产生影响时，尚应进行地基稳定性验算。

既有建筑加固	4 对液化地基、软土地基或明显不均匀地基上的建筑，应采取相应的针对性措施。 6.3.3 既有建筑地基基础加固工程，应对其在施工和使用期间进行沉降观测**直至沉降达到稳定为止。** 6.4.1 结构的整体加固方案应根据结构类型，从结构体系、抗震构造措施、抗震承载力及易倒易损构件等方面综合考虑后确定
	根据第6.5条总结，混凝土构件加固的方法有：**①增大截面法；②置换混凝土法；③外包型钢法；④ 粘贴钢板法**
	根据第6.6条总结，钢构件加固的方法有：**①增大截面法；②粘贴钢板法；③外包钢筋混凝土法；④钢管构件内填混凝土加固法**
	根据第6.7条总结，砌体构件加固方法有：**①钢筋混凝土面层法；②钢筋网水泥砂浆面层法**

3.8-1〔2024-32〕关于后续工程年限为30年以内的既有建筑抗震鉴定，正确的是( )。

A. 地震作用应按现行标准取值

B. 地震作用可在现行标准基础上进行折减，但不低于原建筑的抗震设计要求

C. 地震作用可在原标准的基础上，按剩余设计工作年限折减

D. 地震作用应按原建筑标准取值

答案：B

解析：根据《既有建筑鉴定与加固通用规范》(GB 55021—2021)第5.1.3条和第5.1.4条。

3.8-2〔2024-38〕关于既有建筑鉴定的做法，错误的是( )。

A. 达到设计工作年限需要继续使用应进行鉴定

B. 改建、扩建、移位以及建筑用途或使用环境改变前应进行鉴定

C. 原设计未考虑抗震设计设防或抗震设防要求提高应进行鉴定

D. 可由业主自行确定是否需要进行鉴定

答案：D

解析：根据《既有建筑鉴定与加固通用规范》(GB 55021—2021)第2.0.2条。

考点29：混凝土结构加固【★★】

	根据《混凝土结构加固设计规范》(GB 50367—2013)的相关规定
一般规定	3.1.1 混凝土结构经可靠性鉴定确认需要加固时，应根据鉴定结论和委托方提出的要求，按本规范的规定和业主的要求进行加固设计。加固设计的范围，可按整幢建筑物或其中某独立区段确定，也可按指定的结构、构件或连接确定，**但均应考虑该结构的整体牢固性。** 3.1.2 加固后混凝土结构的安全等级，应根据结构破坏后果的严重性、结构的重要性和加固设计使用年限，**由委托方与设计方按实际情况共同商定。** 3.1.7 混凝土结构的加固设计使用年限，应按下列原则确定： 1 结构加固后的使用年限，**应由业主和设计单位共同商定。** 2 当结构的加固材料中含有合成树脂或其他聚合物成分时，其结构加固后的使用年限**宜按30年**考虑；当业主要求结构加固后的使用年限为50年时，其所使用的胶和聚合物的黏结性能，应通过耐长期应力作用能力的检验。

一般规定	3 使用年限到期后，当重新进行的可靠性鉴定认为该结构工作正常，**仍可继续延长其使用年限。** 4 对使用胶粘方法或掺有聚合物材料加固的结构、构件，尚应定期检查其工作状态；检查的时间间隔可由设计单位确定，**但第一次检查时间不应迟于 10 年。** 5 当为局部加固时，应考虑原建筑物剩余设计使用年限对结构加固后设计使用年限的影响
材料	4.1.1　结构加固用的混凝土，其强度等级**应比原结构、构件提高一级，且不得低于 C20 级。** 4.1.2　结构加固用的混凝土，可使用商品混凝土，但所掺的粉煤灰应为Ⅰ级灰，且烧失量**不应大于 5%。** 4.2.1　混凝土结构加固用的钢筋，其品种、质量和性能应符合下列规定： 1 宜选用 HRB335 级或 HPB300 级普通钢筋；当有工程经验时，**可使用 HRB400 级钢筋；也可采用 HRB500 级和 HRBF500 级的钢筋。**对体外预应力加固，宜使用 UPS15.2 - 1860 **低松弛无黏结钢绞线。** 4.2.2　混凝土结构加固用的钢板、型钢、扁钢和钢管，其品种、质量和性能应符合下列规定： 1 应采用 Q235 级或 Q345 级钢材；对重要结构的焊接构件，当采用 Q235 级钢，应选用 Q235 - B 级钢。 4 不得使用无出厂合格证、无中文标志或未经进场检验的钢材。 4.2.3　当混凝土结构的后锚固件为植筋时，应使用热轧带肋钢筋，**不得使用光圆钢筋**
增大截面加固法	5.1.1　本方法适用于**钢筋混凝土受弯和受压构件的加固。** 5.1.2　采用本方法时，按现场检测结果确定的原构件混凝土强度等级不应低于C13。 5.2.1　采用增大截面加固受弯构件时，应根据原结构构造和受力的实际情况，选用在受压区或受拉区增设现浇钢筋混凝土外加层的加固方式。 5.5.1　采用增大截面加固法时，新增截面部分，可用现浇混凝土、自密实混凝土或喷射混凝土浇筑而成，也可用掺有细石混凝土的水泥基灌浆料灌注而成
置换混凝土加固法	6.1.1　本方法适用于**承重构件受压区混凝土强度偏低或有严重缺陷的局部加固。** 6.1.2　采用本方法加固梁式构件时，应对原构件加以有效的支顶。当采用本方法加固柱、墙等构件时，应对原结构、构件在施工全过程中的承载状态进行验算、观测和控制，置换界面处的混凝土不应出现拉应力，当控制有困难，应采取支顶等措施进行卸荷。 6.1.3　采用本方法加固混凝土结构构件时，其非置换部分的原构件混凝土强度等级，按现场检测结果不应低于该混凝土结构建造时规定的强度等级
体外预应力加固法	7.1.1　本方法适用于下列钢筋混凝土结构构件的加固： 1 以无黏结钢绞线为预应力下撑式拉杆时，宜用于连续梁和大跨简支梁的加固。 2 以普通钢筋为预应力下撑式拉杆时，宜用于一般简支梁的加固。 3 以型钢为预应力撑杆时，宜用于柱的加固。 7.1.2　本方法**不适用于素混凝土构件（包括纵向受力钢筋一侧配筋率小于 0.2% 的构件）**的加固。 7.1.3　采用体外预应力方法对钢筋混凝土结构、构件进行加固时，其原构件的混凝土强度等级不宜低于 C20

粘贴钢板加固法	9.1.1　本方法适用于对**钢筋混凝土受弯、大偏心受压和受拉构件**的加固。本方法不适用于素混凝土构件，包括纵向受力钢筋一侧配筋率小于 0.2%的构件加固【2024】

3.8-3［2024-39］下列钢筋混凝土构件不适用粘贴钢板外稳定加固法加固的是(　　)。

A. 大偏心受拉构件　　　　　　　　　B. 大偏心受压构件

C. 受弯构件　　　　　　　　　　　　D. 素混凝土构件

答案：D

解析：根据《混凝土结构加固设计规范》(GB 50367—2013) 第 9.1.1 条。

考点 30：建筑抗震加固【★】

根据《建筑抗震加固技术规程》(JGJ 116—2009) 相关规定

基本规定	3.0.2　抗震加固的方案、结构布置和连接构造，尚应符合下列要求：【2024】 1 不规则的现有建筑，宜使加固后的结构质量和刚度**分布较均匀、对称**。 2 对**抗震薄弱部位、易损部位和不同类型结构**的连接部位，其承载力或变形能力宜采取比一般部位增强的措施。 3 宜减少地基基础的加固工程量，**多采取提高上部结构抵抗不均匀沉降能力的措施**，并应计入不利场地的影响。 4 加固方案应结合原结构的具体特点和技术经济条件的分析，采用新技术、新材料。 5 加固方案宜**结合维修改造，改善使用功能，并注意美观**。 6 加固方法应便于施工，并应减少对生产、生活的影响
混凝土结构加固方法	6.2.1　钢筋混凝土房屋的结构体系和抗震承载力不满足要求时，可选择下列加固方法： 1 单向框架**应加固**，或改为双向框架，或采取加强楼、屋盖整体性且同时增设抗震墙、抗震支撑等抗侧力构件的措施。 2 单跨框架不符合鉴定要求时，应在不大于框架-抗震墙结构的抗震墙最大间距且不大于 24m 的间距内增设**抗震墙、翼墙、抗震支撑**等抗侧力构件或将对应轴线的单跨框架改为多跨框架。 3 框架梁柱配筋不符合鉴定要求时，可采用钢构套、现浇钢筋混凝土套或粘贴钢板、碳纤维布、钢绞线网-聚合物砂浆面层等加固。 4 框架柱轴压比不符合鉴定要求时，可采用**现浇钢筋混凝土套**等加固。 5 房屋刚度较弱、明显不均匀或有明显的扭转效应时，可增设钢筋混凝土抗震墙或翼墙加固，也可设置支撑加固。 6 当框架梁柱实际受弯承载力的关系不符合鉴定要求时，可采用钢构套、现浇钢筋混凝土套或粘贴钢板等加固框架柱，也可通过罕遇地震下的弹塑性变形验算确定对策。 7 钢筋混凝土抗震墙配筋不符合鉴定要求时，可**加厚原有墙体或增设端柱、墙体**等。 8 当楼梯构件不符合鉴定要求时，可粘贴钢板、碳纤维布、钢绞线网-聚合物砂浆面层等加固

3.8-4［2024-23］7 度设防的框架结构，存在扭转不规则和薄弱层，下列加固方案错误的是(　　)。

A. 增大刚心和质心偏心率以减少扭转

B. 增加薄弱部位的承载力

C. 增加薄弱部位的变形能力

D. 结合维修改造，改善使用功能，并注意美观

答案：A

解析：根据《建筑抗震加固技术规程》（JGJ 116—2009）第 3.0.2 条。

第四章 钢 结 构

思维导图

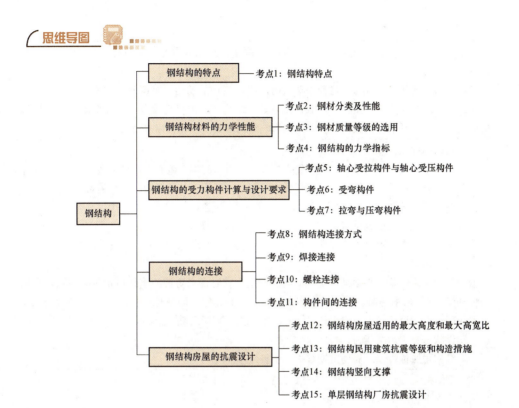

考情分析

节 名	近5年考试分值统计					
	2024年	2023年	2022年12月	2022年5月	2021年	2020年
第一节 钢结构的特点	0	1	0	1	0	0
第二节 钢结构材料的力学性能	1	0	2	3	1	2
第三节 钢结构的受力构件计算与设计要求	0	0	2	1	0	3
第四节 钢结构的连接	0	1	0	1	1	0
第五节 钢结构房屋的抗震设计	3	1	2	2	2	2
总 计	4	3	6	8	4	7

第一节 钢结构的特点

考点1：钢结构特点【★】

特点	钢结构具有的特点是：**强度高，质量轻，刚度小，振动周期长，阻尼比小，风振效应大**。【2022（5）、2019】 备注：阻尼比指结构在振动过程中通过内部能量消耗的动能。风振效应主要是在高层钢结构建筑中。风振效应主要指在风荷载作用下，钢结构产生的振动现象，这种振动可能对结构造成附加应力，甚至导致疲劳效应，从而影响结构的安全性和使用寿命
钢结构优缺点	（1）钢结构优点： ①钢结构强度高、重量轻，在同样受力情况下，所需的构件截面小，自重轻。 ②钢材具有良好的塑性和韧性。同时具有可焊性，适用于各种复杂结构的建筑。 ③耐热性好，长期受100℃辐射热时，强度没有太大变化，适用于热车间。 ④**抗震性能好，是抗震设防地区最合适的结构。**【2019】 ⑤钢结构材料可以重复利用，污染小，符合绿色建筑要求。 （2）钢结构缺点： ①**钢结构耐火性差**，必须采取防火措施。发生火灾时，未防护的钢结构耐火时间短，当钢筋长期受100℃辐射热时，强度没有多大变化，具有一定的耐热性；当温度达150℃以上时，必须用隔热层加以保护；当温度超过300℃后，强度急剧下降；当温度达到600℃时，钢材便进入塑性状态丧失承载能力。 ②钢结构耐腐蚀性差，需要定期维护，维护成本高
钢结构防火的方法	（1）**钢结构耐火性能差**，原因有：【2022】 ①在高温下强度降低快。 ②钢材热导率大，易于传递热量，使构件内部迅速升温。 ③钢构件截面面积小，热容量小升温快。 ④高温作用下钢材塑性增大，极易变形，失去承载力，发生倒塌。 （2）钢结构的防火的方法： ①防火板保护。 ②混凝土防火保护。 ③结构内通水冷却。 ④采用耐火钢
多高层钢结构布置原则	《钢结构设计标准》（GB 50017—2017）相关规定。 A.2.2-1 **建筑平面宜简单、规则，结构平面布置宜对称**，水平荷载的合力作用线宜接近抗侧力结构的刚度中心；高层钢结构两个主轴方向动力特性宜相近。 A.2.2-2 结构竖向体型宜规则、均匀，竖向布置宜使侧向刚度和受剪承载力沿竖向均匀变化。 A.2.2-3 **高层建筑不应采用单跨框架结构，多层建筑不宜采用单跨框架结构。** A.2.2-4 高层钢结构宜选用风压和横风向振动效应较小的建筑体型，并应考虑相邻高层建筑对风荷载的影响。

多高层钢结构布置原则	A.2.2-5 **支撑布置平面上宜均匀、分散，沿竖向宜连续布置**。设置地下室时，支撑应延伸至基础或在地下室相应位置设置剪力墙；支撑无法连续时，应适当增加错开支撑并加强错开支撑之间的上下楼层水平刚度
单层钢结构布置原则	A.1.1 单层钢结构可采用框架、支撑结构。厂房主要由横向、纵向抗侧力体系组成，其中横向抗侧力体系可采用框架结构，纵向抗侧力体系宜采用中心支撑体系，也可采用框架结构。 A.1.2 每个结构单元均应形成稳定的空间结构体系

4.1-1 [2023-17] 与钢筋混凝土框架结构对比，关于钢框架结构特点的说法错误的是（　　）。

A. 自重轻，基础造价低　　　　　　B. 刚度大，结构变形小

C. 延性好，抗震性能好　　　　　　D. 强度高，构件截面面积小

答案：B

解析：相对于混凝土材料，钢材更容易变形，变形大，正因为如此，钢材塑性好，可以吸收更多的变形，故答案选 B。

4.1-2 [2022(5)-20] 下列关于钢材的性能表述错误的是（　　）。

A. 强度大　　　　B. 耐腐蚀性差　　　　C. 焊接性能好　　　　D. 耐火性好

答案：D

解析：钢材耐火性能差，所以钢结构要注意防火。

第二节　钢结构材料的力学性能

考点 2：钢材分类及性能【★★★】

结构钢概念与钢材牌号	(1) 钢材牌号表达方式为"字母 Q＋数字"，如 Q235，其中 Q 是屈服强度中"屈"字汉语拼音首字母，**数字为屈服强度**，单位为 N/mm²，Q235 即钢材的屈服强度为 235N/mm²。【2022(5)】 (2) 钢材牌号数字越大，屈服强度越大，含碳量越大，强度和硬度越大，**塑性、延性越差**
钢材牌号表达方式	(1) 碳素结构钢的完整表示方法：**Q＋屈服强度＋质量等级符号＋脱氧方法符号＋专门用途的符号**。质量等级符号分别为 A、B、C、D 四级，其中 C 级钢只能是镇静钢；D 级钢只能是特殊镇静钢。另外，镇静钢和特殊镇静钢可不标符号，即 Z/TZ 都可不标。 例如，Q235AF 表示屈服强度为 235N/mm² 的 A 级沸腾钢。Q235C 表示屈服强度为 235N/mm² 的 C 级镇静钢。 (2) 低合金钢的完整表示方法：**Q＋规定的最小上屈服强度数值＋交货状态代号＋质量等级符号**。质量等级符号分别为 B、C、D、E、F。交货状态为热轧时，交货代号为 AR 或 WAR，可省略；交货状态为正火或正火轧制时，交货代号为 N。 例如，Q355ND 表示规定的最小上屈服强度为 355N/mm² 的交货状态为正火或正火轧制的 D 级低合金钢

| 钢材质量等级 | (1) 碳素钢按质量**由低到高**的顺序分为 A、B、C、D 四个等级。 |
| | (2) 低合金钢按质量由低到高的顺序分为 B、C、D、E、F 五个等级 |

4.2-1［2022（5）-18］Q420 中的"420"表示钢材的哪种强度？（　　）

A. 屈服强度　　　　　B. 极限强度　　　　　C. 断裂强度　　　　　D. 疲劳强度

答案：A

解析：钢材牌号 Q 后的数字代表屈服强度，故答案选 A。

考点 3：钢材质量等级的选用【★★★★】

| 选择依据及要求 | (1) 选择依据：结构的重要性；荷载的性能；连接方式；工作条件。
(2) 选择要求：
①具有**较高强度**。
②**塑性好**，可使结构在破坏前有较明显的变形。
③**冲击韧性好**，可提高结构抗动力荷载的能力。
④**冷加工性能好**，可保证钢材加工过程中不发生裂纹或脆断。
⑤**耐久性好**，可延长钢结构使用寿命。
⑥**可焊性好**，可保证钢材的热加工性能 |
| 钢材质量等级的选用 | 《钢结构设计标准》（GB 50017—2017）相关规定。
4.3.3　钢材质量等级的选用应符合下列规定：
1 A 级钢仅可用于结构工作温度高于 0℃的不需要验算疲劳的结构，且**Q235A 钢不宜用于焊接结构**。【2020】
2 需验算疲劳的焊接结构用钢材应符合下列规定：
1）当工作温度高于 0℃时其质量等级不应低于 B 级。
2）当工作温度不高于 0℃但高于－20℃时，**Q235、Q345 钢不应低于 C 级**，Q390、Q420 及 Q460 钢不应低于 D 级。
3）当工作温度不高于－20℃时，Q235 钢和 Q345 钢不应低于 D 级，Q390 钢、Q420 钢、Q460 钢应选用 **E 级**。
3 需验算疲劳的非焊接结构，其钢材质量等级要求可较上述焊接结构降低一级但不应低于 **B 级**。吊车起重量不小于 50t 的中级工作制吊车梁，其质量等级要求应与需要验算疲劳的构件相同。
4.3.4　工作温度不高于－20℃的受拉构件及承重构件的受拉板材应符合下列规定：
1 所用钢材厚度或直径不宜大于 40mm，质量等级不宜低于 **C 级**。
2 当钢材厚度或直径不小于 40mm 时，其质量等级不宜低于 **D 级**。
4.3.5　在 T 形、十字形和角形焊接的连接节点中，当其板件厚度不小于 40mm 且沿板厚方向**有较高撕裂拉力**作用，包括较高约束拉应力作用时，该部位板件钢材宜具有厚度方向抗撕裂性能即 **Z 向性能**的合格保证，其沿板厚方向断面收缩率不小于按现行国家标准《厚度方向性能钢板》（GB/T 5313）规定的 Z15 级允许限值。钢板厚度方向承载性能等级应根据节点形式、板厚、熔深或焊缝尺寸、焊接时节点拘束度以及预热、后热情况等综合确定【2022（5）】 |

钢材质量等级的选用	钢材的抗压屈服强度与抗拉的屈服强度**相等**；而抗剪屈服强度则等于抗拉屈服强度的 $1/\sqrt{3}$。（备注：由于抗剪和抗压的试验不好做，不用它们的试验强度作为力学性能的指标，但不妨碍设计是对抗压和抗剪的取值，因为有了抗拉屈服强度，抗压屈服强度和抗剪屈服强度就都有了。）另外，钢结构用的是单一钢材，构件弯曲时一边受压而另一边受拉，故钢材**受弯的屈服强度与抗拉屈服强度相等** **《高层民用建筑钢结构技术规程》**（JGJ 99—2015）相关规定。 **4.1.2-4** 承重构件所用钢材的质量等级不宜低于B级；抗震等级为二级及以上的高层民用建筑钢结构，其框架梁、柱和抗侧力支撑等主要抗侧力构件钢材的质量等级不宜低于**C级**【2021】

　　4.2-2［2022（5）-26］将钢拉杆垂直焊在50mm厚的钢板上，需要对钢板进行的验算是（　　）。

A. 具有碳当量的合格保证　　　　　　　　B. 具有冷弯试验的合格保证

C. 钢板厚度方向断面收缩率　　　　　　　D. 具有冲击韧性的合格保证

　　答案：C

　　解析：当钢板厚度超过40mm时应具有Z向性能的合格保证，故选C。

　　4.2-3［2022（5）-30］对最常用的Q235钢和Q355钢，下列选用的基本原则哪项是正确的？（　　）

　　Ⅰ. 当构件为强度控制时，应优先采用Q235钢；

　　Ⅱ. 当构件为强度控制时，应优先采用Q355钢；

　　Ⅲ. 当构件为刚度或稳定性要求控制时，应优先采用Q235钢；

　　Ⅳ. 当构件为刚度或稳定性要求控制时，应优先采用Q355钢。

A. Ⅰ、Ⅲ　　　　　B. Ⅰ、Ⅳ　　　　　C. Ⅱ、Ⅲ　　　　　D. Ⅱ、Ⅳ

　　答案：C

　　解析：当构件为强度控制时，应选高强材料，这样才能减小截面；当构件为以刚度或稳定性为控制时，只要控制构件截面即可，可以选用低强材料，故选C。

　　4.2-4［2020-25］下列钢材中，不宜用于焊接钢结构的是（　　）。

A. Q235A　　　　　B. Q235B　　　　　C. Q235C　　　　　D. Q235D

　　答案：A

　　解析：A级钢仅可用于结构工作温度高于0℃的不需要验算疲劳的结构，且Q235A钢不宜用于焊接结构。故选A。

　　考点4：钢结构的力学指标【★★★★★】

钢筋五项力学指标	(1) **屈服强度** f_y：钢筋发生屈服现象时的屈服极限，**衡量结构承载能力和确定强度设计值的重要指标**。 　　(2) **抗拉强度** f_u：以钢筋被拉断前所能承担的最大拉力值除以钢筋截面积所得的拉力值，抗拉强度又称为极限强度。 　　(3) **断后伸长率** δ：钢筋拉断后，标距的伸长值与原始标距的百分比，**是钢材塑性的反映**。

钢筋五项力学指标	（4）**冷弯试验**：在常温状态下，按《金属材料 弯曲试验方法》（GB/T 232—2010）进行弯曲试验，根据钢筋牌号确定不同弯芯直径及弯曲角度，试验结果评定是在不使用放大仪器观察，试样弯曲外表面无可见裂纹为合格。冷弯试验不仅能直接检验除钢材的塑性性能，同时还能暴露除钢材内部的冶金缺陷，在一定程度上还抗压反映出钢材可焊性的好坏。 （5）**冲击韧性**：钢筋在冲击载荷作用下吸收塑性变形功和断裂功的能力，反映材料内部的细微缺陷和抗冲击性能。冲击韧性用带缺口试件被冲断所需要的冲击功来衡量。它是**钢材强度和塑性的综合指标**
钢结构的合格保证	《钢结构通用规范》（GB 55006—2021）相关规定。【2024、2020】 　3.0.2　钢结构承重构件所用的钢材应有**屈服强度，断后伸长率，抗拉强度和硫、磷含量**的合格保证，在低温使用环境下尚应具有冲击韧性的合格保证；对焊接结构尚应具有碳或碳当量的合格保证。铸钢件和要求抗层状撕裂**（Z 向）性能**的钢材尚应具有断面收缩率的合格保证。焊接承重结构以及重要的非焊接承重结构所用的钢材，应具有弯曲试验的合格保证；对直接承受动力荷载或需进行疲劳验算的构件，其所用钢材尚应具有冲击韧性的合格保证

4.2 - 5〔2024 - 10〕办公楼室内正常环境中的楼面钢梁，其钢材不必提供下列哪项合格保证（　　）。

A. 屈服强度　　　　　B. 断后伸长率　　　　　C. 冲击韧性　　　　　D. 硫、磷含量

答案：C

解析：根据《钢结构通用规范》（GB 55006—2021）第 3.0.2 条。

4.2 - 6〔2020 - 27〕关于钢材选用的说法，错误的是（　　）。

A. 承重结构所选用的钢材应具有屈服强度、抗拉强度、断后伸长率和硫磷含量的合格保证

B. 对焊接结构应具有碳当量的合格保证

C. 对焊接承重结构应具有冷拉试验的合格保证

D. 对需要验算疲劳的构件应具有冲击韧性的合格保证

答案：C

解析：参见考点 4 中"钢结构的合格保证"相关内容。

第三节　钢结构的受力构件计算与设计要求

考点 5：轴心受拉构件与轴心受压构件【★★】

轴心受力构件分类	（1）轴心受力构件：当构件所受外力的作用点与构件截面的形心重合时，则构件横截面产生的应力为均匀分布，这种构件称为轴心受力构件。 （2）轴心受力构件分为**轴心受拉构件**和**轴心受压构件**
轴心受力构件的要求	（1）根据《钢结构设计标准》（GB 50017—2017）第 7 章，轴心受力构件需要进行**截面强度计算、稳定性计算、局部稳定和屈曲后强度验算**。【2022（12）】 （2）两类构件轴心受力构件满足承载力要求的区别： ①轴心受拉构件：满足**强度验算**。 ②轴心受压构件：满足**强度验算、整体稳定、局部稳定**

	（1）对于矩形截面和圆形截面，构件的长细程度可以分别用计算长度与短边长度，或与直径的比值来衡量。

（2）对于截面不为实心的钢结构，**构件的长细比 λ 为计算长度 l_0 除以截面相应的回转半径 i。**【2020】

在钢结构设计中，长细比对于结构的安全性、经济性和美观性都有很大的影响。通常来讲，长细比越小，结构就越安全可靠。

$$构件的长细比 \lambda = \frac{l_0（计算长度）}{i（截面相应的回转半径）}$$

（3）回转半径：一般指惯性半径，是指物体微分质量假设的集中点到转动轴间的距离，为截面惯性矩 I 除以截面毛面积 A 的平方根值。

$$回转半径 i = \sqrt{\frac{I（截面惯性矩）}{A（截面毛面积）}}$$

备注：截面惯性矩是截面上每一个微面积与该微面积至某一轴线距离平方的乘积的集合。需要注意的是惯性矩 I 一定是针对某一条轴线而言的。表 4.3-1 列举了几种常见截面形状的截面惯性矩，考试中不会考查定量计算，只会对其形状进行选择。

一般来说，截面惯性矩越大，**回转半径越大，其长细比就越小，结构就越安全可靠**

轴心受力构件长细比

表 4.3-1　　　　　几种常见截面形状的截面惯性矩

截面形状	图形	截面惯性矩
长方形	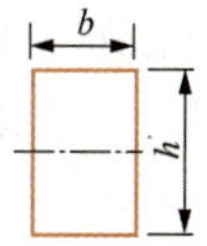	$I = \dfrac{bh^3}{12}$
正方形	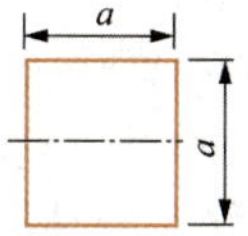	$I = \dfrac{a^4}{12}$
圆形	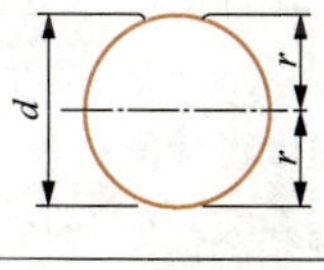	$I = \dfrac{\pi d^4}{64} = \dfrac{\pi r^4}{4}$
工字形	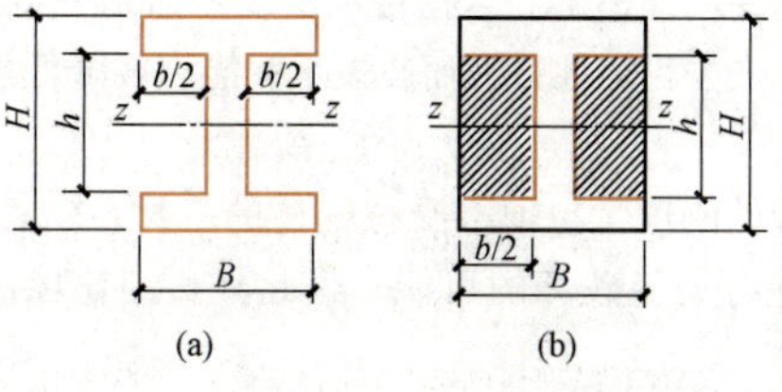	$I_z = \dfrac{1}{12}BH^3 - 2 \times \dfrac{1}{12}\dfrac{b}{2}h^3$ $= \dfrac{1}{12}(BH^3 - bh^3)$

111

轴心受拉构件的计算	（1）轴心受拉构件的计算包括**构件承载力和刚度**。 （2）受拉构件承载力：在轴心受拉构件中，截面上拉应力是均匀分布的。受拉构件的轴心拉力设计值 N 计算公式为： $$N \leqslant Af$$ 式中　N——构件轴心拉力设计值； 　　　A——轴心受拉构件净截面面积； 　　　f——钢材的抗拉强度设计值。 （3）**受拉构件刚度：用长细比 λ 控制。长细比越小，构件刚度越大，反之刚度越小。** （4）依据《钢结构设计标准》（GB 50017—2017）第7.4.7条第6点的规定：受拉构件的长细比不宜超过表7.4.7（表4.3-2节选一般建筑结构的长细比）规定的容许值。柱间支撑按拉杆设计时，竖向荷载作用下柱子的轴力应按无支撑时考虑 **表4.3-2　　　　　　　　　受拉构件的容许长细比** <table><tr><td>构件名称</td><td>容许长细比</td></tr><tr><td>桁架的构件</td><td>350</td></tr><tr><td>吊车梁或吊车桁架以下的柱间支撑</td><td>300</td></tr><tr><td>除张紧的圆钢外的其他拉杆、支撑、系杆等</td><td>400</td></tr></table>
轴心受压构件计算	（1）轴心受压构件的计算包括**强度、整体稳定、局部稳定和刚度计算**。 （2）轴心受压构件强度：与轴心受拉构件的主要不同点在于轴心受压构件不会断裂。计算公式为： $$N \leqslant A_n f$$ 式中　N——构件轴心压力设计值； 　　　A_n——轴心受压构件净截面面积； 　　　f——钢材的抗压强度设计值。 （3）轴心受压构件整体稳定性，计算公式为： $$N \leqslant \varphi Af$$ 式中　N——构件轴心压力设计值； 　　　A——构件毛面面积； 　　　f——钢材的抗压强度设计值； 　　　φ——轴心压杆稳定系数，小于1。 （4）轴心受压构件局部稳定：当构件承受压力达到一定程度后，在构件整体失稳前，个别板件可能会先失去稳定性，因而丧失承载能力或降低承载能力，最终导致整个构件的承载力降低。 （5）轴心受压构件刚度：**与轴心受拉构件的一样，轴心受压构件的刚度用长细比控制。**由于受压构件有失稳破坏的可能，因此其长细比控制比轴心受拉构件更为严格。 【2022】 　①轴心受压构件的长细比不宜超过表4.3-3中的容许值。

轴心受压 构件计算	表 4.3-3　　　　　　受压构件的容许长细比 | 构件名称	容许长细比 | |---|---| | 轴心受压柱、桁架和天窗架中的压杆 | 150 | | 柱的缀条、吊车梁或吊车桁架以下的柱间支撑 | 150 | | 支撑 | 200 | | 用以减小受压构件计算长度的杆件 | 200 | ②桁架的受压腹杆，当杆件内力设计值不大于承载能力的 50% 时，容许长细比值可取 200；跨度等于或大于 60m 的桁架，其受压弦杆、端压杆和直接承受动力荷载的受压腹杆的长细比不宜大于 120

4.3-1［2022（12）-45］钢结构轴心受力构件不需验算的项目是（　　）。

A. 截面强度　　　　　B. 构件局部稳定性　　　C. 构件变形　　　　D. 构件长细比

答案：C

解析：根据考点 5，轴心受力构件需要进行截面强度计算、稳定性计算、局部稳定和屈曲后强度验算，故答案选 C。

4.3-2［2022（5）-34］控制受压钢构件的长细比主要是为了（　　）。

A. 控制强度　　　　　B. 控制刚度　　　　　C. 控制稳定性　　　　D. 控制轴压比

答案：C

解析：过于细长的受压构件容易发生屈曲破坏，故答案选 C。

考点 6：受弯构件【★★★★】

概念	受弯构件:受弯矩作用或受弯矩与剪力共同作用的构件，主要承受横向荷载。结构中的主要受弯构件为梁
受弯构件 破坏形式	在工字钢结构中，需要控制翼缘的长度和腹板的厚度（图 4.3-1），局部设置横向加劲肋、纵向加劲肋、短加劲肋（图 4.3-2）来加强结构的稳定性。 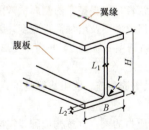　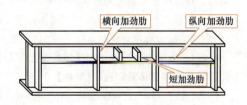 图 4.3-1　翼缘与腹板示意图　　　图 4.3-2　加劲肋示意图 （1）受弯构件的破坏形式分为三种：**强度破坏、整体失稳、局部失稳**。 （2）受弯构件（梁）的整体稳定。梁丧失整体稳定性现象如图 4.3-3 所示。 （3）受弯构件（梁）的**局部稳定**。**梁的局部失稳包括翼缘失稳和腹板失稳**，如图 4.3-4 所示。【2019】

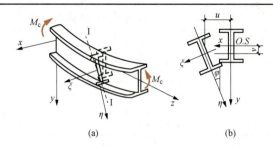

图 4.3-3 梁丧失整体稳定性现象

(a) 整体失稳示意图；(b) Ⅰ—Ⅰ截面

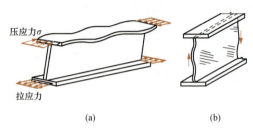

图 4.3-4 梁的局部失稳

(a) 翼缘失稳；(b) 腹板失稳

受弯构件破坏形式

①**保证腹板稳定性的方法：增加板厚、设置加劲肋。**

②横向加劲肋的主要作用是：防止由剪应力和局部压应力引起的腹板失稳。

③纵向加劲肋的主要作用是：防止由弯曲压应力引起的腹板失稳。

④短加劲肋的主要作用是：防止由局部压应力引起的腹板失稳。

⑤梁腹板的主要作用是：抗剪，相比之下，剪应力最容易引起腹板失稳。

（4）翼板宽度的增加可以有效增加梁的抗侧惯性矩，**提高梁的侧向抗弯刚度承载力**。增加梁高、提高板厚也能增加梁的抗侧惯性矩，但效率不及增加翼板宽度，因为翼板材料离截面中和轴最远。

（5）工字形截面钢梁，抗剪主要靠腹板，抗弯主要靠翼缘。

（6）翼板宽度的增加可以有效增加梁的抗侧惯性矩，**提高梁的侧向抗弯刚度承载力**。增加梁高、提高腹板厚也能增加梁的抗侧惯性矩，但效率不及增加翼板宽度，因为翼板材料离截面中和轴最远。一般来说，工字形截面钢架，抗剪主要靠腹板，抗弯主要靠翼缘

受弯构件的规定

《钢结构设计标准》（GB 50017—2017）相关规定。

6.2.1 当铺板密铺在梁的受压翼缘上并与其牢固相连，能阻止梁受压翼缘的侧向位移时，**可不计算梁的整体稳定性**。【2019】

6.3.2-1 当 $h_0/t_w \leqslant 80\varepsilon_k$ 时，对于有局部压应力的梁，宜按构造配置**横向加劲肋**；当局部压应力较小时，**可不配加劲肋**。

6.5.2 腹板开孔梁，当孔型为圆形或矩形时，应符合下列规定：

1 圆孔孔口直径不宜大于梁高的 **0.70 倍**，矩形孔口高度不宜大于梁高的 **0.50 倍**，矩形孔口长度不宜大于梁高及 **3 倍**孔高。【2020】

2 相邻圆形孔口边缘间的距离不宜小于梁高的 **0.25 倍**，矩形孔口与相邻孔口的距离不宜小于梁高及矩形孔口长度。【2020】

受弯构件的规定	3 开孔处梁上下 T 形截面高度均不宜小于梁高的 **0.15 倍**，矩形孔口上下边缘至梁翼缘外皮的距离不宜小于梁高的 **0.25 倍**。 4 开孔长度（或直径）与 T 形截面高度的比值不宜大于 12。 5 不应在距梁端相当于梁高范围内设孔，抗震设防的结构**不应在隅撑与梁柱连接区域范围内**设孔【2020】

4.3-3［2020-30］关于工字钢框架梁腹板开孔的情况，说法错误的是（　　）。

A. 圆孔直径开孔宜小于梁高的 0.7 倍

B. 矩形直径开孔宜小于梁高的 0.7 倍

C. 不应在梁端小于梁高的范围内设置

D. 不应在隅撑与梁柱之间的范围内设置

答案：B

解析：参见考点 9 中"受弯构件的规定"相关内容。故答案选 B。

4.3-4［2019-46］组合工字形截面的钢梁验算腹板高厚比的目的是控制（　　）。

A. 控制刚度　　　　　　　　　　B. 控制强度

C. 控制整体稳定　　　　　　　　D. 控制局部稳定

答案：D

解析：钢梁腹板的高厚比超过限值后，板件会发生局部失稳，导致梁的承载力无法得到充分利用。实腹压弯构件要求不出现局部失稳者，其腹板高厚比、翼缘宽厚比应符合标准。故答案选 D。

4.3-5［2019-79］重载钢结构楼盖，采用 H 型钢，能有效增强钢结构整体稳定性的是（　　）。

A. 受压翼缘增加刚性铺板并牢固黏接

B. 采用腹板开孔梁

C. 增加支承加劲肋

D. 配置横向加劲肋和纵向加劲肋

答案：A

解析：参见《钢结构设计标准》（GB 50017—2017）第 6.2.1 条，当铺板密铺在梁的受压翼缘上并与其牢固相连，能阻止梁受压翼缘的侧向位移时，可不计算梁的整体稳定性。故答案选 A。

考点 7：拉弯与压弯构件【★】

拉弯构件	(1) 拉弯构件：不仅承受轴向拉力还承受弯矩的构件。分为单向拉弯构件和双向拉弯构件。 (2) 拉弯构件计算包括承载力和刚度
压弯构件	(1) 压弯构件：受到沿杆轴方向的压力和绕截面形心主轴弯矩作用的构件。例如，厂房的框架柱、多层建筑的框架柱都属于压弯构件。 (2) 压弯构件破坏形式分三种：【2022（5）】 ①强度破坏。

压弯构件	②整体失稳：压弯构件的承载力通常由稳定性控制，丧失整体稳定性的现象分为弯矩作用平面内（弯曲）屈曲和弯矩作用平面外（弯曲）屈曲。 在 N 和 M 同时作用下，一开始构件就在弯矩作用平面内发生变形，呈弯曲状态，当 N 和 M 同时增加到一定值时则达到极限，超过此极限，构件的内外力平衡被破坏，构件不再能抵抗外力作用而被压溃，此破坏为弯矩作用平面内（弯曲）屈曲。要维持内外力平衡，只能减小 N 和 M，**在弯矩作用平面内只产生弯曲屈曲**。如图 4.3-5（a）所示。 当构件在弯矩作用平面外没有足够支撑以阻止其产生侧向位移和扭矩时，构件可能因弯扭屈曲而破坏，这种弯扭屈曲称为弯矩作用平面外（弯曲）屈曲，如图 4.3-5（b）所示。 ③局部失稳：当板件过薄时，腹板或受压翼缘在尚未达到强度极限值或构件丧失整体稳定前，就可能发生局部屈曲	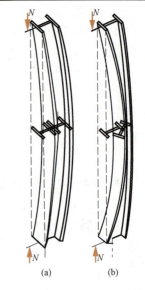 图 4.3-5　压弯构件的整体屈曲 （a）弯矩作用平面内（弯曲）屈曲； （b）弯矩作用平面外（弯曲）屈曲

4.3-6［2022（5）-36］钢管压弯构件不会出现的破坏形式是（　　）。

A. 整体扭转失稳　　　　B. 整体弯曲失稳　　　　C. 整体弯扭失稳　　　　D. 管壁局部屈曲

答案：A

解析：扭转失稳要在纯扭矩作用下才会发生，压弯构件没有纯扭矩，故答案选 A。

第四节　钢结构的连接

考点 8：钢结构连接方式【★】

钢结构连接方式	钢结构的连接方式分三种：焊接连接、铆钉连接和螺栓连接，如图 4.4-1 所示 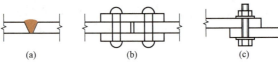 （a）　　　　　　（b）　　　　　　（c） 图 4.4-1　钢结构的连接方式 （a）焊接连接；（b）铆钉连接；（c）螺栓连接
连接的选择	（1）同一连接部位中**不得采用普通螺栓或承压型高强度螺栓与焊接共用的连接**。 （2）在改、扩建工程中作为加固补强措施，**可采用摩擦型高强度螺栓与焊接承受同一作用力的栓焊并用连接**，其计算与构造宜符合行业标准《钢结构高强度螺栓连接技术规程》（JGJ 82—2011）第 5.5 节的规定

考点 9：焊接连接【★★】

焊接连接	焊接连接是钢结构最主要的连接方式，它的优点是任何形状的结构都可用焊缝连接，构造简单。但是，焊缝质量易受材料和操作的影响，因此对钢材材性要求较高
焊接连接形式	（1）按构件相对位置分为三种类型：平接、搭接和顶接（包括 T 形连接和角接），如图 4.4-2 所示。 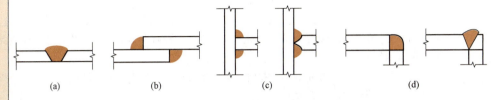 图 4.4-2　焊接的连接形式 （a）平接；（b）搭接；（c）顶接（T 形连接）；（d）顶接（角接） （2）按构造分为两种形式：对接焊缝、角焊缝。根据作用力方向不同，对接焊缝分为直缝和斜缝，如图 4.4-3 所示；角焊缝分为侧面角焊接和正面角焊接，如图 4.4-4 所示 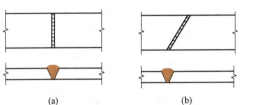　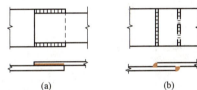 图 4.4-3　直缝与斜缝　　　　图 4.4-4　侧面角焊接与正面角焊接 （a）直缝；（b）斜缝　　　　（a）侧面角焊接；（b）正面角焊接 ①对接焊缝：指在焊件的坡口面间或一焊件的坡口面与另一焊件端（表）面间焊接的焊缝，如图 4.4-2（a）、（c）所示。 ②角焊缝：指沿两直交或近直交零件的交线所焊接的焊缝，如图 4.4-2（b）、（c）所示。 ③由对接焊缝构成的平接，构件位于同一平面，截面无显著变化，传力直接，应力集中小，钢板和焊条用量省，因此**对接焊缝的焊接受力性能最好**。【2017】 ④**正面角焊缝的静力强度高于侧面角焊缝**，但疲劳强度、冲击韧性较差。【2017】 ⑤**角焊缝的抗拉、抗剪、抗压强度设计值相等**【2022（5）】
焊缝材料	（1）焊接方法很多，最常见的是电弧焊。电弧焊又分为手工电弧焊、自动或半自动电弧焊。其中手工电弧焊由焊条、焊把、电焊机、焊件和导线组成 （2）Q235 钢应采用 E43 型焊条，数字 43 代表焊条金属的抗拉强度标准值为 430N/mm² （3）**Q345 钢和 Q345GJ 应采用 E50 或 E55 型焊条**，其焊条金属的抗拉强度标准值分别为 500N/mm² 和 550N/mm²。【2013、2010】（注：GJ 指高层建筑） （4）Q420 钢、Q460 钢应采用 E55 型或 E60 型焊条，其焊条金属的抗拉强度标准值分别为 550N/mm² 和 600N/mm²

焊接的 质量等级	（1）焊接的质量分为三个等级：一级、二级、三级。 （2）一、二级焊缝应采用超声波探伤进行内部缺陷的检验，探伤的比例使一级焊缝为100%、二级焊缝为20%。 （3）一、二、三级焊缝都要进行外观质量检测，但三级焊缝没有超声波探伤的要求。 **（4）温度越低要求质量等级越高【2021】**
对接焊缝 连接的 构造	（1）对接焊缝构造简单，节省钢材，传力均匀，没有明显的应力集中，适合于直接承受动力荷载的结构。 （2）不同厚度和宽度的材料对接时，应做平缓过渡，其连接处坡度值不宜大于$1：2.5$，如图4.4-5和图4.4-6所示。 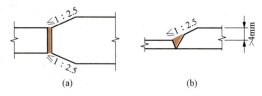 图 4.4-5　不同宽度或厚度钢材的焊接 （a）不同宽度焊接；（b）不同厚度焊接 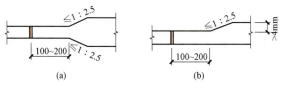 图 4.4-6　不同宽度或厚度铸钢件的焊接 （a）不同宽度焊接；（b）不同厚度焊接 （3）当对接焊缝的质量达到一、二级时，其强度与母材强度相同；当对接焊缝的质量为三级时，其抗压和抗剪强度仍与母材的相应值相同，抗拉强度为母材相应值得 0.84～0.86 倍

4.4-1［2022（5）-19］Q235 的钢板和 E43 的焊条，角焊缝的强度设计值比较，正确的是（　　）。

A. 抗拉强度大于抗压强度　　　　　　B. 抗拉强度大于抗剪强度

C. 钢抗压强度大于抗剪强度　　　　　D. 抗拉、抗剪、抗压强度都相等

答案： D

解析： 角焊缝的抗拉、抗剪、抗压强度设计值相等，故答案选 D。

4.4-2［2021-25］露天工作环境的焊接吊车梁，北京地区比广州地区所采用的钢材质量等级要求（　　）。

A. 高　　　　　　　　　　　　　　　B. 低

C. 相同　　　　　　　　　　　　　　D. 与钢材强度有关

答案： A

解析： 由于室外北京比广州的气温低很多，对钢材的质量等级有更高的要求，故答案选 A。

考点 10：螺栓连接【★★】

螺栓连接分类	螺栓连接分为普通螺栓连接和高强度螺栓连接。 (1) 普通螺栓连接：主要用在安装连接和可拆装的结构中，装卸便利，不需要特殊设备。 (2) 高强度螺栓连接：用强度较高的钢材制作，安装时通过特制的扳手以较大的扭矩上紧螺帽，使得螺杆产生很大的预应力
普通螺栓连接	(1) 普通螺栓有两种类型：粗制螺栓和精制螺栓；三个等级：A 级、B 级、C 级。即精制 A 级；精制 B 级；粗制 C 级。 ①粗制螺栓：为 C 级，制作精度较差，易于安装，粗制螺栓连接由于承受拉力，受剪能力较差，常用于次要结构和可拆卸结构的抗剪连接、安装时的临时固定。粗制螺栓连接中，粗制螺栓传递拉力，剪力则由焊缝承担。 ②精制螺栓：为 A 级或 B 级，制作精度较高，连接的受力性能比粗制螺栓好，但制作和安装费更高，钢结构中较少采用。 (2) C 级螺栓宜用于沿其杆轴方向受拉的连接，在下列情况下可用于受剪连接： ①承受静力荷载或间接承受动力荷载结构中的次要连接。 ②受静力荷载的可拆卸结构的连接。 ③临时固定构件用的安装连接
高强螺栓连接	(1) 高强度螺栓连接按其受力状况分为两种类型：摩擦型高强度螺栓连接和承压型高强度螺栓连接。 ①摩擦型高强度螺栓连接：依靠板接触面之间的摩擦力传递剪力。工作性能可靠、剪切变形小、抗疲劳能力强、应用广泛。 ②承压型高强度螺栓连接：依靠板件的摩擦力与螺杆受剪和孔壁受压共同承受剪力。承压型连接的承载力比摩擦型高，当承压型连接有板件滑动，受剪时的变形较大，只适用于承受静荷载和对结构变形不敏感的连接中，不宜用于地震区。 (2) 摩擦型高强度螺栓依靠摩擦力传递剪力。摩擦型高强螺栓用于承受剪力、弯矩、拉力，没有压力。 (3) 摩擦型高强度螺栓连接适用于直接承受动力荷载的结构；高层建筑钢结构承重构件的螺栓连接，应采用摩擦型高强度螺栓。 (4) 高强度螺栓连接设计应符合下列规定： ①高强度螺栓连接均应按规定施加预拉力。 ②采用承压连接时，连接处构件接触面应清除油污及浮锈，仅承受拉力的高强度螺栓连接，不要求对接触面进行抗滑移处理。 ③高强度螺栓承压型连接不应用于直接承受动力荷载的结构，抗剪承压型连接在正常使用极限状态下应符合摩擦型连接的设计要求

考点 11：构件间的连接【★】

构件间连接的基本类型	构件间的连接，按传力和变形情况分为三种基本类型：铰接、刚接和介于二者之间的半刚接

梁与梁的连接	（1）梁与梁的铰接： ①叠接：次梁直接放在主梁上，并用焊缝或螺栓连接。 ②侧向连接有两种：一种为用连接角钢将次梁与主梁连接；另一种为**使用螺栓或安装焊缝将次梁与主梁的加劲肋连接。** （2）梁与梁的刚接：在次梁上翼缘处设置连接盖板，盖板与次梁上翼缘用焊缝连接，次梁下翼缘与支托顶板同样采用焊接连接
梁与柱的连接	（1）**梁与柱的铰接：** ①将梁直接放在柱顶上，如图 4.4-7（a）、（b）所示。 ②将梁与柱的侧面连接，如图 4.4-7（c）、（d）所示。【2019】 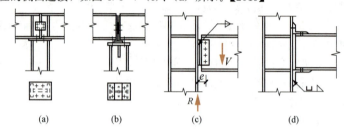 图 4.4-7　梁与柱的铰接 （a）、（b）将梁直接放在柱顶上；（c）、（d）将梁与柱的侧面连接 （2）梁与柱的刚接：不仅传递反力同时能有效传递弯矩。分三种类型： ①全焊：梁的上下翼缘用坡口焊全熔透焊缝，腹板用角焊缝与柱翼缘相连接。 ②栓焊混合：仅在梁的上下翼缘用全熔透焊缝，腹板用高强螺栓与柱翼缘上的剪力板相连。 ③全栓接：梁翼缘与腹板使用 T 形连接件并用高强螺栓与柱翼缘相连
钢结构节点设计	《钢结构设计标准》（GB 50017—2017）相关规定。 12.1.1　钢结构节点设计应根据结构的重要性、受力特点、荷载情况和工作环境等因素选用节点形式、材料与加工工艺。 12.1.2　节点设计应满足承载力极限状态要求，传力可靠，减少应力集中。 12.1.3　节点构造应符合结构计算假定，当构件在节点偏心相交时，尚应考虑局部弯矩的影响。 12.1.4　**构造复杂的重要节点**应通过有限元分析确定其承载力，并宜进行试验验证。【2023】 12.1.5　节点构造应便于制作、运输、安装、维护，防止积水、积尘，并应采取防腐与防火措施。 12.1.6　拼接节点应保证被连接构件的连续性

4.4-3［2023-14］关于钢结构节点设计的说法，错误的是（　　　）。

A. 节点构造应符合设计假定 　　　　　　B. 节点应传力可靠

C. 所有连接节点应进行试验验证 　　　　D. 节点应便于制作和运输

答案： C

解析： 参见《钢结构设计标准》（GB 50017—2017）第 12.1.4 条，"构造复杂的重要节点应通过有限元分析确定其承载力，并宜进行试验验证"，选项 C 错误。其他选项参阅第

12.1.2、12.1.3、12.1.5条均正确。

4.4-4 ［2019-49］型钢混凝土梁在型钢上设栓钉受力是（　　）。

A. 拉力　　　　　　　B. 压力　　　　　　　C. 弯力　　　　　　　D. 剪力

答案： D

解析： 型钢混凝土梁受弯时，型钢上设置栓钉是为了阻止型钢与混凝土之间的相对滑移错动，使横截面保持平截面，此滑移错动在栓钉上产生的是剪力。

4.4-5 ［2019-100］图4.4-8所示钢结构属于什么连接?（　　）

A. 刚接　　　　　　　　　　　B. 铰接

C. 半刚接　　　　　　　　　　D. 半铰接

答案： B

解析： 钢结构构件间的连接可分为铰接、刚接和介于二者之间的半刚接三种类型。题中梁与柱仅梁腹板和用螺栓连接，属于铰接。可参考图4.4-4（c）。

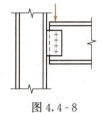

图 4.4-8

第五节　钢结构房屋的抗震设计

考点12：钢结构房屋适用的最大高度和最大高宽比【★★】

钢结构房屋适用的最大高度	《建筑抗震设计规范》（GB 50011—2010，2016年版）相关规定。 8.1.1　钢结构民用房屋的结构类型和最大高度应符合表8.1.1（表4.5-1）的规定。平面和竖向均不规则的钢结构，适用的最大高度宜适当降低。【2024】

表 4.5-1　　　钢结构房屋适用的最大高度　　　　　　　　　　　　（m）

| 结构类型 | 6、7度
(0.10g) | 7度
(0.15g) | 8度 | | 9度
(0.40g) |
			(0.20g)	(0.30g)	
框架	110	**90**	90	70	50
框架-中心支撑	220	**200**	180	150	120
框架-偏心支撑	240	**220**	200	180	160
筒体（框筒、筒中筒、桁架筒、束筒）和巨型框架	300	**280**	260	240	180

注：1. 房屋高度指室外地面到主要屋面板板顶的高度（不包括局部突出屋顶部分）。
　　2. 超过表内高度的房屋，应进行专门研究和论证，采取有效的加强措施。
　　3. 表内的筒体不包括混凝土筒

钢结构房屋适用的最大高宽比	《建筑抗震设计规范》（GB 50011—2010，2016年版）相关规定。 8.1.2　钢结构民用房屋的最大高宽比不宜超过表8.1.2（表4.5-2）的规定。

表 4.5-2　　　钢结构民用房屋适用的最大高宽比

烈度	6、7	8	9
最大高宽比	**6.5**	6.0	5.5

注：塔形建筑的底部有大底盘时，高宽比可按大底盘以上计算

考点 13：钢结构民用建筑抗震等级和构造措施【★★★★★】

钢结构民用建筑抗震等级划分	《建筑与市政工程抗震通用规范》（GB 55002—2021）相关规定。 5.3.1 钢结构房屋应根据设防类别、设防烈度和房屋高度采用不同的抗震等级，并应符合相应的内力调整和抗震构造要求。抗震等级确定应符合下列规定： 1 丙类建筑的抗震等级应按表 5.3.1（表 4.5 - 3）确定。 表 4.5 - 3　　丙类钢结构房屋的抗震等级 | 房屋高度	烈度			
---	---	---	---	---
	6 度	7 度	8 度	9 度
≤50m	一	四	三	二
>50m	四	三	二	一	 2 甲、乙类建筑的抗震措施应符合本规范第 2.4.2 条的规定。 3 当房屋高度接近或等于表 5.3.1 的高度分界时，应结合房屋不规则程度及场地、地基条件确定抗震等级
防震缝	根据《建筑抗震设计规范》（GB 50011—2011，2016 年版）相关规定。 8.1.4　钢结构房屋需要设置防震缝时，缝宽应不小于相应钢筋混凝土结构房屋的 **1.5 倍**【2022（5）、2021、2020】
梁与柱的连接构造	（1）梁与柱的连接宜采用**柱贯通型**。 （2）柱在**两个互相垂直的方向都与梁刚接时宜采用箱形截面**，并在梁翼缘连接处设置隔板；隔板采用电渣焊时，柱壁板厚度不宜小于 16mm，小于 16mm 时可改用工字形柱或采用贯通式隔板。当**柱仅在一个方向与梁刚接时宜采用工字形截面**，并将柱腹板置于刚接框架平面内。 （3）工字形柱（绕强轴）和箱形柱与梁刚接时，应符合下列要求： ①梁翼缘与柱翼缘间应采用**全熔透坡口焊缝**。 ②柱在梁翼缘对应位置应设置**横向加劲肋（隔板）**。 ③梁腹板宜采用**摩擦型高强度螺栓与柱连接板连接**

4.5 - 1［2024 - 16］抗震设防 8 度（0.2g）地区，190m 高的钢结构不适宜选用的结构体系是（　　）。

A. 钢框架 - 偏心支撑　　　　　　　　　　B. 钢框架 - 中心支撑

C. 钢框架 - 屈曲约束支撑　　　　　　　　D. 钢框架 - 延性墙板

答案： B

解析： 根据《建筑抗震设计规范》（GB 50011—2010，2016 年版）第 8.1.1 条，框架 - 中心支撑最大高度 180m，选项 B 错误。其实本题只要选择适用高度最小的结构体系即可。

4.5 - 2［2022（5）- 50］在 7 度抗震区建造两栋办公楼，一栋高 55m，另一栋高 15m，用钢框架中心支撑，其防震缝宽度为（　　）mm。

A. 70　　　　　　　　B. 100　　　　　　　　C. 150　　　　　　　　D. 210

答案： C

解析：框架结构，按建筑高度 15m 计算，防震缝宽度为 100mm。钢结构按 1.5 倍计算，100×1.5＝150mm，故答案选 C。

4.5-3 [2019-84] 抗震钢框架柱，对下列哪个参数不做要求？（　　）。

A. 剪压比　　　　　B. 长细比　　　　　C. 侧向支承　　　　　D. 宽厚比

答案：A

解析：根据考点 13，钢框架结构的抗震构造措施包括框架柱的长细比、框架梁、柱板件宽厚比，以及梁柱构件的侧向支承等要求；未对剪压比作出要求。

考点 14：钢结构竖向支撑【★★★★★】

高层民用建筑钢结构的中心支撑	根据《高层民用建筑钢结构技术规程》（JGJ 99—2015）7.5.1 规定，可知： （1）高层民用建筑钢结构的中心支撑宜采用：十字交叉斜杆［图 4.5-1（a）］、单斜杆［图 4.5-1（b）］、人字形斜杆［图 4.5-1（c）］或 V 形斜杆体系。 （2）中心支撑斜杆的轴线应交汇于框架梁柱的轴线上。 （3）抗震设计的结构**不得采用 K 形斜杆体系，**如图 4.5-1（d）所示。【2022（5）、2021、2020、2018、2014】 （a）　　　（b）　　　（c）　　　（d） 图 4.5-1　中心支撑类型 （a）十字交叉斜杆；（b）单斜杆；（c）人字形斜杆；（d）K 形斜杆 注：K 形支撑体系在地震作用下，可能因受压斜杆屈曲（即失稳）或受拉斜杆屈服，引起较大的侧向变形，使柱发生屈曲甚至造成倒塌，故不应在抗震结构中采用
框架 - 支撑结构的支撑布置	《建筑抗震设计规范》（GB 50011—2010，2016 年版）相关规定。 8.1.5　一、二级的钢结构房屋，宜设置偏心支撑、带竖缝钢筋混凝土抗震墙板、内藏钢支撑钢筋混凝土墙板、屈曲约束支撑等消能支撑或筒体。
框架 - 支撑结构的支撑布置	采用框架结构时，**甲、乙类建筑和高层的丙类建筑不应采用单跨框架，多层的丙类建筑不宜采用单跨框架。** 8.1.6　采用框架 - 支撑结构的钢结构房屋应符合下列规定： 1 支撑框架在两个方向的布置均宜基本对称，支撑框架之间楼盖的长宽比不宜大于 3。 **2 三、四级且高度不大于 50m 的钢结构宜采用中心支撑，**也可采用偏心支撑、屈曲约束支撑等消能支撑。 5 采用屈曲约束支撑时，宜采用人字支撑、成对布置的单斜杆支撑等形式，**不应采用 K 形或 X 形，**支撑与柱的夹角宜在 35°～55°之间。屈曲约束支撑受压时，其设计参数、性能检验和作为一种消能部件的计算方法可按相关要求设计

4.5-4 [2022（5）-27] 在地震区钢结构建筑不应采用 K 形斜杆支撑体系，其主要原因是（　　）。

A. 框架柱易发生屈曲破坏   B. 受压斜杆易剪坏

C. 受拉斜杆易拉断   D. 节点连接强度差

答案： A

解析： K 形支撑，柱中点会受到剪力，易发生屈曲破坏，故答案选 A。

4.5-5（2021-39）钢结构支撑体系，不宜采用下列何种结构？（   ）

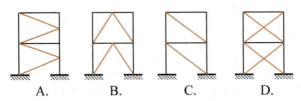

A.   B.   C.   D.

答案： A

解析： 抗震设计的结构不得采用 K 形斜杆体系，故答案选 A。

考点 15：单层钢结构厂房抗震设计【★】

单层工业厂房的组成构件	以钢筋混凝土单层厂房排架结构为例，如图 4.5-2 所示厂房的主要组成分为两大部分：承重构件和围护构件。 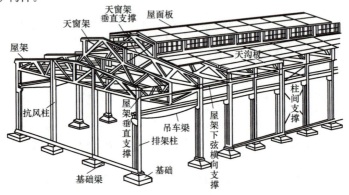 图 4.5-2　钢筋混凝土单层厂房排架结构 根据《门式刚架轻型房屋钢结构技术规范》（GB 51022—2015）相关规定。 1.0.2　本规范适用于房屋高度**不大于 18m**，房屋高宽比**小于 1**，承重结构为**单跨或多跨实腹门式刚架、具有轻型屋盖、无桥式吊车或有起重量不大于 20t** 的 A1～A5 工作级别桥式吊车**或 3t 悬挂式起重机**的单层钢结构房屋。【2024】 本规范不适用于《工业建筑防腐蚀设计规范》（GB 50046）规定的对钢结构具有强腐蚀介质作用的房屋
	①基础：底部与地基接触的承重构件，承受基础梁和柱子传来的全部荷载，并传递至地基。 ②基础梁：在地基土层上的梁，作为基础的一部分，主要起到柱子间连系的作用，将上部荷载传递到地基上。 ③柱：承受屋架、吊车梁、支撑、连系梁和外墙传来的各类荷载，并传递至基础。**排架结构中主要有排架柱与抗风柱，其中抗风柱为山墙处的结构组成构件**，其作用主要是传递山墙的风荷载，上通过铰节点与钢梁的连接传递屋盖系统而至于整个排架承重结构，下通过与基础的连接传递给基础。

单层工业厂房的组成构件	④连系梁：是厂房纵向柱列的水平连系构件，用以增加厂房的纵向刚度，承受风荷载或上部墙体的荷载，并传递至纵向列柱。 ⑤吊车梁：设置在柱子的牛腿上，承受吊车和起重、运行中所有的荷载，并将荷载传递至柱子。 ⑥屋架：屋盖结构的主要承重构件，承受屋盖上的全部荷载，并将荷载传递至柱子。 ⑦屋面板：直接承受板上的各类荷载，并将荷载传递至屋架
单层工业厂房的柱网设置	柱网：在厂房纵向和横向定位轴线上设置平面排列的承重结构柱后所形成的网格，如图4.5-3所示 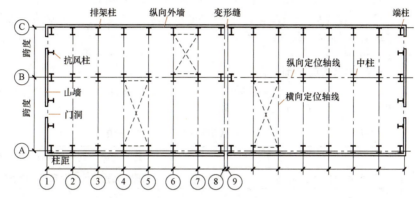 图4.5-3 单层工业厂房的平面柱网布置示意图
单层钢结构厂房的结构体系	根据《建筑抗震设计规范》（GB 50011—2010，2016年版）第9.2节的规定，可知： 单层钢结构厂房的结构体系应符合下列要求： （1）厂房的横向抗侧力体系，可采用**刚接框架、铰接框架、门式刚架或其他结构体系**。厂房的纵向抗侧力体系，**8、9度应采用柱间支撑；6、7度宜采用柱间支撑，也可采用刚接框架**。【2019】 （2）厂房内设有桥式起重机时，起重机梁系统的构件与厂房框架柱的连接应能可靠地传递纵向水平地震作用。 （3）屋盖应设置完整的屋盖支撑系统。**屋盖横梁与柱顶铰接时宜采用螺栓连接**【2019】
单层钢结构厂房结构布置	根据《建筑抗震设计规范》（GB 50011—2010，2016年版）第9.2节的规定，可知： （1）多跨厂房宜等高和等长，高低跨厂房不宜采用一端开口的结构布置。 （2）厂房的贴建房屋和构筑物，不宜布置在厂房角部和紧邻防震缝处。 （3）厂房体型复杂或有贴建的房屋和构筑物时，宜设防震缝；在厂房纵横跨交接处、大柱网厂房或不设柱间支撑的厂房，单层钢筋混凝土柱厂房防震缝宽度可采用100～150mm；其他情况可采用50～90mm，**单层钢结构厂房的缝宽不宜小于单层混凝土柱厂房防震缝宽度的1.5倍**。【2019】 （4）两个主厂房之间的过渡跨至少应有一侧采用防震缝与主厂房脱开。 （5）厂房的同一结构单元内，不应采用不同的结构形式；**厂房端部应设屋架，不应采用山墙承重**；**厂房单元内不应采用横墙和排架混合承重**。 （6）厂房柱距宜相等，各柱列的侧移刚度宜均匀，当有抽柱时，应采取抗震加强措施

屋盖支撑	根据《建筑抗震设计规范》（GB 50011—2010，2016 年版）第 9.2 节的规定，可知： （1）当轻型屋盖采用实腹屋面梁、柱刚性连接的刚架体系时，屋盖水平支撑可布置在屋面梁的上翼缘平面。屋面梁下翼缘应设置隅撑侧向支承，隅撑的另一端可与屋面檩条连接。 （2）屋盖纵向水平支撑的布置，尚应符合下列规定： ①当采用托架支承屋盖横梁的屋盖结构时，应沿厂房单元全长设置纵向水平支撑。 ②对于高低跨厂房，在低跨屋盖横梁端部支承处，应沿屋盖全长设置纵向水平支撑。 ③纵向柱列局部柱间采用托架支承屋盖横梁时，应沿托架的柱间及其两侧至少各延伸一个柱间设置屋盖纵向水平支撑。 ④当设置沿结构单元全长的纵向水平支撑时，应与横向水平支撑形成封闭的水平支撑体系。多跨厂房屋盖纵向水平支撑的间距不宜超过两跨，不得超过三跨；高跨和低跨宜按各自的标高组成相对独立的封闭支撑体系
柱间支撑	根据《建筑抗震设计规范》（GB 50011—2010，2016 年版）第 9.2 节的规定，可知： （1）单层钢结构厂房柱间支撑的设置情况与位置详见表 4.5 - 4，上柱柱间支撑应布置在厂房单元两端和具有下柱支撑的柱间。 **表 4.5 - 4 单层钢结构厂房柱间支撑的设置** <table><tr><th>设置情况</th><th>柱间支撑设置的位置</th></tr><tr><td>厂房单元的各纵向柱列</td><td>应在厂房单元中部布置一道下柱柱间支撑</td></tr><tr><td>①7 度厂房单元长度大于 120m（采用轻型围护材料时为 150m） ②8 度和 9 度厂房单元大于 90m（采用轻型围护材料时为 120m）</td><td>在厂房单元 1/3 区段内各布置一道下柱支撑</td></tr><tr><td>柱距数不超过 5 个且厂房长度小于 60m 时</td><td>亦可在厂房单元的两端布置下柱支撑</td></tr><tr><td colspan="2">上柱柱间支撑应布置在厂房单元两端和具有下柱支撑的柱间</td></tr></table> （2）柱间支撑宜采用 X 形支撑，条件限制时也可采用 V 形、Λ 形及其他形式的支撑。X 形支撑斜杆与水平面的夹角、支撑斜杆交叉点的节点板厚度，应符合规范规定【2022（12）】

4.5 - 6 ［2024 - 24］门式刚架轻型房屋钢结构方案，不适宜的是（　　）。

A. 地上两层，高度 12m

B. 地上一层，高 15m，宽 18m

C. 设置 10t 桥式吊车

D. 用轻型屋盖

答案： A

解析： 根据《门式刚架轻型房屋钢结构技术规范》（GB 51022—2015）第 1.0.2 条，"本规范适用于房屋高度不大于 18m，房屋高宽比小于 1，承重结构为单跨或多跨实腹门式刚架、具有轻型屋盖、无桥式吊车或有起重量不大于 20t 的 A1~A5 工作级别桥式吊车或 3t 悬挂式起重机的单层钢结构房屋"，选项 A 错误。

4.5 - 7 ［2019 - 77］单层钢结构厂房，下列说法错误的是（　　）。

A. 横向抗侧力体系，可采用铰接框架

B. 纵向抗侧力体系，必须采用柱间支撑

C. 屋盖横梁与柱顶铰接时，宜采用螺栓连接

D. 设置防震缝时，其缝宽不宜小于单层混凝土柱厂房防震缝宽度的 1.5 倍

答案： B

解析： 参见《建筑抗震设计规范》（GB 50011—2010，2016 年版）第 9.2.2 条。厂房的纵向抗侧力体系，8、9 度应采用柱间支撑，6、7 度宜采用柱间支撑，也可采用刚接框架，选项 B 错误。

第五章　砌　体　结　构

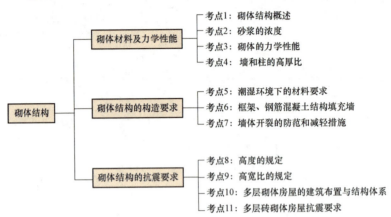

砌体结构
├─ 砌体材料及力学性能
│   ├─ 考点1：砌体结构概述
│   ├─ 考点2：砂浆的浓度
│   ├─ 考点3：砌体的力学性能
│   └─ 考点4：墙和柱的高厚比
├─ 砌体结构的构造要求
│   ├─ 考点5：潮湿环境下的材料要求
│   ├─ 考点6：框架、钢筋混凝土结构填充墙
│   └─ 考点7：墙体开裂的防范和减轻措施
└─ 砌体结构的抗震要求
    ├─ 考点8：高度的规定
    ├─ 考点9：高宽比的规定
    ├─ 考点10：多层砌体房屋的建筑布置与结构体系
    └─ 考点11：多层砖砌体房屋抗震要求

节　名	近 5 年考试分值统计					
	2024 年	2023 年	2022 年 12 月	2022 年 5 月	2021 年	2020 年
第一节　砌体材料及力学性能	0	1	0	0	2	1
第二节　砌体结构的构造要求	1	0	0	1	2	2
第三节　砌体结构的抗震要求	1	3	2	2	2	2
合　计	2	4	2	3	6	5

考点精讲与典型习题

第一节　砌体材料及力学性能

考点 1：砌体结构概述【★】

概念	由块体和砂浆砌筑而成的墙、柱作为建筑的主要受力构件的结构称为砌体结构，它是砖砌体、砌块砌体和石砌体结构的统称
分类	根据受力性能的不同，分为无筋砌体结构、约束砌体结构和配筋砌体结构三种，三者的受力性能比较，**配筋砌体结构最优，约束砌体结构次之，无筋砌体结构最差**

分类	《砌体结构设计规范》（GB 50003—2011）第 1.0.2 条：本规范适用于建筑工程的下列砌体结构设计，特殊条件下或有特殊要求的应按专门规定进行设计： 1. **砖砌体**：包括烧结普通砖、烧结多孔砖、蒸压灰砂普通砖、蒸压粉煤灰普通砖、混凝土普通砖、混凝土多孔砖的无筋和配筋砌体。 2. **砌块砌体**：包括混凝土砌块、轻集料混凝土砌块的无筋和配筋砌体。 3. **石砌体**：包括各种料石和毛石的砌体
优缺点	优点：①所用的原材料均为天然材料，分布较广，容易就地取材，价格相对于混凝土、钢材等有优势；②砌体的保温、隔热、隔声等性能较好；③具有较好的耐火性和耐久性；④施工工艺较简单，可保证施工的连续性；⑤对于钢材、水泥等需求量低，从而降低工程造价。 缺点：①整体强度较低，构件尺寸较大，所以**结构自重大**；②**抗拉、抗剪强度低，抗震性能差**；③砌筑工作量较大，施工效率较低

5.1-1［2019-59］下列结构中，抗震性能延性最差的是（　　　）。

A. 钢筋混凝土结构　　　　　　　　　B. 钢结构

C. 钢柱混凝土结构　　　　　　　　　D. 砌体结构

答案：D

解析：钢结构具有的特点是：强度高，质量轻，刚度小，振动周期长，阻尼比小，风振效应大，是抗震设防地区最合适的结构；相比之下砌体结构的块材是刚性材料，自重大，砂浆与砖石等块体之间的黏结力弱，无筋砌体的抗拉、抗剪强度低，整体性、延性差，所以抗震性能延性最差的是砌体结构。故答案选 D。

考点 2：砂浆的强度【★★】

砂浆的强度	《砌体结构通用规范》（GB 55007—2021）相关规定。 3.3.1　砌筑砂浆的最低强度等级应符合下列规定：【2019】 1 设计工作年限大于或等于 25 年的烧结普通砖和烧结多孔砖砌体应为 M5，设计工作年限小于 25 年的烧结普通砖和烧结多孔砖砌体应为 M2.5。 2 蒸压加气混凝土砌块砌体应为 Ma5，蒸压灰砂普通砖和蒸压粉煤灰普通砖砌体应为 Ms5。 3 混凝土普通砖、混凝土多孔砖砌体应为 Mb5。 4 混凝土砌块、煤矸石混凝土砌块砌体应为 Mb7.5。 5 配筋砌块砌体应为 Mb10。 6 毛料石、毛石砌体为 M5
	《砌体结构设计规范》（GB 50003—2011）相关规定。 3.1.3　砂浆的强度等级应按下列规定采用： 1 烧结普通砖、烧结多孔砖、蒸压灰砂普通砖和蒸压粉煤灰普通砖砌体采用的普通砂浆强度等级：M15、M10、M7.5、M5 和 M2.5；蒸压灰砂普通砖和蒸压粉煤灰普通砖砌体采用的专用砌筑砂浆强度等级：Ms15、Ms10、Ms7.5、Ms5.0。 2 混凝土普通砖、混凝土多孔砖、单排孔混凝土砌块和煤矸石混凝土砌块砌体采用的砂浆强度等级：Mb20、Mb15、Mb10、Mb7.5 和 Mb5。 3 双排孔或多排孔轻集料混凝土砌块砌体采用的砂浆强度等级：Mb10、Mb7.5 和 Mb5。 4 毛料石、毛石砌体采用的砂浆强度等级：M7.5、M5 和 M2.5。 注：确定砂浆强度等级时应采用同类块体为砂浆强度试块底模

5.1-2 [2019-36] 蒸压灰砂砖砌体应有专用的砌筑砂浆，下列哪种砂浆不能使用？（　　）

A. Ms2.5　　　　　　B. Ms5　　　　　　C. Ms7.5　　　　　　D. Ms10

答案：A

解析：参见《砌体结构设计规范》（GB 50003—2011）第3.1.3-1条。

考点3：砌体的力学性能 【★★★★】

砌体抗压 强度设计 值	烧结普通砖、烧结多孔砖砌体的**抗压强度设计值**(龄期为**28d**的以毛截面计算的砌体抗压强度设计值)，可参考表5.1-1。【2023、2021、2019】

表5.1-1　　　烧结普通砖和烧结多孔砖砌体的抗压强度设计值　　　（MPa）

砖强度等级	砂浆强度等级					砂浆强度
	M15	M10	M7.5	M5	M2.5	0
MU30	3.94	3.27	2.93	2.59	2.26	1.15
MU25	3.60	2.98	2.68	2.37	2.06	1.05
MU20	3.22	2.67	2.39	2.12	1.84	0.94
MU15	2.79	2.31	2.07	1.83	1.60	0.82
MU10	—	1.89	1.69	1.50	1.30	0.67

注：当烧结多孔砖的孔洞率大于30%时，表中数值应乘以0.9。

注：表5.1-1仅作为不同砖强度等级与砂浆等级抗压强度比大小使用，《砌体结构设计规范》（GB 50003—2011）已删除此表

龄期为**28d**的以毛截面计算的各类砌体的**轴心抗拉强度设计值**、**弯曲抗拉强度设计值**和**抗剪强度设计值**，当施工质量控制等级为B级时，强度设计值可参考表5.1-2。

表5.1-2　　沿砌体灰缝截面破坏时砌体的轴心抗拉强度设计值、

弯曲抗拉强度设计值和抗剪强度设计值　　　（MPa）

砖强度 类别	破坏特征及砌体种类		砂浆强度等级			
			≥M10	M7.5	M5	M2.5
轴心 抗拉	沿齿缝	烧结普通砖、烧结多孔砖	0.19	0.16	0.13	0.09
		混凝土普通砖、混凝土多孔砖	0.19	0.16	0.13	—
		蒸压灰砂普通砖、蒸压粉煤灰普通砖	0.12	0.10	0.08	—
		混凝土和轻集料混凝土砌块	0.09	0.08	0.07	—
		毛石	—	0.07	0.06	0.04
弯曲 抗拉	沿齿缝	烧结普通砖、烧结多孔砖	0.33	0.29	0.23	0.17
		混凝土普通砖、混凝土多孔砖	0.33	0.29	0.23	—
		蒸压灰砂普通砖、蒸压粉煤灰普通砖	0.24	0.20	0.16	—
		混凝土和轻集料混凝土砌块	0.11	0.09	0.08	—
		毛石	—	0.11	0.09	0.07
	沿通缝	烧结普通砖、烧结多孔砖	0.17	0.14	0.11	0.08
		混凝土普通砖、混凝土多孔砖	0.17	0.14	0.11	—
		蒸压灰砂普通砖、蒸压粉煤灰普通砖	0.12	0.10	0.08	—
		混凝土和轻集料混凝土砌块	0.08	0.06	0.05	—

续表

轴心抗拉、弯曲抗拉和抗剪强度设计值	砖强度类别	破坏特征及砌体种类	砂浆强度等级			
			≥M10	M7.5	M5	M2.5
	抗剪	烧结普通砖、烧结多孔砖	0.17	0.14	0.11	0.08
		混凝土普通砖、混凝土多孔砖	0.17	0.14	0.11	—
		蒸压灰砂普通砖、蒸压粉煤灰普通砖	0.12	0.10	0.08	—
		混凝土和轻集料混凝土砌块	0.09	0.08	0.06	—
		毛石	—	0.19	0.16	0.11

《砌体结构设计规范》（GB 50003—2011）相关规定。

3.2.5-1 砌体的弹性模量，按表3.2.5-1（表5.1-3）采用【2020】

砌体的弹性模量

表5.1-3　　　　　砌体的弹性模量　　　　　（MPa）

砌体种类	砂浆强度等级			
	≥M10	M7.5	M5	M2.5
烧结普通砖、烧结多孔砖砌体	$1600f$	$1600f$	$1600f$	$1390f$
混凝土普通砖、混凝土多孔砖砌体	$1600f$	$1600f$	$1600f$	
蒸压灰砂普通砖、蒸压粉煤灰普通砖砌体	$1060f$	$1060f$	$1060f$	—
非灌孔混凝土砌块砌体	$1700f$	$1600f$	$1500f$	
粗料石、毛料石、毛石砌体	—	5650	4000	2250
细料石砌体	—	17 000	12 000	6750

砌体抗压强度的影响因素（表5.1-4）

表5.1-4　　　　　砌体抗压强度的影响因素【2019】

影响因素	内容
块体和砂浆的强度	**块体和砂浆的强度**是影响砌体抗压强度等级的主要因素，块体和砂浆的强度高，其砌体的抗压强度也高，反之其砌体的抗压强度低
块体的厚度	块体的厚度越大，其抗折能力越强，故**其砌体的抗压强度就越高**
砂浆的和易性	砂浆的和易性（即流动性）和保水性越好，则砌体的水平灰缝就越密实和均匀，可以降低砌体内的弯曲、剪切和压应力，从而可以**提高**砌体的抗压强度
砌筑质量	砌筑质量（包括水平灰缝砂浆饱满度、块体砌筑时的含水率、砂浆灰缝厚度、砌体组砌方法以及施工质量控制等级等）对砌体的抗压强度也有些较大的影响

5.1-3［2023-10］MU10 砖＋M10 砂浆砌筑的砌体轴心抗拉强度设计值为 f_1，MU20 砖＋M5 砂浆砌筑的砌体轴心抗拉强度设计值为 f_2，以下说法正确的是（　　　）。

A. $f_1 < f_2$　　　　　　　　　　　　B. $f_1 = f_2$

C. $f_1 > f_2$ 　　　　　　　　　　　　　　D. f_1、f_2 的关系随砌体厚度的变化而变化

答案： C

解析： 根据考点 3，砂浆强度越大，砌体轴心抗拉强度越大，故答案选 C。

5.1-4 ［2021-19］ 使用 MU15 的烧结多孔砖与混合砂浆 M5，砌筑后的砌体强度等级最有可能是（　　）。

　　A. 15MPa　　　　　　B. 10MPa　　　　　　C. 5MPa　　　　　　D. 2MPa

答案： D

解析： 由砌块和砂浆形成的砌体，其抗压强度一定低于砌块或砂浆的强度。参考表5.1-2，MU15 的烧结普通砖与 MU5 的水泥砂浆形成的砌体的抗压强度为 1.83MPa，选项 D 正确。

5.1-5 ［2020-18］ 下列关于砌块弹性模量说法正确的是（　　）。

　　A. 烧结普通砖的弹性模量大于烧结多孔砖

　　B. 砌体的弹性模量取决于砌块的弹性模量

　　C. 砌体的弹性模量与砌体抗压强度有关

　　D. 砌体的弹性模量与砂浆强度无关

答案： C

解析： 参见考点 3，烧结普通砖和烧结多孔砖砌体的弹性模量相等，故选项 A 错误；砌体的弹性模量与砌体种类、砂浆强度等级及抗压强度设计值有关，故选项 C 正确，选项 B、D 错误。

考点 4：墙和柱的高厚比【★★★】

墙、柱高厚比的验算	《砌体结构设计规范》（GB 50003—2011）相关规定。 6.1.1 墙、柱的高厚比应按下式验算： $$\beta = H_0/h \leqslant \mu_1\mu_2\,[\beta]$$ 式中　H_0——墙、柱的计算高度； 　　　h——墙厚或矩形柱与 H_0 相对应的边长； 　　　μ_1——自承重墙允许高厚比的修正系数； 　　　μ_2——有门窗洞口墙允许高厚比的修正系数； 　　　$[\beta]$——墙、柱的允许高厚比，应按表 6.1.1（表 5.1-5）采用。 注：(1) 墙、柱的计算高度应按本规范第 5.1.3 条采用； 　　(2) 当与墙连接的相邻两墙间的距离 $s \leqslant \mu_1\mu_2[\beta]h$ 时，墙的高度可不受本条限制； 　　(3) 变截面柱的高厚比可按上、下截面分别验算，其计算高度可按第 5.1.4 条的规定采用。验算上柱的高厚比时，墙、柱的允许高厚比可按表 6.1.1（表 5.1-5）的数值乘以 1.3 后采用

表 5.1-5　　　　　　　　　　墙、柱的允许高厚比 ［**β**］ 值

砌体类别	砂浆强度等级	墙	柱
无筋砌体	M2.5	22	15
	M5.0 或 Mb5.0、Ms5.0	24	16
	≥M7.5 或 Mb7.5、Ms7.5	26	17
配筋砌块砌体	—	30	21

表 5.1-6	影响墙、柱的高厚比的因素
影响因素	内容
砂浆强度等级	**砂浆强度等级**是影响砌体弹性模量和砌体构件刚度与稳定的主要因素，砂浆强度等级越高，砌体的稳定性就越好，允许高厚比就越大
砌体类型	因为**砌体材料和砌筑方式**的不同，都将在较大程度上影响砌块材和砂浆间的黏结性能，进而影响砌体构件的刚度与稳定，如毛石墙的 $[\beta]$ 值比普通砖墙的 $[\beta]$ 值降低 20%，而组合砖砌体构件却可以提高
带壁柱墙和带构造柱墙壁	**壁柱和构造柱**可提高墙体使用阶段的稳定性和刚度，其允许的高厚比可适当提高【2021】
承重墙与自承重墙	显然后者的 $[\beta]$ 值可以比前者高，因为后者对稳定性的要求相对较低。对于自承重墙体，其稳定性主要通过控制墙体的高厚比实现
墙体的开洞的情况	开洞越多，墙体削弱就越严重，对稳定不利，值就要降低

（左侧栏）影响墙、柱的高厚比的因素（表 5.1-6）

5.1-6 [2021-30] 下列关于建筑砌体结构房屋高厚比的说法，错误的是（   ）。

A. 与墙体的构造柱无关
B. 与砌体的砂浆强度有关
C. 砌体自承重墙时，限值可提高
D. 砌体墙开门、窗洞口时，限值应减小

答案：A

解析：增设构造柱可以提高砌体墙的允许高厚比值，选项 A 错误。

第二节　砌体结构的构造要求

考点 5：潮湿环境下的材料要求 【★★★★】

《砌体结构设计规范》（GB 50003—2011）相关规定。

4.3.5-1　设计使用年限为50a时，地面以下或防潮层以下的砌体、潮湿房间的墙或环境类别 2 的砌体，所用材料的最低强度等级应符合表 4.3.5（表 5.2-1）的规定：【2019】

表 5.2-1　地面以下或防潮层以下的砌体、潮湿房间的墙所用材料的最低强度等级

潮湿程度	烧结普通砖	混凝土普通砖、蒸压普通砖	混凝土砌块	石材	水泥砂浆
稍潮湿的	MU15	MU20	MU7.5	MU30	M5
很潮湿的	MU20	MU20	MU10	MU30	M7.5
含水饱和的	MU20	MU25	MU15	MU40	M10

注：1. 在冻胀地区，地面以下或防潮层以下的砌体，不宜采用多孔砖，如采用时，其孔洞应用不低于 M10 的水泥砂浆预先灌实。当采用混凝土空心砌块时，其孔洞应采用强度等级不低于 Cb20 的混凝土预先灌实。【2020】

　　2. 对安全等级为一级或设计使用年限大于 50a 的房屋，表中材料强度等级应至少提高一级

（左侧栏）潮湿区域的砌体材料

	《砌体结构设计规范》（GB 50003—2011）相关规定。
有侵蚀性介质的砌体材料	4.3.5-2 设计使用年限为50a时，处于环境类别3~5等有侵蚀性介质的砌体材料应符合下列规定：【2021】 1) 不应采用蒸压灰砂普通砖、蒸压粉煤灰普通砖。 2) **应采用实心砖**，砖的强度等级不应低于MU20，水泥砂浆的强度等级不应低于M10。 3) 混凝土砌块的强度等级不应低于MU15，灌孔混凝土的强度等级不应低于Cb30，砂浆的强度等级不应低于Mb10。 4) 应根据环境条件对砌体材料的抗冻指标、耐酸、碱性能提出要求，或符合有关规范的规定

5.2-1 [2021-23] 海边某砌体结构，与海水接触，基础材料不应采用（ ）。

A. 蒸压灰砂普通砖　　B. 混凝土砌块　　C. 毛石　　D. 烧结普通砖

答案： A

解析： 参见《砌体结构设计规范》（GB 50003—2011）第4.3.5-2条。

5.2-2 [2020-28] 自然地面以下砌体不宜采用（ ）。

A. 烧结普通砖　　B. 蒸压普通砖　　C. 石材　　D. 多孔砖

答案： D

解析： 参见考点5中《砌体结构设计规范》（GB 50003—2011）4.3.5。

5.2-3 [2019-23] 砌体结构墙体，在地面以下含水饱和环境中，所用砌块和砂浆最低强度等级正确的是（ ）。

A. MU10 烧结普通砖＋M5 水泥砂浆

B. MU10 烧结多孔砖（灌实）＋M10 混合砂浆

C. MU10 混凝土空心砌块（灌实）＋M5 混合砂浆

D. MU15 混凝土空心砌块（灌实）＋M10 水泥砂浆

答案： D

解析： 参见考点5，当含水饱和的环境，烧结普通砖最低强度等级为MU20，砌筑砂浆强度等级为M10，故选项A不正确；不宜采用多孔砖，故选项B不正确；混凝土砌块最低强度等级是M15，故选项C不正确；当采用混凝土空心砌块，其孔洞应采用强度等级不低于Cb20的混凝土预先灌实；故答案选D。

考点6：框架、钢筋混凝土结构填充墙【★★】

	《砌体结构通用规范》（GB 55007—2021）相关规定。
填充墙的构造设计	3.2.8 填充墙的块材最低强度等级，应符合下列规定： 1 内墙空心砖、轻骨料混凝土砌块、混凝土空心砌块应为MU3.5，外墙应为MU5。 2 内墙蒸压加气混凝土砌块应为A2.5，外墙应为A3.5
填充墙与框架脱开	《砌体结构设计规范》（GB 50003—2011）相关规定。 6.3.4 填充墙与框架的连接，可根据设计要求采用脱开或不脱开方法。有抗震设防要求时宜采用填充墙与框架脱开的方法。 1 当填充墙与框架采用脱开的方法时，宜符合下列规定： 1) 填充墙两端与框架柱，填充墙顶面与框架梁之间**留出不小于20mm的间隙**。 4) 墙体高度超过4m时宜在墙高中部设置与柱连通的水平系梁。水平系梁的截面高度**不小于60mm**。填充墙高**不宜大于6m**

钢筋混凝土结构中的砌体填充墙	《建筑抗震设计规范》（GB 50011—2010，2016 年版）相关规定。 13.3.4　钢筋混凝土结构中的砌体填充墙，尚应符合下列要求： 1 填充墙在平面和竖向的布置，宜均匀对称，宜避免形成薄弱层或短柱。 2 砌体的砂浆强度等级不应低于M5；实心块体的强度等级不宜低于MU2.5，空心块体的强度等级不宜低于MU3.5；墙顶应与框架梁密切结合。 3 填充墙应沿框架柱全高每隔 500～600mm 设 2φ6 拉筋，拉筋伸入墙内的长度，6、7 度时宜沿墙全长贯通，8、9 度时应全长贯通。 4 墙长大于5m 时，墙顶与梁宜有拉结；墙长超过8m 或层高2倍时，宜设置钢筋混凝土构造柱；墙高超过4m 时，墙体半高宜设置与柱连接且沿墙全长贯通的钢筋混凝土水平系梁。 5 楼梯间和人流通道的填充墙，尚应采用钢丝网砂浆面层加强

考点 7：墙体开裂的防范和减轻措施【★★★★★】

房屋顶层墙体	《砌体结构设计规范》（GB 50003—2011）相关规定。 6.5.2　房屋顶层墙体，宜根据情况采取下列措施：【2021、2020】 1 屋面应设置保温、隔热层。 2 屋面保温（隔热）层或屋面刚性面层及砂浆找平层应设置分隔缝，分隔缝间距不宜大于6m，其缝宽不小于30mm，并与女儿墙隔开。 3 采用装配式有檩体系钢筋混凝土屋盖和瓦材屋盖。 4 顶层屋面板下设置现浇钢筋混凝土圈梁，并沿内外墙拉通，房屋两端圈梁下的墙体内宜设置水平钢筋。 5 顶层墙体有门窗等洞口时，在过梁上的水平灰缝内设置 2～3 道焊接钢筋网片或 2 根直径6mm 钢筋，焊接钢筋网片或钢筋应伸入洞口两端墙内不小于600mm。 6 顶层及女儿墙砂浆强度等级不低于M7.5（Mb7.5、Ms7.5）。 7 女儿墙应设置构造柱，构造柱间距不宜大于4m，构造柱应伸至女儿墙顶并与现浇钢筋混凝土压顶整浇在一起。 8 对顶层墙体施加竖向预应力
房屋底层墙体	《砌体结构设计规范》（GB 50003—2011）相关规定。 6.5.3　房屋底层墙体，宜根据情况采取下列措施： 1 增大基础圈梁的刚度。【2022、2020】 2 在底层的窗台下墙体灰缝内设置 3 道焊接钢筋网片或 2 根直径 6mm 钢筋，并应伸入两边窗间墙内不小于600mm

5.2-4 [2022-32] 以下关于砌体结构错误的是（　　）。

A. 增加基础圈梁的刚度，不能防止或减轻墙体开裂

B. 多层砌体房屋设置圈梁，有助于提高房屋的抗倒塌能力

C. 砌体墙中按照构造要求设置混凝土构造柱，可提高其墙体的使用阶段的刚度

D. 带有混凝土或者砂浆面层的混合砖砌体，可提高其高厚比限值

答案：A

解析：参见《砌体结构设计规范》（GB 50003—2011）第 6.5.3 条，房屋底层墙体，宜采取增大基础圈梁的刚度达到防止和减轻墙体开裂。

5.2-5［2021-29］下列防止砌体房屋顶层墙体开裂的措施，无效的是（　　　）。

A. 屋面板下设置现浇钢筋混凝土圈梁

B. 提高屋面板混凝土强度等级

C. 屋面保温（隔热）层和砂浆找平层适当设置分隔缝

D. 屋顶女儿墙设置构造柱并与现浇钢筋混凝土压顶整浇在一起

答案：B

解析：参见《砌体结构设计规范》（GB 50003—2011）第 6.5.2 条。

5.2-6［2020-29］防止砌体结构房屋墙体开裂的措施，无效的是（　　　）。

A. 增大圈梁的刚度

B. 提高屋面板的混凝土强度等级

C. 设置屋面保温隔热层

D. 提高顶层砌体砂浆的强度等级

答案：B

解析：参见《砌体结构设计规范》（GB 50003—2011）第 6.5.2 条和第 6.5.3 条，对房屋顶层屋面应设置保温、隔热层，提高顶层砌体砂浆的强度等级，即顶层及女儿墙砂浆强度等级不低于 M7.5（Mb7.5、Ms7.5），增大基础圈梁的刚度均可以防止砌体结构房屋墙体开裂，故选项 B 错误。

第三节　砌体结构的抗震要求

考点 8：高度的规定【★★★】

| 层数和高度的规定 | 《建筑与市政工程抗震通用规范》（GB 55002—2021）相关规定。

5.5.1　多层砌体房屋的层数和高度应符合下列规定：
1 一般情况下，房屋的层数和总高度不应超过表 5.5.1（表 5.3-1）的规定。
2 甲、乙类建筑不应采用底部框架 - 抗震墙砌体结构。乙类的多层砌体房屋应按表 5.5.1（表 5.3-1）的规定层数**减少 1 层、总高度应降低 3m**。
3 横墙较少的多层砌体房屋，总高度应按表 5.5.1（表 5.3-1）的规定降低 3m，层数相应减少 1 层；各层横墙很少的多层砌体房屋，还应再减少 1 层。【2023】
4 采用蒸压灰砂砖和蒸压粉煤灰砖的砌体房屋，当砌体的抗剪强度仅达到普通黏土砖砌体的 70% 时，房屋的层数应比普通砖房减少 1 层，总高度应减少 3m；当砌体的抗剪强度达到普通黏土砖砌体的取值时，房屋层数和总高度的要求同普通砖房屋。 |

房屋类别		最小抗震墙厚度/mm	烈度和设计基本地震加速度									
			6度		7度				8度				9度
			0.05g		0.10g		0.15g		0.20g		0.30g		0.40g
			高度	层数	高度	层数	高度	层数	高度	层数	高度	层数	高度	层数
底部框架-抗震墙砌体房屋	普通砖多孔砖	240	22	7	22	7	19	6	16	5	—	—	—	—
	多孔砖	190	22	7	19	6	16	5	13	4	—	—	—	—
	小砌块	190	22	7	22	7	19	6	16	5	—	—	—	—

注：自室外地面标高算起且室内外高差大于 0.6m 时，房屋总高度应允许比本表确定值适当增加，但增加量不应超过 1.0m。

层数和高度的规定

【条文说明】基于砌体材料的脆性性质和震害经验，**严格限制其层数和高度**仍是目前保证该类房屋抗震性能的主要措施。

本节中，横墙较少的砌体房屋是指同一楼层内开间大于 4.2m 的房间占该层总面积的 40% 以上的砌体房屋；横墙很少的砌体房屋是指开间不大于 4.2m 的房间占该层总面积不到 20% 且开间大于 4.8m 的房间占该层总面积的 50% 以上的砌体房屋

房屋总高度的计算

1. 计算的起点：

无地下室时应取室外地面标高处，带有半地下室时应取地下室室内地面标高处，带有全地下室或嵌固条件好的半地下室时应允许取室外地面标高处。

2. 计算的终点：

对平屋顶，取主要屋面板板顶的标高处；对坡屋顶，取檐口的标高处；对带阁楼的坡屋面，取山尖墙的 1/2 高度处

层高要求

《建筑抗震设计规范》(GB 50011—2010，2016 年版) 相关规定。

7.1.3　多层砌体承重房屋的层高，不应超过 3.6m。

底部框架-抗震墙砌体房屋的底部，层高不应超过**4.5m**；当底层采用约束砌体抗震墙时，底层的层高不应超过**4.2m**。

注：当使用功能确有需要时，采用约束砌体等加强措施的普通砖房屋，层高不应超过**3.9m**

5.3-1 [2023-16] 抗震设防烈度 8 度区，多层砌体小学教学楼，横墙较少，下列关于层数和高度与规范一般情况的限制关系说法中正确的是（　　）。

A. 减少一层，总高度不变　　　　　B. 减少一层，总高度降低 3m

C. 减少两层，总高度降低 3m　　　　D. 减少两层，总高度降低 6m

答案：D

解析：《建筑与市政工程抗震通用规范》(GB 55002—2021) 第 5.5.1 条表注 2 "乙类的多层砌体房屋应按表 5.5.1 的规定层数减少 1 层、总高度应降低 3m"，表注 3 "横墙较

少的多层砌体房屋，总高度应按表5.5.1的规定降低3m，层数相应减少1层；各层横墙很少的多层砌体房屋，还应再减少1层"。小学教学楼为乙类建筑，且横墙较少，所以答案选D。

5.3-2［2023-30］砌体结构抗震设计，决定砌体房屋总高度和层数限值的主要因素是（　　）。

A. 砌块强度等级

B. 砌体结构的静力计算方案

C. 砌体类别、最小跨度、抗震设防烈度、横墙的多少

D. 砂浆强度

答案：C

解析：参见《建筑与市政工程抗震通用规范》（GB 55002—2021）第5.5.1条，砌体房屋总高度和层数与房屋类别、砌块类别、墙厚、烈度、设计基本地震加速度、抗震设防类别、横墙多少等有关系，故答案选C。

5.3-3［2019-64］抗震设防地区，烧结普通砖和砌筑砂浆的强度等级分别不应低于（　　）。
A. MU15，M5 　　　　B. MU15，M7.5 　　　　C. MU10，M5 　　　　D. MU10，M7.5

答案：C

解析：参见表5.3-2，普通砖和多孔砖的强度等级不应低于MU10，其砌筑砂浆强度等级不应低于M5；蒸压灰砂普通砖、蒸压粉煤灰普通砖及混凝土砖的强度等级不应低于MU15，其砌筑砂浆强度等级不应低于Ms5（Mb5）。

考点9：高宽比的规定【★★★★】

高宽比的规定	《建筑抗震设计规范》（GB 50011—2010，2016年版）相关规定。
	7.1.4 多层砌体房屋总高度与总宽度的最大比值，宜符合表7.1.4（表5.3-2）的要求。

表5.3-2　　　　　　　　房屋最大高宽比

烈度	6	7	8	9
最大高度比	2.5	2.5	2.0	1.5

注：1. 单面走廊房屋的总宽度不包括走廊宽度。
　　2. 建筑平面接近正方形时，其高宽比宜适当减小。

【条文说明】若砌体房屋考虑整体弯曲进行验算，目前的方法即使在7度时，超过三层就不满足要求，与大量的地震宏观调查结果不符。实际上，多层砌体房屋一般可以不做整体弯曲验算，但为了保证房屋的稳定性，限制了其高宽比【2022】

5.3-4［2022-55］依据《建筑抗震设计规范》（GB 50011—2010，2016年版），限制多层砌体房屋总高度和总宽度最大比值，其目的是（　　）。

A. 保证稳定性　　　　　　　　　　B. 施工方便

C. 造价合理　　　　　　　　　　　D. 避免结构在自重下产生过大的竖向变形

答案：A

解析：参见《建筑抗震设计规范》（GB 50011—2010，2016年版）7.1.4条文说明，为了保证房屋的稳定性，限制了其高宽比。

考点 10：多层砌体房屋的建筑布置与结构体系【★★★★★】

根据《建筑抗震设计规范》(GB 50011—2010，2016 年版)第 7.1.7 条，多层砌体房屋的建筑布置和结构体系，应符合表 5.3 - 3 的要求【2023、2022（5）、2021、2020】

表 5.3 - 3　　　　　　　多层砌体房屋的建筑布置和结构体系的要求

部位	要求
结构体系	应优先采用横墙承重或纵横墙共同承重的结构体系。**不应采用砌体墙和混凝土墙混合承重的结构体系**
抗震墙的布置	(1) 宜均匀对称，沿平面内宜对齐，**沿竖向应上下连续**；且纵横向墙体的数量不宜相差过大。 (2) 平面轮廓凹凸尺寸，不应超过典型尺寸的 50％；当超过典型尺寸的 25％时，房屋转角处应采取加强措施。 (3) 楼板局部大洞口的尺寸**不宜超过楼板宽度的 30％**，且不应在墙体两侧同时开洞。 (4) 房屋错层的楼板高差超过 500mm 时，应按两层计算；错层部位的墙体应采取加强措施。 (5) **同一轴线上的窗间墙宽度宜均匀**；在满足本规范第 7.1.6 条要求的前提下，墙面洞口的立面面积，6、7 度时不宜大于墙面总面积的 55％，8、9 度时不宜大于 50％。 (6) 在房屋宽度方向的中部应设置内纵墙，其累计长度不宜小于房屋总长度的 60％（高宽比大于 4 的墙段不计入）
防震缝	房屋有下列情况之一时宜设置防震缝，缝两侧均应设置墙体，缝宽应根据烈度和房屋高度确定，可采用 70~100mm： (1) **房屋立面高差在 6m 以上。** (2) **房屋有错层，且楼板高差大于层高的 1/4。** (3) **各部分结构刚度、质量截然不同**
楼梯间	楼梯间不宜设置在房屋的尽端或转角处
转角窗	**不应在房屋转角处设置转角窗【2022（5）】**
横墙较少、跨度较大的房屋	宜采用现浇钢筋混凝土楼、屋盖

5.3 - 5 [2024 - 21] 关于砌体结构房屋横墙间距的说法错误的是（　　）。

A. 横向地震力对房屋横墙产生影响，故横墙间距宜均匀对称

B. 横墙最大间距随抗震设防烈度的提高而增大

C. 混凝土横向墙体楼盖，相较于装配式楼盖，横向间距可适当增人

D. 规定横墙最大间距是为了满足楼盖为传递水平力所需的刚度要求

答案：B

解析：根据《建筑抗震设计规范》(GB 50011—2010，2016 年版)第 7.1.5 条条文说明"多层砌体房屋的横向地震力主要由横墙承担"，第 7.1.7 条第 2 款"宜均匀对称，沿平面内宜对齐，沿竖向应上下连续；且纵横向墙体的数量不宜相差过大"，选项 A 正确；表 7.1.5，横墙最大间距随抗震设防烈度的提高而减小，选项 B 错误；表 7.1.5，采用现浇钢筋混凝土楼盖的横墙最大间距较采用装配式楼盖时可适当提高，选项 C 正确；第 7.1.5 条条文说明

"本条规定是为了满足楼盖对传递水平地震力所需的刚度要求"，选项 D 正确。

5.3-6 ［2023-15］关于抗震砌体房屋结构体系和建筑布置错误的是（　　）。

A. 应优先采用纵墙承重或纵横墙共同承重的结构体系

B. 不应采用砌体墙和混凝土墙混合承重

C. 当屋面立面高差在 6m 以上时宜设防震缝

D. 不应在房屋转角处设转角窗

答案：A

解析：参见《建筑抗震设计规范》（GB 50011—2010，2016 年版）第 7.1.7 条第 1 条款"应优先采用横墙承重或纵横墙共同承重的结构体系。不应采用砌体墙和混凝土墙混合承重的结构体系"，选项 A 错误，选项 B 正确。根据第 3 条款，当房屋立面高差在 6m 以上，时宜设置防震缝，缝两侧均应设置墙体，缝宽应根据烈度和房屋高度确定，可采用 70～100mm，选项 C 正确。第 5 条款"不应在房屋转角处设置转角窗"，选项 D 正确。

5.3-7 ［2022-31］下列关于砌体结构布置，错误的是（　　）。

A. 应优先选用横墙承重和纵墙承重共同承重的结构

B. 当采用混凝土墙与砌体墙混合承重时，应采用加强措施

C. 不宜在房屋转角处设置转角窗

D. 不宜在房屋尽端或者转角处设置楼梯间

答案：B

解析：参见表 5.3-3，多层砌体房屋应优先采用横墙承重或纵横墙共同承重的结构体系，不应采用砌体墙和混凝土墙混合承重的结构体系，故选项 B 错误。

考点 11：多层砖砌体房屋抗震要求【★★★★】

基本要求	《建筑与市政工程抗震通用规范》（GB 55002—2021）相关规定。 5.5.8　砌体房屋应设置**现浇钢筋混凝土圈梁、构造柱或芯柱**。如图 5.3-1 所示。 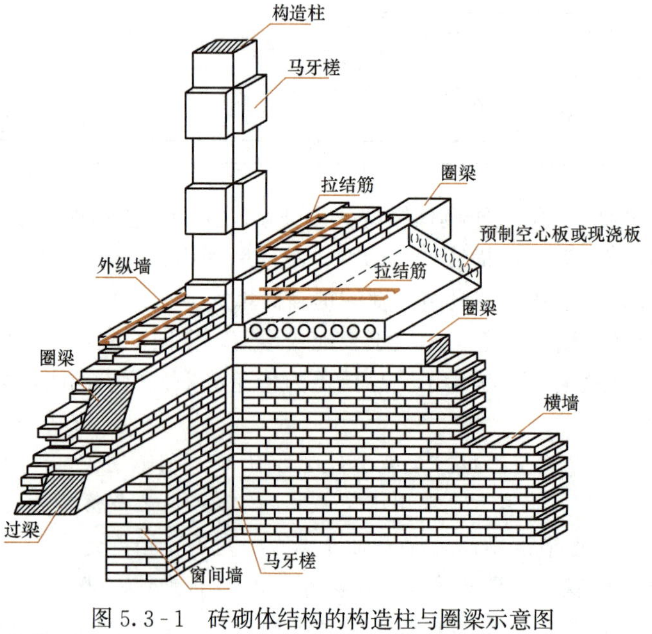 图 5.3-1　砖砌体结构的构造柱与圈梁示意图

根据《建筑抗震设计规范》（GB 50011—2010，2016 年版）第 7.3.2 条规定，多层砖砌体房屋的构造柱应符合表 5.3-4 的构造要求。

表 5.3-4　　　　　　　　　　多层砖砌体房屋的构造柱的构造要求

部位或情况	规定
尺寸及配筋	构造柱**最小截面可采用 180mm×240mm**（墙厚 190mm 时为 180mm×190mm），纵向钢筋宜采用 $4\phi12$，箍筋间距不宜大于 250mm，且在柱上下端应适当加密；6、7 度时超过六层、8 度时超过五层和 9 度时，构造柱纵向钢筋宜采用 $4\phi14$，箍筋间距不应大于 200mm；房屋四角的构造柱应适当加大截面及配筋
与墙连接处的构造	构造柱与墙连接处应砌成**马牙槎**，沿墙高每隔 500mm 设 $2\phi6$ 水平钢筋和 $\phi4$ 分布短筋平面内点焊组成的拉结钢片或 $\phi4$ 点焊钢筋网片，每边伸入墙内不宜小于 1m。6、7 度时底部 1/3 楼层，8 度时底部 1/2 楼层，9 度时全部楼层，上述拉结钢筋网片应沿墙体水平通长设置
与圈梁连接处的构造	构造柱与圈梁连接处，构造柱的纵筋应在圈梁纵筋内侧穿过，保证构造柱纵筋上下贯通
构造柱的基础	构造柱**可不单独设置基础**，但应伸入室外地面下 500mm，或与埋深小于 500mm 的基础圈梁相连【2020】
构造柱间距	房屋高度和层数接近本规范表 7.1.2 的限值时，纵、横墙内构造柱间距尚应符合下列要求： (1) 横墙内的构造柱间距不宜大于层高的 2 倍；下部 1/3 楼层的构造柱间距适当减小。 (2) 当外纵墙开间大于 3.9m 时，应另设加强措施。内纵墙的构造柱间距不宜大于 4.2m

7.3.1、7.3.2 条文说明：钢筋混凝土构造柱在多层砖砌体结构中的应用，根据历次大地震的经验和大量试验研究，得到了比较一致的结论，即①构造柱能够提高砌体的受剪承载力 10%～30%左右，提高幅度与墙体高宽比、竖向压力和开洞情况有关；②构造柱主要是对砌体起约束作用，使之有较高的变形能力；③**构造柱应当设置在震害较重、连接构造比较薄弱和易于应力集中的部位**

根据《砌体结构设计规范》（GB 50003—2011）10.2.4，各类砖砌体房屋的现浇钢筋混凝土构造柱（以下简称构造柱），其设置应符合现行国家标准《建筑抗震设计规范》（GB 50011）的有关规定，并应符合表 5.3-5 规定。

表 5.3-5　　　　　　　　　现浇钢筋混凝土构造柱的构造措施

部位或情况	规定
一般规定	构造柱设置部位应符合表 10.2.4（表 5.3-6）的规定
外廊式和单面走廊式的房屋	应根据房屋增加一层的层数，按表 10.2.4（表 5.3-6）的要求设置构造柱，且单面走廊两侧的纵墙均应按外墙处理

左侧栏标注：基本要求 / 构造柱的构造措施

续表

部位或情况	规定
横墙较少的房屋	应根据房屋增加一层的层数，按表10.2.4（表5.3-7）的要求设置构造柱。当横墙较少的房屋为外廊式或单面走廊式时，应按本条2款要求设置构造柱；但6度不超过四层、7度不超过三层和8度不超过二层时应按增加二层的层数对待
各层横墙很少的房屋	应按增加二层的层数设置构造柱
采用蒸压灰砂普通砖和蒸压粉煤灰普通砖的砌体房屋	当砌体的抗剪强度仅达到普通黏土砖砌体的70％时（普通砂浆砌筑），应根据增加一层的层数按本条1~4款要求设置构造柱；但6度不超过四层、7度不超过三层和8度不超过二层时应按增加二层的层数对待
有错层的多层房屋	在错层部位应设置墙，其与其他墙交接处应设置构造柱；在错层部位的错层楼板位置应设置现浇钢筋混凝土圈梁；当房屋层数不低于四层时，底部1/4楼层处错层部位墙中部的构造柱间距不宜大于2m

构造柱的构造措施

表 5.3-6　　　　砖砌体房屋构造柱设置要求

房屋层数				设置部位	
6度	7度	8度	9度		
≤五	≤四	≤三	—	楼、电梯间四角，楼梯斜梯段上下端对应的墙体处； 外墙四角和对应的转角； 错层部位横墙与外纵墙交接处； 大房间内外墙交接处； 较大洞口两侧	隔12m或单元横墙与外纵墙交接处； 楼梯间对应的另一侧内横墙与外纵墙交接处
六	五	四	二		隔开间横墙（轴线）与外墙交接处； 山墙与内纵墙交接处
七	六、七	五、六	三、四		内墙（轴线）与外墙交接处； 内部局部较小墙垛处； 内纵墙与横墙（轴线）交接处

注：1. 较大洞口，内墙指不小于2.1m的洞口；外墙在内外墙交接处已设置构造柱时允许适当放宽，但洞侧墙体应加强。

2. 当按本条第2~5款规定确定的层数超出表10.2.4（表5.3-7）范围，构造柱设置要求不应低于表中相应烈度的最高要求且宜适当提高。

3. 大房间指开间不小于4.2m的房间

圈梁的构造

《建筑与市政工程抗震通用规范》（GB 55002—2021）相关规定。

5.5.8　砌体房屋应设置现浇钢筋混凝土圈梁、构造柱或芯柱

《砌体结构通用规范》（GB 55007—2021）相关规定。

4.2.4　对于多层砌体结构民用房屋，当层数为3层、4层时，应在底层和檐口标高处各设置一道圈梁。当层数超过4层时，除应在底层和檐口标高处各设置一道圈梁外，至少应在所有纵、横墙上隔层设置。多层砌体工业房屋，应每层设置圈梁。设置墙梁的多层砌体结构房屋，应在托梁、墙梁顶面和檐口标高处设置圈梁

《建筑抗震设计规范》（GB 50011—2010，2016年版）相关规定。【2021】

7.3.4-1　多层砖砌体房屋现浇混凝土圈梁的构造应符合下列要求：圈梁应闭合，遇有洞口圈梁应上下搭接。圈梁宜与预制板设在同一标高处或紧靠板底

过梁	当墙体上开设门窗洞口且墙体洞口大于 300mm 时，为了支撑洞口上部砌体所传来的各种荷载，并将这些荷载传给门窗等洞口两边的墙，常在门窗洞口上设置横梁，该梁称为过梁。 依据《砌体结构设计规范》（GB 50003—2011）第 7.2.1 条规定，对有较大振动荷载或可能产生不均匀沉降的房屋，应采用**混凝土过梁**。当过梁的跨度不大于 1.5m 时，可采用**钢筋砖过梁**；不大于 1.2m 时，可采用**砖砌平拱过梁**
底部框架-抗震墙房屋抗震过渡层	依据《建筑抗震设计规范》（GB 50011—2010，2016 年版）第 7.5.2 条规定（以下为考试整理要点）： 1 上部砌体墙的中心线宜与底部的框架梁、抗震墙的中心线相重合；构造柱或芯柱宜与框架柱上下贯通。 2 过渡层应在底部框架柱、混凝土墙或约束砌体墙的构造柱所对应处设置构造柱或芯柱；墙体内的构造柱间距不宜大于层高。 3 过渡层的砌体墙在窗台标高处，应设置沿纵横墙通长的水平现浇钢筋混凝土带。 过渡层的砌体墙，凡宽度不小于**1.2m**的门洞和**2.1m**的窗洞，洞口两侧宜增设截面不小于**120mm×240mm**（墙厚 190mm 时为 120mm×190mm）的**构造柱**或**单孔芯柱**
施工顺序	依据《砌体结构通用规范》（GB 55007—2021）第 5.1.9 条规定，砌体与构造柱的连接处以及砌体抗震墙与框架柱的连接处均应采用**先砌墙后浇柱**的施工顺序，并应按要求设置拉结钢筋；砖砌体与构造柱的连接处应砌成**马牙槎** 依据《建筑与市政工程抗震通用规范》（GB 55002—2021）第 5.5.11 条规定，砌体结构房屋尚应符合下列规定：**【2019】** 1 砌体结构房屋中的构造柱、芯柱、圈梁及其他各类构件的混凝土强度等级不应低于**C25**。 2 对于砌体抗震墙，其施工应先砌墙后浇构造柱、框架梁柱。 备注：圈梁（图 5.3-2）和构造柱（图 5.3-3）都可以增加砌体结构的抗震性，但过梁（图 5.3-4）无法提高其抗震性，在砌体搭建过程中，因下部出现门或洞口，通过混凝土过梁的设置让门洞上方继续砌筑的构件  图 5.3-2 圈梁   图 5.3-3 构造柱 图 5.3-4 过梁

5.3-8 [2020-57] 关于砌体结构中的构造柱，下列说法错误的是（　　）。

A. 构造柱可以提高墙体在使用阶段的整体性和稳定性

B. 在使用阶段的高厚比验算中，可以考虑构造柱的有利影响

C. 构造柱应单独设置基础

D. 构造柱的设置能提高结构延性

答案： C

解析： 参见《建筑抗震设计规范》（GB 50011—2010，2016 年版）第 7.3.2 条，构造柱可不单独设置基础，但应伸入室外地面下 500mm，或与埋深小于 500mm 的基础圈梁相连，故选项 C 错误。

5.3-9 [2019-52] 下列构造柱设置的说法错误的是（　　）。

A. 可以提高墙体的刚度和稳定性

B. 应与圈梁可靠连接

C. 施工时应先砌构造柱，后砌筑墙体，从而保证构造柱密实性

D. 可提高砌体结构延性

答案： C

解析： 参见《建筑与市政工程抗震通用规范》（GB 55002—2021）第 5.5.11 条，砌体结构房屋尚应符合下列规定：1. 砌体结构房屋中的构造柱、芯柱、圈梁及其他各类构件的混凝土强度等级不应低于 C25。2. 对于砌体抗震墙，其施工应先砌墙后浇构造柱、框架梁柱。

第六章 木 结 构

思维导图

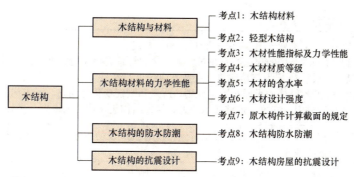

木结构与材料 —— 考点1：木结构材料
—— 考点2：轻型木结构

木结构材料的力学性能 —— 考点3：木材性能指标及力学性能
—— 考点4：木材材质等级
—— 考点5：木材的含水率
—— 考点6：木材设计强度
—— 考点7：原木构件计算截面的规定

木结构的防水防潮 —— 考点8：木结构防水防潮

木结构的抗震设计 —— 考点9：木结构房屋的抗震设计

考情分析

节 名	近5年考试分值统计					
	2024年	2023年	2022年12月	2022年5月	2021年	2020年
第一节 木结构与材料	0	0	1	0	0	0
第二节 木结构材料的力学性能	0	0	1	3	0	1
第三节 木结构的防水防潮	0	0	0	0	0	0
第四节 木结构的抗震设计	0	0	0	0	1	0
总 计	0	0	2	3	1	1

考点精讲与典型习题

第一节 木 结 构 与 材 料

考点1：木结构材料【★】

木结构用材的种类	（1）结构用木材分两大类：针叶材与阔叶材，以**针叶类**为主。 （2）**主要的承重构件应采用针叶类**，如**松、杉、柏**。 （3）重要的木制连接件应采用细密、直纹、无节和无其他缺陷的**耐腐硬质阔叶材**，如榆、槐、桦
木结构用材的分类	（1）承重结构用材可采用原木、方木、板材、规格材、层板胶合木、结构复合木材和木基结构板。 （2）原木：将伐倒的树干经打枝和造材加工而成的木段。 （3）方木：用直角锯切且**宽厚比小于3**的锯材，又称方材。

木结构用材的分类	（4）板材：用直角锯切且宽厚比大于或等于 3 的锯材。 （5）规格材：木材截面的宽度和高度按规定尺寸加工的规格化木材。 （6）层板胶合木：以厚度不大于 45mm 的胶合木层板沿顺纹方向叠层胶合而成的木制品，也称胶合木或结构用集成材。 （7）木基结构板：以木质单板或木片为原料，采用结构胶粘剂热压制成的承重板材，包括结构胶合板和定向木片板

考点 2：轻型木结构【★】

一般规定	《木结构设计标准》（GB 50005—2017）相关规定。 9.1.1 轻型木结构的层数不宜超过**3 层**。对于上部结构采用轻型木结构的组合建筑，木结构的层数不应超过**3 层**，且该建筑总层数不应超过**7 层**。 9.1.2 轻型木结构的平面布置宜规则，质量和刚度变化宜均匀。所有构件之间应有可靠的连接，必要的锚固、支撑，足够的承载力，保证结构正常使用的刚度，良好的整体性
	轻型木结构构件之间的连接主要是**钉连接**。有抗震设防要求的轻型木结构，连接中的关键部位应采用**螺栓连接**
构造要求	《木结构设计标准》（GB 50005—2017）相关规定。 9.6.19 梁在支座上的搁置长度不应小于**90mm**，支座表面应平整，梁与支座应紧密接触

第二节 木结构材料的力学性能

考点 3：木材性能指标及力学性能【★】

木纹 （图 6.2-1）	（1）顺纹：木构件木纹方向与构件长度方向**一致**。 （2）横纹：木构件木纹方向与构件长度方向**垂直**。 （3）斜纹：木构件木纹方向与构件长度方向形成**某一角度** 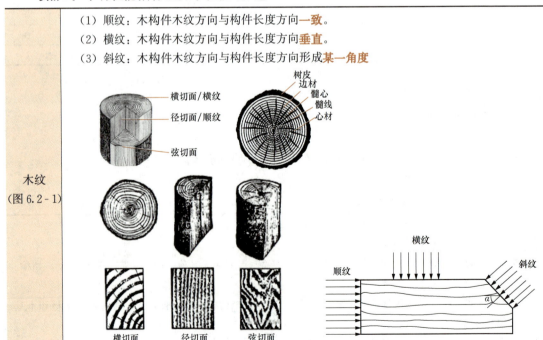 图 6.2-1 木材的顺纹、横纹与斜纹

146

木材的五大力学性能	（1）木材的受拉性能：**木材顺纹抗拉强度最高，而横纹抗拉强度很低。** （2）木材的顺纹受压性能：木材的受压工作比受拉工作可靠。 （3）木材的受弯性能：如图6.2-2所示，截面应力在加载初始时期呈直线分布；随着荷载的不断增加，截面受压区的压应力逐渐成为曲线，而受拉区内的应力仍接近直线，中和轴下移；当受压边缘纤维应力达到其强度极限值时将保持不变，此时的塑性区不断向内扩展，拉应力不断增大；边缘拉应力达到抗拉强度极限时，构件受弯破坏。  图6.2-2　木材的受弯性能 （4）木材的承压性能：两个构件利用表面互相接触传递压力叫做承压；作用在接触面上的应力叫做承压力。按外力与木纹所成角度的不同，可分**为顺纹承压、横纹承压（图6.2-3）、斜纹承压**。 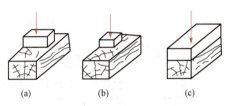 图6.2-3　木材的横纹承压 （a）顺纹承压；（b）横纹承压；（c）斜纹承压 （5）木材的受剪性能：分为截纹受剪、顺纹受剪和横纹受剪，如图6.2-4所示。木结构中通常用顺纹受剪 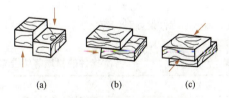 图6.2-4　木材的受剪分析 （a）截纹受剪；（b）顺纹受剪；（c）横纹受剪

木材各种强度间的关系	木材各种强度间的关系见表6.2-1，常见木材的表观密度和强度见表6.2-2。

表6.2-1　　　　　　　　　木材各种强度间的关系

抗压		抗拉		抗弯	抗剪	
顺纹	横纹	顺纹	横纹		顺纹	横纹剪断
1	1/10～1/3	2～3	1/20～1/3	$1\frac{1}{2}$～2	1/7～1/3	1/2～1

表 6.2-2		常见木材的表观密度和强度				
	树种	气干表观密度/（kg/m³）	顺纹抗压强度/MPa	顺纹抗拉强度/MPa	抗弯强度/MPa	顺纹抗剪强度（径面）/MPa
针叶树	云南松	588	46	120	95	6
	湖南杉木	371	29	71	64	4
阔叶树	东北水曲柳	686	52	139	119	11
	陕西麻栎	910	68	151	107	14

（左栏：木材各种强度间的关系）

考点 4：木材材质等级【★】

（1）承重结构用材可采用原木、方木、板材、规格材、层板胶合木、结构复合木材和木基结构板。

（2）方木、原木和板材可采用目测分级，方木原木结构的材质等级分为三级，**Ⅰ级最好，Ⅱ级次之，Ⅲ级最次**。在工厂目测分级并加工的方木构件的材质等级应符合表 6.2-3 的规定，不应采用商品材的等级标准替代本标准规定的材质等级。

表 6.2-3	工厂加工方木构件的材质等级			
项次	构件用途	材质等级		
1	用于梁的构件	$Ⅰ_e$	$Ⅱ_e$	$Ⅲ_e$
2	用于柱的构件	$Ⅰ_f$	$Ⅱ_f$	$Ⅲ_f$

（左栏：方木原木材质等级）

备注：材质等级下标表示采用不同材质的构件，如工厂加工方木梁构件用 e，工厂加工方木柱构件用 f，方木原木构件用 a，规格材构件用 c 或 cl。

（3）方木原木结构的构件设计时，应根据构件的主要用途选用相应的材质等级。不应低于表 6.2-4 的要求【2022，2019】

表 6.2-4	方木构件的材质等级要求		
项次		主要用途	最低材质等级
当采用目测分级木材时	1	受拉或拉弯构件	$Ⅰ_a$
	2	受弯或压弯构件	$Ⅱ_a$
	3	受压构件及次要受弯构件	$Ⅲ_a$
当采用工厂加工的方木用于梁柱构件时	1	用于梁	$Ⅲ_e$
	2	用于柱	$Ⅲ_f$

（左栏：轻型木胶合木结构等级）

轻型木结构用规格材可分为目测分级规格材和机械应力分级规格材。目测分级规格材的材质等级分为七级；机械分级规格材按强度等级分为八级。

胶合木层板应采用目测分级或机械分级，并宜采用针叶材树种制作

6.2-1〔2022-29〕在方木原木构件中，材质等级要求最低的是（　　　）。

A. 受拉构件　　　　　B. 拉弯构件　　　　　C. 压弯构件　　　　　D. 受压构件

答案：D

解析：参见表 6.2-4。受拉构件或拉弯构件对材质要求最高，受弯构件或压弯构件其次，受压构件及次要受弯构件最低。故答案选 D。

考点 5：木材的含水率【★】

控制含水率	木结构若采用较干的木材制作,在相当程度上减小了因木材干缩造成的松弛变形和裂缝的危害，对保证工程质量作用很大。因此，原则上应要求木材经过干燥
制作构件时的木材含水率	（1）板材、规格材和工厂加工的方木不应大于19%。 （2）方木、原木受拉构件的连接板不应大于18%。 （3）作为连接件，不应大于15%。 （4）胶合木层板和正交胶合木层板应为8%～15%，且同一构件各层木板间的含水率差别不应大于5%。 （5）井干式木结构构件采用原木制作时不应大于25%；采用方木制作时不应大于 20%；采用胶合原木木材制作时不应大于18%
现场制作的含水率	（1）现场制作的方木或原木构件的木材含水率不应大于25%。 （2）当受条件限制，使用含水率大于 25% 的木材制作原木或方木结构时，应符合下列规定： ①计算和构造应符合本标准有关湿材的规定。 ②桁架受拉腹杆宜采用可进行长短调整的圆钢。 ③桁架下弦宜选用型钢或圆钢；当采用木下弦时，宜采用原木或破心下料的方木，如图 6.2-5所示。 ④不应使用湿材制作板材结构及受拉构件的连接板

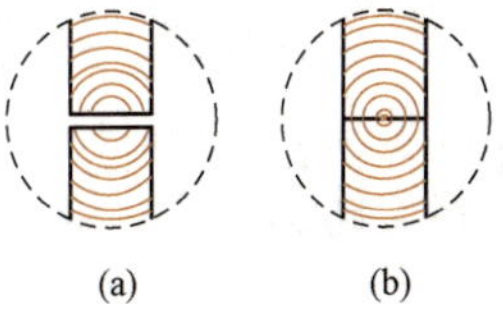

图 6.2-5　破心下料的方木

考点 6：木材设计强度【★★★★】

木材强度	（1）木材强度按作用力性质、作用力方向与木纹方向的关系可分为：顺纹抗拉、顺纹抗压及承压、抗弯、顺纹抗剪及横纹承压等几类。 （2）同一木材强度等级中，以方木、原木等木材的强度设计值为例，抗弯强度（f_m）>顺纹抗压及承压（f_c）>顺纹抗拉（f_t）>横纹承压（$f_{c,90}$）>顺纹抗剪（f_v）
木材的强度等级	（1）木材的强度等级是以抗弯强度的设计值来划分的，如 TC17 的抗弯强度 f_m = 17N/mm²。【2022】 （2）普通木结构强度等级按针叶树、阔叶树的种类划分： ①针叶树种木材强度分四个等级：TC17、TC15、TC13、TC11；各等级中根据树种不同分A、B 两组。 ②阔叶树种木材强度分五个等级：TB20、TB17、TB15、TB13、TB11

6.2-2［2022-21］TB15 阔叶木的"15"指的是下列哪种强度设计值？（　　）

A. 抗弯 　　　　　B. 顺拉 　　　　　C. 顺压 　　　　　D. 顺剪

答案： A

解析： 木材强度等级根据不同树种的木材按抗弯强度设计值划分，TB15 的数值指的是抗弯强度，故答案选 A。

考点 7：原木构件计算截面的规定【★】

原木构件计算截面的规定	《木结构设计标准》（GB 50005—2017）相关规定。 4.3.18 标注原木直径时，应以小头为准。原木构件沿其长度的直径变化率，可按9mm/m 或当地经验数值采用。验算挠度和稳定时，可取构件的中央截面。验算抗弯强度时，可取弯矩最大处截面【2022】

6.2-3［2022-29］以下关于原木构件计算截面说法正确的是（　　）。

A. 标注原木直径时，应以平均直径为准

B. 原木构件沿其长度的直径变化率，可按当地经验数值采用

C. 验算挠度时，可取构件弯矩最大处截面

D. 验算抗弯强度时，可取构件中央截面

答案： B

解析： 根据《木结构设计标准》（GB 50005—2017）第 4.3.18 条。选项 A 中，以平均直径为准错误，应为以小头为准；选项 C 中，可取构件弯矩最大处截面错位，应取构件的中央；选项 D 中，验算抗弯强度时，可取构件中央截面错误，应取弯矩最大处截面，故答案选 B。

第三节　木结构的防水防潮

考点 8：木结构防水防潮【★★★】

木结构防水防潮措施	《木结构通用规范》（GB 55005—2021）相关规定。 5.1.1 木结构中易受水分和潮气侵蚀的部位应采取防水和防潮等构造措施，并应符合下列规定： 1 当木结构构件与砌体或混凝土接触时，应在接触面设置防潮层； 2 桁架和梁的支座节点或其他承重木构件不应封闭在墙体内； 3 木构件不应直接砌入砌体中，或浇筑在混凝土中； 4 在木结构隐蔽部位应设置通风孔洞。

6.3-1［2018-40］下列木结构的防护措施中，错误的是（　　）。

A. 利用悬挑结构、雨篷等设施对外墙面和门窗进行保护

B. 与土壤直接接触的木构件，应采用防腐木材

C. 将木柱砌入砌体中

D. 底层采用木楼盖时，木构件的底部距离室外地坪的高度不应小于 300mm

答案：C

解析：参见《木结构通用规范》第 5.1.1 条和 5.1.4 条。

第四节 木结构的抗震设计

考点 9：木结构房屋的抗震设计【★★】

一般规定	《建筑抗震设计规范》（GB 50011—2010，2016 年版）相关规定。 11.1.1 木结构房屋的建筑、结构布置应符合下列要求： 1 房屋的平面布置应避免拐角或突出。 2 纵横向承重墙的布置宜均匀对称，在平面内宜对齐，沿竖向应上下连续；在同一轴线上，窗间墙的宽度宜均匀。 3 多层房屋的楼层不应错层，不应采用板式单边悬挑楼梯。 4 不应在同一高度内采用不同材料的承重构件。 5 屋檐外挑梁上不得砌筑砌体。 11.1.4 门窗洞口过梁的支承长度，6～8 度时不应小于 240mm，9 度时不应小于 360mm。 11.1.7-1 木构件应选用干燥、纹理直、节疤少、无腐朽的木材。 11.3.2 木结构房屋**不应采用木柱与砖柱或砖墙等混合承重**。山墙应设置端屋架（木梁），**不得采用硬山搁檩**。【2021】 11.3.4 礼堂、剧院、粮仓等较大跨度的空旷房屋，宜采用四柱落地的三跨木排架【2021】
木结构房屋的高度	《建筑抗震设计规范》（GB 50011—2010，2016 年版）相关规定。 11.3.3 木结构房屋的高度应符合下列要求： 1 木柱木屋架和穿斗木构架房屋，6～8 度时不宜超过二层，总高度不宜超过 **6m**；9 度时宜建单层，高度不应超过 **3.3m**。 2 木柱木梁房屋宜建单层，高度不宜超过 **3m**
木构件	《建筑抗震设计规范》（GB 50011—2010，2016 年版）相关规定。 11.3.9 木构件应符合下列要求： 1 木柱的梢径不宜小于 150mm；应避免在柱的同一高度处纵横向同时开槽，且在柱的同一截面开槽面积不应超过截面总面积的 1/2。 2 柱子不能有接头。【2021】 3 穿枋应贯通木构架各柱

6.4 - 1 [2021 - 28] 以下木结构抗震设计说法错误的是（   ）。

A. 木柱不能有接头

B. 木结构房屋可以采用木柱和砖混合承重结构

C. 山墙应设端屋架（大梁），不得采用硬山搁檩

D. 15～18m 大跨空旷房屋，宜采用四柱落地的三跨木排架

答案：B

解析：木结构房屋不应采用木柱与砖柱或砖墙等混合承重，选项 B 说法错误。

第七章 抗 震 设 计

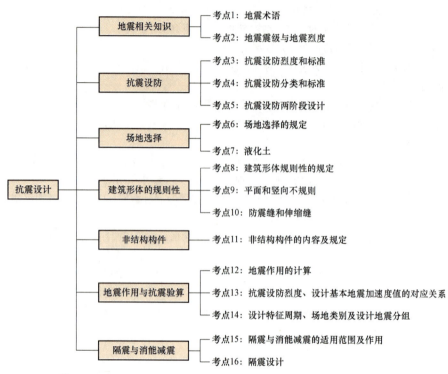

节　名	近5年考试分值统计					
	2024 年	2023 年	2022 年 12 月	2022 年 5 月	2021 年	2020 年
第一节　地震相关知识	3	0	0	0	0	0
第二节　抗震设防	0	1	1	2	1	1
第三节　场地选择	0	0	0	0	0	2
第四节　建筑形体的规则性	1	2	2	4	1	2
第五节　非结构构件	0	0	1	2	0	0
第六节　地震作用与抗震验算	0	1	1	0	3	1
第七节　隔震与消能减震	2	1	0	0	0	1
总　　计	6	5	5	8	5	7

第一节 地 震 相 关 知 识

考点1：地震术语【★】

地震术语 （图7.1-1）	震源	地震发生的地方
	震源深度	震源至地面的垂直距离
	震中	震源在地表的投影
	震中距	**建筑物到震中的距离**
	震中区	在震中附近，破坏最严重的范围

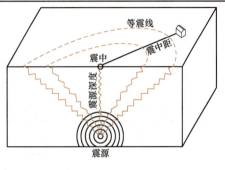

图 7.1-1 地震示意图

考点2：地震震级与地震烈度【★★】

地震震级	地震震级是一次地震释放能量多少的一种度量，**一次地震只有一个震级**，一般用 M 表示，$M=\lg A$，国际上比较通用的是"里氏震级"。如在距离震中 100km 处标准地震仪记录到某次地震最大的单振幅是 1m，即 $10^6\mu m$，则 $M=\lg 10^6=6$，于是这次地震的震级就是里氏 6 级。【2019】
	震级相差一级，释放的能量相差 $2^5=32$ 倍，相差两级，相差 $2^{10}=1024$ 倍

地震烈度	概念	地震引起的地面震动及其影响的强弱程度
	烈度划分	绝大多数国家包括我国都采用**12度划分**的地震烈度。烈度高一度，峰值加速度大1倍，地震烈度高1度，地震惯性力就大1倍【2019】
	地震烈度表	地震烈度表以描述震害宏观现象为主，即根据**人的感觉、器物的反应、建筑物的损坏程度和地貌变化特征**等来划分烈度；当有自由场地强震动记录时，水平向地震动峰值加速度和峰值速度可作为综合评定地震烈度的参考指标
	烈度的影响因素	**震中距**：一般来说，离震中越近，地震影响越大，地震烈度越高；离震中越远，地震烈度就越低。 **震源深度**：对于同样震级的地震，当震源较浅时，波及范围就较小，但破坏程度就较大；当震源深度较大时，波及范围则较大，而破坏程度则相对较小。 **地质构造**：断裂带等特殊地质构造对地震会有较大的影响

关系	地震震级与震中烈度的关系见表 7.1-1

表 7.1-1 震源深度为 10～30km 范围内的地震震级与震中烈度的大致关系

震级（级）	2	3	4	5	6	7	8	＞8
震中烈度（度）	1～2	3	4～5	6～7	7～8	9～10	11	12

7.1-1 [2019-55] 下列对地震烈度和地震级别的说法，正确的是（　　）。

A. 一次地震可以有不同地震等级　　　B. 一次地震可以有不同地震烈度

C. 一次的地震等级和烈度相同　　　D. 我国地震划分标准同其他国家一样

答案： B

解析： 一次地震，只有一个震级；但同一个地震在不同地区或同一地区的不同地点，地震烈度是不一样的，故选项 A、C 错误，选项 B 正确；现在比较通用的震级是 Ms 震级，也称为统一震级，可直接用 M 表示。不同国家使用的方法不一样。我国现在使用的是统一震级 Ms，故选项 D 错误。

第二节　抗　震　设　防

考点 3：抗震设防烈度和标准【★★★★】

抗震设防烈度	《建筑抗震设计规范》（GB 50011—2010，2016 年版）相关规定。 1.0.4　抗震设防烈度必须按**国家规定的权限审批、颁发的文件（图件）**确定。**【2024】** 1.0.5　一般情况下，建筑的抗震设防烈度应采用根据**中国地震动参数区划图**确定的地震基本烈度（本规范设计基本地震加速度值所对应的烈度值）。 2.1.1　抗震设防烈度：按国家规定的权限批准作为一个地区抗震设防依据的地震烈度。一般情况，**取 50 年内超越概率 10%**的地震烈度**【2020】**
	《建筑与市政工程抗震通用规范》（GB 55002—2021）相关规定。 1.0.2　**抗震设防烈度 6 度**及以上地区的各类新建、扩建、改建建筑与市政工程必须进行抗震设防，工程项目的勘察、设计、施工、使用维护等必须执行本规范
抗震设防目标	《建筑与市政工程抗震通用规范》（GB 55002—2021）相关规定。 2.1.1　抗震设防的各类建筑与市政工程，其抗震设防目标应符合下列规定：**【2022（5）、2020】** 1 当遭遇低于**本地区设防烈度的多遇地震影响**时，各类工程的主体结构和市政管网系统不受损坏或不需修理可继续使用。 2 当遇相当于**本地区设防烈度的设防地震影响**时，各类工程中的建筑物、构筑物、桥梁结构、地下工程结构等可能发生损伤，但经一般性修理可继续使用；市政管网的损坏应控制在局部范围内，不应造成次生灾害。 3 当遭遇高于**本地区设防烈度的罕遇地震影响**时，各类工程中的建筑物、构筑物、桥梁结构、地下工程结构等不致倒塌或发生危及生命的严重破坏；市政管网的损坏不致引发严重次生灾害，经抢修可快速恢复使用。 国家现行标准规定，建筑工程采用的是**三级设防**思想，即遭遇低于本地区设防烈度的多遇地震影响时，主体结构不受损坏或不需修理可继续使用，即"**小震不坏**"；遭遇相当于本地区设防烈度的设防地震影响时，可能发生损坏，但经一般性修理可继续使用，即"**中震可修**"；遭遇高于本地区设防烈度的罕遇地震影响时，不致倒塌或发生危及生命的严重破坏，即"**大震不倒**"

7.2-1 [2024-27] 关于我国抗震设防烈度的确定，下列正确的是（　　）。

A. 按照国家规范的权限审批颁发的文件

B. 由当地人民政府确定

C. 由防震规范的主编和参编人员协商确定

D. 由建设工程单位自行确定

答案： A

解析： 根据《建筑抗震设计规范》（GB 50011—2010，2016 年版）第 1.0.4 条。

7.2-2 ［2020-59］下列关于我国建筑主体结构基本抗震设防目标，正确的是（　　　）。

A. 多遇地震、设防烈度地震不坏，罕遇地震可修

B. 多遇地震不坏，设防烈度地震可修，罕遇地震不倒

C. 多遇地震不坏，设防烈度地震不倒

D. 多遇地震不坏，罕遇地震可修

答案： B

解析： 根据考点 3，按技术标准设计的所有房屋建筑，均应达到"多遇地震不坏、设防烈度地震可修和罕遇地震不倒"的设防目标。

考点 4：抗震设防分类和标准【★★★】

抗震设防分类	1. 根据《建筑与市政工程抗震通用规范》（GB 55002—2021）2.3.1，抗震设防的各类建筑与市政工程，均应根据其遭受地震破坏后可能造成的人员伤亡、经济损失、社会影响程度及其在抗震救灾中的作用等因素划分为下列四个抗震设防类别，见表 7.2-1【2020】

表 7.2-1　　　　　　　　　　抗震设防分类

抗震设防类别	建筑种类
特殊设防类（甲类）	应为使用上有特殊要求的设施，**涉及国家公共安全的重大建筑与市政工程和地震时可能发生严重次生灾害等特别重大灾害后果**，需要进行特殊设防的建筑与市政工程
重点设防类（乙类）	应为地震时**使用功能不能中断或需尽快恢复的生命线相关建筑与市政工程，以及地震时可能导致大量人员伤亡等重大灾害后果**，需要提高设防标准的建筑与市政工程
标准设防类（丙类）	应为除本条第 1 款、第 2 款、第 4 款以外按标准要求进行设防的建筑与市政工程
适度设防类（丁类）	应为使用上人员稀少且震损不致产生次生灾害，允许在一定条件下适度降低设防要求的建筑与市政工程

2. 防灾救灾建筑抗震设防类别详见表 7.2-2。

表 7.2-2　　　　　　　防灾救灾建筑抗震设防类别

建筑类型		抗震设防类别
医疗建筑	三级医院中承担特别重要医疗任务的门诊、医技、住院用房	特殊设防类
	二、三级医院的门诊、医技、住院用房，具有外科手术室或急诊科的乡镇卫生院的医疗用房，县级及以上急救中心的指挥、通信、运输系统的重要建筑，县级及以上的独立采供血机构的建筑	重点设防类
	工矿企业的医疗建筑	可比照城市的医疗建筑示例确定

建筑类型	抗震设防类别
消防车库及其值班用房	重点设防类
20万人口以上的城镇和县及县级市防灾应急指挥中心的主要建筑	不应低于重点设防类
工矿企业的防灾应急指挥系统建筑	可比照城市防灾应急指挥系统建筑示例确定
疾病预防与控制中心建筑	承担研究、中试和存放剧毒的高危险传染病病毒任务的疾病预防与控制中心的建筑或其区段	特殊设防类
	不属于1款的县、县级市及以上的疾病预防与控制中心的主要建筑	重点设防类
作为应急避难场所的建筑	不应低于重点设防类

3. 公共建筑和居住建筑抗震设防类别详见表 7.2-3。

表 7.2-3　　　　　　　公共建筑和居住建筑抗震设防类别

建筑类型	抗震设防类别
体育建筑：规模分级为特大型的体育场，大型、观众席容量很多的中型体育场和体育馆（含游泳馆）	重点设防类
文化娱乐建筑：大型的电影院、剧场、礼堂、图书馆的视听室和报告厅、文化馆的观演厅和展览厅、娱乐中心建筑	重点设防类
商业建筑：人流密集的大型的多层商场	重点设防类（当商业建筑与其他建筑合建时应分别判断，并按区段确定）
博物馆和档案馆：大型博物馆，存放国家一级文物的博物馆，特级、甲级档案馆	重点设防类
会展建筑：大型展览馆、会展中心	重点设防类
教育建筑：幼儿园、小学、中学的教学用房以及学生宿舍和食堂【2023、2022（5）、2020】	应不低于重点设防类
科学实验建筑：研究、中试生产和存放具有高放射性物品以及剧毒的生物制品、化学制品、天然和人工细菌、病毒（如鼠疫、霍乱、伤寒和新发高危险传染病等）的建筑	特殊设防类
电子信息中心的建筑中，省部级编制和储存重要信息的建筑	重点设防类（国家级信息中心建筑的抗震设防标准应高于重点设防类）
高层建筑：当结构单元内经常使用人数超过8000人时	重点设防类
居住建筑	不应低于标准设防类

抗震设防分类

根据《建筑与市政工程抗震通用规范》（GB 55002—2021）2.3.2，各抗震设防类别建筑与市政工程，其抗震设防标准应符合表7.2-4的规定。

表7.2-4　　　　各抗震设防类别建筑的抗震设防标准

抗震设防标准	抗震设防类别	抗震设防标准
抗震设防标准	**标准设防类（丙类）**	应按本地区抗震设防烈度确定其抗震措施和地震作用，达到在遭遇高于当地抗震设防烈度的预估罕遇地震影响时不致倒塌或发生危及生命安全的严重破坏的抗震设防目标
	重点设防类（乙类）	应按本地区抗震设防烈度提高一度的要求加强其抗震措施；但抗震设防烈度为9度时应按比9度更高的要求采取抗震措施；地基基础的抗震措施，应符合有关规定。同时，应按本地区抗震设防烈度确定其地震作用
	特殊设防类（甲类）	应按本地区抗震设防烈度提高一度的要求加强其抗震措施；但抗震设防烈度为9度时应按比9度更高的要求采取抗震措施。同时，应按批准的地震安全性评价的结果且高于本地区抗震设防烈度的要求确定其地震作用
	适度设防类（丁类）	允许比本地区抗震设防烈度的要求适当降低其抗震措施，但抗震设防烈度为6度时不应降低。一般情况下，仍应按本地区抗震设防烈度确定其地震作用

注：当工程场地为I类时，对特殊设防类和重点设防类工程，允许按本地区设防烈度的要求采取抗震构造措施；对标准设防类工程，抗震构造措施允许按本地区设防烈度降低一度、但不得低于6度的要求采用

可不进行地震作用计算	根据《建筑抗震设计规范》（GB 50011—2010，2016 年版） 3.1.2 抗震设防烈度为6度时，除本规范有具体规定外，对**乙、丙、丁类**的建筑可不进行地震作用计算。**【2024】**
名词注释	抗震措施	除地震作用计算和抗力计算以外的抗震设计内容，包括抗震构造措施
	抗震构造措施	根据抗震概念设计原则，一般不需计算而对结构和非结构各部分必须采取的各种细部要求
	建筑抗震概念设计	根据地震灾害和工程经验等所形成的基本设计原则和设计思想，进行建筑和结构总体布置并确定细部构造的过程
	地震作用	《建筑抗震设计规范》在条文说明中强调不可将其称之为"荷载"

7.2-3 [2024-28] 我国地震设防烈度为6、7、8、9度等，6度除特别规定外，可不进行地震作用计算的是（　　）。

A. 甲、乙、丙、丁类　　　　　　　B. 甲、乙、丙类

C. 乙、丙、丁类　　　　　　　　　D. 丁类

答案：C

解析：根据《建筑抗震设计规范》（GB 50011—2010，2016 年版）第3.1.2条"抗震设防烈度为6度时，除本规范有具体规定外，对乙、丙、丁类的建筑可不进行地震作用计算"，答案选C。

7.2-4 [2022（5）-62] 幼儿园，小学、中学教学楼，宿舍食堂，其抗震设防分类正确的是（　　）。

A. 适度   B. 标准   C. 重点   D. 特殊

答案：C

解析：参见表7.2-3。教育建筑中，幼儿园、小学、中学的教学用房以及学生宿舍和食堂，抗震设防类别应不低于重点设防类。

7.2-5［2020-58］下列关于我国建筑工程抗震设防类别划分，正确的是（　　）。

A. 甲类、乙类、丙类、丁类   B. 甲类、乙类、丙类

C. Ⅰ、Ⅱ、Ⅲ、Ⅳ   D. Ⅰ、Ⅱ、Ⅲ

答案：A

解析：参见表7.2-4。

考点5：抗震设防两阶段设计【★★★】

1. 两阶段设计内容见表7.2-5。

表7.2-5　　　　　　　　　　**两阶段设计的内容**

第一阶段设计	抗震承载力验算 小震不坏	采用第一水准烈度（多遇地烈度）地震作用算出、并经过调整的组合内力"设计值"进行截面设计，以达到"小震不坏"的第一水准设防目标
	抗震变形验算 中震可修	采用第二水准烈度，计算多遇地震作用下的最大弹性层间位移，并限制多遇地震作用下最大弹性层间位移比
第二阶段设计	弹塑性变形验算 大震不倒	采用第三水准烈度，计算罕遇地震作用下的薄弱层（部位）弹塑性层间位移，并限制弹塑性层间位移比

2. 多遇地震作用下结构抗震变形验算。

为保证建筑的正常使用功能，须对各类结构在多遇地震作用下的变形加以验算，使其最大层间弹性位移小于规定的限值。结构楼层内的最大弹性位移应符合下式要求：【2021、2020、2019】

$$\Delta u_e \leqslant [\theta_e] h$$

式中　Δu_e——多遇地震作用标准值产生的楼层内最大的弹性层间位移；计算时，除以弯曲变形为主的高层建筑外，可不扣除结构整体弯曲变形；应计入扭转变形，各作用分项系数均应采用1.0，钢筋混凝土结构构件的截面刚度可采用弹性刚度；

$[\theta_e]$——弹性层间位移角限值，宜按表7.2-6采用；

h——计算楼层层高。

表7.2-6　　　　　　　　　　**弹性层间位移角限值**

结构类型	$[\theta_e]$
钢筋混凝土框架	1/550
钢筋混凝土框架-抗震墙、板柱-抗震墙、框架-核心筒	1/800
钢筋混凝土抗震墙、筒中筒	1/1000
钢筋混凝土框支层	1/1000
多、高层钢结构	1/250

3. 罕遇地震作用下结构抗震变形验算。

为防止结构在罕遇地震作用下，由于薄弱楼层（部位）弹塑性变形过大而倒塌，必须对延性要求较高的结构进行弹塑性变形验算。结构薄弱层（部位）弹塑性层间位移应符合下式要求：

$$\Delta u_p \leqslant [\theta_p] h$$

两阶段设计

158

两阶段 设计	式中　Δu_p——罕遇地震作用标准值产生的楼层内最大弹塑性层间位移，具体计算方法详见《建 筑抗震设计规范》(GB 50011—2010，2016年版)第5.5.3条和第5.5.4条规定； $[\theta_p]$——弹塑性层间位移角限值，可按表7.2-7采用；对钢筋混凝土框架结构，当轴压 比小于0.40时，可提高10%；当柱子全高的箍筋构造比《建筑抗震设计规范》 (GB 50011—2010，2016年版)第6.3.9条规定的体积配箍率大30%时，可提高 20%但累计不超过25%； h——薄弱层楼层高度或单层厂房上柱高度。 **表 7.2 - 7　　　　　　　　　弹塑性层间位移角限值** | 结构类型	$[\theta_p]$
单层钢筋混凝土柱排架	1/30
钢筋混凝土框架	1/50
底部框架砌体房屋中的框架 - 抗震墙	1/100
钢筋混凝土框架 - 抗震墙、板柱 - 抗震墙、框架 - 核心筒	1/100
钢筋混凝土抗震墙、筒中筒	1/120
多、高层钢结构	1/50 | 4. 第二阶段设计的适用范围。 　大部分建筑可只进行第一阶段设计，只有**"①对地震时易倒塌的结构；②有明显薄弱层的** **不规则结构；③有专门要求的建筑"** 三种建筑需要进行第二阶段设计，第二阶段设计主要 通过概念设计和抗震构造措施来满足，规范对薄弱层（部位）提出弹塑性层间位移比限值 要求

7.2 - 6 [2021 - 68] 下列选项在抗震设计中，多遇地震层间弹性位移角限值最小的结构
形式是（　　　）。

A. 剪力墙　　　　　　　　　　　　B. 框架核心筒

C. 框架剪力墙　　　　　　　　　　D. 框架

答案：A

解析：参见表 7.2 - 6。

7.2 - 7 [2019 - 45] 在抗震设防地区，钢筋混凝土弹性位移转角限值最大的是（　　　）。

A. 框架　　　　B. 框剪　　　　C. 筒中筒　　　　D. 板柱剪力墙

答案：A

解析：根据考点 5 表 7.2 - 6，在抗震设防地区，钢筋混凝土弹性层间位移角限值最大的
是框架结构，其次是框架 - 剪力墙结构和板柱 - 剪力墙结构，最小的是筒中筒结构。

第三节 场 地 选 择

考点 6：场地选择的规定【★★★★】

一般规定	《建筑与市政工程抗震通用规范》（GB 55002—2021）相关规定。 3.1.2 建筑与市政工程进行场地勘察时，应根据工程需要和地震活动情况、工程地质和地震地质等有关资料按表 3.1.2（表 7.3-1）对地段进行综合评价。对不利地段，应尽量避开；当无法避开时应采取有效的抗震措施。对危险地段，严禁建造甲、乙、丙类建筑【2020、2019】
场地的 划分	表 7.3-1　　　　　　　　有利、一般、不利和危险地段的划分 <table><tr><td>地段类别</td><td>地质、地形、地貌</td></tr><tr><td>有利地段</td><td>稳定基岩，坚硬土，开阔、平坦、密实、均匀的中硬土等</td></tr><tr><td>一般地段</td><td>不属于有利、不利和危险的地段</td></tr><tr><td>不利地段</td><td>软弱土，液化土，条状突出的山嘴，高耸孤立的山丘，陡坡，陡坎，河岸和边坡的边缘，平面分布上成因、岩性、状态明显不均匀的土层（含故河道、疏松的断层破碎带、暗埋的塘浜沟谷和半填半挖地基），高含水量的可塑黄土，地表存在结构性裂缝等</td></tr><tr><td>危险地段</td><td>地震时可能发生滑坡、崩塌、地陷、地裂、泥石流等及发震断裂带上可能发生地表位错的部位</td></tr></table>

7.3-1［2020-63］拟建中学的场地被评定为抗震危险地段，以下选址正确的是（　　　）。

A. 严禁建造　　　　　　　　　　　　　　　B. 不应建造

C. 不宜建造　　　　　　　　　　　　　　　D. 在无法避开时，采取有效措施

答案： A

解析： 参见考点 6 中"一般规定"。对危险地段，严禁建造甲、乙、丙类建筑。

考点 7：液化土【★★★】

液化判别 和地基处 理原则	《建筑抗震设计规范》（GB 50011—2010，2016 年版）相关规定。 4.3.1　饱和砂土和饱和粉土（不含黄土）的液化判别和地基处理，6 度时，一般情况下可不进行判别和处理，但对液化沉陷敏感的乙类建筑可按 7 度的要求进行判别和处理，7～9 度时，乙类建筑可按本地区抗震设防烈度的要求进行判别和处理
	《建筑与市政工程抗震通用规范》（GB 55002—2021）相关规定。 3.2.2　对抗震设防烈度不低于 7 度的建筑与市政工程，当地面下 20m 范围内存在饱和砂土和饱和粉土时，应进行液化判别；存在液化土层的地基，应根据工程的抗震设防类别、地基的液化等级，结合具体情况采取相应的抗液化措施

全部消除地基液化沉陷的措施	根据《建筑抗震设计规范》（GB 50011—2010，2016 年版）4.3.7，全部消除地基液化沉陷的措施，应符合表 7.3-2 的要求【2020、2012】	

根据《建筑抗震设计规范》（GB 50011—2010，2016 年版）4.3.7，全部消除地基液化沉陷的措施，应符合表 7.3-2 的要求【2020、2012】

表 7.3-2 **全部消除地基液化沉陷的措施**

情况	措施
采用桩基时	桩端伸入液化深度以下稳定土层中的长度（不包括桩尖部分），应按计算确定，且对碎石土，砾、粗、中砂，坚硬黏性土和密实粉土尚不应小于 0.8m，对其他非岩石土尚不宜小于 1.5m
采用深基础时	基础底面应埋入液化深度以下的稳定土层中，其深度不应小于 0.5m
采用加密法（如振冲、振动加密、挤密碎石桩、强夯等）加固时	应处理至液化深度下界；振冲或挤密碎石桩加固后，桩间土的标准贯入锤击数不宜小于本规范第 4.3.4 条规定的液化判别标准贯入锤击数临界值
换土法	用非液化土替换全部液化土层，或增加上覆非液化土层的厚度
采用加密法或换土法处理时	在基础边缘以外的处理宽度，应超过基础底面下处理深度的 1/2 且不小于基础宽度的 1/5

减轻液化影响措施

《建筑抗震设计规范》（GB 50011—2010，2016 年版）相关规定。

4.3.9 轻液化影响的基础和上部结构处理，可综合采用下列各项措施：

1 选择合适的基础埋置深度。

2 调整基础底面积，减少基础偏心。

3 加强基础的整体性和刚度，如采用箱基、筏基或钢筋混凝土交叉条形基础，加设基础圈梁等。

4 减轻荷载，增强上部结构的整体刚度和均匀对称性，合理设置沉降缝，避免采用对不均匀沉降敏感的结构形式等。

5 管道穿过建筑处应预留足够尺寸或采用柔性接头等

7.3-2 [2020-79] 下列各项措施中，不能全部消除地基液化沉陷的是（　　）。

A. 用非液化土替换全部液化土

B. 采用强夯法对液化土层进行处理，处理深度至液化深度下界

C. 采用深基础，基础底面埋入液化土层下

D. 加强基础的整体性和刚度

答案：D

解析：参见考点 7 中"全部消除地基液化沉陷的措施"相关内容。可通过以下措施：换土法、采用加密法（如振冲、振动加密、挤密碎石桩、强夯等）和采用深基础时基础底面应埋入液化深度以下的稳定土层中，其深度不应小于 0.5m，故选项 A、B、C 均可以全部消除地基液化沉陷；加强基础的整体性和刚度只能减轻液化影响，故答案选 D。

第四节 建筑形体的规则性

考点8：建筑形体规则性的规定 【★★★★★】

一般规定	《建筑与市政工程抗震通用规范》（GB 55002—2021）相关规定。 5.1.1 建筑设计应根据抗震概念设计的要求明确建筑形体的规则性。不规则的建筑应按规定采取加强措施；特别不规则的建筑应进行专门研究和论证，采取特别的加强措施；不应采用严重不规则的建筑方案。【2024、2022（5）】 《建筑抗震设计规范》（GB 50011—2010，2016 年版）相关规定。 3.4.2 建筑设计应重视其平面、立面和竖向剖面的规则性对抗震性能及经济合理性的影响，宜择优选用规则的形体，其**抗侧力构件的平面布置宜规则对称、侧向刚度沿竖向宜均匀变化、竖向抗侧力构件的截面尺寸和材料强度宜自下而上逐渐减小、避免侧向刚度和承载力突变。**【2021、2020、2019】	
结构体系	《建筑与市政工程抗震通用规范》（GB 55002—2021）相关规定。【2022（5）】 2.4.1 建筑与市政工程的抗震体系应根据工程抗震设防类别、抗震设防烈度、工程空间尺度、场地条件、地基条件、结构材料和施工等因素，经技术、经济和使用条件综合比较确定，并应符合下列规定： 1 应具有清晰、合理的地震作用传递途径。 2 应具备**必要的刚度、强度和耗能能力。** 3 应具有避免因部分结构或构件破坏而导致整个结构丧失抗震能力或对重力荷载的承载能力。 4 结构构件**应具有足够的延性**，避免脆性破坏。 5 桥梁结构尚**应有可靠的位移约束措施**，防止地震时发生落梁破坏 《建筑抗震设计规范》（GB 50011—2010，2016 年版）相关规定。 3.5.3 结构体系尚宜符合下列各项要求： 1 宜有**多道抗震防线。** 2 宜具有合理的刚度和承载力分布，避免因局部削弱或突变形成薄弱部位，产生过大的应力集中或塑性变形集中。 3 结构在两个主轴方向的动力特性**宜相近**	
	构件之间 的连接	《建筑抗震设计规范》（GB 50011—2010，2016 年版）相关规定。 3.5.5 结构各构件之间的连接，应符合下列要求： 1 构件节点的破坏，**不应先于其连接的构件。** 2 预埋件的锚固破坏，**不应先于连接件。** 3 装配式结构构件的连接，应能保证结构的整体性。 4 预应力混凝土构件的预应力钢筋，**宜在节点核心区以外锚固**
	单层厂房 的抗震 支撑系统	《建筑抗震设计规范》（GB 50011—2010，2016 年版）相关规定。 3.5.6 装配式单层厂房的各种抗震支撑系统，应保证地震时厂房的整体性和稳定性

7.4-1［2021-65］建筑的不规则性是抗震设计的重要因素，下面哪项不规则建筑需经过专门的研究论证，进行加强措施？（　　　）

A. 一般不规则

B. 特别不规则

C. 严重不规则

D. 特别及严重不规则

答案：B

解析：参见《建筑与市政工程抗震通用规范》（GB 55002—2021）第 5.1.1 条。

考点 9：平面和竖向不规则【★★★★★】

规则性判断	《建筑与市政工程抗震通用规范》（GB 55002—2021）相关规定。 5.1.1　建筑设计应根据抗震概念设计的要求明确建筑形体的规则性。不规则的建筑**应按规定采取加强措施**；特别不规则的建筑应进行专门研究和论证，采取特别的加强措施；**不应采用严重不规则**的建筑方案。 备注：［以下参考原《建筑抗震设计规范》（GB 50011—2010，2016 年版）第 3.4.1 条，条文说明］三种不规则程度的主要划分方法如下： 1）不规则，指的是超过表 7.4-2 和表 7.4-3 中一项及以上的不规则指标。 2）特别不规则，指具有较明显的抗震薄弱部位，可能引起不良后果者，其参考界限可参见《超限高层建筑工程抗震设防专项审查技术要点》，**比如同时具有本规范表 7.4-2 和表 7.4-3 所列六个主要不规则类型的两个或两个以上。【2023】** 3）严重不规则，指的是形体复杂，**多项不规则指标超过不规则建筑的上限值或某一项大大超过规定值，**具有现有技术和经济条件不能克服的严重的抗震薄弱环节，可能导致地震破坏的严重后果者
平面和竖向不规则	《建筑抗震设计规范》（GB 50011—2010，2016 年版）相关规定。 3.4.3-1　混凝土房屋、钢结构房屋和钢-混凝土混合结构房屋存在表 3.4.3-1（表 7.4-1）所列举的某项平面不规则类型或表 3.4.3-2（表 7.4-2）所列举的某项竖向不规则类型以及类似的不规则类型，应属于不规则的建筑。

表 7.4-1　　平面不规则的主要类型

不规则类型	定义和参考指标
扭转不规则	在具有偶然偏心的规定水平力作用下，楼层两端抗侧力构件弹性水平位移（或层间位移）的最大值与平均值的比值大于 1.2
凹凸不规则	平面凹进的尺寸，大于相应投影方向总尺寸的 30%
楼板局部不连续	楼板的尺寸和平面刚度急剧变化，例如，有效楼板宽度小于该层楼板典型宽度的 50%，或开洞面积大于该层楼面面积的 30%，或较大的楼层错层

表 7.4-2　　竖向不规则的主要类型

不规则类型	定义和参考指标
侧向刚度不规则	该层的侧向刚度小于相邻上一层的 70%，或小于其上相邻三个楼层侧向刚度平均值的 80%；除顶层或出屋面小建筑外，局部收进的水平向尺寸大于相邻下一层的 25%

平面和竖向不规则	不规则类型	定义和参考指标
	竖向抗侧力构件不连续	竖向抗侧力构件（柱、抗震墙、抗震支撑）的内力由水平转换构件（梁、桁架等）向下传递
	楼层承载力突变	抗侧力结构的层间受剪承载力小于相邻上一楼层的80%

3.4.3-3 当存在多项不规则或某项不规则超过规定的参考指标较多时，应属于特别不规则的建筑。

当体型复杂，多项不规则指标超过规定参考指标的限制或某一项大大超过规定值，具有严重的抗震薄弱环节，将会导致地震破坏的严重后果时，应属于严重不规则的建筑【2022（5）】

表7.4-3 **不规则类型示例**

不规则类型示例 （表7.4-3）	不规则类型	示例
	扭转不规则	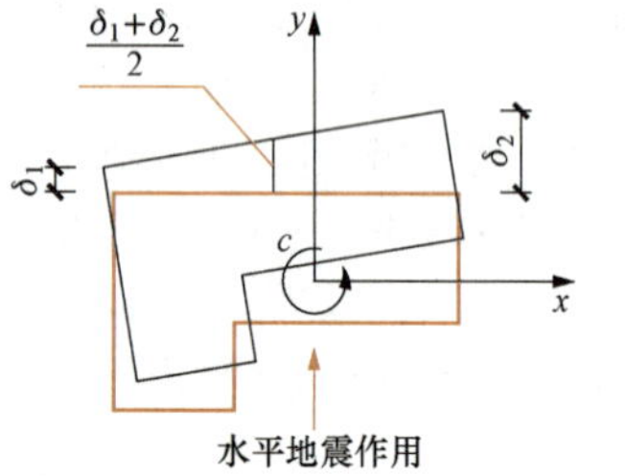 $\delta_2 > 1.2\left(\dfrac{\delta_1+\delta_2}{2}\right)$，则属于扭转不规则，但应使$\delta_2 \leqslant 1.5\left(\dfrac{\delta_1+\delta_2}{2}\right)$
	凹凸不规则或楼板局部不连续	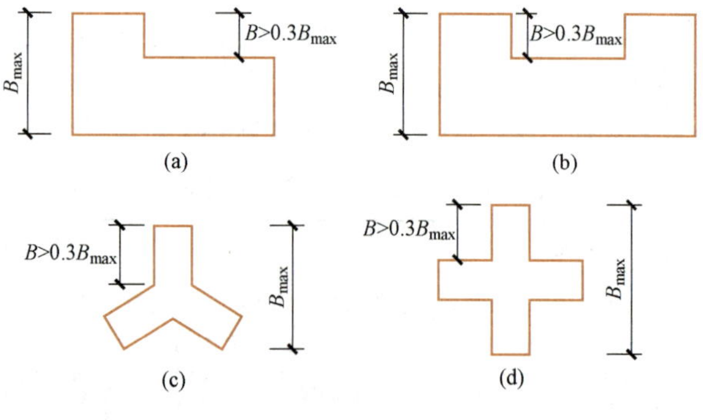
	平面不对称且凹凸不规则或局部不连续	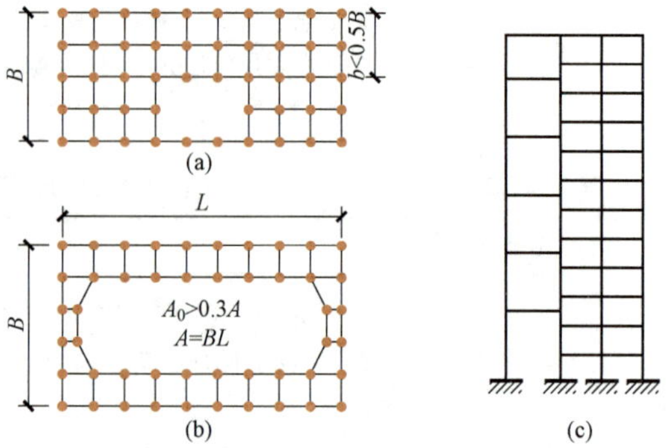

164

不规则类型	示例
侧向刚度不规则	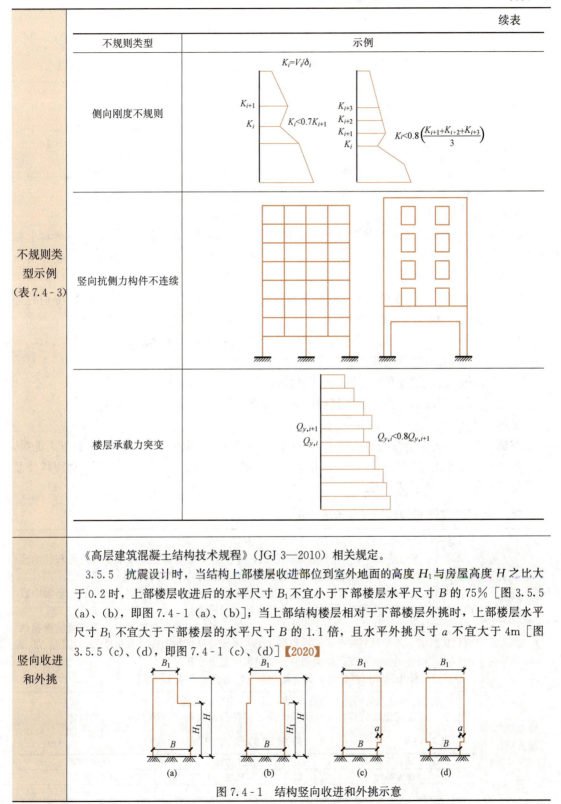
竖向抗侧力构件不连续	
楼层承载力突变	

不规则类型示例
（表7.4-3）

竖向收进
和外挑

《高层建筑混凝土结构技术规程》（JGJ 3—2010）相关规定。

3.5.5 抗震设计时，当结构上部楼层收进部位到室外地面的高度 H_1 与房屋高度 H 之比大于 0.2 时，上部楼层收进后的水平尺寸 B_1 不宜小于下部楼层水平尺寸 B 的 75% ［图 3.5.5（a）、（b），即图 7.4-1（a）、（b）］；当上部结构楼层相对于下部楼层外挑时，上部楼层水平尺寸 B_1 不宜大于下部楼层的水平尺寸 B 的 1.1 倍，且水平外挑尺寸 a 不宜大于 4m ［图 3.5.5（c）、（d），即图 7.4-1（c）、（d）］【2020】

图 7.4-1　结构竖向收进和外挑示意

7.4-2 [2023-23] 下列立面属于竖向不规则结构的是（　　）。

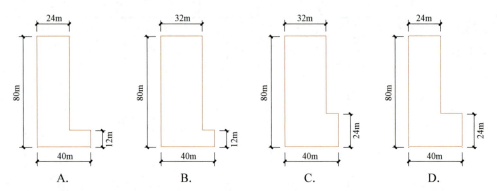

A.　　　　　B.　　　　　C.　　　　　D.

答案：D

解析： 参见《高层建筑混凝土结构技术规程》（JGJ 3—2010）第 3.5.5 条，当结构上部楼层收进部位到室外地面的高度 H_1 与房屋高度 H 之比大于 0.2 时，上部楼层收进后的水平尺寸 B 不宜小于下部楼层水平尺寸 B 的 75%，故答案选 D。

7.4-3 [2023-28] 特别不规则的建筑抗震设计应进行专门研究和论证，采取特别的加强措施，下列属于特别不规则的建筑是（　　）。

A. 平面凹凸不规则，凹进尺寸大于相应投影方向总尺寸 30% 建筑

B. 竖向抗侧力构件不连续的建筑

C. 各部分层数，刚度布置不同的错层建筑

D. 层间受剪承载力，小于上一楼层的 80% 建筑

答案：C

解析： 参见《建筑抗震设计规范》（GB 50011—2010，2016 年版）第 3.4.1 条文说明，表 1 第 7 种不规则类型"复杂连接：各部分层数、刚度、布置不同的错层或连体两端塔楼显著不规则的结构"，故答案选 C。

考点 10：防震缝和伸缩缝【★★★★】

防震缝设置要求	《建筑抗震设计规范》（GB 50011—2010，2016 年版）规定。 3.4.5 体型复杂、平立面不规则的建筑，应根据不规则程度、地基基础条件和技术经济等因素的比较分析，确定是否设置防震缝，并分别符合下列要求：【2019】 1 当不设置防震缝时，应采用符合实际的计算模型，分析判明其应力集中、变形集中或地震扭转效应等导致的易损部位，采取相应的加强措施。 2 当在适当部位设置防震缝时，宜形成多个较规则的抗侧力结构单元。防震缝应根据抗震设防烈度、结构材料种类、结构类型、结构单元的高度和高差以及可能的地震扭转效应的情况，留有足够的宽度，其两侧的上部结构应完全分开。 3 当设置伸缩缝和沉降缝时，其宽度应符合防震缝的要求【2022】
伸缩缝的最大间距【2022（5）】	《高层建筑混凝土结构技术规程》（JGJ 3—2010）相关规定。 3.4.12 高层建筑结构伸缩缝的最大间距宜符合表 3.4.12（表 7.4-4）的规定 表 7.4-4　　　　　伸缩缝的最大间距　　　　　（m） <table><tr><th>结构体系</th><th>施工方法</th><th>最大间距</th></tr><tr><td>框架结构</td><td>现浇</td><td>55</td></tr><tr><td>剪力墙结构</td><td>现浇</td><td>45</td></tr></table>

7.4-4 [2019-50] 高层防震缝设缝宽可不考虑（ ）。

A. 结构类型
B. 场地类别
C. 不规则程度
D. 技术经济因素

答案：B

解析：参见《建筑抗震设计规范》（GB 50011—2010，2016 年版）第 3.4.5-2 条。

第五节　非结构构件

考点 11：非结构构件的内容及规定 【★★★】

内容	《建筑与市政工程抗震通用规范》（GB 55002—2021）相关规定。 　5.1.12　建筑的非结构构件及附属机电设备，其自身及与结构主体的连接，应进行抗震设防。【2022（5）】 　5.1.12 条文说明：建筑非结构构件指建筑中除承重骨架体系以外的固定构件和部件，主要包括非承重墙体，附着于楼面和屋面结构的构件、装饰构件和部件、固定于楼面的大型储物架等。 　建筑附属机电设备指为现代建筑使用功能服务的附属机械、电气构件、部件和系统，主要包括电梯、照明和应急电源、广播电视设备、通信设备、管道系统、供暖和空气调节系统、烟火监测和消防系统等
规定 【2022（5）】	《建筑抗震设计规范》（GB 50011—2010，2016 年版）相关规定。 　3.7.2　**附着于楼、屋面结构上的非结构构件，以及楼梯间的非承重墙体**，应与主体结构有可靠的连接或锚固，避免地震时倒塌伤人或砸坏重要设备。 　3.7.3　附着于楼、屋面结构上的非结构构件，以及楼梯间的非承重墙体，应与主体结构有**可靠的连接或锚固**，避免地震时倒塌伤人或砸坏重要设备。【2022（5）】 　3.7.5　**幕墙、装饰贴面与主体结构**应有可靠连接，避免地震时脱落伤人。 　3.7.6　安装在建筑上的附属机械、电气设备系统的支座和连接，应符合地震时使用功能的要求，且不应导致相关部件的损坏
	《建筑与市政工程抗震通用规范》（GB 55002—2021）相关的规定。 　5.1.13　建筑主体结构中，**幕墙、围护墙、隔墙、女儿墙、雨篷、商标、广告牌、顶篷支架、大型储物架**等建筑非结构构件的安装部位，应采取加强措施，以承受由非结构构件传递的地震作用
非承重墙体的设计与构造	《建筑与市政工程抗震通用规范》（GB 55002—2021）相关规定。 　5.1.14　围护墙、隔墙、女儿墙等非承重墙体的设计与构造应符合下列规定： 1 采用砌体墙时，应设置拉结筋、水平系梁、圈梁、构造柱等**与主体结构可靠拉结**。 2 墙体及其与主体结构的连接**应具有足够变形能力**，以适应主体结构不同方向的层间变形需求。 3 人流出入口和通道处的砌体女儿墙**应与主体结构锚固**，防震缝处女儿墙的自由端应予以加强

7.5-1［2022（5）-64］下列对非结构构件的说法错误的是（   ）。

A. 非结构构件及主体结构的连接，应考虑抗震设计

B. 填充墙及隔墙，应考虑其对抗震设计的不利影响

C. 幕墙应与结构主体可靠连接

D. 隔墙的厚度与其高度无关

答案：D

解析：通常隔墙越高，厚度要求越厚，否则隔墙的稳定性不满足要求。

第六节　地震作用与抗震验算

考点 12：地震作用的计算【★★★】

分析模型的确定【2021】	《建筑与市政工程抗震通用规范》（GB 55002—2021）相关规定。 4.1.2　各类建筑与市政工程的地震作用，应采用符合结构实际工作状况的分析模型进行计算，并应符合下列规定： 1 一般情况下，应至少沿结构两个主轴方向分别计算水平地震作用；当结构中存在与主轴交角大于15°的斜交抗侧力构件时，尚应计算斜交构件方向的水平地震作用。 2 计算各抗侧力构件的水平地震作用效应时，应计入扭转效应的影响。 3 抗震设防烈度不低于 8 度的大跨度、长悬臂结构和抗震设防烈度 9 度的高层建筑物、盛水构筑物、储气罐、储气柜等，**应计算竖向地震作用。** 4 对平面投影尺度很大的空间结构和长线型结构，地震作用计算时应考虑地震地面运动的空间和时间变化。 5 对地下建筑和埋地管道，应考虑地震地面运动的位移向量影响进行地震作用效应计算
可不进行地震作用计算	《建筑抗震设计规范》（GB 50011—2010，2016 年版）相关规定。 3.1.2　抗震设防烈度为 6 度时，除本规范有具体规定外，**对乙、丙、丁类的建筑可不进行地震作用计算【2021】**
	《建筑抗震设计规范》（GB 50011—2010，2016 年版）相关规定。 14.2.1　按本章要求采取抗震措施的下列地下建筑，**可不进行地震作用计算：【2021】** 1 7 度Ⅰ、Ⅱ类场地的丙类地下建筑。 2 8 度（0.20g）Ⅰ、Ⅱ类场地时，不超过二层、体型规则的中小跨度丙类地下建筑

7.6-1［2021-50］某无上部结构的纯地下车库，位于 7 度抗震设防区，Ⅲ类场地，关于其抗震设计的要求，下列说法不正确的是（   ）。

A. 建筑平面布置应力求对称规则

B. 结构体系应具有良好的整体性，避免侧向刚度和承载力突变

C. 按规范要求采取抗震措施即可，可不进行地震作用计算

D. 采用梁板结构

答案：C

解析：参见《建筑抗震设计规范》（GB 50011—2010，2016 年版）第 14.2.1 条。

7.6 - 2 [2021 - 64] 抗震设防 6 度以上地区，满足规范设防，哪种建筑不需要进行地震作用计算？（ ）

A. 甲、乙　　　　B. 甲、乙、丙　　　　C. 丙、丁　　　　D. 乙、丙

答案：C

解析：参见《建筑抗震设计规范》（GB 50011—2010，2016 年版）第 14.2.1 条。

考点 13：抗震设防烈度、设计基本地震加速度值的对应关系【★★★】

概念	《建筑抗震设计规范》（GB 50011—2010，2016 年版）相关规定。 2.1.1　抗震设防烈度：按国家规定的权限批准作为一个地区抗震设防依据的地震烈度。一般情况，取 50 年内超越概率 10% 的地震烈度。 2.1.6　设计基本地震加速度：**50 年设计基准期超越概率 10% 的地震加速度**的设计取值。【2023】
关系	《建筑抗震设计规范》（GB 50011—2010，2016 年版）相关规定。 3.2.2　抗震设防烈度和设计基本地震加速度取值的对应关系，应符合表 3.2.2（表 7.6 - 1）的规定。设计基本地震加速度为 0.15g 和 0.30g 地区内的建筑，除本规范另有规定外，应分别按抗震设防烈度 7 度和 8 度的要求进行抗震设计 **表 7.6 - 1**　　　抗震设防烈度和设计基本地震加速度值的对应关系 {{TABLE_761}} 注：g 为重力加速度
场地类别对抗震构造措施的影响	《建筑抗震设计规范》（GB 50011—2010，2016 年版）相关规定。 3.3.3　建筑场地为 Ⅲ、Ⅳ 类时，对设计基本地震加速度为 0.15g 和 0.30g 的地区，除本规范另有规定外，宜分别按抗震设防烈度 8 度（0.20g）和 9 度（0.40g）时各抗震设防类别建筑的要求采取抗震构造措施

表 7.6 - 1 内容：

抗震设防烈度	6 度	7 度	8 度	9 度
设计基本地震加速度值	0.05g	0.10（0.15）g	0.20（0.30）g	0.40g

7.6 - 3 [2023 - 27] 我国抗震设计采用的设计基本地震加速度，对应的地震是（ ）。

A. 多遇地震（小震）　　　　　　　B. 设防地震（中震）

C. 罕遇地震（大震）　　　　　　　D. 极罕遇地震（超大震）

答案：B

解析：参见《建筑抗震设计规范》（GB 50011—2010，2016 年版）第 2.1.6 条，设计基本地震加速度指 50 年设计基准期超越概率 10% 的地震加速度的设计取值，故答案选 B。

考点 14：设计特征周期、场地类别及设计地震分组【★★★】

设计特征周期	设计特征周期——抗震设计用的地震影响系数曲线中，反映地震震级、震中距和场地类别等因素的下降段起始点对应的周期值，简称特征周期

场地类别 【2019】	《建筑与市政工程抗震通用规范》（GB 55002—2021）相关规定。 3.1.3 工程场地应根据岩石的剪切波速或土层等效剪切波速和场地覆盖层厚度按表 3.1.3（表 7.6-2）进行分类。 **表 7.6-2　　　　各类场地的覆盖层厚度　　　　（m）**

表 7.6-2　　　　各类场地的覆盖层厚度　　　　（m）

岩石的剪切波速 V_s 或土层等效 剪切波速 V_{se}（m/s）	场地类别				
	I_0	I_1	II	III	IV
$V_s>800$	0				
$800≥V_s>500$		0			
$500≥V_{se}>250$		<5	≥5		
$250≥V_{se}>150$		<3	3~50	>50	
$V_{se}≤150$		<3	3~15	15~80	>80

设计地震 分组	《建筑与市政工程抗震通用规范》（GB 55002—2021）相关规定。 4.2.2 各类建筑与市政工程的水平地震影响系数取值，应符合下列规定： 1 水平地震影响系数应根据烈度、场地类别、设计地震分组和结构自振周期以及阻尼比确定。【2020、2019】 2 水平地震影响系数最大值不应小于表 4.2.2-1（表 7.6-3）的规定。

表 7.6-3　　　　水平地震影响系数最大值

地震影响	6 度	7 度		8 度		9 度
	0.05g	0.10g	0.15g	0.20g	0.30g	0.40g
多遇地震	0.04	0.08	0.12	0.16	0.24	0.32
设防地震	0.12	0.23	0.34	0.45	0.68	0.90
罕遇地震	0.28	0.50	0.72	0.90	1.20	1.40

3 特征周期应根据场地类别和设计地震分组按表 4.2.2-2（表 7.6-4）采用。当有可靠的剪切波速和覆盖层厚度且其值处于本规范表 3.1.3 所列场地类别的分界线±15%范围内时，应按插值方法确定特征周期。

表 7.6-4　　　　特　征　周　期　值　　　　（s）

设计地震分组	场地类别				
	I_0	I_1	II	III	IV
第一组	0.20	0.25	0.35	0.45	0.65
第二组	0.25	0.30	0.40	0.55	0.75
第三组	0.30	0.35	0.45	0.65	0.90

4 计算罕遇地震作用时，特征周期应在本条第 3 款规定的基础上增加 0.05s

7.6-4 [2020-60] 关于地震作用大小说法正确的是（　　）。

A. 与建筑物自振周期近似成正比　　　　B. 与建筑物主体抗侧刚度近似成正比

C. 与建筑物自重近似成正比　　　　　　D. 与建筑物结构体系无关

答案：C

解析： 结构总水平地震作用标准值 $F_{EK} = \alpha_1 G_{eq}$，所以地震作用与自重成正比。

7.6-5 [2019-56] 结构体中，与建筑水平地震作用成正比的是（ ）。

A. 自振周期　　　B. 自重　　　　　C. 结构阻尼比　　　D. 材料强度

答案： B

解析： 地震烈度增大1度、地震作用增大1倍；建筑的自重越大，地震作用越大；建筑结构的自振周期越小，地震作用越大；结构阻尼比越大，地震作用越小；地震作用与材料强度无关。

7.6-6 [2019-83] 下列对抗震最有利的场地为（ ）。

A. I_0　　　　　B. I_1　　　　　C. II　　　　　D. III

答案： A

解析： 参见表7.6-2。

第七节　隔震与消能减震

考点15：隔震与消能减震的适用范围及作用【★★★】

根据《建筑抗震设计规范》（GB 50011—2010，2016年版）相关规定

适用范围	1.0.3　本规范适用于抗震设防烈度为6、7、8和9度地区建筑工程的抗震设计以及隔震、消能减震设计。建筑的抗震性能化设计，可采用本规范规定的基本方法。
	3.8.1　隔震与消能减震设计，可用于对抗震安全性和使用功能有较高要求或专门要求的建筑
作用	12.1.1条文说明，隔震和消能减震是建筑结构减轻地震灾害的有效技术。隔震体系通过延长结构的自振周期能够减少结构的水平地震作用，已被国外强震记录所证实。国内外的大量试验和工程经验表明：隔震一般可使结构的水平地震加速度反应降低60%左右，从而消除或有效地减轻结构和非结构的地震损坏，提高建筑物及其内部设施和人员的地震安全性，增加了震后建筑物继续使用的功能。
	采用消能减震的方案，通过消能器增加结构阻尼来减少结构在风作用下的位移是公认的事实，对减少结构水平和竖向的地震反应也是有效的【2020、2019】
设计要点	12.1.3　建筑结构采用隔震设计时应符合下列各项要求： 1 结构高宽比宜小于4，且不应大于相关规范规程对非隔震结构的具体规定，其变形特征接近剪切变形，最大高度应满足本规范非隔震结构的要求；高宽比大于4或非隔震结构相关规定的结构采用隔震设计时，应进行专门研究。 2 建筑场地宜为 I、II、III类，并应选用稳定性较好的基础类型。 3 风荷载和其他非地震作用的水平荷载标准值产生的总水平力 不宜超过结构总重力的10%。【2024】 4 隔震层应提供必要的竖向承载力、侧向刚度和阻尼；穿过隔震层的设备配管、配线，应采用柔性连接或其他有效措施以适应隔震层的罕遇地震水平位移。 12.3.1　消能减震设计时，应根据多遇地震下的预期减震要求及罕遇地震下的预期结构位移控制要求，设置适当的消能部件。消能部件可由消能器及斜撑、墙体、梁等支承构件组成。消能器可采用速度相关型、位移相关型或其他类型。

设计要点	12.3.2 消能部件可根据**需要沿结构的两个主轴方向分别设置**。消能部件宜设置在变形较大的位置，其数量和分布应通过综合分析合理确定，并有利于提高整个结构的消能减震能力，形成均匀合理的受力体系

7.7-1 [2024-19] 下列选项中，不适合隔震设计的是（　　）。

A. 设防烈度为 8 度

B. 岩石或坚硬场地

C. 结构自振周期接近场地特征周期

D. 风荷载水平力超过结构总重力 10%

答案：D

解析：根据《建筑抗震设计规范》（GB 50011—2010，2016 年版）第 1.0.3 条"本规范适用于抗震设防烈度为 6、7、8 和 9 度地区建筑工程的抗震设计以及隔震、消能减震设计"，选项 A 正确；第 12.1.3 条第 2 款"建筑场地宜为Ⅰ、Ⅱ、Ⅲ类，并应选用稳定性较好的基础类型"，选项 B 正确；第 12.1.3 条条文说明"隔震技术对低层和多层建筑比较合适，但是，不应仅限于基本自振周期在 1s 内的结构，因为超过 1s 的结构采用隔震技术有可能同样有效"，选项 C 正确；第 12.1.3 条第 3 款"风荷载和其他非地震作用的水平荷载标准值产生的总水平力不宜超过结构总重力的 10%"，选项 D 错误。

7.7-2 [2023-25] 抗震设防烈度 8 度（0.20g）地区，钢筋混凝土结构中学教学楼，采用消能减震措施，下列说法正确的是（　　）。

A. 采用减震措施，框架可按非抗震设计

B. 采用减震措施，框架柱可灵活布置，无需上下贯通

C. 消能器应嵌砌在填充墙内，以减小其变形

D. 消能器可沿结构主轴方向布置

答案：D

解析：参见《建筑抗震设计规范》（GB 50011—2010，2016 年版）第 12.3.2 条，消能部件可根据需要沿结构的两个主轴方向分别设置，故答案选 D。

7.7-3 [2020-52] 某 50m 高层框架-剪力墙结构建筑，8 度（0.3g）抗震设防区，Ⅲ类场地，减小地震作用最佳措施为（　　）。

A. 增大竖向构件截面尺寸

B. 增大水平构件截面尺寸

C. 上部结构隔震

D. 适当提高构件配筋率

答案：C

解析：参见《建筑抗震设计规范》（GB 50011—2010，2016 年版）12.1.1 条文说明。

考点 16：隔震设计【★★】

相关规定	《建筑抗震设计规范》（GB 50011—2010，2016 年版）相关规定。 12.1.1-1 本章隔震设计指在房屋基础、底部或下部结构与上部结构之间设置由橡胶隔震支座和阻尼装置等部件组成具有整体复位功能的隔震层，以延长整个结构体系的自振周期，减少输入上部结构的水平地震作用，达到预期防震要求。 12.1.3 建筑结构采用隔震设计时应符合下列各项要求：**【2019】** 1 **结构高宽比宜小于 4**，且不应大于相关规范规程对非隔震结构的具体规定，其变形特

相关规定	征接近剪切变形，最大高度应满足本规范非隔震结构的要求；高宽比大于 4 或非隔震结构相关规定的结构采用隔震设计时，应进行专门研究。 　2 建筑场地宜为Ⅰ、Ⅱ、Ⅲ类，并应选用稳定性较好的基础类型。 　3 风荷载和其他非地震作用的水平荷载标准值产生的总水平力**不宜超过结构总重力的10%**。 　4 隔震层应提供必要的竖向承载力、侧向刚度和阻尼；穿过隔震层的设备配管、配线，应采用柔性连接或其他有效措施以适应隔震层的罕遇地震水平位移
支座类型	《建筑隔震设计标准》（GB/T 51408—2021）相关规定。 　5.1.1　隔震结构宜采用的隔震支座类型，主要包括**天然橡胶支座、铅芯橡胶支座、高阻尼橡胶支座、弹性滑板支座、摩擦摆支座**及其他隔震支座。**【2024】** 　5.1.3　隔震层顶板应有足够的刚度，当采用整体式混凝土结构时，板厚不应小于 160mm。 　5.1.4　隔震层设计应能保证避免上部结构及隔震部件正常位移或变形受到阻挡。特殊设防类隔震建筑考虑极罕遇地震作用时可采用相应的限位措施保护

7.7-4［2019-37］下列钢筋混凝土结构隔震设计的作用的说法，下列错误的是（　　　）。

A. 自振周期长，隔震效率高

B. 抗震设防烈度高，隔震效率高

C. 钢筋混凝土结构高宽比宜小于 4

D. 风荷载水平力不宜超过结构总重的 10％

答案：B

解析：参见《建筑抗震设计规范》（GB 50011—2010，2016 年版）第 12.1.1 条和第 12.1.3 条，建筑结构采用隔震设计时应符合下列各项要求：结构高宽比宜小于 4，风荷载和其他非地震作用的水平荷载标准值产生的总水平力不宜超过结构总重力的 10％，故选项 C、D 正确；隔震体系通过延长结构的自振周期能够减少结构的水平地震作用，故选项 A 正确，选项 B 错误。

第八章 地基与基础

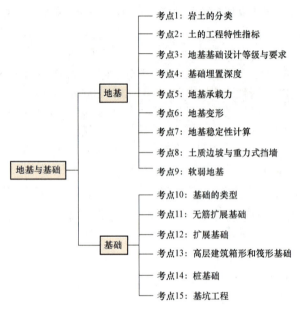

地基与基础
- 地基
  - 考点1：岩土的分类
  - 考点2：土的工程特性指标
  - 考点3：地基基础设计等级与要求
  - 考点4：基础埋置深度
  - 考点5：地基承载力
  - 考点6：地基变形
  - 考点7：地基稳定性计算
  - 考点8：土质边坡与重力式挡墙
  - 考点9：软弱地基
- 基础
  - 考点10：基础的类型
  - 考点11：无筋扩展基础
  - 考点12：扩展基础
  - 考点13：高层建筑箱形和筏形基础
  - 考点14：桩基础
  - 考点15：基坑工程

考情分析

节 名	近5年考试分值统计					
	2024年	2023年	2022年12月	2022年5月	2021年	2020年
第一节 地基	2	3	3	4	5	5
第二节 基础	2	1	3	1	3	1
总 计	4	4	6	5	8	6

考点精讲与典型习题

第一节 地 基

考点1：岩土的分类【★★★】

形成	平原地区的土大都是在第四纪地质年代**全新世Q4阶段**沉积形成的
分类	《建筑地基基础设计规范》（GB 50007—2011）相关规定。 4.1.1 作为建筑地基的岩土，可分为岩石、碎石土、砂土、粉土、黏性土和人工填土

岩石	1. **坚硬程度**： 根据《建筑地基基础设计规范》（GB 50007—2011）4.1.3，岩石的**坚硬程度**应根据岩块的饱和单轴抗压强度f_{rk}分为**坚硬岩、较硬岩、较软岩、软岩和极软岩**。 2. **风化程度**： 根据《建筑地基基础设计规范》（GB 50007—2011）4.1.2，岩石的风化程度可分为**未风化、微风化、中等风化、强风化和全风化**。 3. **完整程度**： 根据《建筑地基基础设计规范》（GB 50007—2011）4.1.4，岩体完整程度划分为**完整、较完整、较破碎、破碎和极破碎**
碎石土	1. 概念： 根据《建筑地基基础设计规范》（GB 50007—2011）4.1.5，碎石土为粒径大于 2mm 的颗粒含量超过**全重** 50% 的土。 2. 分类： 根据《建筑地基基础设计规范》（GB 50007—2011）4.1.5，碎石土分为漂石、块石、卵石、碎石、圆砾和角砾。 3. 碎石土的密实度： 根据《建筑地基基础设计规范》（GB 50007—2011）4.1.6，碎石土的密实度分为松散、稍密、中密、密实
砂土	1. 概念： 根据《建筑地基基础设计规范》（GB 50007—2011）4.1.7，砂土为粒径大于 2mm 的颗粒含量不超过全重 50%、粒径大于 0.075mm 的颗粒超过全重 50% 的土。 2. 分类： 根据《建筑地基基础设计规范》（GB 50007—2011）4.1.7，砂土分为砾砂、粗砂、中砂、细砂和粉砂。 3. 砂土的密实度： 根据《建筑地基基础设计规范》（GB 50007—2011）4.1.8，砂土的密实度分为松散、稍密、中密、密实
黏性土	1. 概念： 根据《建筑地基基础设计规范》（GB 50007—2011）4.1.9，黏性土为塑性指数I_P大于 10 的土。 2. 黏性土的塑限、液限、塑性指数和液性指数（图 8.1-1）： （1）塑限ω_P：指土由**可塑状态**过渡到**半固体状态**时的界限含水量。 （2）液限ω_L：指土由**可塑状态**转变到**流动状态**时的界限含水量。 （3）塑性指数I_P：反应可塑状态下的含水量的范围，用于黏性土分类，其值为**液限与塑限之差**，即$I_P = \omega_L - \omega_P$。 （4）液性指数$I_L$：表示**天然含水量与界限含水量的相对关系**，是用来判别**黏性土**状态（软硬程度或稀稠程度）的一个指标，即$I_L = (\omega - \omega_P)/I_P$。

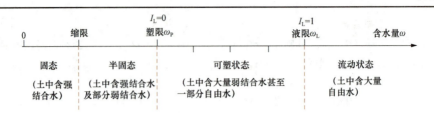

图 8.1-1　黏性土的塑限、液限、塑性指数和液性指数

3. 黏性土的分类：

根据《建筑地基基础设计规范》（GB 50007—2011）4.1.9，黏性土可按表 4.1.9（表 8.1-1）分为黏土、粉质黏土。

表 8.1-1　　　　　　　　　黏 土 的 分 类

塑性指数 I_P	土的名称
$I_P > 17$	黏土
$10 < I_P \leqslant 17$	粉质黏土

注：塑性指数由相应于 76g 圆锥体沉入土样中深度为 10mm 时测定的液限计算而得。

4. 黏性土的状态：

根据《建筑地基基础设计规范》（GB 50007—2011）4.1.10，黏性土的状态可按表 4.1.10（表 8.1-2）分为**坚硬、硬塑、可塑、软塑、流塑**

表 8.1-2　　　　　　　　　黏 性 土 的 状 态

液性指数 I_L	状态
$I_L \leqslant 0$	坚硬
$0 < I_L \leqslant 0.25$	硬塑
$0.25 < I_L \leqslant 0.75$	可塑
$0.75 < I_L \leqslant 1$	软塑
$I_L > 1$	流塑

注：当用静力触探探头阻力判定黏性土的状态时，可根据当地经验确定

粉土

概念：根据《建筑地基基础设计规范》（GB 50007—2011）4.1.11，粉土为介于砂土与黏性土之间，**塑性指数**小于或等于 10 且粒径大于 0.075mm 的颗粒含量不超过全重 50%的土

人工填土

根据《建筑地基基础设计规范》（GB 50007—2011）4.1.14，人工填土根据其组成和成因，可分为素填土、压实填土、杂填土、冲填土。

（1）素填土为由碎石土、砂土、粉土、黏性土等组成的填土。

（2）经过压实或夯实的素填土为压实填土。

（3）杂填土为含有建筑垃圾、工业废料、生活垃圾等杂物的填土。

（4）冲填土为由水力冲填泥砂形成的填土

淤泥

1. 概念：

根据《建筑地基基础设计规范》（GB 50007—2011）4.1.12，淤泥为在静水或缓慢的流水环境中沉积，并经生物化学作用形成，其天然含水量大于液限、天然孔隙比大于或等于 1.5 的黏性土。

淤泥	2. 分类： 根据《建筑地基基础设计规范》（GB 50007—2011）4.1.12，淤泥可分为淤泥质土和泥炭质土。 淤泥质土：当天然含水量大于液限而天然孔隙比小于 1.5 但大于或等于 1.0 的黏性土或粉土。 泥炭质土：含有大量未分解的腐殖质，有机质含量大于 60％的土为泥炭，有机质含量大于等于 10％且小于或等于 60％的土
膨胀土	根据《建筑地基基础设计规范》（GB 50007—2011）4.1.15，膨胀土为土中黏粒成分主要由亲水性矿物组成，同时具有显著的吸水膨胀和失水收缩特性，其自由膨胀率大于或等于 40％的黏性土
级配砂石	各种粒径按一定比例混合后的砂石【2019】

8.1-1［2019-86］下列关于级配砂石说法，正确的是（　　）。

A. 粒径小于 20mm 的砂石　　　　　B. 粒径大于 20mm 的砂石

C. 天然形成的砂石　　　　　　　　D. 各种粒径按一定比例混合后的砂石

答案： D

解析： 级配砂石包括天然级配砂石和人工级配砂石。人工级配砂石是指人为将不同粒径（颗粒大小）的天然砂和砾石按一定比例混合后，用来做基础或其他用途的混合材料，故答案选 D。

考点 2：土的工程特性指标【★★★】

土的工程特性指标	《建筑地基基础设计规范》（GB 50007—2011）相关规定。 4.2.1 土的工程特性指标可采用强度指标、压缩性指标以及静力触探探头阻力、动力触探锤击数、**标准贯入试验锤击数、载荷试验承载力**等特性指标表示
地基土工程特性指标代表值	根据《建筑地基基础设计规范》（GB 50007—2011）相关规定。 4.2.2 地基土工程特性指标的代表值应分别为标准值、平均值及特征值。 ①标准值：**抗剪强度**指标应取标准值。 ②平均值：**压缩性**指标应取平均值。 ③特征值：**载荷试验承载力**应取特征值

土的抗剪强度	**指标的测定**	根据《建筑地基基础设计规范》（GB 50007—2011）4.2.4，土的抗剪强度指标可采用以下 4 种方法测定：①原状土室内剪切试验；②无侧限抗压强度试验；③现场剪切试验；④十字板剪切试验
	抗剪强度影响因素	根据库仑公式： $$\tau_f = \sigma \tan\varphi \text{ 或者 } \tau_f = c + \sigma \tan\varphi$$ 式中　σ——剪切破坏面上的法向压应力； 　　　c——土的黏聚力； 　　　φ——土的内摩擦角。 可知，**土的抗剪强度指标是黏聚力 c 和内摩擦角 φ**

土的压缩性	压缩系数 a 压缩模量 E_s	压缩系数 a 或压缩模量 E_s 是用于地基沉降计算的压缩性指标，在实验室里用测限压缩仪测得，通常采用 0.05、0.1、0.2、0.3、0.4MPa 五个级别增加荷载，按前后两级荷载分别为 p_1 和 p_2，记录每一级荷载变化后稳定时的压缩量 $\Delta H = H_1 - H_2$ ［图 8.1-2（a）和（b）］，故可计算出与 p_1 和 p_2 相对应的孔隙比 e_1 和 e_2，从而得到 $e-p$ 的压缩曲线 ［图 8.1-2（c）］。 $$\text{压缩系数 } a\text{（MPa}^{-1}\text{）} = \frac{e_1 - e_2}{p_2 - p_1}$$ $$\text{压缩模量 } E_s\text{（MPa）} = \frac{p_2 - p_1}{\Delta H / H_1}$$ 则压缩系数 a 和压缩模量 E_s 的换算关系为 $$E_s = \frac{1 + e_1}{a}$$ 图 8.1-2　压缩系数 a、压缩模量 E_s 和压缩曲线
	指标的确定	根据《建筑地基基础设计规范》（GB 50007—2011）4.2.5，土的压缩性指标可采用以下 3 种实验确定：①原状土室内压缩试验；②原位浅层或深层平板载荷试验；③旁压试验确定
	分类	《建筑地基基础设计规范》（GB 50007—2011）相关规定。 4.2.6　地基土的压缩性可按 p_1 为 100kPa，p_2 为 200kPa 时相对应的压缩系数值 a_{1-2} 划分为低、中、高压缩性，符合以下规定： 1　当 $a_{1-2} < 0.1\text{MPa}^{-1}$ 时，为低压缩性土。 2　当 $0.1\text{MPa}^{-1} \leqslant a_{1-2} < 0.5\text{MPa}^{-1}$ 时，为中压缩性土。 3　$a_{1-2} \geqslant 0.5\text{MPa}^{-1}$ 时，为高压缩性土

8.1-2［2022-75］某建筑场地土层②层（硬壳层）土为黏土，下卧的③层为淤泥，则②③层的承载力特征值 f_{ak}，压缩模量 E_s 关系正确的是（　　）。

A. $f_{ak2} \leqslant f_{ak3}$，$E_{s2} \leqslant E_{s3}$　　　　　　　　B. $f_{ak2} \geqslant f_{ak3}$，$E_{s2} \leqslant E_{s3}$

C. $f_{ak2} \leqslant f_{ak3}$，$E_{s2} \geqslant E_{s3}$　　　　　　　　D. $f_{ak2} \geqslant f_{ak3}$，$E_{s2} \geqslant E_{s3}$

答案： D

解析： 黏土承载力比淤泥高，且更不容易被压缩，即压缩模量更大，故答案选 D。

考点 3：地基基础设计等级与要求【★★★】

<table>
<tr><td rowspan="2">地基基础
设计等级</td><td colspan="2">《建筑地基基础设计规范》（GB 50007—2011）相关规定。

3.0.1 地基基础设计应根据地基复杂程度、建筑物规模和功能特征以及由于地基问题可能造成建筑物破坏或影响正常使用的程度分为三个设计等级，设计时应根据具体情况，按表 3.0.1（表 8.1-3）选用</td></tr>
<tr><td colspan="2"> 表 8.1-3　　　　地 基 基 础 设 计 等 级

设计等级	建筑和地基类型
甲级	重要的工业与民用建筑物； 30 层以上的高层建筑； 体型复杂，层数相差超过 10 层的高低层连成一体建筑物； 大面积的多层地下建筑物（如地下车库、商场、运动场等）； 对地基变形有特殊要求的建筑物； 甲级复杂地质条件下的坡上建筑物（包括高边坡）； 对原有工程影响较大的新建建筑物； 场地和地基条件复杂的一般建筑物； 位于复杂地质条件及软土地区的二层及二层以上地下室的基坑工程； 开挖深度大于 15m 的基坑工程； 周边环境条件复杂、环境保护要求高的基坑工程
乙级	除甲级、丙级以外的工业与民用建筑物； 除甲级、丙级以外的基坑工程
丙级	场地和地基条件简单、荷载分布均匀的七层及七层以下民用建筑及一般工业建筑； 次要的轻型建筑物。 非软土地区且场地地质条件简单、基坑周边环境条件简单、环境保护要求不高且开挖深度小于 5.0m 的基坑工程

</td></tr>
<tr><td>地基基础
设计要求</td><td colspan="2">《建筑与市政地基基础通用规范》（GB 55003—2021）相关规定。【2023】

2.1.1 地基基础应满足下列功能要求：
1 基础应具备将上部结构荷载传递给地基的承载力和刚度。
2 在上部结构的各种作用和作用组合下，地基不得出现失稳。
3 地基基础沉降变形不得影响上部结构功能和正常使用。
4 具有足够的耐久性能。
5 基坑工程应保证支护结构、周边建（构）筑物、地下管线、道路、城市轨道交通等市政设施的安全和正常使用，并应保证主体地下结构的施工空间和安全。
6 边坡工程应保证支挡结构、周边建（构）筑物、道路、桥梁、市政管线等市政设施的安全和正常使用。

2.1.4 地基基础的设计工作年限应符合下列规定：
1 地基与基础的设计工作年限不应低于上部结构的设计工作年限。
2 基坑工程设计应规定工作年限，且设计工作年限不应小于 1 年。
3 边坡工程的设计工作年限，不应小于被保护的建（构）筑物、道路、桥梁、市政管线等市政设施的设计工作年限</td></tr>
</table>

8.1-3〔2023-34〕下列关于地基基础的说法正确的是（　　）。

A. 基础应具备将上部结构荷载传递给地基的承载力和刚度

B. 在上部结构的各种作用下，地基可局部失稳

C. 地基不能产生沉降变形

D. 基础的设计工作年限可低于上部结构的设计工作年限

答案： A

解析： 根据《建筑与市政地基基础通用规范》（GB 55003—2021）第2.1.1条和2.1.4条。

考点4：基础埋置深度【★★★★】

项目	相关规定
最小埋深	埋深是指室外设计地面至基础底面的距离。 《建筑地基基础设计规范》（GB 50007—2011）相关规定。 5.1.2　在满足地基稳定和变形要求的前提下，当上层地基的承载力大于下层土时，宜利用上层土作持力层。除岩石地基外，基础埋深不宜小于0.5m
性能要求	《建筑与市政地基基础通用规范》（GB 55003—2021）相关规定。 6.1.1　基础的埋置深度应满足地基承载力、变形和稳定性要求。位于岩石地基上的工程结构，其基础埋深应满足抗滑稳定性要求
抗震区最小埋深	《建筑地基基础设计规范》（GB 50007—2011）相关规定。 5.1.4　在抗震设防区，除岩石地基外，天然地基上的箱形和筏形基础其埋置深度不宜小于建筑物高度的1/15；桩箱或桩筏基础的埋置深度（不计桩长）不宜小于建筑物高度的1/18【2019】
存在地下水	《建筑地基基础设计规范》（GB 50007—2011）相关规定。 5.1.5　基础宜埋置在地下水位以上，当必须埋在地下水位以下时，应采取地基土在施工时不受扰动的措施。当基础埋置在易风化的岩层上，施工时应在基坑开挖后立即铺筑垫层
存在相邻建筑物	《建筑地基基础设计规范》（GB 50007—2011）相关规定。 5.1.6　当存在相邻建筑物时，新建建筑物的基础埋深不宜大于原有建筑基础。当埋深大于原有建筑基础时，两基础间应保持一定净距，其数值应根据建筑荷载大小、基础形式和土质情况确定
存在季节性冻土	《建筑地基基础设计规范》（GB 50007—2011）相关规定。 5.1.8　季节性冻土地区基础埋置深度宜大于场地冻结深度。对于深厚季节性冻土地区，当建筑基础底面土层为不冻胀、弱冻胀、冻胀土时，基础埋置深度可以小于场地冻结深度，基底允许冻土层最大厚度应根据当地经验确定

8.1-4〔2019-89〕一幢高层建筑高230m，其基础埋深不宜小于多少？（　　）

A. 11m　　　　　　B. 12m　　　　　　C. 13m　　　　　　D. 14m

答案： C

解析： 对于抗震设防区的桩箱基础或者桩筏基础，其基础埋深宜大于建筑物高度的 1/18，230m×1/18＝12.78m，故答案选 C。

考点 5：地基承载力【★★★★】

基础底面的压力 【2021，2019】	《建筑地基基础设计规范》（GB 50007—2011）5.2.1 相关规定。 5.2.1　基础底面的压力，应符合下列规定： 1 当**轴心**荷载作用时 $$p_k \leq f_a$$ 式中　p_k——相应于作用的标准组合时，基础底面处的平均压力值，kPa； 　　　f_a——修正后的地基承载力特征值，kPa。 2 当**偏心**荷载作用时，除符合式（$p_k \leq f_a$）要求外，尚应符合下式规定： $$p_{kmax} \leq 1.2 f_a$$ 式中　p_{kmax}——相应于作用的标准组合时，基础底面边缘的最大压力值，kPa
基础底面压力的计算 【2022，2020】	《建筑地基基础设计规范》（GB 50007—2011）相关规定。 5.2.2　基础底面的压力，可按下列公式确定： 1 当**轴心**荷载作用时 $$p_k = \frac{F_k + G_k}{A}$$ 式中　F_k——相应于作用的标准组合时，上部结构传至基础顶面的竖向力值，kN； 　　　G_k——基础自重和基础上的土重，kN； 　　　A——基础底面面积，m²。 2 当**偏心**荷载作用时 $$p_{kmin} = \frac{F_k + G_k}{A} + \frac{M_k}{W}$$ $$p_{kmin} = \frac{F_k + G_k}{A} - \frac{M_k}{W}$$ 式中　M_k——相应于作用的标准组合时，作用于基础底面的力矩值，kN·m； 　　　W——基础底面的抵抗矩，m³； 　　　p_{kmin}——相应于作用的标准组合时，基础底面边缘的最小压力值，kPa
考点说明	1. 此部分公式可能会出计算题，不需要会背诵公式，题目会给，直接套用公式即可，真题见 2019 - 61。另外需要注意公式里的影响因素，当上部荷载增加导致地基承载力不足时，**增加基础底面面积**是最有效的办法。 2. 近几年在地基反力图的角度出题多，主要考查轴心荷载和偏心荷载。地基反力的分布如图 8.1 - 3 所示［特别关注（a）图和（b）图］ 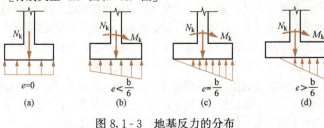 图 8.1 - 3　地基反力的分布 （a）轴心受压；（b）～（d）偏心受压

8.1-5［2023-35］某独立基础设计，当上部荷载增加导致地基承载力不足时，下列措施中最有效的是（　　）。

A. 增加基础配筋
B. 增加基础厚度
C. 增加基础底面面积
D. 提高基础混凝土强度等级

答案： C

解析： 根据承载力公式 $p_k \leqslant f_a$，增加基础底面积最有效，故答案选 C。

8.1-6［2021-76］下列图示中，地基反力正确的是（　　）。

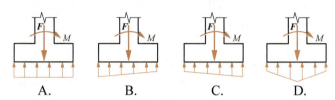

A.　　B.　　C.　　D.

答案： C

解析： 偏心荷载作用下，地基反力呈梯形或三角形分布。

8.1-7［2019-61］底面为正方形的独立基础，边长 2m，已知修正后的地基承载力特征值为 150kPa，其最大可承担的竖向力标准值是（　　）。

A. 150kN
B. 300kN
C. 600kN
D. 1200kN

答案： C

解析： 根据 $p_k \leqslant f_a$ 与 $p_k = \dfrac{N}{A}$ 可知，$N = A f_a = 2 \times 2 \times 150 \text{kN} = 600 \text{kN}$。

考点 6：地基变形【★★★】

一般规定	《建筑与市政地基基础通用规范》（GB 55003—2021）相关规定。 4.2.6　地基变形计算值**不应大于地基变形允许值**。地基变形允许值应根据上部结构对地基变形的适应能力和使用上的要求确定
分类	《建筑地基基础设计规范》（GB 50007—2011）相关条规定。 5.3.2　地基变形特征可分为**沉降量、沉降差、倾斜、局部倾斜**
计算规定	《建筑地基基础设计规范》（GB 50007—2011）相关规定。 5.3.3　在计算地基变形时，应符合下列规定： 1 由于建筑地基不均匀、荷载差异很大、体型复杂等因素引起的地基变形，对于砌体承重结构应由**局部倾斜值**控制；对于框架结构和单层排架结构应**由相邻柱基的沉降差**控制；对于多层或高层建筑和高耸结构应由**倾斜值**控制；必要时尚应**控制平均沉降量**。 2 在必要情况下，需要分别预估建筑物在施工期间和使用期间的地基变形值，以便预留建筑物有关部分之间的净空，选择连接方法和施工顺序。 注：一般多层建筑物在施工期间完成的沉降量，对于碎石或砂土可认为其最终沉降量已完成**80%以上**，对于其他低压缩性土可认为已完成最终沉降量的**50%～80%**，对于中压缩性土可认为已完成**20%～50%**，对于高压缩性土可认为已完成**5%～20%**

考点 7：地基稳定性计算【★★★★】

设计条件分析	依据《建筑与市政地基基础通用规范》（GB 55003—2021）第 3.2.2 条规定，当拟建场地及附近存在不良地质作用和地质灾害时，岩土工程勘察成果除应符合本规范第 3.1 节规定外，尚应包括下列内容： （1）应查明不良地质作用和潜在地质灾害的类型、成因、分布，分析其对工程的危害。 （2）对溶洞、土洞和其他洞穴，应评价其稳定性及对工程的影响，提出防治措施。 （3）对潜在的崩塌、滑坡、泥石流等地质灾害，应查明其形成条件，分析其可能的发展及影响，提出防治要求与方案建议。 （4）对存在的断裂，应明确其位置、活动性和对工程的影响，提出相关处理建议。 （5）对采空区，应分析判定采空区的稳定性和工程建设的适宜性，并提出防治方案建议
不利条件	依据《建筑地基基础设计规范》（GB 50007—2011）。 6.3.5 对含有生活垃圾或有机质废料的填土，未经处理**不宜作为建筑物地基使用。** 6.5.2 对遇水易软化和膨胀、易崩解的岩石，应采取保护措施减少其对岩体承载力的影响。 6.6.1 在碳酸盐岩为主的可溶性岩石地区，当存在岩溶（溶洞、溶蚀裂隙等）、土洞等现象时，**应考虑其对地基稳定的影响**
稳定性	依据《建筑地基基础设计规范》（GB 50007—2011）。 5.4.1 地基稳定性可采用圆弧滑动面法进行验算。 5.4.3 建筑物基础存在浮力作用时应进行抗浮稳定性验算，并应符合下列规定：抗浮稳定性不满足设计要求时，可采用**增加压重或设置抗浮构件**等措施。在整体满足抗浮稳定性要求而局部不满足时，也可采用**增加结构刚度**的措施
上浮	1. 基础上浮问题主要考虑水位线从基础底部以下上升到基础底部以上的过程，浮力的方向朝上，会造成基础上浮从而造成变形，如果水位线从基础底部以上的某个水位线不断上升，只会增大侧壁的水压力，而**对基础底部的变化影响不大**。【2021、2019】 2. 为解决上浮问题，可以通过加大标高，使得地下室底板进入持力层，或者将桩基础深入到持力层，也可以通过换土的方式减少地下水量【2021】
滑坡防治	依据《建筑与市政地基基础通用规范》（GB 55003—2021）。 6.4.2 应根据工程地质、水文地质条件以及施工影响等因素，分析滑坡可能发生或发展的主要原因，采取表 8.1-4 防治滑坡的处理措施。 8.1.3 在建设场区内，对可能因施工或其他因素诱发滑坡、崩塌等地质灾害的区域，应采取预防措施。对具有发展趋势并威胁建（构）筑物、地下管线、道路等市政设施安全使用的滑坡与崩塌，应采取处置措施消除隐患 **表 8.1-4　　　　　　　　防治滑坡的处理措施** 表格见下

表 8.1-4　　　　　　　　防治滑坡的处理措施

措施	内容
排水	应设置排水沟以防止地面水浸入滑坡地段，必要时尚应采取防渗措施。在地下水影响较大的情况下，应根据地质条件，设置地下排水系统
支挡	根据滑坡推力的大小、方向及作用点，可选用重力式抗滑挡墙、阻滑桩及其他抗滑结构。抗滑挡墙的基底及阻滑桩的桩端应埋置于滑动面以下的稳定土（岩）层中。必要时，应验算墙顶以上的土（岩）体从墙顶滑出的可能性【2019】
卸载	在保证卸载区上方及两侧岩土稳定的情况下，可在滑体主动区卸载，但不得在滑体被动区卸载
反压	在滑体的阻滑区段增加竖向荷载以提高滑体的阻滑安全系数

地基稳定性隐患	考试一般围绕两种不稳定性角度： （1）地基的两侧受力应均匀分布，否则因为受力不均而产生隐患。如图 8.1-4 所示，图（a）相对图（b）更容易出现隐患。 （2）当出现高差时，基础底层标高应低于场地最低标高，如图 8.1-5 所示，图（a）相对图（b）更容易出现隐患 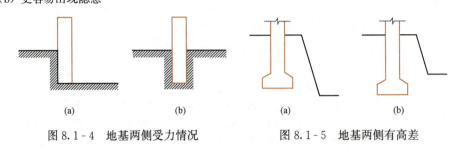 图 8.1-4　地基两侧受力情况　　　图 8.1-5　地基两侧有高差

8.1-8 ［2023-37］ 下列图中存在地基稳定性隐患的是（　　）。

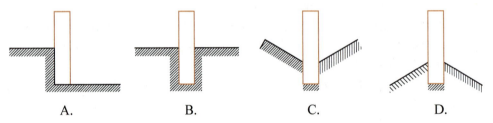

A.　　　　　　　B.　　　　　　　C.　　　　　　　D.

答案：A

解析：图 A 左侧有土压力，而右侧没有约束，容易失稳，故答案选 A。

8.1-9 ［2021-73］ 新建一个只有一层地下室的高层建筑，图纸方案地下一层为筏箱基础；经地质勘察，该地下室所在标高区域为软化土层，在底板标高以下 3m 有稳定持力层，为改善建筑基础浮力问题，以下做法不可取的是（　　）。

A. 加大标高，使得地下室底板进入持力层

B. 加大底板厚度，增加底板刚度

C. 对上层软化土进行换土处理

D. 改为桩基础深入到持力层

答案：B

解析：增加底板厚度，不能解决基础底面未到持力层的问题。

8.1-10 ［2021-77］ 某上部建筑的地下车库全埋入土中，采用筏型基础，持力层为卵石。若地下水位上升，超过设计抗浮水位。最有可能出现的安全隐患是（　　）。

A. 上浮变形　　　B. 倾覆　　　　　C. 下沉变形　　　　D. 侧移滑动

答案：A

解析：地下水位上升对筏型基础产生向上的浮力，造成上浮变形。

8.1-11 ［2019-60］ 下图中存在地基稳定性隐患的是（　　）。

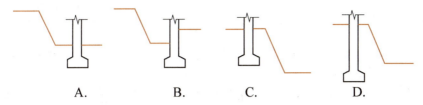

A.   B.   C.   D.

答案：C

解析：选项C存在滑坡风险。

8.1-12［2019-87］图8.1-6所示基础地下水位上升超过设计水位时，不可能发生的变形是（   ）。

A. 滑移   B. 墙体裂缝

C. 倾覆   D. 上浮

答案：D

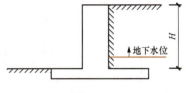

图8.1-6

解析：因右侧水头是自由的，不会产生额外的浮力，所以水位上升不会引起上浮。但水位上升，水对挡土墙的侧向压力变大，可能发生滑移、墙体开裂、倾覆等现象。

考点8：土质边坡与重力式挡墙【★★★★★】

重力式挡墙的分类	岩土工程中的"支挡"结构，用于"边坡"方面的支挡结构一般称"挡土墙""挡墙"，主要有**重力式、悬臂式、扶壁式、板桩式**等，如图8.1-7所示。 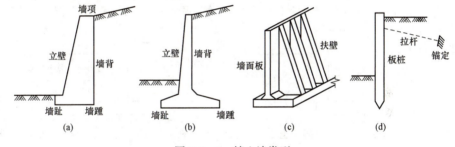 图8.1-7 挡土墙类型 （a）重力式；（b）悬臂式；（c）扶壁式；（d）板桩式
重力式挡墙的形式	重力式挡墙的各部位的名称及墙背倾斜形式如图8.1-8所示。 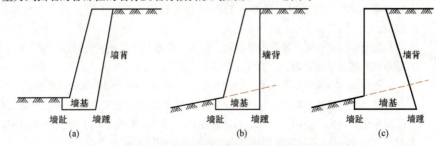 图8.1-8 重力式挡土墙墙背倾斜形式 （a）仰斜墙；（b）垂直墙；（c）俯斜墙

重力式挡墙的土压力	1. 概念：挡土结构所受的侧向压力称为土压力。 2. 土压力的分类：根据挡土结构的尺寸大小、位移方向和所处土体的极限平衡状态，分为静止土压力、主动土压力、被动土压力，如图 8.1-9 所示。 　　主动土压力：当挡土墙向离开土体方向偏移到墙后土体达到极限平衡状态时，作用在墙背上的土压力，用 E_a 表示。多数挡土墙属于主动土压力。 　　被动土压力：当挡土墙向土体方向偏移到墙后土体达到极限平衡状态时，作用在墙背上的土压力，用 E_p 表示。多数拱脚结构属于被动土压力。 　　静止土压力：挡土墙静止不动，墙后土体处于弹性平衡状态时，作用在墙背上的土压力，用 E_0 表示。一般地下室外墙属于静止土压力。 3. 土压力的大小：主动土压力<静止土压力<被动土压力。 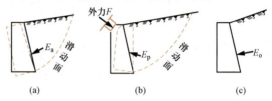 图 8.1-9　挡土墙侧的三种土压力 （a）主动土压力；（b）被动土压力；（c）静止土压力 4. 土压力的分布：呈三角形分布，如图 8.1-10 所示。需要注意的是，水压力的分布图和土压力的分布图很相似，也呈三角形分布，但是水压力的斜率更高如图 8.1-11 所示。 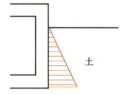　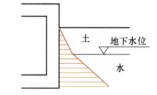 图 8.1-10　静止土压力的分布　　图 8.1-11　土压力和水压力的组合分布
重力式挡土墙的构造	《建筑地基基础设计规范》（GB 50007—2011）相关规定。 6.7.4　重力式挡土墙的构造应符合下列规定： 1 重力式挡土墙适用于高度小于 8m、地层稳定、开挖土石方时不会危及相邻建筑物的地段。 2 重力式挡土墙可在基底设置逆坡。对于土质地基，基底逆坡坡度不宜大于 1：10；对于岩质地基，基底逆坡坡度不宜大于 1：5。 3 毛石挡土墙的墙顶宽度不宜小于 400mm；混凝土挡土墙的墙顶宽度不宜小于 200mm。 4 重力式挡土墙的基础埋置深度，应根据地基承载力、水流冲刷、岩石裂隙发育及风化程度等因素进行确定。在特强冻涨、强冻涨地区应考虑冻涨的影响。在土质地基中，基础埋置深度不宜小于 0.5m；在软质岩地基中，基础埋置深度不宜小于 0.3m

挡土墙的稳定性验算	依据《建筑地基基础设计规范》(GB 50007—2011) 第 6.7.5 条规定，挡土墙的稳定性验算包括下列四种验算，如图 8.1-12 所示。 ①抗滑移稳定性验算。 ②抗倾覆稳定性验算。 ③整体滑动稳定性验算，可采用圆弧滑动面法。 ④地基承载力验算 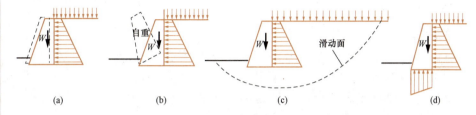 图 8.1-12　重力式挡土墙的稳定性验算和地基承载力的验算 (a) 抗滑移稳定性验算；(b) 抗倾覆稳定性验算； (c) 整体滑动稳定性验算；(d) 地基承载力验算
基底设置逆坡的情况	在挡土墙稳定性验算中，抗滑移稳定性常比抗倾覆性不易满足要求，为了增加墙体的抗滑移稳定性，将基底面做成逆坡是一种有效方法，如图 8.1-13 所示，但逆坡过大，可能使墙体联通基底下面的土体一起滑移，所以需对它的坡度加以限制 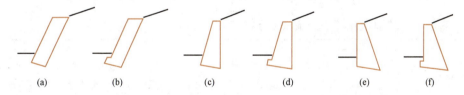 图 8.1-13　基底设置逆坡的重力式挡土墙 (a) 无墙趾台阶的仰斜式；(b) 有墙趾台阶的仰斜式；(c) 无墙趾台阶的直立式； (d) 有墙趾台阶的直立式；(e) 无墙趾台阶的俯斜式；(f) 有墙趾台阶的俯斜式

8.1-13 [2023-36] 某地下室外墙土质均匀，室外地坪无附加荷载，地下水位较高，外墙所受压力图示正确的是（　　）。

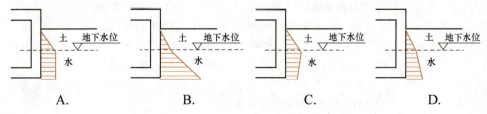

A.　　　　　　B.　　　　　　C.　　　　　　D.

答案：B

解析：土中有地下水，外墙侧向压力为土压力和水压力的线性叠加，故答案选 B。

8.1-14〔2022-77〕以下挡土墙中，抗滑移稳定性最好的是（　　）。

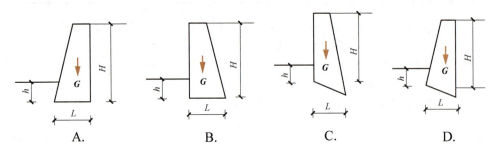

A.　　　　　　　B.　　　　　　　C.　　　　　　　D.

答案：D

解析：将基底做成逆坡有利于增加抗滑稳定性，所以选项D比选项A更稳定，选项C比选项B更稳定。墙背直立时土压力要比俯斜的小，即选项A比选项B更稳定，选项D比选项C更稳定。综上，选项D抗滑移稳定性最好。

8.1-15〔2021-74〕如图8.1-14所示，水位上升时，挡土墙土压力、水压力、总压力的变化正确的是（　　）。

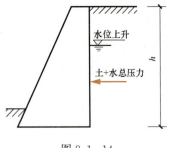

图8.1-14

A. 总压力升高　　　　　　B. 总压力不变

C. 土压力增高　　　　　　D. 土压力不变

答案：A

解析：单位水压力大于土压力，土压力减少，水压力增大，总压力增加。

考点9：软弱地基【★★★★★】

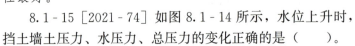

一般规定	设计原则	《建筑地基基础设计规范》（GB 50007—2011）相关规定。 7.1.1　当地基压缩层主要由淤泥、淤泥质土、冲填土、杂填土或其他高压缩性土层构成时应按**软弱地基**进行设计。**在建筑地基的局部范围内有高压缩性土层时，应按局部软弱土层处理【2019】**
	施工规定	7.1.4　施工时，应注意对淤泥和淤泥质土基槽底面的保护，减少扰动。荷载差异较大的建筑物，**宜先建重、高部分，后建轻、低部分**
利用与处理	软弱土层作持力层	《建筑地基基础设计规范》（GB 50007—2011）相关规定。 7.2.1　利用软弱土层作为持力层时，应符合下列规定： 1　淤泥和淤泥质土，宜<u>利用其上覆较好土层作为持力层</u>，当上覆土层较薄，应采取避免施工时对淤泥和淤泥质土扰动的措施。【2019】 2　冲填土、建筑垃圾和性能稳定的工业废料，当均匀性和密实度较好时，可利用作为轻型建筑物地基的持力层

	局部软弱土层	《建筑地基基础设计规范》（GB 50007—2011）相关规定。 7.2.2　局部软弱土层以及暗塘、暗沟等，可采用**基础梁、换土、桩基或其他方法**处理
利用与处理	机械压实	《建筑地基基础设计规范》（GB 50007—2011）相关规定。 7.2.4　机械压实包括**重锤夯实、强夯、振动压实**等方法，可用于处理由建筑垃圾或工业废料组成的杂填土地基，处理有效深度应通过试验确定
	堆载预压	《建筑地基基础设计规范》（GB 50007—2011）相关规定。 7.2.5　堆载预压可用于处理较厚淤泥和淤泥质土地基。预压荷载宜大于设计荷载，预压时间应根据建筑物的要求以及地基固结情况决定，并应考虑堆载大小和速率对堆载效果和周围建筑物的影响。采用塑料排水带或砂井进行堆载预压和真空预压时，应在塑料排水带或砂井顶部做排水砂垫层
	换填垫层	《建筑地基处理技术规范》（JGJ 79—2012）相关规定。 4.1.1　换填垫层适用于浅层软弱土层或不均匀土层的地基处理，其厚度应根据置换软弱土的深度以及下卧土层的承载力确定，厚度宜为 0.5～3.0m
	复合地基	《建筑地基基础设计规范》（GB 50007—2011）相关规定。 7.2.13　增强体顶部应设褥垫层。褥垫层可采用中砂、粗砂、砾砂、碎石、卵石等散体材料。碎石、卵石宜掺入 20%～30%的砂
		《建筑与市政地基基础通用规范》（GB 55003—2021）相关规定。 4.1.3　处理后的地基应进行地基承载力和变形评价、处理范围和有效加固深度内地基均匀性评价。复合地基应进行增强体强度及桩身完整性和单桩竖向承载力检验以及单桩或多桩复合地基载荷试验，施工工艺对桩间土承载力有影响时应进行桩间土承载力检验。 4.2.4　复合地基承载力特征值应通过现场复合地基载荷试验确定，或采用增强体载荷试验结果和其周边土的承载力特征值结合经验确定。复合地基静载荷试验应采用慢速维持荷载法
	地基处理的作用	《建筑地基处理技术规范》（JGJ 79—2012）相关规定。 2.1.1　地基处理为**提高地基承载力，改善**其**变形性能**或**渗透性能**而采取的技术措施【2020】
建筑措施	建筑体型控制	《建筑地基基础设计规范》（GB 50007—2011）相关规定。 7.3.1　在满足使用和其他要求的前提下，建筑体型应力求简单。当建筑体型比较复杂时，宜根据其平面形状和高度差异情况，在适当部位用沉降缝将其划分成若干个刚度较好的单元；当高度差异或荷载差异较大时，可将两者隔开一定距离，当拉开距离后的两单元必须连接时，应采用能自由沉降的连接构造

建筑措施	沉降缝	《建筑地基基础设计规范》（GB 50007—2011）相关规定。 7.3.2　当建筑物设置沉降缝时，应符合下列规定： 1 建筑物的下列部位，宜设置沉降缝： 1）建筑平面的转折部位。 2）高度差异或荷载差异处。 3）长高比过大的砌体承重结构或钢筋混凝土框架结构的适当部位。 4）地基土的压缩性有显著差异处。 5）建筑结构或基础类型不同处。 6）分期建造房屋的交界处。 2 沉降缝应有足够的宽度，缝宽可按表 7.3.2（表 8.1 - 5）选用。

表 8.1 - 5　　　　　房屋沉降缝的宽度

房屋层数	沉降缝的宽度/mm
二～三	50～80
四～五	80～120
五层以上	不少于 120

根据《高层建筑混凝土结构技术规程》（JGJ 3—2010）12.1.9 - 3，高层建筑的基础和与其相连的裙房的基础，设置沉降缝时，应考虑高层主楼基础有可靠的侧向约束及有效埋深；不设沉降缝时，应采取有效措施减少差异沉降及其影响【2020】

结构措施	减少沉降和不均匀沉降	《建筑地基基础设计规范》（GB 50007—2011）相关规定。 7.4.1　为减少建筑物沉降和不均匀沉降，可采用下列措施：【2019】 1 选用轻型结构，减轻墙体自重，采用架空地板代替室内填土。 2 设置地下室或半地下室，采用覆土少、自重轻的基础形式。 3 调整各部分的荷载分布、基础宽度或埋置深度。 4 对不均匀沉降要求严格的建筑物，可选用较小的基底压力。 7.4.2　对于建筑体型复杂、荷载差异较大的框架结构，可采用箱基、桩基、筏基等加强基础整体刚度，减少不均匀沉降

8.1 - 16［2022 - 79］某软土场地上的二层框架结构楼，如在其单侧进行大量堆载，则最可能产生的地基安全隐患是（　　）。

A. 整体下沉　　　　B. 倾斜下沉　　　　　C. 整体上浮　　　　　D. 倾斜上浮

答案：B

解析：单侧堆载会引起单侧沉降过大，最终导致倾斜下沉。

8.1 - 17［2020 - 78］有关地基处理的作用，错误的是（　　）。

A. 提高地基承载力　　　　　　　　B. 提高基础刚度

C. 控制地基变形　　　　　　　　　D. 防止地基渗透

答案：B

解析： 参见考点 9 中 "利用与处理" 的 "地基处理的作用" 相关内容。

8.1-18 ［2019-78］关于压缩性高的地基，为了减少沉降，以下说法错误的是（　　）。

A. 减少主楼及裙楼自重　　　　　　　B. 不设置地下室或半地下室

C. 用覆土少、自重轻的基础形式　　　D. 调整基础宽度或埋置深度

答案： B

解析： 参见《建筑地基基础设计规范》（GB 50007—2011）第 7.1.1 条和第 7.4.1 条。

第二节　基　　础

考点 10：基础的类型【★★】

概述	基础作为建筑物与地基之间的连接体，其作用就是把相对集中的上部传下来的荷载分散在地基上，同时地基不超过其承载能力且不产生过大的沉降变形。建筑物基础的形式选择是否合适，不仅会影响到建筑的安全，同时也会对建筑的造价、施工周期等产生一定的影响。 　　目前主要的基础形式有：**独立基础、条形基础、筏形基础、箱形基础、桩基础等**
独立基础 （图 8.2-1）	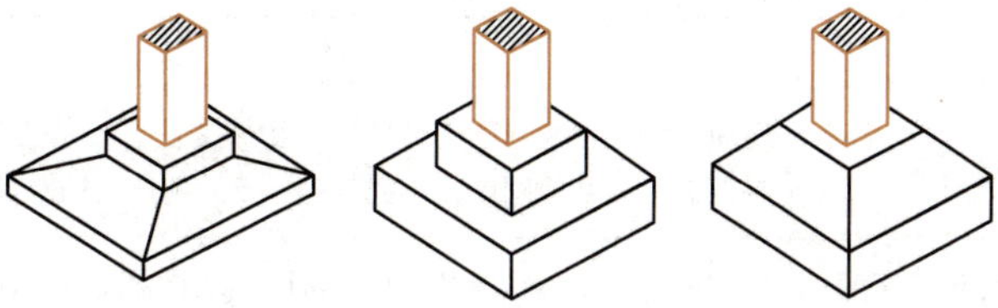 图 8.2-1　独立基础 （a）杯形；（b）梯形；（c）锥形
条形基础 （图 8.2-2）	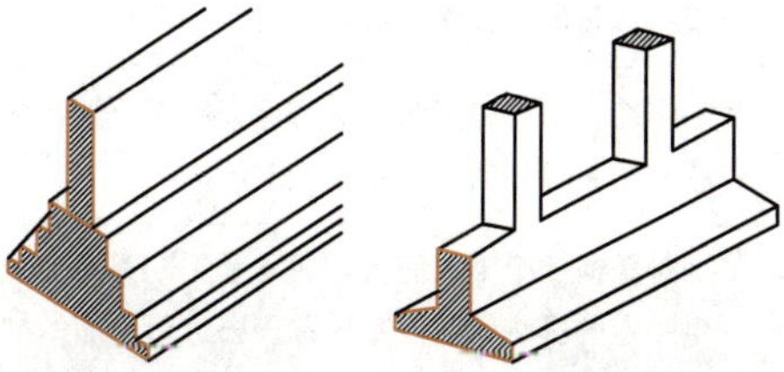 图 8.2-2　条形基础 （a）墙下条形基础；（b）柱下条形基础
筏形基础 （图 8.2-3）	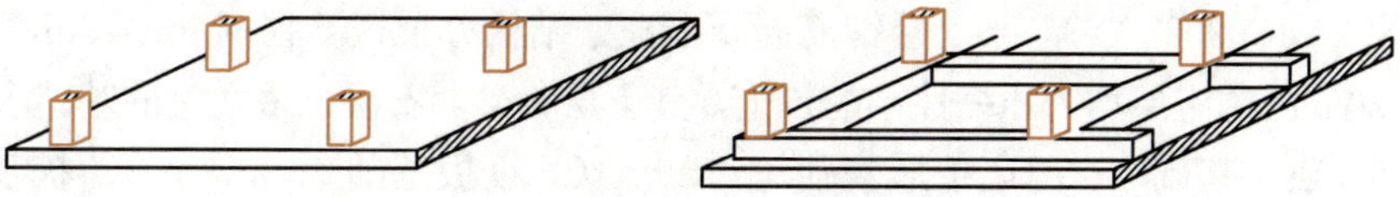 图 8.2-3　筏形基础 （a）平板式；（b）梁板式

箱型基础 (图 8.2-4)	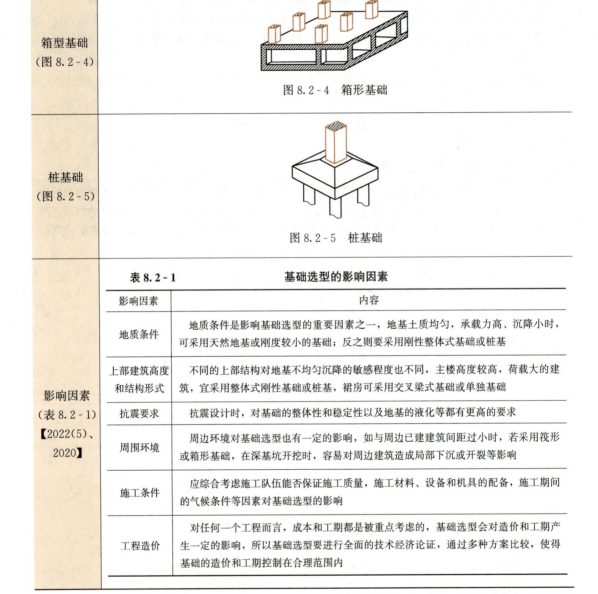 图 8.2-4　箱形基础
桩基础 (图 8.2-5)	图 8.2-5　桩基础
影响因素 (表 8.2-1) 【2022(5)、 2020】	表 8.2-1　基础选型的影响因素

表 8.2-1　基础选型的影响因素

影响因素	内容
地质条件	地质条件是影响基础选型的重要因素之一，地基土质均匀，承载力高、沉降小时，可采用天然地基或刚度较小的基础；反之则要采用刚性整体式基础或桩基
上部建筑高度和结构形式	不同的上部结构对地基不均匀沉降的敏感程度也不同，主楼高度较高，荷载大的建筑，宜采用整体式刚性基础或桩基，裙房可采用交叉梁式基础或单独基础
抗震要求	抗震设计时，对基础的整体性和稳定性以及地基的液化等都有更高的要求
周围环境	周边环境对基础选型也有一定的影响，如与周边已建建筑间距过小时，若采用筏形或箱形基础，在深基坑开挖时，容易对周边建筑造成局部下沉或开裂等影响
施工条件	应综合考虑施工队伍能否保证施工质量，施工材料、设备和机具的配备，施工期间的气候条件等因素对基础选型的影响
工程造价	对任何一个工程而言，成本和工期都是被重点考虑的，基础选型会对造价和工期产生一定的影响，所以基础选型要进行全面的技术经济论证，通过多种方案比较，使得基础的造价和工期控制在合理范围内

注：从考试角度：基础选型优先选择浅基础，再选深基础。框架结构优先选择独立基础，砌体结构优先选择条形基础，有地下室建筑优先选择筏形基础，如果基础条件很糟，持力能力差，那需要选择桩基础。

8.2-1 [2022-78] 某三层钢筋混凝土框架结构办公楼，柱网 9m×9m，无地下室，已知地下 20m 深的土层均为压缩性小的粉土，其下层为砂卵石层，最适宜的基础形式是(　　)。

A. 独立基础　　　B. 条形基础　　　　C. 筏板基础　　　　D. 桩基础

答案：A

解析：所有结构应优先采用浅基础，当浅基础不满足要求时，采用深基础。通常柱下采用独立基础，墙下采用条形基础，有地下室时采用筏形基础。

8.2-2 [2020-77] 某 3 层砌体结构住宅，无地下室，场地地表至地下 10m 为压缩性较低的粉土，其下为砂石层，最适宜的基础形式是（　　）。

A. 独立基础　　　　B. 条形基础　　　　C. 筏形基础　　　　D. 桩基

答案： B

解析： 低层砌体住宅，墙承载结构体系，压缩性较低的粉土层，土质良好，宜采用条形基础。

8.2-3［2019-88］某 3 层框架结构宿舍楼，地下一层经地勘表明，该建筑场地范围地下 2～20m，均为压缩性很小的非液化黏土层，其下为砂土层、砂石层，建筑最佳的地基方案是（　　）。

A. 天然地基　　　B. CFG 转换地基　　　C. 夯实地基　　　D. 换填地基

答案： A

解析： 在建筑场地地下 2～20m 为压缩性很小的非液化黏土层，其下为砂土层、砂石层，建筑最佳的地基方案是天然地基。

考点 11：无筋扩展基础【★★★★】

概念	无筋扩展基础又称刚性基础，由砖、毛石、混凝土或毛石混凝土、灰土和三合土等材料组成的，且不需配置钢筋的墙下条形基础或柱下独立基础
高度要求	《建筑地基基础设计规范》（GB 50007—2011）相关规定。 8.1.1　无筋扩展基础（图 8.1.1，即图 8.2-6）高度应满足下式的要求： $$H_0 \geqslant \frac{b-b_0}{2\tan\alpha}$$ 式中　b——基础底面宽度，m； 　　　b_0——基础顶面的墙体宽度或柱脚宽度，m； 　　　H_0——基础高度，m； 　　　$\tan\alpha$——基础台阶宽高比 $b_2 : H_0$，其允许值可按表 8.1.1 选用，其中，b_2 为基础台阶宽度，m 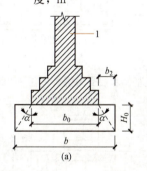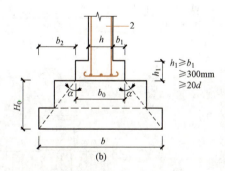 图 8.2-6　无筋扩展基础构造示意 d—柱中纵向钢筋直径； 1—承重墙；2—钢筋混凝土柱

8.2-4［2022-76］某墙下条形基础，基础底部宽 2m，修正后地基承载力特征值为 $f_a = 150\text{kPa}$，则最大可承担的竖向力标准值为（　　）。

A. 200kN/m　　　B. 300kN/m　　　C. 400kN/m　　　D. 500kN/m

答案： B

解析： 根据公式 $p_k = N_k/b \leqslant f_a$ 计算，得 $N_k \leqslant 150\text{kN/m} \times 2 = 300\text{kN/m}$。

考点 12：扩展基础【★★★★】

概念	为扩散上部结构传来的荷载，使作用在基底的压应力满足地基承载力的设计要求，且基础内部的应力满足材料强度的设计要求，通过向侧边扩展一定底面积的基础
构造规定	《建筑地基基础设计规范》（GB 50007—2011）相关规定。 8.2.1　扩展基础的构造，应符合下列规定： 1　锥形基础的边缘高度不宜小于 200mm，且两个方向的坡度不宜大于 1:3；阶梯形基础的每阶高度，宜为 300～500mm。 2　**垫层的厚度不宜小于 70mm，垫层混凝土强度等级不宜低于 C10**。 3　扩展基础受力钢筋最小配筋率不应小于 0.15%，底板受力钢筋的最小直径不宜小于 10mm，间距不宜大于 200mm，也不宜小于 100mm。墙下钢筋混凝土条形基础纵向分布钢筋的直径不宜小于 8mm；间距不宜大于 300mm；每延米分布钢筋的面积应不小于受力钢筋面积的 15%。当有垫层时钢筋保护层的厚度不应小于 40mm；无垫层时不应小于 70mm。 4　**混凝土强度等级不应低于 C25**。 5　当柱下钢筋混凝土独立基础的边长和墙下钢筋混凝土条形基础的宽度大于或等于 2.5m 时，底板受力钢筋的长度可取边长或宽度的 0.9 倍，并宜交错布置（图 8.2.1-1，即图 8.2-7）。 6　钢筋混凝土条形基础底板在 T 形及十字形交接处，底板横向受力钢筋**仅沿一个主要受力方向通长布置**，另一方向的横向受力钢筋可布置到主要受力方向底板宽度 1/4 处，在拐角处底板横向受力钢筋**应沿两个方向布置**（图 8.2.1-2，即图 8.2-8） 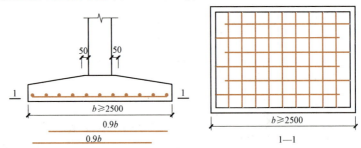 图 8.2-7　柱下独立基础底层受力钢筋布置 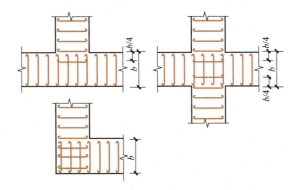 图 8.2-8　墙下条形基础纵横交叉处底板受力钢筋布置

考点 13：高层建筑箱形和筏形基础【★★★★】

一般规定	性能	《建筑与市政地基基础通用规范》（GB 55003—2021）相关规定。 6.1.1　基础的埋置深度应满足**地基承载力、变形和稳定性要求**。位于岩石地基上的工程结构，其基础埋深应满足抗滑稳定性要求
	埋深	《建筑地基基础设计规范》（GB 50007—2011）相关规定。 5.1.4　在抗震设防区，除岩石地基外，天然地基上的箱形和筏形基础其埋置深度**不宜小于建筑物高度的 1/15**；桩箱或桩筏基础的埋置深度（不计桩长）**不宜小于建筑物高度的 1/18**
	混凝土强度要求	根据《建筑与市政地基基础通用规范》（GB 55003—2021）6.3.5，筏形基础、桩筏基础的混凝土强度等级**不应低于 C30**
筏形基础	选型原则	根据《高层建筑筏形与箱形基础技术规范》（JGJ 6—2011）6.2.1，平板式筏形基础和梁板式筏形基础的选型应根据地基上质、上部结构体系、柱距、荷载大小、使用要求以及施工等条件确定。框架 - 核心筒结构和筒中筒结构宜采用平板式筏形基础
	板厚要求	根据《高层建筑筏形与箱形基础技术规范》（JGJ 6—2011）6.2.2，筏板的最小厚度**不应小于 500mm**
	受冲切承载力	根据《高层建筑筏形与箱形基础技术规范》（JGJ 6—2011）6.2.4，平板式筏基除应符合受冲切承载力的规定外，尚应按下列公式验算距内筒和柱边缘 h_0 处截面的受剪承载力
	受剪承载力	根据《建筑地基基础设计规范》（GB 50007—2011）8.4.7，当柱荷载较大，等厚度筏板的受冲切承载力不能满足要求时，可在筏板上面增设柱墩或在筏板下**局部增加板厚**或**采用抗冲切钢筋**等措施满足受冲切承载能力要求【2021】
	最大偏心距【2021】	《建筑地基基础设计规范》（GB 50007—2011）相关规定。 8.4.2　筏形基础的平面尺寸，应根据**地基土的承载力、上部结构的布置及荷载分布**等因素按此规范第五章有关规定确定。对单幢建筑物，在地基土比较均匀的条件下，基底平面形心宜与结构竖向永久荷载重心重合。当个能重合时，在荷载效应准永久组合下，偏心距 e 宜符合下式要求： $$e \leq 0.1W/A$$ 式中　W——与偏心距方向一致的基础底面边缘抵抗矩，m^3； 　　　A——为基础底面积，m^2
	地下室的内外墙厚度及配筋要求	根据《高层建筑筏形与箱形基础技术规范》（JGJ 6—2011）6.2.9，筏形基础地下室的外墙厚度**不应小于 250mm**，内墙厚度不宜小于 200mm。墙体内应设置双面钢筋，钢筋不宜采用光面圆钢筋。钢筋配置量除应满足承载力要求外，尚应考虑变形、抗裂及外墙防渗等要求。水平钢筋的直径不应小于 12mm，竖向钢筋的直径不应小于 10mm，间距不应大于 200mm。当筏板的厚度大于 2000mm 时，宜在板厚中间部位设置直径不小于 12mm、间距不大于 300mm 的双向钢筋

| 箱型基础 | 箱形基础的高度要求 | 根据《高层建筑筏形与箱形基础技术规范》（JGJ 6—2011）6.3.2，箱形基础的高度应满足结构承载力和刚度的要求，**不宜小于箱形基础长度**（不包括底板悬挑部分）**的 1/20，且不宜小于 3m** |
| | 箱形基础的埋深 | 根据《高层建筑筏形与箱形基础技术规范》（JGJ 6—2011）6.3.3，高层建筑同一结构单元内，箱形基础的埋置深度宜一致，**且不得局部采用箱形基础** |

8.2-5［2021-75］图示筏板基础钢筋布置合理的是（　　　）。

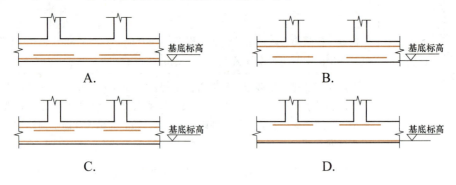

A.　　　　　　　　　　B.

C.　　　　　　　　　　D.

答案： A

解析： 柱底位置处有负弯矩，因此需要在柱底板下部布置附加钢筋，相当于倒楼盖结构。

考点 14：桩基础【★★★★★】

分类	**摩擦型桩：** 在承载能力极限状态下，桩顶竖向荷载主要由桩侧阻力承受
	端承型桩： 在承载能力极限状态下，桩顶竖向荷载主要由桩端阻力承受
桩基设计	根据《建筑地基基础设计规范》（GB 50007—2011）相关规定。 8.5.2 桩基设计应符合下列规定： 1 所有桩均应进行**承载力和桩身强度**计算。 2 桩基宜选用**中、低压缩性土层**作桩端持力层。【2019】 3 同一结构单元内的桩基，**不宜选用压缩性差异较大的土层**作桩端持力层，不宜采用部分摩擦桩和部分端承桩。 4 由于欠固结软土、湿陷性土和场地填土的固结，场地大面积堆载、降低地下水位等原因，引起桩周土的沉降大于桩的沉降时，应考虑**桩侧负摩擦力对桩基承载力和沉降的**影响。 5 对位于坡地、岸边的桩基，应进行桩基的**整体稳定验算**
桩和桩基的构造	根据《建筑地基基础设计规范》（GB 50007—2011）相关规定。 8.5.3 桩和桩基的构造，应符合下列规定： 1 摩擦型桩的中心距**不宜小于桩身直径的 3 倍**；扩底灌注桩的中心距**不宜小于扩底直径的 1.5 倍**，当扩底直径大于 2m 时，桩端净距不宜小于 1m。 2 扩底灌注桩的扩底直径，**不应大于桩身直径的 3 倍**。 3 设计使用年限不少于 50 年时，非腐蚀环境中预制桩的混凝土强度等级不应低于 C30，预应力桩不应低于 **C40**，灌注桩的混凝土强度等级不应低于 C25；二 b 类环境及三类及四类、五类微腐蚀环境中不应低于 C30；在腐蚀环境中的桩，桩身混凝土的强度等级应符合现行国家标准《混凝土结构设计规范》（GB 50010）的有关规定。设计使用年限不少于 100 年的桩，桩身混凝土的强度等级宜适当提高。水下灌注混凝土的桩身混凝土强度等级不宜高于 C40

沉降验算	根据《建筑与市政地基基础通用规范》（GB 55003—2021）5.1.1，摩擦型桩基，对桩基沉降有控制要求的非嵌岩桩和非深厚坚硬持力层的桩基，对结构体形复杂、荷载分布不均匀或桩端平面下存在软弱土层的桩基等，应**进行沉降计算**

8.2-6［2024-35］某摩擦型桩基础，当上部荷载增加导致桩基的竖向承载力不足时，无效的措施是（　　）。

　A. 增加桩数　　　　　　　　　　B. 增加桩长

　C. 增加桩的配筋　　　　　　　　D. 增加桩身直径

答案：C

解析：摩擦型桩主要由桩侧阻力和一小部分桩端阻力承受竖向荷载。增加桩数，可以显著提高群桩基础的承载能力，选项 A 正确；增加桩长和桩身直径可以提高桩侧阻力，选项 B、D 正确；增加桩的配筋，虽然可以提高桩身强度，但是不能提高桩的竖向承载力，选项 C 错误。

8.2-7［2021-78］某新建建筑框架结构建筑需要在原有建筑旁贴建，已知原有建筑采用独立基础，基础持力层压缩性较高，新建建筑的基础为（　　）。

　A. 独立基础，承台底面标高低于原有建筑承台底面标高

　B. 独立基础，承台底面标高不低于原有建筑承台底面标高

　C. 桩基础，承台底面标高低于原有建筑承台底面标高

　D. 桩基础，承台底面标高不低于原有建筑承台底面标高

答案：D

解析：原建筑地基压缩性较高，应采用新基地新建建筑应不影响旧建筑，新基础埋深不宜大于旧基础，故答案选 D。

8.2-8［2019-38］如图 8.2-9 所示，下列桩基础深度错误的是（　　）。

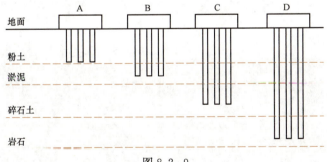

图 8.2-9

答案：B

解析：一般不采用淤泥质土作为桩基持力层。

考点 15：基坑工程【★★★】

使用年限	《建筑基坑支护技术规程》（JGJ 120—2012）相关规定。 3.1.1　基坑支护设计应规定其设计使用期限。基坑支护的设计使用期限**不应小于一年**【2019】

结构选型的影响因素	《建筑基坑支护技术规程》（JGJ 120—2012）相关规定。 3.3.1 支护结构选型时，**应综合考虑下列因素**： 1 基坑深度。 2 土的性状及地下水条件。 3 基坑周边环境对基坑变形的承受能力及支护结构失效的后果。 4 主体地下结构和基础形式及其施工方法、基坑平面尺寸及形状。 5 支护结构施工工艺的可行性。 6 施工场地条件及施工季节。 7 经济指标、环保性能和施工工期
基坑开挖原则	《建筑地基基础工程施工质量验收标准》（GB 50202—2018）相关规定。 9.1.3 土石方开挖的顺序、方法必须与设计工况和施工方案相一致，并应遵循"**开槽支撑，先撑后挖，分层开挖，严禁超挖**"的原则

8.2-9 ［2019-91］基坑支护的设计使用年限为（　　　）。

A. 1 年　　　　　　B. 10 年　　　　　　C. 30 年　　　　　　D. 50 年

答案：A

解析：参见《建筑基坑支护技术规程》（JGJ 120—2012）第 3.1.1 条。

第九章 大跨度建筑结构

思维导图

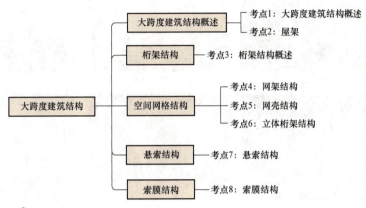

考情分析

节 名	近5年考试分值统计					
	2024年	2023年	2022年12月	2022年5月	2021年	2020年
第一节 大跨度建筑结构概述	2	0	0	0	1	0
第二节 桁架结构	0	2	0	1	2	2
第三节 空间网格结构	1	2	2	0	1	0
第四节 悬索结构	0	0	0	0	0	0
第五节 索膜结构	0	0	0	1	0	1
总 计	3	4	2	2	4	3

考点精讲与典型习题

第一节 大跨度建筑结构概述

考点1：大跨度建筑结构概述【★★★】

大跨度建筑结构	（1）大跨度结构建筑：针对屋盖而言，横向跨越**60m以上**的各类结构形式的建筑。 （2）大跨度结构多用于民用建筑中的需要开敞大空间的建筑，如影剧院、体育馆、展览馆、大会堂、航空港候机大厅及其他大型公共建筑，工业建筑中的大跨度厂房、飞机装配车间和大型仓库等

大跨度建筑结构分类	大跨度结构建筑按结构形式不同可分为两大类:平面结构体系和空间结构体系。 ①**平面结构体系**:桁架结构、网架结构; ②**空间结构体系**:空间网格结构、悬索结构、网壳结构、薄壳结构、薄膜结构、折板结构等。 大跨度结构建筑实例如图 9.1-1 所示   桁架结构　　　　网架结构　　　　悬索结构 网壳结构　　　　薄壳结构　　　　薄膜结构 图 9.1-1　大跨度结构建筑实例
大跨度建筑的抗震	《建筑抗震设计规范》(GB 50011—2010,2016 年版)相关规定。 10.2.2　屋盖及其支承结构的选型和布置,应符合下列各项要求: 1 应能将屋盖的地震作用有效地传递到下部支承结构。 2 应具有**合理的刚度和承载力分布**,屋盖及其支承的布置宜**均匀对称**。【2021】 3 宜**优先采用两个水平方向刚度均衡的空间传力体系**。【2021】 4 结构布置**宜避免因局部削弱或突变形成薄弱部位**,产生过大的内力、变形集中。对于可能出现的薄弱部位,应采取措施提高其抗震能力。【2021】 5 宜采用**轻型屋面系统**。 6 下部支承结构应合理布置,避免使屋盖产生过大的地震扭转效应。 10.2.4　当大跨屋盖建筑的**屋盖分区域采用不同的结构形式时,交界区域的杆件和节点应加强**;也可设置防震缝,**缝宽不宜小于 150mm**。【2021】 10.2.1　采用非常用形式以及**跨度大于 120m**、**结构单元长度大于 300m** 或悬挑长度大于 **40m** 的大跨钢屋盖建筑的抗震设计,应进行专门研究和论证,采取有效的加强措施。 5.1.1-4　8、9 度时的大跨度及长悬臂结构及 9 度时的房屋建筑,应计算竖向地震作用

9.1-1［2021-49］关于大跨度空间抗震设计,下列说法错误的是(　　　)。

A. 布置宜均匀、对称,合理刚度承载力分布

B. 优先选用两个水平方向刚度均衡的空间传力体系

C. 避免局部削弱、突变导致出现薄弱部位

D. 不得分区采用不同的结构体系

答案： D

解析： 根据《建筑抗震设计规范》（GB 50011—2010，2016 年版）10.2.4，当屋盖分区域采用不同的结构形式时，交界区域的杆件和节点应加强；也可设置防震缝，缝宽不宜小于150mm，选项 D 说法错误。

考点 2：屋架【★】

屋架形式	（1）屋架：在房屋建筑中，用桁架作为屋盖的承重结构。在工业厂房结构中较为常见。 （2）屋架结构的类型： ①按屋架外形不同可分为：平行线形屋架、三角形屋架、折线形屋架、梯形屋架、拱形屋架等，如图 9.1-2 所示。**受力性能最合理的是拱屋架**，其屋架形式与受力弯矩图形状最符合；其次是梯形屋架；**最差的是三角形屋架**。【2019】 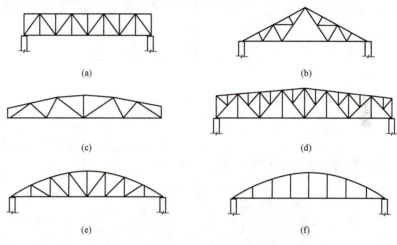 图 9.1-2　常用屋架形式 （a）平行线形屋架；（b）三角形屋架；（c）折线形屋架；（d）梯形屋架； （e）拱形屋架；（f）无斜腹杆屋架 ②按结构受力特点及材料性能不同可分为：桥式屋架、无斜腹杆屋架或刚接桁架、立体桁架等。 ③按材料分：木屋架、钢-木结合屋架、钢屋架、钢筋混凝土屋架、预应力混凝土屋架、钢筋混凝土-钢组合屋架等
屋架的选择	（1）当屋架结构的跨度小于 18m 时，可选用**钢筋混凝土-钢组合屋架**，构造简单，施工方便，经济性较好。 （2）当屋架结构的跨度在 18~36m 之间时，宜选用**预应力混凝土屋架**，在有效控制裂缝宽度和挠度的同时节省钢材。 （3）当屋架结构的跨度大于或等于 36m 或受较大振动荷载作用时，宜选用**钢屋架**，减轻结构自重，提高耐久性，增强可靠性【2021】

9.1-2［2021-48］36m 跨度排架厂房，采用轻型屋盖，其屋盖结构形式选用以下哪个形式较为合适？（　　）

A. 预应力钢筋混凝土   B. 型钢

C. 实腹   D. 梯形钢屋架

答案： D

解析： 排架厂房屋架跨度为36m，采用轻型屋盖，需减轻结构自重，选用梯形钢屋架是最经济的结构形式，故答案选D。

9.1-3 ［2019-68］下列屋架受力特性从好到差，排序正确的是（   ）。

A. 拱形屋架、梯形屋架、三角形屋架   B. 三角形屋架、拱形屋架、梯形屋架

C. 拱形屋架、三角形屋架、梯形屋架   D. 三角形屋架、梯形屋架、拱形屋架

答案： A

解析： 受力性能最合理的是拱形屋架，其屋架形式与受力弯矩图形状最符合；其次是梯形屋架；最差的是三角形屋架，其构造与制作简单，但受力极不均匀，故答案选A。

第二节 桁 架 结 构

考点3：桁架结构概述【★★★】

桁架结构的概念	（1）桁架：由直杆组成的具有三角形单元的平面或空间结构。 （2）桁架结构：由若干直杆在两端**用铰相互连接**而成的**以抗弯为主**的格构式结构体系。桁架结构一般由水平杆（上下弦杆）和腹杆（斜杆、竖杆）组成，如图9.2-1所示【2020】 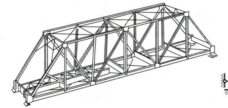 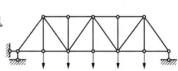 图9.2-1 桁架
桁架结构的特征	（1）桁架结构受力合理，对支座没有横向推力，便于计算，适应性强。 （2）桁架结构节点构造简单，自重轻，布置灵活，施工方便。 （3）用桁架作屋盖时，**结构高度大，侧向刚度小**，增加屋面及围护结构的用料。 （4）桁架适用跨度范围大且形式多样，除作为屋盖外，高层建筑及桥梁也有广泛应用
桁架结构的受力分析	（1）实际的桁架结构构造和受力情况较为复杂，因此在计算简图中（图9.2-2），一般引用以下假定：  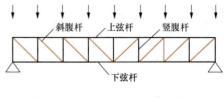 （a） （b） 图9.2-2 简支梁与桁架受力情况 （a）简支梁受力情况；（b）桁架受力情况

桁架结构的受力分析	①各杆均为直杆，各杆的轴线均通过铰的中心且在同一平面内，即为桁架的中心平面。 ②杆件与杆件相连接的节点均为**铰接节点**，且为无摩擦的理想铰。【2020】 ③荷载和支座反力集中作用于节点上且在桁架的中心平面内。【2021】 （2）桁架多用于受弯构件，从整体来看，在荷载作用下所产生的弯矩图和剪力图与简支梁的情况相似，因此**桁架整体布置宜与弯矩图相似**；但就内部而言，桁架的**上弦受压、下弦受拉**，由此形成的力偶与外荷载所产生的弯矩平衡；桁架的斜腹杆轴力中的竖向分量与外荷载所产生的剪力平衡。【2022、2021】 （3）**桁架结构内力只有轴力**，而没有弯矩和剪力。桁架杆件主要承受**轴向拉力**或**轴向压力**。【2020】 （4）桁架的腹杆布置应尽量减小压杆的长细比，使**短杆受压，长杆受拉**。【2021】 （5）由于桁架上弦杆受压，在受压构件强度满足要求的前提下，构件的承载力一般由受压杆件的稳定性控制，受压构件的稳定性取决于**计算长度和长细比**。因此，当截面面积相同的情况下，受压弦杆应选择长细比最小、回转半径最大、稳定承载力最高的【2020】
桁架结构的分类	根据外形，桁架可分为三类： ①平行弦桁架：易于双层结构布置；利于标准化生产，但杆件轴力呈不均匀分布。如图9.2-3所示。 平行弦桁架的弦杆受力特征：弦杆高度相等，上弦杆内力均衡，但下弦杆的内力变化较大。下弦杆各节点间的内力随外荷载产生的总弯矩变化而变化，**跨中轴力大，靠近支座处轴力较小或为零**。 平行弦桁架的腹杆受力特征：斜腹杆承受**轴向拉力**。沿跨度方向各腹杆的轴力变化与剪力图一致，**跨中小而支座处大**，且变化较大。【2022】 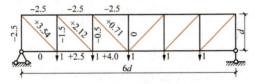 图9.2-3　平行弦桁架 ②三角形桁架：杆力分布较平行弦桁架更不均匀，构造布置复杂，但斜面符合坡屋面的形态且满足排水需要，适用于小、中跨结构（$l \leqslant 18m$），如图9.2-4所示。【2021】 三角形桁架的弦杆受力特征：上、下弦杆的轴力在**跨中节间最小，在靠近支座处最大**。 三角形桁架的腹杆受力特征：由于三角形桁架高度变化速度大于剪力变化速度，因此**斜腹杆和竖腹杆的轴力都是跨中大而支座处小**。 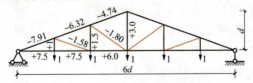 图9.2-4　三角形桁架 ③折弦桁架：随腹杆高度变化，呈抛物线状的桁架。外形同均布荷载下简支梁的弯矩图，杆力均匀分布，适用于中、大跨结构（$l > 18m$），是最理想的桁架形式。如图9.2-5所示。

	折弦桁架的弦杆受力特征：**上、下弦杆的轴力基本相等**。
桁架结构的分类	折弦桁架的腹杆受力特征：**腹杆轴力全部为零** 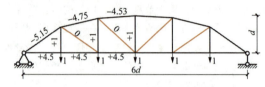 图 9.2-5 折弦桁架

9.2-1 [2023-13] 跨度为 40m 的屋面刚架，两端简支，在重力荷载作用下，为防止屋面桁架平面外失稳，下列构造措施中错误的是（　　）。

A. 在桁架上弦设支撑
B. 在桁架下弦设支撑
C. 采用现浇的钢筋混凝土屋面板
D. 采用叠合的钢筋混凝土屋面板

答案：B

解析：为了防止屋面桁架平面外失稳，应加强受压区域。在下弦处设支撑，不起作用，故答案选 B。

9.2-2 [2022-42] 关于图 9.2-6 所示桁架内力图的分析正确的是（　　）。

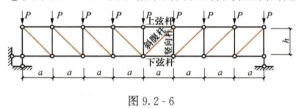

图 9.2-6

A. 上弦杆受拉，轴力两端小中间大
B. 下弦杆受压，轴力两端小中间大
C. 竖向杆受压，轴力两端小中间大
D. 斜腹杆受拉，轴力两端大中间小

答案：D

解析：根据截面法容易分析出上弦杆受压，下弦杆受拉，所以选项 A 和选项 B 不正确。竖向受压，但是轴力两端大中间小，选项 C 错误。斜腹杆受拉，轴力两端大中间小，选项 D 正确。

9.2-3 [2021-34] 下列关于桁架结构说法中，错误的是（　　）。

A. 荷载应尽量布置在节点上，防止杆件受弯
B. 腹杆布置时，短杆受拉，长杆受压
C. 桁架整体布置宜与弯矩图相似
D. 桁架坡度宜与排水坡度相适宜

答案：B

解析：桁架结构杆件相交的节点按铰接考虑，各杆件均受轴向力，因此荷载应尽量布置在节上，防止杆件受弯，选项 A 说法正确。桁架在节点竖向荷载作用下，杆件受轴向力，其上弦受压、下弦受拉，主要抵抗弯矩，因此桁架整体布置宜与弯矩图相似，选项 C 说法

正确。桁架的腹杆布置应尽量减小压杆的长细比，使短杆受压，长杆受拉。选项 B 说法错误。桁架坡度宜与排水坡度相适宜，选项 D 说法正确。

9.2-4 [2020-40] 下列关于桁架结构受力特征正确的是（　　）。

A. 节点刚接，杆件受轴力

B. 节点刚接，杆件受弯矩

C. 节点铰接，杆件受轴力

D. 节点铰接，杆件受弯矩

答案： C

解析： 桁架结构的基本受力特点是：外荷载作用在节点上，节点和杆是铰链连接；各个杆件自重忽略不计，均为二力杆；主要承受轴向拉力或压力。

第三节　空间网格结构

考点4：网架结构【★】

一般规定	根据《空间网格结构技术规程》（JGJ 7—2010）相关规定。 3.1.7　空间网格结构的选型应结合工程的**平面形状、跨度大小、支承情况、荷载条件、屋面构造、建筑设计**等要求综合分析确定。杆件布置及支承设置应保证结构体系几何不变。 3.2.9　对**跨度不大于40m**的多层建筑的楼盖及**跨度不大于60m**的屋盖，可采用以钢筋混凝土板代替上弦的组合网架结构。组合网架宜选用正放四角锥形式、正放抽空四角锥形式、两向正交正放形式、斜放四角锥形式和蜂窝形三角锥形式
排水找坡	根据《空间网格结构技术规程》（JGJ 7—2010）相关规定。 3.2.10　网架屋面排水找坡可采用下列方式： 1 **上弦节点上设置小立柱找坡**（当小立柱较高时，应保证小立柱自身的稳定性并布置支撑）。 2 **网架变高度。** 3 **网架结构起坡**
杆件和节点的设计构造	5.1.1　空间网格结构的杆件可采用普通型钢或薄壁型钢。管材宜采用高频焊管或无缝钢管，当有条件时应采用薄壁管型截面。 5.1.5　空间网格结构杆件分布应保证刚度的连续性，受力方向相邻的弦杆其杆件截面面积之比不宜超过1.8倍，多点支承的网架结构其反弯点处的上、下弦杆宜按构造要求加大截面。 5.1.6　对于低应力、小规格的受拉杆件其**长细比**宜按**受压杆件**控制【2024】
网格跨度、尺寸、高度	根据《全国民用建筑工程设计技术措施：结构（结构体系）》（2009版）7.1： （1）网格结构适用于各种建筑平面，适用跨度为20~100m。 （2）网格尺寸和网架高度与网架跨度、支撑情况、建筑平面、曲面材料及荷载大小等因素有关。当为无檩体系并采用钢筋混凝土板时，网格尺寸不宜超过3m；当为有檩体系时，网格尺寸应为檩距的倍数并不宜超过6m。 （3）网架上弦网格数和跨高比可按经验取值参考表9.3-1【2019】

网格跨度、尺寸、高度	表9.3-1	上弦网格尺寸和网架高度	
	网架短向跨度 L	网格尺寸 s	网架高度 h
	<30m	(1/6~1/12) L	(1/10~1/14) L
	30~60m	(1/10~1/16) L	(1/12~1/16) L
	>60m	(1/12~1/20) L	(1/14~1/20) L

注：1. 当跨度在 18m 以下时，网格数可适当减少。

2. 荷载较大时，最优高度宜增加 5%～10%。

3. 轻屋面的网格数宜取较大值。

| 屋盖体系的结构布置 | 根据《建筑抗震设计规范》（GB 50011—2010，2016 年版）相关规定。

10.2.3 屋盖体系的结构布置，尚应分别符合下列要求：

1 单向传力体系的结构布置，应符合下列规定。

（1）主结构（桁架、拱、张弦梁）间应设置可靠的支撑，保证垂直于主结构方向的水平地震作用的有效传递。

（2）当桁架支座采用下弦节点支承时，应在支座间设置纵向桁架或采取其他可靠措施，防止桁架在支座处发生平面外扭转。【2024】

2 空间传力体系的结构布置，应符合下列规定：

（1）平面形状为矩形且三边支承一边开口的结构，其开口边应加强，保证足够的刚度。

（2）两向正交正放网架、双向张弦梁，应沿周边支座设置封闭的水平支撑。

（3）单层网壳应采用刚接节点。【2024】

注：单向传力体系指平面拱、单向平面桁架、单向立体桁架、单向张弦梁等结构形式；空间传力体系指网架、网壳、双向立体桁架、双向张弦梁和弦支穹顶等结构形式 |
| --- | --- |

9.3-1［2024-17］关于空间钢结构节点说法错误的是（　　）。

A. 空腹桁架节点必须采用刚接节点

B. 双层网壳节点必须采用刚接节点

C. 立体桁架节点可以采用铰接节点

D. 网架结构节点可以采用铰接节点

答案：B

解析：根据《建筑抗震设计规范》（GB 50011—2010，2016 年版）第 10.2.3 条第 2 款"单层网壳应采用刚接节点"，选项 B 错误。

9.3-2［2024-20］空间网架结构设计中，拉应力小的较长腹杆，确定其截面大小的控制因素是（　　）。

A. 整体稳定要求　　　　　　　　　　B. 长细比要求

C. 强度要求　　　　　　　　　　　　D. 变形要求

答案：B

解析：根据《空间网格结构技术规程》（JGJ 7—2010）第 5.1.6 条。

9.3-3［2021-54］50m×60m 的轻型网架结构，屋面排水措施错误的是（　　）。

A. 轻质加气混凝土找坡   B. 局部抬高网架

C. 抬高网架上支撑   D. 上弦杆上小立柱找坡

答案：A

解析：参见考点5中"排水找坡"相关内容。

9.3-4 [2019-39] 跨度48m的羽毛球场使用平面网架，其合理网架高度是（   ）。

A. 2m   B. 4m   C. 6m   D. 8m

答案：B

解析：根据表9.3-1，网架短向跨度 L 为 $30\sim60\mathrm{m}$ 的网格结构，网架高度 h 取值为 $(1/12\sim1/16)L$，因此48m的羽毛球场使用平面网架，合理网架高度取值为 $48/12\sim48/16\mathrm{m}$，即 $4\sim3\mathrm{m}$，故答案选B。

考点5：网壳结构【★】

根据《空间网格结构技术规程》(JGJ 7—2010) 相关规定

<table>
<tr><td rowspan="2">网壳结构
类型</td><td>

2.1.7 网壳：按一定规律布置的杆件通过节点连接而形成的曲面状空间杆系或梁系结构，主要承受整体薄膜内力。

2.1.8 球面网壳：外形为球面的单层或双层网壳结构。

B.0.2 单层球面网壳可采用的六种形式，如图 B.0.2（图9.3-1）所示。

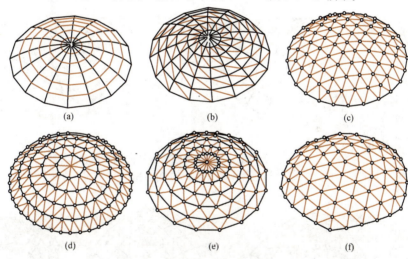

图 9.3-1 单层球面网壳网格形式

(a) 肋环型；(b) 肋环斜杆型；(c) 三向网格；

(d) 扇形三向网格；(e) 葵花形三向网格；(f) 短程型

2.1.9 圆柱面网壳：外形为圆柱面的单层或双层网壳结构。

B.0.2 单层圆柱面网壳网格可采用四种形式，如图 B.0.1（图9.3-2）所示。

2.1.10 双曲抛物面网壳：外形为双曲抛物面的单层或双层网壳结构。

B.0.3 单层双抛物面网壳网格可采用的两种形式，如图 B.0.3（图9.3-3）所示。

2.1.11 椭圆抛物面网壳：外形为椭圆抛物面的单层或双层网壳结构。

B.0.4 单层椭圆抛物面网壳网格形式可采用的三种形式如图 B.0.4（图9.3-4）所示。

</td></tr>
</table>

网壳结构
类型

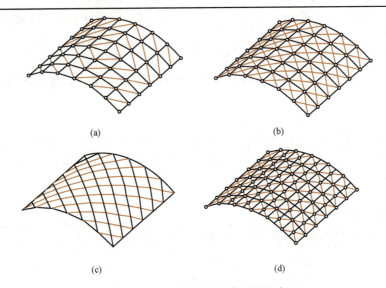

图 9.3-2　单层球面网壳网格形式

（a）单向斜杆正交放网格；（b）交叉斜杆正交放网格；（c）联方网格；（d）三向网格

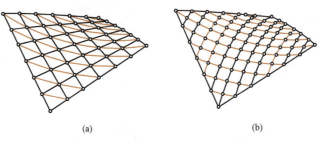

图 9.3-3　单层双抛物面网壳网格形式

（a）杆件沿直纹布置；（b）杆件沿主曲率方向布置

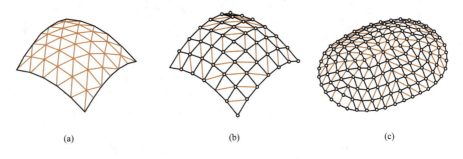

图 9.3-4　单层椭圆抛物面网壳网格形式

（a）三向网格；（b）单向斜杆正交正放网格；（c）椭圆底面网格

2.1.19　组合网壳：由作为上弦构件的钢筋混凝土板与钢腹杆及下弦杆构成的网壳结构

球面网壳结构	3.1.1 网架结构可采用双层或多层形式；网壳结构**可采用单层或双层形式**，也可采用**局部双层形式**。【2023】 3.1.6 立体桁架可采用直线或曲线形式。 3.1.7 空间网格结构的选型应结合工程的平面形状、跨度大小、支承情况、荷载条件、屋面构造、建筑设计等要求综合分析确定。杆件布置及支承设置应保证结构体系几何不变。 3.3.1 球面网壳结构设计宜符合下列规定： 1 球面网壳的矢跨比不宜小于 1/7。 2 双层球面网壳的厚度可取跨度（平面直径）的 1/30～1/60。 3 单层球面网壳的跨度（平面直径）**不宜大于 80m**
圆柱面网壳结构	3.3.2 圆柱面网壳结构： 1 两端边支承的圆柱面网壳，其宽度 B 与跨度 L 之比宜小于 1.0，如图 9.3-5 所示；壳体的矢高可取宽度 B 的 1/3～1/6。 2 沿两纵向边支承或四边支承的圆柱面网壳，壳体的矢高可取跨度 L（宽度 B）的 1/2～1/5。 3 双层圆柱面网壳的厚度可取宽度 B 的 1/20～1/50。 4 两端边支承的单层圆柱面网壳，**其跨度 L 不宜大于 35m**；沿两纵向边支承的单层圆柱面网壳，**其跨度（此时为宽度 B）不宜大于 30m** 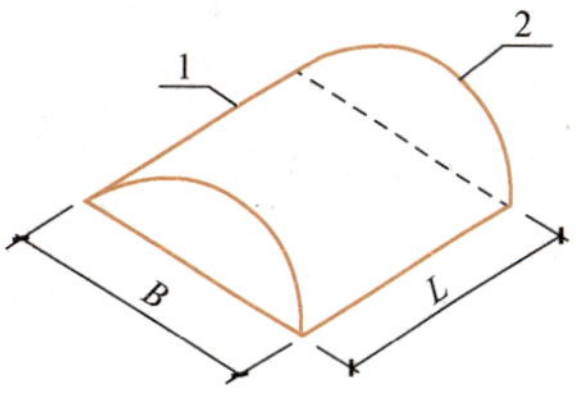
双曲抛物面网壳结构	3.3.3 双曲抛物面网壳结构设计宜符合下列规定： 1 双曲抛物面网壳底面的两对角线长度之比不宜大于 2。 2 单块双曲抛物面壳体的矢高可取跨度的 1/2～1/4（跨度为两个对角支承点之间的距离），四块组合双曲抛物面壳体每个方向的矢高可取相应跨度的 1/4～1/8。 3 双层双曲抛物面网壳的厚度可取短向跨度的 1/20～1/50。 4 **单层双曲抛物面网壳的跨度不宜大于 60m**
椭圆抛物面网壳结构	3.3.4 椭圆抛物面网壳结构设计宜符合下列规定： 1 椭圆抛物面网壳的底边两跨度之比不宜大于 1.5。 2 壳体每个方向的矢高可取短向跨度的 1/6～1/9。 3 双层椭圆抛物面网壳的厚度可取短向跨度的 1/20～1/50。 4 **单层椭圆抛物面网壳的跨度不宜大于 50m**

图 9.3-5 圆柱面网壳跨度 L、宽度 B 示意
1—纵向边；2—端边

9.3-5 [2023-22] 下列关于网壳结构选型的说法错误的是（　　）。

A. 网壳结构可以采用单层形式

B. 网壳结构可以采用双层形式

C. 网壳结构不应采用局部双层形式

D. 网壳结构可以采用球面的曲面形式

答案：C

解析：参见《空间网格结构技术规程》（JGJ 7—2010）第 3.1.1 条，网架结构可采用双层或多层形式；网壳结构可采用单层或双层形式，也可采用局部双层形式，故答案选 C。

考点 6：立体桁架结构【★★】

	本考点的条目均来自《空间网格结构技术规程》（JGJ 7—2010）
立体桁架结构类型	2.1.3　交叉桁架体系：以二向或三向交叉桁架构成的体系。 2.1.20　立体桁架：由上弦、腹杆与下弦杆构成的**横截面为三角形或四边形**的格构式桁架【2019】
基本规定	3.4.1　立体桁架的高度可取跨度的**1/12～1/16**。 3.4.2　立体拱架的拱架厚度可取跨度的**1/20～1/30**，矢高可取跨度的 1/3～1/6。当按立体拱架计算时，两端下部结构除了可靠传递竖向反力外还应保证抵抗水平位移的约束条件。当立体拱架跨度较大时应进行立体拱架平面内的整体稳定性验算。 3.4.3　张弦立体拱架的拱架厚度可取跨度的**1/30～1/50**，结构矢高可取跨度的 1/7～1/10，其中拱架矢高可取跨度的 1/14～1/18，张弦的垂度可取跨度的 1/12～1/30。 3.4.4　立体桁架支承于下弦节点时桁架整体**应有可靠的防侧倾体系**，曲线形的立体桁架应考虑支座水平位移对下部结构的影响【2019】

9.3-6［2019-65］下列关于立体桁架说法错误的是（　　　）。

A. 截面可为矩形、正三角形或者倒三角形

B. 下弦节点支撑时，应设置可靠的防侧倾体系

C. 平面外刚度较大，有利于施工吊装

D. 具有较大的侧向刚度，可取消平面外稳定支撑

答案：D

解析：参见《空间网格结构技术规程》（JGJ 7—2010）第 2.1.20 条、第 3.4.4 条、第 3.4.5 条，对立体桁架、立体拱架和张弦立体拱架应设置平面外的稳定支撑体系。

第四节　悬　索　结　构

考点 7：悬索结构【★★】

悬索结构概念组成及应用	（1）悬索结构：由一系列作为主要承重构件的悬挂拉索按一定规律布置而组成的结构体系，包括单层索系（单索、索网）、双层索系及横向加劲索系。因此悬索结构是由**柔性受拉索**及其边缘构件所形成的承重结构。【2019】 （2）悬索结构具体组成形式：以一系列**受拉的索**作为主要承重构件，这些索按一定规律组成各种不同形式的体系，并悬挂在相应的支撑结构体系的边缘构件上。 ①柔性拉索：用以承受轴向拉力。拉索的材料一般可选用高强钢丝束、钢丝绳、钢绞线、链条、圆钢、薄钢板，以及其他**受拉性能良好**的线材。 ②边缘构件：用以锚固索网，起到**承受索在支座处的拉力作用**。边缘构件一般可选用圈梁、拱、桁架、钢架等劲性构件。 ③支撑结构：用以**承受边缘构件传来的压力**和**水平推力**引起的弯矩。支撑结构一般可选用钢筋混凝土独立柱、框架、拱等结构形式。 （3）悬索结构广泛应用**桥梁工程**和**大跨度建筑工程**，如体育建筑（体育馆、游泳馆、田径场等）、交通建筑（机场、动车站等）、文教建筑（会展中心、展示馆等）、工业建筑等

悬索结构的特征	（1）通过索的轴向拉伸来承受荷载作用，无弯矩和剪应力，能充分利用高强材料的抗拉性能，**受力合理，材料省，经济效益高**。【2019】 （2）自重小，易施工，施工工艺简便。 （3）可利用曲线索实现造型独特的大跨度建筑形态，适应多种建筑平面，满足更多建筑功能。 （4）**悬索是一种可变体系**，其平衡形式随荷载分布方式而变化
悬索结构的受力与变形特征	（1）在竖向荷载作用下，索或索网均承受轴向拉力，并通过边缘构件或支撑结构将这些拉力传递到建筑物的基础上，因此**悬索是轴心受拉且具有推力的构件**。同时钢拉索为柔性材质，不受弯，索端可认为是固定铰支座。 （2）索的支座反力：在竖向荷载下，悬索呈抛物线跨中的下垂度为 f，支座的水平拉力为 H，跨度为 L。在竖向荷载下，悬索支座受水平拉力作用，其大小等于相同跨度简支梁在相同荷载作用下的跨中弯矩除以悬索的垂度，因此，**f 与 H 成反比关系，即垂度越大，支座的水平拉力越小，反之垂度越小，支座的水平拉力越大**。 （3）索的轴力：**索的轴力在支座处最大；在跨中最小**。 （4）索的变形：由于悬索是柔性的轴拉构件，无弯矩无剪力，其抗弯刚度可忽略不计，因此索的形状会随着荷载的不同而发生变化。 （5）索的水平拉力无法在上部结构实现平衡，必须通过适当的形式传至基础。拉索水平力传递的三种形式： ①通过过**竖向承重构件传**至基础。 ②通过**拉锚**传至基础。 ③通过**刚性水平构件集中传至抗侧力墙**
悬索结构的分类	按照悬索结构的空间结构组成方式和受力特点，可分为单层悬索结构、双层悬索结构、交叉索网结构和其他类型结构。 ①单层悬索结构：构造简单、传力明确，但抗风能力小，稳定性差，跨度可达 80m。分为单层单曲面悬索结构（图 9.4-1）、单层双曲面悬索结构（图 9.4-2）和单层辐射式悬索结构（图 9.4-3）。 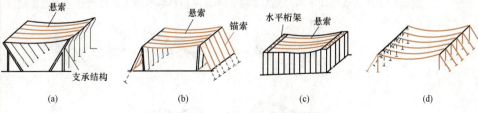 图 9.4-1　单曲面单层悬索结构 （a）水平梁和框架一起承受悬索拉力；（b）斜拉索将悬索拉力拉向地锚； （c）水平梁承受悬索拉力；（d）悬索直接锚挂于框架

图 9.4-2 单层双曲面悬索结构

 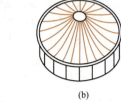

(a)　　　　　　　　　(b)

图 9.4-3 单层辐射式悬索结构

（a）下凹双曲率蝶形屋面；（b）伞形屋面

②双层悬索结构：刚度大，整体稳定性好，双层曲面布置形式如图 9.4-4 所示。分为双层单曲面悬索结构［图 9.4-5 （a）］和双层双曲面悬索结构［图 9.4-5 （b）］。

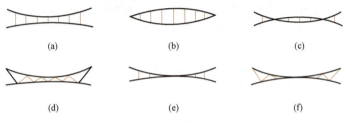

(a)　　　　　　　(b)　　　　　　　(c)

(d)　　　　　　　(e)　　　　　　　(f)

图 9.4-4 双层曲面布置形式

悬索结构
的分类

(a)　　　　　　　　　　　　　(b)

图 9.4-5 双层悬索结构

（a）双层单曲面悬索结构；（b）双层双曲面悬索结构

③交叉索网结构：由两组相互正交且曲率相反的拉索直接交叠而形成双曲抛物面的一种结构体系（图 9.4-6）。上凸的一组为稳定索，下凹的一组为承重索。通过施加预应力，可使两组索在屋面荷载作用下始终贴紧，变形小且获得良好的刚度，以增强屋盖的稳定性

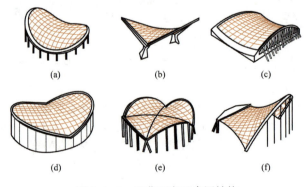

(a)　　　　　　　(b)　　　　　　　(c)

(d)　　　　　　　(e)　　　　　　　(f)

图 9.4-6 双曲面交叉索网结构

9.4 - 1 [2023 - 39] 下列不是以整体受弯为主的结构是（　　　）。

A. 平面桁架　　　　　B. 空间桁架　　　　　C. 索桁架　　　　　D. 空腹桁架

答案： C

解析： 索结构以受拉为主，故答案选 C。

第五节　索　膜　结　构

考点 8：索膜结构【★】

索膜结构概述	（1）索膜结构：用多种高强度柔性薄膜材料经受其他加强构件的拉压作用，并通过一定方式使其产生一定的预张应力而形成的具有稳定曲面的覆盖结构，且能承受一定外荷载的空间结构形式。
	（2）索膜结构的基本组成：膜材、索与支承结构（桅杆、拱或其他刚性构件）。膜材只能承受拉力，不能承受压力和弯矩，因此必须引入适当的预张力，并形成互反曲面。
	（3）索膜结构从结构上分可分为三种形式：骨架式膜结构、张拉式膜结构、充气式膜结构
索膜结构特点	（1）索膜结构造型轻巧、阻燃、制作简单、安装快捷、节能环保、使用安全，且具有易建、易拆、易搬迁、易更新等特点，适于建造临时性大跨建筑。【2022，2020】
	（2）由于索膜结构的组成特点，与其他结构相比较，索膜结构用钢量最少

9.5 - 1 [2022 - 53] 大跨临时展馆，采用什么结构？（　　　）

A. 预应力混凝土结构　　　　　　　　B. 桁架结构

C. 索膜结构　　　　　　　　　　　　D. 混凝土壳体

答案： C

解析： 索膜结构造型轻巧、阻燃、制作简单、安装快捷、节能环保、使用安全，且具有易建、易拆、易搬迁、易更新等特点，适于建造临时性大跨建筑，故答案选 C。

建筑物理与设备

第十章 建筑热工学

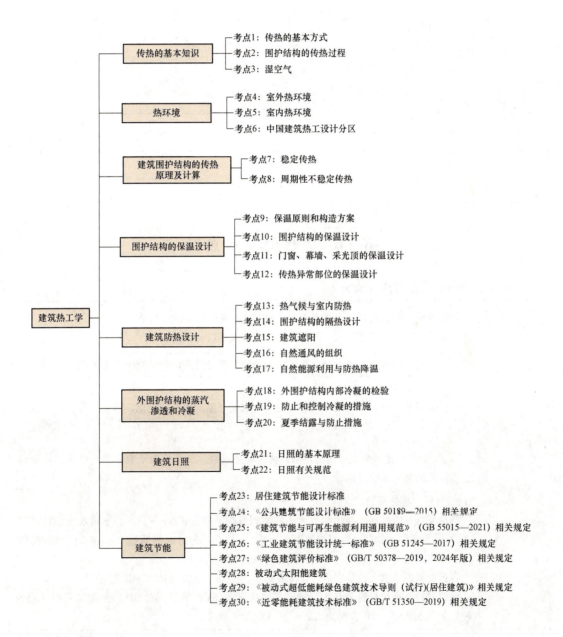

传热的基本知识
- 考点1：传热的基本方式
- 考点2：围护结构的传热过程
- 考点3：湿空气

热环境
- 考点4：室外热环境
- 考点5：室内热环境
- 考点6：中国建筑热工设计分区

建筑围护结构的传热原理及计算
- 考点7：稳定传热
- 考点8：周期性不稳定传热

围护结构的保温设计
- 考点9：保温原则和构造方案
- 考点10：围护结构的保温设计
- 考点11：门窗、幕墙、采光顶的保温设计
- 考点12：传热异常部位的保温设计

建筑防热设计
- 考点13：热气候与室内防热
- 考点14：围护结构的隔热设计
- 考点15：建筑遮阳
- 考点16：自然通风的组织
- 考点17：自然能源利用与防热降温

外围护结构的蒸汽渗透和冷凝
- 考点18：外围护结构内部冷凝的检验
- 考点19：防止和控制冷凝的措施
- 考点20：夏季结露与防止措施

建筑日照
- 考点21：日照的基本原理
- 考点22：日照有关规范

建筑节能
- 考点23：居住建筑节能设计标准
- 考点24：《公共建筑节能设计标准》（GB 50189—2015）相关规定
- 考点25：《建筑节能与可再生能源利用通用规范》（GB 55015—2021）相关规定
- 考点26：《工业建筑节能设计统一标准》（GB 51245—2017）相关规定
- 考点27：《绿色建筑评价标准》（GB/T 50378—2019，2024年版）相关规定
- 考点28：被动式太阳能建筑
- 考点29：《被动式超低能耗绿色建筑技术导则（试行)(居住建筑)》相关规定
- 考点30：《近零能耗建筑技术标准》（GB/T 51350—2019）相关规定

建筑热工学

节　名	近 5 年考试分值统计					
	2024 年	2023 年	2022 年 12 月	2022 年 5 月	2021 年	2020 年
第一节　传热的基本知识	0	0	1	1	1	0
第二节　热环境	0	2	3	1	2	1
第三节　建筑围护结构的传热原理及计算	0	1	1	1	1	1
第四节　围护结构的保温设计	0	0	1	0	1	1
第五节　建筑防热设计	4	4	3	3	4	4
第六节　外围护结构的蒸汽渗透和冷凝	1	0	1	2	1	1
第七节　建筑日照	0	0	0	1	1	0
第八节　建筑节能	3	1	2	3	1	4
总　计	8	8	12	12	12	12

考点精讲与典型习题

第一节　传热的基本知识

考点 1：传热的基本方式【★★】

概述	热量的传递称为传热。自然界中，只要存在**温差**，就会发生传热。 热量传递有三种基本方式，即**导热、对流和辐射**【2022（5）】
导热	导热是指当物体存在温差时，直接接触的物质质点的热运动引起的传热过程 1. 傅里叶定律。 根据傅里叶定律，均质物体内各点的热流密度与温度梯度成正比，即 $$q=-\lambda\frac{\partial t}{\partial n}$$ 式中，λ 是个比例常数，恒为正值，称为导热系数。负号是为了表示热量传递只能沿着温度降低的方向而引进的。 2. 材料的导热系数。 导热系数是**表征材料导热能力大小的物理量**，单位为**W/(m·K)**。导热系数是在稳定条件下，1m 厚的物体，两侧表面温差为 1K 时，在单位时间内通过 $1m^2$ 面积所传导的热量。导热系数越大，表明材料的导热能力越强。 各种材料的 λ 值大致范围是：气体为 $0.006\sim0.6$；液体为 $0.07\sim0.7$。 建筑材料和绝热材料为 $0.025\sim3$；真空绝热板（VIP 板）$\leqslant$**0.005**，挤塑聚苯板（XPS 板）为 $0.028\sim0.03$；金属为 $2.2\sim420$【2022（12）】

对流	对流传热只发生在**流体（液体、气体）**之中，因温度不同的各部分相互混合的宏观运动而引起的热传递现象。 促使流体产生对流的原因不同，对流类型分为两种： （1）自由对流：由温度差引起的对流。 （2）受迫对流：由外力作用引起的对流
辐射	辐射传热与导热和对流在机理上有本质的区别，它是以电磁波传递热能的。辐射指物体表面**对外发射热射线在空间传递能量**的现象。任何温度高于绝对零度（0K）的物体都会发出辐射热。温度越高，热辐射越强烈
	物体对外来辐射的反射、吸收和透射，如图 10.1-1 所示。 （1）反射系数 r_h：被反射的辐射能 I_r 与入射辐射能 I_0 的比值。 （2）吸收系数 ρ_h：被吸收的辐射能 I_a 与入射辐射能 I_0 的比值。 （3）透射系数 τ_h：被透射的辐射能 I_τ 与入射辐射能 I_0 的比值。 显然： $$r_h + \rho_h + \tau_h = 1$$ 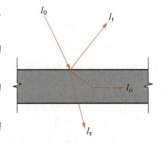 图 10.1-1 物体对外来辐射的 反射、吸收和透射
	物体之间的辐射换热，由于任何物体具有发射辐射和对外来辐射吸收反射的能力，所以在空间任意两个相互分离的物体、彼此间就会产生**辐射换热**，两表面间的辐射换热量主要取决于表面的温度、表面发射和吸收辐射的能力、以及它们之间的相互位置

10.1-1 ［2022（5）-26］热传递的说法错误的是（　　）。

A. 有温差就有热传递　　　　　　　　　　B. 导热发生在固体

C. 不接触就不会发生热传递　　　　　　　D. 对流发生在流体

答案：C

解析：只要存在温差就会出现传热现象。导热，又称热传导，指物体中有温差时由于直接接触的物质质点做热运动而引起的热能传递过程。

对流指由流体（液体、气体）中温度不同的各部分相互混合的宏观运动而引起的热传递现象。

10.1-2 ［2022（12）-25］下列建筑材料中，导热系数最小的是（　　）。

A. 真空绝热板　　　　　　　　　　　　　B. 膨胀聚苯板

C. 加气混凝土　　　　　　　　　　　　　D. 挤塑聚苯板

答案：A

解析：挤塑板（XPS 板）导热系数为 0.028～0.03 保湿效果好，强度高，耐潮湿。真空绝热板（VIP 板）导热系数小于或等于 0.005，防火 A 级，保温效果极好。

考点 2：围护结构的传热过程【★★】

围护结构的 传热过程	房屋围护结构时刻受到室内外的热作用，不断有热量通过围护结构传进或传出。 通过围护结构的传热需经历三个过程，如图 10.1-2 所示。 （1）**表面吸热**：内表面从室内吸热（冬季）或外表面从室外空间吸热（夏季）。 （2）**结构本身传热**：热量由结构的高温表面传向低温表面。 （3）**表面放热**：外表面向室外空间散发热量（冬季），或内表面向室内空间散热（夏季） 图 10.1-2　围护结构的 传热过程
表面换热	热量在围护结构的内表面和室内空间或在外表面和室外空间进行传递的现象称为表面换热。 表面换热是对流换热量和辐射换热热量之和 1. 对流换热。 对流换热是指流体与固体壁面之间存在温差时的热传递现象，是对流和导热共同作用的结果。如墙体表面与空气间换热。 2. 表面换热系数和表面换热阻。 内表面的换热系数使用 α_i 表示；外表面的热转移系数使用 α_e 表示，$W/(m^2 \cdot K)$。 内表面的换热阻使用 R_i 表示；外表面的换热阻使用 R_e 表示，$m^2 \cdot K/W$

考点3：湿空气【★★】

湿空气、未饱和 湿空气与饱和 湿空气	湿空气为干空气和水蒸气的混合物。 在一定的温度和压力下，一定容积的干空气所能容纳的水蒸气量是有限度的，湿空气中水蒸气含量未达到该极限时为未饱和湿空气，达到该极限后为饱和湿空气
湿球温度	湿球温度是指在干湿球温度计中用湿纱布包裹水银球的湿球温度计测量的温度。它可以结合干球温度测量空气的相对湿度
湿空气的物理 性质【2021】	**1. 水蒸气分压力 P。** 水蒸气分压力是在一定温度下湿空气中水蒸气部分所产生的压力，单位为 Pa。未饱和湿空气的水蒸气分压力以 P 表示，饱和蒸汽压以 P_s 表示。 标准大气压下，不同温度对应的饱和蒸汽压值由查表取值。温度越高，其一定容积中所能容纳的水蒸气越多，因而水蒸气所呈现的压力越大。 **2. 空气湿度。** 湿空气的另一重要物理量是"湿度"。湿度表示空气的干湿程度，它有不同的表示方法，即绝对湿度和相对湿度，这两种湿度的用途各异。 **（1）绝对湿度。** 绝对湿度是**单位体积空气中所含水蒸气的质量**，单位为 g/m^3。 未饱和湿空气的绝对湿度用符号 f 表示，饱和湿空气的绝对湿度用 f_{max} 表示。

湿空气的物理性质【2021】	**(2) 相对湿度。** 相对湿度是在一定温度、一定大气压力下，湿空气的绝对湿度 f，与同温同压下的饱和水蒸气量 $f_{\max}$ 的百分比，用 φ 表示。 $$\varphi = \frac{f}{f_{\max}} \times 100\%$$ $$\varphi = \frac{P}{P_s} \times 100\%$$ 式中　f、$f_{\max}$——湿空气的绝对湿度和同温度下饱和湿空气的绝对湿度，单位为 g/m^3； 　　　　P、P_s——湿空气的水蒸气分压力和同温度下湿空气的饱和蒸汽压，单位为 Pa。 温度越**高**，$f_{\max}$ 和 P_s 越大，相对湿度越**小**。 **3. 露点温度。** 露点温度是在大气压力一定、空气含湿量不变的情况下，未饱和的空气因冷却而达到饱和状态时的温度，用 t_d（℃）表示。 露点温度用于判断围护结构内表面是否结露。**当围护结构内表面的温度低于露点温度时，内表面将产生结露**

10.1-3 ［2021-25］下列物理量中，属于室内热环境湿空气物理量的基本参数是（　　）。

A. 湿球温度、空气湿度、露点温度

B. 空气湿度、露点温度、水蒸气分布压力

C. 绝对湿度、空气湿度、水蒸气分布压力

D. 相对湿度、露点温度、水蒸气分布压力

答案：B

解析：空气湿度有绝对湿度、相对湿度两个基本参数，室内湿空气参数还有水蒸气分布压力和露点温度。

第二节　热　环　境

考点 4：室外热环境【★★★】

概述	室外热环境是指作用在建筑外围护结构上的一切热物理量的总称，**太阳辐射、大气温度、空气湿度、风、降水**等都是组成室外热环境的要素【2020】
太阳辐射	**太阳辐射**热是地表大气热过程的主要能源，也是室外热湿环境各参数中对建筑物影响较大的一个。【2021】 在太阳与地球的平均距离处，垂直于入射光线的大气上界面单位面积上的热辐射流，叫做太阳常数。 到达地面的太阳辐射由两部分组成，一部分是太阳直接射达地面的部分，称为直接辐射，它的射线是平行的；另一部分是经大气散射后到达地面的，它的射线来自各个方向，称为散射辐射。直接辐射与散射辐射之和就是到达地面的太阳辐射总量，称为总辐射量。 影响太阳辐射照度的因素：大气中射程的长度，海拔高度，太阳高度角，大气质量

室外气温	室外气温指距地面 1.5m 处百叶箱内的空气温度。 气温的日变化规律是因时因地而异的。首先是日平均温度因时因地而不同，这可用日变化规律来定其值。其次是日温度振幅（包括各级谐量振幅）也因时因地而异。一般而言，日照强烈，气候干旱地区，温度日振幅较大；日照温和，气候潮湿地区，温度日振幅较小；其他情况处于二者之间。这种变化规律，是由太阳辐射热与长波辐射的日夜平衡所引起的
空气湿度	室外空气中含水蒸气量的多少，即空气湿度。以绝对湿度或相对湿度表示，通常以相对湿度表示空气的湿度。 空气中的水蒸气来自地表水分的蒸发，包括江河湖海、森林草原、田野耕地等。在水分蒸发过程中，需要吸收汽化潜热，这些热量直接或间接来自太阳辐射热。因此，在热流和湿流充足的地区，即气温高水面较大的地区，空气的湿度高；相反，在气温低水面少的地区，湿度就小，就比较干燥
风	气候学把水平方向的气流叫做风。 风的方向，叫做**风向，是以风吹来的方向**定名的，这恰恰与一般表示向量的方向相反。例如风由南方吹来叫南风，而向量方向指向北。 气象台站测得的，在一定时间里风向在各方位次数统计图，叫做风向频率图（又名风向玫瑰图）。 按风的形成机理，风可分为大气环流与地方风两大类。由于太阳辐射热在地球上照射不均匀，引起赤道和两极间出现温差，从而引起大气从赤道到两极和从两极到赤道的经常性活动，叫做大气环流。而局部地方增温或冷却不均所产生的气流，叫做地方风。地方风主要有水陆风、山谷风和林原风等。 风速：单位时间内风前进的距离，单位为 m/s。气象学上根据风速将风分为十三级（0～12 级）。 城市风和絮流：城市的平均风速明显小于郊外；风向分布基本无规律可循；部分区域形成风影区（无风区）和强风区【2022（12）】
降水	从大地蒸发出来的水蒸气进入大气层，凝结后又落到地面上的液态或固态水分。如雨、雪、雹均为降水现象。 降水量：落到地面的雨及雪、雹等融化后，未经蒸发或渗透流失而在水平面上累积的水层厚度。单位为 mm。 降水强度：单位时间（24h）内降水量，单位为 mm/d

10.2-1 ［2022（12）-27］关于城市风场的说法正确的是（　　）。

A. 由风压驱动而形成

B. 风向分布存在规律

C. 城市平均风速明显小于郊外

D. 不存在强风区

答案：C

解析： 城市风由于城市热岛效应由热压驱动形成，风向分布基本无规律可循，城市平均风速明显小于郊外；存在强风区和无风区。

10.2-2［2020-25］下列物理量中，属于室外热湿环境的是（　　）。

A. 空气温度　空气湿度　太阳辐射　风量
B. 空气温度　空气湿度　露点温度　气流速度
C. 空气温度　空气湿度　相对温度　气流速度
D. 空气温度　空气湿度　露点温度　有效温度

答案： A

解析： 室外热湿环境要素：太阳辐射、室外温度、空气湿度、风、降水。

考点 5：室内热环境【★★★】

概述	室内热环境是指由室内空气温度、空气湿度、室内风速及平均辐射温度（室内壁温的当量温度）等组成的一种热物理环境
决定室内热环境的物理客观因素	决定室内热环境的物理客观因素有室内的**空气温度、空气湿度、室内风速及壁面的平均辐射温度**【2022（5）】
对室内热环境的要求	1. 人体的热感觉。 室内热环境对人体的影响主要表现在人的冷热感觉上。人体的冷热感觉取决于人体新陈代谢产生的热量和人体向周围环境散发的热量之间的平衡。 人体按正常比例散热，对流换热约占总散热量的 25%～30%，辐射散热约占45%～50%，呼吸和无感觉蒸发散热约占 25%～30%。【2023】 2. 热舒适。 热舒适是指人对环境的冷热程度感觉满意，不因冷或热感到不舒适。室内热环境可分为舒适、可以忍受和不能忍受三种情况，只有采用充分空调设备的房间，才能实现舒适的室内热环境。但是如果都采用完善的空调设备，不仅在经济上不太现实，而且从生理上说，也会降低人体对环境变化的适应能力，不利于健康
室内热环境的评价方法	室内热湿环境标准是建筑热工设计的基本依据之一。 最简单、方便且应用最为广泛的指标是室内空气温度。对于多因素评价，人们往往寻找能够代替多因素共同作用的单一指标 1. 有效温度。 有效温度 ET（Effective Temperature）是一种热指标，该指标包括的因素有：空气温度、空气湿度与气流速度，用以评价上述三要素对人们在休息或坐着工作时的主观热感觉的综合影响。这种指标是以受试者的主观反应为评价依据。由于该指标使用简单，在对不同的环境和空调方案进行比较时得到了广泛的应用。在早先的有效温度指标中，没有包括辐射热的作用。后来作了修正，用黑球温度代替空气温度，称为新有效温度。 2. PMV 指标。 PMV（Predicted Mean Vote）指标是**全面反映室内各气候要素对人体热感觉影响的综合评价方法**。 PMV 指标与影响人体热舒适的 6 个要素（**室内气温、相对湿度、空气速度、平均辐射温度、人体活动强度与衣着**）之间的定量关系，即【2022（12）、2019】

室内热环境的评价方法	$$PMV=f\ (t_{i},\ \varphi_{i},\ t_{p},\ u,\ m,\ R_{cl})$$ 式中　t_i——室内空气温度，℃； 　　　φ_i——室内空气相对湿度； 　　　t_p——平均辐射温度，℃； 　　　u——室内空气速度，m/s； 　　　m——与人体活动强度有关的新陈代谢率，W/m^2 或 met； 　　　R_{cl}——人体衣服热阻，clo。 PMV 与人体热感觉之间有如下的关系：

+3	+2	+1	0	−1	−2	−3
热	暖	稍暖	舒适	稍凉	凉	冷

10.2-3〔2023-42〕 室内热环境，人体正常散热比例，散热量占比最大的是（　　）。

A. 蒸发散热　　　　B. 对流散热　　　　C. 辐射散热　　　　D. 传导散热

答案：C

解析：人体按正常比例散热，对流换热约占总散热量的 25%～30%，辐射散热约占 45%～50%，呼吸和无感觉蒸发散热约占 25%～30%。

10.2-4〔2022（5）-25〕 室内热环境物理客观因素有（　　）。

A. 空气温度、平均辐射温度、露点温度、室内风速

B. 空气湿度、平均辐射温度、露点温度、室内风速

C. 空气温度、平均辐射温度、露点温度、空气湿度

D. 空气温度、平均辐射温度、空气湿度、室内风速

答案：D

解析：室内热环境（室内气候）是指由室内空气温度、空气湿度、室内风速及平均辐射温度（室内各壁面温度的当量温度）等因素综合组成的一种热物理环境。

10.2-5〔2022（12）-26〕 除人体产热量及衣着情况外，不属于评价室内热环境舒适度要素的是（　　）。

A. 室内空气温度　　　　　　　　　　B. 露点温度

C. 平均辐射温度　　　　　　　　　　D. 气流速度

答案：B

解析：PMV 指标与影响人体热舒适的 6 个要素（室内气温、相对湿度、空气速度、平均辐射温度、人体活动强度与衣着）之间的定量关系。没有露点温度。

考点 6：中国建筑热工设计分区 【★★★】

一级区划	我国幅员辽阔，地形复杂。由于地理纬度、地势等条件的不同，各地气候相差悬殊。因此针对不同的气候条件，各地建筑的节能设计都有对应不同的做法。为使建筑能够充分利用和适应本地的气候条件，根据《民用建筑热工设计规范》（GB 50176—2016），我国的建筑热工设计区划分为两级，即一级分区和二级分区。

热工设计一级分区沿用了原规范划分的 5 个气候分区，区划指标和热工设计原则不变，应符合表 10.2-1 的规定。

主要指标：$t_{\min \cdot m}$—最冷月平均温度；$t_{\max \cdot m}$—最热月平均温度

辅助指标：$d_{\leqslant 5}$—日平均温度$\leqslant 5℃$的天数；$d_{\geqslant 25}$—日平均温度$\geqslant 25℃$的天数

表 10.2-1　　建筑热工设计一级区划指标及设计原则【2023、2022（12）】

一级区划名称	区划指标		设计原则
	主要指标	辅助指标	
严寒地区（1）	$t_{\min \cdot m}\leqslant -10℃$	$145\leqslant d_{\leqslant 5}$	**必须充分满足**冬季保温要求，**一般可以不考虑**夏季防热
寒冷地区（2）	$-10℃<t_{\min \cdot m}\leqslant 0℃$	$90\leqslant d_{\leqslant 5}<145$	**应满足**冬季保温要求，**部分地区兼顾**夏季防热
夏热冬冷地区（3）	$0℃<t_{\min \cdot m}\leqslant 10℃$ $25℃<t_{\max \cdot m}\leqslant 30℃$	$0\leqslant d_{\leqslant 5}<90$ $40\leqslant d_{\geqslant 25}<110$	**必须满足**夏季防热要求，**适当兼顾**冬季保温
夏热冬暖地区（4）	$10℃<t_{\min \cdot m}$ $25℃<t_{\max \cdot m}\leqslant 29℃$	$100\leqslant d_{\geqslant 25}<200$	**必须充分满足**夏季防热要求，**一般可不考虑**冬季保温
温和地区（5）	$0℃<t_{\min \cdot m}\leqslant 13℃$ $18℃<t_{\max \cdot m}\leqslant 25℃$	$0\leqslant d_{\leqslant 5}<90$	**部分地区应考虑**冬季保温，**一般可不考虑**夏季防热

（左栏：一级区划）

在同一分区中的不同地区往往出现温度差别很大，冷热持续时间差别也很大，因此，修订后的规范采用了"细分子区"的做法，采用"**HDD18，CDD26**"作为区划指标，将各一级分区再进行细分为热工设计二级分区，这样划分既表征了该地气候寒冷和炎热的程度，又反映了寒冷和炎热持续时间的长短，二级区划指标及设计要求应符合表 10.2-2 的规定。

区划指标：HDD18—以 18℃为基准的采暖度日数；

CDD26—以 26℃为基准的空调度日数【2021】

表 10.2-2　　建筑热工设计二级区划指标及设计原则

一级区划名称	区划指标		设计要求
严寒 A 区（1A）	$6000\leqslant HDD18$		冬季保温要求极高，必须满足保温设计要求，不考虑防热设计
严寒 B 区（1B）	$5000\leqslant HDD18<6000$		冬季保温要求非常高，必须满足保温设计要求，不考虑防热设计
严寒 C 区（1C）	$3800\leqslant HDD18<5000$		必须满足保温设计要求，可不考虑防热设计
寒冷 A 区（2A）	$2000\leqslant HDD18<3800$	$CDD26\leqslant 90$	应满足保温设计要求，可不考虑防热设计
寒冷 B 区（2B）		$CDD26>90$	应满足保温设计要求，宜满足隔热设计要求，兼顾自然通风、遮阳设计

（左栏：二级区划）

二级区划	二级区划名称	区划指标		设计要求
	夏热冬冷A区（3A）	1200≤HDD18＜2000		应满足保温、隔热设计要求，重视自然通风、遮阳设计
	夏热冬冷B区（3B）	700≤HDD18＜1200		应满足隔热、保温设计要求，强调自然通风、遮阳设计
	夏热冬暖A区（4A）	500≤HDD18＜700		应满足隔热设计要求，宜满足保温设计要求，强调自然通风、遮阳设计
	夏热冬暖B区（4B）	HDD18＜500		应满足隔热设计要求，可不考虑保温设计，强调自然通风、遮阳设计
	温和A区（5A）	CDD26＜10	700≤HDD18＜2000	应满足冬季保温设计要求，可不考虑防热设计
	温和B区（5B）		HDD18＜700	宜满足冬季保温设计要求，可不考虑防热设计

10.2-6［2023-43］温和地区热工设计要求正确的是（　　）。

A. 应考虑冬季保温，部分地区考虑夏季防热

B. 应考虑冬季保温，一般可不考虑夏季防热

C. 部分地区应考虑冬季保温，一般可不考虑夏季防热

D. 部分地区应考虑冬季保温，部分地区考虑夏季防热

答案：C

解析：温和地区的部分地区应考虑冬季保温，一般可不考虑夏季防热。

10.2-7［2022（12）-28］夏热冬冷地区，热工设计要求正确的是（　　）。

A. 必须充分满足冬季保温要求，一般可不考虑夏季防热

B. 应满足冬季保温要求，一般不考虑夏季防热

C. 必须满足夏季防热要求，适当兼顾冬季保温

D. 必须满足夏季防热要求，一般可不考虑冬季保温

答案：C

解析：夏热冬冷地区热工设计原则：必须满足夏季防热要求，适当兼顾冬季保温。

10.2-8［2021-28］根据《民用建筑热工设计规范》（GB 50176—2016），二级分区依据是（　　）。

A. 冬季室内计算参数，夏季室内计算参数

B. 冬季室外计算温度，夏季室外计算温度

C. 最冷月平均温度最热月平均温度

D. 采暖度日数，空调度日数

答案：D

解析：二级分区依据是采暖度日数和空调度日数。

第三节　建筑围护结构的传热原理及计算

考点7：稳定传热【★★★★】

概述	稳定传热是一种最简单、最基本的传热过程。在稳定温度场中所进行的传热过程称为稳定传热
一维稳定传热的特点	（1）通过平壁的**热流强度处处相等**。 （2）同一材质的平壁内部**各界面温度分布呈直线关系**
通过平壁的稳定导热	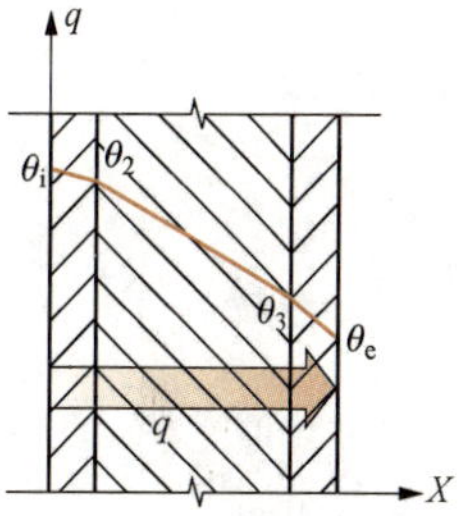 1. 通过单层匀质材料层的稳定导热【2022（5）】。 $$q=\frac{\theta_i-\theta_e}{R}=\frac{\theta_i-\theta_e}{\dfrac{\delta}{\lambda}}$$ 式中　q——热流强度； θ_i——材料层内表面温度，℃； θ_e——材料层外表面温度，℃； δ——材料层厚度，m； λ——材料的导热系数，W/(m·K)； R——材料层的热阻，m²·K/W。 $$R=\frac{\delta}{\lambda}$$ 2. 通过多层匀质材料层的稳定导热（图 10.3-1）。 在稳定传热条件下，通过多层匀质材料层的热流强度为： $$q=\frac{\theta_i-\theta_e}{R_1+R_2+\cdots+R_n}$$ 式中　θ_i——多层平壁内表面的温度，℃； θ_e——多层平壁外表面的温度，℃； R_1、R_2、$\cdots$、R_n——各材料层的热阻，m²·K/W。 3. 通过平壁的稳定传热。 （1）围护结构平壁的传热阻。【2021、2019】 **传热阻**是围护结构本身加上两侧空气边界层作为一个整体的阻抗传热能力的物理量。它是**衡量围护结构在稳定传热条件下的一个重要的热工性能指标**，单位：m²·K/W。 图 10.3-1　通过多层平壁稳定导热 $$R_0=R_i+\sum_{j=1}^{n}R_j+R_e$$ 式中　R_0——围护结构的传热阻，m²·K/W； R_j——围护结构第 j 层材料的热阻，m²·K/W； 当构造为非匀质复合围护结构时，需计算其$\overline{R}$（平均热阻）； R_i——内表面的换热阻，m²·K/W； R_e——外表面的换热阻，m²·K/W； n——多层平壁的材料层数。

通过平壁的 稳定导热	（2）围护结构平壁的传热系数 K。【2020】 **传热系数为当围护结构两侧温差为 1K（1℃）时，在单位时间内通过单位面积的传热量**。用传热系数也能表达围护结构在稳定传热条件下的热工性能，单位：W/(m² · K)。 $$K=\frac{1}{R_0}$$ 4. 封闭空气间层的热阻。 （1）封闭空气间层的传热机理。 封闭空气间层中的传热过程如图 10.3-2 所示，与固体材料层不同。固体材料层内是以导热方式传递热量的。而它是在一个有限空间内的两个表面之间的热转移过程，包括**对流**换热和**辐射**换热，因此封闭空气间层的热阻与厚度之间不存在成比例的增长关系。 （2）影响封闭空气间层热阻的因素。 封闭空气间层的热阻与间层表面温度 θ、间层厚度 δ、间层放置位置（水平、垂直或倾斜）、热流方向及间层表面材料的辐射率有关。 （3）封闭空气间层热阻的确定。 《热工规范》在附录 B 的表 B.3 中提供了封闭空气间层的热阻 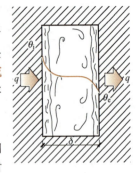 图 10.3-2　垂直封闭 空气间层的传热过程
平壁内的 温度分布	在稳定导热中，同一材料层内任意一点的温度为： $$\theta_x=\theta_1-\frac{q}{\lambda}x$$ 式中　θ_1——围护结构内表面温度，℃； 　　　θ_x——厚度为 x 处的温度，℃； 　　　x——任意一点至界面 1 的距离，m； 　　　q——通过平壁的导热量，W/m²； 　　　λ——材料的导热系数，W/(m · K)。 温度随距离的变化为一次函数，所以同一材料层内的温度分布为直线如图 10.3-3 所示。由多层材料构成的平壁内，温度的分布是由多条直线组成的一条折线，材料的导热系数 λ 越小，温度下降越快，折线越陡【2018】 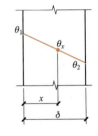 图 10.3-3　同一材料 层内的温度分布

10.3-1 ［2022（5）-28］如果导热系数是 0.02W/(m · K)，厚度是 100mm，则热阻是（　　）。

A. 4.5m² · K/W 　　　　　　　　　　B. 5m² · K/W

C. 5.5m² · K/W 　　　　　　　　　　D. 6m² · K/W

答案：B

解析：$R=\delta/\lambda$（厚度/导热系数）=0.1/0.02m² · K/W=5m² · K/W。

10.3-2 ［2021-27］如图 10.3-4 所示，已知混凝土墙厚度为 200mm，导热系数为 0.81W/(m · K)，保温层厚度为 100mm，导热系数为 0.04W/(m · K)。墙体内表面热阻 R_i

$=0.11\text{m}^2\cdot\text{K/W}$，墙体外表面热阻 $R_e=0.04\text{m}^2\cdot\text{K/W}$，计算墙体的综合热阻 R 值为（　　）。

A. 2.5　　　　　　　B. 2.75

C. 2.9　　　　　　　D. 3.05

答案：C

解析：综合热阻 $R=$ 保温层热阻＋混凝土热阻＋R_i＋$R_e=$
$0.1/0.04\text{m}^2\cdot\text{K/W}+0.2/0.81\text{m}^2\cdot\text{K/W}+0.11\text{m}^2\cdot\text{K/W}+$
$0.04\text{m}^2\cdot\text{K/W}=2.9\text{m}^2\cdot\text{K/W}$。

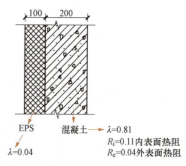

图 10.3 - 4

考点 8：周期性不稳定传热【★★】

周期性不稳定传热	当外界热作用随时间呈现周期性变化时，围护结构进行的传热过程为周期性不稳定传热
简谐热作用	当温度随时间的正弦或余弦函数作规则变化时，围护结构所受到的热作用称为**简谐热作用**
相对温度	相对温度为相对于某一基准温度的温度，单位为 K 或℃
平壁在简谐热作用下的传热特征	平壁在简谐热作用下具有以下几个基本传热特征： （1）室外温度和平壁表面温度、内部任一截面处的温度都是同一周期的简谐波动。 （2）从室外空间到平壁内部，温度波动振幅逐渐减小，这种现象叫做温度波动的衰减。 （3）从室外空间到平壁内部，温度波动的相位逐渐向后推迟，这种现象叫温度波动的相位延迟，亦即出现最高温度的时刻向后推迟
简谐热作用下材料和围护结构的热特性指标	1. 材料的**蓄热系数**。 　某一匀质半无限大壁体一侧受到简谐热作用时，迎波面（即直接受到外界热作用的一侧表面）上接受的热流波幅，与该表面的温度波幅之比称为材料的蓄热系数。用 S 表示。它是说明直接受到热作用的一侧表面，**对谐波热作用敏感程度的一个特性指标。其值越大，表面温度波动越小，反之波动越大**。 $$S=\frac{A_q}{A_\theta}=\sqrt{\frac{2\pi\lambda c\rho}{3.6T}}$$ 式中　A_q——表面热流的振幅，℃； 　　　A_θ——表面温度波的振幅，℃； 　　　λ——材料的导热系数，W/(m·K)； 　　　c——材料的比热容，kJ/(kg·K)； 　　　ρ——材料的密度，kg/m³； 　　　T——温度波动周期，h，一般取 $T=24\text{h}$ 2. 材料层的**热惰性指标**。 　热惰性指标是表征材料层或围护结构受到波动热作用后，背波面上对温度波衰减快慢程度的无量纲指标，也就是说明**材料层抵抗温度波动能力**的一个特性指标，用 D 表示。由围护结构对室内热稳定性的影响，将热惰性指标 $D\geqslant2.5$ 的围护结构称为**重质围护结构**；$D<2.5$ 的称为**轻质围护结构** $$D=R\cdot S$$ 式中　R——材料层的热阻，m²·K/W； 　　　S——材料层的蓄热系数，W/(m²·K)

重质材料和 轻质材料	由围护结构对室内热稳定性的影响，将热惰性指标 $D \geqslant 2.5$ 的围护结构称为**重质围护结构**；$D < 2.5$ 的称为**轻质围护结构**。 轻质材料的**导热系数小**，但是**热稳定性低，蓄热系数小，导温系数大**。【2023】 **导温系数**又叫热扩散率，它表示物体在加热或冷却中，温度趋于均匀一致的能力，是表征物体增温快慢的物理量。导温系数是指在一定的热量得失情况下，物体温度变化快慢的一个物理量，它的大小与物体的导热系数 λ 成正比，与物体的热容量 c_v 成反比。导热系数只说明物体传导热量速度快慢，虽然水的导热系数 λ 是空气的 22.8 倍，但空气的 c_v 只是水的 1/3483，所以，同体积的空气比水增温快得多，空气的导温系数比水大得多
	连续使用的建筑，围护结构内表面应该采用**蓄热系数大**的**重质**材料，保证房间的热稳定性。**间歇**使用的建筑，围护结构内表面应该采用**蓄热系数小**的**轻质**材料，内表面温度变化快，减少材料表面与空气之间的温度差【2022（12）】

10.3-3［2023-41］相对于重质材料，轻质材料的说法正确的是（　　）。

A. 导热系数大
B. 导温系数大
C. 蓄热系数大
D. 热稳定性高

答案： B

解析： 轻质材料的导热系数小，但是热稳定性低，蓄热系数小，导温系数大。

10.3-4［2022（12）-29］关于蓄热材料运用的方法正确的是（　　）。

A. 学校风雨操场，围护结构内表面装饰应采用蓄热系数大的材料
B. 间歇供冷的剧院，围护结构内表面装饰应采用蓄热系数小的材料
C. 采暖办公楼，围护结构内表面应采用蓄热系数小的材料
D. 档案馆，围护结构内表面应采用蓄热系数小的材料

答案： B

解析： 连续使用的建筑，如选项 C、D 的采暖办公楼和档案馆，围护结构内表面应该采用蓄热系数大的材料。间歇使用的建筑，如选项 A、B 的风雨操场、剧院，围护结构内表面应该采用蓄热系数小的材料。

第四节　围护结构的保温设计

考点 9：保温原则和构造方案【★】

建筑保温综合处理 的基本原则	（1）充分利用太阳能。 （2）防止冷风的不利影响。 （3）选择合理的建筑体形和平面形式。控制体形系数。 （4）控制透光外围护结构的面积，节约能耗。 （5）围护结构进行保温设计。 （6）建筑保温系统科学、节点构造设计合理。 （7）使房间具有良好的热特性与舒适、高效的供热系统

冬季热工计算参数	1. 室内热工计算参数。 温度：采暖房间应取18℃，非采暖房间应取12℃。 相对湿度：一般应取30%～60%。 2. 室外热工计算参数。 室外计算温度的取值应由围护结构热惰性指标 D 值的大小按级别调整，使围护结构的保温性能达到同等的水平
绝热材料	绝热材料指导热系数 λ＜0.25W/(m·K) 并可用于绝热工程的材料。 影响材料导热系数的因素有**密度、湿度、温度、热流方向**，其中影响最大的因素是**密度和湿度**
非透光围护结构 保温构造方案	常用的构造方案：单设保温层、封闭的空气间层、保温层与承重相结合、混合型构造
	保温层位置的设置： 内保温：保温层在承重层内侧。 中间保温：保温层在承重层中间。 外保温：保温层在承重层外侧
	外保温方案的优点： (1) 使主体结构部分受到保护，降低温度应力起伏，提高结构的耐久性。 (2) 对结构及房间的热稳定性有利。 (3) 对防止和减少保温层内部产生水蒸气凝结，是十分有利的。 (4) 使热桥处的热损失减少，并能防止热桥内表面结露。 (5) 对于旧房的节能改造，外保温处理的效果最好

考点 10：围护结构的保温设计【★★★】

墙体的保温设计 【2022（12）】	1. 墙体的内表面温度与室内空气温度的温差 Δt_w。 根据《民用建筑热工设计规范》（GB 50176—2016）5.1.1，对墙体保温体现在墙体的内表面与室内空气的温差 Δt_w 应符合表 5.1.1（表 10.4-1）的规定。【2019】 表 10.4-1　墙体的内表面温度与室内空气温度温差的限值

房间设计要求	防结露	基本热舒适
允许温差 $\Delta t_w/K$	$\leqslant t_i - t_d$	**≤3**

注：$\Delta t_w = t_i - \theta_{i \cdot w}$；$t_i$—室内计算温度，℃；$\theta_{i \cdot w}$—墙体内表面温度，℃。

5.1.1 条文说明：原规范保温设计指标是围护结构的最小传热阻。在最小传热阻计算中除了跟室内外计算温度、表面换热阻相关外，主要受室内空气与围护结构内表面之间的允许温差控制。随着国家经济、技术水平的提高，原保温设计仅保证围护结构内表面不结露的标准偏低。因此，本规范将设计目标确定为**不结露**和**基本热舒适**两档，设计时可根据建筑的具体情况酌情选用

墙体的保温设计 【2022（12）】	2. 墙体热阻最小值 $R_{\min \cdot w}$。 墙体热阻最小值 $R_{\min \cdot w}$ 的计算 $$R_{\min \cdot w} = \frac{t_i - t_e}{\Delta t_w} R_i - (R_i + R_e)$$ 式中 $R_{\min \cdot w}$——满足 Δt_w 要求的墙体热阻最小值，$(m^2 \cdot K)/W$
楼、屋面的 保温设计	1. 楼、屋面的内表面温度与室内空气温度的温差 Δt_r。 根据《民用建筑热工设计规范》（GB 50176—2016），楼、屋面的内表面温度与室内空气温度的温差 Δt_r 应符合表 5.2.1（表 10.4-2）的规定。【2020】 表 10.4-2　　楼、屋面的内表面温度与室内空气温度温差的限值 表格见下 注：$\Delta t_r = t_i - \theta_{i \cdot r}$。 2. 楼、屋面热阻最小值 $R_{\min \cdot r}$。 $$R_{\min \cdot r} = \frac{t_i - t_e}{\Delta t_w} R_i - (R_i + R_e)$$ 式中 $R_{\min \cdot r}$——满足 Δt_r 要求的楼、屋面热阻最小值，$m^2 \cdot K/W$。 3. 屋面保温材料的选择。 应选择密度小、导热系数小的材料，且应控制吸水率
地面的保温设计	根据《民用建筑热工设计规范》（GB 50176—2016），建筑中与土体接触的地面内表面温度与室内空气温度的温差 Δt_g 应符合表 5.4.1（表 10.4-3）的规定 表 10.4-3　　地面的内表面温度与室内空气温度温差的限值 表格见下 注：$\Delta t_g = t_i - \theta_{i \cdot g}$。
地下室的保温设计	地下室保温设计要求，根据《民用建筑热工设计规范》（GB 50176—2016）5.5.1，可知： （1）距地面小于 0.5m 的地下室外墙保温设计要求同外墙。 （2）距地面超过 0.5m、与土体接触的地下室外墙内表面温度与室内空气温度的温差 Δt_b 应符合表 5.5.1（表 10.4-4）的规定。 表 10.4-4　　地下室外墙的内表面温度与室内空气温度温差的限值 表格见下 注：$\Delta t_b = t_i - \theta_{i \cdot b}$。

表 10.4-2　楼、屋面的内表面温度与室内空气温度温差的限值

房间设计要求	防结露	基本热舒适
允许温差 $\Delta t_r / K$	$\leqslant t_i - t_d$	$\leqslant 4$

表 10.4-3　地面的内表面温度与室内空气温度温差的限值

房间设计要求	防结露	基本热舒适
允许温差 $\Delta t_g / K$	$\leqslant t_i - t_d$	$\leqslant 2$

表 10.4-4　地下室外墙的内表面温度与室内空气温度温差的限值

房间设计要求	防结露	基本热舒适
允许温差 $\Delta t_b / K$	$\leqslant t_i - t_d$	$\leqslant 4$

10.4-1 ［2022（12）-32］非透光性围护结构热工计算指标，以下正确的是（　　）。

A. 内外表面传热系数　　　　　　　　B. 内外表面传热阻值

C. 内表面最高温度　　　　　　　　　D. 热流密度

答案： C

解析： 非透光围护结构保温设计的要求主要体现在控制围护结构内表面温度和围护结构的热阻。

10.4-2 ［2020-33］为保证基本热舒适，屋面内表面温度与室内温度的温差限值是（　　）。

A. 4℃　　　　　　　B. 4.5℃　　　　　　　C. 5℃　　　　　　　D. 5.5℃

答案： A

解析： 根据表10.4-1和表10.4-2，墙体温差限值为3℃，屋面温差限值为4℃，故选A。

考点11：门窗、幕墙、采光顶的保温设计【★★】

门窗、幕墙的传热系数 K	门窗、幕墙的传热系数由构成它的各个部件决定，既要考虑构成它的面板的传热系数和面积、面板边缘的线传热系数和边缘长度，也要考虑边框的传热系数和边框面积
对外门窗、幕墙、采光顶传热系数的要求	根据《民用建筑热工设计规范》（GB 50176—2016），对热环境有要求的房间，其外门窗、幕墙、采光顶的传热系数宜符合表5.3.1（表10.4-5）的规定【2021】 **表10.4-5 建筑外门窗、透光幕墙、采光顶传热系数的限值和抗结露验算要求** （见下表）
门窗、幕墙的保温措施	1. 控制透光结构的面积。 2. **提高气密性**，减少冷风渗透。 根据《公共建筑节能设计标准》（GB 50189—2015）3.3.5和各热工区划居住建筑节能设计标准对于外门窗气密性的要求，整理得表10.4-6。

表10.4-5 建筑外门窗、透光幕墙、采光顶传热系数的限值和抗结露验算要求

气候区	$K/[W/(m^2 \cdot K)]$	抗结露验算要求
严寒A区	≤2.0	验算
严寒B区	≤2.2	验算
严寒C区	≤2.5	验算
寒冷A区	≤3.0	验算
寒冷B区	≤3.0	验算
夏热冬冷A区	≤3.5	验算
夏热冬冷B区	≤4.0	**不验算**
夏热冬暖地区	—	**不验算**
温和A区	≤3.5	验算
温和B区	—	**不验算**

门窗、幕墙的保温措施	表 10.4-6		公共及居住建筑外门窗气密性等级要求		

建筑类别	地区	部位	建筑层数	气密性等级
公共	—	外窗	<10	6
			≥10	7
	严寒、寒冷	外门	—	4
居住	严寒、寒冷	外窗及敞开式阳台门	—	6
	夏热冬冷	外窗及敞开式阳台门	1~6	4
			≥7	6
	夏热冬暖	外窗	1~9	4
			≥10	6
	温和 A 区	外窗及敞开式阳台门	1~9	4
			≥10	6
	温和 B 区		—	4

3. 提高窗框的保温性能。

将窗框的**薄壁实腹型材改为空心型材**等做法。

4. 改善玻璃的保温能力，如使用**多层玻璃窗**等。

5. 加强玻璃幕墙的保温能力。

6. 保证连接部位的保温和密封。

7. 外门保温。

8. 使用保温窗帘

10.4-3［2021-29］根据《民用建筑热工设计规范》（GB 50176—2016），要求对外门窗、透明幕墙、采光顶进行冬季抗结露验算的是（   ）。

A. 夏热冬冷 A 区　　　　　　　　　B. 温和 B 区

C. 夏热冬冷 B 区　　　　　　　　　D. 夏热冬暖地区

答案：A

解析：详见表 10.4-5。

考点 12：传热异常部位的保温设计【★】

热桥的保温	围护结构中有保温性能远低于平壁部分的嵌入部件称为"热桥"，如嵌入墙体的混凝土或金属梁、柱、屋面板混凝土肋、装配式建筑板材接缝以及墙角、屋面檐口、楼板与外墙、墙体勒脚、内隔墙与外墙连接处等。《民用建筑热工设计规范》（GB 50176—2016）强制要求对热桥部位进行保温验算，**要求围护结构热桥部位的内表面温度不低于室内空气的露点温度**，避免内表面霉变，保证室内健康卫生环境和围护结构的耐久性
转角保温	外墙转角低温影响带的长度为墙厚的（1.5~2.0）倍，若其内表面温度低于室内露点温度，则应作附加保温层处理

第五节　建 筑 防 热 设 计

考点 13：热气候与室内防热【★★】

<table>
<tr>
<td rowspan="8">热气候的类型及
其特征</td>
<td colspan="5">热气候有干热和湿热之分，特征见表 10.5-1</td>
</tr>
<tr>
<td colspan="5">表 10.5-1　　　　　　　热气候的类型及特征</td>
</tr>
<tr>
<td rowspan="2">气候参数</td>
<td colspan="2">热气候的类型</td>
<td rowspan="2">共同特征</td>
<td rowspan="2">不同特征</td>
</tr>
<tr>
<td>湿热气候</td>
<td>干热气候</td>
</tr>
<tr>
<td>水平最高太阳辐射
强度/(W/m²)</td>
<td colspan="2">930～1045</td>
<td>太阳辐射强</td>
<td rowspan="3">—</td>
</tr>
<tr>
<td>日最高温度/℃</td>
<td>34～39</td>
<td>38～40 以上</td>
<td>气温高且持续时间长</td>
</tr>
<tr>
<td>温度日振幅/℃</td>
<td>5～7</td>
<td>7～10</td>
<td>温度日相差不太大</td>
</tr>
<tr>
<td>相对湿度(%)</td>
<td>75～95</td>
<td>10～55</td>
<td rowspan="2">—</td>
<td>相对湿度相差大</td>
</tr>
<tr>
<td></td>
<td>年降雨量/mm</td>
<td>900～1700</td>
<td><250</td>
<td>降雨量相差大</td>
</tr>
<tr>
<td></td>
<td>风</td>
<td>和风</td>
<td>热风</td>
<td></td>
<td>风的特征不同</td>
</tr>
</table>

<table>
<tr>
<td>室内过热的原因</td>
<td>（1）围护结构向室内的传热。
（2）通过窗口透进的太阳辐射热。
（3）通风带入的热量。
（4）室内产生的余热</td>
</tr>
<tr>
<td>防热的途径</td>
<td>1. 防热的被动式措施（图 10.5-1）。
（1）减弱室外的热作用。
（2）外围护结构的隔热。
（3）房间的自然通风和电扇调风。
（4）窗口遮阳。【2023】
（5）利用自然能。
2. 防热的主动式措施。
（1）机械通风降温。
（2）空调设备降温。

图 10.5-1　建筑综合防热措施</td>
</tr>
</table>

10.5-1 [2023-48] 图 10.5-2 建筑采用遮阳篷遮阳，使用过程中发现热气进入室内，为了防热采取下列措施，错误的是（　　）。

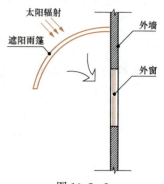

A. 遮阳篷表面设通气口

B. 遮阳篷外表面涂白色

C. 遮阳篷内表面涂白色

D. 遮阳篷外表面涂隔热涂料

答案： C

解析： 内表面涂白色会增加热反射进入室内。

图 10.5-2

考点 14：围护结构的隔热设计【★★★★★】

室内热工计算参数	（1）非空调房间：空气温度平均值应取室外空气温度平均值＋1.5K，并将其逐时化。 （2）空调房间：空气温度取 26℃。 （3）相对湿度取 60％
室外综合温度	夏季，在外围护结构一侧除了室外空气的热作用外，另一个热作用是太阳辐射；室外综合温度是将这两者对外围护结构的作用综合而成的一个室外气象参数，单位为 K 或℃。 　另外，室外综合温度是周期性变化的。不仅和**气象参数**（室外气温、太阳辐射）有关，如图 10.5-3 所示，而且还与**外围护结构的朝向（图 10.5-4）** 和**外表面材料的性质**有关【2021】 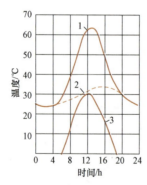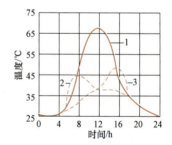 　图 10.5-3　夏季室外　　　　图 10.5-4　不同朝向的 　　综合温度的组成　　　　　　室外综合温度 　　1—室外综合温度；　　　　1—水平面； 　　2—室外空气温度；　　　　2—东向垂直面； 　　3—太阳辐射当量温度　　　3—西向垂直面
非透光围护结构隔热设计要求	在室外综合热作用下，外围护结构的内表面温度随之呈现周期性变化。 　根据《建筑环境通用规范》（GB 55016—2021），在给定两侧空气温度及变化规律的情况下，外墙和屋面内表面最高温度应符合表 4.3.2（表 10.5-2）的规定【2022（5）、2020】

非透光围护结构隔热设计要求	**表 10.5 - 2　　　　　外墙和屋面内表面最高温度限值** 见下表

表 10.5 - 2　　　　　外墙和屋面内表面最高温度限值

房间类型	自然通风房间	空调房间	
		重质围护结构 ($D \geqslant 2.5$)	轻质围护结构 ($D < 2.5$)
外墙内表面最高温度 $\theta_{i \cdot max}$	$\leqslant t_{e \cdot max}$	$\leqslant t_i + 2$	$\leqslant t_i + 3$
屋面内表面最高温度 $\theta_{i \cdot max}$	$\leqslant t_{e \cdot max}$	$\leqslant t_i + 2.5$	$\leqslant t_i + 3.5$

注：表中 $t_{e \cdot max}$ 为室外逐时空气温度最高值；t_i 为室内空气温度

非透光围护结构的隔热措施	1. 隔热侧重次序：根据外围护结构一侧综合温度的大小，隔热的侧重点依次为**屋顶、西墙、东墙、南墙和北墙**。【2023】 2. 外墙隔热主要措施：【2021、2019】 (1) 外饰面做浅色处理，如**浅色**粉刷、涂层和面砖等。 (2) **提高**围护结构的热惰性指标。 (3) 采用通风墙、干挂通风幕墙等。 (4) 设置封闭空气间层时，**在空气间层**平行墙面的两个表面涂刷热反射涂料、贴热反射膜或铝箔。当采用单面热反射隔热措施时，**热反射隔热层应设置在空气温度较高一侧**。 (5) 采用复合墙体构造时，墙体**外侧**宜采用**轻质**材料，**内侧**宜采用**重质**材料，以提高围护结构的热稳定性。 (6) 墙体做垂直绿化处理以遮挡阳光，或采用淋水被动蒸发墙面增加散热。 (7) 西向墙体采用高蓄热材料与低热传导材料组合的复合墙体构造。 3. 屋面隔热主要措施： (1) 屋面外表面做**浅色**处理。 (2) **增加**屋面的热阻与热惰性。 (3) 采用**通风隔热**屋面。利用屋面内部通风及时带走白天上面传入的热量，有利于隔热；夜间利用屋面风道通风也可起散热降温作用。【2019】 (4) 采用**蓄水**屋面。由于水的热容量大且水在蒸发时需要吸收大量的汽化热，从而减少传入室内的热量，降低屋面表面温度。 (5) 采用**种植**屋面。植物可遮挡强烈的阳光，减少对太阳辐射的吸收；植物的光合作用将转化热能为生物能；植物叶片蒸腾作用可增加散热量；种植植物的基质材料可增加屋顶的热阻与热惰性。【2022 (5)】 (6) 采用淋水被动蒸发屋面。 (7) 采用带老虎窗的通气阁楼坡屋面

10.5 - 2［2023 - 44］外围护结构隔热设计，优先考虑的次序为（　　　）。

A. 屋顶 东墙 西墙 南墙 北墙　　　　　　　B. 屋顶 西墙 东墙 南墙 北墙

C. 西墙 屋顶 东墙 南墙 北墙　　　　　　　D. 西墙 屋顶 南墙 东墙 北墙

答案：B

解析：屋顶和四面外墙分别有各自的室外综合温度，屋顶室外综合温度最高，西侧下午的室外综合温度高。

10.5-3［2020-32］在给定两侧空气温度及变化规律的情况下，下列外墙内表面温度 t_i 最高限制错误的是（　　　）。

A. 空调房间重质（$D \geqslant 2.5$）维护结构 $\leqslant t_i + 2$

B. 空调房间轻质（$D < 2.5$）围护结构 $\leqslant t_i + 3$

C. 自然通风房间轻质围护结构 $\leqslant t_i + 1$

D. 自然通风房间 $\leqslant t_{e,max}$（t_e 为外表面温度）

答案： C

解析： 自然通风房间外墙内表面温度 $t_i \leqslant t_{e,max}$ 室外逐时空气温度最高值。

考点 15：建筑遮阳【★★★★★】

遮阳的目的与要求【2020】	遮阳是为了防止过多直射阳光直接照射房间的一种建筑构件。 遮阳的目的是遮挡直射阳光，防止室内过热；避免眩光和防止物品产生褪色、变质以致损坏。 遮阳设计除满足遮阳的要求外，还兼顾与建筑造型协调、采光、通风、防雨、不阻挡窗口视线等需求，并做到构造简单且经济耐久
遮阳系数	综合遮阳系数为建筑遮阳系数和透光围护结构遮阳系数的乘积。 综合遮阳系数表示了组成窗口（或透光围护结构）各构件的综合遮阳效果，包括各种建筑遮阳、窗框、玻璃对太阳辐射的综合遮挡作用
遮阳的基本形式 （图 10.5-5） 【2023、2022（12）、2022（5）、2020、2019】	（1）**水平式**：适合太阳高度角 h_s 大，从窗口**上方**来的太阳辐射（**南向**）。 （2）**垂直式**：适合太阳高度角 h_s 较小，从窗口**侧方**来的太阳辐射（**东北、西北**）。 （3）**组合式**：适合太阳高度角 h_s 中等，窗前**斜方**来的太阳辐射（**东南、西南**）。 （4）**挡板式**：适合太阳高度角 h_s 较小，**正射**窗口的太阳辐射（**东、西**） 图 10.5-5　遮阳的基本形式 (a) 水平式；(b) 垂直式；(c) 组合式；(d) 挡板式
	根据《民用建筑热工设计规范》（GB 50176—2016）相关规定。 9.2.1　北回归线**以南**地区，**各朝向**门窗洞口均宜设计建筑遮阳；北回归线**以北**的**夏热冬暖**、**夏热冬冷**地区，**除北向外**的门窗洞口宜设计建筑遮阳；**寒冷 B 区东、西向**和**水平朝向**门窗洞口宜设计建筑遮阳；**严寒地区、寒冷 A 区、温和地区**建筑**可不考虑**建筑遮阳【2024】 9.2.3　当采用固定式建筑遮阳时，**南**向宜采用**水平**遮阳；**东北、西北**及北回归线以南地区的**北**向宜采用**垂直**遮阳；**东南、西南**朝向窗口宜采用**组合**遮阳；**东、西**朝向窗口宜采用**挡板**遮阳

遮阳的类型 **【2021】**	遮阳包括固定遮阳和活动遮阳。 建筑门窗洞口的遮阳宜**优先选用活动遮阳**。宜设置在**室外侧**，利于遮阳构件散热
遮阳板的构造设计 **【2019】**	1. 遮阳的板面组合与板面构造。 可使用不同的板面组合以减小遮阳板的挑出长度。遮阳板的板面构造可以是实心的、百叶形或蜂窝形。 2. 遮阳板的安装位置。 遮阳板应离开墙面一定距离安装，以使热空气能够沿墙面排走；并注意减少挡风，最好起导风作用。 将板面紧靠墙布置时，由受热表面上升的热空气将由室外空气导入室内。这种情况对综合式遮阳更为严重，如图 10.5-6（a）所示。为了克服这个缺点，板面应离开墙面一定距离安装，以使大部分热空气沿墙面排走，如图 10.5-6（b）所示，且应使遮阳板尽可能减少挡风，最好还能兼起导风入室作用。装在窗口内侧的布帘、百叶等遮阳设施，其所吸收的太阳辐射热，大部分将散发给室内空气，如图 10.5-6（c）所示。如果装在外侧，则所吸收的辐射热，大部分将散发给室外空气，从而减少对室内温度的影响，如图 10.5-6（d）所示。 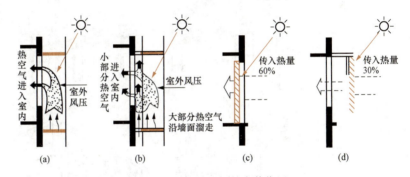 图 10.5-6　遮阳板的安装位置 3. 板面的材料和颜色。 以轻质材料为宜，要求坚固耐用。遮阳板的向阳面应浅色发亮，以加强反射；背阳面应较暗、无光泽，避免眩光产生
透光围护结构的 **隔热设计**	夏季通过透光围护结构进入室内的太阳辐射热导致室内过热，构成夏季室内空调的主要负荷。 透光围护结构太阳得热系数，在照射时间内，通过透光围护结构部件的太阳辐射室内得热量与透光围护结构外表面接收到的太阳辐射量的比值。 建筑设计应综合考虑**外廊、阳台、挑檐**等的遮阳作用；建筑物的向阳面，东、西向外窗（透光幕墙）应采取有效的遮阳措施；天窗和采光顶应设置建筑遮阳；利用玻璃自身的遮阳性能，阻断部分阳光进入室内。【2023】 窗玻璃与一般围护结构不同，太阳辐射热的绝大部分都能透过普通玻璃，而低温的**长波辐射**则很少能透过。因此，用普通窗玻璃的温室，白天能引进大量的太阳辐射，而夜间则能阻止室内的长波辐射向外透射【2024】

10.5-4［2024-41］关于有较大天窗中庭夏季过热原因错误的是（　　）。

A. 玻璃阻止室内物体表面发出的长波辐射

B. 玻璃透过绝大多数太阳辐射热

C. 玻璃顶下室内空气热量不断累积

D. 玻璃在太阳辐射热下传导热大幅提高

答案：D

解析：有较大天窗中庭，能透入大量太阳辐射热（短波）而阻止室内长波辐射向外透射，玻璃顶下室内空气热量不断累积，导致夏季过热。

10.5-5［2024-45］下列热工分区中，东西向和水平朝向窗洞口，宜设计建筑遮阳的是（　　）。

A. 夏热冬冷A区　　　B. 夏热冬冷B区　　　C. 寒冷A区　　　D. 寒冷B区

答案：D

解析：寒冷B区东、西向和水平朝向门窗洞口宜设计建筑遮阳；寒冷A区建筑可不考虑建筑遮阳；北回归线以北的夏热冬暖、夏热冬冷地区，除北向外的门窗洞口宜设计建筑遮阳。

10.5-6［2023-46］下列外遮阳设计，适用于东南向窗口的是（　　）。

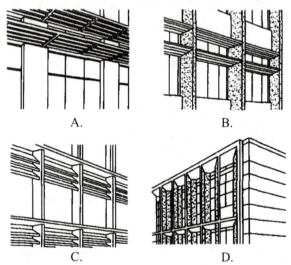

A.　　　　　　　　B.

C.　　　　　　　　D.

答案：B

解析：南向：水平遮阳。东北、西北：垂直遮阳。东南、西南：组合遮阳。东、西：挡板遮阳。选项A为水平，选项B为组合，选项C为挡板，选项D为垂直。

10.5-7［2022（5）-33］北回归线以南房屋北向窗遮阳形式为（　　）。

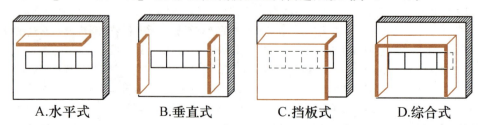

A.水平式　　　B.垂直式　　　C.挡板式　　　D.综合式

答案：B

解析：参见考点 15 中"遮阳的基本形式"相关内容。东北、西北及北回归线以南地区的北向宜采用垂直遮阳。

10.5-8［2022（12）-34］固定式遮阳的形式和适宜朝向关系正确的是（　　）。

A. 水平遮阳，东北向

B. 垂直遮阳，西北向

C. 综合遮阳，西北向

D. 挡板遮阳，南向

答案：B

解析：水平式：适合太阳高度角大，从窗口上方来的太阳辐射（南向）。垂直式：适合太阳高度角较小，从窗口侧方来的太阳辐射（东北、西北）。组合式：适合太阳高度角中等，窗前斜方来的太阳辐射（东南、西南）。挡板式：适合太阳高度角较小，正射窗口的太阳辐射（东、西）。

考点 16：自然通风的组织【★★★★】

影响自然通风的因素	1. 空气压力差。【2022（5）】 **风压作用**：风作用在建筑面上产生的风压差，如图 10.5-7 所示。当风吹向建筑时，迎风面形成正压，背风面形成负压，带动室内气流。 **热压作用**：室内外空气温差所导致的空气密度差和开口高度差产生的压力差，如图 10.5-8 所示。由于空气温度不同，密度也不同，因此产生压力差，使温度低处的空气流向温度高处。高度差和温度差是形成热压差的主要因素。【2022（12）】 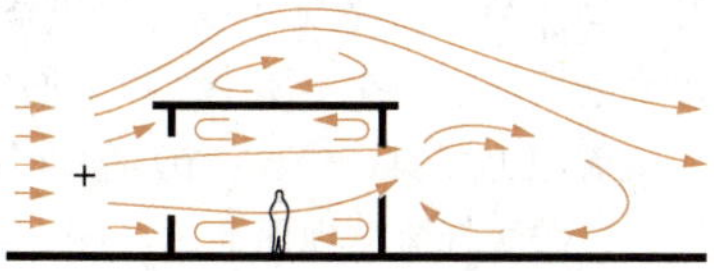 图 10.5-7　风压通风 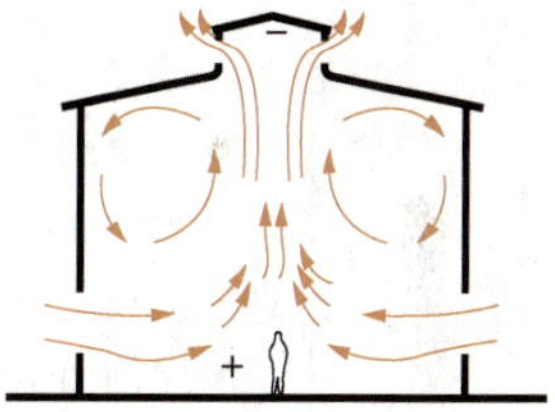　　　图 10.5-8　热压通风 2. 风向投射角。 风向投射角 α：风向投射线与墙面法线的夹角。风向投射角越小，对房间的自然通风越有利
自然通风的要求	民用建筑设计应优先采用自然通风；建筑空间组织和门窗洞口的设置应为自然通风创造条件，有利于引风入室、组织合理的通风路径；受平面布局限制无法形成通风路径时，宜设置辅助通风装置；管路、设备等不应妨碍建筑的自然通风
自然通风的组织【2022（5）、2021、2020、2019】	1. 建筑设计。 （1）朝向。建筑宜朝向夏季、过渡季节主导风向。建筑朝向与主导风向的夹角：条形建筑不宜大于 30°，点式建筑宜为 30°～60°。 （2）间距及建筑群的布局。建筑群的平面布局形式有行列式（其中又分为并列式、错列式和斜列式）、周边式和自由式；从通风效果来看，错列式、斜列式较并列式、周边式为好。

（3）进深。仅用自然通风的居住建筑，户型进深不应超过12m；公共建筑进深不宜超过40m，进深超过40m时应设置通风中庭或天井。

（4）立面。对单侧通风，迎风面体形凹凸变化对通风效果有影响。凹口较深及内折的平面形式更有利于单侧通风。

2. 室内通风路径的组织。

通风开口包括可开启的外窗和玻璃幕墙、外门、外围护结构上的洞口。通风开口面积越大，越有利于自然通风。

进风口的洞口平面与主导风向间的夹角不应小于45°，否则宜设置引风装置。

开口位置设在中央，气流直通对流场，分布均匀有利；当开口偏在一侧时，容易使气流偏移，导致部分区域有涡流现象，甚至无风。理想的结果是在建筑内形成穿堂风。

开口面积的大小既对室内流场分布的大小有影响，同时也对室内空气流速有影响。

图10.5-9说明开口位置与气流路线的关系，图中（a）、（b）为开口在中央和偏一边时的气流情况，（c）为设导板情况。

自然通风的组织
【2022（5）、2021、2020、2019】

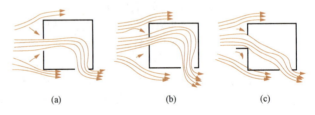

| (a) | (b) | (c) |

图10.5-9　开口位置与气流路线关系

在建筑剖面上，开口高低与气流路线亦有密切关系，图10.5-10说明了这一关系，图中（a）、（b）为进气口中心在房屋中线以上的单层房屋剖面示意图，（a）为进气口顶上无挑檐，气流向上倾斜；（c）、（d）为进气口中心在房屋中线以下的单层房屋剖面示意图，（c）做法气流贴地面通过，（d）做法则气流向上倾斜。

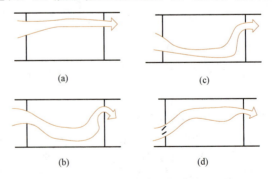

| (a) | (c) |
| (b) | (d) |

图10.5-10　开口高低与气流路线关系

在中国五大气候区中的三个气候区中（**夏热冬冷地区、夏热冬暖地区、寒冷地区**），夏季气温较高，空调降温的需求明显，且土壤温度在夏季相对较低，采用地道土壤对空气进行降温后送入室内，可以改善室内原有的无空调情况下的温热环境。建筑应用地道风时，要求地下空间联通室内外且保持相对室内正压。【2024】

类型	图示
地下室冷却通风	
半地下空间冷却通风	
地通风	

地下腔体通风见表 10.5 - 3。

表 10.5 - 3　　　　　　　　　**地下腔体通风**

注：大地是巨大蓄热体，地下冬暖夏凉，地下和半地下空间参与到通风环节，夏季起冷却作用，冬季起预热作用，可有效改善室内热环境。

3. 门窗装置。

增大开启角度，可改善通风效果。【2022（12）】

檐口挑出过小而窗的位置很高时风很难进入室内，如图 10.5 - 11（a）所示；加大挑檐宽度能导风入室，但室内流场靠近上方，如图 10.5 - 11（b）所示；如果再用内开悬窗导流，使气流向下通过，有利于工作面的通风，如图 10.5 - 11（c）所示；它接近于窗位较低时的通风效果，如图 10.5 - 11（d）所示。

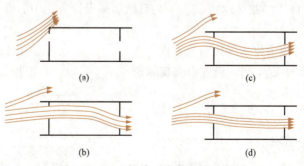

图 10.5 - 11　挑檐、悬窗的导风作用

4. 电扇调风。

利用电扇可调节室内风场分布，增加室内空气流速，提高人体的热舒适感。

（左栏）自然通风的组织【2022（5）、2021、2020、2019】

自然通风的组织 【2022（5）、2021、 2020、2019】	5. 利用绿化改变气流状况。 室外成片的绿化能对室外气流起阻挡和导流作用。合理绿化布置可改变建筑周围的流场分布，引导气流进入室内

10.5-9〔2024-47〕如图 10.5-12 所示的通风降温技术，下列说法错误的是（　　）。

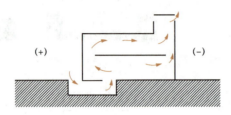

图 10.5-12

A. 利用土壤的蓄热性能对空气进行降温

B. 仅适用于夏热冬冷地区和夏热冬暖地区

C. 地下空间与土壤有较大接触面积保持相对低温

D. 要求地下空间联通室内外且保持相对室内正压

答案：B

解析：地道风建筑降温技术适用于中国五大气候区中的三个气候区中（夏热冬冷地区、夏热冬暖地区、寒冷地区）。

10.5-10〔2022（12）-33〕采用自然通风方式，当窗户完全开启，四个同等面积窗户通风量最大的是（　　）。

A. 水平推拉 　　　　B. 外开平开 　　　　C. 中悬窗 　　　　D. 上悬窗

答案：B

解析：平开窗最大特点是密封性能好，窗扇能全部打开，便于通风。同等面积下外开平开窗通风量最大。

10.5-11〔2022（12）-36〕下列自然通风设计方法中，提高通风能力，采用增加风压的措施是（　　）。

A. 通过地道将室外风引入室内 　　　　B. 在进风口外围设置水面

C. 提高中庭空间，设置中庭高侧窗 　　　　D. 外围护设置曲面挑檐

A. 　　　　　　B. 　　　　　　C. 　　　　　　D.

答案：D

解析：檐口挑出过小而窗的位置很高时风很难进入室内，选项 D 加大挑檐宽度能导风入室，增加风压差。

10.5‑12〔2019‑25〕为改善夏季室内风环境质量，下图中不属于设置挡风板来改善室内自然通风状况的是（   ）。

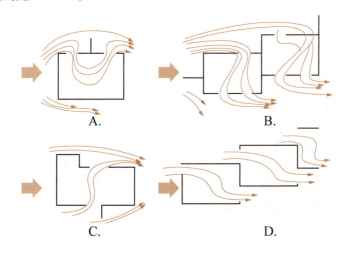

答案：D

解析：选项 A、B、C 都在建筑上设置或者利用外墙，改变了气流方向，从而改善室内空气气流。

考点 17：自然能源利用与防热降温

太阳能降温	使用太阳能空调，目前尚未普及。有效的方法为将用于热水和采暖的太阳能集热器置于屋顶或阳台护栏上，遮挡部分屋面和外墙
夜间通风—对流降温	全天持续自然通风并不能达到降温目的。而改用**间歇通风**，即白天（特别是午后）关闭门窗、限制通风，减少蓄热；夜间开窗，让室外相对干、冷的空气穿越室内，达到散热降温的效果
地冷空调	在地下埋入管道，让室外空气流经地下管道降温后再送入室内的冷风降温系统，既降低室温，又节约能源
被动蒸发降温	在建筑物的外表面喷水、淋水、蓄水，或用多孔含湿材料保持表面潮湿，使水蒸发而获得自然冷却的效果
长波辐射降温	夜间建筑外表面通过**长波辐射**向大空散热，采取措施可强化降温效果

第六节　外围护结构的蒸汽渗透和冷凝

考点 18：外围护结构内部冷凝的检验【★★★】

基础概念	蒸汽渗透强度：**在单位时间内通过单位截面积的蒸汽量**，称为蒸汽渗透强度，单位为 $g/(m^2 \cdot h)$。 多层平壁材料层内水蒸气分压力的分布：在稳定传湿条件下，多层平壁材料层内水蒸气分压力的分布与稳定传热时材料层内的温度分布相似

判别依据	当出现内部冷凝时，冷凝界面处的水蒸气分压力已大于该界面温度下的饱和水蒸气分压力 p
判别步骤	（1）计算围护结构各层水蒸气分压力，并做出水蒸气分压力 p 分布曲线； （2）由已知条件 t_i、t_e、d_i、λ_i，确定围护结构各材料界面的温度 θ_m； （3）由各界面温度 θ_m，做出各界面相应的饱和蒸汽压 p_s 的分布曲线； （4）判断围护结构内是否产生冷凝，p 分布曲线与 p_s 分布曲线相交，内部产生冷凝，如图 10.6-1（a）所示；若不相交，则不产生冷凝，如图 10.6-1（b）所示 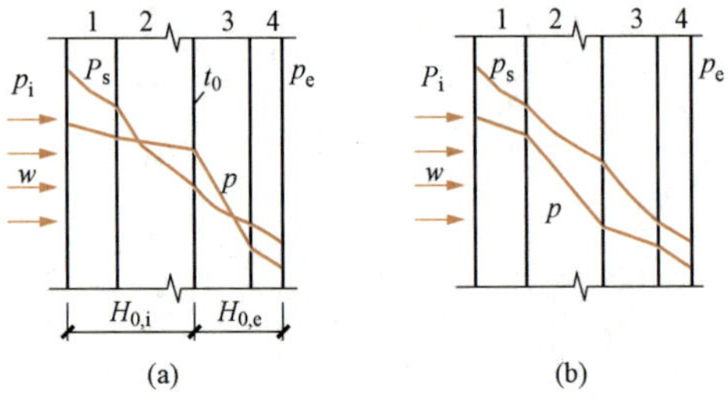 图 10.6-1　围护结构内部冷凝的检验 （a）内部出现冷凝；（b）内部不出现冷凝
冷凝界面的确定	围护结构内部出现冷凝，一般是材料的蒸汽渗透系数出现由大变小的界面且界面温度比较低的情况。**通常把最容易出现冷凝，且冷凝最严重的界面称为冷凝界面。**冷凝界面一般出现在沿蒸汽渗透的方向**绝热材料和其后密实材料交界面处**，如图 10.6-2 所示【2022（5）、2020】 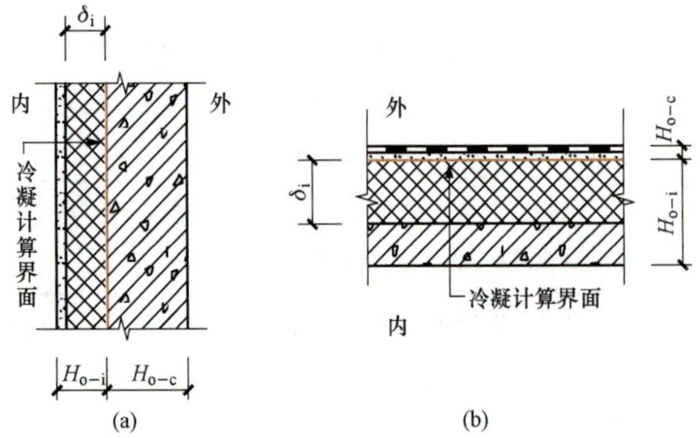 图 10.6-2　冷凝计算界面 （a）外墙；（b）屋顶

10.6-1［2022（5）-31］图 10.6-3 中冷凝计算界面是（　　）。

A. 界面 1　　　　　　　　　　　　B. 界面 2

C. 界面 3　　　　　　　　　　　　D. 界面 4

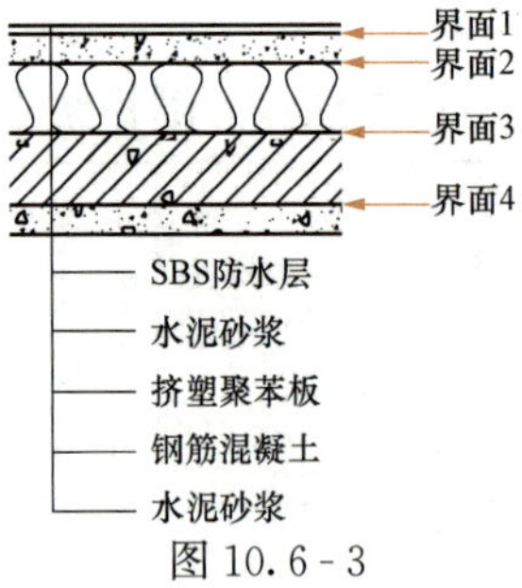

答案： B

解析： 冷凝计算界面的位置，应取保温层与外侧密实材料层的交界处，如图 10.6-3 所示。

图 10.6-3

防止和控制 表面冷凝	1. 正常湿度房间。 保证围护结构满足保温设计的要求；房间使用中保持围护结构内表面气流通畅；当供热设备放热不均匀时，围护结构内表面应该采用**蓄热系数大**的材料。 2. 高湿房间。 设置防水层；间歇使用的高湿房间，围护结构内表面可增设吸湿能力强且本身又耐潮湿的饰面层或涂层，防止水滴形成；可设吊顶，将滴水有组织地引走；使用机械方式，加强屋顶内表面处的通风，防止水滴形成
防止和控制 内部冷凝	1. 合理布置围护结构内部材料层次。 在材料层次的布置应尽量符合**"进难出易"**的原则，如图 10.6-4 所示。【2022（12）】 2. 设置隔汽层（图 10.6-5）。 1）设置隔汽层的条件。 必须同时满足：围护结构内部产生冷凝；由冷凝引起的保温材料重量湿度增量超过保温材料重量湿度的允许增量。 2）隔汽层的位置。【2022（5）、2021、2019】 **隔汽层的位置应布置在蒸汽流入的一侧**。 对采暖房间，应布置在**保温层的内侧**；对冷库建筑应布置在**隔热层的外侧**。 3. 设置通风间层或泄气沟道。 在保温层外设置通风间层或泄气沟道，可将渗透的水蒸气借助流动的空气及时带走，对保温层有风干作用。 4. 冷侧设置密闭空气层。 在冷侧设置密闭空气层，可使处于较高温度侧的保温层经常干燥 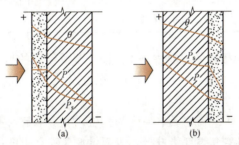 图 10.6-4　材料布置层次对内部冷凝的影响　　图 10.6-5　设置隔汽层 （a）易进难出，有内部冷凝；（b）难进易出，无内部冷凝

10.6-2［2022（12）-31］下列保温屋面构造做法，错误的是（　　）。

A. 外保温层设置在蒸汽冷的一侧　　　　　　B. 屋面防水层有泄气沟道

C. 隔汽层设置在温度高的一侧　　　　　　　D. 蒸汽渗透阻小的放在室内侧

答案： D

解析： 采用多层围护结构时，材料层次的布置应尽量使水蒸气渗透的通路成为"进难出易"。采暖建筑，应将蒸汽渗透阻较大的密实材料布置在内侧，而将蒸汽渗透阻较小的材料布置在外侧。

10.6 - 3〔2019 - 31〕外墙外保温系统的隔汽层应设置在（　　　　）。

A. 保温层的室外侧　　　　　　　　　　　B. 外墙的室内侧

C. 保温层的室内侧　　　　　　　　　　　D. 保温层中间

答案：C

解析：隔汽层应设置在蒸汽流入的一侧，即保温层的室内侧。

考点 20：夏季结露与防止措施【★★】

夏季结露的原因	夏季结露是建筑中的一种大强度的差迟凝结现象。当春末室外空气温度和湿度骤然增加，建筑物中物体表面的温度由于本身热容量的影响而上升缓慢，滞后若干时间而低于室外空气的露点温度，以致高温高湿的室外空气流经室内低温表面时，必然会在物体表面产生结露，形成大量的冷凝水。 　　非透光围护结构中的热桥部位应进行表面结露验算，并应采取保温措施确保热桥内表面温度高于房间空气露点温度
防止夏季结露的措施	(1) 采用蓄热系数小的材料作表面材料。蓄热系数小的材料，其热惰性小，室外空气温度升高时，材料表面温度也随之上升，减少了材料表面与空气之间的温度差，从而减少了表面结露的机会。 (2) 采用多孔吸湿材料作地板的表面材料。 (3) 架空层防结露。 (4) 采用空气层防止和控制地面泛潮。 (5) 利用建筑构造控制结露。 (6) 建筑的使用管理要利于防潮 (7) 水泥砂浆、混凝土、石材以及水磨石等材料的蓄热系数大，容易泛潮，不宜作为地面表层材料；而木地面、黏土地面、三合土地面的蓄热系数小，有一定的吸湿作用，一般就不会泛潮【2024】

10.6 - 4〔2024 - 44〕下列地板表面材料中，不能防止夏季结露的是（　　　　）。

A. 陶土砖　　　　　　B. 水磨石　　　　　　C. 泥土面　　　　　　D. 木地板

答案：B

解析：想要防止夏季结露，①地面应具有一定的热阻，减少地面向土层的传热；②地面表层材料应尽量不具蓄热性，当空气温度上升时，表面温度能随之上升；③表层材料有一定的吸湿作用，以吸纳表层偶尔凝结的水分。水泥砂浆、混凝土、石材以及水磨石等材料无法满足上述的 3 个条件，容易泛潮，不宜作为地面表层材料。

第七节　建　筑　日　照

考点 21：日照的基本原理【★】

地球围绕太阳运行的规律	地球绕太阳公转，公转一周的时间为一年。公转轨道平面叫黄道面。地轴与黄道面约成 $66°33'$ 的交角。在公转的运行中，这个交角和地轴的倾斜方向固定不变，使太阳光线直射的范围，在南北纬 $23°27'$ 之间作周期性的变动，从而形成了春夏秋冬四季的更替

太阳赤纬角	**赤纬角为太阳光线与赤道面的夹角，用δ表示**，单位为度。 地球围绕太阳公转一年的行程中，不同季节有不同的太阳赤纬角。太阳赤纬角的变化范围是：**−23°27′～23°27′**。从春分、夏至到秋分，太阳赤纬角δ>0；从秋分、冬至到春分，太阳赤纬角δ<0
时角	**太阳所在的时圈与通过当地正南方向的时圈（子午圈）构成的夹角称为时角，用符号Ω表示，单位为度。** **正午：Ω=0；下午：Ω>0；上午：Ω<0** 地球自转一周为一天，即24h，因而每小时的时角为**15°**
太阳位置的确定	一天中太阳高度角 h_s 和方位角 A_s 的变化如图 10.7-1 所示。 **太阳高度角为太阳光线和地平面的夹角**，单位为度。 **太阳方位角为太阳光线在地平面上的投影线与地平面正南方向所夹的角**，单位为度 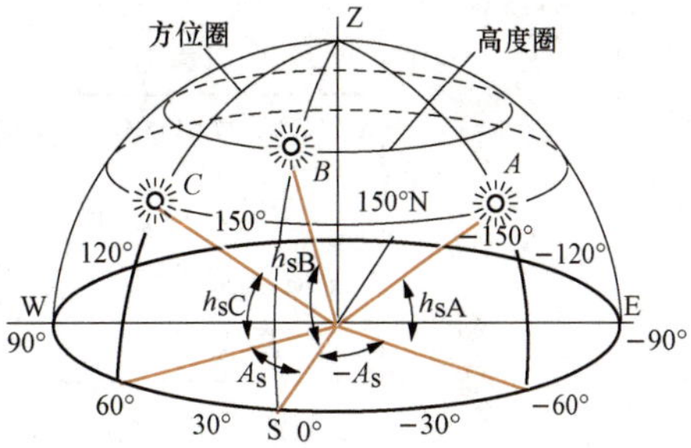 图 10.7-1　一天中太阳高度角 h_s 和 方位角 A_s 的变化
棒影图的原理	如图 10.7-2 所示，影的长度 L 和影的方位角 A_s 为： $$L = H \cdot \coth_s$$ $$A'_s = A_s + 180°$$ 式中　H——棒高，m； 　　　A_s——太阳的方位角，deg 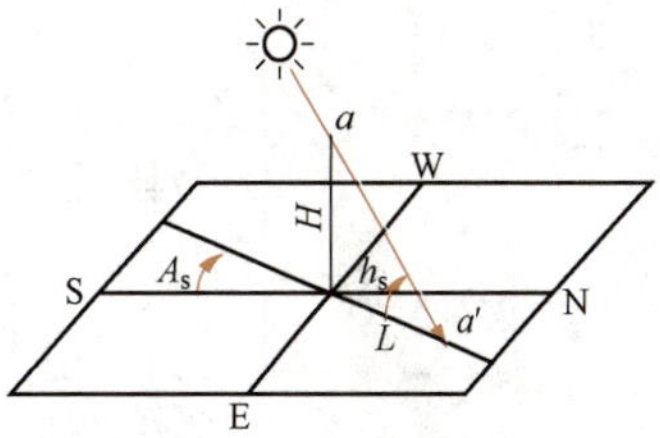 图 10.7-2　棒影图的原理
棒影图的应用	建筑物阴影区和日照区的确定； 确定建筑物日照时间和遮阳尺寸； 确定适宜的建筑间距和朝向

考点 22：日照有关规范【★★★★】

住宅建筑日照标准	《城市居住区规划设计标准》（GB 50180—2018）相关规定。 4.0.9　住宅建筑的间距应符合表 4.0.9（表 10.7-1）的规定；对特定情况，还应符合下列规定：【2021】 1 老年人居住建筑日照标准不应低于**冬至**日照时数**2h**。 2 在原设计建筑外增加任何设施不应使相邻住宅原有日照标准降低，既有住宅建筑进行无障碍改造加装电梯除外。

| 住宅建筑日照标准 | 3 旧区改建项目内新建住宅建筑日照标准不应低于**大寒日**日照时数**1h**。【2022（5）、2019】 |

表 10.7-1　　住宅建筑日照标准

建筑气候区划	Ⅰ、Ⅱ、Ⅲ、Ⅶ气候区		Ⅳ气候区		Ⅴ、Ⅵ气候区
城区常住人口/万人	≥50	<50	≥50	<50	无限定
日照标准日	大寒日				冬至日
日照时数/h	≥2		≥3		≥1
有效日照时间带（当地真太阳时）	8～16 时				9～15 时
计算起点	底层窗台面				

注：底层窗台面是指距室内地坪 0.9m 高的外墙位置。

不同方位的日照间距系数控制可采用表 10.7-2 不同方位日照间距折减系数进行换算。

表 10.7-2　　　　不同方位间距折减系数

方位	0°～15°	15°～30°	30°～45°	45°～60°	>60°
折减系数	1.0L	0.9L	0.8L	0.9L	0.95L

| 其他建筑类型日照标准 | 《老年人照料设施建筑设计标准》（JGJ 450—2018）相关规定。

5.2.1　居室应具有天然采光和自然通风条件，日照标准不应低于**冬至日**日照时数**2h**。当居室日照标准低于**冬至日**日照时数**2h**时，老年人居住空间日照标准应按下列规定之一确定：

1 同一照料单元内的单元**起居厅**日照标准不应低于冬至日日照时数 2h。

2 同一生活单元内至少 1 个**居住空间**日照标准不应低于冬至日日照时数 2h

《托儿所、幼儿园建筑设计规范》（JGJ 39—2016）相关规定。

3.2.8　托儿所、幼儿园的幼儿生活用房应布置在当地最好朝向，**冬至日**底层满窗日照不应小于**3h**

《中小学校设计规范》（GB 50099—2011）相关规定。

4.3.3　普通教室**冬至日**满窗日照不应少于**2h** |

| 大寒日、冬至日太阳位置（图 10.7-3） | **大寒日**是二十四节气中的最后一个节气，**冬至日**是一年中**日照时间最短**的一天。

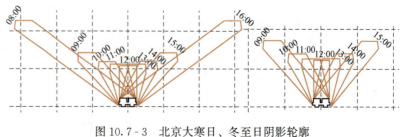

图 10.7-3　北京大寒日、冬至日阴影轮廓 |

10.7-1［2022（5）-32］旧区改建最低日照标准为（ ）。

A. 大寒日 1 小时　　　B. 大寒日 2 小时　　　C. 冬至日 1 小时　　　D. 冬至日 2 小时

答案：A

解析：参见《城市居住区规划设计标准》（GB 50180—2018）第 4.0.9-3 条。

第八节 建 筑 节 能

考点 23：居住建筑节能设计标准【★★★★】

《严寒和寒冷地区居住建筑节能设计标准》（JGJ 26—2018）相关规定	总则与术语	2.1.1 **体形系数。** 建筑物与室外大气接触的外表面积与其所包围的体积的比值。外表面积中，不包括地面和不供暖楼梯间等公共空间内墙及户门的面积。 2.1.2 **围护结构传热系数** 在稳态条件下，围护结构两侧空气为单位温差时，单位时间内通过单位面积传递的热量。 2.1.3 **围护结构单元的平均传热系数。** 考虑了围护结构单元中存在的热桥影响后得到的传热系数，简称：平均传热系数。 2.1.4 **窗墙面积比。** 窗户洞口面积与房间立面单元面积（即建筑层高与开间定位线围成的面积）之比。 2.1.5 **建筑遮阳系数。** 在照射时间内，同一窗口（或透光围护结构部件外表面）在有建筑外遮阳和没有建筑外遮阳的两种情况下，接收到的两个不同太阳辐射量的比值。 2.1.8 **参照建筑。** 进行围护结构热工性能权衡判断时，作为计算满足标准要求的全年供暖能耗用的建筑
	气候区属和设计能耗	3.0.1 严寒和寒冷地区城镇的气候区属应符合现行国家标准《民用建筑热工设计规范》（GB 50176）的规定，**严寒**地区分为 **3 个二级区**（1A、1B、1C 区），**寒冷**地区分为 **2 个二级区**（2A、2B 区）
	建筑与围护结构	4.1.1 建筑群的总体布置，单体建筑的平面、立面设计，应考虑冬季利用日照并避开冬季主导风向，严寒和寒冷 A 区建筑的出入口**应考虑防风设计**，寒冷 B 区应考虑夏季通风。 4.1.2 建筑物宜朝向南北或接近朝向南北。建筑物不宜设有三面外墙的房间，一个房间不宜在不同方向的墙面上设置两个或更多的窗。 4.1.6 楼梯间及外走廊与室外连接的开口处应设置窗或门，且该窗和门应能密闭，门宜采用自动密闭措施。 4.1.7 严寒 A、B 区的楼梯间宜供暖，设置供暖的楼梯间的外墙和外窗的热工性能应满足本标准要求。非供暖楼梯间的外墙和外窗宜采取保温措施。

《严寒和寒冷地区居住建筑节能设计标准》（JGJ 26—2018）相关规定	建筑与围护结构	4.1.10　有采光要求的主要功能房间，室内各表面的加权平均反射比不应低于 0.4。 4.2.5　严寒地区**除南向外不应设置凸窗**，其他朝向不宜设置凸窗；寒冷地区**北向的卧室、起居室不应设置凸窗**，北向其他房间和其他朝向不宜设置凸窗。当设置凸窗时，凸窗凸出（从外墙面至凸窗外表面）不应大于 400mm；凸窗的传热系数限值应比普通窗降低 15%，且其不透光的顶部、底部、侧面的传热系数应小于或等于外墙的传热系数。当计算窗墙面积比时，凸窗的窗面积应按窗洞口面积计算。 4.2.8　外窗（门）框（或附框）与墙体之间的缝隙，应采用高效保温材料填堵密实，不得采用普通水泥砂浆补缝。 4.2.9　外窗（门）洞口的侧墙面应做保温处理，并应保证窗（门）洞口室内部分的侧墙面的内表面温度不低于室内空气设计温、湿度条件下的露点温度，减小附加热损失
	供暖、通风、空气调节和燃气	5.2.4　当采用户式燃气供暖热水炉作为供暖热源时，其热效率不应低于现行国家标准《家用燃气快速热水器和燃气采暖热水炉能效限定值及能效等级》（GB 20665）中 2 级能效的要求。 5.2.8　室外管网应进行水力平衡计算，且应在热力站和建筑物热力入口处设置**水力平衡**装置
《夏热冬冷地区居住建筑节能设计标准》（JGJ 134—2010）相关规定	术语	2.0.1　**热惰性指标（D）。** 表征围护结构抵御温度波动和热流波动能力的无量纲指标，其值等于各构造层材料热阻与蓄热系数的乘积之和
	室内热环境设计计算指标	3.0.1　冬季采暖室内热环境设计计算指标应符合下列规定： 1 卧室、起居室室内设计温度应取**18℃**。 2 换气次数应取**1.0 次/h**。 3.0.2　夏季空调室内热环境设计计算指标应符合下列规定： 1 卧室、起居室室内设计温度应取**26℃**。 2 换气次数应取**1.0 次/h**【2020】
	建筑和围护结构热工设计	4.0.6　围护结构热工性能参数计算应符合下列规定： 4 当砖、混凝土等重质材料构成的墙、屋面的面密度 $\rho \geqslant 200\text{kg/m}^2$ 时，可不计算热惰性指标，直接认定外墙、屋面的热惰性指标满足要求。 4.0.8　外窗可开启面积（含阳台门面积）不应小于外窗所在房间地面面积的**5%**。多层住宅外窗宜采用平开窗
《夏热冬暖地区居住建筑节能设计标准》（JGJ 75—2012）相关规定	术语	2.0.1　**外窗综合遮阳系数。** 用以评价窗本身和窗口的建筑外遮阳装置综合遮阳效果的系数，其值为窗本身的遮阳系数 SC 与窗口的建筑外遮阳系数 SD 的乘积
	建筑节能设计计算指标	3.0.1　本标准将夏热冬暖地区划分为南北两个气候区。北区内建筑节能设计应主要考虑夏季空调，兼顾冬季采暖。南区内建筑节能设计应考虑夏季空调，可不考虑冬季采暖。 3.0.2　夏季空调室内设计计算指标应按下列规定取值： 1 居住空间室内设计计算温度：**26℃**。

《夏热冬暖地区居住建筑节能设计标准》（JGJ 75—2012）相关规定	建筑节能设计计算指标	2 计算换气次数：**1.0次/h**。 3.0.3 北区冬季采暖室内设计计算指标应按下列规定取值： 1 居住空间室内设计计算温度：**16℃**。 2 计算换气次数：**1.0次/h**
	建筑和建筑热工节能设计	4.0.11 居住建筑南、北向外窗应采取建筑外遮阳措施，建筑外遮阳系数 SD 不应大于**0.9**。 4.0.15 居住建筑1～9层外窗的气密性能不应低于国家标准《建筑外门窗气密、水密、抗风压性能分级及检测方法》（GB/T 7106—2008）中规定的**4级**水平；10层及10层以上外窗的气密性能不应低于国家标准《建筑外门窗气密、水密、抗风压性能分级及检测方法》（GB/T 7106—2008）中规定的**6级**水平。 4.0.16 居住建筑的屋顶和外墙宜采用下列隔热措施：【2022（5）】 1 反射隔热外饰面。 2 屋顶内设置贴铝箔的封闭空气间层。 3 用含水多孔材料做屋面或外墙面的面层。 4 屋面蓄水。 5 屋面遮阳。 6 屋面种植。 7 东、西外墙采用花格构件或植物遮阳
《温和地区居住建筑节能设计标准》（JGJ 475—2019）相关规定	术语	2.0.1 **被动式技术。** 以非机械电气设备干预手段实现建筑能耗降低的节能技术，具体指在建筑规划设计中通过对建筑朝向的合理布置、遮阳的设置、建筑围护结构的保温隔热技术、有利于自然通风的建筑开口设计等，实现建筑需要的供暖、空调、通风等能耗的降低
	气候子区与室内节能设计计算指标	3.0.2 冬季供暖室内节能计算指标的取值应符合下列规定： 1 卧室、起居室室内设计计算温度应取**18℃**。 2 计算换气次数应取**1.0次/h**
	建筑和建筑热工节能设计	4.2.3 温和A区居住建筑1～9层的外窗及敞开式阳台门的气密性等级不应低于**4级**；10层及以上的外窗及敞开式阳台门的气密性等级不应低于**6级**。温和B区居住建筑的外窗及敞开阳台门的气密性等级不应低于**4级**。 4.3.3 未设置通风系统的居住建筑，户型进深不应超过**12m**。 4.3.5 温和A区居住建筑的外窗有效通风面积不应小于外窗所在房间地面面积的**5%**

10.8-1 [2023-45] 下列热工分区可设置开敞楼梯间和外廊的是（　　）。

A. 夏热冬暖地区　　　　　　　　　　B. 夏热冬冷A区

C. 严寒地区　　　　　　　　　　　　D. 寒冷地区

答案：A

解析：这种题目选最暖和的。根据《民用建筑热工设计规范》（GB 50176—2016）：
4.2.5 严寒地区和寒冷地区的建筑不应设开敞式楼梯间和开敞式外廊，夏热冬冷A区不宜设开敞式楼梯间和开敞式外廊。

10.8-2［2020-30］下列设计指标中，不符合夏热冬冷地区居住建筑室内热环境规定的是（   ）。

A. 冬季采暖卧室、起居室室内设计温度 18~20℃

B. 冬季换气次数 1.0 次/h

C. 夏季空调卧室、起居室室内设计温度 26℃

D. 夏季换气次数 1.0 次/h

答案： A

解析： 参见考点 23 中"建筑节能设计计算指标"的相关内容，冬季采暖卧室、起居室室内设计温度应取 18℃。

考点 24：《公共建筑节能设计标准》（GB 50189—2015）相关规定【★★】

建筑设计	3.2.2　严寒地区甲类公共建筑各单一立面窗墙面积比（包括透光幕墙）均不宜大于 0.60；其他地区甲类公共建筑各单一立面窗墙面积比（包括透光幕墙）均不宜大于 0.70。 3.2.5　夏热冬暖、夏热冬冷、温和地区的建筑各朝向外窗（包括透光幕墙）均应采取遮阳措施；寒冷地区的建筑宜采取遮阳措施。当设置外遮阳时应符合下列规定： 1　东西向宜设置活动外遮阳，南向宜设置水平外遮阳； 2　建筑外遮阳装置应兼顾通风及冬季日照。 3.2.8　单一立面外窗（包括透光幕墙）的有效通风换气面积应符合下列规定； 1　甲类公共建筑外窗（包括透光幕墙）应设可开启窗扇，其有效通风换气面积不宜小于所在房间外墙面积的 10%；当透光幕墙受条件限制无法设置可开启窗扇时，应设置通风换气装置。 2　乙类公共建筑外窗有效通风换气面积不宜小于窗面积的 30%
围护结构 热工设计	3.3.4　屋面、外墙和地下室的热桥部位的内表面温度不应低于室内空气露点温度。 3.3.5　建筑外门、外窗的气密性分级应符合国家标准《建筑外门窗气密、水密、抗风压性能分级及检测方法》（GB/T 7106—2008）中第 4.1.2 条的规定，并应满足下列要求： 1　10 层及以上建筑外窗的气密性不应低于 7 级。 2　10 层以下建筑外窗的气密性不应低于 6 级。 3　严寒和寒冷地区外门的气密性不应低于 4 级。 3.3.6　建筑幕墙的气密性应符合国家标准《建筑幕墙》（GB/T 21086—2007）中第 5.1.3 条的规定且不应低于 3 级

考点 25：《建筑节能与可再生能源利用通用规范》（GB 55015—2021）相关规定【★★★★】

基本规定	2.0.1　新建居住建筑和公共建筑平均设计能耗水平应在 2016 年执行的节能设计标准的基础上分别降低30% 和20%。不同气候区平均节能率应符合下列规定： 1　严寒和寒冷地区居住建筑平均节能率应为75%。 2　除严寒和寒冷地区外，其他气候区居住建筑平均节能率应为65%。 3　公共建筑平均节能率应为72%
	2.0.3　新建的居住和公共建筑碳排放强度应分别在 2016 年执行的节能设计标准的基础上平均降低40%，碳排放强度平均降低 7kgCO_2/(m^2·a) 以上

3.1.2 居住建筑体形系数应符合表 3.1.2（表 10.8-1）的规定。

表 10.8-1 居住建筑体形系数限值

热工区划	建筑层数	
	≤3 层	>3 层
严寒地区	≤0.55	≤0.30
寒冷地区	≤0.57	≤0.33
夏热冬冷 A 区	≤0.60	≤0.40
温和 A 区	≤0.60	≤0.45

3.1.3 严寒和寒冷地区公共建筑体形系数应符合表 3.1.3（表 10.8-2）的规定。

表 10.8-2 严寒和寒冷地区公共建筑体形系数限值

单栋建筑面积 A/m^2	建筑体形系数
300<A≤800	≤0.50
A>800	≤0.40

3.1.4 居住建筑的窗墙面积比应符合表 3.1.4（表 10.8-3）的规定；其中，每套住宅应允许一个房间在一个朝向上的窗墙面积比不大于 0.6 。

表 10.8-3 居住建筑窗墙面积比限值

朝向	窗墙面积比				
	严寒地区	寒冷地区	夏热冬冷地区	夏热冬暖地区	温和 A 区
北	≤0.25	≤0.30	≤0.40	≤0.40	≤0.40
东、西	≤0.30	≤0.35	≤0.35	≤0.30	≤0.35
南	≤0.45	≤0.50	≤0.45	≤0.40	≤0.50

3.1.5 居住建筑的屋面天窗与所在房间屋面面积的比值应符合表 3.1.5（表 10.8-4）的规定。【2014】

表 10.8-4 居住建筑屋面天窗面积的限值

屋面天窗面积与所在房间屋面面积的比值				
严寒地区	寒冷地区	夏热冬冷地区	夏热冬暖地区	温和 A 区
≤10%	≤15%	≤6%	≤4%	≤10%

3.1.6 甲类公共建筑的屋面透光部分面积不应大于屋面总面积的 20%。

3.1.7 设置供暖、空调系统的工业建筑总窗墙面积比不应大于 0.50，且屋顶透光部分面积不应大于屋顶总面积的 15%。

3.1.8 居住建筑非透光围护结构的热工性能指标应符合表 3.1.8-1～表 3.1.8-11 的规定。此处列出表 3.1.8-1（表 10.8-5）和表 3.1.8-8（表 10.8-6）的规定。【2024】

表 10.8-5 严寒 A 区居住建筑围护结构热工性能参数限值

围护结构部位	传热系数 $K/[W/(m^2 \cdot K)]$	
	≤3 层	>3 层
屋面	≤0.15	≤0.15

新建建筑节能设计

围护结构部位	传热系数 K/ [W/(m² · K)]	
	≤3 层	>3 层
外墙	≤0.25	≤0.35
架空或外挑楼板	≤0.25	≤0.35
阳台门下部芯板	≤1.20	≤1.20
非供暖地下室顶板（上部为供暖房间时）	≤0.35	≤0.35
分隔供暖与非供暖空间的隔墙、楼板	≤1.20	≤1.20
分隔供暖与非供暖空间的户门	≤1.50	≤1.50
分隔供暖设计温度温差大于 5K 的隔墙、楼板	≤1.50	≤1.50
围护结构部位	**保温材料层热阻 R/[(m² · K)/W]**	
周边地面	≥2.00	≥2.00
地下室外墙（与土壤接触的外墙）	≥2.00	≥2.00

表 10.8 - 6　夏热冬暖 A 区居住建筑围护结构热工性能参数限值

围护结构部位	传热系数 K/ [W/(m² · K)]	
	热惰性指标 D≤2.5	热惰性指标 D>2.5
屋面	≤0.40	≤0.40
外墙	≤0.70	≤1.50

3.1.9　居住建筑透光围护结构的热工性能指标应符合表 3.1.9-1～表 3.1.9-5 的规定，此处列出表 3.1.9-1（表 10.8-7）的规定。

表 10.8 - 7　严寒地区居住建筑透光围护结构热工性能参数限值

外窗		传热系数 K/ [W/(m² · K)]	
		≤3 层建筑	>3 层建筑
严寒 A 区	窗墙面积比≤0.30	≤1.40	≤1.60
	0.30<窗墙面积比≤0.45	≤1.40	≤1.60
	天窗	≤1.40	≤1.40
严寒 B 区	窗墙面积比≤0.30	≤1.40	≤1.80
	0.30<窗墙面积比≤0.45	≤1.40	≤1.60
	天窗	≤1.40	≤1.40
严寒 C 区	窗墙面积比≤0.30	≤1.60	≤2.00
	0.30<窗墙面积比≤0.45	≤1.40	≤1.80
	天窗	≤1.60	≤1.60

3.1.10　甲类公共建筑的围护结构热工性能应符合表 3.1.10-1～表 3.1.10-6，此处列出表 3.1.10-1（表 10.8-8）和表 3.1.10-5（表 10.8-9）的规定。

新建建筑
节能设计

表 10.8-8　严寒 A、B 区甲类公共建筑围护结构热工性能限值

围护结构部位		体形系数≤0.30	0.30<体形系数≤0.50
		传热系数 K/〔W/(m²·K)〕	
屋面		≤0.25	≤0.20
外墙（包括非透光幕墙）		≤0.35	≤0.30
底面接触室外空气的架空或外挑楼板		≤0.35	≤0.30
地下车库与供暖房间之间的楼板		≤0.50	≤0.50
非供暖楼梯间与供暖房间之间的隔墙		≤0.80	≤0.80
单一立面外窗（包括透光幕墙）	窗墙面积比≤0.20	≤2.50	≤2.20
	0.20<窗墙面积比≤0.30	≤2.30	≤2.00
	0.30<窗墙面积比≤0.40	≤2.00	≤1.60
	0.40<窗墙面积比≤0.50	≤1.70	≤1.50
	0.50<窗墙面积比≤0.60	≤1.40	≤1.30
	0.60<窗墙面积比≤0.70	≤1.40	≤1.30
	0.70<窗墙面积比≤0.80	≤1.30	≤1.20
	窗墙面积比>0.80	≤1.20	≤1.10
屋顶透光部分（屋顶透光部分面积≤20%）		≤1.80	
围护结构部位		保温材料层热阻 R/〔(m²·K)/W〕	
周边地面		≥1.10	
供暖地下室与土壤接触的外墙		≥1.50	
变形缝（两侧墙内保温时）		≥1.20	

表 10.8-9　夏热冬暖地区甲类公共建筑围护结构热工性能限值

围护结构部位		传热系数 K/〔W/(m²·K)〕	太阳得热系数 SHGC（东、南、西向/北向）
屋面		≤0.40	—
外墙（包括非透光幕墙）	围护结构热惰性指标 D≤2.5	≤0.70	—
	围护结构热惰性指标 D>2.5	≤1.50	
单一立面外窗（包括透光幕墙）	窗墙面积比≤0.20	≤4.00	≤0.40
	0.20<窗墙面积比≤0.30	≤3.00	≤0.35/0.40
	0.30<窗墙面积比≤0.40	≤2.50	≤0.30/0.35
	0.40<窗墙面积比≤0.50	≤2.50	≤0.25/0.30
	0.50<窗墙面积比≤0.60	≤2.40	≤0.20/0.25
	0.60<窗墙面积比≤0.70	≤2.40	≤0.20/0.25
	0.70<窗墙面积比≤0.80	≤2.40	≤0.18/0.24
	窗墙面积比>0.80	≤2.00	≤0.18
屋顶透光部分（屋顶透光部分面积≤20%）		≤2.50	≤0.25

3.1.13　当公共建筑入口大堂采用全玻幕墙时，全玻幕墙中非中空玻璃的面积不应超过该建筑同一立面透光面积（门窗和玻璃幕墙）的 **15%**，且应按同一立面透光面积（含全玻幕墙面积）加权计算平均传热系数。

3.1.14　外窗的通风开口面积应符合下列规定：

新建建筑节能设计

255

新建建筑 节能设计	1 夏热冬暖、温和 B 区居住建筑外窗的通风开口面积不应小于**房间地面面积的 10%**或**外窗面积的 45%**，夏热冬冷、温和 A 区居住建筑外窗的通风开口面积不应小于**房间地面面积的 5%**。 3.1.15　建筑遮阳措施应符合下列规定： 1 夏热冬暖、夏热冬冷地区，甲类公共建筑南、东、西向外窗和透光幕墙应采取遮阳措施。 2 夏热冬暖地区，居住建筑的东、西向外窗的建筑遮阳系数不应大于**0.8**。 3.1.17　居住建筑外窗玻璃的可见光透射比不应小于**0.40**。 3.1.18　居住建筑的主要使用房间（卧室、书房、起居室等）的房间窗地面积比不应小于**1/7**
附录 B 建筑分类及 参数计算	B.0.1　公共建筑的分类应符合下列规定： 1 单栋建筑面积大于 300m² 的建筑或单栋面积小于或等于 300m² 但总建筑面积大于 1000m² 的公共建筑群，应为**甲类**公共建筑。 2 除甲类公共建筑外的公共建筑，为**乙类**公共建筑 B.0.3　建筑窗墙面积比的计算应符合下列规定： 1 居住建筑的窗墙面积比按照**开间**计算；公共建筑的窗墙面积比按照**单一立面朝向**计算；工业建筑的窗墙面积比按照**所有立面**计算。 2 凸凹立面朝向应按其所在立面的朝向计算。 3 楼梯间和电梯间的外墙和外窗均应参与计算。 4 外凸窗的顶部、底部和侧墙的面积**不应计入**外墙面积。 5 凸窗面积应按**窗洞口面积**计算。 B.0.4　建筑外窗（包括透光幕墙）的有效通风换气面积应为开启扇面积和窗开启后的空气流通界面面积的**较小值**。 B.0.5　朝向应按下列规定选取： 1 **严寒、寒冷**地区建筑朝向中的"北"应为从**北偏东小于 60°至北偏西小于 60°**的范围；"东、西"应为从东或西偏北小于或等于 30°至偏南小于 60°的范围；"南"应为从南偏东小于等于 30°至偏西小于或等于 30°的范围。 2 其他气候区建筑朝向中的"北"应为从**北偏东小于 30°至北偏西小于 30°**的范围；"东、西"应为从东或西偏北小于或等于 60°至偏南小于 60°的范围；"南"应为从南偏东小于或等于 30°至偏西小于或等于 30°的范围
附录 C 建筑围护 结构热工 性能权衡 判断	C.0.2　建筑围护结构热工性能的权衡判断采用对比评定法，公共建筑和居住建筑判断指标为**总耗电量**，工业建筑判断指标为**总耗煤量**，并应符合下列规定： 1 对公共建筑和居住建筑，总耗电量应为全年供暖和供冷总耗电量；对工业建筑，总耗煤量应为全年供暖耗热量和供冷耗冷量的折算标煤量。 2 当设计建筑总耗电（煤）量不大于参照建筑时，应判定围护结构的热工性能符合本规范的要求。 3 当设计建筑的总能耗大于参照建筑时，应调整围护结构的热工性能重新计算，直至设计建筑的总能耗不大于参照建筑。 C.0.3　参照建筑的**形状、大小、朝向、内部的空间划分、使用功能**应与设计建筑完全一致。参照建筑围护结构应符合本规范 3.1.2～3.1.10 的规定；本规范未作规定时，参照建筑应与设计建筑一致。建筑功能区除设计文件明确为非空调区外，均应按设置供暖和空气调节系统计算

10.8-3［2024-42］在我国建筑节能标准中，用于确定建筑围护结构保温性能和供暖能耗计算的热工性能参数是（　　　）。

A. 蓄热系数　　　　　　B. 热惰性指标　　　　　　C. 传热系数　　　　　　D. 衰减倍数

答案： C

解析： 根据《建筑节能与可再生能源利用通用规范》（GB 55015—2021）表 3.1.8 的规定，围护结构热工性能参数有传热系数 K 和保温材料层热阻 R。

10.8-4［2024-43］在夏热冬暖地区，居住建筑的屋面天窗面积与所在房间屋面面积的比值应为（　　　）。

A.≤15%　　　　　　B.≤10%　　　　　　C.≤6%　　　　　　D.≤4%

答案： D

解析： 根据《建筑节能与可再生能源利用通用规范》（GB 55015—2021）表 3.1.5 的规定，夏热冬暖地区屋面天窗面积与所在房间屋面面积的比值小于或等于 4%。

10.8-5［2022（12）-30］下列四种体形的建筑，当体积相同时，最有利于降低采暖能耗的是（　　　）。

A.　　　　　　　B.　　　　　　　C.　　　　　　　D.

答案： A

解析： 体形系数越小的建筑，越有利于降低采暖能耗。体形系数＝外表面积/体积，当体积相同时，选项 A 正方体的外表面积最小，最有利于节能。

10.8-6［2022（12）-35］下列图示四个北方寒冷地区建筑中庭，能耗最少的是(　　　)。

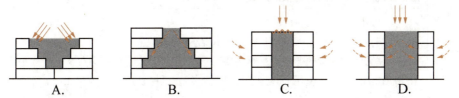

A.　　　　　　　B.　　　　　　　C.　　　　　　　D.

答案： A

解析： 四个选项体形系数一样，只是中庭形式不同，在寒冷地区，选项 A 采光得热多，能耗最少。

考点 26：《工业建筑节能设计统一标准》（GB 51245—2017）相关规定【★】

	3.1.1 工业建筑节能设计应按表 3.1.1（表 10.8-10）进行分类设计。		
工业建筑节能设计分类与基本原则	表 10.8-10　　　　　　工业建筑节能设计分类		
	类别	环境控制及能耗方式	建筑节能设计原则
	一类工业建筑	供暖、空调	通过围护结构保温和供暖系统节能设计，降低冬季供暖能耗；通过围护结构隔热和空调系统节能设计，降低夏季空调能耗
	二类工业建筑	通风	通过自然通风设计和机械通风系统节能设计，降低通风能耗

工业建筑节能设计分类与基本原则	一类工业建筑：**冬季以供暖能耗为主，夏季以空调能耗为主，通常无强污染源及强热源**。二类工业建筑：**以通风能耗为主**，通常有强污染源或强热源。 对于一类工业建筑，代表性行业有计算机、通信和其他电子设备制造业，食品制造业，烟草制品业，仪器仪表制造业，医药制造业，纺织业等。凡是有供暖空调系统能耗的工业建筑，均执行一类工业建筑相关要求。 对于二类工业建筑，代表性行业有金属冶炼和压延加工业，石油加工、炼焦和核燃料加工业，化学原料和化学制品制造业，机械制造等。 **强污染源**是指生产过程中散发较多的有害气体、固体或液体颗粒物的源项，要采用专门的通风系统对其进行捕集或稀释控制才能达到环境卫生的要求。 **强热源**是指在工业加工过程中，具有生产工艺散发的个体散热源，如热轧厂房以及烧结、锻铸、熔炼等热加工车间
建筑和热工设计	4.1.10 严寒和寒冷地区一类工业建筑体形系数应符合表 4.1.10（表 10.8-11）的规定。 **表 10.8-11　　严寒和寒冷地区一类工业建筑体形系数** 表格见下 4.1.11 一类工业建筑总窗墙面积比不应大于 0.50，当不能满足本条规定时，必须进行权衡判断。 4.1.12 一类工业建筑屋顶透光部分的面积与屋顶总面积之比不应大于 0.15，当不能满足本条规定时，必须进行权衡判断 4.3　围护结构热工设计 （1）门窗设计。外窗外窗可开启面积不宜小于窗面积的 30%。 （2）屋顶隔热。夏热冬冷或夏热冬暖地区，当屋顶离地面平均高度小于或等于 8m 时，采用屋顶隔热措施。采用通风屋顶隔热时，其通风层长度不宜大于 10m，空气层高度宜为 0.2m

表 10.8-11　　严寒和寒冷地区一类工业建筑体形系数

单栋建筑面积 A/m^2	建筑体形系数
$A>3000$	$\leqslant 0.3$
$800<A\leqslant 3000$	$\leqslant 0.4$
$300<A\leqslant 800$	$\leqslant 0.5$

考点 27：《绿色建筑评价标准》（GB/T 50378—2019，2024 年版）相关规定【★】

绿色建筑	在全寿命期内，节约资源、保护环境、减少污染，为人们提供健康、适用、高效的使用空间，最大限度地实现人与自然和谐共生的高质量建筑
标准适用范围	本标准适用于民用建筑绿色性能的评价
绿色建筑评价	1. 评价对象。 绿色建筑评价应以单栋建筑或建筑群为评价对象，在建筑工程竣工后进行。绿色建筑预评价应在建筑工程施工图设计完成后进行。 2. 评价指标体系。 绿色建筑评价指标体系应由**安全耐久、健康舒适、生活便利、资源节约、环境宜居**5 类指标组成，且每类指标均包括控制项和评分项见表 10.8-12；评价指标体系还统一设置加分项。

表 10.8 - 12		绿 色 建 筑 评 价 分 值					
控制项 基础分值	评分项满分值						加分项 满分值
	安全 耐久	健康 舒适	生活 便利	资源 节约	环境 宜居	
预评价	400	100	100	70	200	100	100
评价	400	100	100	100	200	100	100

绿色建筑评价

3. 等级划分。

绿色建筑等级应由低至高划分为**基本级、一星级、二星级、三星级 4 个等级**。

(1) 基本级：当满足**全部控制项**要求时，绿色建筑等级应为基本级。

(2) 3 个星级等级（一星级、二星级、三星级）。

1) 3 个等级的绿色建筑均应满足本标准全部控制项的要求，且每类指标的评分项得分不应小于其评分项满分值的**30%**。

2) 3 个等级的绿色建筑均应进行**全装修**，全装修工程质量、选用材料及产品质量应符合国家现行有关标准的规定。

3) 满足①②要求，当总得分分别达到**60 分、70 分、85 分**时，绿色建筑等级分别为一星级、二星级、三星级

考点 28：被动式太阳能建筑 【★★★】

定义

被动式太阳能建筑是指利用太阳的辐射能量代替部分常规能源，使建筑物达到一定温度环境的一种建筑。

被动式太阳能建筑以**不使用机械设备**为前提，仅通过建筑设计、节点构造处理、建筑材料恰当选择等有效措施，一方面减少通过围护结构及冷风渗透而造成热损失，利用充分收集、蓄存和分配太阳能热量实现冬季采暖；另一方面尽量多地散热并减少吸收太阳能，依靠加强建筑物的遮挡功能和通风，达到夏季降温的目的

被动太阳能建筑的类型
【2024、2021】

1. 直接受益式（图 10.8 - 1）。

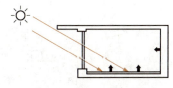

图 10.8 - 1　直接受益式

优点是**升温快、构造简单、造价低**且管理方便。但如果设计不当，很容易引起室温昼夜波动大且白天室内有眩光。

2. 集热蓄热墙式（Trombe 墙）（图 10.8 - 2）。

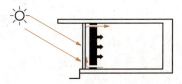

图 10.8 - 2　集热蓄热墙式

被动太阳能建筑的类型【2024、2021】	与直接受益式相比，集热蓄热墙式被动式太阳房室内**温度波动小，居住舒适，但热效率较低**，结构比较复杂，玻璃夹层中间积灰不好清理，影响集热效果，深色立面不太美观，推广有一定的局限性。 3. 附加阳光间式（图 10.8-3）。 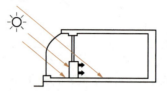 图 10.8-3　附加阳光间式 附加阳光间既可以在白天通过对流风口给房间供热，又可在夜间作为缓冲区，**减少房间热损失**。附加阳光间还可兼作白天休息、活动的场所；与直接受益式相比，采暖房间温度波动和眩光程度得到有效降低。 4. 屋顶集热蓄热式。 (1) 屋顶池式（图 10.8-4）。 (2) 集热蓄热屋顶。 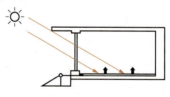 图 10.8-4　屋顶池式 5. 对流环路式（热虹吸式，图 10.8-5） 图 10.8-5　对流环路式

10.8-7［2024-48］下列太阳能利用方式中，不属于被动式太阳能采暖方式的是(　　)。

A. 光电一体式　　　　　　　　　B. 直接受益式

C. 集热墙式　　　　　　　　　　D. 附加日光间式

答案：A

解析：被动式太阳能形式主要有以下几种：①直接受益式；②集热蓄热墙式；③附加阳光间式；④屋顶集热蓄热式；⑤对流环路式（热虹吸式）。光电一体式属于主动式太阳能。

10.8-8［2018-41］以下哪项不属于被动式防热节能技术？(　　)

A. 夜间房间的自然通风

B. 采用冷风机降温

C. 采用种植屋面隔热

D. 利用建筑外表面通过长波辐射向天空散热

答案：B

解析：被动式建筑以不使用机械设备为前提，仅通过建筑设计、节点构造处理、建筑材料恰当选择等有效措施。

考点29：《被动式超低能耗绿色建筑技术导则（试行）（居住建筑）》相关规定【★★★★】

总则	从世界范围看，欧盟等发达国家为应对气候变化、实现可持续发展战略，不断提高建筑能效水平。欧盟2002年通过并于2010年修订的《建筑能效指令》（EPBD），要求欧盟国家在2020年前，所有新建建筑都必须达到近零能耗水平。美国要求2020—2030年"零能耗建筑"应在技术经济上可行；韩国提出2025年全面实现零能耗建筑目标。许多国家都在积极制定超低能耗建筑发展目标和技术政策，建立适合本国特点的超低能耗建筑标准及相应技术体系，超低能耗建筑正在成为建筑节能的发展趋势。 超低能耗建筑主要技术特征为： （1）保温隔热性能更高的非透明围护结构。 （2）保温隔热性能和气密性能更高的外窗。 （3）无热桥的设计与施工。 （4）建筑整体的高气密性。 （5）高效新风热回收系统。 （6）充分利用可再生能源。 （7）至少满足《绿色建筑评价标准》（GB 50378）一星级要求
技术指标	超低能耗建筑能耗指标及气密性指标见表10.8-13。 **表10.8-13　能耗指标及气密性指标**

	气候分区	严寒地区	寒冷地区	夏热冬冷地区	夏热冬暖地区	温和地区
能耗指标	年供暖需求/[kW·h/(m²·a)]	≤18	≤15	≤5		
	年供冷需求/[kW·h/(m²·a)]	≤3.5+2.0×WDH20+2.2×DDH28				
	年供暖、供冷和照明一次能源消耗量	≤60kW·h/(m²·a)[或7.4kgce/(m²·a)]				
气密性指标	换气次数 N_{50}	≤0.6				

设计 【2022（5）、2020、2019】	（一）以气候特征为引导的建筑方案设计。 （二）高性能的建筑保温系统和门窗。 （三）无热桥设计。 （四）建筑气密性设计。 1. 气密层应**连续并包围整个外围护结构**，建筑设计施工图中应明确标注气密层的位置，气密层标注示意图如图10.8-6所示。 2. 对门洞、窗洞、电气接线盒、管线贯穿处等易发生气密性问题的部位，应进行节点设计并对气密性措施进行详细说明。电气接线盒气密性处理示意图如图10.8-7所示。 （五）遮阳设计。 （六）高效新风热回收系统。

设计 【2022（5）、 2020、 2019】	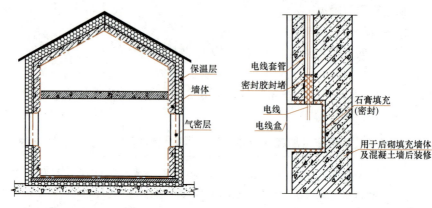 图 10.8-6　气密层标注示意图　　图 10.8-7　电气接线盒气密性 处理示意图 （七）辅助供暖供冷系统。 严寒和寒冷地区宜设置辅助热源，辅助热源不宜采用集中供暖方式；寒冷地区、夏热冬冷及夏热冬暖地区宜设置辅助冷源。辅助热源和冷源宜采用以下方式： （1）严寒地区，当分散供暖时，宜优先采用**燃气**供暖炉；当集中供暖时，宜以地源热泵、工业余热或生物质锅炉为热源，并采用低温供暖方式。有峰谷电价的地区，可利用夜间低谷电蓄热供暖。 （2）寒冷地区宜采用**地源热泵或空气源热泵**。 （3）夏热冬冷地区宜采用**空气源热泵或地源热泵**。 （4）夏热冬暖地区宜采用**分体式空调**。 （八）卫生间和厨房通风。 （九）照明与计量

考点 30：《近零能耗建筑技术标准》（GB/T 51350—2019）相关规定【★★★】

总则	本标准适用于近零能耗建筑的设计、施工、运行和评价
术语	2.0.1　**近零能耗建筑**。 适应气候特征和场地条件，通过被动式建筑设计最大幅度降低建筑供暖、空调、照明需求，通过主动技术措施最大幅度提高能源设备与系统效率，充分利用可再生能源，以最少的能源消耗提供舒适室内环境，且其室内环境参数和能效指标符合本标准规定的建筑，其建筑能耗水平应较国家标准《公共建筑节能设计标准》（GB 50189—2015）和行业标准《严寒和寒冷地区居住建筑节能设计标准》（JGJ 26—2010）、《夏热冬冷地区居住建筑节能设计标准》（JGJ 134—2016）、《夏热冬暖地区居住建筑节能设计标准》（JGJ 75—2012）降低 60%～75% 以上 2.0.2　**超低能耗建筑**。 超低能耗建筑是近零能耗建筑的**初级表现形式**，其室内环境参数与近零能耗建筑相同，能效指标**略低于**近零能耗建筑，其建筑能耗水平应较国家标准《公共建筑节能设计标准》（GB 50189—2015）和行业标准《严寒和寒冷地区居住建筑节能设计标准》（JGJ 26—2010）、《夏热冬冷地区居住建筑节能设计标准》（JGJ 134—2016）、《夏热冬暖地区居住建筑节能设计标准》（JGJ 75—2012）降低 50% 以上。

术语	2.0.3 **零能耗建筑**。 零能耗建筑能是近零能耗建筑的**高级表现形式**，其室内环境参数与近零能耗建筑相同，充分利用建筑本体和周边的可再生能源资源，使可再生能源年产能大于或等于建筑全年全部用能的建筑。 2.0.16 **防水透汽材料**。 对建筑外围护结构室外侧的缝隙进行密封并兼具防水及允许水蒸气透出功能的材料。 2.0.17 **气密性材料**。【2022（5）、2020】 对建筑外围护结构室内侧的缝隙进行密封、防止空气渗透的材料

能效指标	5.0.1 近零能耗居住建筑的能效指标应符合表 5.0.1（表 10.8-14）的规定。【2020】

表 10.8-14　近零能耗居住建筑能效指标

建筑能耗综合值		$\leqslant 55\ [kW \cdot h/(m^2 \cdot a)]$ 或 $\leqslant 6.8\ [kgce/(m^2 \cdot a)]$				
建筑本体 性能指标	供暖年耗热量/$[kW \cdot h/(m^2 \cdot a)]$	严寒 地区	寒冷 地区	夏热冬 冷地区	温和 地区	夏热冬 暖地区
		$\leqslant 18$	$\leqslant 15$	$\leqslant 8$		$\leqslant 5$
	供冷年耗冷量/$[kW \cdot h/(m^2 \cdot a)]$	$\leqslant 3 + 1.5 \times WDH_{20} + 2.0 \times DDH_{28}$				
	建筑气密性（换气次数 N_{50}）	$\leqslant 0.6$		$\leqslant 1.0$		
	可再生能源利用率	$\geqslant 10\%$				

5.0.2 近零能耗公共建筑能效指标应符合表 5.0.2（表 10.8-15）的规定，其建筑能耗值可按本标准附录 B 确定。

表 10.8-15　近零能耗公共建筑能效指标

建筑综合节能率		$\geqslant 60\%$				
建筑本体 性能指标	建筑本体节能率	严寒 地区	寒冷 地区	夏热冬 冷地区	温和 地区	夏热冬 暖地区
		$\geqslant 30\%$		$\geqslant 20\%$		
	建筑气密性（换气次数 N_{50}）	$\leqslant 1.0$		—		
	可再生能源利用率	$\geqslant 10\%$				

5.0.3 超低能耗居住建筑能效指标应符合表 5.0.3（表 10.8-16）的规定。

表 10.8-16　超低能耗居住建筑能效指标

建筑能耗综合值		$\leqslant 65 kW \cdot h/(m^2 \cdot a)$ 或 $\leqslant 8.0 kgce/(m^2 \cdot a)$				
建筑本体 性能指标	供暖年耗热量/$[kW \cdot h/(m^2 \cdot a)]$	严寒 地区	寒冷 地区	夏热冬 冷地区	温和 地区	夏热冬 暖地区
		$\leqslant 30$	$\leqslant 20$	$\leqslant 10$		$\leqslant 5$
	供冷年耗冷量/$[kW \cdot h/(m^2 \cdot a)]$	$\leqslant 3.5 + 2.0 \times WDH_{20} + 2.2 \times DDH_{28}$				
	建筑气密性（换气次数 N_{50}）	$\leqslant 0.6$		$\leqslant 1.0$		

5.0.4 超低能耗公共建筑能效指标应符合表 5.0.4（表 10.8-17）的规定。

	表 10.8 - 17	超低能耗公共建筑能效指					
能效指标	建筑本体性能指标	建筑综合节能率	≥50%				
		建筑本体节能率	严寒地区	寒冷地区	夏热冬冷地区	温和地区	夏热冬暖地区
			≥25%		≥20%		
		建筑气密性（换气次数 N_{50}）	≤1.0		—		

10.8 - 9 ［2020 - 28］下列定义中，不能满足近零能耗建筑技术特征的是（　　）。

A. 超低能耗建筑　　　　　　　　　B. 近零能耗建筑

C. 零能耗建筑　　　　　　　　　　D. 低能耗建筑

答案：D

解析：低能耗不能满足近零能耗。超低能耗建筑是近零能耗建筑的初级表现形式，其室内环境参数与近零能耗建筑相同。零能耗建筑能是近零能耗建筑的高级表现形式，其室内环境参数与近零能耗建筑相同。

10.8 - 10 ［2020 - 29］下列建筑本体性能指标中，不符合不同气候区近零耗能居住建筑能耗指标供暖年耗热量 ［kW·h/(m²·a)］ 规定的是（　　）。

A. 严寒地区≤18　　　　　　　　　B. 寒冷地区≤15

C. 温和地区≤10　　　　　　　　　D. 夏热冬暖地区≤5

答案：C

解析：由考点 30 可知，近零能耗温和地区供暖年耗热量小于或等于 8kW·h/(m²·a)。

第十一章 建 筑 光 学

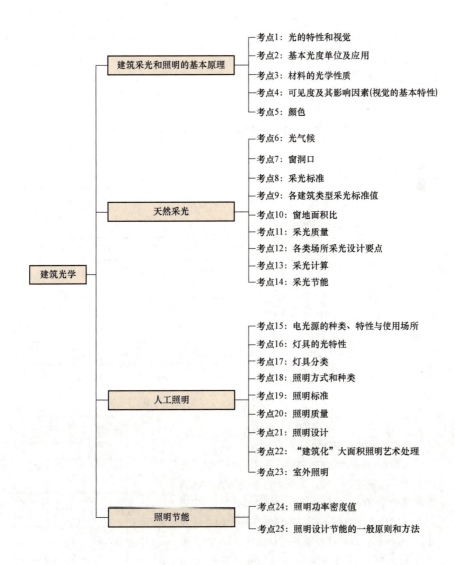

节 名	近5年考试分值统计					
	2024 年	2023 年	2022 年 12 月	2022 年 5 月	2021 年	2020 年
第一节 建筑采光和照明的基本原理	2	3	4	5	4	4
第二节 天然采光	2	4	3	2	4	4
第三节 人工照明	4	1	3	4	3	2
第四节 照明节能	0	0	2	1	1	2
总 计	8	8	12	12	12	12

考点精讲与典型习题

第一节　建筑采光和照明的基本原理

考点 1：光的特性和视觉【★★★】

可见光的定义：波长为380～780nm 的辐射是**可见光**，如图 11.1-1 所示

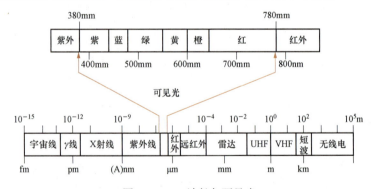

图 11.1-1　波长与可见光

光的特性

光谱光视效率 V（λ）：

　　人眼观看同样功率的辐射，在不同波长时感觉到的明亮程度不一样。人眼的这种特性常用光谱光视效率 $V(\lambda)$ 曲线来表示（图 11.1-2）。它表示在特定光度条件下产生相同视觉感觉时，波长 λm 和波长 λ 的单色光辐射通量的比。λm 选在视感最大值处（明视觉时为 **555nm**，暗视觉为 **507nm**）。明视觉的光谱光视效率以 $V（\lambda)$ 表示，暗视觉的光谱光视效率用 $V'(\lambda)$ 表示。

　　明视觉光谱光视效率 $V(\lambda)$ 蓝颜色约为 0.1，绿颜色约为 1，黄颜色约为 0.7，橙颜色约为 0.4

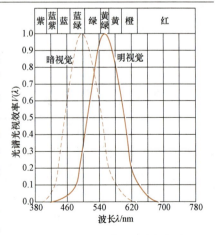

图 11.1-2　光谱光视效率曲线

视觉	锥体细胞 杆体细胞	两种感光细胞有各自的功能特征。 **锥体细胞**在**明亮**环境下对色觉和视觉敏锐度起决定作用，即它能分辨出物体的细部和颜色，并对环境的明暗变化作出迅速的反应，以适应新的环境。【2024】 **杆体细胞**在**黑暗**环境中对明暗感觉起决定作用，它虽能看到物体，但不能分辨其细部和颜色，对明暗变化的反应缓慢。
	视野范围 （图 11.1-3）	人眼的视野：水平面视野为 180°，垂直面 130°；其中向上为 60°，向下为 70°；中心视线往外 30°，看东西清晰，如图 11.1-3 所示 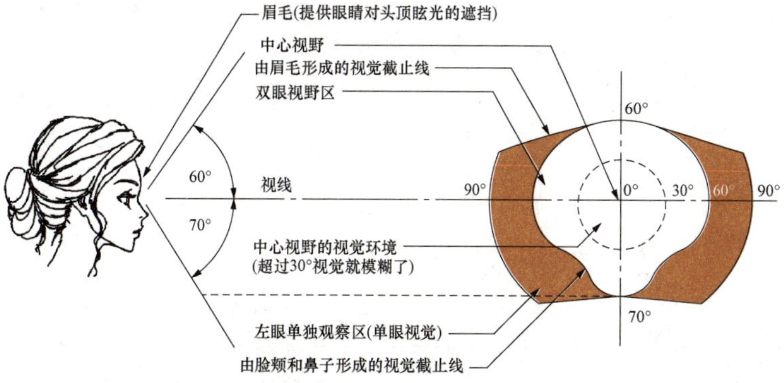 图 11.1-3　视野范围
	明视觉	光亮环境中人眼对 555nm 的**黄绿光**最敏感
	暗视觉	较暗的环境中对 507nm 的**蓝绿光**最敏感

11.1-1［2024-49］办公的明亮环境中，对视觉起主要作用的细胞是（　　）。

A. 杆体细胞　　　　　B. 锥体细胞　　　　　C. 双极细胞　　　　　D. ipRGC 细胞

答案：B

解析：锥体细胞在明亮环境下对色觉和视觉敏锐度起决定作用。

考点 2：基本光度单位及应用【★★】

光通量 【2021】	定义：根据辐射对标准光度观察者的作用导出的光度量，光源发出光的总量。 单位：流明（lm）。 公式： $$\Phi = K_m \Sigma \Phi_{e,\lambda} V (\lambda)$$ 式中　Φ——光通量，lm； 　　　$\Phi_{e,\lambda}$——波长为 λ 的光谱辐射通量，W； 　　　$V(\lambda)$——CIE 光谱光视效率，无量纲（CIE—国际照明委员会）； 　　　K_m——最大光谱光视效能，在明视觉（波长 $\lambda=555nm$）时，K_m 为 683m/W，即 1 光瓦＝683lm

发光强度 【2022（12）、 2019】	**立体角**	球面面积和球心 O 形成的角度。 $$\Omega = \frac{A}{r^2} \ (\text{sr})$$ 球的外表面积 S 球 $=4\pi r^2$。 整个球面形成的立体角，如图 11.1-4 所示。 $$\Omega_{球} = (4\pi r^2)/r^2 = 4\pi = 12.57\text{sr}$$ 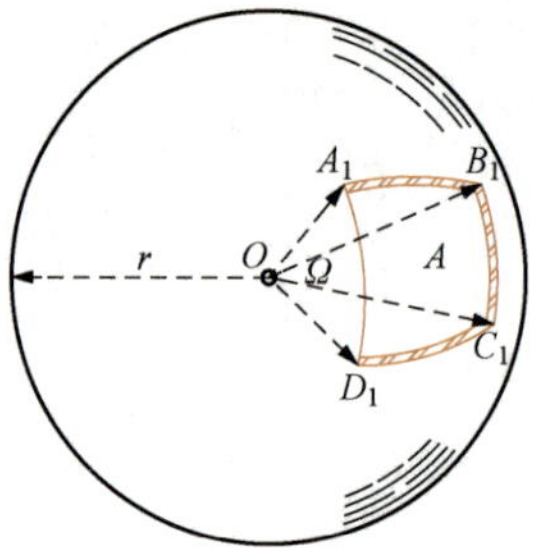 图 11.1-4　立体角
	发光强度	**定义：指光源发出的光通量在空间的分布密度。** 单位：坎德拉（cd）。 公式：$I_\alpha = \dfrac{\mathrm{d}\phi}{\mathrm{d}\Omega}$ （1cd=1lm/sr）
照度		**定义：被照面接收的光通量。** 单位：勒克斯（lx）。 公式：$E = \dfrac{\mathrm{d}\phi}{\mathrm{d}A}$ （lx） （1lx=1lm/m²）单位还有英尺坎德拉（fc），由于 1m²=10.76f²，所以 1fc=10.76lx
发光强度和 照度的关系 【2024、 2022（5）、 2022（12）、 2019】		**平方反比**定律，如图 11.1-5 所示即被照面上的照度与光源的发光强度成**正比**（灯越亮，被照面越亮），与距离的平方成**反比**（离灯越近，被照面越亮） $$E = \frac{I}{r^2} \ (\text{lx})$$ 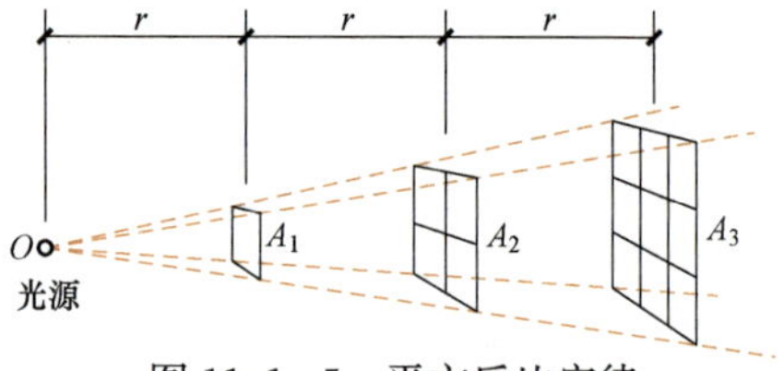 图 11.1-5　平方反比定律
亮度		定义：光源或被照面的明亮程度。光源在给定方向上单位面积中的发光强度。 单位：坎德拉/平方米（cd/m²）。 1 坎德拉/平方米也叫尼特（nt，nit），亮度的单位还有熙提（sb）、阿熙提（asb）。 $$1\text{sb}=1\text{cd/cm}^2, \quad 1\text{sb}=104\text{nt}, \quad 1\text{asb}/\pi=1\text{nt}$$ 公式： $$L_\alpha = \frac{I_\alpha}{A\cos\alpha} \ (\text{cd/m}^2)$$ $$1\text{cd/m}^2 = \frac{1\text{lm}}{1\text{m}^2\,\text{sr}}$$
照度和亮度 的关系		立体角投影定律：某发光面在被照面形成的照度和发光面的亮度成正比；与发光面在被照面上的立体角投影也同样成正比，如图 11.1-6 所示 公式：$$E = L\Omega\cos i$$ 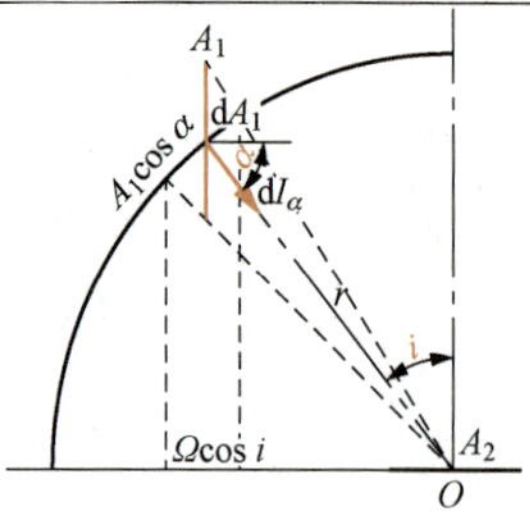 图 11.1-6　立体角投影定律

总结：**光通量**和**发光强度**是描述光源的物理量，**照度**是描述被照面的物理量，**亮度**是描述视觉（即人眼处）得光情况的物理量，四大基本光度单位见表 11.1-1。

表 11.1-1　　　　　　　　　　　　四大基本光度单位

名称	定义	符号	单位【2023】	公式
光通量	光源发出光的总量	Φ	流明（lm）	$\Phi = K_m \Sigma \Phi_{e,\lambda} V (\lambda)$
发光强度	光源发出的光通量在空间的分布密度	I_α	坎德拉 $1cd = 1lm/sr$	$I_\alpha = \dfrac{\mathrm{d}\phi}{\mathrm{d}\Omega}$
照度	被照面接收的光通量	E	勒克斯 $1lx = 1lm/m^2$	$E = \dfrac{\mathrm{d}\phi}{\mathrm{d}A}$
亮度	光源或被照面的明亮程度	L_α	坎德拉每平方（cd/m²）	$L_\alpha = \dfrac{I_\alpha}{A \cdot \cos\alpha}$

11.1-2 [2024-50] 建筑光学中，距离平方反比定律表述正确的是（　　）。

A. 某表面的发光强度和距点光源的距离的平方成反比

B. 某表面的照度和点光源距离的平方成反比

C. 某表面的照度和距观察者的距离的平方成反比

D. 某表面的发光强度和距观察者的距离的平方成反比

答案：B

解析：$E = I/r^2$，照度和点光源距离的平方成反比。

11.1-3 [2023-50] 下列关于光的单位错误的是（　　）。

A. 光通量 lm　　　　　B. 发光强度 cd　　　　　C. 亮度 cd/sr　　　　　D. 照度 lx

答案：C

解析：亮度的单位为 cd/m²。

11.1-4 [2022（12）-13] 光源在给定方向投出的光能量（　　）。

A. 光通量　　　　　B. 发光强度　　　　　C. 明度　　　　　D. 亮度

答案：B

解析：光源在给定方向的单位立体角中发射的光通量定义为光源在该方向的（发）光强（度）。

11.1-5 [2022（12）-14] 办公桌正上方的白炽灯由 20W 换成 40W，距桌面的距离由 1m 升至 2m，则白炽灯正下方桌面的照度有何变化？（　　）

A. 增加 50%　　　　　B. 增加 100%　　　　　C. 减少 50%　　　　　D. 无变化

答案：C

解析：根据照度的平方反比公式，$E = I/r^2$，白炽灯的光强提高 1 倍，距离增加 1 倍，桌面照度减少 50%。

11.1-6 [2021-13] 以下哪个物理量表示一个光源发出的光能量？（　　）

A. 光通量　　　　　B. 照度　　　　　C. 亮度　　　　　D. 色温

答案：A

解析：光通量表示光源发出光的总量。

11.1-7 [2019-13] 观察者与光源距离减小1倍后，下列关于光源发光强度的说法正确的是（　　）。

A. 增加1倍 　　　　B. 增加2倍 　　　　C. 增加4倍 　　　　D. 不变

答案：D

解析：发光强度是光源光通量在空间的分布密度，与观察者距离无关。

11.1-8 [2019-14] 根据辐射对标准光度观察者作用导出的光度量是（　　）。

A. 照度 　　　　B. 光通量 　　　　C. 亮度 　　　　D. 发光强度

答案：B

解析：参见考点2中"光通量"的相关内容。

考点3：材料的光学性质【★★★】

反射比、透射比、吸收比 (图11.1-7)	反射比＋透射比＋吸收比＝1（$\rho+\tau+\alpha=1$） 常见材料反射比与透射比： **石膏**的反射比为0.91，**白乳胶漆表面**反射比为0.84，**水泥砂浆抹面**的反射比为0.32。3～6mm厚的普通玻璃的透射比为0.82～0.78，3～6mm厚的磨砂玻璃的透射比为0.6～0.55	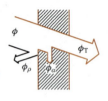 图11.1-7　反射、透射、吸收
规则反射和透射	**规则反射**（定向反射） 能清楚地看到光源的影像，入射角等于反射角，如图11.1-8所示，材料如**玻璃镜、磨光的金属** 图11.1-8　规则反射	**规则透射**（定向透射） 光线穿过材质，遵从折射定律，如图11.1-9所示，材料如**玻璃、有机玻璃** 图11.1-9　规则透射
扩散反射和透射	**漫反射和漫透射** （看不见光源的影像） 漫反射（均匀扩散反射），如图11.1-10所示，材料如氧化镁、石膏、**粉刷**、砖墙、绘图纸  图11.1-10　漫反射	**混合反射和混合透射** （能看到光源的大致影像） **混合反射**，如图11.1-11所示，材料如油漆表面、光滑的纸、粗糙金属表面 图11.1-11　混合反射

扩散反射和透射	漫透射（均匀扩散透射）如图 11.1-12 所示，材料如乳白玻璃、乳白有机玻璃、半透明塑料；【2021、2020】 $$I_i = I_O \times \cos i \; (cd)$$ 经漫反射或漫透射后，其最大发光强度在表面法线方向，其他方向的发光强度遵循**朗伯余弦**定律【2022（5）】 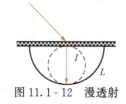 图 11.1-12　漫透射	**混合透射**，如图 11.1-13 所示，材料如毛玻璃 图 11.1-13　混合透射

11.1-9〔2022（5）-13〕漫射材料最大发光强度在（　　）。

A. 入射光线的对称方向　　　　　　　B. 表面法线方向

C. 与入射表面法线夹角 30°方向　　　D. 与入射表面法线夹角 45°方向

答案：B

解析：经漫反射或漫透射后，其最大发光强度在表面法线方向，其他方向的发光强度遵循朗伯余弦定律。

11.1-10〔2021-14〕下列哪个是近似漫反射的材料？（　　）

A. 抛光金属表面　　　　　　　　　　B. 光滑的纸

C. 粉刷的墙面　　　　　　　　　　　D. 油漆表面

答案：C

解析：漫反射（均匀扩散反射）。光线照射到氧化镁、石膏、粉刷、砖墙、绘图纸等表面时，这些材料将光线向四面八方反射或扩散，各个角度亮度相同，看不见光源的影像。

考点 4：可见度及其影响因素（视觉的基本特性）【★★】

概述	可见度就是人眼辨认物体存在或形状的难易程度，用来定量表示人眼看物体的清晰程度；可见度是视觉的基本特性【2020】
亮度	照度或亮度高，看得更清楚。人们能看见的最低亮度阈为 10^{-5} asb。随着亮度的增大，可见度增大。1500～3000lx 可见度最好。当物体亮度超过 16sb 时，人们就会感到刺眼
物体的相对尺寸（视角）	物体的尺寸 d，眼睛至物体的距离 l 形成视角 α（单位为′），如图 11.1-14 所示，其关系如下： $$\alpha = d3440 \; (')$$ 在医学上识别细小物体的能力叫视力，它是所观看最小视角的倒数。需注意：物体的尺寸形状与可见度是无关的，物体的相对尺寸才影响可见度　　图 11.1-14　视角的定义

亮度对比	观看对象的亮度与它的背景亮度（或颜色）的对比，对比大，即亮度或颜色差异越大，可见度越高。如图 11.1-15 所示，亮度对比系数 $C=$ 目标与背景的亮度差 $\Delta L/$ 背景亮度 L 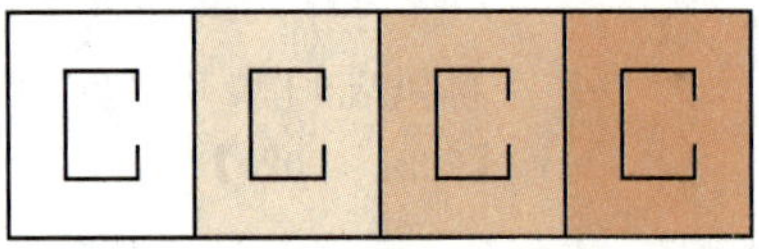	 图 11.1-15　亮度对比的可见度的关系
识别时间	眼睛观看物体时，物体呈现时间越短，越需要更高的亮度才能引起视感觉。物体越亮，察觉它的时间就越短。 暗适应：从明亮环境到暗环境时，经过**10～35min**眼睛才能看到周围的物体。 明适应：从暗环境到明亮环境时，约需**3～6s**	
	眩光的分类	眩光是指在视野中由于亮度的分布或亮度范围不适宜，或存在着极度对比，以致引起不舒适感觉或降低观察细部与目标能力的视觉现象。 根据眩光的产生方式分为**直接眩光和反射眩光**，如图 11.1-16 所示
	眩光的分类	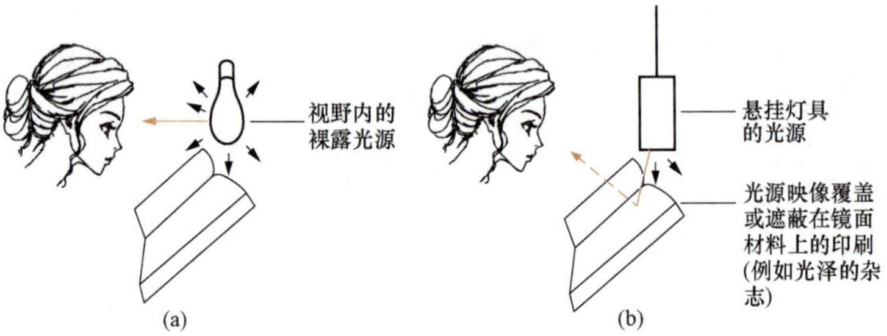 图 11.1-16　眩光的分类 （a）直接眩光；（b）反射眩光
避免眩光	**直接眩光的控制方法** 【2021】	（1）限制光源**亮度**。 （2）**增加**眩光源的背景亮度，减少二者之间的亮度对比。 （3）减小眩光源对观察者眼睛形成的立体角。 （4）尽可能**增大**眩光源的仰角，眩光光源或灯具的位置偏离视线的角度越大，眩光越小，仰角超过60°后就无眩光作用，如图 11.1-17 所示 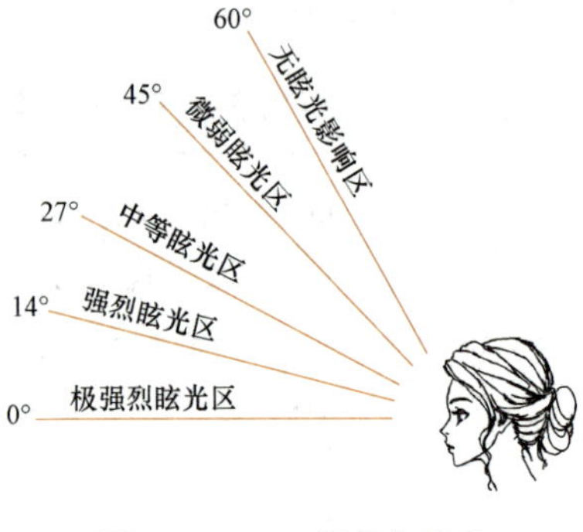 图 11.1-17　视角与眩光
	反射眩光的控制方法 【2023】	（1）视觉作业的表面为**无光泽**表面。 （2）视觉作业避开和远离照明光源同人眼形成的规则反射区域。 （3）使用发光表面面积**大**、亮度**低**的光源。 （4）使引起规则反射的光源形成的照度在总照度中所占的比例**减少**

11.1 - 11［2023 - 56］下列关于防止反射眩光说法错误的是（　　　）。

A. 避免把灯具安装在干扰区

B. 选择高光泽度的材料

C. 限制灯具亮度

D. 照亮顶棚和墙面

答案：B

解析：高光泽度的材料会增加反射眩光。

11.1 - 12［2020 - 13］当人处在暗视觉环境时，人对物体哪种特征最容易辨别？（　　　）

A. 明暗　　　　　　　　　　　　　B. 颜色

C. 细部　　　　　　　　　　　　　D. 结构

答案：A

解析：当处在很暗的环境下，光亮度小于 $1cd/m^2$ 的千分之几时，锥体细胞失去活性，杆体细胞起感光功能，这时的视觉叫作暗视觉。其特点是只能分辨明暗，而没有颜色感觉，并且辨别物体细节的能力大大降低。

考点 5：颜色【★★★★】

颜色的基本特性	光源色（RGB）	根据颜色呈现的方式不同，分为光源色和物体色。 由光源发出的色刺激统称光源色。 能发光的物理辐射体统称为光源，不同光源会发出不同的颜色，这些颜色统称为光色。 光色因光波的长短、强弱、比例、性质的不同而不同。 光源色的三原色为：红、绿、蓝如图11.1 - 18（a）所示
	物体色（CMYK）	光被物体反射或透射后形成的颜色称为物体色，一般我们所感知到的物体的颜色，均为物体色。 物体色的三原色为：品红、黄、青（靛蓝），如图11.1 - 18（b）所示 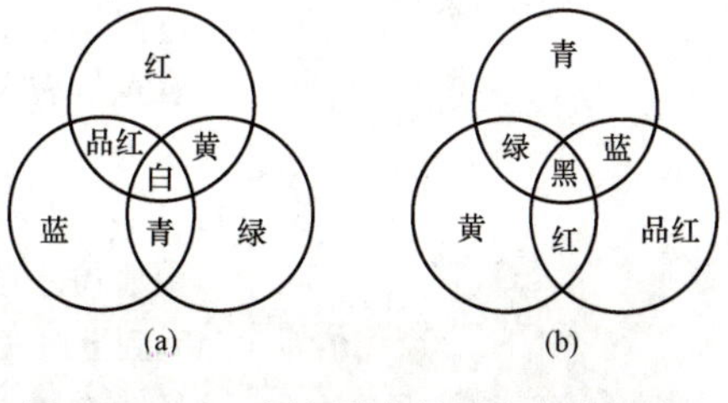 图 11.1 - 18　颜色混合的原色与中间色 （a）光源色；（b）物体色
颜色定量	表色系统	使用规定的符号，按一系列规定和定义表示颜色的系统，也称为色度系统。 表色系统分为两大类：第一类是根据光的等色实验结果为依据的，由进入人眼能引起有彩色或无彩色感觉的可见辐射表示的体系，即以色刺激表示的体系，以国际照明委员会（CIE）1931标准色度系统为代表；第二类是指建立在对表面颜色直接评价基础上，用构成等感觉指标的颜色图册表示的体系，如孟塞尔表色系统等

| 颜色定量 | CIE 1931 标准色度系统 | CIE 1931 标准色度系统是指国际照明委员会（CIE）1931 年推荐的色度系统。

它把所有颜色用 X、Y 两个坐标表示在一张色度图上，如图 11.1-19 所示。图上一点即表示一种颜色。

图中马蹄形曲线，表示单一波长的光谱轨迹。其中 400～700nm 称为紫红轨迹，它表示光谱轨迹上没有的由紫到红的颜色。

图中的曲线表示光源的色温。已知 X，Y 的数值即可查到相对

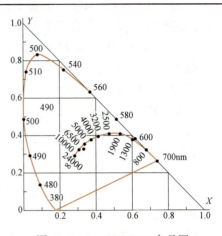
图 11.1-19　CIE 1931 色品图

应的色温，例如，$X=0.425$，$Y=0.400$ 时光源的色温约为 3200K。
CIE 标准照明体 D_{65} 是代表相关色温约为 6504K 的平均昼光，是根据大量自然昼光的光谱分布实测值经统计处理而得。把 D_{65} 称为 CIE 平均昼光或 CIE 合成昼光，它相当于**中午的日光**。【2022（12）】
与孟塞尔表色系统相比，CIE 1931 标准色度系统的应用更广，因为它不但可表示光源色，也可表示物体色 |
| | 孟塞尔
（A. H. Munsell）
表色系统 | 孟塞尔表色系统是指按颜色三个基本属性：**色调 H、明度 V 和彩度 C** 对颜色进行分类与标定的体系。

孟塞尔表色系统的空间大致为一个圆柱形，如图 11.1-20 所示。

中轴表示明度，从全黑（1）到全白（10）。

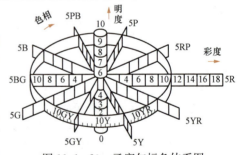
图 11.1-20　孟塞尔标色体系图
（孟氏色立体图）

经度为色相，把一周均分为五种主色调和五种中间色：红（R）、红黄（YR）、黄（Y）、黄绿（GY）、绿（G）、绿蓝（BG）、蓝（B）、蓝紫（PB）、紫（P）、紫红（RP）。相邻的两个位置之间再均分 10 份，一共 100 份。

距轴的距离为色度，表示色调的纯度或彩度，数值从中间向外依次增加，数字越大，彩度越高。

具体的书写方式是：**先写色调 H，再写明度 V**，画一斜线，最后写彩度 C，即 HV/C。

例如 10Y8/12 的颜色表示色调为黄色与绿色的中间色，明度为 8，彩度为 12 |

光源的色温和显色性	光源色温和相关色温	**色温：** 当光源的颜色和绝对黑体在某一温度下发出的光色**相同**时，绝对黑体的温度就叫作光源的色温，符号 T，单位为 K 开尔文（绝对温度）。 当绝对黑体温度不断上升时，辐射出的光色由黑色经暗红色、红色、橙色、黄色、白色直至蓝白色，在色度图上表示为一条曲线，也称为黑体轨迹。 色温是表示光源的颜色而不是表示光源的温度。 **太阳光**和**热辐射电光源**一般用**色温**描述
		相关色温： 有些光源的色度不一定与黑体加热时的色度完全相同，只能用与之最接近的黑体温度来表示。与具有相同亮度刺激的颜色最相似的黑体辐射体的温度就被成为相关色温。但是在通常情况下，光源的相关色温也简称为色温，符号 Tp。 **气体放电**和**固体发光**光源一般用**相关色温**描述
	光源的显色性	物体在待测光源下的颜色和它在参考标准光源下颜色相比的符合程度叫作光源显色指数，符号 R_a 和 R_i。R_a 为一般显色指数；R_i 为特殊显色指数。 普通照明光源用 R_a **显色指数**作为显色性的评价指标。R_a 的最大值为100，小于50 为显色较差，50～79 为显色一般，80～100 为显色优良。光源的显色性主要取决于光源的**光谱功率分布**。【2023、2022（12）】白光和白炽灯都是连续光谱，所以他们的显色性均较好。 有些照明光源有强制标准，譬如照明光源的一般显色指数$(R_a) \geqslant 80$。 在长期工作或停留的房间或场所，光源色温$\leqslant 4000K$，特殊显色指数$R_9 > 0$
色彩三属性	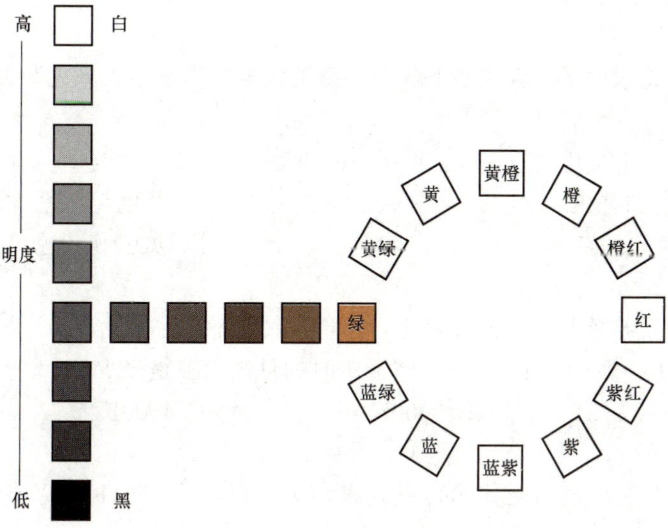	色彩的三属性，也称色彩三要素一般用明度、色相和彩度来表示。其模型以空间三个坐标方向来表示，如图 11.1-21 所示。 自上而下为明度：色彩的深浅或明暗程度称为明度，是从暗到明，自下而上地布置的色彩空间轴，称为无彩色轴。顶端白的明度最高，底端黑色的明度最低。 水平方向为彩度：彩度是用距离等明度无彩点的视知觉特性来表示物体表面颜色的浓淡，并给予分度，简言之是指彩色的纯洁性。彩度以色彩空间坐标的中心轴向外的距离来表示，中心轴向外是由灰到纯，最外边的彩度最高。 圆环形表示色相：红、橙、黄、绿、青、蓝、紫等色调统称为色相。可见光谱的不同波长在视觉上表现为不同的颜色特征。一般按照光谱的顺序布置成环状，称为色相环

图 11.1-21 色彩的三属性图

色彩温度感	色彩的温度感来源于人对大自然物理现象的认知结果，是色彩感觉和心理联想综合作用所形成的一种感受，主要是由色相决定。通常分为冷色、暖色和中性色，见表 11.1-2。 色彩的冷暖更多源于人的心理感受，所以有时又是相对的，如紫色与红色并列时紫色就倾向于冷色，紫色与蓝色并列时紫色就倾向于暖色。在建筑色彩设计中经常运用色彩的温度感进行色彩设计。 **表 11.1-2　色彩的温度感** <table><tr><td>**暖色**</td><td>波长相对比较长的颜色（如红色、橙色、橙黄色等）与自然界中会产生炽热和温暖感觉的太阳和火等具有相近的色彩关系，被称为暖色</td></tr><tr><td>**冷色**</td><td>波长相对比较短的颜色（如青色、蓝色、蓝绿色等）与自然界中会产生寒冷和清凉感觉的海水和夜晚等具有相近的色彩关系，被称为冷色</td></tr><tr><td>**中性色**</td><td>相对于上述的冷、暖色，居中的绿色、紫色、褐色、白色、灰色等可称为中性色。中性色本身没有零暖色属性，但是当其与冷色相邻会呈现暖色的感觉，与暖色相邻会呈现冷色的感觉</td></tr></table>
色相对比	色相对比是指因色相的差别而形成的视觉对比现象。 在色环上间隔 15°～30°的颜色对比为**同类色**对比，间隔 45°～60°的颜色对比为**邻近色**对比，间隔 90°～120°的颜色对比为**对比色**对比，间隔 180°的颜色对比为**补色**对比，如图 11.1-22 所示。 其中补色对比在日常配色中最为明显。因为这两种颜色的距离最远，是色彩对比的极限。补色对比的效果最为强烈和富于刺激性，具有饱满、活跃、的特性，使双方的色相更加鲜明。但补色对比因为过于强烈，紧张也会容易产生不协调、不安定的效果【2022】 图 11.1-22　色相补色对比图

11.1-13［2023-49］光源显色性的优劣主要由下列哪个因素决定？（　　）

A. 配光曲线　　　　B. 发光效能　　　　C. 色坐标　　　　D. 光谱功率分布

答案： D

解析： 光源的显色性主要取决于光源的光谱功率分布。日光和白炽灯都是连续光谱，所以他们的显色性均较好。

11.1-14［2022（5）-15］非互补色的是（　　）。

A. 红色和青色　　　　　　　　　　　B. 紫色与红色

C. 绿色和品红　　　　　　　　　　　D. 黄色和蓝色

答案： B

解析： 互补色具有强烈的对比，紫色与红色不是互补色。

11.1-15［2022（12）-15］晴天午时的日光色温是多少？（　　）

A. 6500K　　　　　B. 3000K　　　　　C. 4500K　　　　　D. 2500K

答案： A

解析： CIE 标准照明体 D65 是代表相关色温约为 6504K 的平均昼光，它相当于中午的日光。

第二节 天 然 采 光

考点6：光气候【★★】

<table>
<tr>
<td rowspan="2">天然光的
组成和影响
因素</td>
<td>
（1）晴天：指天空中没有云或云很少，总云量不到 1/10 的天空状况。
（2）阴天（全云天）：当天空全部被云遮挡，看不见太阳。
全云天的相对稳定，天顶亮度是接近地平线处天空亮度的 3 倍。【2020】

$$L_\theta = \frac{1 + 2\sin\theta}{3} L_Z$$

式中　L_θ——仰角为 θ 方向的天空亮度，cd/m²；
　　　L_Z——天顶亮度，cd/m²；
　　　θ——计算天空亮度处的高度角（仰角）。
此时地面照度取决于：**太阳高度角、云状、地面反射能力、大气透明度。**
（3）多云天：云的数量和在天空中的位置瞬时变化，太阳时隐时现
</td>
</tr>
</table>

<table>
<tr>
<td rowspan="5">光气候分区</td>
<td>
根据室外天然**光年平均总照度值**（从日出后半小时到日落前半小时全年日平均值），我国光气候区**分为 Ⅰ～Ⅴ 类光气候区**。各地用光气候系数与相应室外天然光设计照度值表示该区天然光的高低。根据《建筑采光设计标准》（GB 50033—2013），各光气候区的室外天然光设计照度值应按表 3.0.4（表 11.2 - 1）采用。所在地区的采光系数标准值应乘以相应地区的光气候系数 K【2023】
</td>
</tr>
</table>

表 11.2 - 1　　　　　　　　　光气候系数 K 值

光气候区	Ⅰ	Ⅱ	Ⅲ	Ⅳ	Ⅴ
K 值	0.85	0.90	1.00	1.10	1.20
室外天然光设计照度值 E_s/lx	18000	16500	15000	13500	12000

注：E_s 指室内全部利用天然光的室外天然光最低照度。根据表格可知要取得同样照度，**Ⅰ 类**光气候区开窗面积最小，**Ⅴ 类**光气候区开窗面积最大。

我国地域辽阔，同一时刻南北差异较大，从日照率来看，由北、西北往东南方向逐渐减少：最丰富的地区是**西北和北部**地区，最低的区域为四川盆地。

中国光气候分区参见《建筑采光设计标准》（GB 50033—2013）中的附录 A；北京为 Ⅲ 类光气候区，重庆为 Ⅴ 类光气候区，北京的光气候系数是 1.0

11.2 - 1 [2023 - 52] 光气候系数等于 1，属于哪个光气候区？（　　　）

A. Ⅰ类光气候区　　　　　　　　　　　　B. Ⅱ类光气候区

C. Ⅲ类光气候区　　　　　　　　　　　　D. Ⅳ类光气候区

答案： C

解析： 我国光气候区分为 Ⅰ～Ⅴ 类光气候区，Ⅲ 类光气候区的 K 值为 1。

11.2 - 2 [2020 - 23] 我国采光系数计算采用的天空模型是（　　　）。

A. 晴天空　　　　　　B. 全阴天空　　　　　　C. 少云天空　　　　　　D. 平均天空

答案： B

解析： 全云天空也称全阴天空，是我国采光系统计算采用的天空模型。

侧窗	**侧窗分类**	侧窗分**单**侧窗、**双**侧窗和**高**侧窗三种。高侧窗主要用于仓库和博览建筑。 主要缺点：照度分布不均匀，近窗处照度高，往里走，水平照度下降速度很快，到内墙处，照度很低，离内墙 1m 处照度最低。房间进深不要超过窗口上沿高度的**2 倍**，否则需要人工照明补充
	同面积比较	不同形状侧窗的光线分布如图 11.2 - 1 所示。 采光量：正方形＞竖长方形＞横长方形。【2023】 沿**进深方向**的照度均匀性：**竖长方形**＞正方形＞横长方形。 沿**宽度方向**的照度均匀性：**横长方形**＞正方形＞竖长方形 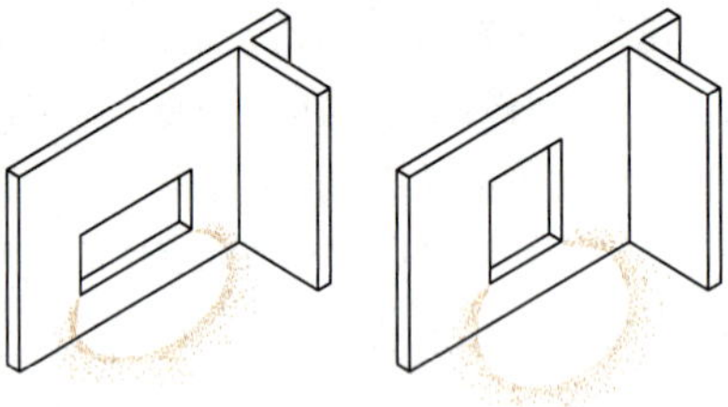 图 11.2 - 1　不同形状侧窗的光线分布
	采光均匀性 【2021】	窗上沿降低，近窗处和远窗处（尤其是远窗处）采光量均有所降低，如图 11.2 - 2 所示。 窗台升高，近窗处下降明显并且采光量最高的点向内移动，远窗处变化不明显，如图 11.2 - 3 所示 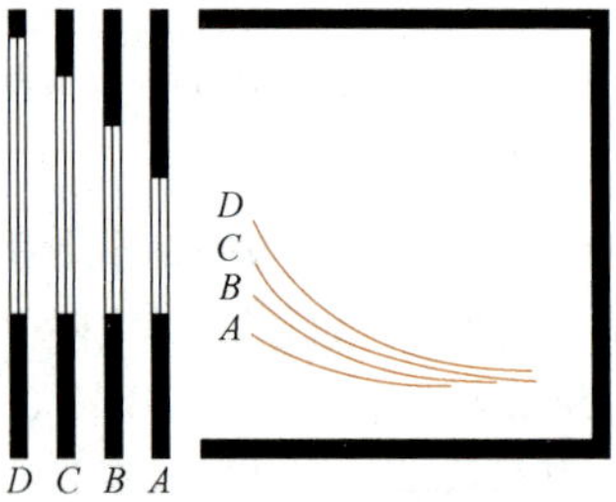 图 11.2 - 2　窗上沿高度与　　　　图 11.2 - 3　窗台高度与 室内采光影响　　　　　　　　室内采光影响
天窗	**矩形天窗**｜**纵向矩形天窗**	天窗宽度（b_{mo}）一般为跨度（b）的一半左右，天窗下沿至工作面的高度（h_x）为跨度（b）的 0.35～0.7 倍，如图 11.2 - 4 所示。 天窗宽度（b_{mo}）对于室内照度平均值和均匀度都有影响。加大天窗宽度，平均照度值增加，均匀性改善。但在多跨时，增加天窗宽度就可能造成相邻两跨天窗的互相遮挡，同时，如天窗宽度太大，天窗本身就需作内排水而使构造趋于复杂。故一般取建筑跨度（b）的一半左右为宜，如图 11.2 - 5 所示。

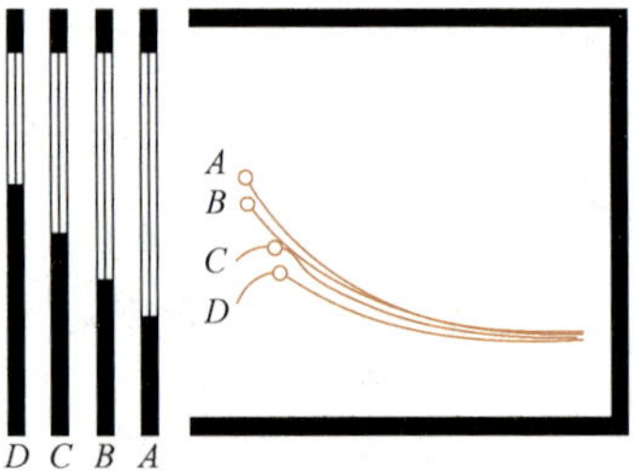

天窗	矩形天窗	纵向矩形天窗	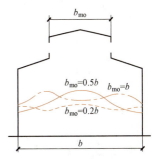 图 11.2-4 矩形天窗尺度　图 11.2-5 天窗宽度变化对采光的影响 　　天窗位置高度（h_x）指天窗下沿至工作面的高度，它主要由车间生产工艺对净空高度的要求来确定。这一尺度影响采光，天窗位置高，均匀性较好，但照度平均值下降。如将高度降低，则起相反作用。这种影响在单跨厂房中特别明显。从采光角度来看，单跨或双跨车间的天窗位置高度最好在建筑跨度的 0.35～0.7 之间。 　　天窗间距（b_d）指天窗轴线间距离。从照度均匀性来看，它愈小愈好，但这样天窗数量增加，构造复杂，故不可能太密。相邻两天窗中线间的距离不宜大于工作面至天窗下沿高度的 2 倍。 　　相邻天窗玻璃间距（b_g）若太近，则互相挡光，影响室内照度，故一般取相邻天窗高度和的 1.5 倍。天窗高度是指天窗上沿至天窗下沿的高度
		横向天窗（横向矩形天窗）	横向天窗（横向矩形天窗）采光均匀性好，造价低，省去天窗架，能降低建筑高度。设计时，车间长轴应为南北向，即天窗玻璃朝向南北，如图 11.2-6 所示。 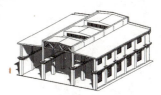图 11.2-6 横向天窗 　　由于屋架上弦是倾斜的，故横向天窗窗扇的设置不同于矩形天窗。一般有三种做法：①将窗扇做成横长方形，如图 11.2-7（a）所示，这样窗扇规格统一，加工、安装都较方便，但不能充分利用开口面积；②窗扇做成阶梯形，如图 11.2-7（b）所示，它可以较多地利用开口面积，但窗口规格多，不利于加工和安装；③将窗扇上沿和屋架上弦平行，做成倾斜的，如图 11.2-7（c）所示，可充分利用开口面积，但加工较难，安装稍有不准，构件受力不均，易引起变形。 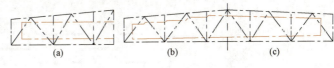 　　(a)　　　　　(b)　　　　　(c) 图 11.2-7 横向天窗窗扇形式 　　横向天窗的窗扇是紧靠屋架的，故屋架杆件断面的尺寸对采光影响很大，最好使用断面较小的钢屋架。此外，为了有足够的开窗面积，上弦坡度大的三角形屋架不适宜作横向天窗，梯形屋架的边柱宜争取做得高些，以利开窗。因此，横向天窗不宜用于跨度较小的车间

天窗	矩形天窗	井式天窗图 (11.2-8)	井式天窗采光系数较小,这种窗主要用于通风兼采光,适用于热处理车间,如图 11.2-8 所示。 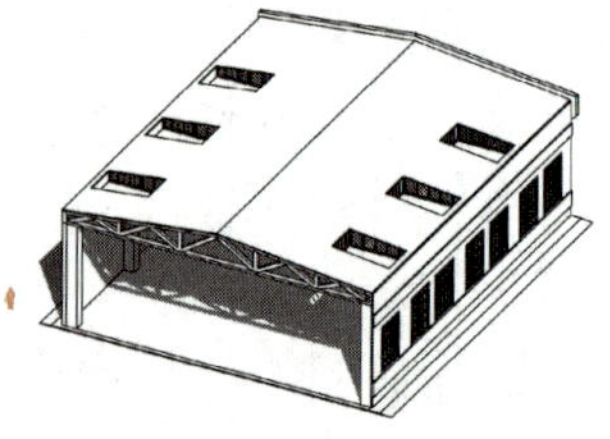 图 11.2-8　井式天窗
	锯齿形天窗 (图 11.2-9)		采光效率比矩形天窗高 15%～20%;窗口一般朝北,以防止直射阳光进入室内。图 11.2-9 为锯齿形天窗的室内天然光分布,可以看出它的采光均匀性较好。由于它是单面采光形式,故朝向对室内天然光分布的影响大,图中曲线 A 为晴天窗口朝向太阳时,曲线 B 表示阴天时情况,曲线 C 为背向太阳时的天然光分布 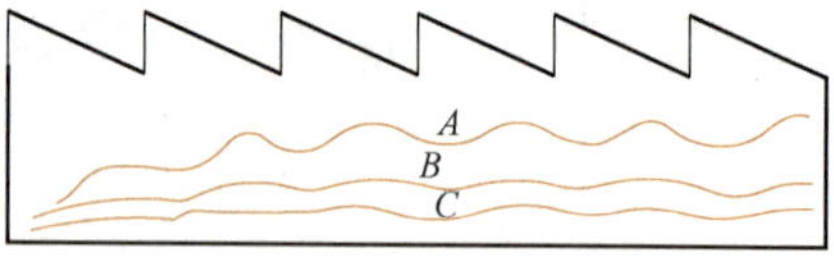 图 11.2-9　锯齿形天窗
	平天窗		平天窗采光效率高,是矩形天窗的 2～3 倍,如图 11.2-10 所示;采光均匀性好,布置灵活。 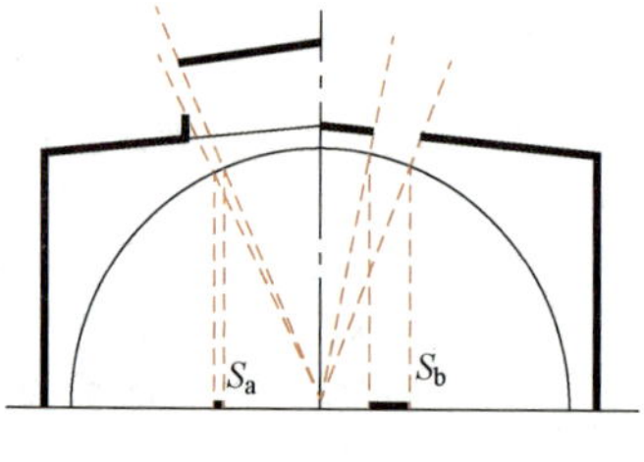 图 11.2-10　矩形天窗和平天窗采光效率比较
	天窗采光效率比较 (图 11.2-11)		若矩形天窗采光量为 x,同等面积各天窗采光量比较: 平天窗 $2.0x$＞梯形天窗 $1.6x$＞锯齿形天窗 $1.2x$＞矩形天窗 $1.0x$ 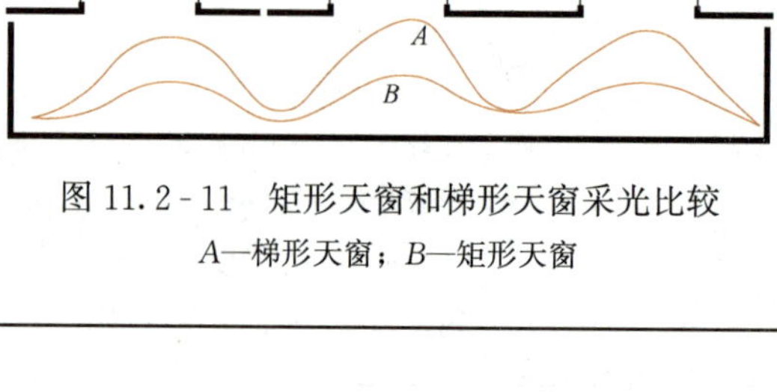 图 11.2-11　矩形天窗和梯形天窗采光比较 A—梯形天窗;B—矩形天窗

11.2-3 [2023-51] 长方形侧窗面积与窗台高度相同时，以下说法错误的是（　　）。

A. 横向长窗采光量最小

B. 竖向长窗采光量最小

C. 横向长窗在水平方向上亮度均匀

D. 竖向长窗在进深方向上亮度均匀

答案： B

解析： 在窗洞口面积相等，并且窗台标高一致时，正方形窗口采光量最高，竖长方形次之，横长方形最少。但从照度均匀性来看，竖长方形在房间进深方向均匀性好，横长方形在房间宽度方向较均匀而方形窗居中。

11.2-4 [2021-15] 天然采光条件下的室内空间中，高侧窗具有以下哪个优点？（　　）

A. 窗口进光量较大

B. 离窗近的地方照度提高

C. 采光时间较长

D. 离窗远的地方照度提高

答案： D

解析： 高侧窗离窗远的地方照度提高。

11.2-5 [2021-17] 下列屋架形式最适合布置横向天窗的是（　　）。

A. 上弦坡度较大的三角屋架　　　　B. 边柱较高的梯形钢屋架

C. 中式屋架　　　　　　　　　　　D. 钢网架

答案： B

解析： 横向天窗的窗扇是紧靠屋架的，故屋架杆件断面的尺寸对采光影响很大，最好使用断面较小的刚屋架。此外，为了有足够的开窗面积，上弦坡度大的三角形屋架不适宜作横向天窗，梯形屋架的边柱宜争取做得高些，以利开窗。

11.2-6 [2019-22] 建筑物侧面采光时，以下哪个措施能够最有效地提高室内深处的照度？（　　）

A. 降低窗上沿高度　　　　　　　　B. 降低窗台高度

C. 提高窗台高度　　　　　　　　　D. 提高窗上沿高度

答案： D

解析： 沿进深方向的照度均匀性：竖长方形＞正方形＞横长方形。提高窗上沿高度能够最有效地提高室内深处的照度。

考点 8：采光标准【★★★★】

采光系数【2024、2022（12）】	采光系数公式： $$C=\frac{E_n}{E_w}\times100\%$$ 式中　C——采光系数，%； E_n——在**全云天空**漫射光照射下，**室内**给定平面上的某一点由天空漫射光所产生的照度，lx； E_w——在**全云天空**漫射光照射下，与室内某一点照度同一时间、同一地点，在**室外**无遮挡水平面上由天空漫射光所产生的室外照度，lx

	《建筑采光设计标准》（GB 50033—2013）相关规定。
	3.0.3　各采光等级参考平面上的采光标准值应符合表 3.0.3（表 11.2-2）的规定。

表 11.2-2　　　　各采光等级参考平面上的采光标准值

采光等级	侧面采光		顶部采光	
	采光系数标准值（%）	室内天然光照度标准值/lx	采光系数标准值（%）	室内天然光照度标准值/lx
Ⅰ	5	750	5	750
Ⅱ	4	600	3	450
Ⅲ	3	450	2	300
Ⅳ	2	300	1	150
Ⅴ	1	150	0.5	75

注：1. 工业建筑参考平面取距地面 1m，民用建筑取距地面 0.75m，公用场所取地面。

2. 表中所列采光系数标准值适用于我国Ⅲ类光气候区，采光系数标准值是按室外设计照度值 15000lx 制定的。

3. 采光标准的上限值不宜高于上一采光等级的级差，采光系数值不宜高于 7%

采光等级

采光系数标准值：原标准中侧面采光以采光系数最低值作为标准值，顶部采光采用平均值作为标准值；本标准中统一采用采光系数平均值作为标准值。采用采光系数平均值，不仅能反映出工作场所采光状况的平均水平，也更方便理解和使用。从国内外的研究成果也证明了采用采光系数平均值和平均照度值更加合理【2022（5）】

采光标准强制性条文

《建筑采光设计标准》（GB 50033—2013）4.0.2、4.0.4、4.0.6 提出了强制性条文（其中的采光系数数值要求仍是以Ⅲ类光气候区为对象，其他光气候区乘以采光气候系数）。

4.0.2　住宅建筑的卧室、起居室（厅）的采光不应低于采光等级Ⅳ级的采光标准值，侧面采光的采光系数不应低于 2.0%，室内天然光照度不应低于 300lx。【2023、2020】

4.0.4　教育建筑的普通教室的采光不应低于采光等级Ⅲ级的采光标准值，侧面采光的采光系数不应低于 3.0%，室内天然光照度不应低于 450lx。

4.0.6　医疗建筑的一般病房的采光不应低于采光等级Ⅳ级的采光标准值，侧面采光的采光系数不应低于 2.0%，室内天然光照度不应低于 300lx【2022（5）】

《建筑环境通用规范》（GB 55016—2021）发布后，对以上条文进行了废止，更新条文如下：

3.2.3　对天然采光需求较高的场所，应符合下列规定：

1 卧室、起居室和一般病房的采光等级不应低于Ⅳ级的要求。

2 普通教室的采光等级不应低于Ⅲ级的要求。

3 普通教室侧面采光的采光均匀度不应低于 0.5

11.2-7〔2024-51〕采光系数的计算条件是（　　）。

A. 晴天空漫射光　　　　　　　　　　　B. 多云天空漫射光

C. 平均天空漫射光　　　　　　　　　　D. 全阴天空漫射光

答案：D

解析：采光系数描述的是全云天（全阴天）室内的采光情况。

11.2-8 [2023-53] 关于住宅建筑采光的说法错误的是（   ）。

A. 厨房要求直接采光　　　　　　　　B. 卧室窗地面积比不小于 1/7

C. 卧室采光系数不应小于 3%　　　　　D. 起居室室内天然光照度不低于 300lx

答案： C

解析： 根据《建筑采光设计标准》（GB 50033—2013）。

4.0.1　住宅建筑的卧室、起居室（厅）、厨房应有直接采光。

根据《建筑环境通用规范》（GB 55016—2021）。

3.2.3　对天然采光需求较高的场所，应符合下列规定：1 卧室、起居室和一般病房的采光等级不应低于Ⅳ级的要求。Ⅳ级采光系数 2%，室内天然光照度值 300lx。

根据《建筑节能与可再生能源利用通用规范》（GB 55015—2021）。

3.1.18　居住建筑的主要使用房间（卧室、书房、起居室等）的房间窗地面积比不应小于 1/7。

11.2-9 [2022（5）-18] 医疗建筑一般病房的采光等级和侧面采光时的采光系数标准值为（   ）。

A. Ⅱ级，2%　　　　B. Ⅳ级，2%　　　　C. Ⅱ级，4%　　　　D. Ⅳ级，4%

答案： B

解析： 参见考点 8 中"《建筑环境通用规范》（GB 55016—2021）相关规定"。

11.2-10 [2022（12）-17] 采光系数是指（   ）。

A. 晴天室外采光情况　　　　　　　　B. 晴天室内采光情况

C. 阴天室内采光情况　　　　　　　　D. 阴天室外采光情况

答案： C

解析： 采光系数是指在全阴天光线漫照条件下，室内特定面积上某一点与同一时间、同一地点在室外无遮挡时，水平面上所产生的光照度的比值。

考点 9：各建筑类型采光标准值【★】

	根据《建筑采光设计标准》（GB 50033—2013）表 4.0.3、表 4.0.5 和表 4.0.8，整理得表 11.2-3

表 11.2-3　各建筑类型侧面采光标准值

建筑类型	采光等级	场所名称	侧面采光	
			采光系数标准值（%）	室内天然光照度标准值/lx
各建筑类型侧面采光标准值				
住宅建筑	Ⅳ	厨房	2.0	300
	Ⅴ	卫生间、过道、餐厅、楼梯间	1.0	150
教育建筑	Ⅲ	专用教室、实验室、阶梯教室、教师办公室	3.0	450
	Ⅴ	走道、楼梯间、卫生间	1.0	150
办公建筑	Ⅱ	设计室、绘图室	4.0	600
	Ⅲ	办公室、会议室	3.0	450
	Ⅳ	复印室、档案室	2.0	300
	Ⅴ	走道、楼梯间、卫生间	1.0	150

根据《建筑采光设计标准》(GB 50033—2013)表 4.0.7、表 4.0.9、表 4.0.10、表 4.0.11、表 4.0.12、表 4.0.13 和表 4.0.14,整理得表 11.2-4

表 11.2-4　　　　各建筑类型侧面与顶部采光标准值

建筑类型	采光等级	场所名称	侧面采光		顶部采光	
			采光系数标准值(%)	室内天然光照度标准值/lx	采光系数标准值(%)	室内天然光照度标准值/lx
医疗建筑	Ⅲ	诊室、药房、治疗室、化验室	3.0	450	2.0	300
	Ⅳ	医生办公室(护士室)、候诊室、挂号处、综合大厅	2.0	300	1.0	150
	Ⅴ	走道、楼梯间、卫生间	1.0	150	0.5	75
图书馆建筑	Ⅲ	阅览室、开架书库	3.0	450	2.0	300
	Ⅳ	目录室	2.0	300	1.0	150
	Ⅴ	书库、走道、楼梯间、卫生间	1.0	150	0.5	75
旅馆建筑	Ⅲ	会议室	3.0	450	2.0	300
	Ⅳ	大堂、客房、餐厅、健身房	2.0	300	1.0	150
	Ⅴ	走道、楼梯间、卫生间	1.0	150	0.5	75
博物馆建筑	Ⅲ	文物修复室*、标本制作室*、书画装裱室	3.0	450	2.0	300
	Ⅳ	陈列室、展厅、门厅	2.0	300	1.0	150
	Ⅴ	库房、走道、楼梯间、卫生间	1.0	150	0.5	75
展览建筑	Ⅲ	展厅(单层及顶层)	3.0	450	2.0	300
	Ⅳ	登录厅、连接通道	2.0	300	1.0	150
	Ⅴ	库房、楼梯间、卫生间	1.0	150	0.5	75
交通建筑	Ⅲ	进站厅、候机(车)厅	3.0	450	2.0	300
	Ⅳ	出站厅、连接通道、自动扶梯	2.0	300	1.0	150
	Ⅴ	站台、楼梯间、卫生间	1.0	150	0.5	75
体育建筑	Ⅳ	体育馆场地、观众入口大厅、休息厅、运动员休息室、治疗室、贵宾室、裁判用房	2.0	300	1.0	150
	Ⅴ	浴室、楼梯间、卫生间	1.0	150	0.5	75

* 表示采光不足部分应补充人工照明,照度标准为 750lx

各建筑类型侧面与顶部采光标准值

11.2-11［2020-16］下列住宅采光系数标准值要求最低的是（　　）。

A. 起居室　　　　　B. 卧室　　　　　C. 厨房　　　　　D. 餐厅

答案：D

解析：《建筑采光设计标准》（GB 50033—2013），住宅建筑的采光系数标准值：卧室2%、起居室2%、厨房2%、餐厅1%。

11.2-12［2019-16］下列采光房间中，采光系数标准值最大的是（　　）。

A. 办公室　　　　　　　　　　B. 设计室

C. 会议室　　　　　　　　　　D. 专用教室

答案：B

解析：根据表11.2-2，选项A、C、D均为450lx，选项B为设计室600lx。

考点10：窗地面积比【★】

窗地面积比	《建筑采光设计标准》（GB 50033—2013）相关规定。 6.0.1 在建筑方案设计时，对于Ⅲ类光气候区的采光、窗地面积比和采光的有效进深可按照表6.0.1（表11.2-5）进行估算。其他光气候区的窗地面积比应乘以相应的光气候系数 K。

<table>
<tr><td rowspan="8">窗地面积比</td><td colspan="5">

表 11.2-5　　Ⅲ类光气候区窗地面积比和采光的有效进深

</td></tr>
<tr>
<td rowspan="2">采光等级</td><td colspan="2">侧面采光</td><td>顶部采光</td>
</tr>
<tr>
<td>窗地面积比（A_c/A_d）</td><td>采光有效进深（b/h_s）</td><td>窗地面积比（A_c/A_d）</td>
</tr>
<tr><td>Ⅰ</td><td>1/3</td><td>1.8</td><td>1/6</td></tr>
<tr><td>Ⅱ</td><td>1/4</td><td>2.0</td><td>1/8</td></tr>
<tr><td>Ⅲ</td><td>1/5</td><td>2.5</td><td>1/10</td></tr>
<tr><td>Ⅳ</td><td>1/6</td><td>3.0</td><td>1/13</td></tr>
<tr><td>Ⅴ</td><td>1/10</td><td>4.0</td><td>1/23</td></tr>
<tr><td colspan="5">

注：1. 窗地面积比计算条件：窗的总透射比 τ 取 0.6；室内各表面材料反射比的加权平均值：Ⅰ～Ⅲ级取 $\rho_j=0.5$，Ⅳ级取 $\rho_j=0.4$，Ⅴ级取 $\rho_j=0.3$；
2. 顶部采光指平天窗采光，锯齿形天窗和矩形天窗可分别按平天窗的 1.5 倍和 2 倍窗地面积比进行估算

</td></tr>
</table>

采光有效进深面积比	表11.2-5中侧窗采光的采光有效进深指可满足采光要求的房间进深，用房间进深与参考平面至窗上沿高度的比值来表示。此概念明确给出了建筑平面设计中采光达标的量化建议值。 （1）各类建筑走道、楼梯间、卫生间的窗地面积比为1/10（采光系数最低值1%，室内照度标准值150lx）。 （2）住宅的卧室、起居室和厨房的窗地面积比为1/6（采光系数最低值2%，室内照度标准值300lx）。 （3）综合医院的候诊室、一般病房、医生办公室、大厅窗地面积比为1/6。 （4）图书馆的目录室窗地面积比为1/6。 （5）旅馆的大堂、客房、餐厅的窗地面积比为1/6。 （6）展览建筑的登录厅、连接通道，交通建筑的出站厅、连接通道、自动扶梯，体育建筑的体育馆场地、入口大厅、休息厅、休息室、贵宾室、裁判用房等窗地面积比均为1/6。

采光有效进深面积比	（7）教育建筑的专用教室，办公建筑的办公室、会议室的窗地面积比为1/5（采光系数标准值3%，室内天然光照度标准值450lx）。【2022（12）】 （8）综合医院的诊室、药房窗地面积比为1/5。 （9）图书馆的阅览室、开架书库的窗地面积比为1/5。 （10）展览建筑的展厅（单层及顶层），交通建筑的进站厅、候机（车）厅等窗地面积比均为1/5。 （11）办公建筑的设计室、绘图室的窗地面积比为1/4（采光系数标准值4%，室内天然光照度标准值600lx）【2019】
其他与采光面积相关规范条文	《建筑节能与可再生能源利用通用规范》（GB 55015—2021）3.1.18 居住建筑的主要使用房间（卧室、书房、起居室等）的房间窗地面积比不应小于1/7
	《民用建筑设计统一标准》（GB 50352-2019）7.1.3-1，侧窗采光时，民用建筑采光口离地面高度0.75m 以下的部分不应计入有效采光面积
	《住宅设计规范》（GB 50096—2011）7.1.7，采光窗下沿离楼面或地面高度低于0.50m 的窗洞口面积不应计入采光面积内，窗洞口上沿距地面高度不宜低于 2.00m

11.2-13〔2022（12）-19〕Ⅲ类气候区，侧窗采光办公室窗地比？（　　　）

A. 1/3　　　　　　　B. 1/5　　　　　　　C. 1/8　　　　　　　D. 1/10

答案： B

解析： 教育建筑的专用教室，办公建筑的办公室、会议室的窗地面积比为 1/5（采光系数标准值 3%，室内天然光照度标准值 450lx）。

考点 11：采光质量【★★】

《建筑采光设计标准》（GB 50033—2013）相关规定	采光均匀度	采光均匀度：参考平面上的采光系数最低值与平均值之比。 5.0.1　顶部采光时，Ⅰ～Ⅳ级顶部采光的采光均匀度不宜小于0.7。为保证采光均匀度的要求，相邻两天窗中线间的距离不宜大于参考平面至天窗下沿高度的1.5倍
	窗眩光	5.0.2　采光设计时，应采取下列减小不舒适窗眩光的措施：【2020】 1 作业区应减少或避免直射阳光。 2 工作人员的视觉背景不宜为窗口。 3 可采用室内外遮挡设施。（如遮阳、窗帘等降低窗亮度或减少对天空的视看立体角，遮阳手段以可调节的外遮阳为最佳） 4 窗结构的内表面或窗周围的内墙面，宜采用浅色饰面
	窗的不舒适眩光指数（DGI）	5.0.3　在采光质量要求较高的场所，宜按本标准附录B进行窗的不舒适眩光计算，窗的不舒适眩光指数不宜高于表5.0.3（表11.2-6）规定的数值。 表 11.2-6　　窗的不舒适眩光指数（DGI） 	采光等级	眩光指数值 DGI	 	---	---	 	Ⅰ	20	 	Ⅱ	23	 	Ⅲ	25	 	Ⅳ	27	 	Ⅴ	28	

| 《建筑采光设计标准》（GB 50033—2013）相关规定 | 光反射比 | 5.0.4 办公、图书馆、学校等建筑的房间，其室内各表面的反射比宜符合表5.0.4（表11.2-7）的规定。

表 11.2-7　室内各表面反射比

表面名称 / 反射比
顶棚 / 0.60～0.90
墙面 / 0.30～0.80
地面 / 0.10～0.50
桌面、工作台面、设备表面 / 0.20～0.60

由表11.2-7可知，室内各部位反射比：顶棚＞墙面＞台面＞地面 |

11.2-14［2022（5）-17］下列减少眩光做法正确的是（　　　）。

A. 直接照射　　　　　　　　　　　B. 窗间墙采用深色背景

C. 窗口作为视看背景　　　　　　　D. 内外遮阳措施

答案：D

解析：选项A、B、C都会增加眩光，答案选D。

考点12：各类场所采光设计要点【★★★】

| 博物馆、美术馆的展厅 | 博物馆、美术馆的展厅，采光较为特殊，需关注以下问题：
（1）避免**直接**眩光：从参观者的眼睛到画框边缘和窗口边缘的夹角**大于14°**，如图11.2-12所示。
（2）避免**一、二次反射眩光**（映像）：对面高侧窗的中心和画面中心连线和水平线的夹角**大于50°**，如图11.2-13所示。
（3）墙面的色调应采用中性色，其反射比取0.3左右

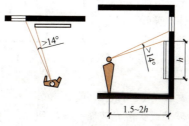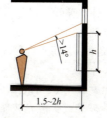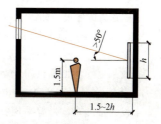
图11.2-12　避免直接眩光　　　图11.2-13　避免一次反射眩光

总结：该类房间宜采用**高侧窗或天窗采光**。
并控制采光口、展品与观赏者三者的位置关系，如**倾斜展品表面**等。
同时，应让观赏者的位置处于**暗**处，避免二次反射眩光

天窗采光，即在顶棚上开设窗洞口，它具有以下优点：**采光效率高**；室内**照度均匀**；房间内**整个墙面都可布置展品**，不受窗口限制；光线从斜上方射入室内，对立体展品特别合适；**易于防止直接眩光**。故广泛地被采用于各种展览馆中。
天窗采光的照度分布是水平面比墙面照度高，水平面照度在房间中间（天窗下）比两旁要高。这样，在观众区（一般在展室的中间部分）的照度高，因而在画面上**可能出现二次反射现象**。【2024、2022（12）】 |

学校建筑的普通教室	教室是各类型场所中对光要求最高的场所之一，因学生对课桌面、黑板面的照度、均匀性、稳定性均有较高的要求。除了《建筑采光设计标准》（GB 50033—2013）中规定的照度标准值要求以外，教室天然光环境还需要满足以下条件。 （1）均匀的照度分布。 （2）光线方向和阴影。光线方向最好从**左侧上方**射来，以免在书写时手挡光线，产生阴影。 （3）避免眩光。【2022（5）】 选择采光口方向，从避免眩光角度来看，侧窗口宜为**北**向。室内顶棚和内墙是主要反光面，**浅色装修**能够产生更多的自上而下的反射光，同时窗间墙内墙面做**浅色装修**也能够缓解窗洞口因明暗变化而产生眩光的程度。 黑板防眩光可采用毛玻璃背面涂刷暗绿色油漆的做法，避免眩光，避免过度明暗变化，同时**黑板墙及其附近不应开窗**，避免视线方向出现窗口眩光源。 （4）教室剖面，加装反光横挡，将光线折射或反射到室内深处。 侧窗采光及其改善措施。从前面介绍的侧窗采光来看，它具有造价低，建造、使用维护方便等优点，但采光不均匀是其严重缺点。为了弥补这一缺点，除前面提到的措施外，可采取下列办法： 1）将窗的横挡加宽，将它放在窗的中间偏低处。这样的措施可将靠窗处的照度高的区域加以适当遮挡，使照度下降，有利于增加整个房间的照度均匀性，如图 11.2-14（a）所示。 2）在横挡以上使用扩散光玻璃，如压花玻璃、磨砂玻璃等，这样使射向顶棚的光线增加，可提高房间深处的照度，如图 11.2-14（b）所示。 3）在横挡以上安设指向性玻璃（如折光玻璃、玻璃砖），使光线折向顶棚，对提高房间深处的照度，效果更好，如图 11.2-14（c）所示。 4）在另一侧开窗，左边为主要采光窗，右边增开设一排高窗，最好采用指向性玻璃或扩散光玻璃，以求最大限度地提高窗下的照度，如图 11.2-14（d）所示	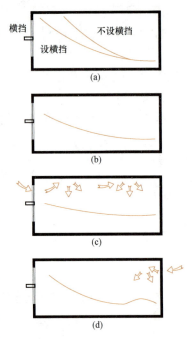 图 11.2-14　改善侧窗采光效果的措施

11.2-15［2024-55］顶部采光的美术馆容易出现的现象是（　　）。

A. 水平面比墙面照度低　　　　　　　B. 画面上有二次反射

C. 观众区的照度低　　　　　　　　　D. 房间中部的照度低

答案： B

解析： 天窗采光的照度分布是水平面比墙面照度高，这样在观众区（一般在展室的中间部分）的照度高，因而在画面上可能出现二次反射现象。

11.2-16［2022（12）-18］下列博物馆天窗采光优点不正确的是（　　）。

A. 采光效率高　　　　　　　　　　B. 室内照度均匀

C. 墙面易于布展　　　　　　　　　　D. 减少二次反射现象

答案：D

解析：天窗采光的采光效率高；室内照度均匀；房间内整个墙面都可布置展品，不受窗口限制；易于防止直接眩光。但在画面上可能出现二次反射现象。

11.2-17 [2020-22] 博物馆光环境中，不能降低反射眩光的措施是（　　）。

A. 提高观众厅一般照明的照度

B. 通过合理的灯具布置，避免灯具明亮部分映射在画面或保护装置上

C. 提高窗口位置

D. 适当倾斜画面或保护装置的反射面

答案：A

解析：应该降低观众厅的照度，降低反射眩光。

11.2-18 [2019-15] 侧窗采光的教室，以下哪种措施不能有效提高采光照度均匀性？
（　　）

A. 将窗的横挡在水平方向加宽并设在窗的中下方

B. 增加窗间墙的宽度

C. 窗横挡以上使用扩散光玻璃

D. 在走廊一侧开窗

答案：B

解析：增加窗间墙的宽度会减少窗的宽度，不能提高采光照度均匀性。

考点 13：采光计算

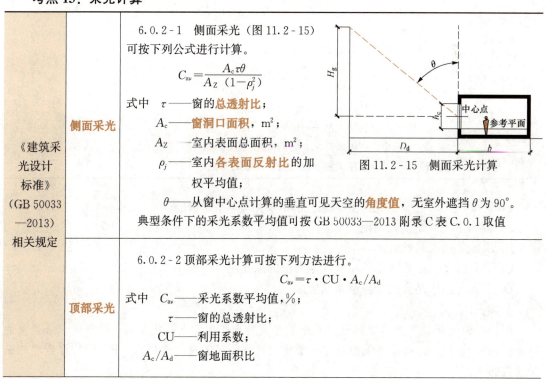

| 《建筑采光设计标准》（GB 50033—2013）相关规定 | 侧面采光 | 6.0.2-1 侧面采光（图11.2-15）可按下列公式进行计算。

$$C_{av}=\dfrac{A_c \tau \theta}{A_Z(1-\rho_j^2)}$$

式中　τ——窗的**总透射比**；
　　　A_c——**窗洞口面积**，m²；
　　　A_Z——室内表面总面积，m²；
　　　ρ_j——室内**各表面反射比**的加权平均值；
　　　θ——从窗中心点计算的垂直可见天空的**角度值**，无室外遮挡 θ 为90°。
典型条件下的采光系数平均值可按（GB 50033—2013 附录 C 表 C.0.1 取值 |
| | 顶部采光 | 6.0.2-2 顶部采光计算可按下列方法进行。
$$C_{av}=\tau \cdot CU \cdot A_c/A_d$$
式中　C_{av}——采光系数平均值，%；
　　　τ——窗的总透射比；
　　　CU——利用系数；
　　　A_c/A_d——窗地面积比 |

《建筑采光设计标准》（GB 50033—2013）相关规定	导光管系统采光	6.0.2-3 导光管系统采光设计时，宜按下列公式进行天然光照度计算：$$E_{av}=\frac{n \cdot \varphi_u \cdot CU \cdot MF}{l \cdot b}$$ 式中 E_{av}——平均水平照度，lx； n——拟采用的导光管采光系统数量； CU——导光管采光系统的利用系数； MF——维护系数，导光管采光系统在使用一定周期后，在规定表面上的平均照度或平均亮度与该装置在相同条件下新装时在同一表面上所得到的平均照度或平均亮度之比； φ_u——导光管采光系统漫射器的设计输出光通量，lm

考点 14：采光节能【★】

采光材料	导光管集光器材料的透射比≥0.85，漫射器材料的透射比≥0.8，导光管材料的反射比≥0.95
采光装置	**透光折减系数**：透射漫射光照度与漫射光照度之比，数值越大越节能。【2023】 采光窗的透光折减系数 $T_r>0.45$。 导光管采光系统在漫射光条件下的系统效率>0.5
采光节能计算	《建筑采光设计标准》（GB 50033—2013）相关规定。 7.0.7 在建筑设计阶段评价采光节能效果时，宜进行采光节能计算。可节省的照明用电量宜按下列公式进行计算：$$U_e=W_e/A$$ $$W_e=\Sigma\ (P_n t_D F_D+P_n t'_D F'_D)/1000$$ 式中 U_e——**单位面积**上可节省的年照明用电量，kW·h/(m²·年)； A——照明的总面积，m²； W_e——**可节省的年照明用电量**，kW·h/年； P_n——房间或区域的照明安装总功率，W； t_D——全部利用天然采光的时数，h； t'_D——部分利用天然采光的时数，h； F_D——全部利用天然采光时的采光依附系数； F'_D——部分利用天然采光时的采光依附系数

11.2-19［2023-55］关于建筑采光的节能措施，错误的是（　　　　）。

A. 侧面采光采用反光措施

B. 顶部采光采用平天窗

C. 采用透光折减系数小于标准规定数值的采光窗

D. 采光与照明结合的光控制系统

答案：C

解析：透光折减系数是透射漫射光照度与漫射光照度之比，数值越大越节能。采光窗的透光折减系数 $T_r>0.45$，要采用高于标准规定数值的采光窗。选项 A、B、D 均为合理的采光节能措施。

第三节 人 工 照 明

考点 15：电光源的种类、特性与使用场所【★★】

光源的种类 （表 11.3 - 1）	表 11.3 - 1 电光源的种类		

表 11.3 - 1　　电光源的种类

热辐射光源	气体放电光源	固体发光光源
白炽灯 卤钨灯	荧光灯、紧凑型荧光灯、荧光高压汞灯、金属卤化物灯、钠灯、氙灯、冷阴极荧光灯、高频无极感应灯等	发光二极管 （LED）

光源的种类（表 11.3 - 1）

热辐射光源	白炽灯的使用场所：①要求瞬时启动和连续调光；②对防止电磁干扰要求严格；③开关频繁；④照度要求不高；⑤照明时间较短的场所以及对装饰有特殊要求的场所【2023】
	由于白炽灯特别耗电，使用寿命短，性能远低于新一代的新型光源，为了节约能源，保护环境，除上述一些特殊场所外，白炽灯已逐渐被一些绿色光源所代替，正在渐渐退出市场
气体放电光源	气体放电光源是由气体、金属蒸气或几种气体与金属蒸气的混合放电而发光的光源。 **紧凑型荧光灯**：结构紧凑，灯管、镇流器、启辉器组成一体化，使用起来很方便，可直接替代白炽灯。 **荧光高压汞灯**：发光效率较高，寿命较长。缺点是光色差，主要发绿、蓝色光。 **金属卤化物灯**【2024】：由金属蒸汽（例如汞）和卤化物（如镝、钠、铊、铟等元素的卤化物）的混合物辐射而发光的气体放电灯。它具有高光效，长寿命，显色性好等特点
固体发光光源	**发光二极管**(LED) 实际上是一个半导体的 PN 结，其基本的工作原理是一个电光转换过程。作为理论上光效最高的光源，LED 已经逐渐取代其他光源，在室外道路、景观、建筑及室内大部分场所的照明中被广泛应用

光源的特性参数和使用场所

常用照明光源的基本参数和使用场所见表 11.3 - 2。

表 11.3 - 2　　常用照明光源的基本参数和使用场所

光源名称	功率 /W	光效 /(lm/W)	寿命 /h	色温 /K	显色指数 Ra	使用场所
白炽灯	15～200	7～20	1000	2800	95～99	住宅、饭店、陈列室、应急照明
卤钨灯	5～1000	12～21	2000	2850	95～99	陈列室、商店、工厂、车站、大面积投光照明
荧光灯 （三基色荧光灯）	3～125	32～90	3000～10000	2700～6500	50～93	工厂、办公室、医院、商店、美术馆、饭店、公共场所
荧光 高压汞灯	50～1000	31～52	3500～12000	6000	40～50	广场、街道、工厂、码头、工地、车站等，限制使用

		功率/W	光效/(lm/W)	寿命/h	色温/K	显色指数Ra	使用场所
光源的特性参数和使用场所	金属卤化物灯	70~1000	70~110	6000~20000	4500~7000	60~95	广场、机场、港口码头、体育场、工厂
	高压钠灯	50~1000	44~120	8000~24000	≥2000	20、40、60	广场、街道、码头、工厂、车站
	低压钠灯	18~180	100~175	3000	—	—	街道、高速公路、胡同

11.3-1 ［2024-53］下列光源中属于高强气体放电光源的是（ ）。

A. 金属卤化物灯　　　B. 白炽灯　　　　　　C. 卤钨灯　　　　　　　D. LED 灯

答案：A

解析：白炽灯、卤钨灯属于热辐射光源，金属卤化物灯属于气体放电光源，LED 灯属于固体发光光源。

11.3-2 ［2023-54］关于光源选择的说法，以下选项中错误的是（ ）。

A. 长时间工作的室内办公场所选用一般显色指数不低于 80 的光源

B. 选用同类光源的色容差不大于 5SDCM

C. 对电磁干扰有严格要求的场所不应采用白炽灯

D. 应急照明选用快速点亮的光源

答案：C

解析：参见考点 15 中"热辐时光源"的相关内容，电磁干扰有严格要求应采用白炽灯。

考点 16：灯具的光特性 【★★】

灯具的配光曲线	配光曲线是按光源发出的**光通量为 1000lm**；以极坐标的形式将灯具在各个方向上的**发光强度**绘制在平面图上，如图 11.3-1 所示【2020、2018】 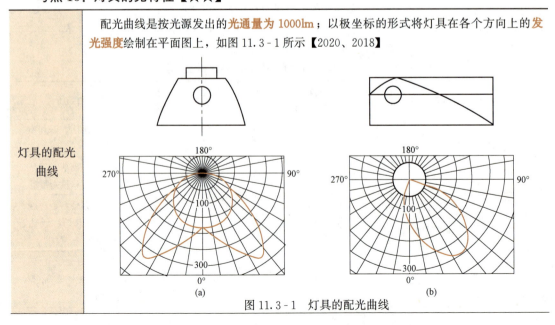 图 11.3-1　灯具的配光曲线

灯具的遮光角	遮光角指出光口平面与刚好看不见发光体的视线之间的夹角，如图 11.3-2 所示，灯具遮光角的余角称为截光角； 灯具遮光角越**大**（截光角越**小**），光源直射的范围就越窄，形成眩光的可能性也越**小** 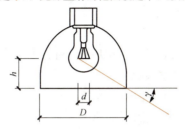 图 11.3-2　灯具的遮光角
灯具效率	发光效能（率）：光源发出的光通量与光源功率之比，简称"光效"，单位 lm/W。 灯具效率：灯具发出的总光通量与光源发出的总光通量之比，单位％。 灯具效能：灯具发出的总光通量与其所输入的功率之比，单位 lm/W（LED 灯具）。 因产品构造特征，LED 灯具只能测出灯具效能，无法获得其光源光效和灯具效率

<table>
<tr><td colspan="5">直管形荧光灯、紧凑型荧光灯、小功率金属卤化物灯、LED 灯等灯具的效率不应低于《建筑照明设计标准》（GB/T 50034—2024）表 3.3.10-1～表 3.3.10-6（表 11.3-3～表 11.3-8）的规定</td></tr>
</table>

表 11.3-3　　　　　　　**直管形荧光灯的灯具初始效率**　　　　　　（％）

灯具出光口形式	开敞式	保护罩		格栅
		透明	棱镜	
灯具效率	75	70	55	65

表 11.3-4　　　　　　　**紧凑型荧光灯筒灯的灯具初始效率**　　　　　（％）

灯具出光口形式	开敞式	保护罩	格栅
灯具效率	55	50	45

表 11.3-5　　　　　　　**小功率金属卤化物灯筒灯的灯具初始效率**　　　（％）

灯具出光口形式	开敞式	保护罩	格栅
灯具效率	60	55	50

表 11.3-6　　　　　　　**高强度气体放电灯的灯具初始效率**　　　　　（％）

灯具出光口形式	开敞式	格栅或透光罩
灯具效率	75	60

表 11.3-7　　　　　　　**LED 筒灯的灯具初始效能值**　　　　　　（lm/W）

额定相关色温		2700K/3000K		3500K/4000K/5000K	
	灯具出光口形式	格栅	保护罩	格栅	保护罩
灯具效率	≤5W	75	80	80	85
	>5W	85	90	90	95

灯具效率	表 11.3-8	LED 平板灯的灯具初始效能值		（lm/W）
	额定相关色温	2700K/3000K		3500K/4000K/5000K
	灯具初始效能值	95		105

11.3-3〔2022（5）-21〕下列场所中采用的照明技术不利于节能的是（　　　）。

A. 地下空间采用导光管系统

B. 办公室采用低于能耗限值的荧光灯

C. 公共空间采用光伏提供照明能源

D. 地下车库采用感应式自动控制照明方式

答案：B

解析：要高于能耗限值，光效越高越节能。

考点 17：灯具分类【★★】

灯具类型	直接型	半直接	均匀扩散	半间接	间接型
灯具光分布					
上半球光通	0%～10%	10%～40%	40%～60%	60%～90%	90%～100%
下半球光通	100%～90%	90%～60%	60%～40%	40%～10%	10%～0%
光照特性	效率高；室内表面的光反射比对照度影响小；设备投资少；维护使用费少；阴影浓；室内亮度分布不匀		效率中等；室内表面光反发比影响照度中等；设备投资中等；维护使用费中等；阴影稍淡；室内亮度分布较好		效率低；室内表面光反发比对照度影响大；设备投资多；维护使用费高；基本无阴影；室内亮度分布均匀

表 11.3-9　灯具分类

灯具分类（表 11.3-9）

注：1. 直接型灯具：上半球的光通占 0～10%，下半球的光通占 100%～90%。

2. 半直接型灯具：上半球的光通占 10%～40%，下半球的光通占 90%～60%。

3. 漫射型（均匀扩散型）直接间接型灯具：上半球的光通占 40%～60%，下半球的光通占 60%～40%。

4. 半间接型灯具：上半球的光通占 60%～90%，下半球的光通占 40%～10%。

5. 间接型灯具：上半球的光通占 90%～100%，下半球的光通占 10%～0%。【2019】

间接型灯具由于光线是经顶棚反射到工作面，因此扩散性很好，光线柔和而均匀，并且完全避免了灯具的眩光作用。但因有用的光线全部来自反射光，故利用率很低，在要求高照度时，使用这种灯具很不经济。故一般用于照度要求不高，希望全室均匀照明、光线柔和宜人的情况，如医院和一些公共建筑较为适宜

使用场所	综合以上各类灯具特征可知，安装高度高，有节能需求，对装饰性、艺术性无特殊要求的场所宜选用直接型灯具，如篮球馆、候车厅等；需避免眩光，对舒适性要求高的场所宜考虑间接型灯具，如酒店【2022（12）】

11.3-4 ［2022（12）-20］公建中常用筒灯配光类型有（   ）。

A. 直接　　　　　　　B. 间接　　　　　　　C. 漫射　　　　　　　D. 半间接

答案：A

解析：公共建筑中常用的筒灯，也属于直接型灯具，这种灯具装置在顶棚内，使室内空间简洁，节能高效。

11.3-5 ［2021-22］以下选项中不属于室内照明节能措施的是（   ）。

A. 办公楼或商场按租户设置电能表

B. 采光区域的照明控制独立于其他区域的照明控制

C. 合理地控制照明功率密度

D. 选用的间接照明灯具提高空间密度

答案：D

解析：间接型灯具。上半球的光通占 90%～100%，下半球的光通占 0%～10%。室内光照特性和直接型灯具相反，室内亮度分布均匀，光线柔和，基本无阴影。常用作医院、餐厅和一些公共建筑的照明。但此种灯具光通利用率低，设备投资多，维护费用高。

考点18：照明方式和种类【★★★★】

一般照明	用于对光的投射方向没有特殊要求；工作面上没有特别需要提高照度的工作点；工作地点很密或不固定的场所，如图11.3-3（a）所示【2019】
分区一般照明	用于同一房间**照度水平不一样**的一般照明，如图11.3-3（b）所示【2021】
局部照明	用于照度要求高和对光线方向性有特殊要求的作业，除宾馆客房外，局部照明**不单独使用**，如图11.3-3（c）所示
混合照明	既设有一般照明，又设有满足工作点的高照度和光方向的要求所用的一般照明加局部照明，如**阅览室**、车库等。在高照度时，这种照明最经济，如图11.3-3（d）所示【2020】

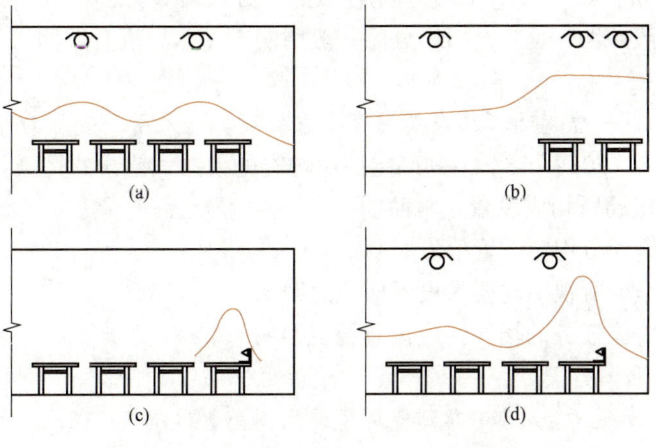

图 11.3-3　不同照明方式及照度分布

（a）一般照明；（b）分区一般照明；（c）局部照明；（d）混合照明

重点照明	为提高指定区域或目标的照度，使其比周围区域突出的照明
应急照明	应急照明应选用能**快速点亮**的光源，如白炽灯、LED 灯，而**金属卤化物灯**和**高压钠灯**点亮过程长的光源不适用
《建筑照明设计标准》（GB/T 50034—2024）相关规定	3.1.1　照明方式的确定应符合下列规定： 1 工作场所应设置**一般**照明。 2 当同一场所内的不同区域有不同照度要求时，应采用**分区一般**照明。 3 对于作业面照度要求较高，只采用一般照明不合理的场所，宜采用**混合**照明。 4 在一个工作场所内**不**应只采用**局部**照明。 5 当需要提高特定区域或目标的照度时，宜采用**重点**照明。 6 当需要通过光色和亮度变化等实现特定需求时，可采用氛围照明。 3.1.2　照明种类的确定应符合下列规定： 1 室内工作及相关辅助场所，均应设置正常照明。 2 应急照明、值班照明、警卫照明和障碍照明的设置应符合现行强制性工程建设规范《建筑环境通用规范》（GB 55016）的规定
《建筑环境通用规范》（GB 55016—2021）相关规定	3.1.3 照明设置应符合下列规定： 1 当下列场所正常照明供电电源失效时，应设置**应急**照明： 1）工作或活动不可中断的场所，应设置**备用**照明。 2）人员处于潜在危险之中的场所，应设置**安全**照明。 3）人员需有效辨认疏散路径的场所，应设置**疏散**照明。 2 在夜间非工作时间值守或巡视的场所，应设置**值班**照明。 3 需警戒的场所，应根据警戒范围的要求设置**警卫**照明。 4 在可能危及航行安全的建（构）筑物上，应根据国家相关规定设置**障碍**照明。

11.3-6 ［2020-17］阅览室用什么照明方式最好？（　　　）

A. 一般照明　　　　　　B. 分区一般照明　　　　C. 混合照明　　　　　　D. 局部照明

答案：C

解析：阅览室对于阅读桌的照度要求较高，宜采用一般加局部的混合照明。

11.3-7 ［2019-18］下列确定照明种类的说法，错误的是（　　　）。

A. 工作场所均应设置正常照明

B. 工作场所均应设置值班照明

C. 工作场所视不同要求设置应急照明

D. 有警戒任务的场所，应设置警卫照明

答案：B

解析：参见考点 18 中《建筑环境通用规范》（GB 55016—2021）3.1.3 相关规定。

考点 19：照明标准【★】

照度	《建筑照明设计标准》（GB/T 50034—2024）相关规定。 4.1.2 符合下列一项或多项条件时，作业面或参考平面的照度标准值可按标准分级**提高一级**： 1 视觉要求高的精细作业场所，眼睛至识别对象的距离大于 500mm。 2 连续长时间紧张的视觉作业，对视觉器官有不良影响。 3 识别移动对象，要求识别时间短促而辨认困难。 4 视觉作业对操作安全有重要影响。 5 识别对象与背景辨认困难。 6 作业精度要求高，且产生差错造成很大损失。 7 视觉能力显著低于正常能力。 8 建筑等级和功能要求高。 4.1.3 符合下列一项或多项条件时，作业面或参考平面的照度标准值可按标准分级**降低一级**： 1 进行很短时间的作业。 2 作用精度或速度无关紧要。 3 建筑等级和功能要求较低。 4.1.4 照明设计的维护系数应按表 4.1.4（表 11.3-10）选用。

表 11.3-10　　　　　　　　维护系数

环境污染特征		房间或场所举例	灯具最少擦拭次数/（次/年）	维护系数值
室内	清洁	卧室、办公室、影院、剧场、餐厅、阅览室、教室、病房、客房、仪器仪表装配间、电子元器件装配间、检验室、商店营业厅、体育馆、体育场等	2	0.80
	一般	机场候机厅、候车室、机械加工车间、机械装配车间、农贸市场等	2	0.70
	污染严重	公用厨房、锻工车间、铸工车间、水泥车间等	3	0.60

4.1.5 设计照度计算值与照度标准值的允许偏差应为**+20%**。

照度分布	4.2.1 工作场所一般照明照度均匀度应符合下列规定： 1 一般场所不应低于 **0.4**。 2 长时间工作的场所不应低于 **0.6**。 3 对视觉要求高的场所不应低于 **0.7**。 4.2.2 作业面邻近周围照度可低于作业面照度，但不宜低于表 4.2.2（表 11.3-11）规定的数值。

表 11.3-11　　　　　　作业面邻近周围照度

作业面照度/lx	作业面邻近周围照度/lx
≥750	500
500	300
300	200
≤200	与作业面照度相同

注：作业面邻近周围指作业面外宽度不小于 0.5m 的区域。

4.2.3 通道和其他非作业区域一般照明的照度不宜低于作业面邻近周围照度的 **1/3**。

根据《建筑照明设计标准》（GB/T 50034—2024）表 5.3.1、表 5.3.2、表 5.3.3、表 5.3.6、表 5.3.8 整理表 11.3-12。

表 11.3-12 公共建筑照明标准值

建筑类型	房间或场所	参考平面及其高度	照度标准值 /lx
图书馆建筑	普通阅览室、开放式阅览室	0.75m 水平面	300
	老年阅览室	0.75m 水平面	500
	档案库	0.75m 水平面	200
	书库、书架	0.25m 垂直面	50
办公建筑	普通办公室	0.75m 水平面	300
	高档办公室	0.75m 水平面	500
	会议室	0.75m 水平面	300
	接待室、前台	0.75m 水平面	200
	服务大厅、营业厅	0.75m 水平面	300
	设计室	实际工作面	500
	文件整理、复印、发行室	0.75m 水平面	300
	资料、档案存放室	0.75m 水平面	200
商店建筑	一般商店营业厅	0.75m 水平面	300
	高档商店营业厅	0.75m 水平面	500
	一般超市营业厅	0.75m 水平面	300
	高档超市营业厅	0.75m 水平面	500
	收款台	台面	500*
医疗建筑	手术室	0.75m 水平面	750
	病房	0.75m 水平面	200
	药房	0.75m 水平面	500
教育建筑	教室、阅览室	课桌面	300
	实验室	实验桌面	300
	美术教室	桌面	500
	多媒体教室	0.75m 水平面	300
	教室黑板	黑板面	500*

* 指混合照明照度。

11.3-8［2019-17］下列场所中照度要求最高的是（ ）。

A. 老年人阅览室　　　　　B. 普通办公室　　　C. 病房　　　　　D. 教室

答案：A

解析：选项 A，500lx；选项 B，300lx；选项 C，200lx；选项 D，300lx。

考点 20：照明质量【★★★★★】

眩光限制	开敞式或格栅式灯具的遮光角	《建筑照明设计标准》（GB/T 50034—2024）相关规定。 4.3.1 长期工作或停留的房间或场所，灯具遮光角或表面亮度应符合下列规定：1选用开敞式或格栅式灯具的遮光角不应小于表 4.3.1（表 11.3 - 13）的规定。 **表 11.3 - 13　　开敞式或格栅式灯具的遮光角** 表格如下

发光体平均亮度/(kcd/m²)	遮光角(°)
1～20	10
20～50	15
50～500	20
≥500	30

	统一眩光值	统一眩光值（UGR）：国际照明委员会（CIE）用于度量处于**室内**视觉环境中的照明装置发出的光对人眼引起不舒适感主观反应的心理参量。 统一眩光值（UGR）的应用条件应符合下列规定： （1）UGR适用于**简单的立方体形房间的一般照明**装置设计，不应用于采用间接照明和发光天棚的房间； （2）灯具应为**双对称配光**。【2022（12）】 UGR计算影响因素：背景亮度；每个灯具发光部分对观察者眼睛所形成的立体角；灯具在观察者眼睛方向的亮度；每个单独灯具的位置指数。 （1）UGR最大允许值为19（**临界值**）：阅览室、办公室、设计室、会议室、诊室、手术室、病房、教室、实验室、自助银行、绘画、展厅、雕塑展厅。 （2）UGR最大允许值为22（**刚刚不舒适**）：营业厅、超市、观众厅、休息厅、餐厅、多功能厅、科技馆展厅、候诊室、候车（机、船）室、售票厅。 （3）UGR最大允许值为25（**不舒适**）：大件、一般件仪表装配、锯木区、车库检修间
	体育场馆的眩光值GR	眩光值（GR）国际照明委员会（CIE）用于度量**体育场馆**和其他**室外**场地照明装置对人眼引起不舒适感主观反应的心理参量【2022（5）】
	教室照明的布灯方法	灯管**垂直于黑板面**可减少眩光，灯具宜选用**蝠翼型**配光方式。【2024、2020】 　灯具方向对照度和均匀度的影响较小，主要影响照明质量。标准建议将灯管长轴垂直于黑板布置（图 11.3 - 4）。这样布置引起的直接眩光较小，而且光线方向与窗口一致，避免产生手的阴影。但这样布灯，有较多的光通量射向玻璃窗，光损失较多，故从降低眩光、控制配光的要求来看，荧光灯也以装上灯罩为宜。 　如果条件不允许纵向布灯，则可采用横向布置的不对称配光灯具（图 11.3 - 5）。这样，光线从学生背后射向工作面，可完全防止直接眩光。但要注意学生身体对光线的遮挡和灯具对教师引起的眩光。

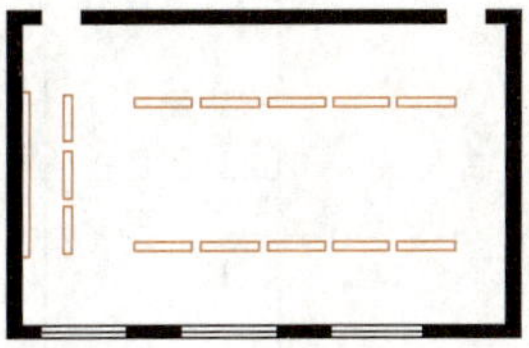

图 11.3 - 4　教室照明布置

眩光 限制	**教室照 明的布 灯方法**	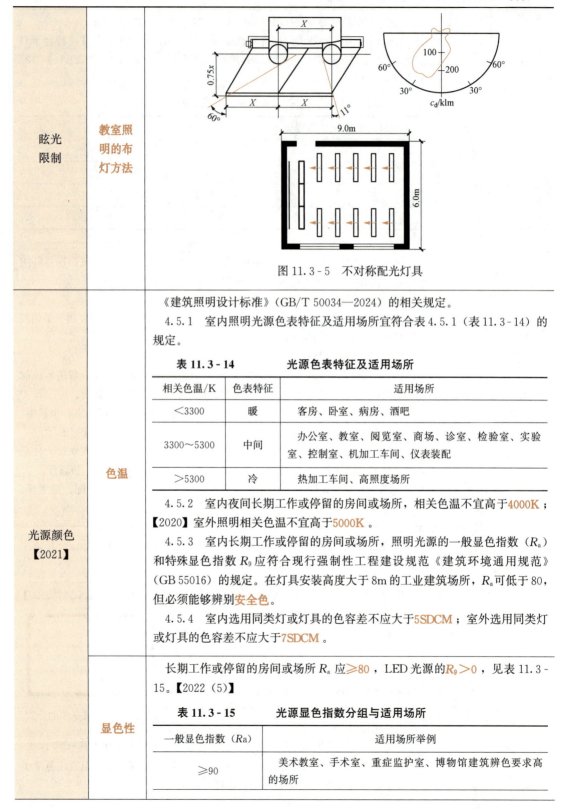图 11.3-5　不对称配光灯具
光源颜色 【2021】	**色温**	《建筑照明设计标准》（GB/T 50034—2024）的相关规定。 4.5.1　室内照明光源色表特征及适用场所宜符合表 4.5.1（表 11.3-14）的规定。 表 11.3-14　　光源色表特征及适用场所 4.5.2　室内夜间长期工作或停留的房间或场所，相关色温不宜高于 4000K ；【2020】室外照明相关色温不宜高于 5000K 。 4.5.3　室内长期工作或停留的房间或场所，照明光源的一般显色指数（R_a）和特殊显色指数 R_9 应符合现行强制性工程建设规范《建筑环境通用规范》（GB 55016）的规定。在灯具安装高度大于 8m 的工业建筑场所，R_a 可低于 80，但必须能够辨别安全色。 4.5.4　室内选用同类灯或灯具的色容差不应大于 5SDCM ；室外选用同类灯或灯具的色容差不应大于 7SDCM 。
	显色性	长期工作或停留的房间或场所 R_a 应≥80，LED 光源的 R_9＞0，见表 11.3-15。【2022（5）】 表 11.3-15　　光源显色指数分组与适用场所

表 11.3-14　　光源色表特征及适用场所

相关色温/K	色表特征	适用场所
＜3300	暖	客房、卧室、病房、酒吧
3300～5300	中间	办公室、教室、阅览室、商场、诊室、检验室、实验室、控制室、机加工车间、仪表装配
＞5300	冷	热加工车间、高照度场所

表 11.3-15　　光源显色指数分组与适用场所

一般显色指数（R_a）	适用场所举例
≥90	美术教室、手术室、重症监护室、博物馆建筑辨色要求高的场所

光源颜色 【2021】	显色性	一般显色指数（R_a）	适用场所举例
		≥80	长期工作或停留的房间或场所如居住、图书馆、办公、商业、影剧院、旅馆、医院、学校、博物馆建筑
		≥60	机械加工、机修、动力站、造纸、精细件和一般件仓库、车库及灯具安装高度>6m的工业建筑场所、自动扶梯
		≥40	炼铁
		≥20	大件库、站台、装卸台

根据《建筑照明设计标准》（GB/T 50034—2024）的4.7.1和表4.7.2，整理得表11.3-16。

表 11.3 - 16　　　　　长时间工作房间内表面反射比

表面名称	反射比
作业面	0.2～0.6
顶棚	0.6～0.9
墙面	0.3～0.8
地面	0.1～0.5

（上列表格左侧标注：反射比）

《建筑环境通用规范》（GB 55016—2021）相关规定

3.3.3　光环境要求较高的场所，照度水平应符合下列规定：

1 连续长时间视觉作业的场所，其照度均匀度不应低于0.6。

2 教室书写板板面平均照度不应低于500lx，照度均匀度不应低于0.8。

3 手术室照度不应低于750lx，照度均匀度不应低于0.7。

4 对光特别敏感的展品展厅的照度不应大于50lx，年曝光量不应大于50klx·h；对光敏感的展品展厅的照度不应大于150lx，年曝光量不应大于360klx·h

3.3.4　长时间视觉作业的场所，统一眩光值UGR不应高于19

3.3.5　长时间工作或停留的房间或场所，照明光源的颜色特性应符合下列规定：

1 同类产品的色容差不应大于5SDCM。

2 一般显色指数（R_a）不应低于80。

3 特殊显色指数（R_9）不应小于0

3.3.8　对辨色要求高的场所，照明光源的一般显色指数（R_a）不应低于90

11.3-9 [2024-52] 室内人员长时间工作场所选用同类光源的色容差最大不应大于（　　）。

A. 1SDCM　　　　　　B. 3SDCM　　　　　　C. 5SDCM　　　　　　D. 7SDCM

答案： C

解析：室内长时间工作或停留的房间或场所，同类产品的色容差不应大于5SDCM。

11.3-10 [2024-56] 教室灯的长轴垂直于黑板面的主要原因是（　　）。

A. 可以提高桌面照度

B. 可以提高桌面照度均匀度

C. 可以减少安装难度

D. 可以减少直接眩光

答案：D

解析：将灯管长轴垂直于黑板布置。这样布置引起的直接眩光较小，而且光线方向与窗口一致，避免产生手的阴影。

11.3-11 [2022（12）-21] 统一眩光值（UGR）适用于（　　）。

A. 天然采光房间　　　　　　　　　B. 间接照明房间

C. 发光天棚房间　　　　　　　　　D. 同类灯具均布房间

答案：D

解析：概念区分：①统一眩光值（UGR）：度量处于室内视觉环境中的照明装置。②眩光值（GR）：度量体育场馆和其他室外场地照明装置。③不舒适眩光（DGI）：由窗引起的不舒适眩光。

11.3-12 [2020-19] LED灯哪个色温最舒服？（　　）

A. 3500K　　　　　　　　　　　　B. 4500K

C. 5500K　　　　　　　　　　　　D. 6500K

答案：A

解析：颜色越暖，眼睛越舒适。长期工作或停留的房间或场所，色温不宜高于4000K。

考点21：照明设计【★★★★★】

光源的选择	《建筑照明设计标准》（GB/T 50034—2024）的相关规定。 3.2.2　照明设计应按下列条件选择光源： 1 灯具安装高度较低的房间宜采用LED光源、细管径直管形三基色荧光灯。 2 灯具安装高度较高的场所宜采用LED光源、金属卤化物灯、高压钠灯或大功率细管径形直管荧光灯。 3 重点照明宜采用LED光源、小功率陶瓷金属卤化物灯。 4 室外照明场所宜采用LED光源、金属卤化物灯、高压钠灯。 5 照明设计不应采用普通照明白炽灯，对电磁干扰有严格要求，且其他光源无法满足的特殊场所除外。 3.2.3　照明设计应根据识别光色要求和场所特点，选用相应显色指数的光源。 3.2.4　应急照明应选用能快速点亮的光源。 6.2.3　除美术馆、博物馆等对显色要求高的场所的重点照明可采用卤钨灯外，一般场所不应选用卤钨灯。 6.2.4　一般照明不应采用荧光高压汞灯。 6.2.5　一般照明在满足照度均匀度条件下，宜选择单灯功率较大、光效较高的光源。

灯具的选择	根据《建筑照明设计标准》（GB/T 50034—2024）3.3.11 灯具选择应满足场所环境的要求，并应符合下列规定： 1 特别潮湿场所，应采用相应防护措施的灯具。 2 有腐蚀性气体或蒸汽场所，应采用相应防腐蚀要求的灯具。 3 有盐雾腐蚀场所，应采用相应防盐雾腐蚀要求的灯具。 4 有杀菌消毒要求的场所，可设置紫外线消毒灯具，并应满足紫外使用安全要求。 5 高温场所，宜采用散热性能好、耐高温的灯具。 6 多尘埃的场所，应采用防护等级不低于 IP5X 的灯具。 7 在室外的场所，应采用防护等级不低于 IP54 的灯具。 8 装有锻锤、大型桥式吊车等振动、摆动较大场所应有隔振和防脱落措施。 9 易受机械损伤、光源自行脱落可能造成人员伤害或财物损失场所应有防护措施。 10 有爆炸危险场所灯具选择应符合国家现行标准的有关规定。 11 有洁净度要求的场所，应采用不易积尘且易于擦拭的洁净灯具，并应满足洁净场所的相关要求。其中三级和四级生物安全实验室、检测室和传染病房宜采用吸顶式密闭洁净灯，并宜具有防水功能。 12 需防止紫外线辐射的场所，应采用隔紫外线灯具或无紫外线光源
应急照明的照度	《建筑环境通用规范》（GB 55016—2021）相关规定。 3.3.11 备用照明的照度标准值应符合下列规定： 1 正常照明失效可能危及生命安全，需继续正常工作的医疗场所，备用照明应维持正常照明的照度。 2 高危险性体育项目场地备用照明的照度不应低于该场所一般照明照度标准值的50%。 3 除另有规定外，其他场所备用照明的照度值不应低于该场所一般照明照度标准值的10%。 3.3.12 安全照明的照度标准值应符合下列规定： 1 正常照明失效可能使患者处于潜在生命危险中的专用医疗场所，安全照明的照度应为正常照明的照度值。 2 大型活动场地及观众席安全照明的平均水平照度值不应小于20lx。 3 除另有规定外，其他场所安全照明的照度值不应低于该场所一般照明照度标准值的10%，且不应低于15lx。 《建筑照明设计标准》（GB/T 50034—2024）相关规定。 5.5.4 疏散照明的地面平均水平照度值应符合下列规定： 1 水平疏散通道不应低于1lx，人员密集场所、避难层（间）不应低于3lx。 2 垂直疏散区域不应低于5lx。 3 疏散通道地面中心线的最大值与最小值之比不应大于 40∶1。 4 寄宿制幼儿园和小学的寝室、老年公寓、医院等需要救援人员协助疏散的场所不应低于5lx

照明设计时应特别注意的事项	(1) 住宅中卧室和餐厅的照明宜选用**低色温**光源。 (2) 体育场馆照明需依运动性质选择眩光影响小的布灯位置设计指标较其他场所增加**垂直**照度、主（副）摄像方向垂直照度等。 (3) 商店照明主要包括**基本**照明、**重点**照明、**装饰**照明【2022（12）】
橱窗照明	橱窗内展品是变化的，故照明应适应这一情况。一般是把照明功能分由四部分完成：基本照明、投光照明、辅助照明、彩色照明等。将他们有机地组合起来，达到既有很好的展出效果，又能节电的目的，如图 11.3 - 6 所示。 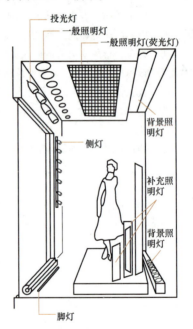 图 11.3 - 6　橱窗灯具布置 　（1）**基本照明**。常采用荧光灯格栅顶棚作橱窗的整体均匀照明。每平方米放置 2.5～3 支 40W 荧光灯，大致可形成 1000～1500lx 的基本照明。 　（2）**投光照明**。用投光灯的强光束提高商品的亮度来强调它，并能有效地**表现商品的光泽感和立体感**，以突出其地位。当橱窗中陈列许多单个的不同展品时，也可只使用投光灯，分别照亮各个展品；而利用投光灯的外泄光来形成一般照明，也可获得动人的效果。【2022（5）】 　（3）**辅助照明**。是为了创造更富于戏剧性的展出效果，增加橱窗的吸引力。利用灯的位置（靠近展品或靠近背景），就会产生突出展品质感，或使之消失的不同效果。利用背景照明，将暗色商品轮廓在亮背景上清晰地突出来，往往比直接照射它的效果更好。紧凑型荧光灯能很方便地隐藏在展品中起辅助照明用。 　（4）**彩色照明**。它是用来达到特定的展出效果。例如利用适当的颜色照射背景，可使展品得到更显眼的色对比

11.3-13［2022（5）-22］商品橱窗照明设计能有效表现商品光泽和立体感的照明方式是（　　）。

A. 一般照明　　　　　　　　　　　B. 投光照明

C. 辅助照明　　　　　　　　　　　D. 彩色照明

答案： B

解析： 用投光灯的强光束提高商品的亮度来强调它，并能有效地表现商品的光泽感和立体感，以突出其地位。

11.3-14［2022（12）-24］商店照明不采用的手法是（　　）。

A. 基本照明　　　　　　　　　　　B. 重点照明

C. 轮廓照明　　　　　　　　　　　D. 装饰照明

答案： C

解析： 商店照明主要包括基本照明、重点照明、装饰照明。

考点 22："建筑化"大面积照明艺术处理【★★】

发光顶棚	它是由天窗发展而来。为了保持稳定的照明条件，模仿天然采光的效果，在玻璃吊顶至天窗间的夹层里装灯，便构成发光顶棚，如图 11.3-7 所示。 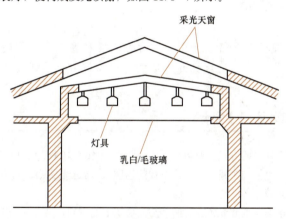 图 11.3-7　发光顶棚与采光天窗合用 为了使发光表面亮度均匀，就需要把灯装得很密或者离透光面远些。当室内对照度要求不高时，需要的光源数量减少，灯的间距必然加大，为了照顾透光面亮度均匀，采取抬高灯的位置，或选用小功率灯泡等措施，都会降低效率，在经济上是不合理的。因此这种照明方式，只适用于照度较高的情况
光梁和光带	将发光顶棚的宽度缩小为带状发光面，就成为光梁和光带。光带的发光表面与顶棚表面平齐，光梁则凸出于顶棚表面

格片式 发光顶棚 【2024、2021】	发光顶棚、光带、光梁，都存在表面亮度较大的问题。随着室内照度值的提高，就要求按比例地增加发光面的亮度，易引起眩光。 为了解决这一矛盾，最常用的办法便是格片式发光顶棚。这种发光顶棚的构造如图 11.3 - 8 所示，格片是用金属薄板或塑料板组成的网状结构。随着遮光角 γ 的增大，配光也由宽变窄，格片的遮光角常做成 30°～45°。格片上方的光源，把一部分光直射到工作面上，另一部分则经过格片反射（不透光材料）或反射兼透射（扩散透光材料）后进入室内	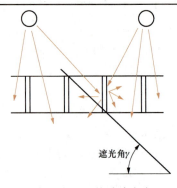 图 11.3 - 8 格片式发光 顶棚构造简图

11.3 - 15 ［2024 - 54］下列建筑照明处理方式对眩光控制最好的是（ ）。

A. 发光顶棚   B. 一体化光梁

C. 格片式发光顶棚   D. 水晶吊灯

答案： C

解析： 发光顶棚、光带、光梁，都存在表面亮度较大的问题，易引起眩光。为了解决这一矛盾，最常用的办法是格片式发光顶棚，格片是用金属薄板或塑料板组成的网状结构，随着遮光角的增大，配光也由宽变窄。

考点 23：室外照明【★★】

室外照明	室外照明方式主要包括：**泛光照明**（由投光灯来照射某一情景或目标）、轮廓照明（利用灯光直接勾画建筑物和构筑物的轮廓）、内透光照明（利用室内光线向室外透射的照明方式）等。 根据亮度和光色在时间和空间位置上的不同，又分为动态照明和重点照明等方式

光污染控制
指标
	根据《建筑环境通用规范》（GB 55016—2021）的 3.4 节，室外照明设计的控制指标包含：【2019】
	  1 室外公共区域照度值和一般显色指数。
	  2 园区道路、人行及非机动车道照明灯具上射光通比的最大值。
	  3 当设置室外夜景照明时，对居室的影响：①居住空间窗户外表面上产生的垂直面照度。②夜景照明灯具朝居室方向的发光强度。③当采用闪动的夜景照明时，相应灯具朝居室方向的发光强度最大允许值。
	  4 建筑立面和标识面：①建筑立面和标识面的平均亮度。②E1 区和 E2 区里不应采用闪烁、循环组合的发光标识，在所有环境区域这类标识均不应靠近住宅的窗户设置。
	  5 室外照明采用泛光照明时，应控制投射范围，散射到被照面之外的溢散光不应超过 20%

环境区域划分	根据《建筑环境通用规范》（GB 55016—2021），环境区域根据环境亮度和活动内容可作下列划分： E0 区为天然暗环境区，如国家公园、自然保护区和天文台所在地区等。 E1 区为暗环境区，如无人居住的乡村地区等。 E2 区为低亮度环境区，如低密度乡村居住区等。 E3 区为中等亮度环境区，如城乡居住区等。 E4 区为高亮度环境区，如城市或城镇中心和商业区等。

11.3-16［2019-19］以下不属于夜景照明光污染限制指标的是（   ）。

A. 灯具的上射光通比

B. 广告屏幕的对比度

C. 建筑立面的平均亮度

D. 居住建筑窗户外表面的垂直照度

答案：B

解析：根据《建筑环境通用规范》（GB 55016—2021）的 3.4 节，室外照明设计的控制指标包含：灯具的上射光通比、居住建筑窗户外表面的垂直照度、建筑立面的平均亮度，没有广告屏幕的对比度。

第四节 照 明 节 能

考点 24：照明功率密度值【★★★★★】

概述	绿色照明工程旨在节约资源、保护环境。 绿色照明包含的具体内容有：照明节能、采光节能、管理节能、污染防止和安全舒适照明。 为了达到节能目的，必须采用照明功率密度值进行评价
定义	照明功率密度值，简称 LPD，是单位面积上照明安装功率（包括光源、镇流器或变压器），单位：W/m^2【2020】
强制性要求	《建筑节能与可再生能源利用通用规范》（GB 55015—2021）3.3.7 建筑照明功率密度应符合表 3.3.7-1～表 3.3.7-12 的规定；当房间或场所的室形指数值等于或小于 1 时，其照明功率密度限值可增加，但增加值不应超过限值的 20%；当房间或场所的照度值提高或降低一级，其照明功率密度限值应按比例提高或折减 规定应满足规范要求的建筑类型有： （3.3.7-1）全装修居住建筑每户、（3.3.7-2）居住建筑公共机动车库、（3.3.7-3）办公建筑和其他类型建筑中具有办公用途场所、（3.3.7-4）商店建筑、（3.3.7-5）旅馆建筑、（3.3.7-6）医疗建筑、（3.3.7-7）教育建筑、（3.3.7-8）会展建筑、（3.3.7-9）交通建筑、（3.3.7-10）金融建筑、（3.3.7-11）工业建筑非爆炸危险场所、（3.3.7-12）公共建筑和工业建筑非爆炸危险场所通用房间或场所【2022（5）、2020】

根据《建筑节能与可再生能源利用通用规范》（GB 55015—2021）表 3.3.7 - 1～表 3.3.7 - 10，整理得表 11.4 - 1。

表 11.4 - 1　　重点建筑照度标准值和照明功率密度限值

房间或场所			照度标准值 /lx	照明功率密度限值 /（W/m²）
全装修居住建筑每户		起居室	100	≤5.0
		卧室	75	
		餐厅	150	
		厨房	100	
		卫生间	100	
居住建筑公共机动车库		车道	50	≤1.9
		车位	30	
办公建筑和其他类型建筑中具有办公用途场所		普通办公室、会议室	300	≤8.0
		高档办公室、会议室	500	≤13.5
		服务大厅	300	≤10.0
商店建筑		一般商店营业厅	300	≤9.0
		高档商店营业厅	500	≤14.5
		般超市营业厅、仓储式超市、专卖店营业厅	300	≤10.0
		高档超市营业厅	500	≤15.5
旅馆建筑	客房	一般活动区	75	≤9.0
		床头	150	
		卫生间	150	
	中餐厅		200	≤8.0
	西餐厅		150	≤5.5
	多功能厅		300	≤12.0
	客房层走廊		50	≤3.5
	大堂		200	≤8.0
	会议室		300	≤8.0
医疗建筑		治疗室、诊室	300	≤8.0
		化验室	500	≤13.5
		候诊室、挂号厅	200	≤5.5
		病房	200	≤5.5
		护士站	300	≤8.0
		药房	500	≤13.5
		走廊	100	≤4.0

重点建筑的具体指标要求

	房间或场所		照度标准值 /lx	照明功率密度限值 /(W/m²)
教育建筑	教室、阅览室、实验室、多媒体教室		300	≤8.0
	美术教室、计算机教室、电子阅览室		500	≤13.5
	学生宿舍		150	≤4.5
会展建筑	会议室、洽谈室		300	≤8.0
	宴会厅、多功能厅		300	≤12.0
	一般展厅		200	≤8.0
	高档展厅		300	≤12.0
交通建筑	候车（机、船）室	普通	150	≤6.0
		高档	200	≤8.0
	中央大厅、售票大厅、行李认领、到达大厅、出发大厅		200	≤8.0
	地铁站厅	普通	100	≤4.5
		高档	200	≤8.0
	地铁进出站门厅	普通	150	≤5.5
		高档	200	≤8.0
金融建筑	营业大厅		200	≤8.0
	交易大厅		300	≤12.0

注：当一般商店营业厅、高档商店营业厅、专卖店营业厅需装设重点照明时，该营业厅的照明功率密度限值可增加 5W/m²

左栏：重点建筑的具体指标要求

11.4-1［2020-21］下列建筑或房间光密度值不是强制性条文的是（　　）。

A. 教育建筑　　　　　B. 科技馆建筑　　　　　C. 会展建筑　　　　　D. 金融建筑

答案：B

解析：参见考点24中"强制性要求"的相关内容。选项B博览建筑照明功率密度限值，不是强条。

考点25：照明设计节能的一般原则和方法【★★★★★】

节能设计的重点	照明节能的重点是照明设计节能，即在保证不降低作业的视觉要求的条件下，最有效地利用照明用电
具体措施【2021、2020】	其具体措施有： (1) 选用高效长寿命光源（以 LED 光源为主）。 (2) 选用高效灯具，对于气体放电灯还要选用配套的高质量电子镇流器或节能电感镇流器。

具体措施【2021、2020】	（3）选用配光合理的灯具，**减少间接型**灯具。 （4）根据视觉作业要求，确定合理的照度标准值，在满足照明功率密度的要求的前提下选用合适的照明方式。 （5）室内顶棚、墙面、地面宜采用**浅色**装饰。【2022（12）】 （6）工业企业的车间、宿舍和住宅等场所的照明用电均应单独计量，旅馆的每间（套）客房应设置总电源节能控制措施。 （7）大面积使用普通镇流器的气体放电灯的场所，宜在灯具附近单独装设补偿电容器，使功率因数提高至 0.85 以上，并减少非线性电路元件——气体放电灯产生的高次谐波对电网的污染，改善电网波形。 （8）室内照明线路**宜分细**一些，多设开关，位置适当，便于分区开关灯。 （9）室外照明宜采用自动控制方式或智能照明控制方式等节电措施。 （10）近窗的灯具应**单设**开关，并采用自动控制方式或智能照明控制方式。 （11）设装饰性照明的场所，可将实际采用的装饰性灯具总功率的 50% 计入照明功率密度值的计算。 （12）根据场所使用时段的特点，采用延时自动熄灭、夜间定时开关或降低照度的自动装置。 （13）充分利用天然光，采用导光、反光引天然光入室。有天然采光的场所，其照明应根据采光状况和建筑使用条件采取分区、分组、按照度或按时段调节的节能控制措施。 （14）建筑的走廊、楼梯间、门厅、电梯厅及停车库照明应能够根据照明需求进行节能控制；大型公共建筑的公用照明区域应采取**分区、分组及调节照度**的节能控制措施。 （15）建筑景观照明应设置平时、一般节日及重大节日**多种控制**模式。 （16）利用太阳能作为照明能源
管理节能具体措施	制订有效的管理措施，定期检查维护，调试设备并根据数据及时优化

11.4-2［2022（12）-22］下列做法对照明节能最不利的是（   ）。

A. 在篮球馆用金属卤化物泛光灯照明

B. 在餐厅采用卤钨灯照明

C. 居住建筑走廊采用感应自动控制 LED

D. 同类直管荧光灯选用功率较大的

答案：B

解析：卤钨灯属于热辐射光源，光效低，不利于节能。

11.4-3［2022（12）-23］不利于提高照明利用系数的方法是（   ）。

A. 将室内顶棚涂黑

B. 采用灯具效率高灯具

C. 减小灯具至工作面的高度

D. 采用直接型灯具

答案：A

解析：将室内顶棚涂黑，降低了内表面反射比，降低了室内亮度，不利于提高照明利用系数。

11.4-4［2020-24］下列不属于节能措施的是（　　　）。

A. 普通照明用荧光高压汞灯

B. 一般场所不选用卤钨灯

C. 选择单灯功率较大、光效较高的光源

D. 地下停车位选用感应式自动控制的发光二极管灯

答案： A

解析： 高压汞灯适用于工业照明、仓库照明、街道照明、泛光照明安全照明，而高压汞灯目前存在启动慢、频闪强、耗电大、温升高、噪声大等缺点，不用于普通照明。

第十二章 建 筑 声 学

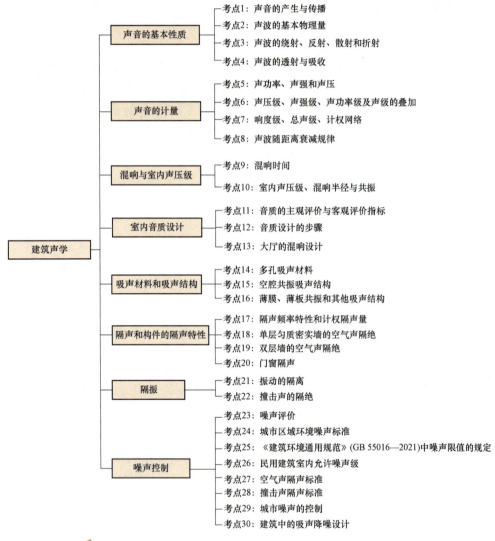

- 建筑声学
  - 声音的基本性质
    - 考点1: 声音的产生与传播
    - 考点2: 声波的基本物理量
    - 考点3: 声波的绕射、反射、散射和折射
    - 考点4: 声波的透射与吸收
  - 声音的计量
    - 考点5: 声功率、声强和声压
    - 考点6: 声压级、声强级、声功率级及声级的叠加
    - 考点7: 响度级、总声级、计权网络
    - 考点8: 声波随距离衰减规律
  - 混响与室内声压级
    - 考点9: 混响时间
    - 考点10: 室内声压级、混响半径与共振
  - 室内音质设计
    - 考点11: 音质的主观评价与客观评价指标
    - 考点12: 音质设计的步骤
    - 考点13: 大厅的混响设计
  - 吸声材料和吸声结构
    - 考点14: 多孔吸声材料
    - 考点15: 空腔共振吸声结构
    - 考点16: 薄膜、薄板共振和其他吸声结构
  - 隔声和构件的隔声特性
    - 考点17: 隔声频率特性和计权隔声量
    - 考点18: 单层匀质密实墙的空气声隔绝
    - 考点19: 双层墙的空气声隔绝
    - 考点20: 门窗隔声
  - 隔振
    - 考点21: 振动的隔离
    - 考点22: 撞击声的隔绝
  - 噪声控制
    - 考点23: 噪声评价
    - 考点24: 城市区域环境噪声标准
    - 考点25: 《建筑环境通用规范》(GB 55016—2021)中噪声限值的规定
    - 考点26: 民用建筑室内允许噪声级
    - 考点27: 空气声隔声标准
    - 考点28: 撞击声隔声标准
    - 考点29: 城市噪声的控制
    - 考点30: 建筑中的吸声降噪设计

节 名	近5年考试分值统计					
	2024年	2023年	2022年12月	2022年5月	2021年	2020年
第一节 声音的基本性质	1	0	1	2	3	2
第二节 声音的计量	0	1	2	2	0	1

节 名	近5年考试分值统计					
	2024年	2023年	2022年12月	2022年5月	2021年	2020年
第三节 混响与室内声压级	2	0	2	0	1	1
第四节 室内音质设计	1	2	1	2	2	2
第五节 吸声材料和吸声结构	0	1	1	2	2	1
第六节 隔声和构件的隔声特性	2	1	4	1	3	3
第七节 隔振	0	2	1	1	1	1
第八节 噪声控制	2	1	0	2	0	1
总 计	8	8	12	12	12	12

考点精讲与典型习题

第一节 声音的基本性质

考点1：声音的产生与传播【★★】

声音的产生	声音来源于振动的物体，辐射声音振动的物体称为声源
声音的传播	声波的传播是能量的传递，而非质点的转移。声源发声后，其振动传递给周围的弹性介质，经过弹性介质的振动不断向外传播，振动的传播称为声波。 空气质点总是在其平衡点附近来回振动而不传向远处
	振动方向与波传播的方向相平行，称为纵波，如声波。【2020】 振动方向与波传播的方向相垂直，称为横波，如水波

12.1-1 [2020-1] 关于空气中的声波，错误的是（　　）。

A. 空气质点的疏密运动

B. 空气质点在平衡位置往返运动

C. 空气质点的振动与传播方向平行

D. 空气质点沿传播方向一直移动

答案：D

解析：在波的传播过程中，介质质点的振动方向与波传播的方向相平行，称为纵波，声波是纵波。波传播的是振动形式和能量，质点不随波迁移。

考点2：声波的基本物理量【★★★★】

频率 f 【2021】	频率等于单位时间内声源完成全振动的次数，即一秒钟内振动的次数。符号为 f，单位为 Hz。声波的频率等于发出该波声源的频率
	人耳能听到的声波的频率范围是 20～20000 Hz。人耳对 2000～4000 Hz 的声音最敏感。500～1000Hz 为中频，>1000Hz 为高频，<500Hz 为低频

声速 c	声速为声波在弹性介质中传播的速度，符号为 c，单位为 m/s【2022（5）】
	介质的密度越**大**，声音传播的速度越**快**。真空中的声速为 0m/s，空气中的声速 $c=$ **340m/s**。
	声波的传播速度只与介质种类和介质温度等因素有关，与频率无关【2024、2019】
波长 λ	波长为声波在传播途径上两个相邻同相位质点间的距离。符号为 λ，单位为 m
	声音的频率越**高**，波长越**短**；频率越低，波长越长。
	波长 λ、频率 f、声速 c 三者之间关系公式：$\lambda=\dfrac{c}{f}$
频带	将可听频率范围的声音分段分割成一个一个的**频率段**，以中心频率作为某频段的名称，称为**频带**。可分为倍频带（或倍频程），1/3 倍频带【2021】
	最常用声音频带为**125** Hz、**250**Hz、**500**Hz、**1000**Hz、**2000**Hz、**4000** Hz **六个**倍频带。降噪系数为**250**Hz、**500**Hz、**1000**Hz 和 **2000** Hz **四个**倍频带吸声系数的平均值

12.1-2 ［2024-57］下列关于声音的描述错误的是（   ）。

A. 声波在空气中传播速度与频率有关

B. 声波遇到尺寸比波长大很多的混凝土障板时被反射

C. 声波传播速度不等于介质中的质点振动速度

D. 声波会绕过障碍物传播

答案：A

解析：声波在介质中传播的速度与介质弹性、介质密度、声波波型有关，与频率无关。

12.1-3 ［2022（5）-1］空气中声速说法正确的是（   ）。

A. 质点振动速度　　　　　　　　　B. 质点在声波传播方向的速度

C. 质点振动状态传播的速度　　　　D. 速度大小与质点振动特性有关

答案：C

解析：声速是质点振动状态下声波在弹性介质中传播的速度。

12.1-4 ［2021-7］降噪系数具体倍频带是（   ）。

A. 125～4000Hz　　　B. 125～2000Hz　　　C. 250～4000Hz　　　D. 250～2000Hz

答案：D

解析：降噪系数和平均吸声系数一样，也是材料吸声性能的一个单值评价量，它比平均吸声系数更加简化，为 250Hz、500Hz、1000Hz 和 2000Hz 四个倍频带吸声系数的平均值。

12.1-5 ［2019-1］关于声音的说法，错误的是（   ）。

A. 声音在障碍物表面会产生反射

B. 声波会绕过障碍物传播

C. 声波在空气中的传播速度与频率有关

D. 声波传播速度不同于质点的振动速度

答案：C

解析：介质的密度越大，声音传播的速度越快。空气中的声速 $c = 340\text{m/s}$，与频率无关。

考点3：声波的绕射、反射、散射和折射【★★★】

声绕射 【2021】	声波在传播途径中遇到障板时，不再是直线传播，而是能绕到障板的背后改变原来的传播方向，继续传播，这种现象称为绕射。改变原来的传播方向继续传播的绕射现象有时也叫衍射
	声绕射的产生有图 12.1-1 所示的几种情况 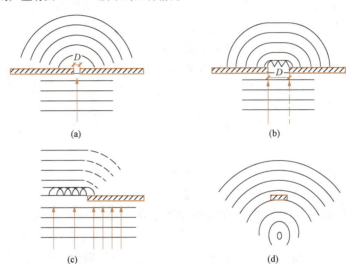 图 12.1-1 声音的绕射 (a) 小孔对波的影响；(b) 大孔对前进波的影响；(c) 大障板对声波的影响； (d) 小障板对声传播的影响
声反射	当声波在传播过程中遇到一块尺寸比波长大得多的障板时，声波将被反射，它遵循反射定律（入射角等于反射角）。 　凹面使声波聚集，凸面使声波发散。室内声音反射的几种典型情况如图 12.1-2 所示【2022（5）】 　定向反射，即设计的反射面能使一定方向来的入射声波反射到指定的方向上，这通常是设计成一定几何形状的反射面，一般是平面。只要反射面的尺度比声波波长大得多，就可以按几何反射定律来设计反射面。 　扩散反射，即无论声波从哪一个方向入射到界面上，反射声波均向各个方向反射。如果反射面表面是无规则随机起伏的，并且起伏的尺度和入射声波波长相当，就可以起到扩散反射的作用【2022（12）】。如果表面不规则起伏的尺度和声波波长相比很小时，声波的反射仍然满足几何反射定律，而不会形成扩散 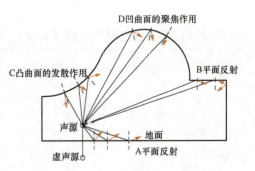 图 12.1-2 室内声音反射的几种典型情况 A，B—平面反射；C—凸曲面的发散作用 （扩散作用）；D—凹曲面的聚焦作用

声散射和折射	声波在传播过程中遇到障碍物的起伏尺寸与波长大小接近或更小时，会发生声扩散，这种现象称为声散射
	声波在传播过程中由于介质温度等的改变引起声速的变化，导致声传播方向的改变，称之为声折射

12.1-6 ［2022（5）-12］顶棚产生声聚焦的是（ ）。

A. 凹曲面   B. 平面   C. 凸曲面   D. 不规则曲面

答案： A

解析： 凹曲面声聚焦，凸曲面声发散，如图 12.1-2 所示。

12.1-7 ［2022（12）-10］无规则随机起伏的反射表面要达到声音扩散反射的情况是（ ）。

A. 起伏的尺度比入射波长大得多   B. 起伏的尺度比入射波长小得多

C. 起伏的尺度和入射波长相当   D. 起伏的尺度接近于 0

答案： C

解析： 如果反射面是无规则随机起伏或有一定规则的起伏，并且起伏的尺度和入射声波波长相当，就可以起到扩散反射的作用。

12.1-8 ［2021-1］声波在传播途径中遇到比其波长小的障碍物，将会产生下列哪种现象？（ ）

A. 折射   B. 反射   C. 绕射   D. 透射

答案： C

解析： 声波通过障板上的孔洞时，能绕到障板的背后，改变原来的传播方向继续传播，这种现象称为绕射。声波在传播过程中，如果遇到比其波长小得多的坚实障板时也会发生绕射。遇到比波长大的障壁或构件时，在其背后会出现声影，声音绕过障壁边缘进入声影区的现象也叫绕射。低频声比高频声更容易绕射。改变原来的传播方向继续传播的绕射现象有时也叫衍射。

考点 4：声波的透射与吸收【★★】

声波的透射、反射与吸收	声波入射到构件上，一部分被吸收，一部分被反射，一部分透射（图 12.1-3）
	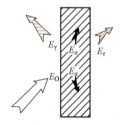 图 12.1-3 声波 E_O 入射到构件上 E_O（总入射声能）＝ E_γ（反射的声能）＋ E_α（吸收的声能）＋ E_τ（透射的声能）

相关参数	透射系数 τ——透射声能与入射声能之比，$\tau=\dfrac{E_{\tau}}{E_O}$（隔声材料的 τ 较小）
	反射系数 γ——反射声能与入射声能之比，$\gamma=\dfrac{E_{\gamma}}{E_O}$（吸声材料的 γ 较小）
	吸声系数 α——$\alpha=1-\gamma=1-\dfrac{E_{\gamma}}{E_O}=\dfrac{E_{\tau}+E_a}{E_O}$
	注意，吸声系数不等于吸收系数 $\dfrac{E_a}{E_O}$。它等于 1 减反射系数。
	吸声系数是表示材料和结构吸声性能的参量【2020】

12.1-9〔2020-5〕表示材料和结构吸声性能的参量是（　　）。

A. 吸声系数　　　　B. 吸声量　　　　C. 投射系数　　　　D. 传声损失

答案： A

解析： 吸声系数＝1－反射系数，是表示材料和结构吸声性能的参量。

第二节　声音的计量

考点 5：声功率、声强和声压【★★】

声功率 W	声功率是指声源在单位时间内向外辐射的**声能。** 符号为 W；单位为 W、μW；$1\mu W=10^{-6}W$。 声功率不应与声源的其他功率相混淆，例如电功率；电功率是声源的输入功率，而声功率则是声源的输出功率
声强 I	声强指在单位时间内，**垂直**于声波传播方向的单位面积所通过的声能。符号为 I；单位为 W/m^2。声强是衡量声波在传播过程中声音**强弱**的物理量
	若点声源形成一种**球**面波，其声强随距离的平方呈反比，遵循**平方反比**定律： $$I=\dfrac{W}{4\pi r^2}$$ 若为**平**面波，声线互相平行，声能没有聚集或离散，故声强不随距离改变
声压 P	介质中有声波传播时，介质中的**压强**相对于无声波时介质静压强的改变量称为**声压**。 符号为 P；单位为 N/m^2、Pa（帕）；$1N/m^2=1Pa$
	某一瞬间的声压称**瞬时声压**，某段时间内瞬时声压的均方根值称为有效声压。通常所指的声压即为**有效声压** 声压与声强的关系 $$I=\dfrac{P^2}{\rho_0 c}$$ 式中　P——有效声压，N/m^2； 　　　ρ_0——空气密度，kg/m^3，一般取 $1.225kg/m^3$； 　　　c——空气中的声速，$340m/s$； 　　　$\rho_0 c$——空气介质的特性阻抗，20℃时为 $415N \cdot s/m^3$。 在自由声场中，某处的声强与该处声压的平方成**正比**，而与介质密度和声速的乘积成**反比**

声能密度 D	声能密度是指单位体积内声能的强度，单位为 W·s/m²、J/m²。$$D = \frac{I}{c} \quad (\text{J/m}^2)$$ 式中　D——声能密度，W·s/m² 或 J/m²； 　　　c——空气中的声速，340m/s。 声能密度只描述单位体积内声能的**强度**，与声波的传播**方向**无关

12.2-1 ［2018-1］下列名词中，表示声源发声能力的是（　　）。

A. 声压　　　　　　　B. 声功率　　　　　　　C. 声强　　　　　　　D. 声能密度

答案：B

解析：声功率是指声源在单位时间向外辐射的声能。

考点6：声压级、声强级、声功率级及声级的叠加【★★★★】

概述	声强、声压虽是声波的物理指标，但变化范围非常大，与人耳感觉的变化也不是成正比的，因此引入了"级"的概念（即采用**对数 lg** 对物理量进行压缩）。在后面的概念中，一般呈现20**倍**lg 和 10 **倍**lg 关系，即翻倍增加**6dB** 和 **3dB**，注意区分
声压级 【2022（12）、 2022（5）、 2019】	声压级$$L_P = 20\lg \frac{p}{p_0} \quad (\text{dB})$$ 式中　p——某点声压； 　　　p_0——参考声压，$p_0 = 2 \times 10^{-5}$ N/m²，使人感到疼痛的**上限**声压为**20N/m²**<hr>**声压级**和人耳听到的响度近似成正比，**0dB** 相当于人耳刚刚能听到的最弱声音的强度，而人耳可忍受的最大声压级为**120dB**<hr>声压每增加 1 **倍**，即变为 2 倍，声压级就增加**6dB**$$L_P = 20\lg \frac{2p}{p_0} = 20\lg \frac{p}{p_0} + 20\lg 2 = 20\lg \frac{p}{p_0} + 6$$ 同理，声压增加为**10倍**，声压级增加**20dB**（lg10＝1） 声压增加为**100倍**，声压级增加**40dB**（lg100＝2） 声压增加为**1000倍**，声压级增加**60dB**（lg1000＝3）
声强级 【2022（12）】	声强级$$L_I = 10\lg \frac{I}{I_0} \quad (\text{dB})$$ 式中　I_0——参考声强，$I_0 = 10^{-12}$ W/m²，使人感到疼痛的**上限**声强为**1W/m²** 在常温下，**声压级**和**声强级**近似相等
声功率级 【2020】	声功率级$$L_W = 10\lg \frac{W}{W_0} \quad (\text{dB})$$ 式中　W_0——参考声功率，$W_0 = 10^{-12}$ W，即 1pW

声级的叠加规律	声级的叠加
	$$L_P = 20\lg\frac{p}{p_O} + 10\lg n = L_{P1} + 10\lg n \quad (dB)$$
	两个声压级相等的声音**叠加**时，总声压级比一个声压级增加**3dB**（$10\lg 2 = 3$）。 如果两个声音的声压级差超过**10dB**，附加值不超过大的声压级**1dB**，其总声压级等于最大声音的声压级

12.2-2 ［2022（5）-2］声压甲是乙的 10 倍，则声压级甲比乙高（　　）。

A. 10dB　　　　　　B. 20dB　　　　　　C. 30dB　　　　　　D. 40dB

答案：B

解析：$L_P = 20\lg\frac{p}{p_O}$(dB)，声压每增加 1 倍，声压级就增加 6dB；声压增加 10 倍，声压级增加 20dB。

12.2-3 ［2022（12）-1］和人耳听到的响度近似成正比的是（　　）。

A. 声压　　　　　　B. 声压级　　　　　　C. 声强　　　　　　D. 声功率

答案：B

解析：人耳听到的响度和声压级近似成正比。

12.2-4 ［2022（12）-2］在常温状态中，下列最接近的物理量是（　　）。

A. 声功率级和声强级　　　　　　　　　B. 声功率级和声压级

C. 声强级和声压级　　　　　　　　　　D. 声压级和响度级

答案：C

解析：在常温下，通常可以认为，空气中声压级与声强级近似相等。

12.2-5 ［2020-2］两台设备，一台的声功率是另一台的 2 倍，则两者的声功率级相差（　　）。

A. 2dB　　　　　　B. 3dB　　　　　　C. 4dB　　　　　　D. 6dB

答案：B

解析：根据 $L_W = 10\lg\frac{W}{W_O} = 10\lg 2 = 3$(dB)，声功率级相差 3dB。

考点 7：响度级、总声级、计权网络【★★】

概述	人耳听声音的**响度**大小不仅与**声压级**的大小有关，与声音的**频率**也有关。声压级相同时，人耳对高频声敏感，对低频声不敏感；频率相同时，声压级越大，声音越响
响度级 【2021】	如果某一声音与已选定的 1000Hz 的纯音（即单一频率的声音）听起来一样响，这个**1000Hz 纯音**的声压级就定义为待测声音的响度级，单位是方（Phon）
	人耳对**2000～4000Hz** 的声音最为敏感。在这个范围内，频率越**高**，听到的响度越**响**

总声级、 计权网络 【2022（5）】	多种频率构成的复合声的总响度级用**计权网络**测量。这些计权网络是复合声各频率的声压级，按一定规律叠加后的和，即复合声各频率的计权叠加
	对于复合声，其响度级需通过计算求得。目前采用仪器"声级计"来测量声音的响度级，"声级计"设有 A、B、C 三个计权网络。有的仪器还有 D 声级，测量航空噪声。人们常用**A 计权**网络（或称 A 声级）来计量复合声的响度，计作 dB（A）。A 声级是参考了 **40Phon** 的等响曲线，考虑到人耳对低频声不敏感的特性，对 500Hz 以下的声音做了较大衰减，如图 12.2 - 1 所示 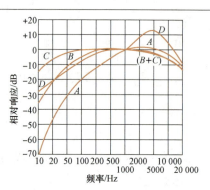 图 12.2 - 1　A、B、C、D 计权网络

12.2 - 6［2022（5）- 3］A 计权网络参考了多少方等响曲线？（　　）

A. 70Phon　　　　　　B. 60Phon　　　　　　C. 50Phon　　　　　　D. 40Phon

答案：D

解析：人们常用 A 计权网络［或称 A 声级 dB（A）］计量复合频率声音（复合声）的响度大小。A 声级与人耳的听觉特性非常吻合。A 声级是参考了 40Phon 的等响曲线。

12.2 - 7［2021 - 2］下列不同频率的声音，声压级均为 70dB，听起来最响的是（　　）。

A. 4000Hz　　　　　　B. 1000Hz　　　　　　C. 200Hz　　　　　　D. 50Hz

答案：A

解析：人耳对 2000～4000Hz 的声音最敏感，1000Hz 以下时，人耳的灵敏度随频率的降低而减弱；4000Hz 以上时，人耳的灵敏度随频率的增高也呈减弱的趋势。

考点 8：声波随距离衰减规律【★★】

点声源	自由声场是指均匀各向同性的媒质中，边界的影响可以不计的声场。由于自由声场不存在反射面，故声音在自由声场中只有**直达声**，没有反射声
	在无反射面的空中，点声源空间某点的声压级计算公式为： $$L_P = L_W - 10\lg \frac{I}{4\pi r^2} \quad (dB)$$ 式中　L_P——空间某点的声压级，dB； 　　　L_W——声源的声功率级，dB； 　　　r——测点与声源的距离，m。 从式中可以看出，声源发出的声能无阻挡地向远处传播，接收点的声能密度与**声源距离的平方**成**反比**。 上式也可写为： $$L_P = L_W - 20\lg r - 11 \quad (dB)$$ 即观测点与点声源的距离增加**一倍**，声压级降低**6dB**（$20\lg 2 = 6$）【2023】

线声源	**无限长**的线声源，声波随距离衰减的规律是，观测点与声源的距离每增加 1 倍，声压级降低**3dB**
	有限长线声源，观测点与声源的距离增加**1 倍**，声压级降低约**4dB**。 **交通噪声，一般为有限长线声源，但若观测点较远，可看成是无限长线声源**
面声源	面声源的声压级**不随**距离衰减

12.2-8 [2023-57] 点声源在空气中无反射传播，测点距离增加 1 倍，声压级的变化是（　　）。

A. 增加 6dB   B. 增加 3dB   C. 衰减 3dB   D. 衰减 6dB

答案： D

解析： 点声源，测点距离增加 1 倍，声压级衰减 6dB。

第三节　混响与室内声压级

考点 9：混响时间【★★★★】

| 定义 | 混响，是指声源停止发声后，在声场中还存在着来自各个界面的反射声形成的声音"残留"现场；室内声音的**衰减**过程称为混响过程。这一过程的长短对人们的听音有很大影响。
当室内声场达到稳态，声源停止发声后，声音衰减了 **60dB** 所经历的时间叫混响时间。
符号：T_{60}、R_{T}；单位：s。【2020】
混响和混响时间是室内声学中最为重要和最基本的概念 |
| 计算 | 赛宾公式：【2022（12）、2021、2019】

$$T_{60} = \frac{0.161V}{A} \quad (s)(\bar{a} < 0.2)$$

$$A = S \cdot \bar{a}$$

$$\bar{a} = \frac{a_1 S_1 + a_2 S_2 + \cdots + a_n S_n}{S_1 + S_2 + \cdots + S_n}$$

式中　V——房间容积，m³；
　　　　A——室内总吸声量，m²；
　　　　S——室内总表面积，m²；
　　　　$\bar{a}$——室内平均吸声系数（加权平均）；
$a_1, a_2, \cdots, a_n$——不同材料的吸声系数；
$S_1, S_2, \cdots, S_n$——室内不同材料的表面积，m²
伊林-努特生公式：

$$T_{60} = \frac{0.161V}{-S \cdot \ln(1-\bar{a}) + 4mV} \quad (s)$$

式中　$4m$——空气吸收系数，空气中的水蒸气、灰尘的分子对波长较小（一般指 2000Hz 以上）的高频声音的吸收作用，查表 12.3-1，频率小于或等于 **1000Hz** 时，此项为 0，即 **$4m=0$**。 |

计算	表 12.3-1 空气吸收系数 $4m$ 值（室内温度 20℃）		
	频率/Hz	2000	4000
	空气相对湿度 50%	0.010	0.024
	空气相对湿度 60%	0.009	0.022
	伊林-努特生公式全面考虑了混响时间的影响因素，常用于实际工程的计算		

12.3-1 ［2024-60］以下哪个墙体的隔声量最大？（　　）

A. 吸声系数 0.2，面积 150m²

B. 吸声系数 0.3，面积 120m²

C. 吸声系数 0.4，面积 80m²

D. 吸声系数 0.5，面积 70m²

答案： B

解析： 隔声量 A＝面积 S×吸声系数 α，四个选项中 B 的乘积最大。

12.3-2 ［2022（12）-9］厅堂容积 5000m³，满座时总吸声量为 500m²，混响时间为 （　　）。

A. 0.6s　　　　　B. 1.6s　　　　　C. 2.6s　　　　　D. 3.6s

答案： B

解析： 根据赛宾公式，T＝0.161V/A＝0.161×5000/500s＝1.61s。

12.3-3 ［2021-12］某房间长 20m，宽 10m，高 5m。地面为木地板，墙面为砖墙抹灰，顶面为矿棉板，地面、墙面、顶面的吸声系数分别为 0.05、0.02、0.5。该房间内的混响时间为 （　　）。

A. 0.4s　　　　　B. 1.0s　　　　　C. 1.4s　　　　　D. 2.0s

答案： C

解析： 利用赛宾公式

V＝20m×10m×5m＝1000m³

A＝20m×10m×0.05＋(20m×5m×2＋10m×5m×2)×0.02＋20m×10m×0.5

　＝10m²＋6m²＋100m²＝116m²

T_{60}＝0.161×1000/116＝1.39s

12.3-4 ［2020-3］室内声场中混响时间表示 （　　）。

A. 声能密度随时间衰减的快慢

B. 声能密度的大小

C. 混响声能密度的大小

D. 声压级的大小

答案： A

解析： 当室内声场达到稳态，声源停止发声后，声音衰减 60dB （能量衰减到初始值的百万分之一）所经历的时间叫混响时间。

考点 10：室内声压级、混响半径与共振【★★】

室内声压级	室内声音由直达声和反射声组成，其声压级的大小也取决于直达声和反射声组合后的声压级大小	
	通过对室内声压级的计算，可以预计所设计的大厅内能否达到满意的声压级，及声场分布是否均匀	
混响半径	在直达声的声能密度与扩散声的声能密度相等处，距声源的距离称作"混响半径"，或称"临界半径"，符号为 r_0，单位为 m。$$r_0 = 0.14\sqrt{Q \cdot R}$$ 与房间常数 R，以及声源指向性因数 Q 有关	
	在混响半径处，直达声能和反射声能密度相等，因此在大于混响半径的地方布置吸声材料才能有效地吸声【2022（12）】	
房间共振和共振频率	驻波频率的重叠现象（简并现象）也称为房间的共振。简并会引起声音的失真，产生所谓的声染色现象	
	三方尺寸相等或成整数比的房间最容易形成声染色。避免办法是：使房间的三个尺度不相等或不成整数倍【2024】	

12.3-5 [2024-64] 为降低房间内的频率的简并对音质的不利影响，下列矩形房间的长、宽、高比例中最合适的是（   ）。

A.1∶1∶1   B.2∶2∶1   C.3∶2∶1   D.1.67∶1.25∶1

答案： D

解析： 房间的三边尺寸比例为无理数（非整数倍），这样共振频率的分布趋向于均匀，则可减轻"简并现象"。四个选项中 D 选项的比例为无理数。

12.3-6 [2022（12）-7] 室内稳定声场，声能密度正确的是（   ）。

A. 大于临界半径，直达声大于扩散声

B. 小于临界半径，扩散声大于直达声

C. 大于临界半径，扩散声大于直达声

D. 小于临界半径，直达声小于扩散声

答案： C

解析： 在混响半径（临界半径）处，直达声等于扩散声；小于临界半径，直达声大于扩散声；大于临界半径，扩散声大于直达声。

第四节　室内音质设计

考点 11：音质的主观评价与客观评价指标【★★★★★】

主观评价【2022（5），2019】	合适的响度	响度是人们感受到的声音大小。合适的响度范围：对于语言声，要求为60～70 Phon；对于音乐声，要求为50～85 Phon。合适的响度是室内具有良好音质的基本条件

主观评价 【2022（5）、 2019】	**较高的清晰度和 明晰度**	语言声要求有一定的清晰度，而音乐声需达到一定的明晰度。语言的清晰度常用"音节清晰度"来表示。 音节**清晰度**与听音感觉关系：<65％，不满意；65％～75％，勉强可以；75％～85％，良好；>85％，优良
	足够的丰满度	与**混响时间**的长短、近次反射声的强弱有关。这一要求主要是对音乐声
	良好的空间感 【2020】	是指室内声场给听者提供的一种声音的空间传播感，比如声音的方向感，围绕感，距离感，亲切感
	没有声缺陷和噪 声干扰	声缺陷是指一些干扰正常听闻，使原声音**失真**的现象，如回声、声影、声颤动、声聚焦等
客观评价	**声压级与混响时 间【2021】**	与音质的主观评价中量的因素有关的物理指标有声压级与混响时间。声压级用响度级 dB（A）计量。混响时间与室内音质评价有密切的对应关系，且是最为稳定的一项指标
	反射声的时间与 空间分布	最先到达听者的是直达声，之后是各次反射声。而35～50ms 以内的反射声有**加强**直达声响度和**提高**声音清晰度的作用

12.4-1 [2022（5）-9] 不属于室内音质评价指标的是（　　）。

A. 扩散度　　　　　　B. 空间感　　　　　　C. 清晰度　　　　　　D. 丰满度

答案： A

解析： 主观评价指标包括：①合适的响度；②较高的清晰度和明晰度；③足够的丰满度；④良好的空间感；⑤没有声缺陷和噪声干扰。

12.4-2 [2020-11] 厅堂音质指标中与混响时间无关的是（　　）。

A. 清晰度　　　　　　B. 明晰度　　　　　　C. 丰满度　　　　　　D. 亲切感

答案： D

解析： 混响时间与音质的丰满度和清晰度有关。过长的混响时间，使语言声听闻模糊不清。但是若混响时间过短，则表明厅堂各界面的反射声过弱，声吸收过大，就会影响音质的丰满度。

12.4-3 [2019-11] 下列厅堂音质主观评价指标中，与早期/后期反射声声能比无关的是（　　）。

A. 响度　　　　　　B. 清晰度　　　　　　C. 丰满度　　　　　　D. 混响感

答案： A

解析： 响度主要取决于直达声和反射声加起来的声压级大小，同时与频率也有一定的关系。早期反射声和后期反射声的声能比比较高时，清晰度比较高。后期反射声能占比比较高时，即早期反射声和后期反射声的声能比比较低时，丰满度比较好，混响感比较强。故正确答案为 A。

考点 12：音质设计的步骤【★★★】

第一步： 大厅容积 的确定	(1) 保证厅内有足够的响度。厅的容积越大，声能密度越低，声压级越低，也就是响度越低。因此，为保证房间声音的合适响度应根据房间用途控制房间容积。 例如：讲演：2000～3000 m³；话剧：6000 m³；独唱、独奏：10 000 m³。 (2) 保证厅内有适当混响时间。由混响时间的计算公式可知，房间的混响时间与容积成正比。容积是影响混响时间的重要因素；在厅堂音质设计时可用每座容积控制容积的大小，进而控制混响时间。【2021】 例如：音乐厅：8～10 m³/座；电影院：6.0～8.0 m³/座；歌剧院：4.5～7.5 m³/座；话剧及戏曲剧场：4.0～6.0 m³/座；多用途厅堂：3.5～5.0 m³/座
第二步： 大厅体形 设计的原则 和方法 【2024、2019】	(1) 保证直达声能够到达每个观众。主要是防止前面的观众对后面观众的遮挡。 (2) 保证近次反射声（或叫前次反射声）均匀分布于观众席。可通过控制厅堂平、剖面形状，调整顶棚反射面和侧墙反射面的倾角，控制观众厅层高和长度，设观众席矮墙等方式，在观众席尽量多的争取次反射声。 (3) 防止产生回声和其他声学缺陷（可采用舞台反射板）。 (4) 采用适当的扩散处理。起伏状扩散体的扩散效果取决于它的尺寸和声波的波长。 【2023】只有当扩散体的尺寸与要扩散的声波波长相当，才有扩散效果；如果扩散体的尺寸比波长小很多，就不会产生乱反射；如扩散体的尺寸比波长大很多，就会根据扩散体起伏的角度产生定向反射，二者都没有扩散的效果
第三步： 大厅的 混响设计	混响设计的任务是使室内具有适合使用要求的混响时间及其频率特性。包括最佳混响时间和频率特性的确定，吸声材料和吸声结构的选择
第四步： 大厅的 噪声控制	厅室的噪声来自两个方面，一个是设备噪声，另一个来自室外噪声。 对于第一种，应做好设备的降噪和减振设计。 对于第二种，应做好围护结构的隔声设计

12.4-4 [2024-62] 厅堂音质设计中不能通过体形设计获得的是（　　）。

A. 合适的混响时间

B. 早期反射声的合理分布

C. 使直达声到达每个听众

D. 防止产生回声

答案： A

解析： 大厅体形设计的原则和方法：①保证直达声能够到达每个观众；②保证近次反射声均匀分布于观众席；③防止产生回声和其他声学缺陷；④采用适当的扩散处理。合适的混响时间是大厅容积的主要确定原则。

12.4-5 [2023-64] 厅堂的扩散体，扩散效果跟下列哪项因素有关？（　　）。

A. 厅堂的长度和宽度 　　　　　　　B. 扩散体尺寸和声音的频率

C. 厅堂的表面积 　　　　　　　　　D. 厅堂的容积

答案：B

解析：起伏状扩散体的扩散效果取决于它的尺寸和声波的波长，详见考点12。

12.4-6［2021-10］为了获得最合适的混响时间，每座容积最大的是哪个？（　　）

A. 歌剧院　　　　　　B. 音乐厅　　　　　　C. 多用途礼堂　　　　　　D. 报告厅

答案：B

解析：音乐厅：8～10m³/座。歌剧院：4.5～7.5m³/座。多用途礼堂、报告厅：3.5～5m³/座。

12.4-7［2019-9］建筑师设计音乐厅时，应该全面关注音乐厅的声学因素是（　　）。

A. 容积、体形、混响时间、背景噪声级

B. 体形、混响时间、最大声压级、背景噪声级

C. 容积、体形、混响时间、最大声压级

D. 容积、体形、最大声压级、背景噪声级

答案：A

解析：音质设计的方法与步骤：①大厅容积的确定；②大厅体形设计的原则和方法；③大厅的混响设计；④大厅的噪声控制。

12.4-8［2019-12］不能通过厅堂体形设计获得的是（　　）。

A. 保证每个听众席获得直达声

B. 使厅堂中的前次反射声合理分布

C. 防止能产生的回声级其他声学缺陷

D. 使厅堂具有均匀的混响时间频率特征

答案：D

解析：选项D属于混响设计，不能通过厅堂体形设计获得。

考点13：大厅的混响设计【★★★】

混响计算	（1）根据设计的体形，求出厅的容积 V 和内表面积 S。 （2）根据厅的使用要求，确定混响时间及其频率特性的设计值。 （3）按照依林-努特生混响时间公式，求出大厅的平均吸声系数 $\bar{\alpha}$。 （4）计算大厅内总吸声量 A，扣除固定的吸声量，如观众人数、家具、孔洞等，就是要增加的吸声量。 （5）选择适当的吸声材料、面积或吸声构造。一般要反复计算，选择满意方案。在建设过程中还需测定、调整，最后固定
最佳混响时间	**最佳**混响时间以**500Hz**为基准。**不同使用要求**的大厅，有不同混响时间的最佳值。这个最佳值又是**大厅的容积**的函数，即同样用途的大厅，容积越大，最佳混响时间越长。在得到 500Hz 的最佳混响时间值以后，还要以此为基准，根据使用要求，确定全频带上**各个频率**的混响时间，即混响时间的频率特性。最佳混响时间依厅堂的使用要求、容积和声音频率而定【2022（12）】。音乐厅为**1.7～2.1** s，其他房间见表 10.4-1。 混响时间**越短**，反射声越少，清晰度**越高**。反之混响时间**越长**，反射声越多，清晰度**越低**【2023】

	根据《剧场、电影院和多用途厅堂建筑声学设计规范》（GB/T 50356—2005）的图 3.3.1-1、图 3.3.1-2、图 4.3.1 和图 5.3.1，整合得表 12.4-1。

表 12.4-1　文娱建筑观众厅频率为 500～1000Hz 满场混响时间范围

建筑类别	混响时间（中值）/s	适用容积/m³
歌剧、舞剧剧场	1.1～1.6	1500～15 000
话剧、戏曲剧场	0.9～1.3	1000～1000
会堂、报告厅、多用途礼堂	0.8～1.4	500～2000
普通电影院	0.7～1.0	500～1000
立体声电影院	0.5～0.8	500～1000

根据《剧场、电影院和多用途厅堂建筑声学设计规范》（GB/T 50356—2005）的表 3.3.1、表 4.3.1、表 5.3.1，整合得表 12.4-2。

表 12.4-2　文娱建筑观众厅各频率混响时间相对于 500～1000Hz 的比值

建筑类别	125Hz	250Hz	2000Hz	4000Hz
歌剧、舞剧剧场	1.0～1.3	1.0～1.15	0.9～1.0	0.8～1.0
话剧、戏曲剧场	1.0～1.2	1.0～1.1		
电影院	1.0～1.2	1.0～1.1		
会堂、报告厅、多用途礼堂	1.0～1.3	1.0～1.15		

（左栏：混响时间范围【2022（5）、2020】）

12.4-9 ［2023-62］与厅堂最佳混响时间无关的是（　　）。

A. 厅堂长宽比　　　　B. 声音频率　　　　C. 厅堂使用要求　　　　D. 厅堂容积

答案：A

解析：不同使用要求的大厅，有不同混响时间的最佳值（与 C 选项使用要求有关）。这个最佳值又是大厅容积的函数，即同样用途的大厅，容积越大，最佳混响时间越长（与 D 选项容积有关）。在得到 500Hz 的最佳混响时间值以后，还要以此为基准，根据使用要求，确定全频带上各个频率的混响时间，即混响时间的频率特性（与 B 选项频率有关）。故答案选 A。

12.4-10 ［2022（5）-10］下列厅堂中混响时间设计值最短的是（　　）。

A. 音乐厅　　　　B. 电影院　　　　C. 多功能厅　　　　D. 剧院

答案：B

解析：据表 10.4-1 可知，音乐厅 1.7～2.1s，电影院 0.7～1s，多功能厅 0.8~1.4s，剧院 1.1~1.6s。

12.4-11 ［2022（12）-12］混响时间是室内音质的重要影响因素，下列叙述正确的是（　　）。

A. 混响时间越长，清晰度越高　　　　B. 混响时间越长，反射声越少

C. 混响时间越短，反射声越多　　　　D. 混响时间越短，清晰度越高

答案：D

解析：混响时间越短，反射声越少，清晰度越高。反之混响时间越长，反射声越多，清

晰度越低。

12.4-12［2020-10］容积为3000m³的报告厅，合适的中频混响时间是（　　）。

A. 0.5s　　　　　　　B. 1.0s　　　　　　　C. 2.0s　　　　　　　D. 3.0s

答案： B

解析： 据表12.4-1可知，会堂、报告厅、多用途礼堂0.8～1.4s。

第五节　吸声材料和吸声结构

考点14：多孔吸声材料【★★★★★】

构造特点 【2022（5）、 2019】	多孔**吸声**材料，具有内外**连通**的小孔，具有**通气性**(若为**封闭**的小孔，不具备通气性，则为**保温**材料，注意区分)
	常见的多孔吸声材料有：**玻璃棉**、超细玻璃棉、**岩棉**、矿棉（散状、毡片）、**泡沫塑料**、多孔吸声砖等。而海绵、加气混凝土、聚苯板等内部小孔不连通，则为很好的保温材料
吸声原理 【2021、 2020】	当声波入射到多孔材料上时，声波能顺着微孔进入材料内部，引起空隙间的空气**振动**；由于**摩擦**使一部分声能转化为热能而被**损耗**。因此，只有孔洞对外开口，孔洞之间互相连通，且孔洞深入材料内部，才可以有效地吸收声能
频率特性及 影响因素 【2023】	多孔材料主要吸收**中频**、**高频**。 背后留空气层使中低频（尤其是对**低频**）吸声系数增加(背后空气层厚度一般为10～20cm)
	厚度增加，中、低频范围吸声系数也会增加
	表面附加有一定**透声**作用的罩面材料,基本可以保持原来材料的吸声特性。 如金属网、窗纱、纺织品、厚度**小于0.05mm**的塑料薄膜、穿孔率**大于20%**的穿孔板

12.5-1［2023-60］对多孔吸声材料吸声性能降低最大的是（　　）。

A. 穿孔率大于20%的穿孔板　　　　　　B. 薄木板

C. 玻璃丝布　　　　　　　　　　　　　D. 金属格网

答案： B

解析： 多孔吸声材料表面附加有一定透声作用的罩面材料，基本可以保持原来材料的吸声特性，如：厚度小于0.05mm的塑料薄膜；穿孔率大于20%的穿孔板（当穿孔板的穿孔率大于20%时，穿孔板不再具有穿孔板的吸声特征）；金属网、窗纱、防火布、玻璃丝布，选项B薄木板不是罩面材料，会改变多孔材料的吸声特性。

12.5-2［2022（5）-4］下列属于多孔吸声材料的是（　　）。

A. 穿孔石膏板　　　B. 薄铝板　　　C. 塑料薄膜　　　D. 玻璃棉板

答案： D

解析： 多孔材料具有内外连通的小孔，如玻璃棉、超细玻璃棉、岩棉、矿棉（散状、毡片）、泡沫塑料、多孔吸声砖等。

12.5-3［2021-3］多孔吸声材料具有良好的吸声性能的原因是（　　）。

A. 表面粗糙　　　　　　　　　　　　　B. 容重小

C. 具有大量内外连通的微小空隙和孔洞　　　　D. 内部有大量封闭孔洞

答案：C

解析：多孔材料具有内外连通的小孔，内外连通的微小空隙和孔洞使声能转换为热能。

考点15：空腔共振吸声结构【★★★】

亥姆霍兹共振器【2021】	吸声原理	当外界入射声波频率 f 和系统固有频率 f_0 相等时，孔径中的空气柱就由于共振而产生剧烈振动；在振动中，因空气柱和孔径侧壁产生摩擦而消耗声能
	吸声的频率特性	此共振系统存在一个吸声共振峰，即在共振频率附近吸声量最大
穿孔板【2022（5）、2018】	构造特点	穿孔的胶合板、石棉水泥板、石膏板、硬质纤维板、金属板与结构之间形成一定的空腔；主要吸收中频
	吸声频率特性	在共振频率附近吸收量最大，一般吸收中频。 板后放多孔吸声材料能吸收中高频，其共振频率向低频转移。 板后有大空腔（如吊顶）能增加低频吸收
	穿孔板共振频率的计算	$$f_0 = \frac{c}{2\pi}\sqrt{\frac{P}{L(t+\delta)}}\quad (\text{Hz})\quad (P\leqslant 15\%, L\leqslant 20\text{cm})$$ 式中　L——板后空气层厚度，cm； 　　　t——孔径深度/板厚，cm； 　　　P——穿孔率，一般为 $4\%\sim15\%$； 　　　c——声速，340m/s； 　　　δ——开口末端修正量，cm；直径为 d 的圆孔 $\delta=0.8d$。 可以看出，L 板后空气层厚度、t 板厚与 f_0 为反比关系，L、t 增大时，f_0 减小；而 P 穿孔率与 f_0 为正比关系，P 增大时，f_0 增大
微孔板		一般用穿孔率 $1\%\sim3\%$，孔径小于1mm的铝合金板制作而成。 可吸收低、中、高频，且耐高温，耐潮湿

12.5-4 [2022（5）-5] 可以提高穿孔板共振吸声频率的是（　　）。

A. 减少空气层厚度　　　　　　　　B. 降低穿孔率

C. 增大板厚　　　　　　　　　　　D. 板后放置多孔吸声材料

答案：A

解析：参见考点15中"穿孔板共振频率的计算"相关内容。空气层厚度、板厚减少，穿孔率增加，可以提高穿孔板共振吸声频率。

12.5-5 [2021-4] 关于空腔共振吸声结构，下列说法错误的是（　　）。

A. 空腔中填充多孔材料，可提高吸声系数

B. 共振时声音放大，会辐射出更强的声音

C. 共振时振动速度和振幅达到最大

D. 吸声系数在共振频率处达到最大

答案：B

解析： 参见考点 15 中吸声原理和"吸声频率特性"相关内容。

考点 16：薄膜、薄板共振和其他吸声结构【★】

薄膜	薄膜具有**不透气**性、柔软、受张拉时具有**弹性**等特点。可与其背后封闭的空气层形成共振系统。主要吸收 200～1000Hz，（**中频**）。吸声系数 α 为 0.3～0.4
薄板	胶合板、硬质纤维板、金属板等钉在构件龙骨上形成空腔结构，构成振动系统。 主要吸收 80～300Hz（**低频**），吸声系数 α 为 0.2～0.5
空间吸声体	室内的吸声处理，还可以用吸声材料和结构做成放置在建筑空间内的吸声体。实际中多用**单个**吸声量来表示其吸声性能
强吸声结构	吸声尖劈是消声室（无回声室）常用的强吸声结构，为了接近自由声场，$\alpha>0.99$
帘幕	**纺织品**大多具有多孔材料吸声性能，一般吸收**中高频**
洞口	朝向自由声场的洞口（洞口外没有任何反射面），$\alpha=1$；不朝向自由声场，如过道、房间的洞口，$\alpha<1$；舞台台口，$\alpha\approx0.3～0.5$
人和家具	处于声场中的**人**和**家具**都能吸收声能
空气吸收	声音在空气中传播，能量会因为空气的吸收而衰减。空气吸收主要是由以下三个方面引起的：空气的**热传导性**；空气的**黏滞性**；**分子弛豫现象**【2022（12）】

12.5-6［2022（12）-6］声音在空气中传播能量会因空气吸收衰减，下列哪种因素不是引起空气吸收的主要原因？（   ）

A. 空气的可压缩性　　　　　　　　　B. 空气的热传导性
C. 空气的黏滞性　　　　　　　　　　D. 分子弛豫现象

答案： A

解析： 空气吸收主要是由以下三个方面引起的：空气的热传导性；空气的黏滞性；分子弛豫现象。

第六节　隔声和构件的隔声特性

考点 17：隔声频率特性和计权隔声量【★★】

空气声 【2022（5）、2019】	围蔽结构隔绝的若是外部空间声场的声能，称为"**空气声隔绝**"
	在工程上常用构件隔声量 R 来表示构件对空气声的隔绝能力，它与透射系数 τ 的关系是： $$R = 10\lg \frac{1}{\tau} \quad (dB)$$ 式中　R——隔声量，dB； 　　　　τ——声能透射系数。 R **越大**，构件对空气声的隔绝能力越大，隔声效果**越好**

空气声 【2022（5）、 2019】	《建筑隔声评价标准》（GB/T 50121—2005）规定了根据构件隔声频率特性确定的隔声单值评价量——计权隔声量 R_w 和计权标准化声压级差 $D_{nT,w}$ 的方法和步骤。 计权隔声量R_w——实验室测得，表征建筑构件空气声隔声性能的单值评价量。 计权标准化声压级差$D_{nT,w}$——现场测得，以接收室的混响时间作为修正参数而得到的两个房间之间空气声隔声性能的单值评价量。 以500Hz 频率的隔声量作为该墙体的单值评价量
	频谱修正量是因隔声频谱不同以及声源空间的噪声频谱不同，所需加到空气声隔声单值评价量上的修正值。当声源空间的噪声呈粉红噪声频率特性或交通噪声频率特性时，计算得到的频谱修正量分别是粉红噪声频谱修正量 C 或交通噪声频谱修正量 C_{tr}。 粉红噪声频谱修正量 C——中高频噪声，两户间； 交通噪声频谱修正量 C_{tr}——中低频噪声，住宅与非居住
撞击声	计权规范化撞击声压级 $L_{n,w}$——以接收室的吸声量作为修正参数而得到的楼板或楼板构造撞击声隔声性能的单值评价量。（实验室）吸声量【2022（12）】
	计权标准化撞击声压级 $L'_{nt,w}$——以接收室的混响时间作为修正参数而得到的楼板或楼板构造撞击声隔声性能的单值评价量。（现场）混响时间。 以500Hz 频率的隔声量作为该墙体的单值评价量

12.6-1［2022（5）-6］建筑构件的空气隔声量的单值隔声采用（　　）。

A. 500Hz 隔声量　　　　　　　　　　B. 1000Hz 隔声量

C. 计权隔声量　　　　　　　　　　　D. 各频率隔声量的平均值

答案：C

解析：《建筑隔声评价标准》（GB/T 50121—2005）规定了根据构件隔声频率特性确定的隔声单值评价量——计权隔声量 R_w 的方法和步骤。其做法是将构件的 100～3150Hz、16个 1/3 倍频程隔声特性曲线绘制在坐标纸上，和参考曲线做比较，满足特定的要求后，以 500Hz 频率的隔声量作为该墙体的单值评价量。

12.6-2［2022（12）-5］对于住宅中的楼板评价其撞击声隔声性能的参数是（　　）。

A. 计权声压级差　　　　　　　　　　B. 计权隔声量

C. 计权规范化撞击声压级　　　　　　D. 计权标准化撞击声压级

答案：D

解析：规范化——实验室，标准化——现场。计权规范化撞击声压级：以接收室的吸声量作为修正参数而得到的楼板或楼板构造撞击声隔声性能的单值评价量。计权标准化撞击声压级：以接收室的混响时间作为修正参数而得到的楼板或楼板构造撞击声隔声性能的单值评价量。

12.6-3［2019-3］住宅楼中，表示两户相邻房间的空气隔声性能应该用（　　）。

A. 计权隔声量

B. 计权表观隔声量

C. 计权隔声量＋交通噪声频谱修正量

D. 计权标准化声压级差＋粉红噪声频谱修正量

答案：D

解析：参见考点 17 中"空气声"的相关内容。题目中，住宅楼现场测——计权标准化声压级差；两户间——粉红噪声频谱修正量。

考点 18：单层匀质密实墙的空气声隔绝【★★★】

质量定律 【2024、2023、2022（12）、2021、2019】	声波是无规入射时，墙的隔声量 R 大致比正入射时的隔声量低 5dB，得到以下简化质量定律公式： $$R = 20\lg m + 20\lg f - 48 \quad (dB)$$ 式中　R——声音无规入射时墙体的隔声量，dB； 　　　m——墙体的单位面积质量，kg/m^2； 　　　f——入射声的频率，Hz。 由上式可知 $\begin{cases} \text{面密度 } m \text{ 增加1倍，隔声量增加6dB} \\ \text{频率 } f \text{ 增加1倍，隔声量也增加6dB} \\ f、m \text{ 都增加1倍，隔声量增加12dB} \end{cases}$ 注：墙体单位面积质量 m 指的是面密度，单位 kg/m^2，它等于体密度（kg/m^3）×厚度（m）。与墙体隔声量直接有关的因素是面密度 m 和入射声频率 f，其他因素如材料体密度、厚度、入射声波长也会间接影响隔声量

12.6 - 4［2024 - 58］单层匀质密实墙体空气隔声质量定律，决定墙体隔声量的是（　　）。

A. 声频率与墙体面密度　　　　　　　　B. 墙体厚度与面积

C. 声频率与墙体厚度　　　　　　　　　D. 墙体面密度与面积

答案：A

解析：隔声质量定律：$R = 20\lg m + 20\lg f - 48$（dB）。从公式可以看出，与墙体隔声量直接有关的因素是面密度和入射声频率。

12.6 - 5［2023 - 58］单层均质密实墙，厚度为 200mm 时隔声量为 30dB，当厚度变为 100mm 时，根据质量定律，隔声量变为（　　）。

A. 36dB　　　　　　　B. 33dB　　　　　　　C. 27dB　　　　　　　D. 24dB

答案：D

解析：依隔声质量定律得 $R = 20\lg m + 20\lg f - 48$（dB）。从公式可以看出，面密度越大，隔声量越好，m 或 f 增加 1 倍，隔声量都增加 6dB。厚度降为原来的 1/2，隔声量降低 6dB。

12.6 - 6［2022（12）- 3］根据单层匀质密实墙的质量定律，与墙体隔声量直接有关的因素是（　　）。

A. 质量　　　　　　B. 面积　　　　　　C. 厚度　　　　　　D. 入射声频率

答案：D

解析：根据质量定律公式可以看出，与墙体隔声量直接有关的因素是面密度 m 和入射声频率 f。

12.6 - 7［2021 - 5］单层质密墙体厚度增加 1 倍，则其隔声量根据质量定律增加（　　）。

A. 6dB　　　　　　　B. 4dB　　　　　　　C. 2dB　　　　　　　D. 1dB

答案：A

解析：厚度增加1倍，隔声量增加6dB。

12.6-8〔2019-4〕作为空调机房的墙，空气声隔声效果最好的是（　　）。

A. 200mm厚混凝土墙

B. 200mm厚加气混凝土墙

C. 200mm厚空心砖墙

D. 100mm轻钢龙骨，两面双层12mm厚石膏板墙（两面的石膏板之间填充岩棉，墙总厚150mm）

答案：A

解析：根据质量定律，当墙体质量增加1倍，隔声量增加6dB。四个选项中选项A的材料面密度最大，质量最大，隔声效果最好。选项D的双层墙，隔声量也有大幅提升，但51dB小于选项A的54dB。如图12.6-1所示。

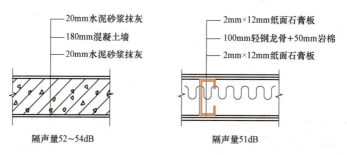

图 12.6-1

考点19：双层墙的空气声隔绝【★★★】

双层墙【2022（12）、2020】	双层墙可以提高隔声能力的主要原因是**空气间层**的作用。因为空气间层的弹性，双层墙及其空气间层组成了一个振动系统，能够起到弹性减振的作用，因此空气层可以**增加**构件的隔声量
	空气间层**大于9cm**时，附加隔声量为**8~12dB**
轻型墙体	根据质量定律，墙体**越轻**，单位面积质量**越小**，隔声性能**越差**。因此在使用轻型墙体时，应尽量想办法提高其隔声量
	空气间层填充松散材料，隔声量又能增加**2~8dB**。增加一层纸面石膏板，板隔声量提高**3~6dB**
吻合效应【2024、2021、2020】	吻合效应指的是因声波入射**角度**造成的声波作用与隔墙中弯曲波传播速度相吻合而使**隔声量降低**的现象
	吻合效应将使墙体隔声性能**大幅度**下降，对于双层墙和双层窗，可用质量**不等**、厚度**不等**，或两层墙、窗**不平行**来减弱吻合效应

12.6-9〔2024-59〕关于墙体隔声吻合效应的说法，正确的是（　　）。

A. 声波正入射时会发生吻合效应

B. 任何频率均会发生吻合效应

C. 吻合效应使墙体的隔声量提高

D. 吻合效应是由墙体的弯曲振动导致的

答案： D

解析： 吻合效应指的是因声波入射角度造成的声波作用与隔墙中弯曲波传播速度相吻合而使隔声量降低的现象。但在正入射时，板面上各点的振动状态相同（同相位），板不发生弯曲振动。

12.6-10［2022（12）-4］双层墙体隔声量正确的是（　　）。

A. 为单层墙的2倍　　　　　　　　　B. 比单层墙高6dB

C. 随中间空气层厚度的增加而增大　　D. 随中间空气层厚度的增加而减少

答案： C

解析： 双层墙隔声量不仅仅是单层墙的倍数关系，还与中间空气层有关，随着中间空气层厚度的增加而增大。

12.6-11［2021-6］墙体产生"吻合效应"的原因是（　　）。

A. 墙体在斜入射声波激发下产生的受迫弯曲波的传播速度，等于墙体固有的自由弯曲波传播速度

B. 两层墙板的厚度相同

C. 两层墙板之间有空气间层

D. 两层墙板之间有刚性连接

答案： A

解析： 参见考点19中"吻合效应"相关内容。

12.6-12［2020-6］墙体受声波激发后的弯曲振动会产生"吻合效应"，其对墙体隔声量的影响是（　　）。

A. 在吻合频率范围提高隔声量　　　　B. 在吻合频率范围降低隔声量

C. 提高所有频率的隔声量　　　　　　D. 降低所有频率的隔声量

答案： B

解析： 参见考点19中"吻合效应"相关内容。

考点20：门窗隔声【★★】

概述	一般门窗结构轻薄，而且存在较多缝隙，因此，**门窗**通常是建筑中隔声的**薄弱**环节
隔声门	户门空气声隔声单值评价量与频谱修正量之和应大于或等于**25dB**。 电影院观众厅隔声门的隔声量大于或等于**35dB**
隔声窗	外窗的空气声隔声单值评价量与频谱修正量之和应大于或等于**30dB**
组合墙的隔声 【2021】	组合墙的隔声设计通常采用"等透射量"原理，即使门、窗、墙的声透射量**大致相等**；声透射量为构件面积 S 与声透射系数 τ 的乘积。

组合墙的隔声 【2021】	$$\tau_c = \frac{S_w\tau_w + S_d\tau_d}{S_w + S_d}$$ $$R_c = 10\lg\frac{1}{\tau_c}(\text{dB})$$ 式中　τ_c——组合墙的透射系数； 　　　S_w——墙的面积（不包括门洞或窗洞面积），m^2； 　　　S_d——门洞的面积，m^2； 　　　τ_w——墙的透射系数； 　　　τ_d——门的透射系数； 　　　R_c——组合墙的隔声量，dB。 如果组合墙上是窗户或其他孔洞，用它代替门的那项计算。通常门的面积大致为墙面积的 $1/10\sim1/5$，墙的隔声量只要比门或窗高出10dB即可【2022（12）】

12.6-13 [2022（12）-11] 带门窗的墙，当门窗的面积比为 $1/5\sim1/10$ 时，墙体本身的隔声量宜比门或窗的隔声量高出多少分贝是比较合理的设计？（　　）

A. 5dB　　　　　　　B. 10dB　　　　　　　C. 15dB　　　　　　　D. 20dB

答案：B

解析：门窗是隔声的薄弱环节，组合墙的隔声设计通常采用"等透射量"原理，即使门、窗、墙的声透射量（声透射量为构件面积 S 与声透射系数 τ 的乘积）大致相等，通常门的面积大致为墙面积 $1/10\sim1/5$，墙的隔声量只要比门或窗高出 10dB 左右即可。

12.6-14 [2021-11] 在一面 $6m\times3m$ 的砖墙上装有一扇 $2m\times1m$ 的窗，砖墙的隔声量为 50dB。若要求含窗砖墙的综合隔声量不低于 45dB，则窗的隔声量至少是（　　）。

A. 30dB　　　　　　B. 34dB　　　　　　C. 37dB　　　　　　D. 40dB

答案：C

解析：设窗的隔声量为 X，则

组合墙的透射系数 $\tau_c = \dfrac{S_w\tau_w + S_d\tau_d}{S_w + S_d} = \dfrac{(18-2)\times10^{-0.1\times50} + 2\times10^{-0.1X}}{18}$，

组合墙的隔声量 $R_c = 10\lg\dfrac{1}{\tau_c} = 10\lg\dfrac{18}{16\times10^{-5} + 2\times10^{-0.1X}} = 45$，

解得 $X = 37\text{dB}$。

第七节　隔　　振

考点 21：振动的隔离【★★★★】

概述	振动一般来源于转动设备的振动、共振和撞击振动
振动的危害	损坏设备和结构；影响仪表和设备的测试；使人感到厌烦，振动频率在可听范围内是噪声源

隔振原理	隔振效率和振动频率与隔声频率的比值 Z 有关【2022（12）】 频率比 $$Z=\frac{f}{f_0}$$ 式中 f——振动和机器叶轮不平衡而作用在楼板上的干扰力的频率； $\qquad f_0$——机器与减振器所形成的减振系统的自振频率
频率比	$\dfrac{f}{f_0}<\sqrt{2}$ 时，传递系数**恒大于1**，系统对干扰力起**放大**作用。 $\dfrac{f}{f_0}=1$ 时，系统与干扰力发生**共振**，传递系数趋于极大值，振动**加强**。 $\dfrac{f}{f_0}>\sqrt{2}$ 时，传递系数**恒小于1**，是系统的**减振**作用区
隔振曲线 （图 12.7-1）	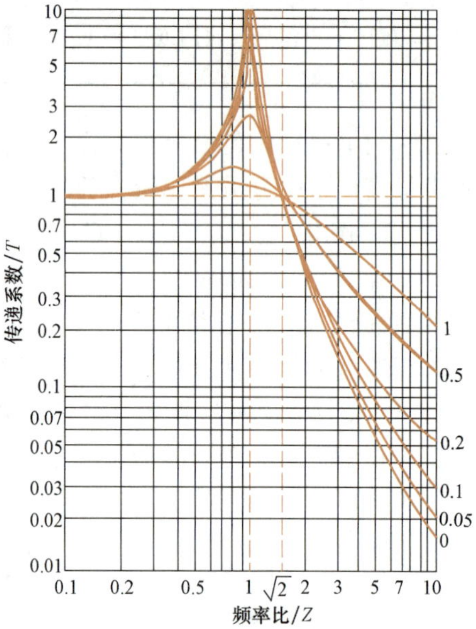 图 12.7-1　隔振曲线 隔振原理是使振动尽可能远大于共振频率的 **$\sqrt{2}$倍**。【2023、2022（5）、2021、2019】 最好设计系统的固有频率低于振动频率的 5～10 倍以上

12.7-1 ［2023-61］设备的振动频率为 10Hz，下列隔振系统中，哪个是有隔振效果的频率最大值？（　　）

A. 1Hz　　　　　　　　B. 3Hz　　　　　　　　C. 6Hz　　　　　　　　D. 14Hz

答案：C

解析：在 $f/f_0<\sqrt{2}$ 的范围，传递率 T 恒大于 1，系统对干扰力起放大作用；当 $f/f_0=1$ 时，系统与干扰力发生共振，传递率趋向于极大值；在 $f/f_0>\sqrt{2}$ 的范围，传递率 T 恒小于 1，是系统的减振作用区。隔振系统频率小于 $10/\sqrt{2}=7.07$ 开始隔振，四个选项中满足条件最大的是 C。

12.7-2 ［2022（5）-8］建筑隔振系统的频率为 8Hz，其防振的效果最好的是（　　）。

A. 5Hz   B. 16Hz   C. 32Hz   D. 40Hz

答案： D

解析： 隔振原理是使振动尽可能远大于共振频率的 $\sqrt{2}$ 倍，最好设计系统的固有频率低于振动频率的 5～10 倍以上。所以，设备振动频率越高，防振效果越好。

12.7-3 [2022(12)-8] 室内有振动设备，隔离其振动，隔振效率应取振动频率与隔声频率的（　　）。

A. 比值   B. 乘积   C. 差值   D. 加和

答案： A

解析： f 为振动和机器叶轮不平衡而作用在楼板上的干扰力的频率；f_0 为机器与减振器所形成的减振系统的自振频率。隔振效率和振动频率与隔声频率的比值 Z 有关。

12.7-4 [2021-8] 下列哪项措施可有效提高设备的减震效果？（　　）

A. 使减震系统的固有频率远小于设备的震动频率
B. 使减震系统的固有频率接近设备的震动频率
C. 增加隔震器的阻尼
D. 增加隔震器的刚度

答案： A

解析： 要提高减振效率，需提高 f/f_0 的数值，f 是设备的工作频率，一般不能改变，只能降低 f_0，通常将设备安装在质量块 M 上，质量块由减振器支承。

考点 22：撞击声的隔绝【★★★★】

概念	撞击声是建筑空间围蔽结构（通常是楼板）在外侧被直接撞击而激发的，但接收的是被撞结构向建筑空间辐射的空气声。撞击声隔绝是目前大量民用建筑中噪声隔绝的薄弱环节
撞击声的计量	使用一个国际标准的打击器在楼板上撞击，在楼板下面的测量室测定房间内的平均声压级 L_{P1}，按下式得出规范化撞击声级 L_{Pn}。 $$L_{Pn} = L_{P1} - 10\lg\frac{A_0}{A}$$ 式中　L_{Pn}——规范化撞击声级，dB； 　　　L_{P1}——在楼板下的房间测出的平均声压级，dB； 　　　A_0——标准条件下的吸声量，规定为 10m²； 　　　A——接收室的吸声量，m²
计权规范化撞击声级【2023】	以 500Hz 频率的隔声量作为该楼板的单值评价量。 求得计权规范化撞击声压级（实验室）和计权标准化撞击声压级（现场）。 撞击声压级越大，隔声效果越差，而空气声计权隔声量越大，隔声效果越好
撞击声的隔绝措施【2020、2019】	撞击声的隔绝措施主要有五种：①面层处理（降低中高频）；②浮筑式楼板；③弹性隔声吊顶；④房中房；⑤柔性连接。对于撞击声的隔绝，减震隔声效果优于吸声效果
	金属弹簧隔振器：在高频，弹簧逐渐呈刚性，弹性变差，隔振效果变差，称为"高频失效"
	橡胶隔振器：高频隔振效果好，体积小，安装方便；但空气中易老化，一般寿命为 5～10 年

12.7-5〔2023-59〕楼板撞击声隔声用计权标准声压级 $L_{pn,w}$ 表示，下列房间撞击声隔声效果最差的是（　　）。

A. 房间甲（$L_{pn,w}=80dB$）　　　　　B. 房间乙（$L_{pn,w}=75dB$）

C. 房间丙（$L_{pn,w}=70dB$）　　　　　D. 房间丁（$L_{pn,w}=65dB$）

答案：A

解析：计权规范化撞击声压级——实验室（吸声量）。楼板撞击声隔声标准用标准撞击器撞击楼板时，在楼板下的房间内所接收到的噪声声压级分贝数表示。撞击声压级值越小，隔声效果越好（撞击声和空气声正好相反）。

12.7-6〔2020-8〕下列隔振器件中，会出现"高频失效"现象的是（　　）。

A. 钢弹簧隔振器　　　　　　　　　　B. 橡胶隔振器

C. 橡胶隔振垫　　　　　　　　　　　D. 玻璃棉板

答案：A

解析：金属弹簧隔振器的阻尼性能差，高频隔振效果差。在高频，弹簧逐渐呈刚性，弹性变差，隔振效果变差，被称为"高频失效"。

12.7-7〔2020-9〕对于混凝土楼板的撞击声隔声，下列哪种措施无明显改善作用？（　　）

A. 增加楼板面密度

B. 楼板下设置弹性隔声吊顶

C. 楼板面层和承重结构之间设置弹性垫层

D. 楼板表面设置弹性面层

答案：A

解析：增加面密度对于撞击声隔声无效，对空气声隔声有效。

第八节　噪　声　控　制

考点 23：噪声评价【★】

A声级	A声级 L_A（或 L_{PA}）由声级计上的 A 网络直接读出，单位是 dB（A）。 其反映了人耳对不同频率声音响度的计权，适宜测量稳态噪声
等效连续 A声级	等效连续 A 声级 L_{eq}（或 L_{Aeq}）简称等效声级，是用单值表示一个连续起伏的噪声，单位是 dB（A）。 L_{eq} 适于测量声级随时间变化的噪声，可广泛应用于各种噪声环境的评价
昼夜等效 声级	人们对夜间的噪声一般比较敏感，故在夜间（22:00～次日 7:00）出现的噪声级均以比实际值高出10dB 来处理。得到一个对夜间有10dB 补偿的昼夜等效声级 L_{dn}
累积分布 声级【2024】	实际的环境噪声并不都是稳态的，比如城市交通噪声，是一种随时间起伏的随机噪声。 累积分布声级 L_n 表示测量的时间内有百分之 n 的时间噪声值超过 L_n 声级。 例如 $L_{10}=70dB$ 表示测量时间内有 10%的时间声压级超过 70dB。 在噪声评价中，L_{10} 表示起伏噪声的峰值，L_{50} 表示中值，L_{90} 表示背景噪声

噪声评价曲线 NR 和噪声评价数 N	噪声评价曲线（NR 曲线）是国际标准化组织 ISO 规定的一组评价曲线，如图 12.8-1。 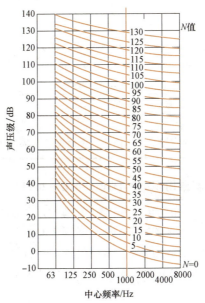 图 12.8-1　噪声评价曲线 NR 在每一条曲线上中心频率为 1000Hz 的倍频带声压级等于噪声评价数 N。 该曲线可用来制定标准或评价室内环境噪声

12.8-1［2024-61］下列指标适合城市交通噪声评价的是（　　）。

A. 语言干扰级 SIL

B. 瞬时 A 声级 L_A

C. 累积分布声级 L_N

D. 噪声评价曲线 NR

答案： C

解析： 城市交通噪声是一种随时间起伏的随机噪声，累积分布声级 L_N 表示测量时间的百分之 N 出现的累积概率来表示这类噪声的大小所超过的声级，用来表征不稳态的噪声。

考点 24：城市区域环境噪声标准【★】

表 10.8-1		各类声环境功能区环境噪声限值	$[L_{eq}$ dB（A）$]$	
环境噪声限值（表 12.8-1)	声环境功能区类别	适用区域	昼间（6：00～22：00)	夜间（22：00～次日 6：00)
	0 类	康复疗养区等特别需要安静的区域	50	40
	1 类	居民住宅、医疗卫生、文化教育、科研设计、行政办公为主要功能，需要保持安静的区域	55	45
	2 类	商业金融、集市贸易为主要功能，或者居住、商业、工业混杂，需要维护住宅安静的区域	60	50
	3 类	工业生产、仓储物流为主要功能，需要防止工业噪声对周围环境产生严重影响的区域	65	55

声环境功能区 类别	适用区域	昼间 (6:00～22:00)	夜间 (22:00～次日 6:00)
4a 类	高速公路、一级公路、二级公路、城市快速路、城市主干路、城市次干路、城市轨道交通（地面段）、内河航道两侧区域	70	55
4b 类	铁路干线两侧区域	70	60

住宅建筑室内允许噪声的限值应**低于**所在区域环境噪声**10dB**

考点 25：《建筑环境通用规范》（GB 55016—2021）中噪声限值的规定【★】

概述	《建筑环境通用规范》（GB 55016—2021）自 2022 年 4 月 1 日起实施，为强制性工程建设规范，全部条文必须严格执行。本考点的内容均摘自此规范

外部噪声源

2.1.3　建筑物外部噪声源传播至主要功能房间室内的噪声限值及适用条件应符合下列规定：

1 建筑物外部噪声源传播至主要功能房间室内的噪声限值应符合表 2.1.3（表 12.8 - 2）的规定。

表 12.8 - 2　　　　　主要功能房间室内的噪声限值

房间的使用功能	噪声限值（等效声级 L_{Aeq}，T，dB）	
	昼间	夜间
睡眠	40	30
日常生活	40	
阅读、自学、思考	35	
教学、医疗、办公、会议	40	

注：1. 当建筑位于 2 类、3 类、4 类声环境功能区时，噪声限值可放宽 5dB；

2. 夜间噪声限值应为夜间 8h 连续测得的等效声级 L_{Aeq}，8h；

3. 当 1h 等效声级 L_{Aeq}，1h 能代表整个时段噪声水平时，测量时段可为 1h。

2 噪声限值应为关闭门窗状态下的限值。

3 昼间时段应为 6:00～22:00，夜间时段应为 22:00～次日 6:00。当昼间、夜间的划分当地另有规定时，应按其规定

内部建筑设备

2.1.4　建筑物内部建筑设备传播至主要功能房间室内的噪声限值应符合表 2.1.4（表 12.8 - 3）的规定

表 12.8 - 3　　　建筑物内部建筑设备传播至主要功能房间室内的噪声限值

房间的使用功能	噪声限值（等效声级 L_{Aeq}，T）/dB
睡眠	33
日常生活	40
阅读、自学、思考	40

	2.1.5 主要功能房间室内的 Z 振级限值及适用条件应符合下列规定：

2.1.5 主要功能房间室内的 Z 振级限值及适用条件应符合下列规定：

1 主要功能房间室内的 Z 振级限值应符合表 2.1.5（表 12.8-4）的规定。

表 12.8-4　　　　　主要功能房间室内的 Z 振级限值

房间的使用功能	Z 振级 VLz/dB	
	昼间	夜间
睡眠	78	75
日常生活	78	

2 昼间时段应为 6：00～22：00，夜间时段应为 22：00～次日 6：00。当昼间、夜间的划分当地另有规定时，应按其规定

铅垂向 Z 振级是一项控制城市环境振动污染而制订的指标，主要是指市区域环境振动的标准值

（左栏标签：**Z 振级限值**）

考点 26：民用建筑室内允许噪声级【★】

表 10.8-5　　　　　　　　民用建筑室内允许噪声级

建筑类别	房间名称	允许噪声级（A 声级）/dB		
		时间	标准	
住宅	卧室	昼间	≤40	
		夜间	≤30	
	起居室（厅）	—	≤40	
学校	语言教室、阅览室		≤40	
	普通教室、实验室、计算机房；音乐教室、琴房；教师办公室、休息室、会议室		≤45	
	舞蹈教室；健身房；教学中封闭的走廊、楼梯间		≤50	
医院	听力测听室	—	—	≤25
	化验室、分析实验室；人工生殖中心净化区	—	—	≤40
	各类重症监护室；病房、医护人员休息室	昼间	≤40	≤45
		夜间	≤35	≤40
	诊室；手术室、分娩室		≤40	≤45
	洁净手术室		—	≤50
	候诊厅、入口大厅		≤50	≤55
旅馆	—		**特级**	**一级** / **二级**
	客房	昼间	≤35	≤40 / ≤45
		夜间	≤30	≤35 / ≤40
	办公室、会议室		≤40	≤45 / ≤45
	多用途厅		≤40	≤45 / ≤50
	餐厅、宴会厅		≤45	≤50 / ≤55

注：1.《民用建筑隔声设计规范》（GB 50118—2010）的第 4.1.1 条从 2022 年 4 月 1 日起废止，即住宅的低限标准昼间 45dB（A）夜间 37dB（A），起居室 45dB（A）的要求已废止。

2. 二级旅馆允许噪声级别：餐厅＞多用途厅＞会议室＞客房

（左栏标签：**民用建筑室内允许噪声级**（表 10.8-5））

各类建筑的室内允许噪声值	表 10.8-6 中列出了不同建筑的室内允许噪声值，这些数据不是法定的标准，是不同的学者提出的建议值，可供噪声控制评价和设计时的参考。观察表 10.8-6，允许的噪声评价数 N 与允许的 A 声级之间相差 10dB **表 10.8-6** 　　　　各类建筑的室内允许噪声值 下表如下

表 10.8-6　各类建筑的室内允许噪声值

房间名称	允许的噪声评价数 N	允许的 A 声级/dB(A)
广播录音室	10～20	20～30
音乐厅、剧院的观众厅	15～25	25～35
电视演播室	20～25	30～35
电影院观众厅	25～30	35～40
图书馆阅览室、个人办公室	30～35	40～45
会议室	30～40	40～50
体育馆	35～45	45～55
开敞式办公室	40～45	50～55

考点 27：空气声隔声标准【★★】

空气声隔声单值评价量 R+频谱修正量 C	空气声的计权隔声量越大，隔声标准越高，隔声效果越好。 低限标准：分户墙、分户楼板＞45dB；分隔住宅和非居住空间的楼板＞51dB
《电影院建筑设计规范》（JGJ 58—2008）相关规定	5.3.4　观众厅与放映机房之间隔墙隔声量≥45dB。 5.3.5　相邻观众厅之间隔声量为：低频≥50dB，中高频≥60dB
空气声隔声标准	根据《民用建筑隔声设计规范》（GB 50118—2010）表 4.2.1～表 4.2.4 和表 4.2.6，整理得表 12.8-7。

表 12.8-7　民用建筑构件各部位的空气声隔声标准（仅节选住宅部分）【2022（5）】

建筑类别	隔墙和楼板部位	空气声隔声单值评价量+频谱修正量/dB	
		高要求标准	低限标准
住宅	分户墙、分户楼板	$R_w+C>50$	$R_w+C>45$
	分隔住宅和非居住用途空间的楼板	—	$R_w+C>51$
	卧室、起居室（厅）与邻户房间之间	$D_{nT,w}+C\geq50$	$D_{nT,w}+C\geq45$
	住宅和非住宅用途空间分隔楼板上下的房间之间	—	$D_{nT,w}+C_{tr}\geq51$
	相邻两户的卫生间之间	$D_{nT,w}+C\geq45$	—
	外墙	$R_w+C_{tr}\geq45$	

空气声隔声标准	建筑类别	隔墙和楼板部位	空气声隔声单值评价量＋频谱修正量/dB	
			高要求标准	低限标准
	住宅户内	户（套）门	$R_w+C \geqslant 25$	
		户内卧室墙	$R_w+C \geqslant 35$	
		户内其他分室墙	$R_w+C \geqslant 30$	
		交通干道两侧的卧室、起居室（厅）的窗	$R_w+C \geqslant 30$	
		其他窗	$R_w+C \geqslant 25$	

从表 12.8-7 中可看出，构件的隔声量越大，标准越高

12.8-2 ［2022（5）-7］ 住宅分户墙隔声最低限值为（　　）。

A. $R_w+C>40$ 　　　　　　　　　B. $R_w+C>45$

C. $R_w+C>50$ 　　　　　　　　　D. $R_w+C>55$

答案：B

解析：详见表 12.8-7。

考点 28：撞击声隔声标准 【★】

撞击声隔声标准和空气声隔声标准正好相反，计权规范化撞击声压级 $L_{n,w}$ 和计权标准化撞击声压级 $L'_{nT,w}$ **越小**，标准**越高**，隔声效果**越好**。

卧室、起居室（厅）的分户楼板，高要求 $\leqslant 65dB$，低限 $\leqslant 75dB$

根据《民用建筑隔声设计规范》（GB 50118—2010）的表 4.2.7、表 4.2.8、表 5.2.4、表 6.2.4、表 7.2.4、表 8.2.4 和表 9.3.3 整理的表 12.8-8

表 12.8-8　　　　　　　　　　民用建筑楼板撞击声隔声标准

楼板撞击声隔声标准	建筑类别	隔墙和楼板部位	撞击声隔声单值评价量/dB	
			高要求标准	低限标准
	住宅	卧室、起居室（厅）的分户楼板	$L_{n,w}<65$ $L'_{nT,w}\leqslant65$	$L_{n,w}<75$ $L'_{nT,w}\leqslant75$
	学校	语言教室、阅览室与上层房间之间的楼板	$L_{n,w}<65$，$L'_{nT,w}\leqslant65$	
		普通教室、实验室、计算机房与上层产生噪声的房间之间的楼板	$L_{n,w}<65$，$L'_{nT,w}\leqslant65$	
		琴房、音乐教室之间的楼板	$L_{n,w}<65$，$L'_{nT,w}\leqslant65$	
		普通教室之间的楼板	$L_{n,w}<75$，$L'_{nT,w}\leqslant75$	
	医院	病房、手术室与上层房间之间的楼板	$L_{n,w}<65$ $L'_{nT,w}\leqslant65$	$L_{n,w}<75$ $L'_{nT,w}\leqslant75$
		听力测听室与上层房间之间的楼板	—	$L'_{nT,w}\leqslant60$

建筑类别	隔墙和楼板部位	撞击声隔声单值评价量/dB		
		高要求标准	低限标准	
办公建筑	办公室、会议室顶部的楼板	$L_{n,w} < 65$ $L'_{nT,w} \leqslant 65$	$L_{n,w} < 75$ $L'_{nT,w} \leqslant 75$	
商业建筑	健身中心、娱乐场所等与噪声敏感房间之间的楼板	$L_{n,w} < 45$ $L'_{nT,w} \leqslant 45$	$L_{n,w} < 50$ $L'_{nT,w} \leqslant 50$	
旅馆	客房与上层房间之间的楼板	特级	一级	二级
		$L_{n,w} < 55$ $L'_{nT,w} \leqslant 55$	$L_{n,w} < 65$ $L'_{nT,w} \leqslant 65$	$L_{n,w} < 75$ $L'_{nT,w} \leqslant 75$

（左侧合并单元格标题：楼板撞击声隔声标准）

考点 29：城市噪声的控制【★】

噪声控制的原则	在声源处控制。 在声的传播途径中控制。 个人防护
城市噪声的来源	交通噪声；工厂噪声；施工噪声；社会生活噪声。 交通噪声是城市的主要噪声源
噪声的控制	交通噪声的衰减为距离增加1倍，噪声减少约4dB

考点 30：建筑中的吸声降噪设计【★★★★】

吸声降噪量的计算 【2024、2023、2022（5）、2020、2019】	采取吸声措施后室内的噪声降低值 $$\Delta L_p = 10\lg \frac{\bar{\alpha}_2}{\bar{\alpha}_1} = 10\lg \frac{A_2}{A_1} = 10\lg \frac{T_1}{T_2} \quad (dB)$$ 式中　ΔL_p——室内噪声降低值，dB； 　　　$\bar{\alpha}_2$——吸声减噪处理后的平均吸声系数； 　　　$\bar{\alpha}_1$——吸声减噪处理前的平均吸声系数； 　　　A_2——吸声减噪处理后的室内总吸声量，m^2； 　　　A_1——吸声减噪处理前的室内总吸声量，m^2； 　　　T_2——吸声减噪处理后的混响时间，s； 　　　T_1——吸声减噪处理前的混响时间，s。 吸声减噪处理后的平均吸声系数增加1倍，或室内总吸声量增加1倍，或混响时间减少一半，室内噪声降低3dB 房间内通过吸声处理而得到的噪声降低量取决于：降噪处理前、后房间内的平均吸声系数、室内总吸声量、混响时间的比值
	吸声减噪不能降低直达声，只能降低反射声。通过吸声减噪处理可以使房间室内平均声压级降低6～10dB，低于5dB不值得做，降低10dB以上几乎不可能
	室内吸声只能降低混响声，不能降低直达声、复合声、透射声
隔声屏障	对降低高频声最有效

隔声罩	衡量一个罩的降噪效果，通常用插入**损失** *IL* 来表示 $$IL=10\lg\frac{\alpha}{\tau}=R+10\lg\alpha$$ 式中 IL——插入损失； α——吸声系数； R——隔声量； τ——声能投射系数

12.8-3［2024-63］在建筑室内采用"吸声降噪"的方法，可以达到的效果是（ ）。

A. 减少声源的噪声辐射

B. 减少直达声

C. 减少混响声

D. 直达声、混响声都减少

答案：C

解析：吸声降噪措施只能降低室内声场中的混响声，即经由各墙面一次以上反射到接收点的声音，而不能降低来自声源的直达声。

12.8-4［2023-63］关于房间内吸声降噪的说法错误的是（ ）。

A. 吸声降噪与原有吸声量有关　　　　B. 吸声降噪使混响时间减少

C. 吸声降噪是室内平均吸声系数降低　D. 吸声降噪与吸声量的增值有关

答案：C

解析：吸声减噪处理后的平均吸声系数增加，室内总吸声量增加，混响时间减少。

12.8-5［2022（5）-11］关于房间吸声降噪，错误的是（ ）。

A. 吸声降噪使混响声减弱　　　　　　B. 吸声降噪量与原来的吸声量有关

C. 吸声降噪后混响时间增加　　　　　D. 吸声降噪量与增加的吸声量有关

答案：C

解析：吸声减噪处理后的平均吸声系数增加一半，或室内总吸声量增加一倍，或混响时间减少一半，室内噪声降低3dB。

12.8-6［2020-12］房间内通过吸声处理而得到的噪声降低量决定于（ ）。

A. 降噪处理中增加的吸声量

B. 降噪处理前房间内的平均吸声系数

C. 降噪处理后房间内的吸声量

D. 降噪处理前、后房间内的平均吸声系数比值

答案：D

解析：参见第12.8-5题。

第十三章 建筑给水排水

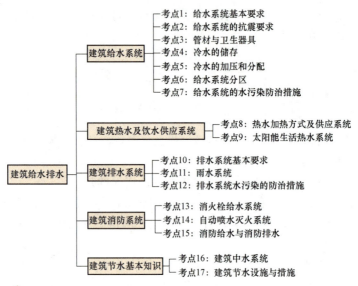

- 建筑给水系统
  - 考点1：给水系统基本要求
  - 考点2：给水系统的抗震要求
  - 考点3：管材与卫生器具
  - 考点4：冷水的储存
  - 考点5：冷水的加压和分配
  - 考点6：给水系统分区
  - 考点7：给水系统的水污染防治措施
- 建筑热水及饮水供应系统
  - 考点8：热水加热方式及供应系统
  - 考点9：太阳能生活热水系统
- 建筑排水系统
  - 考点10：排水系统基本要求
  - 考点11：雨水系统
  - 考点12：排水系统水污染的防治措施
- 建筑消防系统
  - 考点13：消火栓给水系统
  - 考点14：自动喷水灭火系统
  - 考点15：消防给水与消防排水
- 建筑节水基本知识
  - 考点16：建筑中水系统
  - 考点17：建筑节水设施与措施

（建筑给水排水）

节 名	近5年考试分值统计					
	2024 年	2023 年	2022 年 12 月	2022 年 5 月	2021 年	2020 年
第一节　建筑给水系统	3	3	4	4	4	4
第二节　建筑热水及饮水供应系统	2	1	3	3	3	5
第三节　建筑排水系统	2	2	5	5	5	2
第四节　建筑消防系统	3	3	3	3	3	3
第五节　建筑节水基本知识	2	2	1	1	1	2
总计	12	11	16	16	16	16

（考点精讲与典型习题）

第一节　建筑给水系统

考点 1：给水系统基本要求 【★★★】

系统定义	建筑给水系统是将城镇给水管网或自备水源给水管网的水引入室内，经配水管送至生活、生产和消防用水设备，并满足各用水点对水量、水压和水质要求的冷水供应系统【2020、2019】

给水系统分类	根据用水性质不同，有 3 种基本的给水系统。 (1) 生活给水系统：生活给水系统供人们日常生活用水。按具体用途又分为： 1) 生活饮用水系统：供饮用、烹饪、盥洗、洗涤、沐浴等用水。 2) 管道直饮水系统：供直接饮用用水。 3) 生活杂用水系统：供冲厕、绿化、洗车或冲洗路面等用水。 (2) 生产给水系统：供生产过程中产品工艺用水、清洗用水、冷却用水和稀释、除尘等用水。 (3) 消防给水系统：供消防灭火设施用水，主要包括消火栓、消防软管卷盘和自动喷水灭火系统喷头等设施的用水。 上述 3 种基本给水系统可根据具体情况予以合并共用，如生活—生产给水系统、生活—消防给水系统、生产—消防给水系统、生活—生产—消防给水系统
二次供水	二次供水是指当民用与工业建筑生活饮用水对水压、水量的要求超出城镇公共供水或自建设施供水管网能力时，通过储存、加压等设施经管道供给用户或自用的供水方式
二次供水	《建筑给水排水设计标准》（GB 50015—2019）相关规定。 3.4.1　建筑物内的给水系统应符合下列规定：【2022（5）】 1　应充分利用城镇给水管网的水压直接供水。 2　当城镇给水管网的水压和（或）水量不足时，应根据卫生安全、经济节能的原则选用储水调节和加压供水方式。 3　当城镇给水管网水压不足，采用叠压供水系统时，应经当地供水行政主管部门及供水部门批准认可。 备注：屋顶的生活水箱、小区储水池和加压泵、地下室储水池和加压泵等都属于二次供水【2022（5）】
水源	传统水源一般指地表水，如江河和地下水；非传统水源一般指不同于传统地表水供水和地下水供水的水源，包括再生水、雨水、海水等【2022（5）】
连接要求	《建筑给水排水与节水通用规范》（GB 55020—2021）相关规定。 3.1.1　给水系统应具有保障不间断向建筑或小区供水的能力，供水水质、水量和水压应满足用户的正常用水需求。 3.1.3　二次加压与调蓄设施不得影响城镇给水管网正常供水。 3.1.4　自建供水设施的供水管道严禁与城镇供水管道直接连接【2019】。生活饮用水管道严禁与建筑中水、回用雨水等非生活饮用水管道连接。【2021】 3.1.5　生活饮用水给水系统不得因管道、设施产生回流而受污染，应根据回流性质、回流污染危害程度，采取可靠的防回流措施。 备注：虹吸回流是指给水管道内负压引起卫生器具、受水容器中的水或液体混合物倒流入生活给水系统的回流现象。 背压回流是指因给水系统下游压力的变化，用水端的水压高于供水端的水压而引起的回流现象

连接要求	《建筑给水排水设计标准》（GB 50015—2019）相关规定。 3.1.7　小区给水系统设计应综合利用各种水资源，**充分利用再生水、雨水等非传统水源**【2022（5）】；优先采用**循环和重复利用给水系统**

13.1-1 ［2022（5）-37］下列四个选项中，哪个不是生活二次供水方式？（　　　）

A. 位于屋顶的生活水箱　　　　　　　　B. 市政直接给水管道

C. 小区储水池和加压泵　　　　　　　　D. 地下室储水池和加压泵

答案：B

解析：二次供水是城市公共供水或自建设施供水经储存、加压，通过管道再供用户或自用的形式，故答案选 B。

13.1-2 ［2022（5）-38］下列四个选项中，哪个不是传统水源？（　　　）

A. 河水　　　　　　B. 湖水　　　　　　C. 雨水　　　　　　D. 地下水

答案：C

解析：传统水源一般指地表水如江河和地下水。非传统水源是指不同于传统地表供水和地下供水的水源，包括再生水、雨水、海水等。

13.1-3 ［2020-46］下列关于城镇给水管道与自备水源供水管道的连接，正确的是（　　　）。

A. 严禁与自备水源的供水管道直接连接

B. 采取措施后可与自备水源的供水管道直接连接

C. 自备水源的水质符合城市给水水质标准，可以直接连接

D. 自备水源的水质优于城市给水水质标准，可以直接连接

答案：A

解析：自建供水设施的供水管道严禁与城镇供水管道直接连接。生活饮用水管道严禁与建筑中水、回用雨水等非生活饮用水管道连接，故选项 A 正确。

考点 2：给水系统的抗震要求【★】

基本要求	《建筑机电工程抗震设计规范》（GB 50981—2014）相关规定。 1.0.2　本规范适用于抗震设防烈度为**6～9 度的建筑机电工程抗震设计**，不适用于抗震设防烈度大于 9 度或有特殊要求的建筑机电工程抗震设计。 1.0.3　按本规范进行的建筑机电工程设施抗震设计应达到下列要求： 1 当遭受低于本地区抗震设防烈度的多遇地震影响时，**机电工程设施一般不受损坏或不需修理可继续运行。** 2 当遭受相当于本地区抗震设防烈度的地震影响时，**机电工程设施可能损坏经一般修理或不需修理仍可继续运行。** 3 当遭受高于本地区抗震设防烈度的罕遇地震影响时，**机电工程设施不至于严重损坏，危及生命。** 1.0.4　抗震设防烈度为**6 度及 6 度以上地区**的建筑机电工程必须进行抗震设计。【2021】 **1.0.5　对位于抗震设防烈度为 6 度地区且除甲类建筑以外**的建筑机电工程，可不进行地震作用计算

材料选择	4.1.1 给水排水管道的选用应符合下列规定： 1 生活给水管、热水管的选用应符合下列规定： 2）高层建筑及 9 度地区建筑的干管、立管应采用**铜管、不锈钢管、金属复合管**等强度高且具有较好延性的管道，连接方式可采用管件连接或焊接。【2022（12）】 2 高层建筑及 9 度地区建筑的入户管阀门之后应设**软接头**。 4 重力流排水的污、废水管的选用应符合下列规定： 2）高层建筑及 9 度地区建筑宜采用**柔性接口**的机制排水铸铁管
抗震支吊架	8.1.1 抗震支吊架在地震中应对建筑机电工程设施给予可靠保护，承受来自**任意水平方向**的地震作用。【2023】 8.1.2 组成抗震支吊架的所有构件应采用**成品构件**，连接紧固件的构造应便于安装

13.1-4［2023-76］关于机电工程抗震支架的说法正确的是（ ）。

A. 抗震支架用于各垂直方向的地震作用

B. 抗震支架应现场制作

C. 抗震支架用于各水平方向的地震作用

D. 预制支架无需进行抗震验算

答案：C

解析：参见《建筑机电工程抗震设计规范》（GB 50981—2014）第 8.1.1、8.1.2 条。

13.1-5［2021-44］关于给排水管道的建筑机电抗震设计的说法正确的是（ ）。

A. 高层建筑及 9 度地区建筑的干管、立管应采用塑料管道

B. 高层建筑及 9 度地区建筑的入户管阀门之后应设软接头

C. 高层建筑及 9 度地区建筑宜采用塑料排水管道

D. 7 度地区的建筑机电工程可不进行抗震设计

答案：B

解析：参见《建筑机电工程抗震设计规范》（GB 50981—2014）第 4.1.1 条，高层建筑及 9 度地区建筑的干管、立管应采用**铜管、不锈钢管、金属复合管**等强度高且具有较好延性的管道，连接方式可采用管件连接或焊接，选项 A、C 不正确；根据《建筑机电工程抗震设计规范》（GB 50981—2014）第 1.0.4 条，抗震设防烈度为 6 度及 6 度以上地区的建筑机电工程必须进行抗震设计，选项 D 不正确。

考点 3：管材与卫生器具【★★★】

系统组成	建筑内部生活给水系统，一般由**引入管、给水管道、给水附件、给水设备、配水设施和计量仪表**等组成，如图 13.1-1 所示。

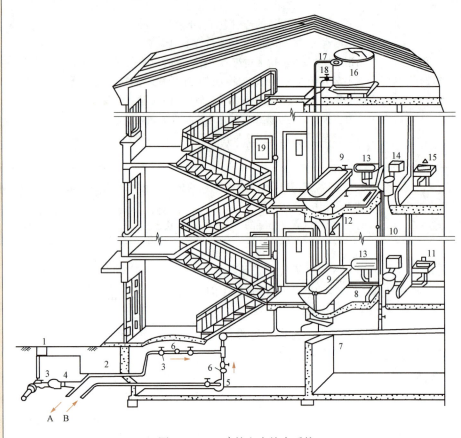

图 13.1-1　建筑室内给水系统

1—阀门井；2—引入管；3—闸阀；4—水表；5—水泵；6—止回阀；7—干管；8—支管；9—浴盆；10—立管；11—水龙头；12—淋浴器；13—洗脸盆；14—大便器；15—洗涤盆；16—水箱；17—进水管；18—出水管；19—消火栓；A—入储水池；B—来自储水池

系统组成

引入管　由市政管道引入至小区给水管网的管段，或由小区给水接户管引入建筑物内的管段。引入管段上一般设有**水表、阀门**等附件。直接从城镇给水管网接入建筑物的引入管上应设置**止回阀**，如装有倒流防止器则不需再装止回阀

水表节点　水表节点是安装在引入管上的水表及其前后设置的阀门和泄水装置的总称，如图 13.1-2 所示，水表前后的阀门用**以水表检修、拆换时关闭管路**，泄水口主要用于**系统检修时放空管网的余水**，也可用来检测水表精度和测定管道水压值

350

系统组成	水表节点	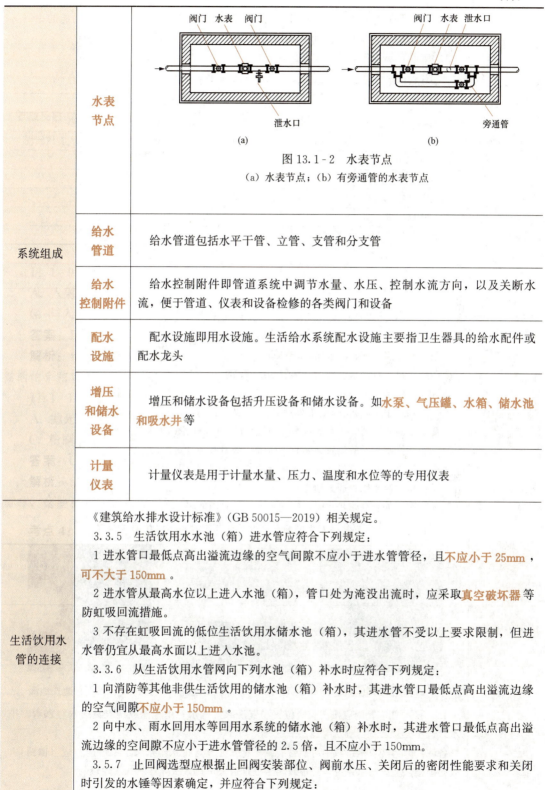 图 13.1-2 水表节点 （a）水表节点；（b）有旁通管的水表节点
	给水管道	给水管道包括水平干管、立管、支管和分支管
	给水控制附件	给水控制附件即管道系统中调节水量、水压、控制水流方向，以及关断水流，便于管道、仪表和设备检修的各类阀门和设备
	配水设施	配水设施即用水设施。生活给水系统配水设施主要指卫生器具的给水配件或配水龙头
	增压和储水设备	增压和储水设备包括升压设备和储水设备。如水泵、气压罐、水箱、储水池和吸水井等
	计量仪表	计量仪表是用于计量水量、压力、温度和水位等的专用仪表
生活饮用水管的连接		《建筑给水排水设计标准》（GB 50015—2019）相关规定。 3.3.5　生活饮用水水池（箱）进水管应符合下列规定： 1 进水管口最低点高出溢流边缘的空气间隙不应小于进水管管径，且不应小于 25mm，可不大于 150mm。 2 进水管从最高水位以上进入水池（箱），管口处为淹没出流时，应采取真空破坏器等防虹吸回流措施。 3 不存在虹吸回流的低位生活饮用水储水池（箱），其进水管不受以上要求限制，但进水管仍宜从最高水面以上进入水池。 3.3.6　从生活饮用水管网向下列水池（箱）补水时应符合下列规定： 1 向消防等其他非供生活饮用的储水池（箱）补水时，其进水管口最低点高出溢流边缘的空气间隙不应小于 150mm。 2 向中水、雨水回用水等回用水系统的储水池（箱）补水时，其进水管口最低点高出溢流边缘的空间隙不应小于进水管管径的 2.5 倍，且不应小于 150mm。 3.5.7　止回阀选型应根据止回阀安装部位、阀前水压、关闭后的密闭性能要求和关闭时引发的水锤等因素确定，并应符合下列规定：

生活饮用水管的连接	3 要求削弱关闭水锤时，宜选用弹簧复位的**速闭止回阀**或后阶段有缓闭功能的止回阀（速闭消声止回阀和阻尼缓闭止回阀都有削弱停泵水锤的作用）【2022（5）】 A.0.2 防回流设施的选择应符合表 A.0.2（表 13.1-1）的规定	

表 13.1-1　　　　　　　　防回流设施选择

倒流防止设施	回流危害程度					
	低		中		高	
	虹吸回流	背压回流	虹吸回流	背压回流	虹吸回流	背压回流
空气间隙	√	—	√	—	√	—
减压型倒流防止器	√	√	√	√	√	√
低阻力倒流防止器	√	√	√	√	—	—
双止回阀倒流防止器	—	√	—	√	—	—
压力型真空破坏器	√	—	√	—	√	—
大气型真空破坏器	√	—	—	—	—	—

地漏	《建筑给水排水设计标准》（GB 50015—2019）相关规定。 4.3.5　地漏应设置在有设备和地面排水的下列场所：【2019】 1 卫生间、盥洗室、淋浴间、开水间。 2 在洗衣机、直饮水设备、开水器等设备的附近。 3 食堂、餐饮业厨房间。 4.3.6　地漏的选择应符合下列规定：【2022（12）】 1 食堂、厨房和公共浴室等排水宜设置网筐式地漏（图 13.1-3）。 2 不经常排水的场所设置地漏时，应采用密闭地漏（图 13.1-4）。 3 事故排水地漏不宜设水封，连接地漏的排水管道应采用**间接排水**。 4 设备排水应采用直通式地漏（图 13.1-5）。 5 地下车库如有消防排水时，宜设置大流量专用地漏。 4.3.7　地漏应设置在易溅水的器具或冲洗水嘴附近，且应在地面的**最低处**。

图 13.1-3　网筐式地漏　　图 13.1-4　密闭地漏　　图 13.1-5　直通式地漏

4.5.8A　住宅套内应按洗衣机位置设置洗衣机排水专用地漏或洗衣机排水存水弯，排水管道**不得接入室内雨水管道。**

备注：因为洗衣机排水中可能含有磷等化学元素，排水雨水系统中可能造成水体污染，故必须接入室内污水系统，经市政污水处理后方可排入水体【2022（12）】

地漏	《住宅建筑规范》（GB 50368—2005）相关规定。 8.2.8 设有淋浴器和洗衣机的部位应设置地漏，其水封深度不得小于 50mm。构造内无存水弯的卫生器具与生活排水管道连接时，在排水口以下应设存水弯，其水封深度不得小于 50mm（图 13.1-6 和图 13.1-7） 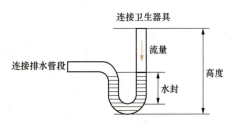 图 13.1-6 存水弯原理图　　图 13.1-7 存水弯外观
存水弯与水封	《建筑给水排水设计标准》（GB 50015—2019）相关规定。 4.3.12 医疗卫生机构内门诊、病房、化验室、试验室等不在同一房间内的卫生器具不得共用存水弯。 4.3.13 卫生器具排水管段上不得重复设置水封
阀门	《建筑给水排水设计标准》（GB 50015—2019）相关规定。 3.5.4 室内给水管道的下列部位应设置阀门：【2024】 1 从给水干管上接出的支管起端。 2 入户管、水表前和各分支立管。 3 室内给水管道向住户、公用卫生间等接出的配水管起端。 4 水池（箱）、加压泵房、水加热器、减压阀、倒流防止器等处应按安装要求配置。 3.5.5 给水管道阀门选型应根据使用要求按下列原则确定： 1 需调节流量、水压时，宜采用调节阀、截止阀。 2 要求水流阻力小的部位宜采用闸板阀、球阀、半球阀。 3 安装空间小的场所，宜采用蝶阀、球阀。 4 水流需双向流动的管段上，不得使用截止阀。 5 口径大于或等于 DN150 的水泵，出水管上可采用多功能水泵控制阀。 各类阀门如图 13.1-8 所示。 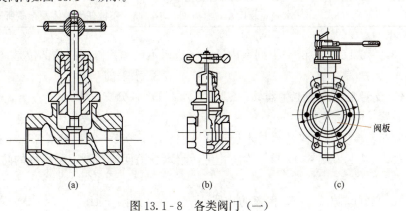 图 13.1-8 各类阀门（一） （a）截止阀；（b）闸阀；（c）蝶阀

阀门	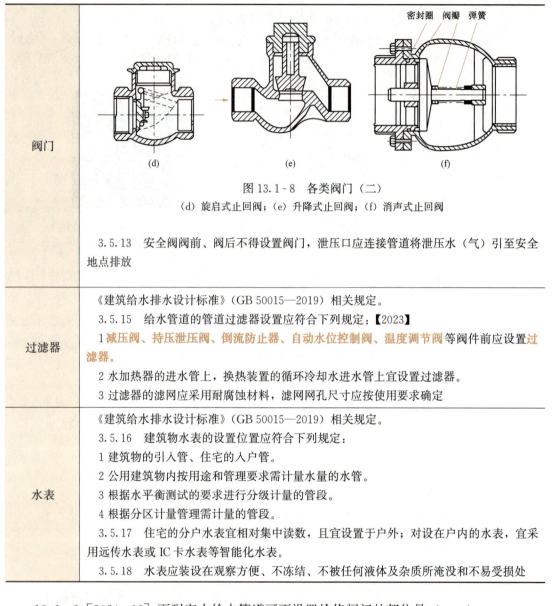 图 13.1-8　各类阀门（二） (d) 旋启式止回阀；(e) 升降式止回阀；(f) 消声式止回阀 3.5.13　安全阀阀前、阀后不得设置阀门，泄压口应连接管道将泄压水（气）引至安全地点排放
过滤器	《建筑给水排水设计标准》（GB 50015—2019）相关规定。 　　3.5.15　给水管道的管道过滤器设置应符合下列规定：【2023】 　　1 减压阀、持压泄压阀、倒流防止器、自动水位控制阀、温度调节阀等阀件前应设置过滤器。 　　2 水加热器的进水管上，换热装置的循环冷却水进水管上宜设置过滤器。 　　3 过滤器的滤网应采用耐腐蚀材料，滤网网孔尺寸应按使用要求确定
水表	《建筑给水排水设计标准》（GB 50015—2019）相关规定。 　　3.5.16　建筑物水表的设置位置应符合下列规定： 　　1 建筑物的引入管、住宅的入户管。 　　2 公用建筑物内按用途和管理要求需计量水量的水管。 　　3 根据水平衡测试的要求进行分级计量的管段。 　　4 根据分区计量管理需计量的管段。 　　3.5.17　住宅的分户水表宜相对集中读数，且宜设置于户外；对设在户内的水表，宜采用远传水表或 IC 卡水表等智能化水表。 　　3.5.18　水表应装设在观察方便、不冻结、不被任何液体及杂质所淹没和不易受损处

13.1-6〔2024-66〕下列室内给水管道可不设置检修阀门的部位是（　　）。

A. 入户管　　　　　　　　　　　　B. 水表前

C. 支管上接出的卫生器具　　　　　D. 各分支立管

答案： C

解析： 参见《建筑给水排水设计标准》（GB 50015—2019）第 3.5.4 条。

13.1-7〔2022（5）-44〕为防止生活给水管道回流污染，可选择的防止回流设施不包括
（　　）。

A. 空气间隙　　　B. 倒流防止器　　　C. 速闭止回阀　　　D. 真空破坏器

答案： C

解析： 参见《建筑给水排水设计标准》（GB 50015—2019）第3.3.5条、第3.5.7条及第A.0.2条。

13.1-8 ［2022（12）-50］关于建筑物内地漏设置要求，错误的是（　　）。

A. 设置在易溅水器具或冲洗水嘴附近

B. 设置需经常从地面排水的房间地面最低处

C. 洗衣机位置设置洗衣机专用地漏

D. 洗衣机地漏排水可排入室内雨水管

答案： D

解析： 参考《建筑给水排水设计标准》（GB 50015—2019）第4.3.5条、第4.3.6条和第4.5.8条。

考点4：冷水的储存【★★★】

水质安全	《建筑给水排水与节水通用规范》（GB 55020—2021）相关规定。 3.3.1　生活饮用水水池（箱）、水塔的设置应防止污废水、雨水等非饮用水渗入和污染，应采取保证储水不变质、不冻结的措施，且应符合下列规定： 1 建筑物内的生活饮用水水池（箱）、水塔应采用独立结构形式，不得利用建筑物本体结构作为水池（箱）的壁板、底板及顶盖。与消防用水水池（箱）并列设置时，应有各自独立的池（箱）壁。 2 埋地式生活饮用水储水池周围10m内，不得有化粪池、污水处理构筑物、渗水井、垃圾堆放点等污染源。生活饮用水水池（箱）周围2m内不得有污水管和污染物。 3 排水管道不得布置在生活饮用水池（箱）的上方。 4 生活饮用水水池（箱）、水塔人孔应密闭并设锁具，通气管、溢流管应有防止生物进入水池（箱）的措施。 5 生活饮用水水池（箱）、水塔应设置消毒设施
设置要求	《建筑给水排水设计标准》（GB 50015—2019）相关规定。 3.3.15　供单体建筑的生活饮用水池（箱）与消防用水的水池（箱）应分开设置。 3.3.16▲　建筑物内的生活饮用水水池（箱）体，应采用独立结构形式，不得利用建筑物的本体结构作为水池（箱）的壁板、底板及顶盖。生活饮用水水池（箱）与消防用水水池（箱）并列设置时，应有各自独立的池（箱）壁。【2024】 3.3.17　建筑物内的生活饮用水水池（箱）及生活给水设施，不应设置于与厕所、垃圾间、污（废）水泵房、污（废）水处理机房及其他污染源毗邻的房间内；其上层不应有上述用房及浴室、盥洗室、厨房、洗衣房和其他产生污染源的房间【2022（5）、2022（12）】
构造配管	《建筑给水排水设计标准》（GB 50015—2019）相关规定。 3.3.18　生活饮用水水池（箱）的构造和配管，应符合下列规定： 1 人孔、通气管、溢流管应有防止生物进入水池（箱）的措施。 2 进水管宜在水池（箱）的溢流水位以上接入。 3 进出水管布置不得产生水流短路，必要时应设导流装置。 4 不得接纳消防管道试压水、泄压水等回流水或溢流水。 5 泄水管和溢流管的排水应间接排水。 6 水池（箱）材质、衬砌材料和内壁涂料，不得影响水质

13.1-9［2024-65］关于建筑物内生活饮用水池设置的说法，正确的是（　　）。

A. 可以利用建筑顶板作为顶盖

B. 可以与消防水池共用池壁

C. 应采用独立的结构形式

D. 可以利用建筑物地面作为底板

答案：C

解析：参见《建筑给水排水设计标准》（GB 50015—2019）第3.3.15条和第3.3.16条。

13.1-10［2022（5）-40］下列四个选项中，可以与生活水箱及水泵房毗邻的是（　　）。

A. 垃圾间　　　　B. 制冷机房　　　　C. 污水泵房　　　　D. 厕所

答案：B

解析：参见考点4中"设置要求"相关内容。建筑物内的生活饮用水水池（箱）及生活给水设施，不应设置于与厕所（选项D不正确）、垃圾间（选项A不正确）、污（废）水泵房（选项C不正确）、污（废）水处理机房及其他污染源毗邻的房间内，故答案选B。

考点5：冷水的加压和分配【★★★】

一般要求	《建筑给水排水与节水通用规范》（GB 55020—2021）相关规定。 　3.3.2 生活给水系统水泵机组应设备用泵，备用泵供水能力不应小于最大一台运行水泵的供水能力。 　3.3.4 设置储水或增压设施的水箱间、给水泵房应满足设备安装、运行、维护和检修要求，应具备可靠的防淹和排水设施。 　3.3.5 生活饮用水水箱间、给水泵房应设置入侵报警系统等技防、物防安全防范和监控措施。 　3.3.6 给水加压、循环冷却等设备不得设置在卧室、客房及病房的上层、下层或毗邻上述用房，不得影响居住环境【2020】
管网布置	《建筑给水排水设计标准》（GB 50015—2019）相关规定。 　3.6.1 室内生活给水管道可布置成枝状管网。【2021】 　3.6.2 室内给水管道布置应符合下列规定：【2022（12）】 　1 不得穿越变配电房、电梯机房、通信机房、大中型计算机房、计算机网络中心、音像库房等遇水会损坏设备或引发事故的房间。 　2 不得在生产设备、配电柜上方通过。 　3 不得妨碍生产操作、交通运输和建筑物的使用。 　3.6.5 给水管道不得敷设在烟道、风道、电梯井、排水沟内。给水管道不得穿过大便槽和小便槽，且立管离大、小便槽端部不得小于0.5m。给水管道不宜穿越橱窗、壁柜。 　3.6.6 给水管道不宜穿越变形缝。当必须穿越时，应设置补偿管道伸缩和剪切变形的装置
塑料给水管道	《建筑给水排水设计标准》（GB 50015—2019）相关规定。 　3.6.7 塑料给水管道在室内宜暗设。明设时立管应布置在不易受撞击处。当不能避免时，应在管外加保护措施。 　3.6.8 塑料给水管道布置应符合下列规定： 　1 不得布置在灶台上边缘；明设的塑料给水立管距灶台边缘不得小于0.4m，距燃气热水器边缘不宜小于0.2m；当不能满足上述要求时，应采取保护措施。 　2 不得与水加热器或热水炉直接连接，应有不小于0.4m的金属管段过渡

管道材料	《建筑给水排水设计标准》（GB 50015—2019）相关规定。 3.5.2 室内的给水管道，应选用耐腐蚀和安装连接方便可靠的管材，可采用**不锈钢管、铜管、塑料给水管和金属塑料复合管及经防腐处理的钢管。**高层建筑给水立管**不宜采用塑料管。** 3.13.22 小区室外埋地给水管道管材，应具有耐腐蚀和能承受相应地面荷载的能力，可采用塑料给水管、有衬里的铸铁给水管、经可靠防腐处理的**钢管**等管材
室内敷设	《建筑给水排水设计标准》（GB 50015—2019）相关规定。 3.6.20 敷设在有可能结冻的房间、地下室及管井、管沟等处的给水管道应有**防冻措施。** 3.6.21 室内冷、热水管上、下平行敷设时，**冷水管应在热水管下方。**卫生器具的冷水连接管，**应在热水连接管的右侧**

13.1-11 ［2022（12）-38］给水管道可以穿的房间是（　　）。

A. 计算机网络中心　　　　　　B. 消防电梯机房

C. 主食库房　　　　　　　　　D. 配电房

答案： C

解析： 参见《建筑给水排水设计标准》（GB 50015—2019）第 3.6.2 条。

考点 6：给水系统分区【★★】

分区供水原因	《建筑给水排水设计标准》（GB 50015—2019）相关规定。 3.4.1 建筑物内的给水系统应符合下列规定： 4 给水系统的分区应根据**建筑物用途、层数、使用要求、材料设备性能、维护管理、节约供水、能耗**等因素综合确定【2023】
	《建筑给水排水设计标准》（GB 50015—2019）相关规定。 3.4.3 条文说明：生活给水系统分区供水要根据**建筑物用途、建筑高度、材料设备性能**等因素综合确定。给水系统各分区的最大静水压力不应大于卫生器具给水配件能够承受的最大工作压力。**分区供水的目的不仅防止损坏给水配件，同时可避免过高的供水压力造成用水不必要的浪费**【2023、2020】
供水方式	《建筑给水排水设计标准》（GB 50015—2019）相关规定。【2019】 3.4.6 建筑高度不超过 100m 的建筑的生活给水系统，宜采用**垂直分区并联供水或分区减压**的供水方式；建筑高度超过 100m 的建筑，宜采用**垂直串联供水**方式。【2020】 3.4.6 条文说明：建筑高度不超过 100m 的高层建筑，一般低层部分采用市政水压直接供水，中区和高区采用加压至屋顶水箱（或分区水箱），再自流分区减压的方式，也可采用变频调速泵直接供水，分区减压方式，或采用变频调速泵垂直分区并联供水方式；对建筑高度超过 100m 的高层建筑，若仍采用并联供水方式，其输水管道承压过大，存在安全隐患，而串联供水可解决此问题 考试不会考查学生对于具体供水方式的系统管道连接，但考生需要大致了解串联给水方式（图 13.1-9）和并联给水方式（图 13.1-10）的区别，这两种供水方式可能会出现在考题中。

供水方式	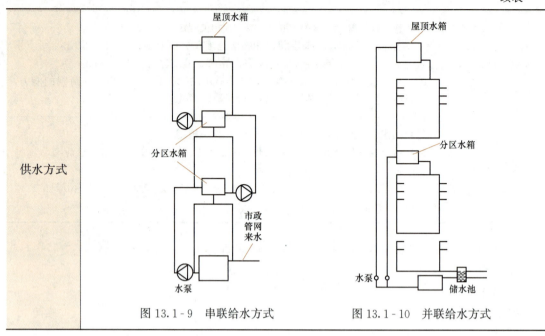

图 13.1-9　串联给水方式　　　　图 13.1-10　并联给水方式

13.1-12 ［2023-67］与生活给水系统分区无关的是（　　　）。

A. 建筑物的用途　　　　　　　　B. 建筑物的层数

C. 给水设备的性能　　　　　　　D. 用水量大小

答案： D

解析： 参见《建筑给水排水设计标准》（GB 50015—2019）第 3.4.1 条。

13.1-13 ［2020-38］下列关于高层建筑的生活给水系统采用竖向分区的说法中，错误的是（　　　）。

A. 防止损坏给水配件　　　　　　B. 防止水质变坏

C. 避免过高的供水压力　　　　　D. 避免浪费

答案： B

解析： 高层建筑生活给水系统应竖向分区，竖向分区应根据建筑物用途、层数、使用要求、材料设备性能、维护管理、节约供水、能耗等因素，保证各层的用水压力处于合理的范围内来综合确定，故答案选 B。

考点 7：给水系统的水污染防治措施【★★★★★】

水质要求	《建筑给水排水设计标准》（GB 50015—2019）相关规定。【2019】 　3.3.1　生活饮用水系统的水质，应符合现行国家标准**《生活饮用水卫生标准》**（GB 5749）的规定。 　3.3.2　当采用中水为生活杂用水时，生活杂用水系统的水质应符合现行国家标准**《城市污水再生利用　城市杂用水水质》**（GB/T 18920）的规定。 　3.3.3　当采用回用雨水为生活杂用水时，生活杂用水系统的水质应符合所供用途的水质要求，并应符合现行国家标准**《建筑与小区雨水控制及利用工程技术规范》**（GB 50400）的规定

游泳池用水	《建筑给水排水设计标准》（GB 50015—2019）相关规定。【2019】 3.10.1 游泳池和水上游乐池的池水水质应符合现行行业标准《游泳池水质标准》（CJ/T 244）的规定。 3.10.3 游泳池和水上游乐池的初次充水和使用过程中的补充水水质，应符合现行国家标准《生活饮用水卫生标准》的规定。 3.10.4 游泳池和水上游乐池的淋浴等生活用水水质，应符合现行国家标准《生活饮用水卫生标准》的规定。 3.10.5 游泳池和水上游乐池水应循环使用。游泳池和水上游乐池的池水循环周期应根据池的类型、用途、池水容积、水深、游泳负荷等因素确定
给水管网	《建筑给水排水与节水通用规范》（GB 55020—2021）相关规定。【2022（5）】 3.2.5 给水管道严禁穿过毒物污染区。通过腐蚀区域的给水管道应采取安全保护措施。 3.2.6 建筑室内生活饮用水管道的布置应符合下列规定： 1 不应布置在遇水会引起燃烧、爆炸的原料、产品和设备的上面。 2 管道的布置不得受到污染，不得影响结构安全和建筑物的正常使用。 3.2.7 生活饮用水管道配水至卫生器具、用水设备等应符合下列规定： 1 配水件出水口不得被任何液体或杂质淹没。 2 配水件出水口高出承接用水容器溢流边缘的最小空气间隙，不得小于出水口直径的2.5倍。 3 严禁采用非专用冲洗阀与大便器（槽）、小便斗（槽）直接连接。 3.2.8 从生活饮用水管网向消防、中水和雨水回用等其他非生活饮用水储水池（箱）充水或补水时，补水管应从水池（箱）上部或顶部接入，其出水口最低点高出溢流边缘的空气间隙不应小于150mm，中水和雨水回用水池且不得小于进水管管径的2.5倍，补水管严禁采用淹没式浮球阀补水
倒流防止器	《建筑给水排水与节水通用规范》（GB 55020—2021）相关规定。 3.2.9 生活饮用水给水系统应在用水管道和设备的下列部位设置倒流防止器： 1 从城镇给水管网不同管段接出两路及两路以上至小区或建筑物，且与城镇给水管网形成连通管网的引入管上。 2 从城镇给水管网直接抽水的生活供水加压设备进水管上。 3 利用城镇给水管网水压直接供水且小区引入管无防倒流设施时，向热水锅炉、热水机组、水加热器、气压水罐等有压容器或密闭容器注水的进水管上。 4 从小区或建筑物内生活饮用水管道系统上单独接出消防用水管道（不含接驳室外消火栓的给水短支管）时，在消防用水管道的起端。 5 从生活饮用水与消防用水合用储水池（箱）中抽水的消防水泵出水管上。 3.2.10 生活饮用水管道供水至下列含有对健康有危害物质等有害有毒场所或设备时，应设置防止回流设施 1. 中水、回用雨水等非生活饮用水管道严禁与生活饮用水管道连接。 2. 从小区或建筑物内的生活饮用水管道系统上接下列用水管道或设备时，应设置倒流防止器： （1）单独接出消防用水管道时，在消防用水管道的起端。【2021】 （2）从生活用水与消防用水合用储水池中抽水的消防水泵出水管上

真空破坏器	《建筑给水排水与节水通用规范》（GB 55020—2021）相关规定。 3.2.11　生活饮用水管道直接接至下列用水管道或设施时，应在用水管道上如下位置设置**真空破坏器**等防止回流污染措施： 　1 当游泳池、水上游乐池、按摩池、水景池、循环冷却水集水池等的充水或补水管道出口与溢流水位之间设有空气间隙但空气间隙小于出口管径**2.5**倍时，在充（补）水管上。 　2 不含有化学药剂的绿地喷灌系统，当喷头采用地下式或自动升降式时，在管道起端。 　3 消防（软管）卷盘、轻便消防水龙给水管道的连接处。 　4 出口接软管的冲洗水嘴（阀）、补水水嘴与给水管道的连接处

13.1-14 ［2021-37］下列用水管道中，可以与生活用水管道连接的是（　　）。

A. 中水管道　　　　　　　　　　B. 杂用水管道

C. 回用雨水管道　　　　　　　　D. 消防给水管道

答案：D

解析：参见考点7"倒流防止器"的相关内容。

第二节　建筑热水及饮水供应系统

考点8：热水加热方式及供应系统【★★★】

一般规定	《建筑给水排水与节水通用规范》（GB 55020—2021）相关规定。 5.1.1　热源应可靠，并应根据当地可再生能源、热资源条件，结合用户使用要求确定。 5.1.2　**老年照料设施、安定医院、幼儿园、监狱**等建筑中的沐浴设施的热水供应应有防烫伤措施。 5.1.3　集中热水供应系统应设**热水循环系统**
分类	按供应范围，建筑热水供应系统分为**集中热水供应系统、局部热水供应系统和区域热水供应系统。** 　1. 集中热水供应系统。 　加热设备集中设置，便于维护管理，建筑物内各热水用水点不需另设加热设备占用建筑空间，例如，标准较高的居住建筑、旅馆、公共浴室、医院、疗养院、体育馆、游泳池、大型饭店以及较为集中的工业企业建筑等。 　2. 局部热水供应系统。**【2022（5）】** 　用设置在热水用水点附近的小型加热器制备热水后、供给单个或数个配水点的热水供应系统。例如，采用小型燃气热水器、电热水器、太阳能热水器等制备热水，供给个别厨房、浴室和生活间使用。 　3. 区域热水供应系统。 　区域热水供应系统是指在热电厂、区域性锅炉房或热交换站将冷水集中加热后、通过市政热力管网输送至整个建筑群、居民区、城市街坊或工业企业的热水系统

热水供应系统主要由**热源、热媒管网系统（第一循环系统）、加（储）热设备、配水和回水管网系统（第二循环系统）、附件和用水器具**等组成，如图 13.2-1 所示。

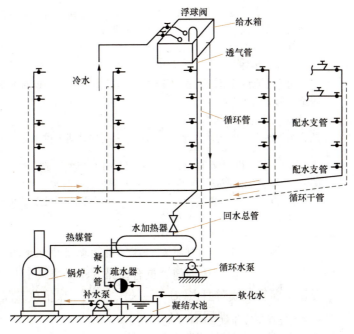

图 13.2-1 热水供应系统的组成

1. 热源。

热源是用以制取热水的能源，可以采用具有稳定、可靠的**废热、余热、太阳能、可再生低温能源、地热、燃气、电能**，也可以是城镇热力网、区域锅炉房或附近锅炉房提供的蒸汽或高温水。

2. 热媒及加热系统。

热媒是指传递热量的载体，常以热水（高温水）、蒸汽、烟气等为热媒。在以热水、蒸汽、烟气为热媒的集中热水供应系统中，蒸汽锅炉与水加热器之间或热水锅炉（机组）与热水储水器之间由热媒管和冷凝水管（或回水管）连接组成的热媒管网，称第一循环系统。

3. 加热、储热设备。

加热设备是用于直接制备热水供应系统所需的热水或是制备热媒后供给水加热器进行二次换热的设备。一次换热设备就是直接加热设备。二次换热设备就是间接加热设备，在间接加热设备中热媒与被加热水不直接接触。

4. 配水、回水管网系统。

在集中热水供应系统中，水加热器或热水储水器与热水配水点之间、由配水管网和回水管网组成的热水循环管路系统，称作第二循环系统。在集中热水供应系统中，水加热器或热水储水器与热水配水点之间、由配水管网和回水管网组成的热水循环管路系统，称为第二循环系统。**主要附件有排气装置、泄水装置、压力表、膨胀管（罐）、阀门、止回阀、水表及伸缩补偿器等**

组成

供水方式	按加热冷水、储存热水及管网布置方式不同,热水供应系统的供水方式有多种。 1. 开式与闭式。 按热水供应系统的压力工况不同,分为开式和闭式系统。 (1) 开式热水供应系统是指在**所有配水点关闭后热水管系仍与大气相通**。开式系统通常在管网顶部设有高位加(储)热水箱(开式),其优点是系统的水压仅取决于高位热水箱的设置高度,可保证系统供水水压稳定;缺点是高位水箱占用建筑空间,且开式水箱中的水质易受外界污染。 (2) 闭式热水供应系统是指**热水管不与大气相通**,即在所有配水点关闭后整个管系与大气隔绝,形成密闭系统。 2. 直接加热与间接加热。 按热水加热方式不同,分为**直接加热和间接加热**两种供水方式
热源选择	《建筑给水排水设计标准》(GB 50015—2019)相关规定。 6.3.1 集中热水供应系统的热源应通过技术经济比较,并应按下列顺序选择:【2021】 1 采用具有稳定、可靠的**余热、废热、地热**,当以地热为热源时,应按地热水的水温、水质和水压,采取相应的技术措施处理满足使用要求。 3 在夏热冬暖、夏热冬冷地区采用**空气源热泵**。 4 在地下水源充沛、水文地质条件适宜,并能保证回灌的地区,采用**地下水源热泵**。 5 在沿江、沿海、沿湖,地表水源充足、水文地质条件适宜,以及有条件利用城市污水、再生水的地区,采用**地表水源热泵**;当采用地下水源和地表水源时,应经当地水务、交通航运等部门审批,必要时应进行生态环境、水质卫生方面的评估。 6 采用能保证全年供热的热力管网热水。 7 采用区域性锅炉房或附近的锅炉房供给**蒸汽或高温水**。 8 采用燃油、燃气热水机组、低谷电蓄热设备制备的热水。 6.3.2 局部热水供应系统的热源宜按下列顺序选择:【2020】 2 在夏热冬暖、夏热冬冷地区宜采用**空气源热泵**。 3 采用燃气、电能作为热源或作为辅助热源。 4 在有蒸汽供给的地方,可采用蒸汽作为热源。 6.3.4 当采用废气、烟气、高温无毒废液等废热作为热媒时,应符合下列规定: 1 加热设备应防腐,其构造应便于清理水垢和杂物。 2 应采取措施防止热媒管道渗漏而污染水质。 3 应采取措施消除废气压力波动或除油
管材附件和管道敷设	《建筑给水排水设计标准》(GB 50015—2019)相关规定。 6.8.2 热水管道应选用耐腐蚀和安装连接方便可靠的管材,可采用**薄壁不锈钢管、薄壁铜管、塑料热水管、复合热水管**等。当采用塑料热水管或塑料和金属复合热水管材时,应符合下列规定:【2022(5)】 2 设备机房内的管道**不应采用塑料热水管**。 6.8.3 热水管道系统应采取**补偿管道热胀冷缩的措施**。【2021】 6.8.4 配水干管和立管最高点应设置**排气装置**。系统最低点应设置**泄水装置**。【2022(12)】 6.8.5 下行上给式系统回水立管可在最高配水点以下与配水立管连接。上行下给式系统可将循环管道与各立管连接。 6.8.12 热水横干管的敷设坡度上行下给式系统不宜小于 0.005,下行上给式系统不宜小于 0.003。【2022(12)】 *6.8.14 热水锅炉、燃油(气)热水机组、水加热设备、储热水罐、分(集)水器、热水输(配)水、循环回水干(立)管应做保温*

热水供应 系统选择	《建筑给水排水设计标准》（GB 50015—2019）相关规定。 6.3.6 热水供应系统选择宜符合下列规定： 1 宾馆、公寓、医院、养老院等公共建筑及有使用集中供应热水要求的居住小区，宜采用集中热水供应系统。【2022（5）】 2 小区集中热水供应根据建筑物的分布情况等采用小区共用系统、多栋建筑共用系统或每幢建筑单设系统，共用系统水加热站室的服务半径不应大于 500m。 3 普通住宅、无集中沐浴设施的办公楼及用水点分散、日用水量（按 60℃计）小于 5m³的建筑宜采用局部热水供应系统。 4 当普通住宅、宿舍、普通旅馆、招待所等组成的小区或单栋建筑如设集中热水供应时，宜采用定时集中热水供应系统【2022（12）】
防烫伤措施	《建筑给水排水与节水通用规范》（GB 55020—2021） 5.1.2 老年照料设施、安定医院、幼儿园、监狱等建筑中的沐浴设施的热水供应应有防烫伤措施【2023】
水加热 设备机房	《建筑给水排水设计标准》（GB 50015—2019）相关规定。 6.3.8 水加热设备机房的设置宜符合下列规定： 1 宜与给水加压泵房相近设置。【2024】 2 宜靠近耗热量最大或设有集中热水供应的最高建筑。 3 宜位于系统的中部。 4 集中热水供应系统当设有专用热源站时，水加热设备机房与热源站宜相邻设置

13.2-1 [2024-68] 水加热设备机房设置时，宜与下列哪类用房相近设置？（　　　）

A. 给水加压泵房　　　　　　　　　B. 消防泵房

C. 电气配电间　　　　　　　　　　D. 风机房

答案： A

解析： 根据《建筑给水排水设计标准》（GB 50015—2019）第 6.3.8 条。

13.2-2 [2023-68] 下列建筑的淋浴设施应有防烫伤措施的是（　　　）。

A. 幼儿园　　　B. 住宅　　　　C. 学生公寓　　　D. 旅馆

答案： A

解析：《建筑给水排水与节水通用规范》（GB 55020—2021）第 5.1.2 条。

13.2-3 [2022（12）-40] 如设集中热水供应时，宾馆的热水供应系统宜采用哪种系统？（　　　）

A. 定时集中热水供热系统　　　　　B. 全日制热水供热系统

C. 局部热水供热系统　　　　　　　D. 整体热水供热系统

答案： A

解析： 参见《建筑给水排水设计标准》（GB 50015—2019）第 6.3.6 条。

13.2-4 [2022（12）-41] 以下关于热水管说法，错误的是（　　　）。

A. 配水干管和立管最高点应设置排气装置

B. 系统最低点应设置泄水装置

C. 循环回水干管应做保温

D. 热水横干管的敷设不应有坡度

答案：D

解析：参见《建筑给水排水设计标准》（GB 50015—2019）第6.8.4条、第6.8.12条和第6.8.14条。

13.2-5 [2021-41] 下列四个选项中，集中热水供应应优先采用的是（   ）。

A. 太阳能

B. 合适的废水废热地热

C. 空气能热水器

D. 燃气热水器

答案：B

解析：参见《建筑给水排水设计标准》（GB 50015—2019）第6.3.1-1条。

考点9：太阳能生活热水系统【★★】

组成	太阳能热水系统可由太阳能集热系统、供热水系统、辅助能源系统、电气与控制系统等构成。其中，太阳能集热系统可包括**太阳能集热器、储热装置、水泵、支架和连接管路**等。【2022（12）】 太阳能热水系统组成及应用如图13.2-2所示  图13.2-2　太阳能热水系统组成及应用 （a）太阳能热水系统的组成；（b）太阳能热水系统的运用
分类	**按系统的集热与供热水方式**，可分为下列三类：集中—集中供热水系统、集中—分散热水系统、分散—分散供热水系统。 **按集热系统的运行方式**，可分为下列三类：自然循环系统、强制循环系统、直流式系统。 **按生活热水与集热系统内传热工质的关系**，可分为下列两类：直接系统与间接系统。 **按辅助能源的加热方式**，可分为下列两类：集中辅助加热系统与分散辅助加热系统
技术要求	太阳能热水系统应**采取防冻、防结露、防过热、防电击、防雷、抗雹、抗风、抗震**等技术措施。【2021】 太阳能热水系统应有良好的耐久性能，系统中集热器、储热水箱、支架等主要部件的正常使用寿命**不应少于10年**
基本规定	根据《民用建筑太阳能热水系统应用技术标准》（GB 50364—2018）相关规定。 5.4.1　太阳能集热系统设计应符合下列规定： 1 建筑物上安装太阳能集热器，每天有效日照时间不得小于**4h**，且不得降低相邻建筑的日照标准。【2024】

基本规定	2 安装在建筑物屋面、阳台、墙面和其他部位的太阳能集热器、支架和连接管路，均应与建筑功能和造型一体化设计。 3 太阳能集热器**不应跨越建筑变形缝**设置。 4 太阳能集热器的尺寸规格宜与建筑模数相协调。 安装在建筑上或直接构成建筑围护结构的太阳能集热器，应有**防止热水渗漏**的安全保障措施
设计和 安装要求	《民用建筑太阳能热水系统应用技术标准》（GB 50364—2018）相关规定。【2022（5）】 3.0.1 条文说明：在进行太阳能热水系统设计时，应根据建筑类型与功能要求及对太阳能热水系统的使用要求，结合当地的太阳能资源和管理要求，为使用者提供安全、卫生、方便、舒适的高品质生活条件。**这是太阳能热水系统在建筑上应用的首要条件。** 3.0.2 条文说明：本条提出了太阳能热水系统应满足用户的使用要求和系统安装、维护的要求。 3.0.3 条文说明：太阳能热水系统按供热水方式、系统运行方式、生活热水与集热器内传热工质的关系、辅助能源设备的类型、安装位置等分为不同的类型，包括集热器的类型也不同。本条从太阳能热水系统与建筑相结合的基本要求出发，规定了在选择太阳能热水系统类型时应考虑的因素，其中强调要充分考虑**建筑物类型、使用功能、安装条件、用户要求、地理位置、气候条件、太阳能资源**等因素【2022（5）】 《建筑给水排水设计标准》（GB 50015—2019）相关规定。 4.2.3 安装太阳能集热器的建筑部位，应设置**防止集热器损坏后部件坠落伤人的安全设施。**【2024】 4.2.4 当直接以太阳能集热器构成建筑围护结构时，集热器应与建筑牢固连接，与周围环境协调，并应满足**所在部位的结构安全和建筑防护功能**要求
评价标准	《民用建筑太阳能热水系统评价标准》（GB/T 50604—2010）相关规定。 4.2.1 规划与室外环境的评价，应包括建筑布局、建筑朝向、空间组合、辅助能源配置、环境景观、规划内容和计算机模拟计算等9个子项，满分为30分，其中一般项24分，优选项6分。 4.2.2 规划设计应因地制宜，合理利用当地的自然资源和气候条件。新建、改建、扩建建筑应为设计安装、使用维护太阳能热水系统提供合理、便利的基础条件。在既有建筑上设计安装的太阳能热水系统应满足太阳能热水系统要求和当地日照标准要求。 4.2.3 一般项的评价应包括下列内容： **1 建筑朝向。** **2 建筑形体与空间组合。** **3 辅助能源配置。** **4 环境景观。** 4.2.4 安装太阳能热水系统的建筑单体或建筑群体，主要朝向宜为南向
建筑设计	《民用建筑太阳能热水系统应用技术标准》（GB 50364—2018）相关规定。 4.2.1 应合理确定太阳能热水系统各组成部件在建筑中的位置，并应满足所在部位的防水、排水和系统检修的要求。 4.2.2 建筑的体形和空间组合应避免安装太阳能集热器部位受建筑自身及周围设施和绿化树木的遮挡，并应满足太阳能集热器有**不少于4h日照时数**的要求。 4.2.4 当直接以太阳能集热器构成建筑围护结构时，集热器应与建筑牢固连接，与周围环境协周，并应满足所在部位的结构安全和建筑防护功能要求

13.2-6［2024-67］下列太阳能热水系统的说法错误的是（　　）。

A. 集热器应有不小于 4h 的日照时间

B. 应设置防止集热器损坏后部件坠落伤人的安全措施

C. 管线可穿越其他用户的室内空间

D. 集热器支架应与阳台栏板上的预埋件牢固连接

答案：C

解析：根据《民用建筑太阳能热水系统应用技术标准》（GB 50364—2018）第 5.4.1 条和《建筑给水排水设计标准》（GB 50015—2019）第 4.2.3 条、第 4.2.4 条。

13.2-7［2022（5)-43］安装太阳能热水系统集热器的建筑部位，无需满足下列哪项要求？（　　）

A. 建筑层高　　　　B. 日照要求　　　　C. 安全要求　　　　D. 检修要求

答案：A

解析：参见《民用建筑太阳能热水系统应用技术标准》（GB 50364—2018）。

4.2.1，应合理确定太阳能热水系统各组成部件在建筑中的位置，并应满足所在部位的防水、排水和系统检修的要求（选项 D 正确）。

4.2.2 建筑的体形和空间组合应避免安装太阳能集热器部位受建筑自身及周围设施和绿化树木的遮挡，并应满足太阳能集热器有不少于 4h 日照时数的要求（选项 B 正确）。

4.2.3 安装太阳能集热器的建筑部位，应设置防止集热器损坏后部件坠落伤人的安全设施（选项 C 正确）。

13.2-8［2022（12)-51］下列关于生活排水系统选择的说法正确的是（　　）。

A. 生活排水与雨水合流排出

B. 用作中水水源的生活排水可与雨水合流排出

C. 空调冷凝排水宜与生活废水分流

D. 单独设置废水管道排入室内雨水管道

答案：C

解析：参见《建筑给水排水设计标准》（GB 50015—2019）第 4.2.1 条、第 4.2.3 条和第 4.2.4 条。

第三节　建筑排水系统

考点 10：排水系统基本要求【★★★★】

分类	根据污废水的来源，建筑排水系统可分为 3 类： 1. **生活排水系统**：包括生活污水和生活废水。粪便污水为生活污水；盥洗、洗涤等排水为生活废水。 2. **工业废水排水系统**：包括生产废水和生产污水。 3. **屋面雨水排水系统**：包括建筑屋面雨水和冰、雪融化水
一般规定	《建筑给水排水与节水通用规范》（GB 55020—2021）相关规定。 4.1.1 排水管道及管件的材质应**耐腐蚀**，应具有承受不低于 40℃排水温度且连续排水的耐温能力。接口安装连接应可靠、安全。

一般规定	4.1.2 生活排水应排入市政污水管网或处理后达标排放。 4.1.3 生活饮用水箱（池）、中水箱（池）、雨水清水池的泄水管道、溢流管道应采用间接排水，严禁与污水管道直接连接【2022（5）】
组成	卫生器具：是供水并收集、排出污废水或污物的容器或装置。 排水管道：排水管道包括卫生器具排水支管（含存水弯）、横支管、立管、横干管和排出管等。 通气管：为使排水系统内空气流通、压力稳定，防止水封破坏而设置的气体流通管道。【2021】 清通设备：为清除排水管道内污物、疏通排水管道而设置的排水附件。 污废水提升设施：当建筑物地下室、地下铁道等地下空间的污废水无法自流排至室外检查井时，需设置污废水提升设施。 小型生活污水处理设施：当建筑排水的水质不符合直接排入市政排水管网或水体的要求时，需设置污水局部处理构筑物
水封	《建筑给水排水与节水通用规范》（GB 55020—2021）相关规定。 4.2.1 当构造内无存水弯的卫生器具、无水封地漏、设备或排水沟的排水口与生活排水管道连接时，必须在排水口以下设存水弯。 4.2.2 水封装置的水封深度不得小于50mm，卫生器具排水管段上不得重复设置水封。 4.2.3 严禁采用钟罩式结构地漏及采用活动机械活瓣替代水封。 4.2.4 室内生活废水排水沟与室外生活污水管道连接处应设水封装置
生活排水	《建筑给水排水与节水通用规范》（GB 55020—2021）相关规定。 4.3.1 下列建筑排水应单独设置排水系统： 1 职工食堂、营业餐厅的厨房含油脂废水。 2 含有致病菌、放射性元素超过排放标准的医疗、科研机构的污废水。 3 实验室有毒有害废水。 4 应急防疫隔离区及医疗保健站的排水。 4.3.2 室内生活排水系统不得向室内散发浊气或臭气等有害气体。 4.3.3 生活排水系统应具有足够的排水能力，并应迅速及时地排除各卫生器具及地漏的污水和废水。 4.3.4 通气管道不得接纳器具污水、废水，不得与风道和烟道连接。 4.3.5 设有淋浴器和洗衣机的部位应设置地面排水设施。 4.3.6 排水管道不得穿越下列场所：【2023】 1 卧室、客房、病房和宿舍等人员居住的房间。 2 生活饮用水池（箱）上方。 3 食堂厨房和饮食业厨房的主副食操作、烹调、备餐、主副食库房的上方。 4 遇水会引起燃烧、爆炸的原料、产品和设备的上方。 4.3.7 地下室、半地下室中的卫生器具和地漏不得与上部排水管道连接，应采用压力流排水系统，并应保证污水、废水安全可靠地排出 《建筑给水排水设计标准》（GB 50015—2019）相关规定。 4.4.4 生活排水管道敷设应符合下列规定： 1 管道宜在地下或楼板填层中埋设，或在地面上、楼板下明设。 2 当建筑有要求时，可在管槽、管道井、管窿、管沟或吊顶、架空层内暗设，但应便于安装和检修。

生活排水	3 在气温较高、全年不结冻的地区，管道可沿建筑物外墙敷设。 4 管道不应敷设在楼层结构层或结构柱内。 4.4.5 当卫生间的排水支管要求不穿越楼板进入下层用户时，应设置成同层排水
间接排水	《建筑给水排水与节水通用规范》（GB 55020—2021）相关规定。 4.4.4 下列构筑物和设备的排水管与生活排水管道系统应采取间接排水的方式：【2019】 1 生活饮用水储水箱（池）的泄水管和溢流管。 2 开水器、热水器排水。 3 非传染病医疗灭菌消毒设备的排水。 4 传染病医疗消毒设备的排水应单独收集、处理。 5 蒸发式冷却器、空调设备冷凝水的排水。 6 储存食品或饮料的冷藏库房的地面排水和冷风机溶霜水盘的排水
分流排水	《建筑给水排水设计标准》（GB 50015—2019）相关规定。【2022（5）、2022（12）】 4.2.1 生活排水应与雨水分流排出。 4.2.2 下列情况宜采用生活污水与生活废水分流的排水系统： 1 当政府有关部门要求污水、废水分流且生活污水需经化粪池处理后才能排入城镇排水管道时。 2 生活废水需回收利用时。 4.2.3 消防排水、生活水池（箱）排水、游泳池放空排水、空调冷凝排水、室内水景排水、无洗车的车库和无机修的机房地面排水等宜与生活废水分流，单独设置废水管道排入室外雨水管道。 4.2.4 下列建筑排水应单独排水至水处理或回收构筑物：【2022（12）】 1 职工食堂、营业餐厅的厨房含有油脂的废水。 2 洗车冲洗水。 3 含有致病菌、放射性元素等超过排放标准的医疗、科研机构的污水。 4 水温超过 40℃的锅炉排污水。 5 用作中水水源的生活排水。 6 实验室有害有毒废水
相关措施	《建筑给水排水设计标准》（GB 50015—2019）相关规定。【2022（5）】 4.4.15 室内生活废水在下列情况下，宜采用有盖的排水沟排除： 1 废水中含有大量悬浮物或沉淀物需经常冲洗。 2 设备排水支管很多，用管道连接有困难。 3 设备排水点的位置不固定。 4 地面需要经常冲洗。 4.4.18 排水管穿越地下室外墙或地下构筑物的墙壁处，应采取防水措施。 4.4.19 当建筑物沉降可能导致排出管倒坡时，应采取防倒坡措施。 4.4.20 排水管道在穿越楼层设套管且立管底部架空时，应在立管底部设支墩或其他固定措施。地下室立管与排水横管转弯处也应设置支墩或固定措施

管径大小	《建筑给水排水设计标准》（GB 50015—2019）相关规定。【2022（5）】 4.5.8　大便器排水管最小管径不得小于100mm。 4.5.9　建筑物内排出管最小管径不得小于50mm。 4.5.10　多层住宅厨房间的立管管径不宜小于75mm。 4.5.11　单根排水立管的排出管宜与排水立管**相同管径**。 4.5.12　下列场所设置排水横管时，管径的确定应符合下列规定： 1 当公共食堂厨房内的污水采用管道排除时，其管径应比计算管径大一级，且干管管径不得小于100mm，支管管径不得小于75mm。 2 医疗机构污物洗涤盆（池）和污水盆（池）的排水管管径不得小于75mm。 3 小便槽或连接3个及3个以上的小便器，其污水支管管径不宜小于75mm。 4 公共浴池的泄水管不宜小于100mm
通气管	《建筑给水排水设计标准》（GB 50015—2019）相关规定。【2022（5）】 4.7.4　对卫生、安静要求较高的建筑物内，生活排水管道**宜设置器具通气管**。【2022（5）、2023】 4.7.5　建筑物内的排水管道上设有环形通气管时，应设置连接各环形通气管的**主通气立管或副通气立管**。【2022（12）】 4.7.6　通气立管**不得接纳器具污水、废水和雨水，不得与风道和烟道连接**。【2024，2022（12）】 4.7.12　高出屋面的通气管设置应符合下列规定： 1 通气管高出屋面不得小于0.3m，且应大于最大积雪厚度，通气管顶端应装设风帽或网罩。 2 在通气管口周围4m以内有门窗时，通气管口应高出窗顶0.6m或引向无门窗一侧。 3 在经常有人停留的平屋面上，通气管口应高出屋面2m，当屋面通气管有碍于人们活动时，可按本标准第4.7.2条规定执行。 4 通气管口不宜设在建筑物挑出部分的下面。 5 在全年不结冻的地区，可在室外设吸气阀替代伸顶通气管，吸气阀设在屋面隐蔽处。 6 当伸顶通气管为金属管材时，应根据**防雷要求**设置防雷装置

13.3-1　[2023-69]　下列选项场所中，排水管道可以穿越的场所是（　　）。

A. 客房　　　　　B. 病房　　　　　C. 换热站　　　　　D. 主副食库

答案：C

解析：参见《建筑给水排水与节水通用规范》（GB 55020—2021）第4.3.6条。

13.3-2　[2022（5）-49]　对卫生、安静要求较高的建筑物内，生活排水管道宜设置下列哪种通气管？（　　）

A. 环形通气管　　　　　　　　B. 专用通气立管

C. 器具通气管　　　　　　　　D. 副通气立管

答案：C

解析：参见《建筑给水排水设计标准》（GB 50015—2019）第4.7.4条。

13.3-3　[2024-69]　下列室内排水通气管道的说法错误的是（　　）。

A. 不得接纳器具污水　　　　　B. 不得接纳器具废水

C. 不得与烟道相连　　　　　　D. 可以与风道相连

答案： D

解析： 根据《建筑给水排水设计标准》（GB 50015—2019）第 4.7.6 条。

考点 11：雨水系统【★★★】

连接要求	屋面雨水收集或排水系统应独立设置，**严禁与建筑生活污水、废水排水连接**。严禁在民用建筑室内设置**敞开式**检查口或检查井。**阳台雨水不应与屋面雨水共用排水立管**。当阳台雨水和阳台生活排水设施共用排水立管时，**不得排入室外雨水管道**。 雨水斗与天沟、檐沟连接处应采取**防水**措施
海绵城市要求	大于 10hm² 的场地应进行雨水控制及利用专项设计，雨水控制及利用应采用土壤入渗系统、收集回用系统、调蓄排放系统。 常年降雨条件下，屋面、硬化地面径流应进行控制与利用。雨水控制利用设施的建设应充分利用周边区域的天然湖塘洼地、沼泽地、湿地等自然水体。雨水入渗不应引起地质灾害及损害建筑物和道路基础
安全措施	《建筑给水排水与节水通用规范》（GB 55020—2021）相关规定。 4.5.15 雨水入渗不应引起地质灾害及损害建筑物和道路基础。下列场所不得采用雨水入渗系统： 1 可能造成坍塌、滑坡灾害的场所。 2 对居住环境以及自然环境造成危害的场所。 3 自重湿陷性黄土、膨胀土、高含盐土和黏土等特殊土壤地质场所
	连接建筑出入口的下沉地面、下沉广场、下沉庭院及地下车库出入口坡道，整体下沉的建筑小区，应采取土建措施禁止防洪水位以下的客水进入这些下沉区域
排水方式	屋面雨水的排水方式分为**外排水和内排水**。外排水是利用屋面檐沟或天沟，将雨水收集并通过立管（雨落水管）排至室外地面或雨水收集装置；内排水是通过屋面上设置的雨水斗将雨水收集，并通过室内雨水管道系统将雨水排至室外地面或雨水收集装置。排水方式应根据建筑**结构形式、气候条件及生产使用要求**选用
	（1）**檐沟外排水**：多层住宅建筑、屋面面积和建筑体量较小的一般民用建筑，多采用檐沟外排水。
	（2）**天沟外排水**：天沟外排水系统由天沟、雨水斗、排水立管及排出管组成。寒冷地区的雨水排水立管应注意防冻。
	（3）**内排水**：内排水系统适用于跨度大、屋面面积大、寒冷地区、屋面造型特殊、屋面有天窗、立面要求美观不宜在外墙敷设立管的各种建筑
管道材料布置敷设	《建筑给水排水设计标准》（GB 50015—2019）相关规定。 5.2.25 建筑物内设置的雨水管道系统**应密闭**。有埋地排出管的屋面雨水排出管系，在底层立管上**宜设检查口**。 5.2.39 雨水排水管材选用应符合下列规定： 1 重力流雨水排水系统当采用外排水时，可选用建筑排水塑料管；当采用内排水系统时，宜采用**承压塑料管、金属管或涂塑钢管**等管材。 2 满管压力流雨水排水系统宜采用**承压塑料管、金属管、涂塑钢管、内壁较光滑的带内衬的承压排水铸铁管**等，用于满管压力流排水的塑料管，其管材抗负压力应大于−80kPa

化粪池	《建筑给水排水设计标准》（GB 50015—2019）相关规定。 4.10.14 化粪池的设置应符合下列规定： 1 化粪池宜设置在接户管的下游端，便于机动车清掏的位置。 2 化粪池池外壁距建筑物外墙不宜小于5m，并不得影响建筑物基础。 3 化粪池应设通气管，通气管排出口设置位置应满足安全、环保要求
	《建筑给水排水与节水通用规范》（GB 55020—2021）相关规定。 4.4.7 化粪池与地下取水构筑物的净距不得小于30m
天沟与檐沟	《建筑给水排水设计标准》（GB 50015—2019）相关规定。 5.2.8 天沟、檐沟排水不得流经变形缝和防火墙。【2023】 5.2.9 天沟宽度不宜小于300mm，并应满足雨水斗安装要求，坡度不宜小于0.003。 5.2.10 天沟的设计水深应根据屋面的汇水面积、天沟坡度、天沟宽度、屋面构造和材质、雨水斗的斗前水深、天沟溢流水位确定。排水系统有坡度的檐沟、天沟分水线处最小有效深度不应小于100mm。 5.2.11 建筑屋面雨水排水工程应设置溢流孔口或溢流管系等溢流设施，且溢流排水不得危害建筑设施和行人安全。下列情况下可不设溢流设施：【2023】 1 外檐天沟排水、可直接散水的屋面雨水排水。 2 民用建筑雨水管道单斗内排水系统、重力流多斗内排水系统按重现期P大于或等于100a设计时
雨水口	《建筑给水排水设计标准》（GB 50015—2019）相关规定。 5.3.3 小区必须设雨水管网时，雨水口的布置应根据地形、土质特征、建筑物位置设置。下列部位宜布置雨水口： 1 道路交汇处和路面最低点。 2 地下坡道入口处
其他重要规定	《建筑给水排水设计标准》（GB 50015—2019）相关规定。 5.2.13 屋面雨水排水管道系统设计流态应符合下列规定：【2020】 1 檐沟外排水宜按重力流系统设计。 2 高层建筑屋面雨水排水宜按重力流系统设计。 3 长天沟外排水宜按满管压力流设计。 4 工业厂房、库房、公共建筑的大型屋面雨水排水宜按满管压力流设计。【2022（5）】 5 在风沙大、粉尘大、降雨量小地区不宜采用满管压力流排水系统。 5.2.19 当屋面雨水管道按满管压力流排水设计时，同一系统的雨水斗宜在同一水平面上。 5.2.20 居住建筑设置雨水内排水系统时，除敞开式阳台外应设在公共部位的管道井内。 5.2.21 除土建专业允许外，雨水管道不得敷设在结构层或结构柱内。 5.2.22 裙房屋面的雨水应单独排放，不得汇入高层建筑屋面排水管道系统【2023】

13.3 - 4〔2023 - 70〕下列关于屋面排水的说法，错误的是（　　　）。

A. 设置溢流口　　　　　　　　　　B. 其天沟不能跨越变形缝

C. 裙房雨水和高层雨水排水合用　　D. 雨水管在建筑室内应密闭

答案：C

解析：参见《建筑给水排水设计标准》（GB 50015—2019）第5.2.8条和第5.2.22条。

13.3 - 5〔2022（5）- 51〕工业厂房、公共建筑的大型屋面雨水排水系统，宜按下列哪项流态进行设计？（　　　）。

A. 重力无压流　　B. 重力半有压流　　C. 满管压力流　　D. 非满流

答案：C

解析：参见《建筑给水排水设计标准》（GB 50015—2019）第5.2.13条。

13.3 - 6〔2021 - 50〕小区雨水口不宜布置在（　　　）。

A. 建筑主入口　　B. 道路低点　　　　C. 地下坡道出入口　　D. 道路交汇处

答案：A

解析：参见《建筑给水排水设计标准》（GB 50015—2019）第5.3.3条，小区必须设雨水管网时，雨水口的布置应根据地形、土质特征、建筑物位置设置。下列部位宜布置雨水口：1 道路交汇处（选项D正确）和路面最低点（选项B正确）。2 地下坡道入口处（选项C正确）。

13.3 - 7〔2020 - 52〕下列四个选项中，不建议采用满管压力流排除屋面雨水的建筑是（　　　）。

A. 高层建筑　　　B. 工业厂房　　　　C. 库房　　　　　　D. 公共建筑

答案：A

解析：参见《建筑给水排水设计标准》（GB 50015—2019）第5.2.13条。

考点12：排水系统水污染的防治措施【★★】

生活排水设备与构筑物	《建筑给水排水与节水通用规范》（GB 55020—2021）相关规定。 4.4.1 当建筑物室内地面低于室外地面时，应设置排水集水池、排水泵或成品排水提升装置排除生活排水，应保证污水、废水安全可靠的排出。 4.4.2 当生活污水集水池设置在室内地下室时，池盖应密封，且应设通气管。 4.4.4 下列构筑物和设备的排水管与生活排水管道系统应采取间接排水的方式： 1 生活饮用水储水箱（池）的泄水管和溢流管。 2 开水器、热水器排水。 3 非传染病医疗灭菌消毒设备的排水。 4 传染病医疗消毒设备的排水应单独收集、处理。 5 蒸发式冷却器、空调设备冷凝水的排水。 6 储存食品或饮料的冷藏库房的地面排水和冷风机溶霜水盘的排水。 4.4.5 生活排水泵应设置备用泵，每台水泵出水管道上应采取防倒流措施。 4.4.6 公共餐饮厨房含有油脂的废水应单独排至隔油设施，室内的隔油设施应设置通气管道。 4.4.7 化粪池与地下水取水构筑物的净距不得小于30m

第四节　建　筑　消　防　系　统

考点 13：消火栓给水系统【★★★★】

灭火系统分类	灭火就是采取一定的技术措施破坏燃烧条件，使燃烧终止反应的过程。 建筑消防灭火设施常见的系统有：消火栓灭火系统、消防炮灭火系统、自动喷水灭火系统、水喷雾灭火系统、细水雾灭火系统、泡沫灭火系统、洁净气体灭火系统、干粉灭火系统等
	《消防设施通用规范》（GB 55036—2022）。 10.0.1　灭火器的配置类型应与配置场所的火灾种类和危险等级相适应。【2024】 10.0.2　灭火器设置点的位置和数量应根据被保护对象的情况和灭火器的最大保护距离确定，并应保证最不利点至少在1具灭火器的保护范围内。灭火器的最大保护距离和最低配置基准应与配置场所的火灾危险等级相适应。 10.0.4　灭火器应设置在位置明显和便于取用的地点，且不应影响人员安全疏散。当确需设置在有视线障碍的设置点时，应设置指示灭火器位置的醒目标志。 10.0.5　灭火器不应设置在可能超出其使用温度范围的场所，并应采取与设置场所环境条件相适应的防护措施【2024】
消防水源	（1）市政给水、消防水池、天然水源均可作为消防水源，雨水清水池、中水清水池、游泳池储水和水景水也可作为消防水源。消防水源宜优先采用市政给水。【2019】 （2）消防水源水质应满足灭火设施本身，及其灭火、控火、抑制、降温和冷却等功能要求。消防管道内平时所充水的 pH 应为 6.0～9.0。 （3）雨水清水池、中水清水池、游泳池储水和水景水作为消防水源时，应有保证在任何情况下均能满足消防给水系统所需的水量和水质的技术措施
消火栓给水系统	根据《建筑防火通用规范》（GB 55037—2022）相关规定。 8.1.7　除不适合用水保护或灭火的场所、远离城镇且无人值守的独立建筑、散装粮食仓库、金库可不设置室内消火栓系统外，下列建筑应设置室内消火栓系统： 1 建筑占地面积大于 300m² 的甲、乙、丙类厂房。 2 建筑占地面积大于 300m² 的甲、乙、丙类仓库。 3 高层公共建筑，建筑高度大于 21m 的住宅建筑。 4 特等和甲等剧场，座位数大于 800 个的乙等剧场，座位数大于 800 个的电影院，座位数大于 1200 个的礼堂，座位数大于 1200 个的体育馆等建筑。 5 建筑体积大于 5000m³ 的下列单、多层建筑：车站、码头、机场的候车（船、机）建筑，展览、商店、旅馆和医疗建筑，老年人照料设施，档案馆，图书馆。 6 建筑高度大于 15m 或建筑体积大于 10 000m³ 的办公建筑、教学建筑及其他单、多层民用建筑。 7 建筑面积大于 300m² 的汽车库和修车库。 8 建筑面积大于 300m² 且平时使用的人民防空工程。 9 地铁工程中的地下区间、控制中心、车站及长度大于 30m 的人行通道，车辆基地内建筑面积大于 300m² 的建筑。 10 通行机动车的一、二、三类城市交通隧道。

室内消火栓给水系统组成	室内消火栓给水系统一般由消火栓设备、消防管道及附件、消防增压储水设备、水泵接合器等组成。其中，消火栓设备由消火栓、水枪、水龙带组成，均安装于消火栓箱内。消防增压储水设备主要包括消防水泵、消防水池和高位消防水箱。水泵接合器是连接消防车向室内消防给水系统加压供水的装置，有地下式、地上式、墙壁式三种类型。 建筑物室内消火栓设计流量，应根据建筑物的用途功能、体积、高度、耐火等级、火灾危险性等因素综合确定。消防软管卷盘、轻便消防水龙及多层住宅楼梯间中的干式消防竖管的流量，可不计入室内消防给水设计流量
室内消火栓设置要求	《消防给水及消火栓系统技术规范》（GB 50974—2014）相关规定。 7.4.1　室内消火栓的选型应根据使用者、火灾危险性、火灾类型和不同灭火功能等因素综合确定。【2019】 7.4.5　消防电梯前室应设置室内消火栓，并应计入消火栓使用数量。 7.4.6　室内消火栓的布置应满足同一平面有2支消防水枪的2股充实水柱同时达到任何部位的要求，但建筑高度小于或等于24.0m且体积小于或等于5000m²的多层仓库、建筑高度小于或等于54m且每单元设置一部疏散楼梯的住宅，以及本规范表3.5.2中规定可采用1支消防水枪的场所，可采用1支消防水枪的1股充实水柱到达室内任何部位。 7.4.7　建筑室内消火栓的设置位置应满足火灾扑救要求，并应符合下列规定： 1 室内消火栓应设置在楼梯间及其休息平台和前室、走道等明显易于取用，以及便于火灾扑救的位置。 2 住宅的室内消火栓宜设置在楼梯间及其休息平台。 3 汽车库内消火栓的设置不应影响汽车的通行和车位的设置，并应确保消火栓的开启。 4 同一楼梯间及其附近不同层设置的消火栓，其平面位置相同。【2020】 建筑室内消火栓栓口的安装高度应便于消防水龙带的连接和使用，其距地面高度宜为1.1m；其出水方向应便于消防水带的敷设，并宜与设置消火栓的墙面成90°或向下。 6. 室内消火栓宜按直线距离计算其布置间距，并应符合下列规定： ①消火栓按2支消防水枪的2股充实水柱布置的建筑物，消火栓的布置间距不应大于30m。 ②消火栓按1支消防水枪的1股充实水柱布置的建筑物，消火栓的布置间距不应大于50m。 室内消火栓内部结构及安装高度如图13.4-1和图13.4-2所示 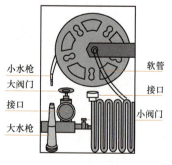  图13.4-1　室内消火栓内部结构　　图13.4-2　室内消火栓安装高度

消防电梯	《建筑设计防火规范》（GB 50016—2014，2018 年版）相关规定。【2022（5）】 7.3.5 除设置在仓库连廊、冷库穿堂或谷物筒仓工作塔内的消防电梯外，消防电梯应设置前室，并应符合下列规定： 1 前室宜靠外墙设置，并应在首层直通室外或经过长度不大于 30m 的通道通向室外。 7.3.7 消防电梯的井底应设置排水设施，排水井的容量不应小于 2m³，排水泵的排水量不应小于 10L/s。消防电梯间前室的门口宜设置挡水设施
水泵接合器 （图 13.4 - 3）	《消防给水及消防栓系统技术规范》（GB 50974—2014）相关规定。 5.4.1 下列场所的室内消火栓给水系统应设置消防水泵接合器： 1 高层民用建筑。 4 高层工业建筑和超过 4 层的多层工业建筑。 5 城市交通隧道。 5.4.2 自动喷水灭火系统、水喷雾灭火系统、泡沫灭火系统和固定消防炮灭火系统等水灭火系统，均应设置消防水泵接合器。 5.4.7 水泵接合器应设在室外便于消防车使用的地点，且距室外消火栓或消防水池的距离不宜小于 15m，并不宜大于 40m。 5.4.9 水泵接合器处应设置永久性标志铭牌，并应标明供水系统、供水范围和额定压力【2024】  图 13.4 - 3 水泵接合器
消防设施 通用规范 规定	3.0.4 室外消火栓系统应符合下列规定： 1 室外消火栓的设置间距、室外消火栓与建（构）筑物外墙、外边缘和道路路沿的距离，应满足消防车在消防救援时安全、方便取水和供水的要求。 2 当室外消火栓系统的室外消防给水引入管设置倒流防止器时，应在该倒流防止器前增设 1 个室外消火栓。 4 当室外消火栓直接用于灭火且室外消防给水设计流量大于 30L/s 时，应采用高压或临时高压消防给水系统。 3.0.5 室内消火栓系统应符合下列规定： 1 室内消火栓的流量和压力应满足相应建（构）筑物在火灾延续时间内灭火、控火的要求。 2 环状消防给水管道应至少有 2 条进水管与室外供水管网连接，当其中一条进水管关闭时，其余进水管应仍能保证全部室内消防用水量。 3 在设置室内消火栓的场所内，包括设备层在内的各层均应设置消火栓。 3.0.6 室内消防给水系统由生活、生产给水系统管网直接供水时，应在引入管处采取防止倒流的措施。当采用有空气隔断的倒流防止器时，该倒流防止器应设置在清洁卫生的场所，其排水口应采取防止被水淹没的措施。 3.0.8 消防水池应符合下列规定： 1 消防水池的有效容积应满足设计持续供水时间内的消防用水量要求，当消防水池采用两路消防供水且在火灾中连续补水能满足消防用水量要求时，在仅设置室内消火栓系统的情况下，有效容积应大于或等于 50m³；其他情况下应大于或等于 100m³。

消防设施通用规范规定	2 消防用水与其他用水共用的水池，应采取保证水池中的消防用水量**不作他用**的技术措施。 3 消防水池的出水管应保证消防水池有效容积内的水能被全部利用，水池的最低有效水位或消防水泵吸水口的淹没深度应满足消防水泵在最低水位运行安全和实现设计出水量的要求。 4 消防水池的水位应能就地和在消防控制室显示，消防水池应**设置高低水位报警装置**。 5 消防水池应设置溢流水管和排水设施，并应采用**间接排水。** 3.0.9 **高层民用建筑、3 层及以上单体总建筑面积大于 10 000m²** 的其他公共建筑，当室内采用临时高压消防给水系统时，应设置高位消防水箱。 3.0.10 高位消防水箱应符合下列规定： 1 室内临时高压消防给水系统的高位消防水箱有效容积和压力应能保证初期灭火所需水量。 2 屋顶露天高位消防水箱的人孔和进出水管的阀门等应采取防止被随意关闭的保护措施。 3 设置高位水箱间时，水箱间内的环境温度或水温**不应低于 5℃**。 4 高位消防水箱的最低有效水位应能**防止出水管进气**

13.4-1［2024-72］下列消防水泵结合器的设置错误的是（　　）。

A. 自动喷水灭火系统应设置消防水泵结合器

B. 水喷雾灭火系统应设置消防水泵结合器

C. 消防水泵结合器应在室外便于消防车使用的地点

D. 消防水泵结合器应设置临时性标志铭牌

答案：D

解析：根据《消防给水及消火栓系统技术规范》（GB 50974—2014）第 5.4.2 条、第 5.4.7 条、第 5.4.9 条。

13.4-2［2024-73］下列哪项不是灭火器选择应考虑的因素（　　）。

A. 配置场所的火灾种类　　　　　　B. 设置点环境湿度

C. 设置点环境温度　　　　　　　　D. 配置场所的危险等级

答案：B

解析：根据《消防设施通用规范》（GB 55036—2022）第 10.0.1 条和 10.0.5 条。

13.4-3［2020-49］下列关于消火栓设置的说法中，错误的是（　　）。

A. 室内消火栓设置在楼梯间及休息平台和前室、走道

B. 建筑消防扑救面一侧的室外消火栓数量不宜少于两个

C. 室外消火栓宜沿建筑周围均匀布置

D. 同一楼梯间的不同层设置消火栓时，其平面位置不宜相同

答案：D

解析：参见《消防给水及消火栓系统技术规范》（GB 50974—2014）第 7.4.7 条，建筑室内消火栓的设置位置应满足火灾扑救要求，并应符合下列规定：1 室内消火栓应设置在楼

梯间及其休息平台和前室、走道等明显易于取用，以及便于火灾扑救的位置（选项 A 正确）。4 同一楼梯间及其附近不同层设置的消火栓，其平面位置宜相同（选项 D 不正确）。

13.4 - 4［2019 - 47］室内消火栓的选型，与下列哪项因素无关？（　　　）

A. 环境温度　　　　B. 火灾类型　　　　C. 火灾危险性　　　　D. 不同灭火功能

答案：A

解析：参见《消防给水及消火栓系统技术规范》（GB 50974—2014）第 7.4.1 条，室内消火栓的选型应根据使用者、火灾危险性、火灾类型和不同灭火功能等因素综合确定，故答案选 A。

考点 14：自动喷水灭火系统【★★】

定义	自动喷水灭火系统是由洒水喷头、报警阀组、水流报警装置（水流指示器、压力开关等）等组件，以及管道、供水设施所组成，能在发生火灾时喷水的自动灭火系统【2022 (5)】
危险等级	根据现行国家标准《自动喷水灭火系统设计规范》（GB 50084）的有关规定，自动喷水灭火系统设置场所火灾危险等级可分为 4 个等级：【2021】 1) 轻危险级：一般是指可燃物品较少、可燃性低和火灾发热量较低、外部增援和疏散人员较容易的场所。 2) 中危险级Ⅰ级、Ⅱ级：一般是指内部可燃物数量为中等，可燃性也为中等，火灾初期不会引起剧烈燃烧的场所。大部分民用建筑和工业厂房划归中危险级。根据此类场所种类多、范围广的特点，又划分为中Ⅰ级和中Ⅱ级，Ⅰ级危险等级低于Ⅱ级危险等级。商场内物品密集、人员密集，发生火灾的频率较高，容易酿成大火造成群死群伤和高额财产损失的严重后果，因此将大规模商场列入中Ⅱ级。 3) 严重危险级Ⅰ级、Ⅱ级：一般是指火灾危险性大，且可燃物品数量多、火灾时容易引起猛烈燃烧并可能迅速蔓延的场所。除摄影棚、舞台"葡萄架"下部外，包括存在较多数量易燃固体、液体物品工厂的备料和生产车间。严重危险级Ⅰ级危险等级低于Ⅱ级危险等级。 4) 仓库危险级Ⅰ级、Ⅱ级、Ⅲ级
设置场所及要求	《自动喷水灭火系统设计规范》（GB 50084—2017）相关规定。 4.1.2　自动喷水灭火系统不适用于存在较多下列物品的场所：【2022 (12)】 1 遇水发生爆炸或加速燃烧的物品。 2 遇水发生剧烈化学反应或产生有毒有害物质的物品。 3 洒水将导致喷溅或沸溢的液体。 4.2.1　自动喷水灭火系统选型应根据设置场所的建筑特征、环境条件和火灾特点等选择相应的开式或闭式系统。露天场所不宜采用闭式系统。 4.2.2　环境温度不低于 4℃ 且不高于 70℃ 的场所，应采用湿式系统。 4.2.3　环境温度低于 4℃ 或高于 70℃ 的场所，应采用干式系统
	根据《建筑防火通用规范》（GB 55037—2022）相关规定。 8.1.9　除建筑内的游泳池、浴池、溜冰场可不设置自动灭火系统外，下列民用建筑、场所和平时使用的人民防空工程应设置自动灭火系统： 1 一类高层公共建筑及其地下、半地下室。 2 二类高层公共建筑及其地下、半地下室中的公共活动用房、走道、办公室、旅馆的客房、可燃物品库房。 3 建筑高度大于 100m 的住宅建筑。

设置场所及要求	4 **特等和甲等剧场，座位数大于 1500 个的乙等剧场，座位数大于 2000 个的会堂或礼堂，座位数大于 3000 个的体育馆，座位数大于 5000 个的体育场**的室内人员休息室与器材间等。 5 任一层建筑**面积大于 1500m²** 或**总建筑面积大于 3000m²** 的单、多层展览建筑，商店建筑，餐饮建筑和旅馆建筑。 6 中型和大型幼儿园，老年人照料设施，**任一层建筑面积大于 1500m² 或总建筑面积大于 3000m²** 的单、多层病房楼，门诊楼和手术部。 7 除本条上述规定外，设置具有送回风道（管）系统的集中空气调节系统且总建筑面积大于 3000m² 的其他单、多层公共建筑。 8 总建筑面积大于 500m² 的地下或半地下商店。 9 设置在地下或半地下、多层建筑的地上第四层及以上楼层、高层民用建筑内的歌舞娱乐放映游艺场所，设置在多层建筑第一层至第三层且楼层建筑面积大于 300m² 的地上歌舞娱乐放映游艺场所。 10 **位于地下或半地下且座位数大于 800 个**的电影院、剧场或礼堂的观众厅。 11 **建筑面积大于 1000m²** 且平时使用的人民防空工程。 8.1.10　除敞开式汽车库可不设置自动灭火设施外，Ⅰ、Ⅱ、Ⅲ类地上汽车库，停车数大于 10 辆的地下或半地下汽车库，机械式汽车库，采用汽车专用升降机作汽车疏散出口的汽车库，Ⅰ类的机动车修车库均应设自动灭火系统
雨淋灭火系统	根据《建筑防火通用规范》（GB 55037—2022）相关规定。 8.1.11　下列建筑或部位应设置**雨淋灭火系统**： 1 火柴厂的氯酸钾压碾车间。 2 建筑面积大于 100m² 且生产或使用硝化棉、喷漆棉、火胶棉、赛璐珞胶片、硝化纤维的场所。 3 乒乓球厂的轧坯、切片、磨球、分球检验部位。 4 建筑面积大于 60m² 或储存量大于 2t 的硝化棉、喷漆棉、火胶棉、赛璐珞胶片、硝化纤维库房。 5 日装瓶数量大于 3000 瓶的液化石油气储配站的灌瓶间、实瓶库。 6 特等和甲等剧场的舞台葡萄架下部，座位数大于 1500 个的乙等剧场的舞台葡萄架下部，座位数大于 2000 个的会堂或礼堂的舞台葡萄架下部。 7 **建筑面积大于或等于 400m² 的演播室，建筑面积大于或等于 500m² 的电影摄影棚**
系统分类及适用场所	根据喷头的开闭形式，可分为闭式系统和开式系统【2020】。常用的闭式系统有湿式、干式和预作用式；开式系统有雨淋系统和水幕系统 1. **湿式自动喷水灭火系统**。 一般由湿式报警阀组、闭式喷头、供水管道、增压储水设备、水泵接合器等组成。管网中充满有压水，当建筑物发生火灾，火点温度达到开启闭式喷头时，喷头出水灭火。该系统具有灭火及时，扑救效率高的优点；但由于管网中充有有压水，当渗漏时会损坏建筑装饰，影响建筑的正常使用。该系统适用于环境温度 4℃＜t＜70℃的建筑物。【2020】 根据《自动喷水灭火系统设计规范》（GB 50084—2017）相关规定。 11.0.1　湿式系统、干式系统应由消防水泵出水干管上设置的压力开关、高位消防水箱出水管上的流量开关和报警阀组压力开关直接自动启动消防水泵【2023】

系统分类及 适用场所	**2. 干式自动喷水灭火系统。** 一般由干式报警阀组、闭式喷头、供水管道、增压储水设备、水泵接合器等组成。管网中平时不充水，充有有压空气（或氮气）。当建筑物发生火灾，火点温度达到开启闭式喷头时，喷头开启、排气、充水、灭火。该系统灭火不如湿式系统及时；但由于管网中平时不充水，对建筑装饰无影响，对环境温度也无要求。该系统适用于 $t≤4℃$ 或 $t≥70℃$ 的建筑物 **3. 预作用式自动喷水灭火系统。** 一般由预作用阀、火灾探测系统、闭式喷头、供水管道、增压储水设备、水泵接合器等组成。管网中平时不充水（无压），当建筑物发生火灾时，火灾探测器报警后，自动控制系统控制阀门排气充水，由干式变为湿式系统。只有当着火点温度达到开启闭式喷头时，才开始喷水灭火。该系统弥补了干式和湿式两种系统的缺点，适用于对建筑装饰要求高，要求灭火及时的建筑物 **4. 雨淋喷水灭火系统。** 一般由雨淋阀、灾探测系统、开式喷头、供水管道、增压储水设备、水泵接合器等组成；是喷头常开的灭火系统。当建筑物发生火灾时，由自动控制装置打开雨淋阀，使保护区域的所有喷头喷水灭火。具有出水量大，灭火及时的优点。适用于火灾蔓延快、危险性大的建筑或部位 **5. 水幕系统。** 一般由雨淋阀、火灾探测系统、水幕喷头、供水管道、增压储水设备、水泵接合器等组成，是喷头常开的灭火系统。发生火灾时主要起阻火、冷却、隔离作用。防护冷却水幕应直接将水喷向被保护对象；防火分隔水幕不宜用于尺寸超过15m（宽）×8m（高）的开口（舞台口除外）。图13.4-4所示为水幕系统灭火现场  图13.4-4 水幕系统灭火现场
气体灭火 系统	《气体灭火系统设计规范》（GB 50370—2005）相关规定。【2022（5）】 3.2.1 气体灭火系统适用于扑救下列火灾：【2022（12）】 1 **电气火灾。** 2 固体表面火灾。 3 **液体火灾。** 4 **灭火前能切断气源的气体火灾。** 3.2.2 气体灭火系统不适用于扑救下列火灾：【2022（12）】 1 硝化纤维、硝酸钠等氧化剂或含氧化剂的化学制品火灾。 2 钾、镁、钠、钛、锆、铀等活泼金属火灾。 3 氢化钾、氢化钠等金属氢化物火灾。 4 过氧化氢、联胺等能自行分解的化学物质火灾。 5 **可燃固体物质的深位火灾。** 5.0.2 管网灭火系统应设**自动控制、手动控制和机械应急操作**三种启动方式。预制灭火系统应设**自动控制和手动控制**两种启动方式。【2024】

气体灭火系统	根据《气体灭火系统设计规范》（GB 50370—2005） 5.0.1　采用气体灭火系统的防护区，应设置**火灾自动报警系统**，其设计应符合现行国家标准《火灾自动报警系统设计规范》（GB 50116）的规定，并应选用**灵敏度级别高的火灾探测器**。 5.0.5　自动控制装置应在接到两个**独立的火灾信号**后才能启动。手动控制装置和手动与自动转换装置应在**防护区疏散出口的门外**便于操作的地方，安装高度**为中心点距地面1.5m**。机械应急操作装置应设在储瓶间内或防护区疏散出口门外便于操作的地方。【2024】 5.0.6　气体灭火系统的操作与控制，应包括对**开口封闭装置、通风机械和防火阀**等设备的联动操作与控制。 5.0.7　设有消防控制室的场所，各防护区灭火控制系统的有关信息，应传送给消防控制室。 6.0.5　储瓶间的门应向外开启，储瓶间内应设**应急照明**；储瓶间应有良好的通风条件，地下储瓶间应设机械排风装置，排风口应设在下部，可通过排风管排出室外

喷淋头布置原则	喷淋头布置原则（除考题已经给定喷淋头与喷淋头、喷淋头与端墙之间间距外）： 1）直立型、下垂型喷头标准覆盖面积洒水喷头的布置，包括同一根配水支管上喷头的间距及相邻配水支管的间距，应根据设置场所火灾危险等级、洒水喷头类型和工作压力确定，并不应大于表13.4-1的规定，且不宜小于1.8m。

表13.4-1　　直立型、下垂型标准覆盖面积洒水喷头的布置

火灾危险等级	正方形布置的边长/m	矩形或平行四边形布置的长边边长/m	一只喷头的最大保护面积/m²	喷头与端墙的距离/m	
				最大	最小
轻危险级	4.4	4.5	20.0	2.2	0.1
中危险级Ⅰ级	3.6	4.0	12.5	1.8	
中危险级Ⅱ级	3.4	3.6	11.5	1.7	
严重危险级、仓库危险级	3.0	3.6	9.0	1.5	

2）边墙型标准覆盖面积洒水喷头的最大保护跨度与间距，应符合表13.4-2的规定。

表13.4-2　　边墙型标准覆盖面积洒水喷头的最大保护跨度与间距

火灾危险等级	配水支管上喷头的最大间距/m	单排喷头的最大保护跨度/m	两排相对喷头的最大保护跨度/m
轻危险级	3.6	3.6	7.2
中危险级Ⅰ级	3.0	3.0	6.0

注：1. 两排相对喷头应交错布置。

　　2. 室内容跨度大于两排相对喷头的最大保护跨度时，应在两排相对喷头中间增设一排喷头

消防设施通用规范规定	4.0.1　自动喷水灭火系统的系统选型、喷水强度、作用面积、持续喷水时间等参数，应与**防护对象的火灾特性、火灾危险等级、室内净空高度及储物高度**等相适应 4.0.2　自动喷水灭火系统的选型应符合下列规定： 1 设置早期抑制快速响应喷头的仓库及类似场所、环境温度高于或等于4℃且低于或等于70℃的场所，应采用**湿式系统**。 2 环境温度低于4℃或高于70℃的场所，应采用**干式系统**。 3 替代干式系统的场所，或系统处于准工作状态时严禁误喷或严禁管道充水的场所，应采用**预作用系统**。 4 具有下列情况之一的场所或部位应采用**雨淋系统**： 1）火灾蔓延速度快、闭式喷头的开启不能及时使喷水有效覆盖着火区域的场所或部位。 2）室内净空高度超过闭式系统应用高度，且必须迅速扑救初期火灾的场所或部位。 3）严重危险级Ⅱ级场所。 4.0.5　洒水喷头应符合下列规定： 1 喷头间距应满足有效喷水和使可燃物或保护对象被全部覆盖的要求。 2 喷头周围不应有遮挡或影响洒水效果的障碍物。 5 建筑高度大于100m的公共建筑，其高层主体内设置的自动喷水灭火系统应采用**快速响应喷头**。 6 局部应用系统应采用**快速响应喷头**。 4.0.6　每个报警阀组控制的供水管网水力计算最不利点洒水喷头处应设置末端试水装置，其他防火分区、楼层均应设置DN25的试水阀。末端试水装置应具有压力显示功能，并应设置相应的**排水设施**

13.4-5 [2024-71] 下列预制式气体灭火系统启动的说法错误的是（　　）。

A. 自动控制启动

B. 手动控制启动

C. 机械应急操作启动

D. 自动控制装置应接到两个独立的火灾信号后才能启动

答案：C

解析：根据《消防设施通用规范》（GB 55036—2022）。

5.0.2　管网灭火系统应设自动控制、手动控制和机械应急操作三种启动方式。预制灭火系统应设自动控制和手动控制两种启动方式。选项A、B正确，选项C错误。

根据《气体灭火系统设计规范》（GB 50370—2005）。

5.0.5　自动控制装置应在接到两个独立的火灾信号后才能启动，选项D正确。

13.4-6 [2023-71] 湿式自动喷水灭火系统不能自动启动喷淋泵的是（　　）。

A. 每个防火分区每个楼层的水流指示开关

B. 出水泵干管压力开关

C. 高位消防水箱出水管流量开关

D. 报警阀出水口开关

答案：A

解析：参见《自动喷水灭火系统设计规范》（GB 50084—2017）第 11.0.1 条。

13.4-7［2022（5）-46］下列气体灭火系统的设计，正确的是（　　）。

A. 储瓶间的门应向外开启　　　　　　B. 防护区的门无需自行关闭

C. 储瓶间排风口应设在顶部　　　　　D. 地下防护区不设机械排风装置

答案：A

解析：参见《气体灭火系统设计规范》（GB 50370—2005）第 6.0.5 条。

13.4-8［2022（12）-45］气体灭火系统不适用于扑救下列哪类火灾？（　　）

A. 电气火灾　　　　　　　　　　　　B. 液体火灾

C. 可燃固体物质的深位火灾　　　　　D. 灭火前可切断气源的气体火灾

答案：C

解析：参见《建筑给水排水设计标准》（GB 50015—2019）第 3.2.1 条、第 3.2.2 条。

13.4-9【案例分析】图 13.4-5 为某 9 层二类高层办公楼的顶层局部平面图（同一部位），根据现行规范、任务条件、任务要求和图例，根据技术经济合理的原则，完成消防系统平面布置。（只需要做选择题，不需要绘图）

任务条件：

1）建筑层高均为 4.0m，各控外窗可开启面积均为 1.0m²。

2）中庭 6～9 层通高，为独立防火分区，以特级防火卷帘与其他区域分隔。

3）办公室、会议室采用风机盘管加新风系统。

4）走廊仅提供新风。

1. ①～⑤轴范围内应增设的室内消火栓数量最少是（　　）。

A. 1 个　　　　　B. 2 个　　　　　C. 3 个　　　　　D. 4 个

答案：B

解析：前室应设置 1 个消火栓，走道应设置 2 个消火栓，共计 3 个消火栓，图中走廊已布置 1 个室内消火栓，最少需要增设 2 个消火栓。

2. ①～⑤轴与Ⓐ～Ⓑ轴范围内应设置的标准喷头数量最少是（　　）。

A. 18 个　　　　　B. 21 个　　　　　C. 24 个　　　　　D. 27 个

答案：B

解析：依据常规喷头之间的间距应小于或等于 3.6m，但宜大于或等于 2.4m；喷淋头与端墙之间的间距应小于或等于 1.8m。会议室最少布置 21 个。

3. Ⓑ～Ⓒ轴范围内应设置自动喷水灭火系统的区域是（　　）。

A. 仅走廊　　　　　　　　　　　　　B. 走廊和办公室

C. 走廊、办公室和前室　　　　　　　D. 走廊、办公室、前室和新风机房

答案：D

解析：二类高层公共建筑及其地下、半地下室的公共活动用房、走道、办公室和旅馆的客房、可燃物品库房、自动扶梯底部应设置自动灭火系统，并宜采用自动喷水灭火系统。因此走廊、办公室、前室（虽然规范里没有明确说明，但是实际工程中前室都设置自动喷淋系统）、新风机房应设置自动喷淋系统。

附：以上三道题布置图如图 13.4-6 和图 13.4-7 所示。

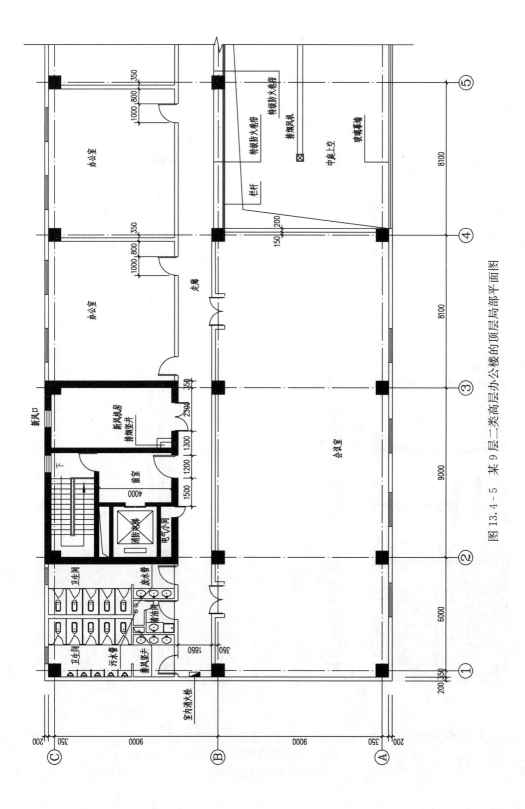

图 13.4 - 5 某 9 层二类高层办公楼的顶层局部平面图

383

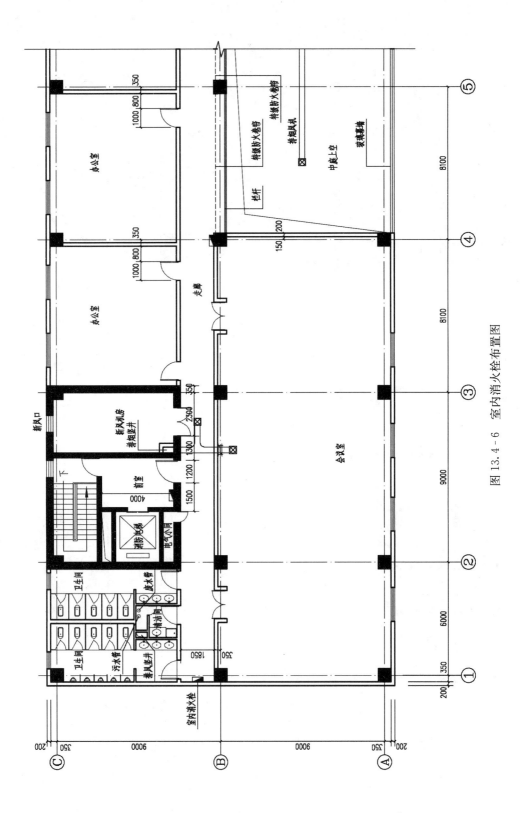

图 13.4-6　室内消火栓布置图

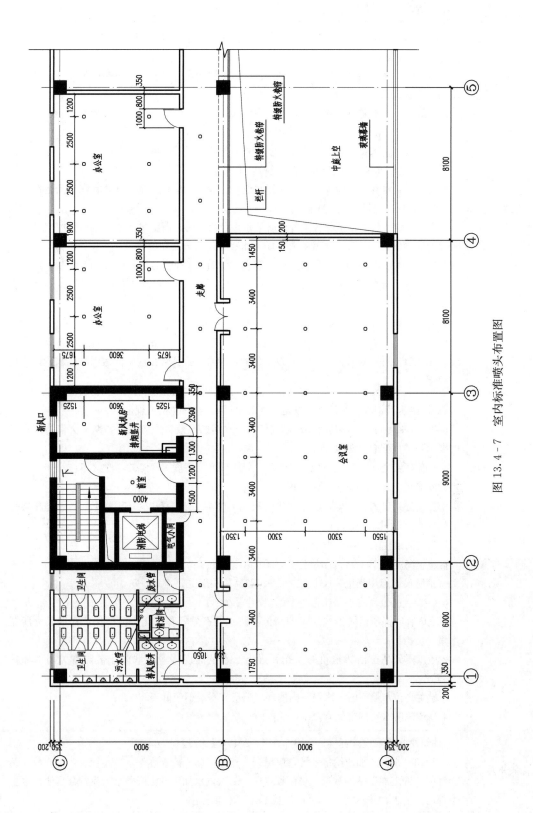

图 13.4 - 7 室内标准喷头布置图

385

考点 15：消防给水与消防排水【★★★】

消防水池	《消防给水及消火栓系统技术规范》（GB 50974—2014）相关规定。 4.3.1　符合下列规定之一时，应设置消防水池： 1　当生产、生活用水量达到最大时，市政给水管网或入户引入管不能满足室内、室外消防给水设计流量。 2　当采用一路消防供水或只有一条入户引入管，且室外消火栓设计流量大于 20L/s 或建筑高度大于 50m。 3　市政消防给水设计流量小于建筑室内外消防给水设计流量。 4.3.2　消防水池有效容积的计算应符合下列规定： 1　当市政给水管网能保证室外消防给水设计流量时，消防水池的有效容积应满足在火灾延续时间内室内消防用水量的要求。 2　当市政给水管网不能保证室外消防给水设计流量时，消防水池的有效容积应满足火灾延续时间内室内消防用水量和室外消防用水量不足部分之和的要求。 4.3.3　消防水池进水管应根据其有效容积和补水时间确定，补水时间不宜大于 48h，但当消防水池有效总容积大于 2000m³ 时，不应大于 96h。消防水池进水管管径应经计算确定，且不应小于 DN100。 4.3.6　消防水池的总蓄水有效容积大于 500m³ 时，宜设两格能独立使用的消防水池，当大于 1000m² 时，应设置能独立使用的两座消防水池。每格（或座）消防水池应设置独立的出水管，并应设置满足最低有效水位的连通管，且其管径应能满足消防给水设计流量的要求
高位水箱	《消防给水及消火栓系统技术规范》（GB 50974—2014）相关规定。 5.2.1　临时高压消防给水系统的高位消防水箱的有效容积应满足初期火灾消防用水量的要求，并应符合下列规定： 1　一类高层公共建筑，不应小于 36m³，但当建筑高度大于 100m 时，不应小于 50m³，当建筑高度大于 150m 时，不应小于 100m³。 2　多层公共建筑、二类高层公共建筑和一类高层住宅，不应小于 18m³，当一类高层住宅建筑高度超过 100m 时，不应小于 36m³。 3　二类高层住宅，不应小于 12m³。 4　建筑高度大于 21m 的多层住宅，不应小于 6m³。 《消防设施通用规范》（GB 55036—2022）相关规定。 3.0.10　高位消防水箱应符合下列规定：【2023】 1　室内临时高压消防给水系统的高位消防水箱有效容积和压力应能保证初期灭火所需水量。 2　屋顶露天高位消防水箱的人孔和进出水管的阀门等应采取防止被随意关闭的保护措施。 3　设置高位水箱间时，水箱间内的环境温度或水温不应低于 5℃。 4　高位消防水箱的最低有效水位应能防止出水管进气
普通水泵房	《建筑给水排水设计标准》（GB 50015—2019）【2021】 3.13.3　小区的加压给水系统，应根据小区的规模、建筑高度、建筑物的分布和物业管理等因素确定加压站的数量、规模和水压。二次供水加压设施服务半径应符合当地供水主管部门的要求，并不宜大于 500m，且不宜穿越市政道路。

普通水泵房	3.9.10 建筑物内的给水泵房，应采用下列减振防噪措施：【2022（12）】 1 应选用低噪声水泵机组。 2 吸水管和出水管上应设置减振装置。 3 水泵机组的基础应设置减振装置。 4 管道支架、吊架和管道穿墙、楼板处，应采取防止固体传声措施。 5 必要时，泵房的墙壁和天花应采取隔声吸声处理。 3.9.11 水泵房应设排水设施，通风应良好，不得结冻
消防排水	《消防给水及消火栓系统技术规范》（GB 50974—2014）相关规定。 9.2.1 下列建筑物和场所应采取消防排水措施：【2021、2019】 1 消防水泵房。 2 设有消防给水系统的地下室。 3 消防电梯的井底。 4 仓库。 9.2.2 室内消防排水应符合下列规定： 1 室内消防排水宜排入室外雨水管道。 2 当存有少量可燃液体时，排水管道应设置水封，并宜间接排入室外污水管道。 3 地下室的消防排水设施宜与地下室其他地面废水排水设施共用

13.4-10［2023-73］下列关于高位消防水箱说法正确的是（　　）。

A. 环境温度不应低于5℃　　　　　　B. 水箱间无需通风

C. 不可露天设置　　　　　　　　　　D. 可不设基础

答案：A

解析：参见《消防设施通用规范》（GB 55036—2022）第3.0.10条。

13.4-11［2022（12）-39］下列关于室内水泵房的说法正确的是（　　）。

A. 不需通风　　　　　　　　　　　　B. 宜设置防振减噪的措施

C. 不需防冻　　　　　　　　　　　　D. 不需抗震

答案：B

解析：参见《自动喷水灭火系统设计规范》（GB 50084—2017）第3.9.10条和第3.9.11条。

13.4-12［2021-40］下列关于小区给水泵站设置的影响因素错误的是（　　）。

A. 小区的规模　　　　　　　　　　　B. 建筑物的功能

C. 建筑高度　　　　　　　　　　　　D. 当地供水部门的要求

答案：B

解析：参见《建筑给水排水设计标准》（GB 50015—2019）3.13.3，小区的加压给水系统，应根据小区的规模、建筑高度、建筑物的分布和物业管理等因素确定加压站的数量、规模和水压。二次供水加压设施服务半径应符合当地供水主管部门的要求，并不宜大于500m，且不宜穿越市政道路，故答案选B。

13.4-13［2021-46］下列位置需要设置消防排水的是（　　）。

A. 仓库   B. 生活水泵房   C. 扶梯底部   D. 地下车库入口

答案： A

解析： 参见《消防给水及消火栓系统技术规范》（GB 50974—2014）第9.2.1条，下列建筑物和场所内应采取消防排水措施：1 消防水泵房(选项 B 中生活水泵房不需要)。2 设有消防给水系统的地下室。3 消防电梯的井底(选项 C 中普通扶梯不需要)。4 仓库（选项 A 正确）。

第五节　建筑节水基本知识

考点 16：建筑中水系统【★★】

术语	生活污水：人们日常生活中排泄的粪便污水。 生活废水：人们日常生活中排出的洗涤水。 生活排水：人们在日常生活中排出的生活污水和生活废水的总称 《建筑中水设计标准》（GB 50336—2018）相关规定。 2.1.9　杂排水：建筑中除粪便污水外的各种排水，如冷却水排水、游泳池排水、沐浴排水、盥洗排水、洗衣排水、厨房排水等，也称为生活废水。 2.1.10　优质杂排水；淋排水中污染程度较低的排水，如冷却排水、游泳池排水、沐浴排水、盥洗排水、洗衣排水等
中水原水选择	《建筑中水设计标准》（GB 50336—2018）相关规定。 3.1.3　建筑物中水原水可选择的种类和选取顺序应为： 1 卫生间、公共浴室的盆浴和淋浴等的排水。 2 盥洗排水。 3 空调循环冷却水系统排水。 4 冷凝水。 5 游泳池排水。 6 洗衣排水。 7 厨房排水。 8 冲厕排水。 注：其中，前6种水统称为优质杂排水，前7种统称为杂排水（也称为生活废水），上述所有的排水统称为生活排水。 3.1.6　下列排水严禁作为中水原水： 1 医疗污水。 2 放射性废水。 3 生物污染废水。 4 重金属及其他有毒有害物质超标的排水
注意事项	《建筑给水排水与节水通用规范》（GB 55020—2021）相关规定。 7.2.1　建筑中水水质应根据其用途确定，当分别用于多种用途时，应按不同用途水质标准进行分质处理；当同一供水设备及管道系统同时用于多种用途时，其水质应按最高水质标准确定。 7.2.2　建筑中水不得用作生活饮用水水源。

注意事项	7.2.3 医疗污水、放射性废水、生物污染废水、重金属及其他有毒有害物质超标的排水，**不得作为**建筑中水原水。 7.2.5 建筑中水处理系统应**设有消毒设施**【2023】 中水用作建筑杂用水和城市杂用水，如冲厕、道路清扫、消防、绿化、车辆冲洗、建筑施工等，其水质应符合现行国家标准**《城市污水再生利用 城市杂用水水质》**（GB/T 18920）的规定。中水用于建筑小区景观环境用水时，其水质应符合现行国家标准**《城市污水再生利用 景观环境用水水质》**（GB/T 18921）的规定
中水设置场所	《民用建筑节水设计标准》（GB 50555—2010）相关规定。 5.3.1 水源型缺水且无城市再生水供应的地区，新建和扩建的下列建筑宜设置中水处理设施： 1 建筑面积大于 3 万 m² 的宾馆、饭店。 2 建筑面积大于 5 万 m² 且可回收水量大于 100m³/d 的办公、公寓等其他公共建筑。 3 建筑面积大于 5 万 m² 且可回收水量大于 150m³/d 的住宅建筑
中水处理站	7.1.1 中水处理站位置应根据**建筑的总体规划、中水原水的来源、中水用水的位置、环境卫生和管理维护要求**等因素综合确定。 7.1.2 建筑物内的中水处理站宜设在**建筑物的最底层**，或**主要排水汇水管道的设备层。**【2024】 7.1.3 建筑小区中水处理站和以生活污水为原水的中水处理站宜在**建筑物外部**按规划要求**独立设置**，且与公共建筑和住宅的距离**不宜小于 15m**。 7.2.1 中水处理站面积应根据工程规模、站址位置、处理工艺、建设标准等因素，并结合主体建筑实际情况综合确定。 7.2.8 设于建筑物内部的中水处理站的层高**不宜小于 4.5m**，各处理构筑物上部人员活动区域的净空**不宜小于 1.2m**。 7.2.9 中水处理构筑物上面的通道，**应设置安全防护栏杆**，地面应有**防滑**措施
中水水质	《建筑中水设计规范》（GB 50336—2002）相关规定。 5.4.4 中水水质具有一定的腐蚀性，故**不得选用非镀锌钢管等不耐腐蚀**的管材

13.5-1 [2024-74] 关于建筑物内设置中水处理站的说法错误的是（   ）。

A. 可在地下室

B. 可在首层

C. 可在主要排水汇水管的设备层

D. 可在避难层

答案： D

解析： 根据《建筑中水设计标准》（GB 50336—2018）第 7.1.2 条。

13.5-2 [2023-74] 下列关于建筑中水说法正确的是（   ）。

A. 可用作生活饮用水　　　　　　　　B. 应设有消毒设施

C. 医疗污水可作为中水原水　　　　　D. 生物实验室污水可作为中水原水

答案： B

解析： 参见《建筑给水排水与节水通用规范》（GB 55020—2021）第 7.2.2 条、第 7.2.3 条和第 7.2.5 条。

13.5 - 3 ［2020 - 51］下列四个选项中，可以作为中水用水的是（   ）。

A. 生活污染废水　　　　B. 放射性废水　　　C. 医疗污水　　　　　D. 非污染洗浴废水

答案： D

解析： 参见《建筑中水设计标准》（GB 50336—2018）第 3.1.3 条。

考点 17：建筑节水设施与措施【★★】

小区给水系统	根据《民用建筑节水设计标准》（GB 50555—2010）相关规定。 3.1.7　小区给水系统设计应综合利用各种水资源，充分利用**再生水、雨水**等非传统水源；优先采用**循环和重复利用给水系统**【2022（5）】
公共场所卫生间的卫生器具	根据《民用建筑节水设计标准》（GB 50555—2010）相关规定。 3.2.14　公共场所卫生间的卫生器具设置应符合下列规定：【2024】 1 洗手盆应采用**感应式水嘴或延时自闭式水嘴**等限流节水装置。 2 小便器应采用**感应式或延时自闭式冲洗阀**。 3 坐式大便器宜采用设有大、小便分档的冲洗水箱，蹲式大便器应采用**感应式冲洗阀、延时自闭式冲洗阀**等。 6.1.7　水嘴、淋浴喷头内部宜设置限流配件
景观用水	《民用建筑节水设计标准》（GB 50555—2010）相关规定。 4.1.5　景观用水水源**不得采用市政自来水和地下井水**
屋面雨水收集回用	《建筑与小区雨水控制及利用工程技术规范》（GB 50400—2016）相关规定。 4.2.5　符合下列条件之一时，屋面雨水应优先采用收集回用系统； 1 降雨量分布较均匀的地区。 2 用水量与降雨量季节变化较吻合的建筑区或厂区。 3 降雨量充沛地区。 4 **屋面面积相对较大的建筑**【2022（5）】

13.5 - 4 ［2024 - 75］下列关于节水卫生器具的说法正确的是（   ）。

A. 小便器应采用配套冲洗水箱

B. 淋浴头内部宜设置限流配件

C. 蹲式大便器应采用配套冲洗水箱

D. 公共场所的卫生间洗手盆采用普通水嘴

答案： B

解析： 根据《民用建筑节水设计标准》（GB 50555—2010）第 3.2.14 条与 6.1.7 条。

13.5 - 5 ［2022（5）- 52］下列哪种区域的雨水应优先收集回用？（   ）

A. 下凹绿地雨水　　　　　　　　B. 屋面雨水

C. 道路雨水　　　　　　　　　　D. 广场雨水

答案： B

解析：参见《建筑与小区雨水控制及利用工程技术规范》（GB 50400—2016）第4.2.5条。

13.5-6 [2020-39] 可以作为景观用水的水源的是（　　）。

A. 市政自来水　　　　　　　　　B. 地下用水

C. 市政中水　　　　　　　　　　D. 生活废水

答案：C

解析：参见《民用建筑节水设计标准》（GB 50555—2010）第4.1.5条。

第十四章 暖 通 空 调

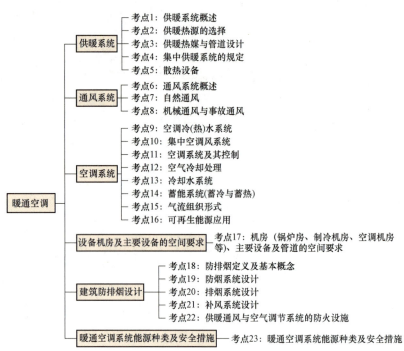

```
                          ┌─ 考点1：供暖系统概述
                          ├─ 考点2：供暖热源的选择
                  供暖系统 ─┼─ 考点3：供暖热媒与管道设计
                          ├─ 考点4：集中供暖系统的规定
                          └─ 考点5：散热设备

                          ┌─ 考点6：通风系统概述
                  通风系统 ─┼─ 考点7：自然通风
                          └─ 考点8：机械通风与事故通风

                          ┌─ 考点9：空调冷(热)水系统
                          ├─ 考点10：集中空调风系统
                          ├─ 考点11：空调系统及其控制
                          ├─ 考点12：空气冷却处理
                  空调系统 ─┼─ 考点13：冷却水系统
                          ├─ 考点14：蓄能系统(蓄冷与蓄热)
                          ├─ 考点15：气流组织形式
                          └─ 考点16：可再生能源应用

         设备机房及主要设备的空间要求 ─── 考点17：机房（锅炉房、制冷机房、空调机房
暖通空调 ─┤                               等）、主要设备及管道的空间要求

                          ┌─ 考点18：防排烟定义及基本概念
                          ├─ 考点19：防烟系统设计
               建筑防排烟设计 ─┼─ 考点20：排烟系统设计
                          ├─ 考点21：补风系统设计
                          └─ 考点22：供暖通风与空气调节系统的防火设施

         暖通空调系统能源种类及安全措施 ─── 考点23：暖通空调系统能源种类及安全措施
```

节　名	近5年考试分值统计					
	2024年	2023年	2022年12月	2022年5月	2021年	2020年
第一节　供暖系统	3	2	3	4	11	3
第二节　通风系统	1	3	2	2	6	5
第三节　空调系统	3	2	2	3	1	2
第四节　设备机房及主要设备的空间要求	2	2	3	3	3	2
第五节　建筑防排烟设计	2	2	4	2	2	2
第六节　暖通空调系统能源种类及安全措施	1	3	2	1	1	1
总　计	12	14	16	15	24	15

第一节 供 暖 系 统

考点1：供暖系统概述【★★★】

基本概念	供暖：用人工方法通过消耗一定能源向室内供给热量，使室内保持生活或工作所需温度的技术、装备、服务的总称。 供暖系统的组成：热媒制备（热源）＋热媒输送＋热媒利用（散热设备），三个组成可以分开设置，也可以集合设置，对于个别系统可以没有热媒输送环节（例如电热直接供暖）
一般规定	《民用建筑供暖通风与空气调节设计规范》（GB 50736—2012）相关规定。 5.1.2 累年日平均温度稳定低于或等于5℃的日数大于或等于90天的地区，应设置供暖设施，并宜采用集中供暖。 5.1.3 符合下列条件之一的地区，宜设置供暖设施；其中幼儿园、养老院、中小学校、医疗机构等建筑宜采用集中供暖【2022】
热源种类	集中供暖系统热源的种类包括：①废热；②工业余热；③城市区域热网；④可再生能源热源系统（地源热泵系统、水源热泵系统、空气源热泵系统）；⑤自建集中热源（燃气锅炉房、燃气热水机房、燃煤锅炉房、燃油锅炉房）；⑥蓄热系统（用于电力充足，有峰谷电价地区）；⑦复合热源（有两种以上热源系统）
供暖系统分类	1. 按供热范围分类。【2020】 1）局部供暖：热源和散热设备都在同一房间，它包括传统的火炉、火墙等，以及目前所使用的电热取暖、家用燃气壁挂锅炉、空调机组供暖等。 2）集中供暖：利用一个热源（锅炉房最为常见）供给多个建筑或建筑群所需的热量。这种方式是目前应用最广泛的一种供暖方式。 3）区域供热（暖）：由热源到热交换站之间的管网称为一次管网，而热交换站至用热设备间的管网称为二次管网。相对于城市供热系统而言，热交换站就是它的用户，而对于一个建筑或建筑群而言，热交换站就是它的热源
	2. 按热媒分类。 在集中供热系统中，把热量从热源输入到散热设备的介质称为"热媒"。按所用的热媒不同，集中供暖系统可分为三类：热水供暖系统，蒸汽供暖系统和热风供暖系统。由于综合考虑了节能和卫生条件等因素，目前单纯供暖多采用热水供暖系统。只有在有蒸汽源的工厂才采用蒸汽供暖，既需要通风又需供暖的场所才采用热风供暖。 根据《公共建筑节能设计标准》（GB 50189—2015）第4.1.2条严寒A区和严寒B区的公共建筑宜设热水集中供暖系统，对于设置空气调节系统的建筑，不宜采用热风末端作为唯一的供暖方式；对于严寒C区和寒冷地区的公共建筑，供暖方式应根据建筑等级、供暖期天数、能源消耗量和运行费用等因素，经技术经济综合分析比较后确定【2022】
	3. 按散热方式分类（图14.1-1）。 1）散热器供暖：自然对流为主。 2）热水辐射供暖系统：辐射为主，如地面辐射供暖；热水吊顶（金属）辐射板辐射供暖。 3）燃气红外线辐射供暖：辐射为主。

供暖系统分类	4）热风供暖及热空气幕：强制对流为主，如送热风、热风机、热空气幕。设置热风幕是减少冷风渗透的措施之一。 5）电供暖：辐射为主，有电暖气、低温加热电缆地面辐射供暖，低温电热膜辐射供暖 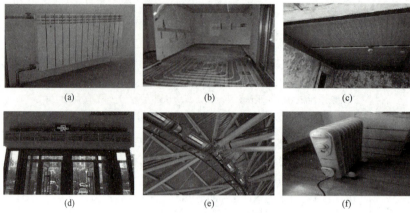 图 14.1-1　不同供暖方式实例图 (a) 散热器供暖；(b) 地面辐射供暖；(c) 热水吊顶辐射板供暖； (d) 热空气幕（门斗处）；(e) 热风供暖；(f) 电暖气

14.1-1［2022-54］严寒 B 区的公共建筑供暖系统宜使用的方式是（　　）。

A. 热媒为蒸汽集中供暖　　　　　　　B. 热媒为热水集中供暖

C. 热媒为蒸汽分散供暖　　　　　　　D. 热媒为热水分散供暖

答案：B

解析：严寒 A 区和严寒 B 区的公共建筑宜设热水集中供暖系统，故答案选 B。

14.1-2［2020-53］下列四个选项中，哪项属于集中供暖热源?（　　）

A. 户式空气源热泵　　　　　　　　　B. 燃气壁挂炉

C. 小区锅炉房　　　　　　　　　　　D. 电暖气

答案：C

解析：户式空气源热泵、燃气壁挂炉、电暖气属于分散供暖，小区锅炉房属于集中供暖。

考点 2：供暖热源的选择【★★】

供暖热源	《民用建筑供暖通风与空气调节设计规范》（GB 50736—2012）相关规定。 8.1.1　供暖空调冷源与热源应根据建筑物规模、用途、建设地点的能源条件、结构、价格以及国家节能减排和环保政策的相关规定等，通过综合论证确定，并应符合下列规定： 1 有可供利用的废热或工业余热的区域，热源宜采用**废热或工业余热**。当废热或工业余热的温度较高、经技术经济论证合理时，冷源宜采用**吸收式冷水机组**。【2019】 2 在技术经济合理的情况下，冷、热源宜利用**浅层地能、太阳能、风能**等可再生能源。当采用可再生能源受到气候等原因的限制无法保证时，应设置辅助冷、热源。 3 不具备本条第 1、2 款的条件，但有城市或区域热网的地区，集中式空调系统的供热热源宜**优先采用城市或区域热网**。

供暖热源	4 不具备本条第 1、2 款的条件，但城市电网夏季供电充足的地区，空调系统的冷源宜采用电动压缩式机组。 7 夏季室外空气设计露点温度较低的地区，宜采用间接蒸发冷却冷水机组作为空调系统的冷源。 8 天然气供应充足的地区，当建筑的电力负荷、热负荷和冷负荷能较好匹配、能充分发挥冷、热、电联产系统的能源综合利用效率并经济技术比较合理时，宜采用分布式燃气冷热电三联供系统。 9 全年进行空气调节，且各房间或区域负荷特性相差较大，需要长时间地向建筑物同时供热和供冷，经技术经济比较合理时，宜采用水环热泵空调系统供冷、供热。 10 在执行分时电价、峰谷电价差较大的地区，经技术经济比较，采用低谷电价能够明显起到对电网"削峰填谷"和节省运行费用时，宜采用供冷供热。 11 夏热冬冷地区以及干旱缺水地区的中、小型建筑宜采用空气源热泵或土壤源地源热泵系统供冷、供热。 12 有天然地表水等资源可供利用或者有可利用的浅层地下水且能保证 100％回灌时，可采用地表水或地下水地源热泵系统供冷、供热。 13 具有多种能源的地区，可采用复合式能源供冷、供热

14.1-3 [2019-58] 某小区可选择下列几种供暖热源，应优先选择哪一项？（ ）

A. 区域热网   B. 城市热网   C. 小区锅炉房   D. 工业余热

答案：D

解析：有可供利用的废热或工业余热的区域，热源宜采用废热或工业余热。

考点 3：供暖热媒与管道设计【★★】

热媒种类	热水	分为高温热水（温度＞100℃）和低温热水（温度≤100℃，一般 85℃ 及以下）。 热电厂或区域锅炉房供水一般为高温热水，或者说一次热网热水为高温热水，一般为 110～130℃ 或更高。 直接用来供暖的其他热源热水为低温热水，设热力站的二次热网热水 75℃（不高于 85℃）；不设热力站的个体锅炉房热水，一般不超过 85℃；直燃机和热泵式风冷冷热水机热水温度应低于 75℃。热水地面敷设供暖系统供水温度宜采用 35～45℃，不应大于 60℃；供回水温差不宜大于 10℃，且不宜小于 5℃
	蒸汽	分为高压蒸汽（压力＞70kPa）和低压蒸汽（压力≤70kPa）
供暖管道设计		《民用建筑供暖通风与空气调节设计规范》（GB 50736—2012）相关规定。 5.9.2 散热器供暖系统的供水和回水管道应在热力入口处与下列系统分开设置： 1 通风与空调系统。 2 热风供暖与热空气幕系统。 3 生活热水供应系统。 4 地面辐射供暖系统。 5 其他需要单独热计量的系统。

供暖管道设计	5.9.3 集中供暖系统的建筑物热力入口，应符合下列规定： 1 供水、回水管道上应分别设置关断阀、温度计、压力表。 2 应设置过滤器及旁通阀。 4 除多个热力入口设置一块公用热量表的情况外，每个热力入口处均应设置热量表，且热量表宜设在回水管上。 5.9.4 供暖干管和立管等管道（不含建筑物的供暖系统热力入口）上阀门的设置应符合下列规定： 1 供暖系统的各并联环路，应设置关闭和调节装置。 3 供水立管的始端和回水立管的末端均应设置阀门，回水立管上还应设置排污、泄水装置。 4 共用立管分户独立循环供暖系统，应在连接共用立管的进户供、回水支管上设置关闭阀。 5.9.5 当供暖管道利用自然补偿不能满足要求时，应设置补偿器。 5.9.6 供暖系统水平管道的敷设应有一定的坡度，坡向应有利于排气和泄水。供回水支、干管的坡度宜采用0.003，不得小于0.002；立管与散热器连接的支管，坡度不得小于0.01；当受条件限制，供回水干管（包括水平单管串联系统的散热器连接管）无法保持必要的坡度时，局部可无坡敷设，但该管道内的水流速不得小于0.25m/s；对于汽水逆向流动的蒸汽管，坡度不得小于0.005。 5.9.7 穿越建筑物基础、伸缩缝、沉降缝、防震缝的供暖管道，以及埋设在建筑结构里的立管，应采取预防建筑物下沉而损坏管道的措施。 5.9.8 当供暖管道必须穿越防火墙时，应预埋钢套管，并在穿墙处一侧设置固定支架，管道与套管之间的空隙应采用耐火材料封堵【2021】

14.1-4 [2021-53] 采暖管道穿越防火墙时，下面哪个措施是错误的？（　　）

A. 预埋钢管　　　　　　　　　　B. 防火密封材料填塞

C. 防火墙一侧设柔性连接　　　　D. 防火墙一侧设支架

答案： C

解析： 参见《民用建筑供暖通风与空气调节设计规范》（GB 50736—2012）第5.9.8条。

考点 4：集中供暖系统的规定【★★】

系统组成	集中供暖系统一般由热源、热媒输送、散热设备三个环节组成。热媒循环于三个环节中，热源将热媒加热，热媒通过热网输送到散热设备，在散热设备内散热而降温，然后再通过热网输送到热源加热，循环往复，达到供暖要求。集中供暖系统中常见的有单管供暖系统和双管供暖系统，系统原理示意图如图14.1-2所示。 单管系统是指热水经立管或水平供水管顺序流过多组散热器，并按顺序地在各散热器中冷却。热水经供水立管或水平供水管平行地分配给多组散热器，冷却后的回水自每个散热器。 双管系统是指直接沿回水立管或水平回水管流回热源。 跨越式单管串联采暖系统是指散热器前安装三通或两通型恒温阀，每组立管或水平管中的热媒不全部逐一流经每组散热器而有一部分分流的单管采暖系统

供暖系统的制式选择	《民用建筑供暖通风与空气调节设计规范》（GB 50736—2012）相关规定。 5.1.10　建筑物的热水供暖系统应按设备、管道及部件所能承受的最低工作压力和水力平衡要求进行**竖向分区**设置。 条文说明：设置竖向分区主要目的是减小设备、管道及部件所承受的压力，保证系统安全运行，**避免立管出现垂直失调**等现象。通常，考虑散热器的承压能力，高层建筑内的散热器供暖系统宜按照 50m 进行分区设置。**【2024】** 5.3.2　居住建筑室内供暖系统的制式宜采用垂直双管系统或共用立管的分户独立循环双管系统，也可采用**垂直单管跨越式系统**；公共建筑供暖系统**宜采用双管系统，也可采用单管跨越式系统**。 5.3.3　既有建筑的室内垂直单管顺流式系统应改成垂直双管系统或垂直单管跨越式系统，不宜改造为分户独立循环系统 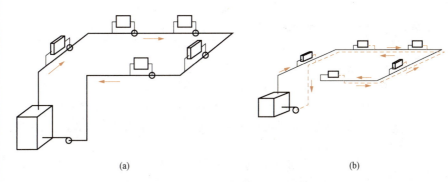 图 14.1-2　集中供暖系统原理示意图 （a）单管供暖系统；（b）双管供暖系统
供暖计算	《民用建筑供暖通风与空气调节设计规范》（GB 50736—2012）相关规定。 5.2.10 在确定分户热计量供暖系统的户内供暖设备容量和户内管道时，**应考虑户间传热对供暖负荷的附加，但附加量不应超过 50%，且不应统计在供暖系统的总热负荷内**【2023】

14.1-5 ⌊2024-77⌋某 10 层住宅建筑高度为 32m，采用垂直双管热水供暖系统，该系统进行竖向分区的主要原因是（　　　）。

A. 便于散热器安装　　　　　　　　B. 避免垂直失调

C. 减少散热器承压　　　　　　　　D. 降低水泵承压

答案：B

解析：根据《民用建筑供暖通风与空气调节设计规范》（GB 50736—2012）第 5.1.10 条文解释。

14.1-6 [2024-78]下列建筑物供暖系统中，无法实现分室室温调控的是（　　　）。

A. 多层建筑采用垂直单管系统

B.4 层建筑采用垂直双管系统

C.6 层建筑采用垂直单管跨越式系统

D. 分户计量的住宅采用水平双管系统

答案：A

解析：垂直双管由两个互相平行的管道构成，而垂直单管只有一个管道，无法实现分室室温调控。

14.1-7 ［2023-77］关于采用分户热计量的住宅建筑说法正确的是（　　）。

A. 户间隔墙应有保温措施，减少户间传热

B. 楼板之间应有保温措施，减少户间传热

C. 户内热负荷应考虑户间传热的附加

D. 楼栋热负荷应考虑户间传热的附加

答案：C

解析：参见《民用建筑供暖通风与空气调节设计规范》（GB 50736—2012）第5.2.10条。

考点5：散热设备【★★★★】

散热器设置要求	《民用建筑供暖通风与空气调节设计规范》（GB 50736—2012）相关规定。 5.3.1 散热器供暖系统应采用热水作为热媒；散热器集中供暖系统宜按75℃/50℃连续供暖进行设计，且供水温度不宜大于85℃，供回水温差不宜小于20℃。 5.3.4 垂直单管跨越式系统的楼层层数不宜超过6层，水平单管跨越式系统的散热器组数不宜超过6组。 5.3.5 管道有冻结危险的场所，散热器的供暖立管或支管应单独设置。 5.3.6 选择散热器时，应符合下列规定： 2 相对湿度较大的房间应采用耐腐蚀的散热器。 3 采用钢制散热器时，应满足产品对水质的要求，在非供暖季节供暖系统应充水保养。 4 采用铝制散热器时，应选用内防腐型，并满足产品对水质的要求。 5 安装热量表和恒温阀的热水供暖系统不宜采用水流通道内含有粘砂的铸铁散热器。 6 高大空间供暖不宜单独采用对流型散热器。 5.3.7 布置散热器时，应符合下列规定： 1 散热器宜安装在外墙窗台下，当安装或布置管道有困难时，也可靠内墙安装。【2019】 2 两道外门之间的门斗内，不应设置散热器。【2024、2023】 3 楼梯间的散热器，应分配在底层或按一定比例分配在下部各层。 5.3.8 铸铁散热器的组装片数，宜符合下列规定： 1 粗柱型（包括柱翼型）不宜超过20片。 2 细柱型不宜超过25片。 5.3.9 除幼儿园、老年人和特殊功能要求的建筑外，散热器应明装。必须暗装时，装饰罩应有合理的气流通道、足够的通道面积，并方便维修。散热器的外表面应刷非金属性涂料。【2019】 5.3.10 幼儿园、老年人和特殊功能要求的建筑的散热器必须暗装或加防护罩。【2019】 5.3.11 确定散热器数量时，应根据其连接方式、安装形式、组装片数、热水流量以及表面涂料等对散热量的影响，对散热器数量进行修正

热水辐射供暖	《民用建筑供暖通风与空气调节设计规范》（GB 50736—2012）相关规定。 5.4.3　热水地面辐射供暖系统地面构造，应符合下列规定：【2022】 2　与土壤接触的底层，应设置绝热层；设置绝热层时，绝热层与土壤之间应设置防潮层。 3　潮湿房间，填充层上或面层下应设置隔离层。 【条文说明】 5.4.3　绝热层、防潮层、隔离层。为减少供暖地面的热损失，与土壤接触的底层，应设置绝热层。 5.4.4　毛细管网辐射系统单独供暖时，宜首先考虑地面埋置方式，地面面积不足时再考虑墙面埋置方式；毛细管网同时用于冬季供暖和夏季供冷时，**宜首先考虑顶棚安装方式**，顶棚面积不足时再考虑墙面或地面埋置方式。 5.4.7　在居住建筑中，热水辐射供暖系统应**按户划分系统**，并配置分水器、集水器；户内的各主要房间，宜分环路布置加热管。 5.4.8　加热管的敷设间距，应根据**地面散热量、室内设计温度、平均水温及地面传热热阻**等通过计算确定。 5.4.10　在分水器的总进水管与集水器的总出水管之间，宜设置**旁通管，旁通管上应设置阀门**。分水器、集水器上均应设置手动或自动排气阀。 5.4.11　热水吊顶辐射板供暖，可用于层高为3～30m建筑物的供暖。 5.4.13　当采用热水吊顶辐射板供暖，屋顶耗热量大于房间总耗热量的30%时，**应加强屋顶保温措施**。
热空气幕	《民用建筑供暖通风与空气调节设计规范》（GB 50736—2012）相关规定。 5.8.1　**对严寒地区公共建筑经常开启的外门，应采取热空气幕等减少冷风渗透的措施。** 5.8.2　对寒冷地区公共建筑经常开启的外门，**当不设门斗和前室时，宜设置热空气幕**。 5.8.3　公共建筑热空气幕送风方式宜采用**由上向下**送风。

14.1-8 ［2022-55］某严寒地区的室内游泳馆，其泳池大厅的平面与剖面如图14.1-3所示。池边地面设置混凝土填充式地板辐射采暖系统，下列构造作法中不必要的是（　　　）。

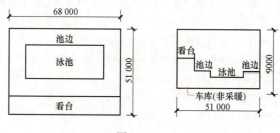

图14.1-3

A. 填充层上的防水层　　　　　　　B. 豆石混凝土填充层

C. 泡沫塑料绝热层　　　　　　　　D. 绝热层下的防潮层

答案：D

解析：参见《民用建筑供暖通风与空气调节设计规范》（GB 50736—2012）5.4.3及条

文解释。本题中地面下有车库，非与土壤直接接触，可以不设置防潮层，选项 D 符合题意。

选项 B 中豆石混凝土填充层可以用来敷设管线，选项 A 中的防水层用于防止室内的水破坏了绝热层。

14.1-9 [2019-59] 下列哪种建筑的散热器不应暗装？（　　）

A. 幼儿园　　　　　B. 养老院　　　　　　　C. 办公楼　　　　　　　D. 精神病院

答案：C

解析：参见《民用建筑供暖通风与空气调节设计规范》（GB 50736—2012）第 5.3.10 条。

第二节　通风系统

考点 6：通风系统概述【★★】

基本概念	把室内被污染的空气直接或净化后排到室外，把室外的新鲜空气送入室内，以保持室内空气符合卫生标准或满足生产工艺的需要。通风包括从室内排除污浊的空气和向室内补充新鲜空气。前者称为排风，后者称为送风。为完成排风和送风所采用的一系列设备组成通风系统。对于一般的民用建筑或污染轻微的小型厂房，只需采用一些简单措施，如用门窗换气，设电风扇等
目的	一是稀释通风，用新鲜空气把房间内有害气体浓度稀释到允许浓度以下； 二是冷却通风，用室外空气把房间内多余热量排走
一般规定	《民用建筑供暖通风与空气调节设计规范》（GB 50736—2012）相关规定。 6.1.1　当建筑物存在大量余热余湿及有害物质时，宜优先采用通风措施加以消除。建筑通风应从**总体规划、建筑设计和工艺**等方面采取有效的综合预防和治理措施。 6.1.3　**应首先考虑采用自然通风**消除建筑物余热、余湿和进行室内污染物浓度控制。对于室外空气污染和噪声污染严重的地区，不宜采用自然通风。当自然通风不能满足要求时，应采用机械通风，或自然通风和机械通风结合的复合通风。**【2022】** 6.1.5　对建筑物内放散热、蒸汽或有害物质的设备，宜采用局部排风。当不能采用局部排风或局部排风达不到卫生要求时，应辅以全面通风或采用全面通风。 6.1.6　**凡属下列情况之一时，应单独设置排风系统：【2021】** 1 两种或两种以上的有害物质混合后能引起燃烧或爆炸时。 2 混合后能形成毒害更大或腐蚀性的混合物、化合物时。 3 混合后易使蒸汽凝结并聚积粉尘时。 4 散发剧毒物质的房间和设备。 5 建筑物内设有储存易燃易爆物质的单独房间或有防火防爆要求的单独房间。 6 有防疫的卫生要求时

14.2-1（2021-55）下列四个选项中，不需要设置独立的机械排风的房间是（　　）。

A. 有防爆要求的房间

B. 有非可燃粉尘的房间

C. 甲乙不同防火分区

D. 两种有害其他混合会燃烧的房间

答案： B

解析： 参见《民用建筑供暖通风与空气调节设计规范》（GB 50736—2012）第 6.1.6 条。

考点 7：自然通风【★★★】

《民用建筑供暖通风与空气调节设计规范》（GB 50736—2012）相关规定

一般要求	6.2.1 利用自然通风的建筑在设计时，应符合下列规定： 1 利用穿堂风进行自然通风的建筑，其迎风面与夏季最多风向**宜成 60°～90°角，且不应小于 45°**，同时应考虑可利用的春秋季风向以**充分利用自然通风**。 2 建筑群平面布置应重视有利自然通风因素，如**优先考虑错列式、斜列式**等布置形式
进排风口	6.2.2 自然通风应采用阻力系数小、噪声低、易于操作和维修的进排风口或窗扇。**严寒寒冷地区的进排风口还应考虑保温措施。** 6.2.3 夏季自然通风用的进风口，其下缘距室内地面的高度**不宜大于 1.2m**。自然通风进风口应远离污染源**3m** 以上；冬季自然通风用的进风口，当其下缘距室内地面的高度小于**4m** 时，宜采取防止冷风吹向人员活动区的措施
面积要求	6.2.4 采用自然通风的生活、工作的房间的通风开口有效面积**不应小于该房间地板面积的 5%**；**厨房的通风开口有效面积不应小于该房间地板面积的 10%，并不得小于 0.60m²**
考虑因素	6.2.6 采用自然通风的建筑，自然通风量的计算应**同时考虑热压以及风压**的作用
通风量	6.2.8 风压作用的通风量，宜按下列原则确定： 1 分别计算过渡季及夏季的自然通风量，并按其最小值确定。 2 室外风向按计算季节中的**当地室外最多风向**确定。 4 仅当建筑迎风面与计算季节的最多风向成 45°～90°角时，该面上的外窗或有效开口利用面积可作为进风口进行计算
被动通风	6.2.9 宜结合建筑设计，合理利用被动式通风技术强化自然通风。**被动通风可采用下列方式**： 1 当常规自然通风系统不能提供足够风量时，可采用捕风装置加强自然通风。 2 当采用常规自然通风难以排除建筑内的余热、余湿或污染物时，可采用屋顶无动力风帽装置，无动力风帽的接口直径宜与其连接的风管管径相同。 3 当建筑物利用风压有局限或热压不足时，可采用太阳能诱导等通风方式

14.2 - 2 [2022 - 60] 下列四个选项中，可以增加自然通风效率的是（   ）。

A. 增大窗户面积　　　　　　　　B. 降低热源温度

C. 减少上下通风窗距离　　　　　D. 加大进深

答案： A

解析： 四个选项中，选项 A 增加窗户面积相对其他三个选项，可以增大自然通风效率，但是风向与窗户之间须垂直或有一定的角度，如果风向与窗户平行，则效率提高不大。

考点8：机械通风与事故通风【★★★】

进风口的位置	《民用建筑供暖通风与空气调节设计规范》(GB 50736—2012)相关规定。 6.3.1　机械送风系统进风口的位置，应符合下列规定： 1 应设在室外空气较清洁的地点。 2 应避免进风、排风短路。 3 进风口的下缘距室外地坪不宜小于 2m，当设在绿化地带时，不宜小于 1m【2019】
排风系统吸风口	6.3.2　建筑物全面排风系统吸风口的布置，应符合下列规定： 1 位于房间上部区域的吸风口，除用于排除氢气与空气混合物时，吸风口上缘至顶棚平面或屋顶的距离不大于 0.4m。 2 用于排除氢气与空气混合物时，吸风口上缘至顶棚平面或屋顶的距离不大于 0.1m。 3 用于排出密度大于空气的有害气体时，位于房间下部区域的排风口，其下缘至地板距离不大于 0.3m。 4 因建筑结构造成有爆炸危险气体排出的死角处，应设置导流设施
公共厨房通风	6.3.5　公共厨房通风应符合下列规定：【2022】 1 发热量大且散发大量油烟和蒸汽的厨房设备应设排气罩等局部机械排风设施；其他区域当自然通风达不到要求时，应设置机械通风。 2 采用机械排风的区域，当自然补风满足不了要求时，应采用机械补风。厨房相对于其他区域应保持负压，补风量应与排风量相匹配，且宜为排风量的 80%～90%。严寒和寒冷地区宜对机械补风采取加热措施。 4 厨房排油烟风道不应与防火排烟风道共用。 5 排风罩、排油烟风道及排风机设置安装应便于油、水的收集和油污清理，且应采取防止油烟气味外溢的措施
公共卫生间和浴室通风	6.3.6　公共卫生间和浴室通风应符合下列规定： 1 公共卫生间应设置机械排风系统。公共浴室宜设气窗；无条件设气窗时，应设独立的机械排风系统。应采取措施保证浴室、卫生间对更衣室以及其他公共区域的负压。 2 公共卫生间、浴室及附属房间采用机械通风时，其通风量宜按换气次数确定
汽车库通风	6.3.8　汽车库通风应符合下列规定： 1 自然通风时，车库内 CO 最高允许浓度大于 30mg/m³ 时，应设机械通风系统。【2023】 2 地下汽车库，宜设置独立的送风、排风系统；具备自然进风条件时，可采用自然进风、机械排风的方式。室外排风口应设于建筑下风向，且远离人员活动区并宜作消声处理。 4 可采用风管通风或诱导通风方式，以保证室内不产生气流死角。 5 车流量随时间变化较大的车库，风机宜采用多台并联方式或设置风机调速装置。 6 严寒和寒冷地区，地下汽车库宜在坡道出入口处设热空气幕。 7 车库内排风与排烟可共用一套系统，但应满足消防规范要求

	《民用建筑供暖通风与空气调节设计规范》（GB 50736—2012）相关规定。
事故通风	6.3.9 事故通风应符合下列规定： 1 可能突然放散大量有害气体或有爆炸危险气体的场所应设置事故通风。事故通风量宜根据放散物的种类、安全及卫生浓度要求，按全面排风计算确定，且换气次数不应小于12次/h。 **2 事故通风应根据放散物的种类，设置相应的检测报警及控制系统。事故通风的手动控制装置应在室内外便于操作的地点分别设置。【2021】** 3 放散有爆炸危险气体的场所应设置防爆通风设备。 4 事故排风宜由经常使用的通风系统和事故通风系统共同保证，当事故通风量大于经常使用的通风系统所要求的风量时，宜设置双风机或变频调速风机；但在发生事故时，必须保证事故通风要求。 6 事故排风的室外排风口应符合下列规定： 1）不应布置在人员经常停留或经常通行的地点以及邻近窗户、天窗、室门等设施的位置。 **2）排风口与机械送风系统的进风口的水平距离不应小于20m；当水平距离不足20m时，排风口应高出进风口，并不宜小于6m。【2020、2019】** 3）当排气中含有可燃气体时，事故通风系统排风口应远离火源30m以上，距可能火花溅落地点应大于20m。 4）排风口不应朝向室外空气动力阴影区，不宜朝向空气正压区

14.2-3 ［2023-58］关于汽车库通风的说法错误的是（   ）。

A. 地下汽车库，宜设置独立的送风、排风系统

B. 室外排风口应设于建筑下风向，且远离人员活动区并宜做消声处理

C. 车库内排风与排烟可共用一套系统

D. 自然通风时，车库内 CO 最高允许浓度大于 $30mg/m^3$ 时，应设机械排烟系统

答案： D

解析：《民用建筑供暖通风与空气调节设计规范》（GB 50736—2012）第6.3.8条。

14.2-4 ［2022（12）-53］以下关于风管的说法错误的是（   ）。

A. 风管长宽比不应太大

B. 风管宜采用表面光滑的材料制作

C. 圆形风管转弯半径不宜小于1

D. 风管增加消声器不会占用空间

答案： D

解析：输送同样的风量且风管内风速相同的情况下，风阻力由小到大的排列顺序是圆形、扁圆形、正方形、长方形。长方形宽高比一般不大于4，选项 A 正确。风管表面光滑减小阻力，选项 B 正确。风管转弯半径一般 R＝D，选项 C 正确。为保证一定的消声效果，消声器的管段截面变化应大于5。

14.2-5 ［2020-56］事故排风口布置做法正确的是（   ）。

A. 朝向空气正气压

B. 房间门正上方 $0.5m$

C. 距同高度的新风进风口 $15m$

D. 设在室外主导风向下风侧

答案： D

解析： 参见《民用建筑供暖通风与空气调节设计规范》（$GB\ 50736—2012$）第 $6.3.9$ 条，不应布置在人员经常停留或经常通行的地点以及邻近窗户、天窗、室门等设施的位置（选项 B 不正确）；排风口与机械送风系统的进风口的水平距离不应小于 $20m$（选项 C 不正确）；排风口不应朝向室外空气动力阴影区，不宜朝向空气正压区（选项 A 不正确）。

第三节 空 调 系 统

考点 9：空调冷（热）水系统【★】

概念	空调冷（热）源制取的冷（热）水要用管道输送到空调机或风机盘管处，输送冷（热）水的系统就是冷（热）水系统
分类	**二管制、三管制与四管制冷（热）水系统：** （1）二管制系统冷水、热水共用一套供回水管。共三根管，一根供水管、一根回水管、一根凝水管，凝水管在低处。**适用一般空调系统。** （2）三管制系统冷水供水管、热水供水管分别设置，冷水回水管和热水回水管共用，加一根凝水管共四根管。**适用于较高档次的空调系统。** （3）四管制系统冷水供水、回水管和热水供水、回水管分别设置，加一根凝水管共五根管。**适用于高档次的空调系统，管道较多，造价也高** **定流量系统与变流量系统：** （1）定流量系统：流经用户管道中的流量恒定，当空气处理器需要的冷（热）量发生变化时，改变调节阀旁通水量或改变水温。**空气处理器水量调节阀为三通阀或不设阀。** （2）变流量系统：流经用户管道中的流量随空气处理器需要的冷（热）量而变化。**空气处理器水量调节阀为二通阀**
其他	空调水系统（冷热水）定压膨胀、补水、水处理： （1）定压膨胀：水系统要有**定压**，使水系统内最高点的管道和设备内充满水、没有空管；使水系统内最低点管道和设备不超压。水系统受热膨胀后体积增大，增多的这部分水要有出处，以免把水管和设备压破。 （2）补水：空调水系统因泄漏或检修泄水，应有补水泵等补水装置。 （3）水处理：补水应做软化，**防止水在水管内壁结垢**（主要是冬季），影响制冷机或换热器的传热效率和管道截面面积

考点 10：集中空调风系统【★★★】

设置场所	《民用建筑供暖通风与空气调节设计规范》（GB 50736—2012）相关规定。 7.3.2 符合下列情况之一的空调区，**宜分别设置空调风系统**；需要合用时，应对标准要求高的空调区做处理。 1 使用时间不同。 2 温湿度基数和允许波动范围不同。 3 空气洁净度标准要求不同。 4 噪声标准要求不同，以及有消声要求和产生噪声的空调区。 5 需要同时供热和供冷的空调区。 7.3.3 空气中含有易燃易爆或有毒有害物质的空调区，**应独立设置空调风系统**【2019】
全空气空调系统	全空气空调系统：室内冷热负荷全部由空气负担的空调系统。宜采用单风管式系统。下列空气调节区宜采用全空气定风量空调系统：空间较大、人员较多；温湿度允许波动范围小；噪声或洁净度标准高。如**影院、剧院、室内体育场馆、大型会议场所**等 7.3.4 下列空调区，**宜采用全空气定风量空调系统：**【2022】 1 空间较大、人员较多。 2 温湿度允许波动范围小。 3 噪声或洁净度标准高。 7.3.5 全空气空调系统设计，应符合下列规定： 1 宜采用单风管系统。 2 允许采用较大送风温差时，应采用**一次回风式系统**。 3 送风温差较小、相对湿度要求不严格时，可采用**二次回风式系统**。 4 除温湿度波动范围要求严格的空调区外，同一个空气处理系统中，不应有同时加热和冷却过程 【案例分析】原技术作图 2005 年试题改。 图 14.3-1 所示为高校教学楼阶梯教室通风空调设计。空气的质量和温度问题由机房提供输出。 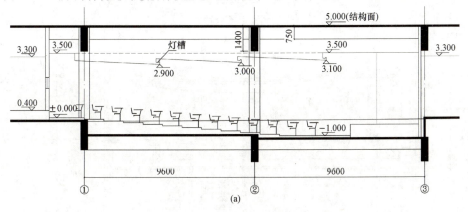 图 14.3-1 某高校教学楼阶梯教室通风空调设计示意图（一） （a）教室剖面示意图 备注：图中采用上送风形式，如果观众席采用座椅下送风的全空气空调系统功能，与上送风相比座椅下送风需要二次回风，送风时需要占用空腔空间和机房，因此所占用机房和送风管空间更大【2024】

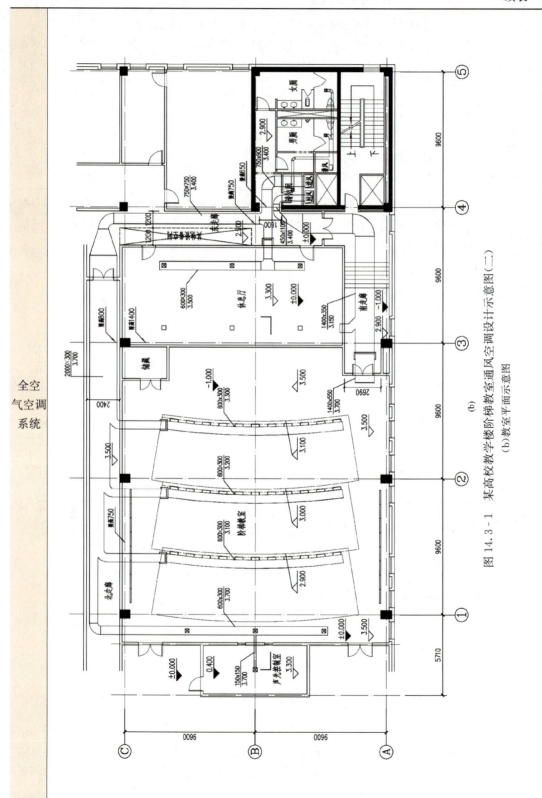

图 14.3-1 某高校教学楼阶梯教室通风空调设计示意图(二)

(b)教室平面示意图

全空气空调系统

风机盘管加新风空调系统：空气调节区较多，建筑层高较低且各区温度要求独立控制时，宜采用风机盘管加新风空调系统，如酒店客房、办公室

【案例分析】（原技术作图 2011 年试题改）

图 14.3 - 2 所示为某旅馆单面公共走廊、客房内门廊的局部吊顶平面图与剖面管线综合布置图。客房采用常规卧式风机盘管加新风的供冷暖空调系统。风机盘管解决空气的温度问题，新风管解决空气的质量问题。所以，相对全空气空调系统（空气的质量和温度由机房内调节后输出），**全空气空调系统的机房比风机盘管加新风空调系统的机房大**。另外，风机盘管加新风的供冷暖空调系统中一共有三根管——进水管、出水管和冷凝管，进水管和出水管解决房间内的温度问题，冷凝管解决风机盘管系统中因空气遇到冷水管产生的冷凝水排水问题

风机盘管加新风空调系统

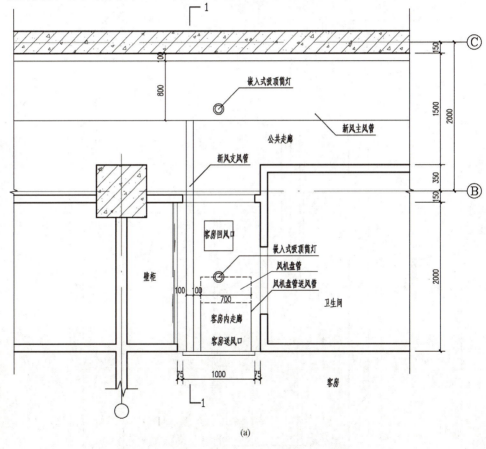

(a)

图 14.3 - 2　某旅馆走廊局部吊顶管线布置示意图（一）

（a）管线布置平面示意图

风机盘管加新风空调系统

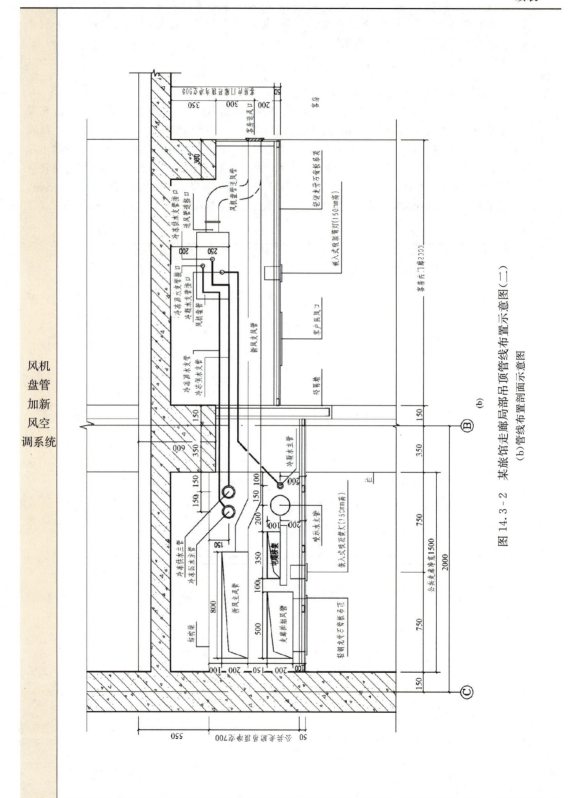

图 14.3-2 某旅馆走廊局部吊顶管线布置示意图(二)

(b)管线布置剖面示意图

回风机	7.3.6 符合下列情况之一时，全空气空调系统可设回风机。设置回风机时，新回风混合室的空气压力应为负压。 1 不同季节的新风量变化较大，其他排风措施不能适应风量的变化要求。 2 回风系统阻力较大，设置回风机经济合理
直流式空调系统	7.3.18 下列情况时，应采用直流式（全新风）空调系统： 1 夏季空调系统的室内空气比焓大于室外空气比焓。 2 系统所服务的各空调区排风量大于按负荷计算出的送风量。 3 室内散发有毒有害物质，以及防火防爆等要求不允许空气循环使用。 4 卫生或工艺要求采用直流式（全新风）空调系统
多联机空调系统	7.3.11 空调区内振动较大、油污蒸汽较多以及产生电磁波或高频波等场所，**不宜采用多联机空调系统。**【2021，2020，2019】多联机空调系统设计，应符合下列要求： 1 空调区负荷特性相差较大时，宜分别设置多联机空调系统；需要同时供冷和供热时，宜设置热回收型多联机空调系统。 2 **室内、外机之间以及室内机之间的最大管长和最大高差**，应符合产品技术要求。 3 系统冷媒管等效长度应满足对应制冷工况下满负荷的性能系数不低于 2.8；当产品技术资料无法满足核算要求时，系统冷媒管等效长度不宜超过 70m。 4 室外机变频设备，应与其他变频设备保持合理距离 **【案例分析】**（原技术作图 2017 年试题改，如图 14.3 - 3 所示） 　　多联机空调是中央空调的一个类型，只不过中央空调是通过水把冷量带到室内进行热交换，而多联机空调是通过冷媒直接蒸发带走室内热量，并利用变频技术，效率高，耗能低节能效果非常显著。多联机空调俗称"一拖多"，指的是一台室外机通过配管连接两台或两台以上室内机，室外主机由室外侧换热器、压缩机和其他制冷附件组成，末端装置是由直接蒸发式换热器和风机组成的室内机。也就是说，一台室外机通过管路能够向若干个室内机输送制冷剂液体，通过控制压缩机的制冷剂循环量和进入室内各换热器的制冷剂流量，适时地满足室内冷、热负荷要求 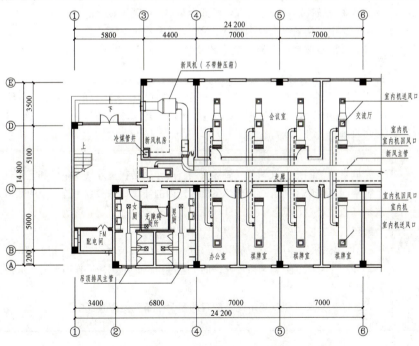 图 14.3 - 3　某活动中心多联机空调系统布置示意图

14.3 - 1 [2022 - 56] 泳池大厅设置空调系统, 最合理的系统形式是 ( )。

A. 风机盘管＋新风系统   B. 多联机空调系统

C. 全空气空调系统   D. 分体空调

答案: C

解析: 参见《民用建筑供暖通风与空气调节设计规范》(GB 50736—2012) 第 7.3.4 条。

14.3 - 2 [2022 (12) - 68, 2020 - 63] 下列关于商场设冷风多联机空调的说法, 错误的是 ( )。

A. 室内机之间距离不宜过长   B. 室内机与室外机距离不宜过长

C. 室内外机高差不限   D. 不用专门设风冷源

答案: C

解析: 参见《民用建筑供暖通风与空气调节设计规范》(GB 50736—2012) 第 7.3.11 - 2 条。

14.3 - 3 [2024 - 83] 某全空气空调系统送风量 $15\,000\,m^3/h$, 设计新风量 $3000\,m^3/h$, 过渡季最大新风比为 70%, 则新风取风口及风管尺寸, 应按下列哪个风量进行计算? ( )

A. $2100\,m^3/h$ B. $3000\,m^3/h$ C. $10\,500\,m^3/h$ D. $15\,000\,m^3/h$

答案: C

解析: 过渡季节新风量为 $15\,000\,m^3/h \times 70\% = 10\,500\,m^3/h$, 设计新风量为 $3000\,m^3/h$, 二者取大值, 故新风取风口和风管尺寸按风量为 $10\,500\,m^3/h$ 计算。

考点 11: 空调系统及其控制 【★★★】

分类	空调系统按冷热源设置情况, 可分为集中空调系统和分散空调系统。 (1) 集中空调系统: 冷热源集中设置, 也称中央空调。 (2) 分散空调系统: 冷热源分散设置, 如窗式、分体式、柜式、多联式 (也称小集中式、VRV) 等
组成	以水冷式制冷机为冷源、锅炉或热力站或直燃机为热源的集中空调系统 (包括半集中式), 与集中供暖系统原理类似, 也是由冷热源、冷热媒管道、空气处理设备 (空调机、风机盘管)、送回风管道组成
自动控制	空调自动控制指空气调节 (简称空调) 的作用是在室外气候条件和室内负荷变化的情况下使空间 (如房屋建筑、列车、飞机等) 内的环境状态参数保持期望的数值。**空调自动控制就是通过对空气状态参数的自动检测和调节, 保持空调系统处于最优工作状态并通过安全防护装置, 维护设备和建筑物的安全**【2022】 《民用建筑供暖通风与空气调节设计规范》(GB 50736—2012) 相关规定。 7.3.20 舒适性空调和条件允许的工艺性空调, 可用新风作冷源时, 应最大限度地使用新风。 7.3.20 条文说明: 规定此条的目的是为了节约能源【2021】

14.3 - 4 [2022 - 64] 以下哪项不是设置空调自动控制系统的目的? ( )

A. 进行室内空气环境的实时调控   B. 保证设备的安全运行

C. 提高空调系统的可靠性　　　　　*D.* 供冷时降低室内温度

答案： *D*

解析： 空调自动控制指空气调节（简称空调）的作用是在室外气候条件和室内负荷变化的情况下使空间（如房屋建筑、列车、飞机等）内的环境状态参数保持期望的数值。空调自动控制就是通过对空气状态参数的自动检测和调节（选项 *A* 说法正确）；保持空调系统处于最优工作状态并通过安全防护装置，维护设备和建筑物的安全（选项 *B*、选项 *C* 说法正确）；主要的环境状态参数有温度、湿度、清洁度、流速、压力和成分等。

14.3-5 [2021-65] 办公室全空气空调系统在过渡季增大新风量运行，主要是利用室外新风（　　　）。

A. 降低人工冷源能耗　　　　　*B.* 降低室内 *VOC* 浓度

C. 降低室内二氧化碳浓度　　　*D.* 降低空调系统送风量

答案： *A*

解析： 在条件合适的地区应充分利用全空气空调系统的优势，尽可能利用室外天然冷源，最大限度地利用新风降温，提高室内空气品质和人员的舒适度，降低能耗。

考点 12：空气冷却处理【★】

基本规定	《民用建筑供暖通风与空气调节设计规范》（*GB* 50736—2012）相关规定。 7.5.3　空气冷却装置的选择，应符合下列规定： 1 采用循环水蒸发冷却或天然冷源时，宜采用直接蒸发式冷却装置、间接蒸发式冷却装置和空气冷却器。 2 采用人工冷源时，宜采用空气冷却器。当要求利用循环水进行绝热加湿或利用喷水增加空气处理后的饱和度时，可选用带喷水装置的空气冷却器。 7.5.6　空调系统不得采用氨作制冷剂的直接膨胀式空气冷却器
全球变暖潜值 *GWP*	考察物质的气体逸散到大气中对大气变暖的直接潜在影响程度，用全球变暖潜能值 *GWP*（*Global Warming Potential*）表示，它是一个没有单位的数字。规定以二氧化碳的温室影响作为基准，取二氧化碳的 *GWP* 值为 1，其他物质的 *GWP* 是相对于二氧化碳的比较值。 二氧化碳的全球变暖潜能值为 1，甲烷的全球变暖潜能值是 84。这意味着排放 1*kg* 的甲烷相当于排放了 84*kg* 的二氧化碳
	*R*22 的全球变暖潜能为 1700； *R*134*a* 的全球变暖潜能为 1300； *R*290 的全球变暖潜能为 84； *R*600*a* 的全球变暖潜能为 20。 *R*32 又称二氟甲烷，无色、无味、无毒、可燃性低，破坏臭氧潜能值（*ODP*）为 0，全球变暖系数值（*GWP*）为 0.11，这些优点使其成为 *R*22 的替代品之一。 *R*717 即氨，无机制冷剂是干净的无机化合物，这些物质对臭氧层无害，其全球变暖潜能值也接近于零，是冷水机组中最常用的制冷剂。它具有较高水平的吸热量，非常适合小型便携式冷水机，无需大型冷却设备。用氨作为空气冷水机制冷剂的另一个原因是其稳定的热性能

14.3-6 ［2022（12）-66］下列哪一种制冷剂的全球变暖潜值近乎为零？（   ）。

A.R290   B.R717   C.R134a   D.R22

答案：B

解析：详见考点12。

考点13：冷却水系统【★★★】

《民用建筑供暖通风与空气调节设计规范》（GB 50736—2012）相关规定

节能措施	8.6.1　除使用地表水之外，空调系统的冷却水应**循环使用**。技术经济比较合理且条件具备时，冷却塔可作为冷源设备使用
	8.6.2　以供冷为主、兼有供热需求的建筑物，在技术经济合理的前提下，可采取措施对制冷机组的冷凝热进行**回收利用**
系统设计	8.6.4　冷却水系统设计时应符合下列规定： 1 应设置保证冷却水系统水质的水处理装置。 2 水泵或冷水机组的入口管道上应设置过滤器或除污器。 3 采用水冷管壳式冷凝器的冷水机组，宜设置自动在线清洗装置。 4 当开式冷却水系统不能满足制冷设备的水质要求时，应采用**闭式循环系统**
机组水泵	8.6.5　集中设置的冷水机组与冷却水泵，台数和流量均应对应；分散设置的水冷整体式空调器或小型户式冷水机组，可以合用冷却水系统；冷却水泵的扬程应满足冷却塔的进水压力要求
冷却塔	8.6.6　冷却塔的选用和设置应符合下列规定： 1 在夏季空调室外计算湿球温度条件下，冷却塔的出口水温、进出口水温降和循环水量应满足冷水机组的要求。 2 对进口水压有要求的冷却塔的台数，应与冷却水泵台数相对应。 3 供暖室外计算温度在0℃以下的地区，冬季运行的冷却塔应采取防冻措施，冬季不运行的冷却塔及其室外管道应能泄空。 4 **冷却塔设置位置应保证通风良好、远离高温或有害气体，并避免飘水对周围环境的影响**

考点14：蓄能系统（蓄冷与蓄热）【★★】

定义	《民用建筑供暖通风与空气调节设计规范》（GB 50736—2012）相关规定。 8.1.1-10 **在执行分时电价、峰谷电价差较大的地区，经技术经济比较，采用低谷电价能够明显起到对电网"削峰填谷"和节省运行费用时，宜采用蓄能系统供冷供热**
蓄冷系统	《工业建筑供暖通风与空气调节设计规范》（GB 50019—2015）相关规定。 9.7.1　符合下列条件之一，且综合技术经济比较合理时，宜蓄冷： 1 执行峰谷电价且峰谷电价差较大的地区，空气调节冷负荷高峰与电网高峰时段重合，而采用蓄冷方式能做到错峰用电，从而节约运行费用时。 2 空气调节冷负荷的峰谷差悬殊，使用常规制冷会导致装机容量过大，而采用蓄冷方式能降低设备初投资时。 3 对于改造工程，采取利用既有冷源、增加蓄冷装置的方式能取得较好的效益时。

蓄冷系统	4 蓄冷装置能作为应急冷源使用时。 5 电能的峰值供应量受到限制，以至于不采用蓄冷系统能源供应不能满足建筑空气调节的正常使用要求时。 9.7.2　符合下列条件之一，且综合技术经济比较合理时，宜蓄热： 1 执行峰谷电价且峰谷电价差较大的地区，采用电制热方式时。 2 利用太阳能集热技术供热时。 3 其他采用蓄热技术能取得较好效益的场合。 **9.7.12　消防水池不得兼作蓄热水池**

考点 15：气流组织形式 【★★】

气流组织	《民用建筑供暖通风与空气调节设计规范》（GB 50736—2012）相关规定。 7.4.2　空调区的送风方式及送风口选型，应符合下列规定： 1 宜采用百叶、条缝型等风口贴附侧送；当侧送气流有阻碍或单位面积送风量较大，且人员活动区的风速要求严格时，**不应采用侧送**。 2 设有吊顶时，应根据空调区的高度及对气流的要求，采用**散流器或孔板送风**。当单位面积送风量较大，且人员活动区内的风速或区域温差要求较小时，应采用**孔板送风**。 3 高大空间宜采用**喷口送风、旋流风口送风或下部送风**。 4 变风量末端装置，应保证在风量改变时，气流组织满足空调区环境的基本要求。 5 送风口表面温度应**高于室内露点温度**；低于室内露点温度时，应采用**低温风口**。 7.4.2条文说明：2 喷口送风的气流组织形式和侧送是相似的，都是受限射流。受限射流的气流分布与建筑物的几何形状、尺寸和送风口安装高度等因素有关。送风口安装高度太低，则射流易直接进入人员活动区；太高则使回流区厚度增加，回流速度过小，两者均影响舒适感。 7.4.5　采用喷口送风时，应符合下列规定：【2022】 1 人员活动区宜位于**回流区**。 2 喷口安装高度，应根据空调区的高度和回流区分布等确定。 3 兼作**热风**供暖时，宜具有**改变射流出口角度**的功能

14.3-7 [2024-84] 某建筑入口大厅空调送风采用球形喷口侧送，冬季其人员活动区温度偏低，竖向温度梯度大。可采取的解决措施是（　　）。

A. 减少送风量

B. 增加风口数量

C. 向上调整喷口送风角度

D. 向下调整喷口送风角度

答案：D

解析：夏季空调球形喷口往上吹，冷气密度大可以下降到人员活动区，空调温度适宜；而冬天球形喷口往上，空调出风的热气密度小上升，无法送到人员活动区，导致人员活动区温度偏低，温度梯度大，故向下调整喷口送风角度，将热气下送到人员活动区域，可解决此问题。

14.3 - 8 ［2022 - 62］会展建筑的空调设置单侧喷口，回风位置在（   ）。

A. 同侧上部   B. 同侧下部   C. 对侧上部   D. 对侧下部

答案： B

解析： 喷口送气形式如图 14.3 - 4 所示。

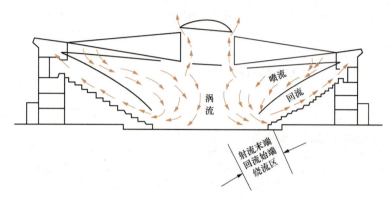

图 14.3 - 4

考点 16：可再生能源应用【★★】

太阳能	《民用建筑太阳能空调工程技术规范》（GB 50787—2012）相关规定。 4.4.1 太阳能空调系统蓄能水箱的设置应符合下列规定： 1 蓄能水箱可设置在<u>地下室或顶层的设备间、技术夹层中的设备间或为其单独设计的设备间</u>内，其位置应满足安全运转以及便于操作、检修的要求。 2 蓄能水箱容积较大且在室内安装时，应在设计中考虑水箱整体进入安装地点的运输通道。 3 设置蓄能水箱的位置应具有相应的<u>排水、防水</u>措施。 4 蓄能水箱上方及周围应留有符合规范要求的安装、检修空间，不应小于 600mm。 5 蓄能水箱应靠近太阳能集热系统以及制冷机组，减少管路热损。 6 蓄能水箱应采取<u>良好的保温措施</u>
地源热泵	《地源热泵系统工程技术规范》（GB 50366—2005，2009 年版）相关规定。 2.0.1 地源热泵系统：以<u>岩土体、地下水或地表水</u>为低温热源，由水源热泵机组、地热能交换系统、建筑物内系统组成的供热空调系统。根据地热能交换系统形式的不同，地源热泵系统分为地埋管地源热泵系统、地下水地源热泵系统和地表水地源热泵系统。【2023】 2.0.3 地热能交换系统：将浅层地热能资源加以利用的热交换系统。 2.0.6 地埋管换热系统：<u>传热介质通过竖直或水平地埋管换热器与岩土体进行热交换的地热能交换系统，又称土壤热交换系统。</u>【2023】 2.0.7 地埋管换热器：供传热介质与岩土体换热用的，由埋于地下的密闭循环管组构成的换热器，又称土壤热交换器。根据管路埋置方式不同，分为水平地埋管换热器和竖直地埋管换热器。 8.3.4 地埋管地源热泵系统设计时，应符合下列规定：地埋管的埋管方式、规格与长度，应根据冷（热）负荷、占地面积、岩土层结构、岩土体热物性和机组性能等因素确定【2024、2019】

空气源热泵	空气能热泵就是利用空气中的热量来产生热能，能全天 24h 大水量、高水压、恒温提供全家不同热水、冷暖需求，同时又以消耗最少的能源完成上述要求
冷水机组	**水冷冷水机组**：应提供机房，以保证设备包括冷水机组、冷冻水循环泵、冷却水循环泵的正常运行和使用寿命，并在建筑物的屋顶或室外地面上设置冷却塔设备
	风冷冷水机组：是一种室外机器，可放置在建筑物的屋顶或室外地面上，其冷冻水循环泵也可与机组放置在一起，无需占用机房
	空气源热泵机组：冷热源合一，不需要设专门的冷冻机房、锅炉房，机组可任意放置屋顶或地面，不占用建筑的有效使用面积，施工安装十分简便
	吸收式冷水机组：吸收式冷水机使用来自其他过程或设备的废热来驱动热力学过程，使水能够被冷却和分配以满足冷水需求。设备较笨重，机房与用地面积较大

14.3‑9 ［2023‑78］下列四个选项中，地源热泵的热源不包含哪个？（   ）

A. 空气   B. 岩土体   C. 地下水   D. 地表水

答案：A

解析：《地源热泵系统工程技术规范》（GB 50366—2005，2009 年版）第 2.0.1 条。

14.3‑10 ［2023‑80］某大型公共建筑设置地埋管地源热泵系统，下列说法正确的是（   ）。

A. 仅向土壤中排热

B. 仅从土壤中取热

C. 取热或排热视建筑具体要求而定

D. 既从土壤中取热，也向土壤中排热，取热量和排热量宜平衡

答案：D

解析：《地源热泵系统工程技术规范》（GB 50366—2005，2009 年版）第 2.0.6 条。

14.3‑11 ［2024‑85］关于分体式空气源热泵冷热水机组与整体式机组的差异的说法，错误的是（   ）。

A. 分体式机组需要室内机房

B. 分体式机组可解决室外管线防冻问题

C. 整体式机组对周围环境的噪声影响大

D. 整体式机组室外排热量更大

答案：A

解析：分体式空气源热泵机组室外机放置在室外，室内机吊装在室内，室内外机均无需设置室内机房。

14.3‑12 ［2022（12）‑62］某办公建筑拟采用地源热泵系统，应具备下列哪项条件？（   ）

A. 足够的土壤埋管用地

B. 温度和流量适当的城市污水

C. 足够的屋顶风冷热泵安装空间

D. 良好的太阳能资源

答案：A

解析：土壤源热泵系统（地埋管）应用条件：1. 建筑物附近缺乏水资源或因各种因素限制，无法利用水资源。2. 建筑物附近有足够场地敷设"地埋管"（例如：办公楼前后场地、别墅花园，学校运动场等）。

第四节　设备机房及主要设备的空间要求

考点 17：机房（锅炉房、制冷机房、空调机房等）、主要设备及管道的空间要求【★★★★】

锅炉房	根据《建筑防火通用规范》（GB 55037—2022）相关规定。
	4.1.4　燃油或燃气锅炉、可燃油油浸变压器、充有可燃油的高压电容器和多油开关、柴油发电机房等独立建造的设备用房与民用建筑贴邻时，应采用防火墙分隔，且不应贴邻建筑中人员密集的场所。上述设备用房附设在建筑内时，应符合下列规定：
	1 当位于人员密集的场所的上一层、下一层或贴邻时，应采取防止设备用房的爆炸作用危及上一层、下一层或相邻场所的措施。
	2 设备用房的疏散门应直通室外或安全出口。
	3 设备用房应采用耐火极限不低于 2.00h 的防火隔墙和耐火极限不低于 1.50h 的不燃性楼板与其他部位分隔，防火隔墙上的门、窗应为甲级防火门、窗。
	4.1.5　附设在建筑内的燃油或燃气锅炉房、柴油发电机房，除应符合本规范第 4.1.4 条的规定外，尚应符合下列规定：
	1 常（负）压燃油或燃气锅炉房不应位于地下二层及以下，位于屋顶的常（负）压燃气锅炉房与通向屋面的安全出口的最小水平距离不应小于 6m；其他燃油或燃气锅炉房应位于建筑首层的靠外墙部位或地下一层的靠外侧部位，不应贴邻消防救援专用出入口、疏散楼梯（间）或人员的主要疏散通道。
	2 建筑内单间储油间的燃油储存量不应大于 1m³。油箱的通气管设置应满足防火要求，油箱的下部应设置防止油品流散的设施。储油间应采用耐火极限不低于 3.00h 的防火隔墙与发电机间、锅炉间分隔。
	3 柴油机的排烟管、柴油机房的通风管、与储油间无关的电气线路等，不应穿过储油间。
	4 燃油或燃气管道在设备间内及进入建筑物前，应分别设置具有自动和手动关闭功能的切断阀
	《锅炉房设计标准》（GB 50041—2020）相关规定。
	4.3.7　锅炉间出入口的设置应符合下列规定：【2022（12）、2020】
	1 出入口不应少于 2 个，但对独立锅炉房的锅炉间，当炉前走道总长度小于 12m，且总建筑面积小于 200m² 时，其出入口可设 1 个。
	2 锅炉间人员出入口应有 1 个直通室外。
	3 锅炉间为多层布置时，其各层的人员出入口不应少于 2 个；楼层上的人员出入口，应有直接通向地面的安全楼梯。
	4.3.8　锅炉间通向室外的门应向室外开启，锅炉房内的辅助间或生活间直通锅炉间的门应向锅炉间开启。

锅炉房	8.0.4-4　燃油、燃气和煤粉锅炉烟道和烟囱设计除应符合本标准第 8.0.3 条的规定外，尚应符合下列规定：水平烟道长度应根据现场情况和烟囱抽力确定，并应使燃油、燃气锅炉能维持微正压燃烧的要求；烟囱的抽力主要是克服水平烟道的阻力，因此要缩短水平烟道的长度，减小烟气的阻力损失，并使锅炉能满足微正压燃烧的要求。【2022（5）】 15.1.2　锅炉房的外墙、楼地面或屋面应有相应的防爆措施，并应有相当于锅炉间占地面积 10% 的泄压面积，泄压方向不得朝向人员聚集的场所、房间和人行通道，泄压处也不得与这些地方相邻。地下锅炉房采用竖井泄爆方式时，竖井的净横断面积应满足泄压面积的要求。【2022（5）、2022（12）】 15.1.3　燃油、燃气锅炉房锅炉间与相邻的辅助间之间应设置防火隔墙，并应符合下列规定： 1 锅炉间与油箱间、油泵间和重油加热器间之间的防火隔墙，其耐火极限不应低于 3.00h，隔墙上开设的门应为甲级防火门。 2 锅炉间与调压间之间的防火隔墙，其耐火极限不应低于 3.00h。 3 锅炉间与其他辅助间之间的防火隔墙，其耐火极限不应低于 2.00h，隔墙上开设的门应为甲级防火门
制冷机房	《民用建筑供暖通风与空气调节设计规范》（GB 50736—2012）相关规定。 8.10.1　制冷机房设计时，应符合下列规定：【2021、2019】 1 制冷机房宜设在空调负荷的中心。【2020】 2 宜设置值班室或控制室，根据使用需求也可设置维修及工具间。 3 机房内应有良好的通风设施；地下机房应设置机械通风，必要时设置事故通风；值班室或控制室的室内设计参数应满足工作要求。 4 机房应预留安装孔、洞及运输通道。 5 机组制冷剂安全阀泄压管应接至室外安全处。 8.10.2　机房内设备布置应符合下列规定： 1 机组与墙之间的净距不小于 1m，与配电柜的距离不小于 1.5m。 2 机组与机组或其他设备之间的净距不小于 1.2m。 3 宜留有不小于蒸发器、冷凝器或低温发生器长度的维修距离。 4 机组与其上方管道、烟道或电缆桥架的净距不小于 1m。 5 机房主要通道的宽度不小于 1.5m。 8.10.3　氨制冷机房设计应符合下列规定： 1 氨制冷机房单独设置且远离建筑群。【2023】 2 机房内严禁采用明火供暖。 3 机房应有良好的通风条件，同时应设置事故排风装置，换气次数每小时不少于 12 次，排风机应选用防爆型。 4 制冷剂室外泄压口应高于周围 50m 范围内最高建筑屋脊 5m，并采取防止雷击、防止雨水或杂物进入泄压管的装置。 5 应设置紧急泄氨装置，在紧急情况下，能将机组氨液溶于水中，并排至经有关部门批准的储罐或水池。

制冷机房	**8.10.4** 直燃吸收式机组机房的设计应符合下列规定： **2** 宜单独设置机房；不能单独设置机房时，机房应靠建筑物的外墙，**并采用耐火极限大于2h 防爆墙和耐火极限大于1.5h 现浇楼板与相邻部位隔开**；当与相邻部位必须设门时，**应设甲级防火门**。 **3** 不应与人员密集场所和主要疏散口贴邻设置。 **4** 燃气直燃型制冷机组机房单层面积大于 $200m^2$ 时，机房应设直接对外的安全出口。 **5** 应设置泄压口，**泄压口面积不应小于机房占地面积的10%**（当通风管道或通风井直通室外时，其面积可计入机房的泄压面积）；泄压口应避开人员密集场所和主要安全出口。【2022】 **6** 不应设置吊顶。
空调机房	《民用建筑供暖通风与空气调节设计规范》（GB 50736—2012）相关规定。 **7.5.13** 空气处理机组宜**安装在空调机房内**。空调机房应符合下列规定： **1** **邻近**所服务的空调区。 **2** 机房面积和净高应根据机组尺寸确定，并保证风管的安装空间以及适当的机组操作、检修空间。 **3** 机房内应考虑**排水和地面防水**设施

14.4-1［2023-85］某物流园区设置氨制冷机房，下列做法错误的是（　　）。

A. 靠近宿舍楼单独设置

B. 机房内设置事故排风系统

C. 排风机采用防爆型

D. 机房内散热器采暖

答案：A

解析：《民用建筑供暖通风与空气调节设计规范》（GB 50736—2012）第 8.10.3 条。

14.4-2［2022-65］锅炉房管道太长会导致（　　）。

A. 排放速度过慢　　　　　　　　B. 增大排放的阻力

C. 降低设备能耗　　　　　　　　D. 增加造价

答案：B

解析：参见《锅炉房设计标准》（GB 50041—2020）第 8.0.4-4 条。锅炉房管道太长会增大排放的阻力，故答案选 B。

14.4-3［2022-66］某锅炉房布置如图 14.4-1 所示，所需最小泄爆面积为（　　）。

A. $8m^2$　　　　　　　　　　　　B. $9m^2$

C. $14m^2$　　　　　　　　　　　D. $18m^2$

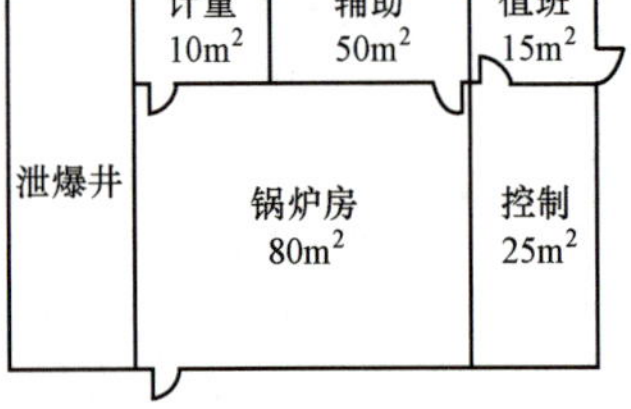

答案：A

解析：参见《锅炉房设计标准》（GB 50041—2020）第 15.1.2 条。锅炉房的外墙、楼地面或屋面应有相应的防爆措施，并应有相当于锅炉间占地面积 10% 的泄压面积，根据题目中锅炉房面积，得出 $80m^2 \times 10\% = 8m^2$。

泄爆井	计量 $10m^2$	辅助 $50m^2$	值班 $15m^2$
	锅炉房 $80m^2$		控制 $25m^2$

图 14.4-1

14.4-4［2021-62］设置在建筑地下一层的燃气锅炉房，对其锅炉间出入口的设置要求正确的是（   ）。

A. 出入口不少于一个且应直通疏散口

B. 出入口不少于一个且应直通室外

C. 出入口不少于两个，且应有一个直通室外

D. 出入口不少于两个，且均应直通室外

答案：C

解析：参见《锅炉房设计标准》（GB 50041—2020）第 4.3.7 条。

第五节 建筑防排烟设计

考点 18：防排烟定义及基本概念【★】

防烟系统	通过采用自然通风方式，防止火灾烟气在楼梯间、前室、避难层（间）等空间内积聚，或通过采用机械加压送风方式阻止火灾烟气侵入楼梯间、前室、避难层（间）等空间的系统，防烟系统分为自然通风系统和机械加压送风系统
排烟系统	采用自然排烟或机械排烟的方式，将房间、走道等空间的火灾烟气排至建筑物外的系统，分为自然排烟系统和机械排烟系统

考点 19：防烟系统设计【★★★】

设施场所	根据《建筑防火通用规范》（GB 55037—2022）相关规定。 8.2.1 下列部位应采取防烟措施： 1 封闭楼梯间。 2 防烟楼梯间及其前室。 3 消防电梯的前室或合用前室。 4 避难层、避难间。 5 避难走道的前室，地铁工程中的避难走道
一般规定	《建筑防烟排烟系统技术标准》（GB 51251—2017）相关规定。 4.1.1 优先采用自然排烟。 4.1.2 同一防烟分区应采用同一种排烟方式。 4.1.3 建筑的中庭、与中庭相连通的回廊及周围场所的排烟系统的设计应符合下列规定： 1 中庭应设置排烟设施。 3 回廊排烟设施的设置应符合下列规定： 1）当周围场所各房间均设置排烟设施时，回廊可不设，但商店建筑的回廊应设置排烟设施。 2）当周围场所任一房间未设置排烟设施时，回廊应设置排烟设施。 4 当中庭与周围场所未采用防火隔墙、防火玻璃隔墙、防火卷帘时，中庭与周围场所之间应设置挡烟垂壁

	《建筑防烟排烟系统技术标准》（GB 51251—2017）相关规定。
机械加压 送风设施	3.3.3 建筑高度小于或等于50m的建筑，当楼梯间设置加压送风井（管）道确有困难时，楼梯间可采用直灌式加压送风系统，并应符合下列规定： 1 建筑高度大于32m的高层建筑，应采用楼梯间两点部位送风的方式，送风口之间距离不宜小于建筑高度的1/2。 2 送风量应按计算值或本标准第3.4.2条规定的送风量增加20%。 3 加压送风口不宜设在影响人员疏散的部位。 3.3.4 设置机械加压送风系统的楼梯间的地上部分与地下部分，其加压送风系统应分别独立设置。 3.3.5 机械加压送风风机宜采用轴流风机或中、低压离心风机，其设置应符合下列规定：【2023、2019】 1 送风机的进风口应直通室外，且应采取防止烟气被吸入的措施。 2 送风机的进风口宜设在机械加压送风系统的下部。 3 送风机的进风口不应与排烟风机的出风口设在同一面上。当确有困难时，送风机的进风口与排烟风机的出风口应分开布置，且竖向布置时，送风机的进风口应设置在排烟出口的下方，其两者边缘最小垂直距离不应小于6.0m；水平布置时，两者边缘最小水平距离不应小于20.0m。 4 送风机应设在专用机房内。 3.3.8 机械加压送风管道的设置和耐火极限应符合下列规定： 1 竖向设置的送风管道应独立设置在管道井内，当确有困难时，未设置在管道井或与其他管道合用管道井的送风管道，其耐火极限不应低于1.00h。 2 水平设置的送风管道，当设置在吊顶内时，其耐火极限不应低于0.50h；当未设置在吊顶内时，其耐火极限不应低于1.00h。 3.3.9 机械加压送风系统的管道井应采用耐火极限不低于1.00h的隔墙与相邻部位分隔，当墙上必须设置检修门时应采用乙级防火门。 3.3.10 采用机械加压送风的场所不应设置百叶窗，且不宜设置可开启外窗。 4.3.4 厂房、仓库的自然排烟窗（口）设置尚应符合下列规定： 1 当设置在外墙时，自然排烟窗（口）应沿建筑物的两条对边均匀设置。 2 当设置在屋顶时，自然排烟窗（口）应在屋面均匀设置且宜采用自动控制方式开启；当屋面斜度小于或等于12°时，每200m²的建筑面积应设置相应的自然排烟窗（口）；当屋面斜度大于12°时，每400m²的建筑面积应设置相应的自然排烟窗（口）。 【条文说明】4.3.4 对工业建筑的排烟措施，由于其采用的排烟方式较为简便，更需要均匀布置，根据德国等国家的消防技术要求，结合我国的工程实践，强调了均匀布置的控制指标。在侧墙上设置的，应尽量在建筑的两侧长边的高位对称布置，形成对流，窗的开启方向应顺烟气流动方向，在顶部设置的，火灾时靠人员手动开启不太现实，为便于火灾时能及时开启，最好设置自动排烟窗。 4.4.14 按本标准第4.1.4条规定需要设置固定窗时，固定窗的布置应符合下列规定： 1 非顶层区域的固定窗应布置在每层的外墙上。 2 顶层区域的固定窗应布置在屋顶或顶层的外墙上，但未设置自动喷水灭火系统的以及采用钢结构屋顶或预应力钢筋混凝土屋面板的建筑应布置在屋顶【2019】

	《消防设施通用规范》（GB 55036—2022）相关规定。
消防设施	11.1.3 机械加压送风管道和机械排烟管道均应采用**不燃性材料**，且管道的内表面应光滑，管道的密闭性能应满足火灾时加压送风或排烟的要求。 11.1.4 加压送风机和排烟风机的公称风量，在计算风压条件下不应小于计算所需风量的1.2倍。 11.2.1 下列建筑的防烟楼梯间及其前室、消防电梯的前室和合用前室应设置**机械加压送风系统**： 1 建筑高度大于100m的住宅。 2 建筑高度大于50m的公共建筑。 3 建筑高度大于50m的工业建筑。 11.2.2 机械加压送风系统应符合下列规定： 1 对于采用合用前室的防烟楼梯间，当楼梯间和前室均设置机械加压送风系统时，楼梯间、合用前室的机械加压送风系统应**分别独立设置**。 2 对于在梯段之间采用防火隔墙隔开的剪刀楼梯间，当楼梯间和前室（包括共用前室和合用前室）均设置机械加压送风系统时，每个楼梯间、共用前室或合用前室的机械加压送风系统均应**分别独立设置**。 3 对于建筑高度大于100m的建筑中的防烟楼梯间及其前室，其机械加压送风系统应**竖向分段独立设置**，且每段的系统服务高度**不应大于100m**。 11.2.3 采用自然通风方式防烟的防烟楼梯间前室、消防电梯前室应具有面积**大于或等于2.0m²的可开启外窗或开口**，共用前室和合用前室应具有面积**大于或等于3.0m²的可开启外窗或开口**。 11.2.4 采用自然通风方式防烟的避难层中的避难区，应具有不同朝向的可开启外窗或开口，其可开启有效面积应大于或等于避难区地面面积的2%，且每个朝向的面积均应大于或等于2.0m²。避难间应至少有一侧外墙具有可开启外窗，其可开启有效面积应大于或等于该避难间地面面积的2%，并应大于或等于2.0m²。 11.2.6 机械加压送风系统应与火灾自动报警系统联动，并应能在防火分区内的火灾信号确认后15s内联动**同时开启该防火分区的全部疏散楼梯间、该防火分区所在着火层及其相邻上下各一层疏散楼梯间及其前室或合用前室的常闭加压送风口和加压送风机**。

14.5-1 [2019-75] 关于民用建筑设有机械排烟系统时设置固定窗的说法，错误的是（ ）。

A. 平时不可开启   B. 火灾时可人工破碎

C. 可为内窗   D. 不可用于火灾初期自然排烟

答案： C

解析： 参见《建筑防烟排烟系统技术标准》（GB 51251—2017）第4.4.14条。

14.5-2 [2019-76] 关于加压送风系统的设计要求，错误的是（ ）。

A. 加压风机应直接从室外取风

B. 加压风机进风口宜设于加压送风系统下部

C. 加压送风不应采用土建风道

D. 加压送风进风口与排烟系统出口水平布置时距离不小于10.0m

答案：D

解析：参见《建筑防烟排烟系统技术标准》（GB 51251—2017）第3.3.5条。

考点20：排烟系统设计【★★★★】

民用建筑设置场所	根据《建筑防火通用规范》（GB 55037—2022）相关规定。 8.2.2 除不适合设置排烟设施的场所、火灾发展缓慢的场所可不设置排烟设施外，工业与民用建筑的下列场所或部位应采取排烟等烟气控制措施：【2024】 1 建筑面积大于300m^2，且经常有人停留或可燃物较多的地上丙类生产场所，丙类厂房内建筑面积大于300m^2，且经常有人停留或可燃物较多的地上房间。 2 建筑面积大于100m^2 的地下或半地下丙类生产场所。 3 除高温生产工艺的丁类厂房外，其他建筑面积大于5000m^2 的地上丁类生产场所。 4 建筑面积大于1000m^2 的地下或半地下丁类生产场所。 5 建筑面积大于300m^2 的地上丙类库房。 6 设置在地下或半地下、地上第四层及以上楼层的歌舞娱乐放映游艺场所，设置在其他楼层且房间总建筑面积大于100m^2 的歌舞娱乐放映游艺场所。 7 公共建筑内建筑面积大于100m^2 且经常有人停留的房间。 8 公共建筑内建筑面积大于300m^2 且可燃物较多的房间。 9 中庭。 10 建筑高度大于32m的厂房或仓库内长度大于20m的疏散走道，其他厂房或仓库内长度大于40m的疏散走道，民用建筑内长度大于20m的疏散走道。 8.2.3 除敞开式汽车库、地下一层中建筑面积小于1000m^2 的汽车库、地下一层中建筑面积小于1000m^2 的修车库可不设置排烟设施外，其他汽车库、修车库应设置排烟设施
挡烟垂壁	用不燃材料制成，垂直安装在建筑顶棚、梁或吊顶下，能在火灾时形成一定的蓄烟空间的挡烟分隔设施
储烟仓	位于建筑空间顶部，由挡烟垂壁、梁或隔墙等形成的用于蓄积火灾烟气的空间。储烟仓高度即设计烟层厚度
清晰高度	《建筑防烟排烟系统技术标准》（GB 51251—2017）相关规定。【2022】 2.1.12 清晰高度：烟层下缘至室内地面的高度。 4.6.9 走道、室内空间净高不大于3m的区域，其最小清晰高度不宜小于其净高的1/2，其他区域的最小清晰高度应按下式计算： $$H_q = 1.6 + 0.1H'$$ 式中 H_q——最小清晰高度，m； H'——对于单层空间，取排烟空间的建筑净高度，m；对于多层空间，取最高疏散层的层高，m
防烟分区	《建筑防烟排烟系统技术标准》（GB 51251—2017）相关规定。 4.2.1 设置排烟系统的场所或部位应采用挡烟垂壁、结构梁及隔墙等划分防烟分区。防烟分区不应跨越防火分区。【2024】 4.2.2 挡烟垂壁等挡烟分隔设施的深度不应小于本标准第4.6.2条规定的储烟仓厚度。对于有吊顶的空间，当吊顶开孔不均匀或开孔率小于或等于25%时，吊顶内空间高度不得计入储烟仓厚度。

防烟分区	4.2.3 设置排烟设施的建筑内，敞开楼梯和自动扶梯穿越楼板的开口部应设置挡烟垂壁等设施。 4.2.4 公共建筑、工业建筑防烟分区的最大允许面积及其长边最大允许长度应符合表4.2.4（表14.5-1）的规定，当工业建筑采用自然排烟系统时，其防烟分区的长边长度尚不应大于建筑内空间净高的8倍。【2024】 **表 14.5-1　　公共建筑、工业建筑防烟分区的最大允许面积及其长边最大允许长度** 下表 注：1. 公共建筑、工业建筑中的走道宽度不大于2.5m时，其防烟分区的长边长度不应大于60m。 　　2. 当空间净高大于9m时，防烟分区之间可不设置挡烟设施。 　　3. 汽车库防烟分区的划分及其排烟量应符合现行国家规范《汽车库、修车库、停车场设计防火规范》（GB 50067）的相关规定

表 14.5-1　　公共建筑、工业建筑防烟分区的最大允许面积及其长边最大允许长度

空间净高 H/m	最大允许面积/m²	长边最大允许长度/m
$H \leqslant 3.0$	500	24
$3.0 < H \leqslant 6.0$	1000	36
$H > 6.0$	2000	60m；具有自然对流条件时，不应大于75m

自然排烟	利用火灾热烟气流的浮力和外部风压作用，通过建筑开口将建筑内的烟气直接排至室外的排烟方式；具有排烟作用的可开启外窗或开口，可通过自动、手动、温控释放等方式开启
自然排烟设施	《建筑防烟排烟系统技术标准》（GB 51251—2017）相关规定。 4.3.1 采用自然排烟系统的场所应设置自然排烟窗（口）。 4.3.2 防烟分区内自然排烟窗（口）的面积、数量、位置应按本标准第4.6.3条规定经计算确定，且防烟分区内任一点与最近的自然排烟窗（口）之间的水平距离不应大于30m。当工业建筑采用自然排烟方式时，其水平距离尚不应大于建筑内空间净高的2.8倍；当公共建筑空间净高大于或等于6m，且具有自然对流条件时，其水平距离不应大于37.5m。 4.3.3 自然排烟窗（口）应设置在排烟区域的顶部或外墙，并应符合下列规定： 1 当设置在外墙上时，自然排烟窗（口）应在储烟仓以内，但走道、室内空间净高不大于3m的区域的自然排烟窗（口）可设置在室内净高度的1/2以上。 2 自然排烟窗（口）的开启形式应有利于火灾烟气的排出。 3 当房间面积不大于200m²时，自然排烟窗（口）的开启方向可不限。 4 自然排烟窗（口）宜分散均匀布置，且每组的长度不宜大于3.0m。 5 设置在防火墙两侧的自然排烟窗（口）之间最近边缘的水平距离不应小于2.0m。 4.3.4 厂房、仓库的自然排烟窗（口）设置尚应符合下列规定：【2022（12）、2020】 1 当设置在外墙时，自然排烟窗（口）应沿建筑物的两条对边均匀设置。 2 当设置在屋顶时，自然排烟窗（口）应在屋面均匀设置且宜采用自动控制方式开启。当屋面斜度小于或等于12°时，每200m²的建筑面积应设置相应的自然排烟窗（口）；当屋面斜度大于12°时，每400m²的建筑面积应设置相应的自然排烟窗（口）

地下车库	《车库建筑设计规范》(JGJ 100—2015) 相关规定。 3.2.8 地下车库排风口宜设于**下风向**，并应做消声处理。排风口不应朝向邻近建筑的可开启外窗；当排风口与人员活动场所的距离小于 10m 时，朝向人员活动场所的排风口底部距人员活动地坪的高度**不应小于 2.5m**【2023】 《汽车库、修车库、停车场设计防火规范》(GB 50067—2014) 相关规定。 8.2.3 排烟系统可采用自然排烟方式或机械排烟方式。机械排烟系统**可与人防、卫生等排气、通风系统合用**
消防设施通用规范规定	11.3.1 同一个防烟分区应采用**同一种排烟方式。** 11.3.3 机械排烟系统应符合下列规定： 1 沿水平方向布置时，应按**不同防火分区独立设置**。 2 建筑高度大于 50m 的公共建筑和工业建筑、建筑高度大于 100m 的住宅建筑，其机械排烟系统应**竖向分段独立设置**，且公共建筑和工业建筑中每段的系统服务高度应小于或等于 50m，住宅建筑中每段的系统服务高度**应小于或等于 100m。** 11.3.5 下列部位应设置排烟防火阀，排烟防火阀应具有在 280℃ 时**自行关闭和联锁关闭**相应排烟风机、补风机的功能： 1 垂直主排烟管道与每层水平排烟管道连接处的水平管段上。 2 一个排烟系统负担多个防烟分区的排烟支管上。 3 排烟风机入口处。 4 排烟管道穿越防火分区处。 11.3.6 除地上建筑的走道或地上建筑面积小于 500m² 的房间外，设置排烟系统的场所应能**直接从室外引入空气补风，且补风量和补风口的风速应满足排烟系统有效排烟**的要求

14.5 - 3 综合案例题：某民用建筑，其建筑地下 2 层，地上 40 层，完成下面小题。

1. [2023 - 86] 下列四个关于防烟设计的说法中，错误的是（　　）。

A. 加压送风竖向分段设置

B. 防烟楼梯间地上与地下分开设置

C. 屋面加压进风口在排风口下风向

D. 进风口与同标高的排烟口距离 20m

答案：C

解析：根据《建筑防烟排烟系统技术标准》(GB 51251—2017) 第 3.3.4 条和第 3.3.5 条，选项 B 和 D 正确，根据《消防设施通用规范》(GB 55036—2022) 第 11.2.2 条，选项 A 正确。进风口要在排风口的上风向，防止气流污染短路，选项 C 错误。

14.5 - 4 [2022 - 55] 某严寒地区的室内游泳馆，其泳池大厅的平面与剖面如图 14.5 - 1 所示。排烟设计时，泳池大厅最小清晰高度为（泳池周边地面计算）（　　）。

A. 2.5m　　　　B. 4.5m　　　　C. 5.2m　　　　D. 5.5m

答案：A

解析：参见考点 20 中"清晰高度"的相关内容。

此题中，$H_q = 1.6m + 0.1 \times 9m = 2.5m$。

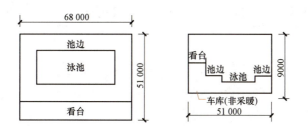

图 14.5-1

14.5-5 [2022（12）-60] 有一座长 30m，宽 15m，高 8m。屋面坡度为 10°的厂房，以下说法正确的是（　　）。

A. 屋顶设一个排烟窗

B. 在侧墙上设置时，在建筑的两侧长边的高位对称布置

C. 在屋顶上设置时，采用手动控制方式开启

D. 窗的开启方向应逆烟气流动方向

答案：B

解析：参见《建筑防烟排烟系统技术标准》（GB 51251—2017）第 4.3.4 条及条文说明。

考点 21：补风系统设计【★★】

补风	《建筑防烟排烟系统技术标准》（GB 51251—2017）相关规定。 4.5.3　补风系统可采用疏散外门、手动或自动可开启外窗等自然进风方式以及机械送风方式。防火门、窗不得用作补风设施。风机应设置在专用机房内。【2022】 4.5.4　补风口与排烟口设置在同一空间内相邻的防烟分区时，补风口位置不限；当补风口与排烟口设置在同一防烟分区时，补风口应设在储烟仓下沿以下；补风口与排烟口水平距离不应少于 5m。 4.5.5　补风系统应与排烟系统联动开启或关闭。 4.5.6　机械补风口的风速不宜大于 10m/s，人员密集场所补风口的风速不宜大于 5m/s；自然补风口的风速不宜大于 3m/s。 4.5.7　补风管道耐火极限不应低于 0.50h，当补风管道跨越防火分区时，管道的耐火极限**不应小于 1.50h**
	根据《消防设施通用规范》（GB 55036—2022）相关规定。 11.3.6　除地上建筑的走道或地上建筑面积小于 500m² 的房间外，设置排烟系统的场所应能**直接从室外引入空气补风**，且补风量和补风口的风速应满足排烟系统有效排烟的要求

14.5-6 [2022-68] 下列选项中不能做机械排烟的自然补风的是（　　）。

A. 疏散外门　　　　　　　　　B. 防火外窗

C. 手动开启外窗　　　　　　　D. 自动开启外窗

答案：B

解析：参见《建筑防烟排烟系统技术标准》（GB 51251—2017）第 4.5.3 条。

考点 22：供暖通风与空气调节系统的防火设施 【★★】

排烟管道	《建筑防烟排烟系统技术标准》（GB 51251—2017）相关规定。 4.4.5　排烟风机应设置在专用机房内，并应符合本标准第 3.3.5 条第 5 款的规定，且**风机两侧应有 600mm 以上的空间**。对于排烟系统与通风空气调节系统共用的系统，其排烟风机与排风风机的合用机房应符合下列规定：【2021】 　1 机房内**应设置自动喷水灭火系统**。 　2 机房内**不得设置用于机械加压送风的风机与管道**。 　3 排烟风机与排烟管道的连接部件应能在 280℃时连续 30min 保证其结构完整性。 4.4.6　排烟风机**应满足 280℃时连续工作 30min** 的要求，排烟风机应与风机入口处的排烟防火阀连锁，当该阀关闭时，排烟风机应能停止运转。 4.4.8　排烟管道的设置和耐火极限应符合下列规定： 　1 排烟管道及其连接部件应能在 280℃时连续 30min 保证其结构完整性。 　2 竖向设置的排烟管道应设置在独立的管道井内，排烟管道的耐火极限不应低于 0.50h。 　3 水平设置的排烟管道应设置在吊顶内，其耐火极限不应低于 0.50h；当确有困难时，可直接设置在室内，但管道的耐火极限不应小于 1.00h。 　4 设置在走道部位吊顶内的排烟管道，以及穿越防火分区的排烟管道，其管道的耐火极限不应小于 1.00h，但设备用房和汽车库的排烟管道耐火极限可不低于 0.50h。 4.4.9　当吊顶内有可燃物时，吊顶内的排烟管道应采用不燃材料进行隔热，并应与可燃物保持不小于 150mm 的距离。 4.4.11　设置排烟管道的管道井应采用耐火极限不小于 1.00h 的隔墙与相邻区域分隔；当墙上必须设置检修门时，应采用乙级防火门 根据《消防设施通用规范》（GB 55036—2022）相关规定。 11.3.5　下列部位应设置排烟防火阀，排烟防火阀应具有在 280℃时自行关闭和联锁关闭相应排烟风机、补风机的功能： 　1 垂直主排烟管道与每层水平排烟管道连接处的水平管段上。 　2 一个排烟系统负担多个防烟分区的排烟支管上。 　3 排烟风机入口处。 　4 排烟管道穿越防火分区处
排烟口	《建筑防烟排烟系统技术标准》（GB 51251—2017）相关规定。 4.4.12　排烟口的设置应按本标准第 4.6.3 条经计算确定，**且防烟分区内任一点与最近的排烟口之间的水平距离不应大于 30m**。除本标准第 4.4.13 条规定的情况以外，排烟口的设置尚应符合下列规定： 　1 排烟口宜设置在顶棚或靠近顶棚的墙面上。 　2 排烟口应设在储烟仓内，但走道、室内空间净高不大于 3m 的区域，其排烟口可设置在其净空高度的 1/2 以上；**当设置在侧墙时，吊顶与其最近边缘的距离不应大于 0.5m。** 　3 对于需要设置机械排烟系统的房间，当其建筑面积小于 50m^2 时，可通过走道排烟，排烟口可设置在疏散走道。 　4 火灾时由火灾自动报警系统联动开启排烟区域的排烟阀或排烟口，应在现场设置手动开启装置。 　5 排烟口的设置宜使烟流方向与人员疏散方向相反，排烟口与附近安全出口相邻边缘之间的水平距离不应小于 1.5m
防火阀的布置	公共建筑的浴室、卫生间和厨房的竖向排风管，应采取防止回流措施并宜在支管上设置公称动作温度为 70℃ 的防火阀
	公共建筑内厨房的排油烟道宜按防火分区设置，且与竖向排风管连接的支管处应设置公称动作温度为 150℃ 的防火阀

14.5-7 案例题：根据图14.5-2所示建筑平面，完成第1~3题。

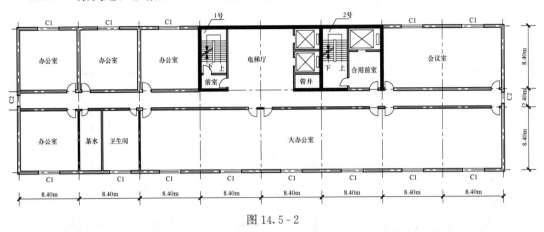

图 14.5-2

1. 需要设防烟的部位是（　　）。

A. 1号楼梯间及前室和2号楼梯间及合用前室

B. 1号楼梯间及前室和2号楼梯间及合用前室电梯厅

C. 1号楼梯间及前室和2号楼梯间及合用前室走廊

D. 1号楼梯间及前室和2号楼梯间及合用前室电梯厅走廊

答案：A

解析：参见考点19中《建筑防火通用规范》（GB 50037—2022）第8.2.1条。

2. 需要排烟的部位是（　　）。

A. 储藏室、茶水间　　　　　　　　B. 大办公室、办公室、会议室

C. 大办公室、会议室、走廊　　　　D. 大办公室、办公室、会议室、走廊

答案：C

解析：参见考点20中《建筑防火通用规范》（GB 50037—2022）第8.2.2条。

3. 办公楼哪个地方需要设置新风？（　　）

A. 储藏间、茶水间　　　　　　　　B. 卫生间

C. 会议室、办公室　　　　　　　　D. 除核心筒外的所有区域

答案：D

解析：新风系统是根据在密闭的室内一侧用专用设备向室内送新风，再从另一侧由专用设备向室外排出，在室内会形成"新风流动场"，从而满足室内新风换气的需要。核心筒区域设置了防烟区域，而且设置了正压送风，就不需要另外设置新风。

14.5-8 案例题：图14.5-3所示为某九层二类高层办公楼的顶层局部平面图（同一部位），根据现行规范、任务条件、任务要求和图例，根据技术经济合理的原则，完成消防系统平面布置。

任务条件：

1）建筑层高均为4.0m，各控外窗可开启面积均为1.0m²。

2）中庭6~9层通高，为独立防火分区，以特级防火卷帘与其他区域分隔。

3）办公室、会议室采用风机盘管加新风系统。

4）走廊仅提供新风。

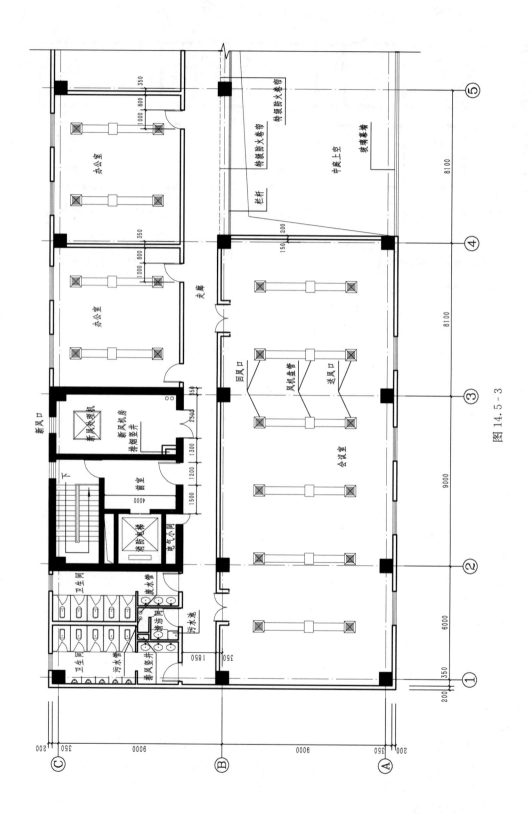

图 14.5 - 3

1. 新风由采风口接至走廊内新风干管的正确路径应为（　　）。

A. 采风口—新风管—新风处理机—防火阀—新风管

B. 防火阀—采风口—新风管—新风处理机—新风管

C. 采风口—新风管—新风处理机—新风管—防火阀

D. 采风口—防火阀—新风管—新风处理机—新风管

答案：C

解析：新风一般经由新风口进入新风管送至新风处理机，经新风处理机处理后，通过新风管接至走廊内新风干管，新风管穿越新风机房与走廊隔墙时需加设防火阀。

2. 由新风机房提供的新风进入走廊内的新风干管后，下列做法中正确的是（　　）。

A. 经新风支管送至办公室、会议室新风口或风机盘管送风管

B. 经防火阀接至新风支管后送至办公室、会议室新风口

C. 经新风支管及防火阀送至办公室、会议室风机盘管送风管

D. 经新风支管及防火阀送至中庭新风口

答案：A

解析：新风经新风干管、新风支管送到办公室、会议室新风口，也可以送到风机盘管送风管再送到办公室、会议室。

3. 应设置排风系统的区域是（　　）。

A. 卫生间和前室　　　　　　　　　　B. 清洁间和楼梯间

C. 前室和楼梯间　　　　　　　　　　D. 卫生间和清洁间

答案：D

解析：根据《民用建筑供暖通风与空气调节设计规范》（GB 50736—2012）中以下条款：6.3.6　公共卫生间应设置机械排风系统。公共浴室宜设气窗；无条件设气窗时，应设独立的机械排风系统。应采取措施保证浴室、卫生间对更衣室以及其他公共区域的负压。本题中卫生间和清洁间需要设排风系统保证其相对于其他区域的负压。

4. 应设置排烟口的区域是（　　）。

A. 仅走廊　　　　　B. 走廊和会议室　　　　C. 走廊和前室　　　　D. 前室和会议室

答案：B

解析：依据解析要点，走廊和会议室应设置排烟口，各设1个排烟口即可。

5. 排烟口的正确做法是（　　）。

A. 直接安装在排烟竖井侧墙上　　　　B. 经排烟管接至排烟竖井

C. 经排烟管、防火阀接至排烟竖井　　D. 经防火阀、排烟管接至排烟竖井

答案：D

解析：依据解析要点，在排烟支管上应设有当烟气温度超过280℃时能自行关闭的排烟防火阀，故连接排烟口的排烟支管上应设排烟防火阀，排烟管与排烟竖井之间要不用设防烟阀。

以上1～5题该九层二类高层办公楼平面排风管、排风口、新风管和新风口布置参考答案如图14.5-4所示。

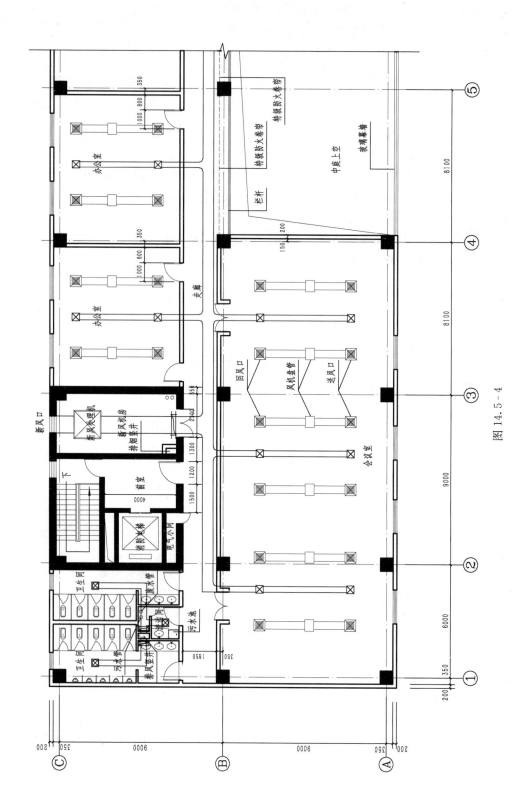

图 14.5 - 4

430

第六节　暖通空调系统能源种类及安全措施

考点 23：暖通空调系统能源种类及安全措施【★★】

燃气管道	地下燃气管道**不得从建筑物和大型构筑物的下面穿越**；不得敷设在卧室、浴室、地下室、易燃或易爆品的仓库、有腐蚀性介质的房间、配电室、变电室、电缆沟、烟道和进风道等地方；燃气引入管进入密闭室时，密闭室必须进行改造，**并设置换气口**，其通风换气次数每小时不得小于 3 次。燃气引入管穿过建筑物基础、墙或管沟时，**均应设置在套管中，并应考虑沉降的影响**，必要时采取补偿措施；**建、构筑物内部的燃气管道应明设。**当建筑或工艺有特殊要求时，可暗设，但必须便于安装和检修。 　　燃气管道的立管不得敷设**在卧室、浴室或厕所**中。当室内燃气管道穿过楼板、楼梯平台、墙壁和隔墙时，必须安装在套管中【2024、2019】
	《民用建筑设计统一标准》（GB 50352—2019）相关规定。【2021】 8.4.17-1 公共建筑中燃具的设置应符合下列规定：燃具设置在地下室、半地下室（液化石油气除外）和地上无自然通风房间等场所时，应设置**机械通风设施和独立的事故排风设施**
居民生活和公共建筑用气	用户计量装置的安装位置，应符合下列要求： （1）宜安装在非燃结构的室内通风良好处。 （2）严禁安装在卧室、浴室、危险品和易燃物品堆放处，以及与上述情况类似的地方。 （3）公共建筑和工业企业生产用气的计量装置，宜设置在单独房间内
	燃气表的安装应满足抄表、检修、保养和安全使用的要求。当燃气表在燃气灶具上方时，燃气表与燃气灶的水平净距不得小于 30cm。居民生活使用的各类用气设备应采用**低压燃气**。居民生活用气设备**严禁安装在卧室内**。居民住宅厨房内装有直接排气式热水器时应设排风扇
	《燃气工程项目规范》（GB 55009—2021）相关规定。 5.3.3　用户燃气管道及附件应结合建筑物的结构合理布置，并应设置在便于安装、检修的位置，不得设置在下列场所： 1 卧室、客房等人员居住和休息的房间。 2 建筑内的避难场所、电梯井和电梯前室、封闭楼梯间、防烟楼梯间及其前室。 3 空调机房、通风机房、计算机房和变、配电室等设备房间。 4 易燃或易爆品的仓库、有腐蚀性介质等场所。 5 电线（缆）、供暖和污水等沟槽及烟道、进风道和垃圾道等地方

14.6-1 [2024-88] 燃气立管宜明设，当不得不设置在竖井时，下列做法错误的是（　　）。

A. 检查门采用丙级防火门

B. 保证平时竖井内自然通风

C. 竖井内设置燃气浓度监测报警器

D. 与电缆设在同一竖井内

答案: D

解析: 根据《城市燃气设计规范》(GB 50028—2006) 第10.2.14条燃气引入管敷设位置应符合下列规定: 1. 燃气引入管不得敷设在卧室、卫生间、易燃或易爆品的仓库、有腐蚀性介质的房间发电间、配电间、变电室、不使用燃气的空调机房、通风机房、计算机房、电缆沟、暖气沟、烟道和进风道、垃圾道等地方。

14.6-2 [2021-69] 地下室无窗燃气厨房需设置( )。

A. 泄爆窗井　　　B. 事故排风　　　　C. 气体灭火　　　　D. 灾后排烟

答案: B

解析: 参见《民用建筑设计统一标准》(GB 50352—2019) 第8.4.17-1条,故答案选 B。

14.6-3 [2020-69] 建筑物的设备层敷设燃气管道时,下列设备层内的设计做法,错误的是( )。

A. 设置独立的事故通风设施

B. 采用固定的防爆照明设施

C. 采用水泥刨花板与修理间隔开

D. 设置燃气浓度检测报警器

答案: C

解析: 应采用非燃烧体实体墙与电话间、变配电室、修理间、储藏室、卧室、休息室隔开,水泥刨花板的燃烧性能达不到要求,故答案选 C。

14.6-4 综合案例题:图 14.6-1 为寒冷地区某员工食堂,所有房间均有可开启外窗,请回答79~81题。

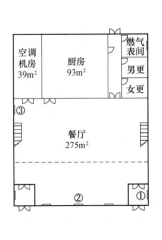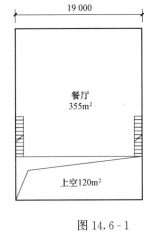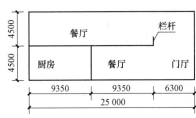

图 14.6-1

79. 散热器放置位置,错误的是( )。

A. ①　　　　B. ②　　　　　C. ③　　　　　D. ④

答案: A

解析：根据《民用建筑供暖通风与空气调节设计规范》（GB 50736—2012）第5.3.7条。

80. 相对于餐厅，厨房应保持（　　）。

A. 正压　　　　　　B. 负压　　　　　　C. 零压　　　　　　D. 无要求

答案：B

解析：负压可以保证空气污染控制在餐厅区域内。

81. 下列排烟设施的说法，正确的是（　　）。

A. 走道应设置排烟设施

B. 厨房应设置排烟设施

C. 敞开楼梯穿越楼板的开口部位设置挡烟垂壁

D. 二层餐厅应至少划分两个防烟分区

答案：C

解析：根据《建筑设计防火规范》（GB 50016—2014，2018年版）第8.5.3条和《建筑防烟排烟系统技术标准》（GB 51251—2017）第4.2.1条和第4.2.4条。

第十五章 建 筑 电 气

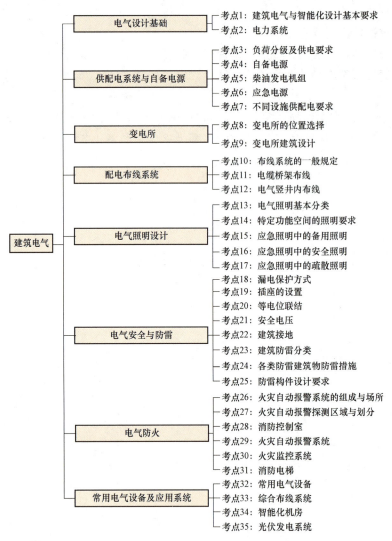

建筑电气

电气设计基础
- 考点1：建筑电气与智能化设计基本要求
- 考点2：电力系统

供配电系统与自备电源
- 考点3：负荷分级及供电要求
- 考点4：自备电源
- 考点5：柴油发电机组
- 考点6：应急电源
- 考点7：不同设施供配电要求

变电所
- 考点8：变电所的位置选择
- 考点9：变电所建筑设计

配电布线系统
- 考点10：布线系统的一般规定
- 考点11：电缆桥架布线
- 考点12：电气竖井内布线

电气照明设计
- 考点13：电气照明基本分类
- 考点14：特定功能空间的照明要求
- 考点15：应急照明中的备用照明
- 考点16：应急照明中的安全照明
- 考点17：应急照明中的疏散照明

电气安全与防雷
- 考点18：漏电保护方式
- 考点19：插座的设置
- 考点20：等电位联结
- 考点21：安全电压
- 考点22：建筑接地
- 考点23：建筑防雷分类
- 考点24：各类防雷建筑物防雷措施
- 考点25：防雷构件设计要求

电气防火
- 考点26：火灾自动报警系统的组成与场所
- 考点27：火灾自动报警探测区域与划分
- 考点28：消防控制室
- 考点29：火灾自动报警系统
- 考点30：火灾监控系统
- 考点31：消防电梯

常用电气设备及应用系统
- 考点32：常用电气设备
- 考点33：综合布线系统
- 考点34：智能化机房
- 考点35：光伏发电系统

考情分析

节 名	近5年考试分值统计					
	2024 年	2023 年	2022 年 12 月	2022 年 5 月	2021 年	2020 年
第一节 电气设计基础	0	0	0	1	1	0
第二节 供配电系统与自备电源	2	2	2	2	3	3

434

节　名		近5年考试分值统计					
		2024年	2023年	2022年12月	2022年5月	2021年	2020年
第三节	变电所	1	2	1	1	1	2
第四节	配电布线系统	1	1	1	2	1	1
第五节	电气照明设计	0	0	1	3	3	2
第六节	电气安全与防雷	2	1	3	2	2	3
第七节	电气防火	2	4	3	4	2	4
第八节	常用电气设备及应用系统	3	2	1	3	3	1
总　计		11	12	12	18	16	16

考点精讲与典型习题

第一节　电气设计基础

考点1：建筑电气与智能化设计基本要求【★★】

根据《建筑电气与智能化通用规范》（GB 55024—2022）相关规定

安全	2.0.1　建筑电气工程应能向电气设备输送和分配电能，当供配电系统或电气设备发生故障危及人身安全时，应具备在规定的时间内切断其电源的功能
故障报警	2.0.2　建筑智能化系统工程应具备为建筑物内的人员和有通信要求的设备提供信息服务的功能，当智能化系统发生故障时，应具备在规定的时间内报警的功能
设备用房	2.0.3　建筑物电气设备用房和智能化设备用房应符合下列规定：【2023】 1 不应设在卫生间、浴室等经常积水场所的直接下一层，当与其贴邻时，应采取防水措施。 2 地面或门槛应高出本层楼地面，其标高差值**不应小于0.10m**，设在地下层时**不应小于0.15m**。 3 无关的管道和线路不得穿越。 4 **电气设备的正上方不应设置水管道。** 5 变电所、柴油发电机房、智能化系统机房**不应有变形缝穿越**。 6 楼地面应满足电气设备和智能化设备荷载的要求
补偿	2.0.5　母线槽、电缆桥架和导管穿越建筑物变形缝处时，应设置**补偿装置**
降低能耗	2.0.9　建筑电气及智能化系统工程中采用的节能技术和产品，应在满足建筑功能要求的前提下，**提高建筑设备及系统的能源利用效率，降低能耗**

15.1-1 [2023-91] 如图15.1-1所示变电用房平面，尺寸为14m×7.3m，其对于出入口①②的设置描述（　　）。

A.①错②对　　　　B.①对②错

C.①错②错　　　　D.①对②对

答案：C

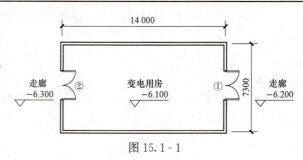

图 15.1-1

解析：参见《建筑电气与智能化通用规范》（GB 55024—2022）第 2.0.3 条。①错在地下室地面或门槛应高出本层楼地面不应小于 0.15m。②错在门没有向外开。

15.1-2［2023-92］关于建筑电气设备用房的位置，说法错误的是（　　）。

A. 不应设置在卫生间上一层　　　　　B. 上方不应有水管穿过

C. 无关的管线不得穿越　　　　　　　D. 变形缝不得穿越

答案：A

解析：参见《建筑电气与智能化通用规范》（GB 55024—2022）第 2.0.3 条，选项 A 错在不应设在卫生间、浴室等经常积水场所的直接下一层。

考点 2：电力系统【★★★】

概述		发电厂、电力网和电能用户三者组合成的一个整体称为电力系统	
发电厂		发电厂是生产电能的工厂，可分为火力、水力发电厂、核电站、风力发电站、太阳能发电站等。 其中火力发电是**集中式**发电，太阳能、天然气、水力发电可以是**分布式**发电【2020】	
电力网	概念	输送和分配电能的设备称为电力网。包括：各种电压等级的输电线路及变电所、配电所。 **输电线路**是把发电厂生产的电能，输送到远离发电厂的广大城市、工厂、农村。 **配电所**是接受电能和分配电能的场所。 **变电所**是接受电能、改变电能电压和分配电能的场所	
	高、低压	电力网电压在**1kV 以上**的电压称为高压，**1kV 及以下**的电压称为低压	
	电压等级	输电线路的额定电压等级为 500kV、330kV、220kV、110kV、（63）35kV、10kV 和 220/380V。其中，常用的低压配电系统采用220V/380V 电压等级	
	电压选择	根据《民用建筑电气设计标准》（GB 51348—2019）相关规定。 3.4.1 当用电设备的安装容量在 250kW 及以上或变压器安装容量在 160kVA 及以上时，宜以**20kV 或 10kV** 供电；当用电设备总容量在 250kW 以下或变压器安装容量在 160kVA 以下时，可由低压**380V/220V** 供电。 3.4.2 当供电距离超过 300m 且采取增大线路截面积经济性较差时，柴油发电机组宜采用**10kV 及以上电压等级**	

15.1-3［2020-71］下列选项中，不属于分布式电源的是（　　）。

A. 火力发电　　　　　　　　　　　B. 太阳能发电

C. 天然气发电　　　　　　　　　　D. 风能发电

答案：A

解析：火力发电是**集中式**发电，太阳能、天然气、水力发电可以是**分布式**发电，故答案选 A。

第二节　供配电系统与自备电源

考点3：负荷分级及供电要求【★★★★★】

符合分级及供电要求

《建筑电气与智能化通用规范》（GB 5502—2022）相关规定。

3.1.1　民用建筑主要用电负荷的分级应符合表3.1.1（表15.2-1）的规定。

表15.2-1　　民用建筑主要用电负荷分级

用电负荷级别	用电负荷分级依据	适用建筑物示例	用电负荷名称
特级	1）中断供电将危害人身安全、造成人身重大伤亡。 2）中断供电将在经济上造成特别重大损失。 3）在建筑中具有特别重要作用及重要场所中不允许中断供电的负荷	高度150m及以上的一类高层公共建筑	安全防范系统、航空障碍照明等
一级	1）中断供电将造成人身伤害。 2）中断供电将在经济上造成重大损失。 3）中断供电将影响重要用电单位的正常工作，或造成人员密集的公共场所秩序严重混乱	一类高层建筑	安全防范系统、航空障碍照明、值班照明、警卫照明、客梯、排水泵、生活给水泵等
二级	1）中断供电将在经济上造成较大损失。 2）中断供电将影响较重要用电单位的正常工作或造成公共场所秩序混乱	二类高层建筑	安全防范系统、客梯、排水泵、生活给水泵等
		一类和二类高层建筑	主要通道、走道及楼梯间照明等
三级	不属于特级、一级和二级的用电负荷	—	—

民用建筑中各类建筑物的主要用电负荷分级

《民用建筑电气设计标准》（GB 51348—2019）表A（节选），见表15.2-2。

表15.2-2　　民用建筑中各类建筑物的主要用电负荷分级

序号	建筑物名称	用电负荷名称	负荷级别
1	国家级会堂、国宾馆、国家级国际会议中心	主会场、接见厅、宴会厅照明，电声、录像、计算机系统用电	一级*
		客梯、总值班室、会议室、主要办公室、档案室用电	一级
3	国家及省部级数据中心	计算机系统用电	一级*
4	国家及省部级防灾中心、电力调度中心、交通指挥中心	防灾、电力调度及交通指挥计算机系统用电	一级*
5	办公建筑	建筑高度超过100m的高层办公建筑主要通道照明和重要办公室用电	一级
		一类高层办公建筑主要通道照明和重要办公室用电	二级

序号	建筑物名称	用电负荷名称	负荷级别
8	电视台、广播电台	国家及省、市、自治区电视台、广播电台的计算机系统用电，直接播出的电视演播厅、中心机房、录像室、微波设备及发射机房用电	一级 *
9	剧场	特大型、大型剧场的舞台照明、贵宾室、演员化妆室、舞台机械设备、电声设备、电视转播、显示屏和字幕系统用电	一级
		特大型、大型剧场的观众厅照明、空调机房用电	二级
10	电影院	特大型电影院的消防用电和放映用电	一级
		特大型电影院放映厅照明、大型电影院的消防用电负荷、放映用电	二级
11	会展建筑、博览建筑	特大型会展建筑的应急响应系统用电；珍贵展品展室照明及安全防范系统用电	一级 *
		特大型会展建筑的客梯、排污泵、生活水泵用电；大型会展建筑的客梯用电；甲等、乙等展厅安全防范系统、备用照明用电	一级
		特大型会展建筑的展厅照明，主要展览、通风机、闸口机用电；大型及中型会展建筑的展厅照明、主要展览、排污泵、生活水泵、通风机、闸口机用电；中型会展建筑的客梯用电；小型会展建筑的主要展览、客梯、排污泵、生活水泵用电；丙等展厅备用照明及展览用电	二级
21	旅游饭店	四星级及以上旅游饭店的经营及设备管理用计算机系统用电	一级 *
		四星级及以上旅游饭店的宴会厅、餐厅、厨房、康乐设施用房、门厅及高级客房、主要通道等场所的照明用电；厨房、排污泵、生活水泵、主要客梯用电；计算机、电话、电声和录像设备、新闻摄影用电【2024】	一级
23	三级、二级医院	急诊抢救室、血液病房的净化室、产房、烧伤病房、重症监护室、早产儿室、血液透析室、手术室、术前准备室、术后复苏室、麻醉室、心血管造影检查室等场所中涉及患者生命安全的设备及其照明用电；大型生化仪器、重症呼吸道感染区的通风系统用电	一级 *
24	一级医院	急诊室用电	二级
25	住宅建筑	建筑高度大于 54m 的一类高层住宅的航空障碍照明、走道照明、值班照明、安防系统，电子信息设备机房、客梯、排污泵、生活水泵用电	一级
		建筑高度大于 27m 但不大于 54m 的二类高层住宅的走道照明、值班照明、安防系统、客梯、排污泵、生活水泵用电	二级
26	一类高层民用建筑	消防用电；值班照明；警卫照明；障碍照明用电；主要业务和计算机系统用电；安防系统用电；电子信息设备机房用电；客梯用电；排水泵；生活水泵用电	一级
		主要通道及楼梯间照明用电	二级

民用建筑中各类建筑物的主要用电负荷分级

438

民用建筑中各类建筑物的主要用电负荷分级	序号	建筑物名称	用电负荷名称	负荷级别
			续表	
	28	建筑高度大于150m的超高层公共建筑	消防用电	一级 *
	29	体育场（馆）及游泳馆	特级体育场（馆）及游泳馆的应急照明甲级体育场（馆）及游泳馆的应急照明	一级
	注：负荷分级表中"一级 *"为一级负荷中特别重要负荷			

15.2-1［2024-93］某旅馆设置了650间客房，下列用电负荷不属于一级负荷的是（   ）。

A. 客梯　　　　　　　　　　B. 生活给水泵

C. 排水泵　　　　　　　　　D. 空调机房

答案： D

解析： 根据《民用建筑电气设计标准》（GB 51348—2019）附录 A。

15.2-2［2020-73］甲等剧场观众厅照明的负荷等级是（   ）。

A. 特别重要负荷　　　　　　B. 一级负荷

C. 二级负荷　　　　　　　　D. 三级负荷

答案： C

解析： 特大型、大型剧场观众厅照明用电负荷等级为二级。

考点4：自备电源【★】

设置条件	《供配电系统设计规范》（GB 50052—2009）相关规定。 　4.0.1　符合下列条件之一时，**用户宜设置自备电源**： 　1 需要设置自备电源作为一级负荷中的特别重要负荷的应急电源时或第二电源不能满足一级负荷的条件时。 　2 设置自备电源比从电力系统取得第二电源经济合理时。 　3 有常年稳定余热、压差、废弃物可供发电，技术可靠、经济合理时。 　4 所在地区偏僻，远离电力系统，设置自备电源经济合理时。 　5 有设置分布式电源的条件，能源利用效率高、经济合理时 《民用建筑电气设计标准》（GB 51348—2019）相关规定。 　3.3.3　当符合下列条件之一时，用电单位**应设置自备电源**： 　1 一级负荷中含有特别重要负荷。 　2 设置自备电源比从电力系统取得第二电源更经济合理，或第二电源不能满足一级负荷要求。 　3 当双重电源中的一路为冷备用，且不能满足消防电源允许中断供电时间的要求。 　4 建筑高度超过50m的公共建筑的外部只有一回电源不能满足用电要求
种类	设置自备电源可用作应急电源和备用电源，包括**自备柴油发电机组、应急电源装置（EPS）、不间断电源装置（UPS）**

防止并网措施	《民用建筑电气设计标准》（GB 51348—2019）相关规定。 4.4.13 当自备电源接入变电所相同电压等级的配电系统时，应符合下列规定： 1 接入开关与供电电源网络之间应有电气联锁，防止并网运行。 2 应避免与供电电源网络的计量混淆。 3 接线应有一定的灵活性，并应满足在特殊情况下，相对重要负荷的用电。 4 与变电所变压器中性点接地形式不同时，电源接入开关的选择应满足接地形式的切换要求
电源供电	《建筑电气与智能化通用规范》（GB 55024—2022）相关规定。 3.1.2 一级用电负荷应由两个电源供电，并应符合下列规定： 1 当一个电源发生故障时，另一个电源不应同时受到损坏。 2 每个电源的容量应满足全部一级、特级用电负荷的供电要求。 3.1.3 特级用电负荷应由 3 个电源供电，并应符合下列规定： 1 3 个电源应由满足一级负荷要求的两个电源和一个应急电源组成。【2023】 2 应急电源的容量应满足同时工作最大特级用电负荷的供电要求。 3 应急电源的切换时间，应满足特级用电负荷允许最短中断供电时间的要求。 4 应急电源的供电时间，应满足特级用电负荷最长持续运行时间的要求

15.2 - 3［2023 - 93］下列关于特级用电负荷的说法，错误的是（　　　）。

A. 满足一级负荷要求的两个电源和一个应急电源供电

B. 应急电源的容量满足同时工作最大特级用电和一级负荷的供电要求

C. 应急电源的切换时间满足特级用电负荷允许最短中断供电时间的要求

D. 应急电源的供电时间满足特级用电负荷最长持续运行时间的要求

答案： B

解析： 参见《建筑电气与智能化通用规范》（GB 55024—2022）第 3.1.3 条。

考点 5：柴油发电机组【★★★★★】

自备应急柴油发电机组和备用柴油发电机组的机房设计	根据《民用建筑电气设计标准》（GB 51348—2019）相关规定。 6.1.2 自备应急柴油发电机组和备用柴油发电机组的机房设计应符合下列规定： 1 机房宜布置在建筑的首层、地下室、裙房屋面。当地下室为三层及以上时，不宜设置在最底层，并靠近变电所设置。机房宜靠建筑外墙布置，应有通风、防潮、机组的排烟、消声和减振等措施并满足环保要求。 2 机房宜设有发电机间、控制室及配电室、储油间、备品备件储藏间等。当发电机组单机容量不大于 1000kW 或总容量不大于 1200kW 时，发电机间、控制室及配电室可合并设置在同一房间。 3 发电机间、控制室及配电室不应设在厕所、浴室或其他经常积水场所的正下方或贴邻。 4 民用建筑内的柴油发电机房，应设置火灾自动报警系统和自动灭火设施

	根据《民用建筑电气设计标准》（GB 51348—2019）相关规定。 **6.1.11** 柴油发电机房设计应符合下列规定： 1 机房应有良好的通风。 2 机房面积在 50㎡ 及以下时宜设置不少于一个出入口，在 50㎡ 以上时宜设置不少于两个出入口，其中一个应满足搬运机组的需要；门应为向外开启的甲级防火门；发电机间与控制室、配电室之间的门和观察窗应采取防火、隔声措施，门应为甲级防火门，并应开向发电机间。 3 储油间应采用防火墙与发电机间隔开；当必须在防火墙上开门时，应设置能自行关闭的甲级防火门。 4 当机房噪声控制达不到现行国家标准《声环境质量标准》（GB 3096）的规定时，应做消声、隔声处理。 5 机组基础应采取减振措施，当机组设置在主体建筑内或地下层时，应防止与房屋产生共振。 6 柴油机基础宜采取防油浸的设施，可设置排油污沟槽，机房内管沟和电缆沟内应有 0.3% 的坡度和排水、排油措施
柴油发电机房设计	《建筑电气与智能化通用规范》（GB 55024—2022） **3.2.1** 变电所布置应符合下列规定： 1 配电室、电容器室长度大于 7m 时，应至少设置两个出入口。【2024】 **4.1.5** 当民用建筑的消防负荷和非消防负荷共用柴油发电机组时，应符合下列规定： 1 消防负荷应设置专用的回路。 2 应具备火灾时切除非消防负荷的功能。 3 应具备储油量低位报警或显示的功能【2024】

15.2-4 [2024-89] 当民用建筑中的消防负荷和非消防负荷共用柴油发电机组时，下列说法错误的是（　　）。

A. 消防回路应设置专用的回路

B. 应具备火灾时切断非消防负荷的功能

C. 柴油发电机间长度大于 7m 时，应至少设两个出入口

D. 柴油发电机组的储油量仅具备高位报警功能

答案： D

解析： 根据《建筑电气与智能化通用规范》（GB 55024—2022）第 3.2.1 条和 4.1.5 条。

15.2-5 [2022（5）-75] 以下关于柴油发电机房的表述，正确的是（　　）。

A. 远离变配电室　　　　　　　　　B. 不同电压不能放在同一个房间内

C. 不宜在地下　　　　　　　　　　D. 可以在屋顶上

答案： D

解析： 根据考点 5 "自备应急柴油发电机组和备用柴油发电机组的机房设计"相关内容。机房宜布置在建筑的首层、地下室（选项 C 错误）、裙房屋面（选项 D 正确）。当地下室为三层及以上时，不宜设置在最底层，并靠近变电所设置。机房宜设有发电机间、控制室及配电室、储油间、备品备件储藏间等。当发电机组单机容量不大于 1000kW 或总容量不大于 1200kW 时，发电机间、控制室及配电室可合并设置在同一房间（选项 A、B 错误）。

考点 6：应急电源【★★】

应急电源的基本条件	**应急电源与正常电源供电时不能同时损坏，这是应急电源的基本条件。主电源与应急电源间应采用自动切换方式**
应急电源类型选择	**应急电源类型应根据一级负荷中特别重要负荷的容量、允许中断供电的时间以及要求的电源为直流或交流等条件进行选择** 《供配电系统设计规范》（GB 50052—2009）相关规定。 3.0.4 下列电源可作为应急电源：【2023】 1 独立于正常电源的发电机组。 2 供电网络中独立于正常电源的专用馈电线路。 3 蓄电池。 4 干电池
电源选择	《民用建筑电气设计标准》（GB 51348—2019）相关规定。 3.3.10 应急电源应根据允许中断供电的时间选择，并应符合下列规定： 1 允许中断供电时间为 30s（60s）的供电，可选用快速自动启动的应急发电机组。 2 自动投入装置的动作时间能满足允许中断供电时间时，可选用独立于正常电源之外的专用馈电线路。 3 连续供电或允许中断供电时间为毫秒级装置的供电，可选用蓄电池静止型不间断电源装置（UPS）【2022（5）】 4 除本条第 3 款外，允许中断供电时间为毫秒级的应急照明供电，可采用应急照明集中电源装置(EPS) 根据《建筑电气与智能化通用规范》（GB 55024—2022）相关规定。 3.1.4 应急电源应由符合下列条件之一的电源组成： 1 独立于正常工作电源的，由专用馈电线路输送的城市电网电源。 2 独立于正常工作电源的发电机组

15.2-6 ［2023-90］下列选项中，不能用作应急电源的是（   ）。

A. 独立于正常电源的发电机组

B. 独立于正常电源的，由专用馈电线路输送的城市电网电源

C. 蓄电池组

D. 光伏发电系统

答案：D

解析：参见《供配电系统设计规范》（GB 50052—2009）第 3.0.4 条。

考点 7：不同设施供配电要求【★】

开闭所	概念	开闭所位于电力系统中变电站的下一级，是将高压电力分别向周围的用电单位供电的电力设施。它不仅是配电网底层最基本的单元，更是电力由高压向低压输送的关键环节之一。开闭所建筑是全金属密闭，能够在室外运行的 10kV 电压等级以下的开关柜组合

开闭所	供配电	开闭所采用**双回路供电**方式：双回路供电一般是指某一负荷的电路有两回，此电源接自上级配电所不同的开关，正常运行时由其中一回电源供电，另一回处于备供状态；当一回电源停电时，由用户侧的自动切换装置将电源进行切换，保障负荷的不间断供电**【2021】**
信息机房**【2022】**		数据中心内采用不间断电源系统供电的空调设备和电子信息设备不应由同一组不间断电源系统供电；测试电子信息设备的电源和电子信息设备的正常工作电源应采用不同的不间断电源系统
	A级	A级数据中心应由**双重电源供电**，并应设置备用电源。备用电源宜采用独立于正常电源的**柴油发电机组**，也可采用供电网络中独立于正常电源的专用馈电线路。当正常电源发生故障时，备用电源应能承担数据中心正常运行所需要的用电负荷
	B级	B级数据中心宜由双重电源供电，当只有一路电源时，应设置柴油发电机组为备用电源

15.2-7（2021-77）某建筑地上8层办公建筑，地下2层，建筑高度42m，其中地上面积8.9万 m²，地下1.8万 m²，此二类高层下列关于电源设置的说法，正确的是（　　）。

A. 从邻近1个开闭站引入两条380V电源

B. 从邻近1个开闭站引入10kV双回路电源

C. 从邻近2个开闭站分别引入两条380V

D. 从邻近2个开闭站引入10kV双重电源

答案：D

解析：开闭所是全金属密闭，能够在室外运行的10kV电压等级以下的开关柜组；双回路供电一般是指某一负荷的电源有两回路，此电源接自上级配电所不同的开关，正常运行时由其中一回路电源供电，另一回路处于备供状态；当一回路电源停电时，由用户侧的自动切换装置将电源进行切换，保障负荷的不间断供电。

参见《建筑设计防火规范》（GB 50016—2014，2018年版）第10.1.2-4条，二类高层民用建筑属于二级负荷供电，参见《民用建筑电气设计标准》（GB 51348—2019）第3.2.11条，二级负荷的外部电源进线宜由35kV、20kV或10kV双回线路供电。选项D与选项B相比，供电更安全稳定，不会因为1个开闭所故障导致10kV双重电源故障。

第三节 变 电 所

考点8：变电所的位置选择【★★★★】

变电所位置选择	根据《民用建筑电气设计标准》（GB 51348—2019）相关规定。 4.2.1 变电所位置选择，应符合下列要求： 1 深入或靠近负荷中心。 2 进出线方便。 3 设备吊装、运输方便。

变电所位置选择	4 不应设在对防电磁辐射干扰有较高要求的场所。 5 不宜设在多尘、水雾或有腐蚀性气体的场所，当无法远离时，不应设在污染源的下风侧。 6 不应设在厕所、浴室、厨房或其他经常有水并可能漏水场所的正下方，且不宜与上述场所贴邻；如果贴邻，相邻隔墙应做无渗漏、无结露等防水处理。 7 变电所为独立建筑物时，不应设置在地势低洼和可能积水的场所
常见变电所位置及相关措施	根据《民用建筑电气设计标准》（GB 51348—2019）相关规定。 4.2.2 变电所可设置在建筑物的地下层，但不宜设置在最底层。变电所设置在建筑物地下层时，应根据环境要求降低湿度及增设机械通风等。当地下只有一层时，尚应采取预防洪水、消防水或积水从其他渠道浸泡变电所的措施。 4.2.3 民用建筑宜按不同业态和功能分区设置变电所，当供电负荷较大，供电半径较长时，宜分散设置；超高层建筑的变电所宜分设在地下室、裙房、避难层、设备层及屋顶层等处。
油浸变压器特殊要求	根据《20kV 及以下变电所设计规范》（GB 50053—2013）相关规范。 2.0.3 在多层建筑物或高层建筑物的裙房中，不宜设置油浸变压器的变电所，当受条件限制必须设置时，应将油浸变压器的变电所设置在建筑物首层靠外墙的部位，且不得设置在人员密集场所的正上方、正下方、贴邻处以及疏散出口的两旁。高层主体建筑内不应设置油浸变压器的变电所

15.3-1 ［2021-78］不采取隔振和屏蔽的前提下，变配电室设置哪个位置合适？（ ）

A. 设置在一层，厨房正下方 B. 设置在办公正下方

C. 设置在地下一层，智能化控制室正上方 D. 设置在二层，一层为厨具展厅

答案：D

解析：选项 A 中水与电有干扰，选项 B、C 有强弱电的干扰。

15.3-2 ［2020-73］下列关于变电所位置选择的说法中，错误的是（ ）。

A. 不应设置在地势低洼和可能积水的场所

B. 不应设在对防电磁辐射干扰有较高要求的场所

C. 不应与展览馆贴近

D. 不应设在厕所的正下方

答案：C

解析：变电所为独立建筑物时，不应设置在地势低洼和可能积水的场所（选项 A 正确）；变电所不应设在对防电磁辐射干扰有较高要求的场所（选项 B 正确）；变电所不应设在厕所、浴室、厨房或其他经常有水并可能漏水场所的正下方，且不宜与上述场所贴邻；如果贴邻，相邻隔墙应做无渗漏、无结露等防水处理（选项 D 正确）。

考点 9：变电所建筑设计【★★★★】

耐火等级	高压配电室应为一、二级耐火等级建筑，低压配电室的耐火等级不应低于三级【2010】

防火要求	根据《20kV 及以下变电所设计规范》（GB 50053—2013）相关规定。 2.0.2 油浸变压器的车间内变电所，**不应设在三、四级耐火等级**的建筑物内；当设在二级耐火等级的建筑物内时，建筑物应采取局部防火措施
	根据《建筑设计防火规范》（GB 50016—2014，2018 年版）相关规定。 3.2.6 油浸变压器室、高压配电装置室的耐火等级**不应低于二级**，其他防火设计应符合《火力发电厂与变电站设计防火规范》（GB 50229）等标准的规定
	根据《民用建筑电气设计标准》（GB 51348—2019）相关规定。 4.5.3 内设可燃性油浸变压器的室外独立变电所与其他建筑物之间的防火间距，应符合《建筑设计防火规范》（GB 50016）的要求，并应符合下列规定： 1 变压器应分别设置在**单独的房间内**，变电所宜为**单层建筑**，当为两层布置时，变压器应设置**在底层**。 2 可燃性油浸电力电容器应设置**在单独房间内**。 3 变压器在正常运行时应能方便和安全地对油位、油温等进行观察，并易于抽取油样。 4 变压器的进线可采用电缆，出线可采用母线槽或电缆。 5 变压器门应**向外开启**；变压器室内可不考虑吊芯检修，但门前应有运输通道。 6 变压器室应设置储存变压器**全部油量**的事故储油设施
出入口数量 及间距	《20kV 及以下变电所设计规范》（GB 50053—2013）相关规定。 6.2.6 长度大于 7m 的配电室应设两个安全出口，并宜布置在配电室的两端。当配电室的长度大于 60m 时，**宜增加一个安全出口，相邻安全出口之间的距离不应大于 40m。** 当变电所采用双层布置时，位于楼上的配电室应至少设一个通向室外的平台或通向变电所外部通道的安全出口【2023、2022（5）、2019】
门窗设计	《民用建筑设计统一标准》（GB 50352—2019）相关规定。 8.3.1 民用建筑物内设置的变电所应符合下列规定： 6 变压器室、配电室、电容器室的出入口门应**向外**开启。同一个防火分区内的变电所，其内部相通的门应为**不燃材料制作的双向弹簧门**。当变压器室、配电室、电容器室长度大于 7.0m 时，至少应设**2 个出入口门**。 8 变电所地面或门槛宜高出所在楼层楼地面不小于 0.1m。如果设在地下层，其地面或门槛宜高出所在楼层楼地面不小于 0.15m。变电所的电缆夹层、电缆沟和电缆室应采取**防水、排水**措施【2024】 《民用建筑电气设计标准》（GB 51348—2019）相关规定。 4.10.3 民用建筑内的变电所对外开的门应为防火门，并应符合下列规定： 1 变电所位于高层主体建筑或裙房内时，通向其他相邻房间的门应为甲级防火门，通向过道的门应为乙级防火门。 2 变电所位于多层建筑物的二层或更高层时，通向其他相邻房间的门应为**甲级**防火门，通向过道的门应为**乙级**防火门。**【2024、2019】** 3 变电所位于多层建筑物的首层时，通向相邻房间或过道的门应为乙级防火门。 4 变电所位于地下层或下面有地下层时，通向相邻房间或过道的门应为**甲级**防火门。 5 变电所通向汽车库的门门应为**甲级**防火门。

门窗设计	6 当变电所设置在建筑首层，且向室外开门的上层有窗或非实体墙时，变电所直接通向室外的门应为丙级防火门。 4.10.7 当变电所与上、下或贴邻的居住、教室、办公房间仅有一层楼板或墙体相隔时，变电所内应采取屏蔽、降噪等措施。【2022（5）】 4.10.8 电压为35kV、20kV或10kV配电室和电容器室，宜装设不能开启的自然采光窗，窗台距室外地坪不宜低于1.8m。临街的一面不宜开设窗户。【2020】 4.10.9 变压器室、配电装置室、电容器室的门应向外开，并应装锁。相邻配电装置室之间设有防火隔墙时，隔墙上的门应为甲级防火门，并向低电压配电室开启，当隔墙仅为管理需求设置时，隔墙上的门应为双向开启的不燃材料制作的弹簧门【2019】		
房间布置	值班室布置	《民用建筑电气设计标准》（GB 51348—2019）相关规定。 4.5.8 有人值班的变电所应设值班室。值班室应能直通或经过走道与配电装置室相通，且值班室应有直接通向室外或通向疏散走道的门。值班室也可与低压配电装置室合并，此时值班人员工作的一端，配电装置与墙的净距不应小于3m		
	配电装置	根据《民用建筑电气设计标准》（GB 51348—2019）相关规定。 4.5.2 民用建筑内变电所，不应设置裸露带电导体或装置，不应设置带可燃性油的电气设备和变压器，其布置应符合下列规定： 1 35kV、20kV或10kV配电装置、低压配电装置和干式变压器等可设置在同一房间内。 2 20kV、10kV具有IP2X防护等级外壳的配电装置和干式变压器，可相互靠近布置		
室内要求	《20kV及以下变电所设计规范》（GB 50053—2013）相关规定。 6.2.4 变压器室、配电室、电容器室等房间应设置防止雨、雪和蛇、鼠等小动物从采光窗、通风窗、门、电缆沟等处进入室内的设施。 6.2.5 配电室、电容器室和各辅助房间的内墙表面应抹灰刷白，地面宜采用耐压、耐磨、防滑、易清洁的材料铺装。配电室、变压器室、电容器室的顶棚以及变压器室的内墙面应刷白。【2020】 6.3.1 变压器室宜采用自然通风，夏季的排风温度不宜高于45℃，且排风与进风的温差不宜大于15℃。当自然通风不能满足要求时，应增设机械通风。 6.3.4 配电室宜采用自然通风。设置在地下或地下室的变、配电所，宜装设除湿、通风换气设备；控制室和值班室宜设置空气调节设施		

15.3-3 ［2024-91］下列民用建筑内变电所的做法错误的是（　　　）。

A. 直接通向建筑物内非变电所区域的出入口门为甲级防火门

B. 设在地下层变电所地面或门槛应高出本层楼地面0.1m

C. 配电室长度大于7m时，应设置2个出入口

D. 电缆夹层采取防水、排水措施

答案： B

解析： 《民用建筑设计统一标准》（GB 50352—2019）第 8.3.1 条。

第四节 配 电 布 线 系 统

考点 10：布线系统的一般规定【★★★】

一般规定	根据《民用建筑电气设计标准》（GB 51348—2019）相关规定。 8.1.2 布线系统应根据**建筑物结构、环境特征、使用要求、用电设备分布及所选用导体的类型**等因素综合确定。 8.1.4 金属导管、可弯曲金属导管、刚性塑料导管（槽）及电缆桥架等布线，应采用**绝缘电线和电缆**。不同电压等级的电线、电缆**不宜同管（槽）敷设**；当同管（槽）敷设时，**应采取隔离或屏蔽措施**。 8.1.5 同一配电回路的所有相导体、中性导体和 PE 导体，**应敷设在同一导管或槽盒内**。 8.1.6 在有可燃物的闷顶和封闭吊顶内明敷的配电线路，**应采用金属导管或金属槽盒布线**。 8.1.7 明敷设用的塑料导管、槽盒、接线盒、分线盒**应采用阻燃性能分级为 B1 级的难燃制品**。 8.1.10 布线用各种电缆、导管、电缆桥架及母线槽在穿越防火分区楼板、隔墙及防火卷帘上方的防火隔板时，其空隙应采用相当于建筑构件耐火极限的不燃烧材料填塞密实
电缆敷设 【2022（5）】	《电力工程电缆设计标准》（GB 50217—2018）相关规定。 5.1.3 同一通道内电缆数量较多时，若在同一侧的多层支架上敷设，应符合下列规定： 1 宜按电压等级由高至低的电力电缆、强电至弱电的控制和信号电缆、通信电缆**"由上而下"**的顺序排列；当水平通道中含有 35kV 以上高压电缆，或为满足引入柜盘的电缆符合允许弯曲半径要求时，宜按**"由下而上"**的顺序排列；在同一工程中或电缆通道延伸于不同工程的情况，均应按相同的上下排列顺序配置。 2 支架层数受通道空间限制时，35kV 及以下的相邻电压级电力电缆**可排列于同一层支架**；少量 1kV 及以下电力电缆在采取防火分隔和有效抗干扰措施后，也可与强电控制、信号电缆配置在同一层支架上。 3 同一重要回路的工作与备用电缆应配置在**不同层或不同侧的支架上**，并应实行**防火分隔**

15.4-1［2022-76］同一通道内电缆数量较多时，若在同一侧的多层支架上敷设，下列措施错误的是（　　）。

A. 宜按电压等级由高至低的电力电缆、强电至弱电的控制和信号电缆、通信电缆"由上而下"的顺序排列

B. 当水平通道中含有 35kV 以上高压电缆，宜按照"由下而上"的顺序排列

C. 35kV 及以下的相邻电压级电力电缆可排列于同一层支架

D. 同一重要回路工作电流与备用电源可同一侧，需要不通风，并由防火分隔

答案： D

解析： 参见考点 11 中"电缆敷设"的相关内容。

考点 11：电缆桥架布线【★】

敷设位置与材料选择	根据《民用建筑电气设计标准》(GB 51348—2019) 相关规定。 8.5.1 电缆桥架可适用于民用建筑正常环境的室内外场所的电缆或电线敷设。 8.5.2 在有腐蚀或特别潮湿的场所采用电缆桥架布线时，应根据腐蚀介质的不同采用**塑料桥架**或采取相应防护措施的**钢制桥架**。 8.5.3 电缆桥架水平敷设时，底边距地高度**不宜低于 2.2m**。除敷设在配电间或竖井内，垂直敷设的线路**1.8m 以下**应加防护措施。 8.5.12 电缆桥架不得在穿过楼板或墙体等处进行连接
电力线缆、控制线缆和智能化线缆敷设	《建筑电气与智能化通用规范》(GB 55024—2022) 相关规定。 6.1.1 电力线缆、控制线缆和智能化线缆敷设应符合下列规定： 1 不同电压等级的电力线缆**不应共用同一导管或电缆桥架布线。**【2024】 2 电力线缆和智能化线缆不应共用同一导管或电缆桥架布线。 3 在有可燃物阁顶和吊顶内敷设电力线缆时，应采用不燃材料的导管或电缆槽盒保护。 6.1.3 民用建筑红线内的室外供配电线路**不应采用架空线敷设方式**。 6.1.4 在隧道、管廊、竖井、夹层等封闭式电缆通道中，不得布置热力管道和输送可燃气体或可燃液体管道【2024】
层间距离 【2022 (12)】	《民用建筑电气设计标准》(GB 51348—2019) 相关规定。 8.5.5 电缆桥架多层敷设时，层间距离应满足敷设和维护需要，并符合下列规定： 1 电力电缆的电缆桥架间距不应小于**0.3m**。 2 电信电缆与电力电缆的电缆桥架间距不宜小于 0.5m，当有屏蔽盖板时可减少到 0.3m。 3 控制电缆的电缆桥架间距不应小于 0.2m。 4 最上层的电缆桥架的上部距顶棚、楼板或梁等不宜小于 0.15m 8.5.6 当两组或两组以上电缆桥架在同一高度平行敷设时，各相邻电缆桥架间应预留维护、检修距离，**且不宜小于 0.2m**
特殊规定	《民用建筑电气设计标准》(GB 51348—2019) 相关规定。 8.5.13 下列不同电压、不同用途的电缆，**不宜敷设在同一层或同一个桥架内：** 1 1kV 以上和 1kV 以下的电缆。 2 向同一负荷供电的两回路电源电缆。 3 应急照明和其他照明的电缆。 4 电力和电信电缆

15.4-2 [2024-96] 关于电气线缆布线的说法，下列正确的是（　　）。

A. 民用建筑红线内室外供配电线路不应采用架空线路敷设

B. 不同电压的电力电缆可以共管敷设

C. 电气竖井内可敷设具有隔热措施的热力管道

D. 电缆夹层可敷设输送可燃气体的管道

答案： A

解析：《建筑电气与智能化通用规范》（GB 55024—2022）第 6.1.1 条、第 6.1.3 条、第 6.1.4 条。

15.4-3 [2022（12）-71] 以下关于电缆桥架的说法错误的是（   ）。

A. 电力电缆的电缆桥架间距 0.3m

B. 两组电缆桥架在同一高度平行敷设时，各相邻电缆桥架间不宜小于 0.2m

C. 最上层的电缆桥架的上部离梁底净空 0.1m

D. 最上层的电缆桥架的上部离板底净空 0.3m

答案： C

解析： 参见《民用建筑电气设计标准》（GB 51348—2019）第 8.5.5 条和第 8.5.6 条。

考点 12：电气竖井内布线 【★★★★】

	根据《民用建筑电气设计标准》（GB 51348—2019）相关规定。
适用场所	8.11.1 电气竖井内布线可适用于多层和高层建筑内强电及弱电垂直干线的敷设。**可采用金属导管、电缆桥架及母线等布线方式**。强电竖井内电缆布线，除有特殊要求外宜优先采用梯架布线。 8.11.2 当暗敷设的竖向配电线路，保护导管外径超过墙厚的 1/2 或多根电缆并排穿梁对结构体有影响时，**宜采用竖井布线**。竖井的位置和数量应根据**建筑物规模，各支线供电半径及建筑物的变形缝位置和防火分区**等因素确定【2019】，并应符合下列规定： 1 **不应和电梯井、管道井共用同一竖井。** 2 **不应贴邻有烟道、热力管道及其他散热量大或潮湿的设施【2020】**
防火要求	8.11.3 竖井的井壁应为**耐火极限不低于 1h 的非燃烧体**。竖井在每层楼应设维护检修门并应开向公共走廊，其耐火等级不应低于**丙级**。【2020】竖井内各层钢筋混凝土楼板或钢结构楼板应做**防火密封隔离**，线缆穿过楼板或井壁应采用与楼板、井壁耐火等级相同的防火堵料封堵
设置要求	8.11.4 竖井的井壁上设置集中表箱、配电箱或控制箱等箱体时，其进线与出线均应**穿可弯曲金属导管或钢管保护**。 8.11.5 竖井大小除应满足布线间隔及端子箱、配电箱布置所必需尺寸外，进入竖井宜在箱体前留有**不小于 0.8m** 的操作距离。当建筑物平面受限制时，可利用公共走道满足操作距离的要求，但竖井的进深**不应小于 0.6m**。 8.11.7 竖井内高压、低压和应急电源的电气线路之间应保持**不小于 0.3m** 的距离或采取隔离措施，并且高压线路应设有明显标志。 8.11.9 强电和弱电线路，宜**分别设置竖井**。当受条件限制必须合用时，强电和弱电线路应分别布置在竖井两侧，弱电线路应敷设于金属槽盒之内。 8.11.13 竖井内**不应有**与其无关的管道通过

15.4-4［2020-76］下列关于电缆竖井位置的说法，哪项是正确的？（　　　）

A. 电缆竖井在每层设置的维护检修门，条件受限时可向内开向其他房间

B. 电缆竖井宜靠近负荷中心，且考虑防火分区、防烟分区的因素

C. 不应与电梯井、管道井共用竖井

D. 不应邻近烟道、热力管道及其他散热量大或潮湿的设施，优先与电梯井及楼梯间相邻

答案： C

解析： 参见考点 13 "布线规定" 相关内容。电缆竖井靠近用电负荷中心（选项 B 错误），电缆不得和电梯井、管道井共用同一竖井（选项 C 正确），在条件允许时宜避免与电梯井及楼梯间相邻（选项 D 错误）。竖井的井壁应是耐火极限不低于 1 小时的非燃烧体，竖井在每层楼应设维护检修门并应开向公共走廊，其耐火等级不应低于丙级（选项 A 错误）。

第五节　电气照明设计

考点 13：电气照明基本分类【★】

照明种类	照明种类可分为正常照明、应急照明、值班照明、警卫照明、景观照明和障碍照明
应急照明的分类	应急照明分为三类：备用照明、安全照明、疏散照明（图 15.5-1～图 15.5-3）
设置场所	根据《民用建筑电气设计标准》（GB 51348—2019）相关规定。 10.2.4　下列场所应设置应急照明： 1 需确保正常工作或活动继续进行的场所，应设置备用照明。 2 需确保处于潜在危险之中的人员安全的场所，应设置安全照明。 3 需确保人员安全疏散的出口和通道，应设置疏散照明
应急照明的分类	   图 15.5-1　消防应急照明灯　　图 15.5-2　疏散指示标志灯　　图 15.5-3　疏散指示楼层灯

注：电气照明与光学知识点有重合，电气照明主要讲述应急照明与特定功能空间的照明要求等知识点。

考点 14：特定功能空间的照明要求【★★★】

医疗照明的要求	(1) 医疗用房应采用高显色照明光源。 (2) 病房照明应采用反射式照明。 (3) 护理单元应夜间照明。 (4) X 线诊断室、加速器治疗室、核医学扫描室、Y 照相机室和手术室等用房，应设防止误入的红色信号灯，红色信号灯电源应与机组连通【2021、2020】

体育照明的要求	体育场地照明用光源宜选用**金属卤化物灯、高显色高压钠灯**。同时场地用直接配光灯具宜带有格栅，并附有灯具安装角度指示器。比赛场地照明宜满足使用的多样性。室内场地采用高光效、宽光束与窄光束配光灯具相结合的布灯方式或选用非对称配光灯具
居住建筑的照明要求	**住宅建筑共用部位**应设置人工照明，应采用高效节能的照明装置和节能控制措施。当应急照明采用节能自熄开关时，必须采取消防时应急点亮的措施
旅馆建筑的照明要求	(1) 旅馆建筑的客房宜采用发光二极管灯或紧凑型荧光灯。 (2) 旅馆的每间（套）客房应设置节能控制型总开关。 (3) 楼梯间、走道的照明，除应急疏散照明外，宜采用自动调节照度等节能措施。 (4) 客房设计**不**需要考虑**照度均匀度**因素【2022（5）】
感应灯的设置要求	下列场所宜选用配用感应式自动控制的发光二极管灯： (1) 旅馆、居住建筑及其他公共建筑的走廊、楼梯间、厕所等场所。 (2) 地下车库的行车道、停车位。 (3) 无人长时间逗留，只进行检查、巡视和短时操作等的工作的场所

15.5-1［2021-83］下列关于医疗照明设计的说法，错误的是（ ）。

A. 医疗用房应采用高显色照明光源

B. 护理单元应设夜间照明

C. 病房照明应采用反射式照明

D. 手术室应设防止误入的白色信号灯

答案：D

解析：选项 D 中，应设防止误入的红色信号灯。

考点 15：应急照明中的备用照明【★】

设置场所	根据《民用建筑电气设计标准》（GB 51348—2019）相关规定。 10.4.1　下列场所应设置备用照明： 1 正常照明失效可能造成重大财产损失和严重社会影响的场所。 2 正常照明失效妨碍灾害救援工作进行的场所。 3 人员经常停留且无自然采光的场所。 4 正常照明失效将导致无法工作和活动的场所。 5 正常照明失效可能诱发非法行为的场所。 10.4.2　当正常照明的负荷等级与备用照明负荷等级相等时**可不另设备用照明**
照度标准值	10.4.3　备用照明的照度标准值应符合下列规定： 1 供消防作业及救援人员在火灾时继续工作场所的备用照明，应符合《建筑设计防火规范》（GB 50016）的规定。 2 其他场所的备用照明照度标准值除另有规定外，应不低于该场所一般照明照度标准值的 10%

设置要求	10.4.4　备用照明的设置应符合下列规定： 1 备用照明宜与正常照明统一布置。 2 当满足要求时应利用正常照明灯具的部分或全部作为备用照明。 3 独立设置备用照明灯具时，其照明方式宜与正常照明一致或相类似

考点 16：应急照明中的安全照明【★】

设置位置	根据《民用建筑电气设计标准》（GB 51348—2019）相关规定。 10.4.5　下列场所应设置安全照明： 1 人员处于非静止状态且周围存在潜在危险设施的场所。 2 正常照明失效可能延误抢救工作的场所。 3 人员密集且对环境陌生时，正常照明失效易引起恐慌骚乱的场所。 4 与外界难以联系的封闭场所
照度标准值	10.4.6　安全照明的照度标准值应符合下列规定： 1 医院手术室、重症监护室应维持不低于一般照明照度标准值的30%。 2 其他场所不应低于该场所一般照明照度标准值的10%，且不应低于15lx
设置要求	10.4.7　安全照明的设置应符合下列规定： 1 应选用可靠、瞬时点燃的光源。 2 应与正常照明的照射方向一致或相类似并避免眩光。 3 当光源特性符合要求时，宜利用正常照明中的部分灯具作为安全照明。 4 应保证人员活动区获得足够的照明需求，而无须考虑整个场所的均匀性。 10.4.8　当在一个场所同时存在备用照明和安全照明时，宜共用同一组照明设施并满足二者中较高负荷等级与指标的要求
旅客车站的 安全照明	《铁路旅客车站建筑设计规范》（GB 50226—2007，2011年版）相关规定。 8.3.4　旅客车站疏散和安全照明应有自动投入使用的功能【2020】，并应符合下列规定： 1 各候车区（室）、售票厅（室）、集散厅应设疏散和安全照明；重要的设备房间应设安全照明。 2 各出入口、楼梯、走道、天桥、地道应设疏散照明

15.5-2［2020-81］旅客车站中，可不设置安全照明的是（　　）。

A. 集散厅　　　　B. 天桥　　　　C. 售票厅　　　　D. 候车区

答案：B

解析：参见考点16中"旅客车站的安全照明"的相关内容。

考点 17：应急照明中的疏散照明【★★★★】

设置场所 【2022（5）、 2022（12）、 2021、 2019】	《建筑防火设计规范》（GB 50016—2018）相关规定。 10.3.1　除建筑高度小于2m的住宅建筑外，民用建筑、厂房和丙类仓库的下列部位应设置疏散应急照明： 1 封闭楼梯间、防烟楼梯间及其前室、消防电梯间的前室或合用前室、避难走道、避难层（间）。

设置场所 【2022（5）、 2022（12）、 2021、 2019】	2 观众厅、展览厅、多功能厅和建筑面积超过 200m² 的营业厅、餐厅、演播室等人员密集的场所。 3 建筑面积大于 100m² 的地下或半地下公共活动场所。 4 公共建筑中的疏散走道。 5 人员密集的厂房内的生产场所及疏散走道
设置规定 【2021】	《民用建筑电气设计标准》（GB 51348—2019）相关规定。 13.6.5 消防疏散照明灯及疏散指示标志灯设置应符合下列规定： 1 消防应急（疏散）照明灯应设置在墙面或顶棚上，设置在顶棚上的疏散照明灯不应采用嵌入式安装方式。灯具选择、安装位置及灯具间距以满足地面水平最低照度为准；疏散走道、楼梯间的地面水平最低照度，按中心线对称 50% 的走廊宽度为准；大面积场所疏散走道的地面水平最低照度，按中心线对称疏散走道宽度均匀满足 50% 范围为准。 2 疏散指示标志灯在顶棚安装时，不应采用嵌入式安装方式。安全出口标志灯，应安装在疏散口的内侧上方，底边距地不宜低于 2.0m；疏散走道的疏散指示标志灯具，应在走道及转角处离地面 1.0m 以下墙面上、柱上或地面上设置，采用顶装方式时，底边距地宜为 2.0～2.5m。设在墙面上、柱上的疏散指示标志灯具间距在直行段为垂直视觉时不应大于 20m，侧向视觉时不应大于 10m；对于袋形走道，不应大于 10m。交叉通道及转角处宜在正对疏散走道的中心的垂直视觉范围内安装，在转角处安装时距角边不应大于 1m。 3 设在地面上的连续视觉疏散指示标志灯具之间的间距不宜大于 3m。 4 一个防火分区中，标志灯形成的疏散指示方向应满足最短距离疏散原则，标志灯设计形成的疏散途径不应出现循环转圈而找不到安全出口。 5 装设在地面上的疏散标志灯，应防止被重物或受外力损坏，其防水、防尘性能应达到 IP67 的防护等级要求。地面标志灯不应采用内置蓄电池灯具。 6 疏散照明灯的设置，不应影响正常通行，不得在其周围存放有容易混同以及遮挡疏散标志灯的其他标志牌等
疏散指示灯 设置规定 【2021】	疏散标志灯的设置可按同 13.6.5-1（图 15.5-4）和图 12.6.5-2（图 15.5-5）布置 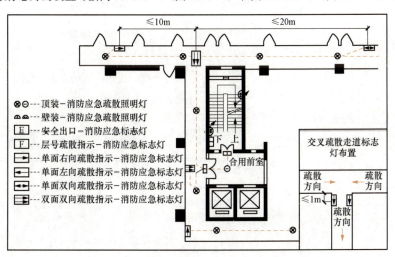 图 15.5-4 疏散走道、防烟楼梯间及前室疏散照明布置示意

疏散指示灯设置规定【2021】	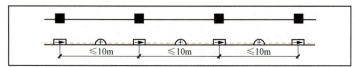图 15.5-5　直行疏散走道疏散照明布置示意
设置位置	根据《建筑设计防火规范》（GB 50016—2014，2018 年版）相关规定。 10.3.4　疏散照明灯具应设置在出口的**顶部、墙面的上部或顶棚上**，备用照明灯具应设置在墙面的上部或顶棚上（图 15.5-6）。 10.3.5　公共建筑、建筑高度大于 54m 的住宅建筑、高层厂房（库房）和甲、乙、丙类单、多层厂房，应设置灯光疏散指示标志，并应符合下列规定： 1 应设置在安全出口和人员密集的场所的疏散门的**正上方**（图 15.5-7）。 2 应设置在疏散走道及其转角处距地面**高度 1.0m 以下**的墙面或地面上（图 15.5-8 和图 15.5-9）。灯光疏散指示标志的间距**不应大于 20m**；对于袋形走道，**不应大于 10m**；在走道转角区，**不应大于 1.0m** 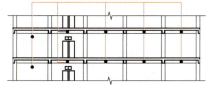图 15.5-6　疏散照明灯的布置剖面图 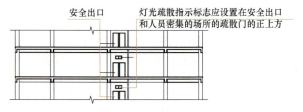图 15.5-7　灯光疏散指示标志的布置剖面图 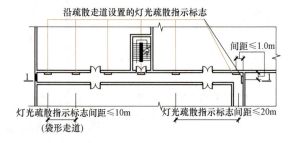图 15.5-8　灯光疏散指示标志的布置平面图

设置位置	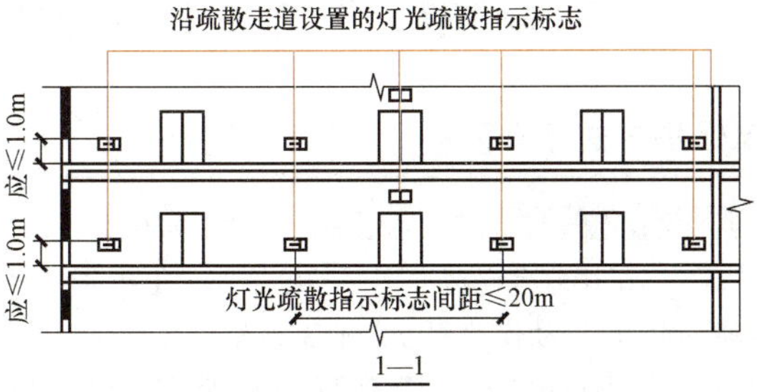 图 15.5 - 9　灯光疏散指示标志的间距要求

15.5 - 3 ［2022 - 82］以下建筑空间需要考虑设置疏散照明的是（　　）。

A. 180m² 餐厅

B. 180m² 地下公共空间

C. 180m² 营业厅

D. 高度 24m 的多层住宅楼梯间

答案：B

解析：参见考点 17 中"设置场所"的相关内容。

15.5 - 4 ［2022（5）- 73］以下关于疏散指示灯的布置，正确的是（　　）。

A. 顶棚布置距地高度 3.5m

B. 侧壁安装，侧向视距 15m

C. 袋型布置 12m

D. 侧壁安装，垂直视距 18m

答案：D

解析：设在墙面上、柱上的疏散指示标志灯具间距在直行段为垂直视觉时不应大于 20m（选项 D 正确），侧向视觉时不应大于 10m（选项 B 错误）；对于袋形走道，不应大于 10m（选项 C 错误）。疏散指示标志灯在顶棚安装时，不应采用嵌入式安装方式。安全出口标志灯，应安装在疏散口的内侧上方，底边距地不宜低于 2.0m（选项 A 错误）。

15.5 - 5 ［2021 - 73］下列公共建筑的场所中，应设置疏散照明的是（　　）。

A. 150m² 的餐厅

B. 150m² 的演播室

C. 150m² 的营业厅

D. 150m² 的地下公共活动场所

答案：D

解析：参见考点 17 中"设置场所"的相关内容。

第六节　电气安全与防雷

考点 18：漏电保护方式【★】

电击防护附加防护措施	根据《建筑电气与智能化通用规范》（GB 55024—2022） 4.6.5　当采用剩余电流动作保护电器作为电击防护附加防护措施时，应符合下列规定： 1 额定剩余电流动作值不应大于 30mA。 2 额定电流不超过 32A 的下列回路应装设剩余电流动作保护电器：【2023】 1）供一般人员使用的电源插座回路； 2）室内移动电气设备； 3）人员可触及的室外电气设备。 3 剩余电流动作保护电器不应作为唯一的保护措施。 4 采用剩余电流动作保护电器时应装设保护接地导体（PE）
供电回路安全	根据《通用用电设备配电设计规范》（GB 50055—2011） 8.0.2　移动式日用电器的供电回路应装设隔离电器和短路、过载及剩余电流保护电器。【2024】

15.6-1［2024-98］移动式日用电器的供电回路可不装设下列哪类保护电器？（　　）

A. 隔离电器

B. 剩余电流保护电器

C. 过载保护电器

D. 浪涌保护电器

答案：D

解析：《通用用电设备配电设计规范》（GB 50055—2011）第 8.0.2 条。

15.6-2［2023-97］下列供电回路可不设置剩余电流动作保护器的是（　　）。

A. 20A 的室内移动电气设备

B. 安装高度在 3.0m 顶板上的正常照明灯具

C. 供一般人员使用的 20A 电源插座回路

D. 人可能触及的室外照明配电终端回路

答案：B

解析：根据《建筑电气与智能化通用规范》（GB 55024—2022）第 4.6.5 条。

考点 19：插座的设置【★】

托儿所幼儿园	根据《托儿所、幼儿园建筑设计规范》（JGJ 39—2016，2019 年版）相关规定。 6.3.5　托儿所、幼儿园的房间内应设置插座，且位置和数量根据需要确定。活动室插座不应少于四组，寝室插座不应少于两组。插座应采用安全型，安装高度不应低于 1.80m。插座回路与照明回路应分开设置，插座回路应设置剩余电流动作保护，其额定动作电流不应大于 30mA。【2022（12）】 6.3.6　幼儿活动场所不宜安装配电箱、控制箱等电气装置；当不能避免时，应采取安全措施，装置底部距地面高度不得低于 1.8m

住宅	根据《住宅设计规范》（GB 50096—2011）相关规定。 8.7.2 住宅供电系统的设计，应符合下列规定： 2 电气线路应采用符合安全和防火要求的敷设方式配线，套内的电气管线应采用**穿管暗敷设方式**配线。导线应采用**铜芯绝缘线**，每套住宅进户线截面不应小于 10mm²，分支回路截面不小于 2.5mm²。 3 套内的空调电源插座、一般电源插座与照明应**分路设计**，厨房插座应设置独立回路，卫生间插座宜设置**独立回路**。 4 除壁挂式分体空调电源插座外，电源插座回路应设置剩余电流保护装置。 5 设有洗浴设备的卫生间应做**局部等电位联结**。 6 每幢住宅的总电源进线应设**剩余电流动作保护**或**剩余电流动作报警**。 8.7.3 每套住宅应设置户配电箱，其电源总开关装置应采用可同时断开相线和中性线的开关电器。 8.7.4 套内安装在**1.80m 及以下**的插座均应采用安全型插座。 8.7.5 共用部位应设置人工照明，应采用高效节能的照明装置和节能控制措施。当应急照明采用节能自熄开关时，必须采取消防时应急点亮的措施。 8.7.6 住宅套内电源插座应根据住宅套内空间和家用电器设置，电源插座的数量不应少于下列规定：（根据原表 8.7.6 整理） 1）卧室：一个单相三线和一个单相二线的插座两组。 2）兼起居室的卧室：一个单相三线和一个单相二线的插座三组。 3）起居室（厅）：一个单相三线和一个单相二线的插座三组。 4）厨房：防溅水型一个单相三线和一个单相二线的插座两组。 5）卫生间，防溅水型一个单相三线和一个单相二线的插座一组。 6）布置洗衣机、冰箱、排油烟机、排风机及预留家用空调器处专用单相三线插座各一个

15.6-3 [2022（12）-77] 下列关于插座布置的说法错误的是（ ）。

A. 老年人照料设施建筑居室内的插座距地 0.7m

B. 旅馆客房内的插座高度按照使用要求设置

C. 住宅卫生间内淋浴或浴盆处热水器插座距地 2.3m

D. 托儿所活动室插座距地 1.5m

答案： D

解析： 根据《托儿所、幼儿园建筑设计规范》（JGJ 39—2016，2019 年版）第 6.3.5 条。

考点 20：等电位联结【★★★】

接地导体	根据《民用建筑电气设计标准》（GB 51348—2019）相关规定。 12.7.1 建筑物内的保护接地导体和功能接地导体应连接到总接地端子，与建筑物的**保护接地、功能接地和雷电防护的接地极**应相互连接
电气装置	12.7.2 低压电气装置采用接地故障保护时，建筑物内的电气装置应采用**保护总等电位联结系统**【2021】

供应设施管道	12.7.3　从建筑物外进入的供应设施管道可导电部分，宜在靠近入户处进行等电位联结。建筑物内的接地导体、总接地端子和下列导电部分应实施**保护等电位联结：** 1　进入建筑物的供应设施的金属管道。 2　在正常使用时可触及的电气装置外可导电部分。 3　便于利用的钢筋混凝土结构中的钢筋。 4　电梯轨道

15.6-4　[2021-82]　三级医院一类防火 8 度设防 600 个床位，地下两层，地上 9 层，总建筑面积 122 000m²，地上建筑面积 80 900m²，地下建筑面积 41 100m²，高度 45m。医疗设备金属外壳与室内金属管道等电位联结的目的是（　　）。

A. 防干扰　　　　　B. 防电击　　　　　　C. 防火灾　　　　　　D. 防静电

答案： B

解析： 等电位联结防电击。

考点 21：安全电压【★★★★★】

概述	安全电压是指不致使人直接致死或致残的电压
不同场合的 安全电压 设计值	游泳池和可以进入的喷水池中的电气设备必须采用12V交流电压供电【2019】。不允许人进入的喷水池，可采用交流电压**不大于**50V 的安全特低电压供电
	医院呼叫信号装置使用的交流工作电压范围应是小于或等于50V
	乐池局部照明、化妆室局部照明、观众厅座位排号灯，均系人们易接触的电气设备，采用低压配电，可避免触电事故的发生，保障人身安全。舞台面光灯可以大于36V【2022(12)、2019】
	一般正常环境条件下，交流50V 电压为允许持续接触的"安全特低电压"

15.6-5　[2022（12）-75]　下列剧场中的场所照明中，可不采用特低电压供电的是（　　）。

A. 乐池内谱架灯　　　　　　　　　B. 化妆室台灯照明

C. 观众厅座位排号灯　　　　　　　D. 候场室一般照明

答案： D

解析： 乐池内谱架灯、化妆室台灯照明、观众厅座位排号灯的电源电压不得大于 36V。

15.6-6　[2019-92]　对于允许人进入的喷水池，应采用安全特低电压供电，交流电压不应大于（　　）。

A. 6V　　　　　　B. 12V　　　　　　C. 24V　　　　　　D. 36V

答案： B

解析： 游泳池和可以进入的喷水池中的电气设备必须采用 12V 交流电压供电。

考点 22：建筑接地【★★】

概述	接地是一种保护措施。接地分为防雷接地和保护接地。 防雷上，接地是为了快速泄流。外部防直击防护要求快速接闪，就近接地，而内部防雷主要考虑的就是等电位问题。 保护接地主要是通过相线保护装置来实现，当电线或电气的绝缘损坏、接触外壳等用电安全隐患时，相线通过地线形成回路，接地短路电流过大，足以促进相线保护装置（如空气开关）的动作，从而切断电源，保护设备和人员的安全
保护接地导体【2022（5）】	《民用建筑电气设计标准》（GB 51348—2019）相关规定。 12.4.8 保护接地导体（PE）可由下列一种或多种导体组成： 1 多芯电缆中的导体。 2 与带电导体共用外护物绝缘的或裸露的导体。 3 固定安装的裸露的或绝缘的导体。 4 满足动、热稳定电气连续性的金属电缆护套和同心导体电力电缆。 12.4.9 下列金属部分不应作为保护接地导体（PE）： 1 金属水管。 2 含有气体、液体、粉末等物质的金属管道。 3 柔性或可弯曲的金属导管。 4 柔性的金属部件。 5 支撑线、电缆桥架、金属保护导管

15.6 - 7（2019 - 87）保护接地导体应连接到用电设备的哪个部位？（   ）

A. 电源保护开关   B. 带电部分

C. 金属外壳   D. 有洗浴设备的卫生间

答案： C

解析： 保护接地导体应连接到用电设备的金属外壳。

考点 23：建筑防雷分类【★★★★★】

概述	根据《建筑物电气设计标准》（GB 51348—2019）相关规定。 11.2.1 建筑物应根据其重要性、使用性质、发生雷电事故的可能性及后果，按防雷要求分为三类【2021】
第一类防雷建筑物	根据《建筑物防雷设计规范》（GB 50057—2010）相关规定。 3.0.2 在可能发生对地闪击的地区，遇到下列情况之一时，应划为第一类防雷建筑物： 1 凡制造、使用或储存炸药、起爆药、火工品等大量爆炸物质的建筑物，因电火花而引起爆炸，会造成巨大破坏和人身伤亡者。 2 具有 0 区或 20 区爆炸危险环境的建筑物。 3 具有 1 区或 21 区爆炸危险环境的建筑物，因电火花而引起爆炸，会造成巨大破坏和人身伤亡者

第二类防雷建筑物	《建筑物防雷设计规范》（GB 50057—2010）相关规定。 3.0.3　在可能发生对地闪击的地区，遇下列情况之一时，应划为第二类防雷建筑物： 1 国家级重点文物保护的建筑物。 2 国家级的会堂、办公建筑物、大型展览和博览建筑物、大型火车站和飞机场、国宾馆，国家级档案馆、大型城市的重要给水泵房等特别重要的建筑物。 注：飞机场不含停放飞机的露天场所和跑道。 3 国家级计算中心、国际通信枢纽等对国民经济有重要意义的建筑物。 4 国家特级和甲级大型体育馆。 5 制造、使用或储存火炸药及其制品的危险建筑物，且电火花不易引起爆炸或不致造成巨大破坏和人身伤亡者。 6 具有 1 区或 21 区爆炸危险场所的建筑物，且电火花不易引起爆炸或不致造成巨大破坏和人身伤亡者。 7 具有 2 区或 22 区爆炸危险场所的建筑物。 8 有爆炸危险的露天钢质封闭气罐。 9 预计雷击次数大于 005 次/a 的部、省级办公建筑物和其他重要或人员密集的公共建筑物以及火灾危险场所。 10 预计雷击次数大于 025 次/a 的住宅、办公楼等一般性民用建筑物或一般性工业建筑物
第三类防雷建筑物	《建筑物防雷设计规范》（GB 50057—2010）相关规定。 3.0.4　在可能发生对地闪击的地区，遇下列情况之一时，应划为第三类防雷建筑物： [2022（12）] 1 省级重点文物保护的建筑物及省级档案馆。 2 预计雷击次数大于或等于 001 次/a，且小于或等于 005 次/a 的部、省级办公建筑物和其他重要或人员密集的公共建筑物，以及火灾危险场所。 3 预计雷击次数大于或等于 005 次/a，且小于或等于 025 次/a 的住宅、办公楼等一般性民用建筑物或一般性工业建筑物。 4 在平均雷暴日大于 15d/a 的地区，高度在 15m 及以上的烟囱、水塔等孤立的高耸建筑物；在平均雷暴日小于或等于 15d/a 的地区，高度在 20m 及以上的烟囱、水塔等孤立的高耸建筑物
综合防雷等级判定	《建筑物防雷设计规范》（GB 50057—2010）相关规定。 4.5.1　当一座防雷建筑物中兼有第一、二、三类防雷建筑物时，其防雷分类和防雷措施宜符合下列规定： 1 当第一类防雷建筑物部分的面积占建筑物总面积的 30% 以上的，该建筑物宜确定为第一类防雷建筑物。 2 当第一类防雷建筑物部分的面积占建筑物总面积的 30% 以下，且第二类防雷建筑物部分的面积占建筑物总面积的 30% 及以上时，或当这两部分防雷建筑物的积均小于建筑物总面积的 30%，但其面积之和又大于 30% 时，该建筑物宜确定为第二类防雷建筑物。但对第一类防雷建筑物部分的防闪电感应和防闪电电涌侵入，应采取第一类防雷建筑物的保护措施。 3 当第一、二类防雷建筑物部分的面积之和小于建筑物总面积的 30%，且不可能遭直接雷击时，该建筑物可确定为第三类防雷建筑物；但对第一、二类防雷建筑物部分的防内电感应和防闪电电涌侵入，应采取各自类别的保护措施；当可能遭直接雷击时，宜按各自类别采取防雷措施

15.6-8 [2022-83] 一个综合建筑里同时有一类、二类、三类防雷，整体按照以下哪个原则设计？（   ）

A. 综合评判他们的占比　　　　　　B. 一类

C. 二类　　　　　　　　　　　　　D. 三类

答案： A

解析： 参见《建筑物防雷设计规范》（GB 50057—2010）第 4.5.1 条，可得出需要综合评判三者之间的占比来确定，故答案选 A。

15.6-9 [2021-74] 确定建筑物防雷分类可不考虑的因素是（   ）。

A. 建筑物的使用性质　　　　　　　B. 建筑物的空间分割形式

C. 建筑物的所在地点　　　　　　　D. 建筑物的高度

答案： B

解析： 参见《民用建筑电气设计标准》（GB 51348—2019）第 11.2.1 条。建筑物应根据其重要性、使用性质、发生雷电事故的可能性及后果，按防雷要求进行分类。

15.6-10 [2020-79] 下列选项中，不属于第二类防雷建筑物的是（   ）。

A. 省级档案馆　　　　　　　　　　B. 国际通信枢纽

C. 大型火车站　　　　　　　　　　D. 甲级大型体育馆

答案： A

解析： 参见《民用建筑电气设计标准》（GB 51348—2019）第 11.2.4 条，省级档案馆属于第三类防雷建筑物。

考点 24：各类防雷建筑物防雷措施【★★】

第一类防雷 建筑物	根据《建筑物防雷设计规范》（GB 50057—2010）相关规定。 4.2.1　第一类防雷建筑物防直击雷的措施应符合下列规定： 1 应装设独立接闪杆或架空接闪线或网。架空接闪网的网格尺寸**不应大于 5m×5m 或 6m×4m**。 4 独立接闪杆的杆塔、架空接闪线的端部和架空接闪网的每根支柱处应**至少设一根引下线**。对用金属制成或有焊接、绑扎连接钢筋网的杆塔、支柱，宜利用金属杆塔或钢筋网作为引下线。 7 架空接闪网全屋面和各种突出屋面的风帽、放散管等物体之间的间隔距离，应按下列公式计算，**且不应小于 3m**。 8 独立接闪杆、架空接闪线或架空接闪网**应设独立的接地装置**
第二类防雷 建筑物	根据《建筑物防雷设计规范》（GB 50057—2010）相关规定。 4.3.1　第二类防雷建筑物外部防雷的措施，宜采用装设在建筑物上的接闪网、接闪带或接闪杆，也可采用由接闪网、接闪带或接闪杆混合组成的接闪器。接闪网、接闪带应按本规范附录 B 的规定沿屋角、屋脊、屋檐和檐角等易受雷击的部位敷设，并应在整个屋面组成**不大于 10m×10m 或 12m×8m 的网格**；当建筑物高度超过 45m 时，首先应沿屋顶周边敷设接闪带，接闪带应设在外墙外表面或屋檐边垂直面上，也可设在外墙外表面或屋檐边垂直面外。接闪器之间应互相连接。

第二类防雷建筑物	4.3.3 专设引下线**不应少于 2 根**，并应沿建筑物四周和内庭院四周均匀对称布置，其间距沿周长计算**不应大 18m**。当建筑物的跨度较大，无法在跨距中间设引下线时，应在跨距端设引下线并减小其他引下线的间距，专设引下线的平均间距**不应大于 18m**
第三类防雷建筑物	根据《建筑物防雷设计规范》（GB 50057—2010）相关规定。 4.4.1 第三类防雷建筑物外部防雷的措施宜采用装设在建筑物上的接闪网、接闪带或接闪杆，也可采用由接闪网、接闪带和接闪杆混合组成的接闪器。接闪网、接闪带应按本规范附录 B 的规定沿屋角、屋脊、屋檐和檐角等易受雷击的部位敷设，并应在整个屋面组成**不大于 20m×20m 或 24m×16m** 的网格；当建筑物高度超过 60m 时，首先应沿屋顶周边敷设接闪带，接闪带应设在外墙外表面或屋檐边垂直面上，也可设在外墙外表面或屋檐边垂直面外。接闪器之间应互相连接。 4.4.3 **专设引下线不应少于 2 根**，并应沿建筑物四周和内庭院四周均匀对称布置，其间距沿周长计算不应大于 25m。当建筑物的跨度较大，无法在跨距中间设引下线时，应在跨距两端设引下线并减小其他引下线的间距，专设引下线的平均间距不应大于 25m

考点 25：防雷构件设计要求【★★】

接闪器	《民用建筑设计统一标准》（GB 50352—2019）相关规定。 8.3.7 建筑物防雷接闪器的设置应符合现行国家标准《建筑物防雷设计规范》（GB 50057）的规定，并应符合下列规定：【2023】 1 国家级重点文物保护的建筑物、高层建筑、具有爆炸危险场所的建筑物应采用**明敷接闪器**。 2 除第 1 款之外的建筑物，当屋顶钢筋网以上的防水层和混凝土层需要保护时，屋顶层应采用**明敷接闪网**等接闪器。 3 除第 1 款之外的建筑物，当周围有人员停留时，其女儿墙或檐口应采用**明敷接闪带**等接闪器
引下线	根据《民用建筑电气设计标准》（GB 51348—2019）相关规定。 11.7.1 建筑物防雷装置宜利用**建筑物钢结构或结构柱的钢筋**作为引下线。敷设在混凝土结构柱中作引下线的钢筋仅为一根时，其直径不应小于 10mm。当利用构造柱内钢筋时，其截面积总和不应小于一根直径 10mm 钢筋的截面积，且多根钢筋应通过箍筋绑扎或焊接连通。作为专用防雷引下线的钢筋应上端与接闪器、下端与防雷接地装置可靠连接，结构施工时做明显标记。 11.7.2 当专设引下线时，**宜采用圆钢或扁钢**。当采用圆钢时，直径不应小于 8mm。当采用扁钢时，截面积不应小于 50mm^2，厚度不应小于 2.5mm。 11.7.3 除利用混凝土中钢筋作引下线外，引下线**应热浸镀锌**，焊接处应涂防腐漆。在腐蚀性较强的场所，还应加大截面积或采取其他的防腐措施。 11.7.4 **专设引下线宜沿建筑物外墙明敷**，并应以**较短路径接地**，建筑艺术要求较高者也可暗敷，但截面积应加大一级，圆钢直径不应小于 10mm，扁钢截面积不应小于 80mm^2

接地网	根据《民用建筑电气设计标准》(GB 51348—2019)相关规定。 11.8.1　民用建筑宜优先利用**钢筋混凝土基础中的钢筋**作为防雷接地网。当需要增设人工接地体时，若敷设于土壤中的接地体连接到混凝土基础内钢筋或钢材，则土壤中的接地体宜采用铜质、镀铜或不锈钢导体。 11.8.2　单独设置的人工接地体，其垂直埋设的接地极，宜采用**圆钢、钢管、角钢**等。水平埋设的接地极及其连接导体宜采用**扁钢、圆钢**等。 11.8.5　接地极埋设深度不宜小于 0.6m，并应敷设在当地冻土层以下，其距墙或基础不宜小于 1m。 11.8.6　为降低跨步电压，人工防雷接地网距建筑物入口处及人行道**不宜小于 3m**，当小于 3m 时，应采取下列措施之一： 1 水平接地极局部深埋不应小于 1m。 2 水平接地极局部应包以绝缘物。 3 采用沥青碎石地面或在接地网上面敷设 50～80mm 沥青层，其宽度不宜小于接地网两侧各 2m
各类防雷建筑物应设内部防雷装置	《建筑物防雷设计规范》(GB 50057—2010)相关规定。 4.1.2　各类防雷建筑物应设内部防雷装置，并应符合下列规定： 1 在建筑物的地下室或地面层处，下列物体**应与防雷装置做防雷等电位联结**： 　1) 建筑物金属体。 　2) 金属装置。 　3) 建筑物内系统。 　4) 进出建筑物的金属管线
高土壤电阻率场地防雷措施	《建筑物防雷设计规范》(GB 50057—2010)相关规定。 5.4.6　在高土壤电阻率的场地，降低防直击雷冲击接地电阻宜采用下列方法： **1 采用多支线外引接地装置，外引长度不应大于有效长度。** **2 接地体埋于较深的低电阻率土壤中。** **3 换土。** **4 采用降阻剂**

15.6-11 ［2023-96］屋面接闪器正确的是（　　　）。

A. 国家级重点文化保护建筑女儿墙暗敷接闪带

B. 高层屋顶女儿墙暗敷接闪带

C. 具有爆炸危险场所屋面暗敷接闪网

D. 多层屋面防水层上方暗敷接闪网

答案：D

解析：参见《民用建筑设计统一标准》(GB 50352—2019)第 8.3.7 条。

第七节 电 气 防 火

考点 26：火灾自动报警系统的组成与场所【★★★★★】

民用建筑火灾自动报警系统保护对象分级【2023、2022（5）、2022（12）、2020】	根据《建筑防火通用规范》（GB 55037—2022）相关规定。 8.3.2 下列民用建筑或场所应设置**火灾自动报警系统**： 1 商店建筑、展览建筑、财贸金融建筑、客运和货运建筑等类似用途的建筑。 2 旅馆建筑。 3 建筑高度大于 100m 的住宅建筑。 4 图书或文物的珍藏库，每座藏书超过 50 万册的图书馆，重要的档案馆。 5 地市级及以上广播电视建筑、邮政建筑、电信建筑，城市或区域性电力、交通和防灾等指挥调度建筑。 6 特等、甲等剧场，座位数超过 1500 个的其他等级的剧场或电影院，座位数超过 2000 个的会堂或礼堂，座位数超过 3000 个的体育馆。 7 疗养院的病房楼，床位数不少于 100 张的医院的门诊楼、病房楼、手术部等。 8 托儿所、幼儿园，老年人照料设施，任一层建筑面积大于 500m² 或总建筑面积大于 1000m² 的其他儿童活动场所。 9 歌舞娱乐放映游艺场所。 10 其他二类高层公共建筑内**建筑面积大于 50m² 的可燃物品库房**和**建筑面积大于 500m² 的商店营业厅**，以及其他一类高层公共建筑
住宅建筑火灾自动报警系统要求	根据《建筑设计防火规范》（GB 50016—2014，2018 年版）相关规定。 8.4.2 建筑高度大于 100 的住宅建筑，应设置火灾自动报警系统。 建筑**高度大于 54m 但不大于 100m** 的住宅建筑，其公共部位应设置火灾自动报警系统，套内宜设置火灾探测器。 建筑**高度不大于 54m** 的高层住宅建筑，其公共部位宜设置火灾自动报警系统。当设置需**联动控制**的消防设施时，公共部位应设置火灾自动报警系统。 高层住宅建筑的公共部位应设置具有语音功能的**火灾声警报装置或应急广播**
消防设施通用规范规定	根据《消防设施通用规范》（GB 55036—2022）相关规定。 12.0.1 火灾自动报警系统应设置**自动和手动触发报警装置**，系统应具有**火灾自动探测报警或人工辅助报警、控制相关系统设备应急启动并接收其动作反馈信号**的功能。 12.0.5 火灾自动报警系统应设置火灾声、光警报器，火灾声、光警报器应符合下列规定： 1 火灾声、光警报器的设置应满足**人员及时接受火警信号的**要求，每个报警区域内的火灾警报器的声压级应高于背景噪声 15dB，且不应低于 60dB。 2 在确认火灾后，系统应能启动**所有火灾声、光警报器。** 3 系统应**同时启动、停止所有火灾声警报器**工作。 4 具有语音提示功能的火灾声警报器**应具有语音同步**的功能。 12.0.7 手动报警按钮的设置应满足人员快速报警的要求，每个防火分区或楼层**应至少设置 1 个手动火灾报警按钮**。

消防设施通用规范规定	12.0.8　除消防控制室设置的火灾报警控制器和消防联动控制器外，每台控制器直接连接的火灾探测器、手动报警按钮和模块等设备**不应跨越避难层。** 12.0.9　集中报警系统和控制中心报警系统应设置消防应急广播。具有消防应急广播功能的多用途公共广播系统，应具有**强制切入消防应急广播**的功能。 12.0.10　消防控制室内应设置消防专用电话总机和可直接报火警的**外线电话**，消防专用电话网络应为**独立的消防通信系统。** 12.0.13　可燃气体探测报警系统应独立组成，可燃气体探测器**不应直接接入**火灾报警控制器的报警总线。 12.0.17　火灾自动报警系统中控制与显示类设备的主电源应直接与消防电源连接，**不应使用电源插头**

15.7-1 [2022-84] 以下需要布置火灾自动报警的区域是（　　）。

A. 1200m² 疗养院病房　　　　　　　B. 1200m² 的车站

C. 1200m² 体育建筑　　　　　　　　D. 1200m² 甲等剧场

答案： D

解析： 参见《建筑防火通用规范》（GB 55037—2022）第 8.3.2 条。

15.7-2 [2020-83] 下列建筑中，不需要设置火灾自动报警系统的建筑是（　　）。

A. 超过 50 万册的图书馆

B. 座位数为 1500 座的会堂

C. 200 床位的医院门诊楼

D. 座位数超过 3000 座的体育馆

答案： B

解析： 参见《建筑防火通用规范》（GB 55037—2022）第 8.3.2 条。

考点 27：火灾自动报警探测区域与划分【★】

报警区域的划分	根据《火灾自动报警系统设计规范》（GB 50116—2013）相关规定。 3.3.1　报警区域的划分应符合下列规定： 1 报警区域应根据**防火分区或楼层**划分；可将一个防火分区或一个楼层划分为**一个报警区域**，也可将发生火灾时需要同时联动消防设备的相邻几个防火分区或楼层划分为一个报警区域。 2 电缆隧道的一个报警区域宜由一个封闭长度区间组成，一个报警区域不应超过相连的 3 个封闭长度区间；道路隧道的报警区域应根据排烟系统或灭火系统的联动需要确定，且不宜超过 150m。 3 甲、乙、丙类液体储罐区的报警区域应由一个储罐区组成，每个 50 000m³ 及以上的外浮顶储罐应单独划分为一个报警区域。 4 列车的报警区域应按车厢划分，每节车厢应划分为一个报警区域
探测区域的划分	3.3.2　探测区域的划分应符合下列规定： 1 探测区域应按**独立房（套）**间划分。一个探测区域的面积**不宜超过 500m²**；从主要入口能看清其内部，且面积不超过 1000m² 的房间，也可划为一个探测区域。

探测区域的划分	2 红外光束感烟火灾探测器和缆式线型感温火灾探测器的探测区域的长度,不宜超过100m;空气管差温火灾探测器的探测区域长度宜为20～100m
单独划分探测区域	3.3.3 下列场所应**单独划分探测区域**: 1 敞开或封闭楼梯间、防烟楼梯间。 2 防烟楼梯间前室、消防电梯前室、消防电梯与防烟楼梯间合用的前室、走道、坡道。 3 电气管道井、通信管道井、电缆隧道。 4 建筑物闷顶、夹层

考点 28:消防控制室【★★★】

消防控制室的设置规定	根据《建筑设计防火规范》(GB 50016—2014,2018 年版)相关规定。 8.1.7 设置火灾自动报警系统和需要联动控制的消防设备的建筑(群)应设置消防控制室。消防控制室的设置应符合下列规定:【2024】 1 单独建造的消防控制室,其耐火等级**不应低于二级**。 2 附设在建筑内的消防控制室,**宜设置在建筑内首层或地下一层**,并宜布置在**靠外墙**部位。 4 疏散门**应直通室外或安全出口**
	根据《民用建筑设计统一标准》(GB 50352—2019)相关规定。 8.3.1 民用建筑物内设置的变电所应符合下列规定: 7 变压器室、配电室、电容器室等应设置防雨雪和小动物从采光窗、通风窗、门、电缆沟等进入室内的设施【2024】
	《建筑防火通用规范》(GB 55037—2022)相关规定。 4.1.8 消防控制室的布置和防火分隔应符合下列规定: 1 单独建造的消防控制室,耐火等级**不应低于二级**。 2 附设在建筑内的消防控制室应采用防火门、防火窗、耐火极限**不低于 2.00h 的防火隔墙**和耐火极限**不低于 1.50h 的楼板**与其他部位分隔。 3 消防控制室应位于建筑的**首层或地下一层**,疏散门**应直通室外或安全出口**。 4 消防控制室的环境条件不应干扰或影响消防控制室内火灾报警与控制设备的正常运行。 5 消防控制室内不应敷设或穿越与消防控制室无关的管线。 6 消防控制室应采取**防水淹、防潮、防啮齿动物**等的措施
消防控制室的布置【2022(12)、2021】	《火灾自动报警系统设计规范》(GB 50116—2013)相关内容。 3.4.1 具有**消防联动功能**的火灾自动报警系统的保护对象中应设置消防控制室。 3.4.2 消防控制室内设置的消防设备应包括火灾报警控制器、消防联动控制器、消防控制室图形显示装置、消防专用电话总机、消防应急广播控制装置、消防应急照明和疏散指示系统控制装置、消防电源监控器等设备或具有相应功能的组合设备。 3.4.3 消防控制室应设有用于火灾报警的**外线电话。** 3.4.5 消防控制室送、回风管的穿墙处应设**防火阀。** 3.4.6 消防控制室内**严禁穿过与消防设施无关的电气线路及管路。**

消防控制室的布置 【2022（12）、2021】	3.4.7　消防控制室不应设置在电磁场干扰较强及其他影响消防控制室设备工作的设备用房附近。 3.4.8　消防控制室内设备的布置应符合下列规定： 1 设备面盘前的操作距离，单列布置时不应小于 15m；双列布置时不应小于 2m。 2 在值班人员经常工作的一面，设备面盘至墙的距离不应小于 3m。 3 设备面盘后的维修距离不宜小于 1m。 4 设备面盘的排列长度大于 4m 时，其两端应设置宽度不小于 1m 的通道。 5 与建筑其他弱电系统合用的消防控制室内，消防设备应集中设置，并应与其他设备间有明显间隔。 4.1.4　消防水泵、防烟和排烟风机的控制设备，除应采用联动控制方式外，还应在消防控制室设置手动直接控制装置

15.7-3［2024-92］关于消防控制室的设计，下列说法错误的是（　　）。

A. 单独建造消防控制室时，耐火等级为三级

B. 采取防啮齿动物的措施

C. 采取防水淹措施

D. 位于建筑物地下一层时，疏散门直通安全出口

答案：A

解析：根据《建筑设计防火规范》（GB 50016—2014，2018 年版）第 8.1.7 条和《民用建筑设计统一标准》（GB 50352—2019）第 8.3.1 条。

考点 29：火灾自动报警系统【★★★★★】

消防联动控制	消防联动控制对象包括下列设施： （1）各类自动灭火设施。 （2）通风及防、排烟设施。 （3）防火卷帘、防火门、水幕。 （4）电梯。 （5）非消防电源的断电控制。 （6）火灾应急广播、火灾警报、火灾应急照明，疏散指示标志的控制
火灾警报和消防应急广播系统	根据《火灾自动报警系统设计规范》（GB 50116—2013）相关规定。 4.8.1　火灾自动报警系统应设置火灾声光警报器，并应在确认火灾后启动建筑内的所有火灾声光警报器。 4.8.2　未设置消防联动控制器的火灾自动报警系统，火灾声光警报器应由火灾报警控制器控制；设置消防联动控制器的火灾自动报警系统，火灾声光警报器应由火灾报警控制器或消防联动控制器控制。 4.8.4　火灾声警报器设置带有语音提示功能时，应同时设置语音同步器。 4.8.5　同一建筑内设置多个火灾声警报器时，火灾自动报警系统应能同时启动和停止所有火灾声警报器工作。 4.8.8　消防应急广播系统的联动控制信号应由消防联动控制器发出。当确认火灾后，应同时向全楼进行广播

消防应急 照明和疏散 指示系统	根据《火灾自动报警系统设计规范》(GB 50116—2013)相关。 4.9.1 消防应急照明和疏散指示系统的联动控制设计,应符合下列规定: 1 集中控制型消防应急照明和疏散指示系统,应由火灾报警控制器或消防联动控制器启动应急照明控制器实现。 2 集中电源非集中控制型消防应急照明和疏散指示系统,应由消防联动控制器联动应急照明集中电源和应急照明分配电装置实现。 3 自带电源非集中控制型消防应急照明和疏散指示系统,应由消防联动控制器联动消防应急照明配电箱实现。 4.9.2 当确认火灾后,由发生火灾的报警区域开始,顺序启动全楼疏散通道的消防应急照明和疏散指示系统,系统全部投入应急状态的启动时间不应大于5s
防火门及 防火卷帘 系统	4.6.1 防火门系统的联动控制设计,应符合下列规定: 1 应由常开防火门所在防火分区内的两只独立的火灾探测器或一只火灾探测器与一只手动火灾报警按钮的报警信号,作为常开防火门关闭的联动触发信号,联动触发信号应由火灾报警控制器或消防联动控制器发出,并应由消防联动控制器或防火门监控器联动控制防火门关闭。 2 疏散通道上各防火门的开启、关闭及故障状态信号应反馈至防火门监控器。 4.6.2 防火卷帘的升降应由防火卷帘控制器控制。 4.6.3 疏散通道上设置的防火卷帘的联动控制设计,应符合下列规定: 1 联动控制方式,防火分区内任两只独立的感烟火灾探测器或任一只专门用于联动防火卷帘的感烟火灾探测器的报警信号应联动控制防火卷帘下降至距楼板面1.8m处;任一只专门用于联动防火卷帘的感温火灾探测器的报警信号应联动控制防火卷帘下降到楼板面;在卷帘的任一侧距卷帘纵深0.5~5m内应设置不少于2只专门用于联动防火卷帘的感温火灾探测器。 2 手动控制方式,应由防火卷帘两侧设置的手动控制按钮控制防火卷帘的升降。 4.6.5 防火卷帘下降至距楼板面1.8m处、下降到楼板面的动作信号和防火卷帘控制器直接连接的感烟、感温火灾探测器的报警信号,应反馈至消防联动控制器
供电线路的 材料	《火灾自动报警系统设计规范》(GB 50116—2013)相关规定。 11.2.1 火灾自动报警系统的传输线路应采用金属管、可挠(金属)电气导管、B1级以上的钢性塑料管或封闭式线槽保护。 11.2.2 火灾自动报警系统的供电线路、消防联动控制线路应采用耐火铜芯电线电缆,报警总线、消防应急广播和消防专用电话等传输线路应采用阻燃或阻燃耐火电线电缆。【2020、2019】 11.2.3 线路暗敷设时,应采用金属管、可挠(金属)电气导管或B1级以上的刚性塑料管保护,并应敷设在不燃烧体的结构层内,且保护层厚度不宜小于30mm;线路明敷设时,应采用金属管、可挠(金属)电气导管或金属封闭线槽保护。矿物绝缘类不燃性电缆可直接明敷。 11.2.4 火灾自动报警系统用的电缆竖井,宜与电力、照明用的低压配电线路电缆竖井分别设置。受条件限制必须合用时,应将火灾自动报警系统用的电缆和电力、照明用的低压配电线路电缆分别布置在竖井的两侧

供电线路的材料	根据《消防设施通用规范》（GB 55036—2022）相关规定。 12.0.16　火灾自动报警系统的供电线路、消防联动控制线路应采用燃烧性能**不低于 B2 级的耐火铜芯电线电缆**，报警总线、消防应急广播和消防专用电话等传输线路应采用燃烧性能**不低于 B2 级的铜芯电线电缆**【2024】

15.7-4〔2024-94〕关于火灾自动报警系统线路的说法正确的是（　　）。

A. 供电线路采用燃烧性能不低于 B3 级，阻燃铜芯电线电缆

B. 消防联动控制线路采用燃烧性能不低于 B2 级，阻燃铜芯电线电缆

C. 报警总线采用燃烧性能不低于 B3 级，阻燃铝芯电线电缆

D. 消防应急广播线路采用燃烧性能不低于 B2 级，阻燃铝芯电线电缆

答案： B

解析： 根据《消防设施通用规范》（GB 55036—2022）第 12.0.16 条。

15.7-5〔2019-87〕选择火灾自动报警系统的供电线路，正确的是（　　）。

A. 阻燃铝芯电缆

B. 耐火铝芯电缆

C. 阻燃铜芯电缆

D. 耐火铜芯电缆

答案： D

解析： 参见《火灾自动报警系统设计规范》（GB 50116—2013）第 11.2.2 条。

15.7-6〔2019-96〕火灾应急广播输出分路应按疏散顺序控制，播放疏散指令的楼层控制程序，正确的是（　　）。

A. 先接通地下各层

B. 同时播放给所有楼层

C. 首层发生火灾，宜先接通本层、2 层及地下 1 层

D. 2 层及 2 层以上楼层发生火灾，宜先接通火灾层及其相邻的上、下层

答案： B

解析： 火灾发生时，每个人都应在第一时间得知，同时为避免由于错时疏散而导致的在疏散通道和出口处出现人员拥堵现象，要求在确认火灾后同时向整个建筑进行应急广播。

考点 30：火灾监控系统【★★★】

基本类型	火灾探测器的分类火灾探测器根据其探测火灾特征参数的不同，分为以下 5 种基本类型： （1）感烟火灾探测器。 （2）感温火灾探测器。 （3）感光火灾探测器。 （4）气体火灾探测器。 （5）复合火灾探测器。

点型探测器适用高度	《火灾自动报警系统设计规范》（GB 50116—2013）相关规定。 5.2.1　对于不同高度的房间，可按表 5.2.1（表 15.7-1）选择点型火灾探测器

表 15.7-1　　　　对不同高度的房间点型火灾探测器的选择

房间高度 h /m	点型感烟火灾探测器	点型感温火灾探测器			火焰探测器
		A1、A2	B	C、D、E、F、G	
12<h≤20	不适合	不适合	不适合	不适合	适合
8<h≤12	适合	不适合	不适合	不适合	适合
6<h≤8	适合	适合	不适合	不适合	适合
4<h≤6	适合	适合	适合	不适合	适合
h≤4	适合	适合	适合	适合	适合

适用场景

《火灾自动报警系统设计规范》（GB 50116—2013）相关规定。

5.2.2　下列场所宜选择点型感烟火灾探测器（图 15.7-1）：

1 饭店、旅馆、教学楼、办公楼的厅堂、卧室、办公室、商场、列车载客车厢等。

2 计算机房、通信机房、电影或电视放映室等。

3 楼梯、走道、电梯机房、车库等。【2024】

4 书库、档案库等【2019】

图 15.7-1　点型感烟火灾探测器

《火灾自动报警系统设计规范》（GB 50116—2013）相关规定。

5.2.5　符合下列条件之一的场所，宜选择点型感温火灾探测器；且应根据使用场所的典型应用温度和最高应用温度选择适当类别的感温火灾探测器：

1 相对湿度经常大于 95％。

2 无烟火灾。

3 有大量粉尘。

4 吸烟室等在正常情况下有烟或蒸汽滞留的场所。

5 厨房、锅炉房、发电机房、烘干车间等不宜安装感烟火灾探测器的场所。

6 需要联动熄灭"安全出口"标志灯的安全出口内侧。

7 其他无人滞留且不适合安装感烟火灾探测器，但发生火灾时需要及时报警的场所

《火灾自动报警系统设计规范》（GB 50116—2013）相关规定。

5.2.4　符合下列条件之一的场所，不宜选择点型光电感烟火灾探测器：

1 有大量粉尘、水雾滞留。

2 可能产生蒸气和油雾。

3 高海拔地区。

4 在正常情况下有烟滞留。

5.2.7 点型火焰探测器或图像型火焰探测器的场景：【2023】

1 火灾时有强烈的火焰辐射。

2 液体燃烧等无阴燃阶段的火灾。

3 需要对火焰做出快速反应

《火灾自动报警系统设计规范》（GB 50116—2013）相关规定。

5.2.11 可燃气体探测器的适宜场景：

1 使用可燃气体的场所。

2 燃气站和燃气表房以及存储液化石油气罐的场所。

3 其他散发可燃气体和可燃蒸气的场所

《火灾自动报警系统设计规范》（GB 50116—2013）相关规定。

5.2.12 在火灾初期产生一氧化碳的下列场所可选择点型一氧化碳火灾探测器：

1 烟不容易对流或顶棚下方有热屏障的场所。

2 在棚顶上无法安装其他点型火灾探测器的场所。

3 需要多信号复合报警的场所

适用场景

《火灾自动报警系统设计规范》（GB 50116—2013）相关规定。

5.3.3 下列场所或部位，宜选择缆式线型感温火灾探测器（图15.7-2）的适宜场景：

1 电缆隧道、电缆竖井、电缆夹层、电缆桥架。

2 不易安装点型探测器的夹层、闷顶。

3 各种皮带输送装置。

4 其他环境恶劣不适合点型探测器安装的场所

图 15.7-2 缆式线型感温火灾探测器

《火灾自动报警系统设计规范》（GB 50116—2013）相关规定。

5.3.4 下列场所或部位，宜选择线型光纤感温火灾探测器（图15.7-3）的适宜场景：

1 除液化石油外的石油储罐。

2 需要设置线型感温火灾探测器的易燃易爆场所。

3 需要监测环境温度的地方空间等场所宜设置具有实时温度监测功能的线型光纤火灾探测器。

4 公路隧道、敷设动力电缆的铁路隧道和城市地铁隧道等

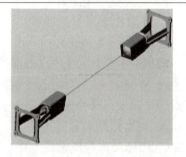

图 15.7-3 线型光纤感温火灾探测器

《火灾自动报警系统设计规范》（GB 50116—2013）相关规定。

5.4.1 下列场所宜选择吸气式感烟火灾探测器：

1 具有高速气流的场所。

适用场景	**2 点型感烟、感温火灾探测器不适宜的大空间、舞台上方、建筑高度超过 12m 或有特殊要求的场所。【2022（5）】** 3 低温场所。 4 需要进行隐蔽探测的场所。 5 需要进行火灾早起探测的重要场所。 6 人员不宜进入的场所
电气火灾 监控系统	《建筑设计防火规范》（GB 50016—2014，2018 年版）相关规定。 10.2.7 老年人照料设施的非消防用电负荷**应设置电气火灾监控系统**。下列建筑或场所的非消防用电负荷宜设置电气火灾监控系统：【2023】 1 建筑高度大于 50m 的**乙、丙类厂房和丙类仓库**，室外消防用水量大于 30L/s 的厂房（仓库）。 2 **一类高层民用建筑**。 3 座位数超过 **1500 个**的电影院、剧场，座位数超过 **3000 个**的体育馆，任一层建筑面积大于 3000m² 的商店和展览建筑，省（市）级及以上的广播电视、电信和财贸金融建筑，室外消防用水量大于 25L/s 的其他公共建筑。 4 国家级文物保护单位的重点砖木或木结构的古建筑

15.7-7 ［2024-97］下列场所不宜选择点型感烟火灾探测器的是（　　）。

A. 计算机房 　　　B. 电梯机房 　　　　C. 通信机房 　　　　D. 发电机房

答案： D

解析： 根据《火灾自动报警系统设计规范》（GB 50116—2013）第 5.2.2 条。

15.7-8 ［2023-95］符合下列条件的场所宜选择点型光电感烟火灾探测器的是（　　）。

A. 有大量粉尘滞留　　　　　　　　　B. 可能产生蒸汽

C. 正常无烟滞留的场所　　　　　　　D. 高海拔地区

答案： C

解析： 参见《火灾自动报警系统设计规范》（GB 50116—2013）第 5.2.4 条。

15.7-9 ［2022（5）-74］建筑中的报告厅，石膏板吊顶，净高 8.5m，无遮挡的大空间。该报告厅应采用哪种火灾报警探测装置？（　　）

A. 点型感烟火灾探测器　　　　　　　B. 点型感温火灾探测器

C. 图像型火焰探测器　　　　　　　　D. 红外感烟火灾探测器

答案： A

解析： 参见《火灾自动报警系统设计规范》（GB 50116—2013）第 5.2.1 条和第 5.2.7 条。

15.7-10 ［2022（12）-80］下列民用建筑或场所的非消防负荷配电回路可不设置电气火灾监控系统的是（　　）。

A. 座位数超过 1500 个的电影院　　　B. 二级乙等医院门诊楼

C. 老年人照料设施　　　　　　　　　D. 座位数超过 3000 个的体育馆

答案：B

解析：参见《建筑设计防火规范》（GB 50016—2014，2018 年版）第 10.2.7 条。

考点 31：消防电梯【★★★】

火灾时用于辅助人员疏散的电梯	《建筑防火通用规范》（GB 55037—2022）相关规定。 7.1.12　火灾时用于辅助人员疏散的电梯及其设置应符合下列规定： 1 应具有在火灾时**仅停靠特定楼层和首层**的功能。 2 电梯附近的明显位置应设置标示电梯用途的标志和操作说明。 7.1.13　设置在消防电梯或疏散楼梯间前室内的非消防电梯，防火性能**不应低于消防电梯的防火性能**
消防电梯前室	《建筑设计防火规范》（GB 50016—2014，2018 年版）相关规定。 7.3.5　除设置在仓库连廊、冷库穿堂或谷物筒仓工作塔内的消防电梯外，消防电梯应设置前室，并应符合下列规定： 1 前室**宜靠外墙**设置，并应在**首层直通室外或经过长度不大于 30m 的通道通向室外**。 7.3.7　消防电梯的井底应设置排水设施，排水井的容量不应小于**2m³**，排水泵的排水量不应小于 10L/s。消防电梯间前室的门口宜设置**挡水**设施
消防电梯的设计	《民用建筑电气设计标准》（GB 51348—2019）相关规定。 9.3.7　当二类高层住宅中的客梯兼作消防电梯时，应符合消防装置设置标准，并应采用下列相应的应急操作。 1 客梯应具有消防工作程序的转换装置。 2 正常电源转换为消防电源时，消防电梯应能**及时**投入。【2023】 3 发现灾情后，**客梯应能迅速停落至首层或事先规定的楼层【2022（5）、2020】** 《建筑设计防火规范》（GB 50016—2014，2018 年版）相关规定。 7.3.8　消防电梯应符合下列规定： 1 每层停靠。 2 电梯的载重量不应小于 800kg。 3 电梯从首层至顶层的运行时间不宜大于 60s。 4 电梯的动力与控制电缆、电线、控制面板应采取防水措施。 5 在首层的消防电梯入口处应设置供消防队员专用的操作按钮。 6 电梯轿厢的内部装修应采用不燃材料。 7 **电梯轿厢内部应设置专用消防对讲电话【2022（5）、2020】**

15.7 - 11［2023 - 98］二类高层住宅中的客梯兼做消防电梯时，正确的是（　　）。

A. 正常电源转换为消防电源时，消防电梯应延时投入

B. 发现灾情后，客梯应能迅速停落至首层或事先规定楼层

C. 火灾报警后，客厅应能迅速落至就近楼层

D. 电梯的轿厢内宜设置普通电话分机，方便与消防控制室通话

答案：B

解析：参见《建筑设计防火规范》（GB 50016—2014，2018 年版）第 7.3.8 条和《民用

建筑电气设计标准》（GB 51348—2019）第 9.3.7 条。

第八节 常用电气设备及应用系统

考点 32：常用电气设备【★★★】

安防监控中心	根据《民用建筑电气设计标准》（GB 51348—2019）相关规定。 23.2.7 安防监控中心设置应符合下列要求： 1 安防监控中心宜设于建筑物的首层或有多层地下室的地下一层，其使用面积不宜小于 20m²。 2 综合体建筑或建筑群安防监控中心应设于防护等级要求较高的综合体建筑或建筑群的中心位置；在安防监控中心不能及时处警的部位宜增设安防分控室
建筑设备管理系统机房	根据《民用建筑电气设计标准》（GB 51348—2019）相关规定。 23.2.6 建筑设备管理系统机房设置应符合下列要求： 1 建筑设备管理系统中各子系统宜合并设置机房。 2 合设机房宜设于建筑物的首层、二层或有多层地下室的地下一层，其使用面积不宜小于 20m²。 3 分设机房时，每间机房使用面积不宜小于 10m²。 4 大型公共建筑必要时可设分控室
视频监控摄像机	根据《民用建筑电气设计标准》（GB 51348—2019）相关规定。 14.3.1 视频监控摄像机的设防应符合下列规定： 1 周界宜配合周界入侵探测器设置监控摄像机。 2 公共建筑地面层出入口、门厅（大堂）、主要通道、电梯轿厢、停车库（场）行车道及出入口等应设置监控摄像机。 3 建筑物楼层通道、电梯厅、自动扶梯口、停车库（场）内宜设置监控摄像机。 4 建筑物内重要部位应设置监控摄像机；超高层建筑的避难层（间）应设置监控摄像机。 5 安全运营、安全生产、安全防范等其他场所宜设置监控摄像机
通信系统【2020】	《建筑电气与智能化通用规范》（GB 55024—2022）相关规定。 5.1.3 通信系统设计应符合下列规定： 1 公共建筑应配套建设与通信规划相适宜的公共通信设施。 2 公共移动通信信号应覆盖至建筑物的地下公共空间、客梯轿厢内 《民用建筑电气设计标准》（GB 51348—2019）相关规定。 23.2.8 进线间（信息接入机房）设置应符合下列要求： 1 单体公共建筑或建筑群内宜设置不少于 1 个进线间，多家电信业务经营者宜合设进线间。 2 进线间宜设置在地下一层并靠近市政信息接入点的外墙部位。 4 进线间的面积应按通局管道及入口设施的最终容量设置，并应满足不少于 3 家电信业务经营者接入设施的使用空间与面积要求，进线间的面积不应小于 10m²。 5 进线间设置在只有地下一层的建筑物内时，应采取防渗水措施，宜在室内设置排水地沟并与设有抽、排水装置的集水坑相连。

通信系统 【2020】	6 当进线间设置涉及国家安全和机密的弱电设备时，涉密与非涉密设备之间应采取房间分隔或房间内区域分隔措施
	《综合布线系统工程设计规范》（GB 50311—2016）相关规定。 7.4.2 在单栋建筑物或由连体的多栋建筑物构成的建筑群体内应设置不少于1个进线间
信息化应用系统	《智能建筑设计标准》（GB 50314—2015）相关规定。 4.2.2 信息化应用系统宜包括公共服务、智能卡应用、物业管理、信息设施运行管理、信息安全管理、通用业务和专业业务等信息化应用系统【2019】
呼叫装置	《宿舍、旅馆建筑项目规范》（GB 55025—2022）相关规定。 4.2.3 无障碍客房应设救助呼叫装置，并应将呼叫信号报至有人值班处【2022（12）】
有线电视系统	《建筑电气与智能化通用规范》（GB 55024—2022）相关规定。 5.1.4 有线电视系统设计应符合下列规定： 1 自设前端的用户应设置节目源监控设施。 2 有线电视系统终端输出电平应满足用户接收设备对输入电平的要求
公共广播系统	《建筑电气与智能化通用规范》（GB 55024—2022）相关规定。 5.1.5 公共广播系统设计应符合下列规定： 1 公共广播系统应具有实时发布语音广播的功能。当公共广播系统具有多种语音广播用途时，应有一个广播传声器处于最高广播优先级。 2 紧急广播应具有最高级别的优先权，紧急广播系统备用电源的连续供电时间应与消防疏散指示标志照明备用电源的连续供电时间一致【2024】
会议系统	《建筑电气与智能化通用规范》（GB 55024—2022）相关规定。 5.1.7 会议系统和会议同声传译系统应具备与火灾自动报警系统联动的功能
电子信息系统的电磁兼容设计	《民用建筑电气设计标准》（GB51348—2019）相关规定。 22.4.3 电子信息系统机房电源的进线处，应设置限压型电涌保护器。保护器的残压与电抗电压之和不应大于被保护设备耐压水平的80%。【2024】 22.5.1 电子信息系统宜采用共用接地装置，其接地电阻值应满足各系统中最小电阻值的要求。电子信息设备机柜应与等电位接地端子箱做等电位联结，并符合本标准第23章的要求。 22.5.3 通信设备的专用接地导体与临近的防雷引下线之间宜设适配的电涌保护器

15.8-1［2024-90］关于信息设施系统的设计错误的是（　　）。

A. 公共移动通信信号应覆盖到建筑物的客梯轿厢内

B. 自设前端的有线电视系统用户应设置节目源监控设施

C. 紧急广播系统备用电源的连续供电时间大于消防疏散指示标志照明的供电时间

D. 会议系统应具备与火灾自动报警系统联动的功能

答案：C

解析：《建筑电气与智能化通用规范》(GB 55024—2022)第5.1.3条、第5.1.4条、第5.1.5条、第5.1.7条。

15.8-2 [2022 (12)-81] 关于四级旅馆建筑智能化设计错误的是（　　）。

A. 客房层走道应设置视频安防监控摄像机

B. 门厅、宴会厅应设电话分机

C. 供残疾人使用的客房不设紧急求助按钮，但其卫生间应设置紧急求助按钮

D. 应设公共广播系统

答案： C

解析： 参见《宿舍、旅馆建筑项目规范》(GB 55025—2022)第4.2.3条，无障碍客房应设救助呼叫装置，并应将呼叫信号报至有人值班处。

15.8-3 [2021-75] 下列选项中，关于公共建筑视频监控摄像机设置位置错误的是（　　）。

A. 直接朝向停车库车出入口

B. 电梯轿厢

C. 直接朝向涉密设施

D. 直接朝向公共建筑地面车库出入口

答案： C

解析： 公共建筑地面层出入口、门厅（大堂）、主要通道、电梯轿厢、停车库（场）行车道及出入口等应设置监控摄像机。

15.8-4 [2020-85] 下列关于办公建筑智能化机房的说法错误的是（　　）。

A. 带有多个连体结构的建筑群应布置至少一个进线间

B. 每个楼层布置至少一个电信间

C. 每栋建筑布置至少一个设备间

D. 进线间管孔满足至少三家运营商布线所需的管孔

答案： B

解析： 参见《民用建筑电气设计标准》(GB 51348—2019)第23.2.8条，单体公共建筑或建筑群内宜设置不少于1个进线间（选项C正确）；进线间的面积应按通局管道及入口设施的最终容量设置，并应满足不少于3家电信业务经营者接入设施的使用空间与面积要求，进线间的面积不应小于10m²（选项D正确）。

参见《综合布线系统工程设计规范》(GB 50311—2016)第7.4.2条，在单栋建筑物或由连体的多栋建筑物构成的建筑群体内应设置不少于1个进线间（选项A正确）。

考点33：综合布线系统【★★★】

概念	综合布线是一种模块化的、灵活性极高的建筑物内或建筑群之间的信息传输通道。它既能使语音、数据、图像设备和交换设备与其他信息管理系统彼此相连，也能使这些设备与外部相连接
综合布线设置要求	当设置综合布线系统时，弱电间至最远端的缆线敷设长度不得**大于90m**；当同楼层及邻层弱电终端数量少，且能满足铜缆敷设长度要求时，可**多层合设弱电间**

电信间 【2022（5）】	《民用建筑电气设计标准》（GB 51348—2019）相关规定。 21.5.1　设备间应根据**主干线缆的传输距离、敷设路由和数量**，设置在**靠近用户密度中心和主干线缆竖井位置。** 21.5.2　设备间内应有足够的设备安装空间，且使用面积**不应小于10m²**，设备间的宽度不宜小于**2.5m**。设备间使用面积的计算宜符合下列规定： 1 当系统信息插座大于 6000 个时，应根据工程的具体情况每增加 1000 个信息点，宜增加 2m²。 3 光纤到用户单元通信设施工程使用的设备间，当采用 800mm 宽机柜时，设备间面积不应小于 15m²。 21.5.3　电信间的使用面积不应小于**5m²**，电信间的数量应按所服务楼层范围及工作区面积来确定。当该层信息点数量不大于 400 个最长水平电缆长度小于或等于 90m 时，**宜设置1个电信间**；最长水平线缆长度大于90m时，**宜设2个或多个电信间**；每层的信息点数量较少，最长水平线缆长度不大于90m的情况下，**宜几个楼层合设一个电信间。** 21.5.5　设备间及电信间应采用外开**丙级防火门**，地面应高出本层地面 0.1m 及以上或设置防水门槛 《综合布线系统工程设计规范》（GB 50311—2007）相关规定。 7.2.8　电信间应采用外开防火门，房门的防火等级应按建筑物等级类别设定。房门的高度**不应小于 2.0m，净宽不应小于 0.9m。** 7.2.9　电信间内梁下净高**不应小于 2.5m**
设备安装	《民用建筑电气设计标准》（GB 51348—2019）相关规定。 21.5.4　设备安装宜符合下列规定： 2. 机柜单排安装时，前面净空**不应小于 1.0m**，后面及侧面净空不应小于 0.8m；多排安装时，列间距**不应小于 1.2m**。 3. 设备间和电信间内壁挂式配线设备底部离地面的高度不宜小于 0.5m。 4. 公共场所安装配线箱时，暗装箱体底边距地不宜小于 0.5m，明装式箱体底面距地不宜小于 1.8m

15.8-5 [2022（5）-85] 4F 的学生宿舍，建筑平面尺寸为 36m×18m，关于电信间设置正确的是（　　）。

A. 2 层合一个电信间　　　　　　　　B. 房门宽度 0.7m

C. 梁下净高 2.2m　　　　　　　　　D. 使用面积 2m²

答案：A

解析：参见《民用建筑电气设计标准》（GB 51348—2019）第 21.5.3 条和《综合布线系统工程设计规范》（GB 50311—2007）第 7.2.8 条与第 7.2.9 条。

考点 34：智能化机房【★★★★】

基本要求	根据《民用建筑电气设计标准》（GB 51348—2019）相关规定。 23.1.2　本章智能化系统机房宜包括民用建筑所设置的进线间（信息接入机房）、信息网络机房、用户电话交换机房、消防控制室、安防监控中心、智能化总控室、公共广播机房、有线电视前端机房、建筑设备管理系统机房、弱电间（电信间、弱电竖井）等。

基本要求	23.1.5 **地震基本烈度为 6 度及以上地区**，机房的结构设计和设备的安装应采取抗震措施。 23.1.6 高层建筑或智能化系统较多的多层建筑应设置**弱电间**
机房位置选择	23.2.1机房位置选择应符合下列规定： 1 机房宜设在**建筑物首层及以上各层**，当有多层地下层时，也可设在地下一层。 2 机房**不应设置在厕所、浴室或其他潮湿、易积水场所的正下方或与其贴邻。** 3 机房应远离强振动源和强噪声源的场所，当不能避免时，应采取有效的隔振、消声和隔声措施。 4 机房应远离强电磁场干扰场所，当不能避免时，应采取有效的电磁屏蔽措施
大型公共建筑	23.2.3 大型公共建筑宜按使用功能和管理职能**分类集中设置机房**，并应符合下列规定： 1 信息设施系统总配线机房宜与信息网络机房及用户电话交换机房靠近或合并设置。 2 安防监控中心宜与消防控制室合并设置。 3 与消防有关的公共广播机房可与消防控制室合并设置。 4 有线电视前端机房宜独立设置。 5 建筑设备管理系统机房宜与相应的设备运行管理、维护值班室合并设置或设于物业管理办公室。 6 信息化应用系统机房宜集中设置，当火灾自动报警系统、安全技术防范系统、建筑设备管理系统、公共广播系统等的中央控制设备集中设在智能化总控室内时，不同使用功能或分属不同管理职能的系统应有独立的操作区域

考点 35：光伏发电系统【★★】

根据《建筑光伏系统应用技术标准》(GB/T 51368—2019) 相关规定	
建筑设计	6.2.6 光伏组件的布置应满足建筑物的美观要求。 6.2.7 光伏组件**不宜设置于易触摸到的地方**，且应在显著位置设置高温和触电的标识。【2024、2023】 6.2.8 建筑光伏系统应采取防止光伏组件损坏、坠落的安全防护措施。 6.2.10 建筑光伏方阵**不应跨越建筑变形缝**。【2023】 6.2.11 光伏组件应避开厨房排油烟烟口、屋面排风、排烟道、通气管、空调系统等构件布置
发电系统设计一般规定	8.1.1 建筑光伏系统应根据建筑物**光照条件、建筑结构、使用功能、用电负荷**等情况，结合建筑外观、结构安全、并网条件、发电效率、运行维护等因素进行设计。 8.1.2 用户侧并网的光伏发电系统宜采用分散逆变、就地并网的接入方式，并入公共电网的光伏发电系统宜采用分散逆变、集中并网的接入方式。 8.1.3 并网建筑光伏系统应配置具有通信功能的电能计量装置和相应的电能量采集装置，独立光伏发电系统宜配置计量装置

系统接入	**8.3.6** 建筑光伏系统应在并网点设置易于操作、可闭锁、具有明显断开点的并网断开装置，并应符合下列规定： 1 通过 380V 电压等级并网的建筑光伏系统，连接电源和电网的专用低压开关柜应**具有包含提示性文字和符号的醒目标识。** 2 建筑光伏系统 10(6) ～35kV 电压等级电气系统，应按现行国家标准《安全标志及其使用导则》（GB 2894）在电气设备和线路附近标识**"当心触电"** 等提示性文字和符号。 **8.3.8** 通过 10kV 及以上电压等级并网的建筑光伏系统，光伏系统至调度端应具备至少一路调度通信通道
变压器及配电装置	**8.6.3** 0.4～35.0kV 电压等级的配电装置宜采用**柜式结构，配电柜宜布置于户内。** **8.6.4** 对海拔高于 2000m 的地区，10kV 及以上电压等级的配电装置**可采用气体绝缘金属封闭开关设备。** **8.6.5** 装有配电装置的房间可开固定窗采光，并应采取防止雨、雪、小动物、风沙及污秽尘埃进入的措施
电缆敷设	**8.11.1** 建筑光伏系统电缆敷设应符合现行国家标准《电力工程电缆设计标准》（GB 50217）的有关规定。当敷设环境温度超过电缆运行环境温度时，应采取**隔热措施。** **8.11.2** 电缆敷设可采用直埋、保护管、电缆沟、电缆桥架、电缆线槽等方式，动力电缆和控制电缆宜分开排列，电缆沟不得作为排水路。电缆保护管宜隐蔽敷设并采取保护措施。 **8.11.3** 集中敷设于沟道、槽盒中的电缆宜选用**C 类及以上阻燃电缆。** **8.11.4** 在有腐蚀或特别潮湿的场所采用电缆桥架布线时，应根据腐蚀介质的不同采取相应的防护措施

15.8 - 6（2023 - 94）下列关于光伏组件设置的说法错误的是（　　）。

A. 设置于易于触摸的地方　　　　　　B. 应设置防止损坏、坠落措施

C. 应满足美观要求　　　　　　　　　D. 应避开天通风空调系统等构件

答案： A

解析： 参见《建筑光伏系统应用技术标准》（GB/T 51368—2019）第 6.2.6 条、第 6.2.7 条、第 6.2.8 条和第 6.2.11 条。

15.8 - 7 ［2023 - 100］下列关于光伏发电系统的说法正确的是（　　）。

A. 不应设置独立的光伏发电系统

B. 并网光伏发电系统应设置储能装置

C. 并网处应设置专用标识

D. 光伏发电系统组件作为建筑维护结构时，可不考虑变形缝的影响

答案： C

解析： 参见《建筑光伏系统应用技术标准》（GB/T 51368—2019）第 6.2.10 条、第 8.2.1 条、第 8.2.3 条和第 8.3.6 条。

参考标准、规范、规程

建筑结构

[1]《建筑结构制图标准》（GB/T 50105—2010）

[2]《建筑结构可靠性设计统一标准》（GB 50068—2018）

[3]《建筑抗震设计规范》（GB 50011—2010，2016 年版），2024 年 8 月起局部修订

[4]《建筑工程抗震设防分类标准》（GB 50223—2008）

[5]《混凝土结构设计规范》（GB 50010—2010，2015 年版），2024 年 8 月起局部修订

[6]《高层建筑混凝土结构技术规程》（JGJ 3—2010）

[7]《装配式混凝土结构技术规程》（JGJ 1—2014）

[8]《组合结构设计规范》（JGJ 138—2016）

[9]《钢结构设计标准》（GB 50017—2017）

[10]《高层民用建筑钢结构技术规程》（JGJ 99—2015）

[11]《空间网格结构技术规程》（JGJ 7—2010）

[12]《砌体结构设计规范》（GB 50003—2011）

[13]《木结构设计标准》（GB 50005—2017）

[14]《建筑地基基础设计规范》（GB 50007—2011）

[15]《建筑与市政工程抗震通用规范》（GB 55002—2021）

[16]《建筑与市政地基基础通用规范》（GB 55003—2021）

[17]《组合结构通用规范》（GB 55004—2021）

[18]《木结构通用规范》（GB 55005—2021）

[19]《钢结构通用规范》（GB 55006—2021）

[20]《砌体结构通用规范》（GB 55007—2021）

[21]《混凝土结构通用规范》（GB 55008—2021）

建筑物理与设备

[1]《建筑节能与可再生能源利用通用规范》（GB 55015—2021）

[2]《建筑环境通用规范》（GB 55016—2021）

[3]《民用建筑隔声设计规范》（GB 50118—2010）

[4]《建筑隔声评价标准》（GB/T 50121—2005）

[5]《剧场、电影院和多用途厅堂建筑声学设计规范》（GB/T 50356—2005）

[6]《体育场馆声学设计及测量规程》（JGJ/T 131—2012）

[7]《工业企业噪声控制设计规范》（GB/T 50087—2013）

[8]《电影院建筑设计规范》（JGJ 58—2008）

[9]《建筑照明设计标准》（GB 50034—2024）

[10]《建筑采光设计标准》（GB 50033—2013）

[11]《民用建筑设计统一标准》（GB 50352—2019）

[12]《住宅设计规范》（GB 50096—2011）

[13]《民用建筑热工设计规范》（GB 50176—2016）

[14]《公共建筑节能设计标准》（GB 50189—2015）

[15]《严寒和寒冷地区居住建筑节能设计标准》（JGJ 26—2018）

[16]《夏热冬冷地区居住建筑节能设计标准》(JGJ 134—2010)

[17]《夏热冬暖地区居住建筑节能设计标准》(JGJ 75—2012)

[18]《温和地区居住建筑节能设计标准》(JGJ 475—2019)

[19]《工业建筑节能设计统一标准》(GB 51245—2017)

[20]《绿色建筑评价标准》(GB/T 50378—2019)

[21]《被动式太阳能建筑技术规范》(JGJ/T 267—2012)

[22]《近零能耗建筑技术标准》(GB/T 51350—2019)

[23]《城市居住区规划设计标准》(GB 50180—2018)

[24]《老年人照料设施建筑设计标准》(JGJ 450—2018)

[25]《托儿所、幼儿园建筑设计规范》(JGJ 39—2016，2019 年版)

[26]《中小学校设计规范》(GB 50099—2011)

[27]《建筑给水排水与节水通用规范》(GB 55020—2021)

[28]《建筑给水排水设计标准》(GB 50015—2019)

[29]《消防给水及消火栓系统技术规范》(GB 50974—2014)

[30]《自动喷水灭火系统规范》(GB 50084—2017)

[31]《建筑设计防火规范》(GB 50016—2014，2018 版)

[32]《建筑中水设计标准》(GB 50336—2018)

[33]《民用建筑节水设计标准》(GB 50555—2010)

[34]《建筑屋面雨水排水系统技术规程》(CJJ 142—2014)

[35]《民用建筑太阳能热水系统应用技术标准》(GB 50364—2018)

[36]《气体灭火系统设计规范》(GB 50370—2005)

[37]《民用建筑供暖通风与空气调节设计规范》(GB 50736—2012)

[38]《民用建筑热工设计规范》(GB 50176—2016)

[39]《工业建筑供暖通风与空气调节设计规范》(GB 50019—2015)

[40]《建筑防烟排烟系统技术标准》(GB 51251—2017)

[41]《公共建筑节能设计标准》(GB 50189—2015)

[42]《锅炉房设计标准》(GB 50041—2020)

[43]《民用建筑太阳能空调工程技术规范》(GB 50787—2012)

[44]《民用建筑电气设计标准》(GB 51348—2019)

[45]《数据中心设计规范》(GB 50174—2017)

[46]《电力工程电缆设计标准》(GB 50217—2018)

[47]《20kV 及以下变电所设计规范》(GB 50053—2013)

[48]《建筑物防雷设计规范》(GB 50057—2010)

[49]《电力工程电缆设计标准》(GB 50217—2018)

[50]《火灾自动报警系统设计规范》(GB 50116—2013)

参 考 文 献

[1] 孙训方，方孝淑，关来泰．材料力学（Ⅰ）[M]．5版．北京：高等教育出版社，2009.

[2] 龙驭球，包世华，袁驷．结构力学（Ⅰ）基础教程[M]．4版．北京：高等教育出版社，2018.

[3] 东南大学，天津大学，同济大学．混凝土结构（上册）混凝土结构设计原理[M]．6版．北京：中国建筑工业出版社，2016.

[4] 沈蒲生．混凝土结构设计原理[M]．5版．北京：高等教育出版社，2020.

[5] 钱稼茹，赵作周，纪晓东，等．高层建筑结构设计[M]．3版．北京：中国建筑工业出版社，2018.

[6] 沈祖炎，陈以一，陈扬骥，等．钢结构基本原理[M]．3版．北京：中国建筑工业出版社，2018.

[7] 刘加平．建筑物理[M]．4版．北京：中国建筑工业出版社，2009.

[8] 袁树基，袁静．建筑结构快速通[M]．北京：中国建筑工业出版社，2020.

[9] 宋晓冰，张艳锋．2024全国一级注册建筑师资格考试历年真题解析与模拟试卷　建筑结构、建筑物理与设备（知识题）[M]．北京：中国电力出版社，2024.

[10] 黄起益，邓枝绿．2024全国一级注册建筑师资格考试辅导教材　建筑结构、建筑物理与设备（知识题）精讲精练[M]．北京：中国电力出版社，2024.

[11] 本书编委会．民用建筑电气设计标准实施指南[M]．成都：四川科学技术出版社，2020.

[12] 吴小虎，闫增峰，李祥平．建筑设备[M]．3版．北京：中国建筑工业出版社，2018.

[13] 张艳锋．2024全国一级注册建筑师资格考试历年真题解析与模拟试卷　建筑技术设计（作图题）[M]．北京：中国电力出版社，2024.